逻辑思维训练
大全集

明道 编著

中国华侨出版社

图书在版编目（CIP）数据

逻辑思维训练大全集 / 明道编著. —北京：中国华侨出版社, 2011.9（2016.5重印）
ISBN 978-7-5113-1678-3

Ⅰ.①逻… Ⅱ.①明… Ⅲ.①逻辑思维—训练 Ⅳ.①B80

中国版本图书馆CIP数据核字（2011）第170727号

逻辑思维训练大全集

编　　著：明　道
出 版 人：方　鸣
责任编辑：怡　涛
封面设计：李艾红
文字编辑：李翠香
美术编辑：刘　佳
经　　销：新华书店
开　　本：1020mm×1200mm　1/10　印张：36　字数：635千字
印　　刷：北京华平博印刷有限公司
版　　次：2011年10月第1版　2016年5月第2次印刷
书　　号：ISBN 978-7-5113-1678-3
定　　价：59.80元

中国华侨出版社　北京市朝阳区静安里26号通成达大厦3层　邮编：100028
法律顾问：陈鹰律师事务所
发 行 部：（010）88866079　传　真：（010）88877396
网　　址：www.oveaschin.com
E-mail：oveaschin@sina.com

如果发现印装质量问题，影响阅读，请与印刷厂联系调换。

前 言
PREFACE

生活中，逻辑无处不在。无论我们是有意还是无意，逻辑无时不在服务于我们的生活，思考、工作、生活中，处处可见逻辑的影子。逻辑是所有学科的基础，无论你想学习哪一门专业，要想学得好，学得快，都要有较强的逻辑思维能力。

现今社会，逻辑思维能力越来越被人重视，不仅学生应试要具备必需的逻辑思维能力，就是考MBA、考公务员也有逻辑测试题，世界著名公司的招聘面试中，有关逻辑思维能力的题更是必考内容。逻辑思维能力之所以越来越被人重视，一个很重要的原因就是逻辑思维能力强的人思维极其活跃，应变能力、创新能力、分析能力甚至领导能力在某种程度上都高于他人。拥有这样能力的人，无论是在学习、生活中，还是工作中，都能有卓越的表现。

一般来说，每个人的逻辑思维能力都不是一成不变的，它是一个永远也挖不完的宝藏，只要懂得基本的规则与技巧，再加上适当的科学训练，每个人的逻辑思维能力都能获得极大的提升。而游戏是人的天性，在游戏中培养和锻炼人的逻辑思维能力，无疑是提高智力的一种极好方式。

《逻辑思维训练大全集》是一部既有理论又有实战的思维训练百科全书。全书分为"逻辑思维理论篇"和"提高逻辑力的思维游戏"上、下两篇。上篇介绍了逻辑学的基本原理和相关技巧，从逻辑的概念、类型，到论证方法，到基本规律，把看似枯燥难懂的内容，以贴近生活、通俗易懂的方式讲述得明明白白。难度由浅入深，帮助读者发掘出头脑中的资源，打开洞察世界的窗口，向读者提供了一种思考问题的方式和角度，构建全方位的视角，为各种问题的解决和思考维度的延伸提供了行之有效的指导。下篇介绍了约300道提高逻辑思维能力的思维游戏，包括图形逻辑游戏、数字逻辑游戏、推理逻辑游戏、侦探逻辑游戏等，形式活泼，充满趣味和启发性，并配以详细的解题方法。这些游戏题，每一个类型都经过了精心的选择和设计，都极具代表性和独创性，使你在享受乐趣的同时彻底带动你的思维高速运转，帮助你强化左脑和右脑的交互运用，教你如何克服易犯的错误，从不合逻辑的情境中找出符合逻辑的答案，摆脱习以为常的错误思维的阻碍，让你的思考更从容，在娱乐中提升你逻辑思维的敏捷性、深刻性、灵活性，提高你的想象力、创造力和解决问题的能力。

这是一部本活跃思维的大型工具书，我们将以最轻松的方式帮你挖掘大脑潜能，以最有效的形式助你活跃思维，提高分析和解决各种难题的能力。当你跟着本书的指引，通过认真思考和仔细观察，成功地解决了问题之后，你会欣喜地发现，那些拥有卓绝成就的人所具备的超凡思维能力，并不是遥不可及的。通过完成书中的训练题，你可以冲破思维定式，试着从不同的角度思考问题，不断地进行逆向思维，换位思考，无论是参加世界500强企业面试，还是报考公务员、MBA等，都能轻松应对。运用从本书中学到的各种逻辑思维方法，能够帮助你成功破解各种难题，让你全面开发思维潜能，成长为社会精英和时代强者。

  本书既可作为提升逻辑力的训练教程，也可作为开发大脑潜能的工具。不同年龄的人，不同角色的人，都可以从这本书中获得深刻的启示。阅读本书，能让你思维更缜密，观察更敏锐，想象更丰富，心思更细腻，做事更理性。

目录
CONTENTS

上篇　逻辑思维理论篇

第一章　逻辑思维的伟大力量
逻辑和思维密不可分······2
逻辑起源于理智的自我反省······3
逻辑思维的基本特征······5
逻辑学的研究对象是什么······7
逻辑学的性质是什么······8
什么是逻辑思维命题······10
逻辑学的地位······12
逻辑能提高现代竞争力······13

第二章　概念思维
什么是概念······16
概念的内涵和外延······18
单独概念和普遍概念······20
实体概念与属性概念······22
正概念与负概念······24
集合概念和非集合概念······25
概念间的关系······27
概念的限制和概括······32
什么是定义······35
定义的规则和作用······37
什么是划分······39
划分的规则和作用······41

第三章　判断思维
什么是判断······44
判断与语句······45
结构歧义······48
直言判断······50
直言判断的种类······52
直言判断的主、谓项周延性问题······56
A、E、I、O之间的真假关系······58
关系判断······62

联言判断······65
充分条件假言判断······68
必要条件假言判断······70
充分必要条件假言判断······72
逻辑蕴含的假言判断······73
选言判断······75
负判断······79
模态判断······83

第四章　演绎推理思维
什么是推理······86
推理的种类······88
直言判断的直接推理······91
直言判断的变形直接推理······93
三段论······98
三段论的规则······100
三段论的格······103
三段论的式······107
关系推理······111
联言推理······114
选言推理······116
充分条件假言推理······119
必要条件假言推理······122
充分必要条件假言推理······125
二难推理······128
模态推理······132
模态三段论······136
复合模态推理······139
猜测与演绎推理······141

第五章　归纳逻辑思维
什么是归纳推理······144
完全归纳推理······146

不完全归纳推理	149
类比推理	152
比较中的证认推理	155
概率归纳推理	157
统计归纳推理	159

第六章　科学逻辑方法

什么是科学逻辑方法	161
科学解释的逻辑方法	162
科学预测的逻辑方法	165
什么是因果联系	166
求同法	168
求异法	170
求同求异并用法	171
共变法	174
剩余法	176
假说的逻辑方法	177
假说形成的逻辑方法	179
假说检验的逻辑方法	181

第七章　逻辑基本规律

逻辑的基本规律	184
同一律	185
矛盾律	187
逻辑矛盾与辩证矛盾	189
悖论	191
排中律	193
复杂问语	195

充足理由律	197

第八章　逻辑论证思维

什么是逻辑论证	201
论证的结构	203
证明的方法	205
反驳的方法	208
论证的规则	211

第九章　逻辑谬误

什么是逻辑谬误	214
谬误的种类	215
构型歧义和语音歧义	217
合举和分举	219
混淆概念和偷换概念	220
断章取义和稻草人谬误	221
循环论证	222
诉诸权威	223
诉诸怜悯	225
诉诸感情	226
诉诸威力	227
诉诸人身	228
诉诸众人	229
重复谎言	231
不相干论证（推不出）	232
以感觉经验为据	233
以传说为据	234
赌徒谬误	236
错误引用	237

下篇　提高逻辑力的思维游戏

第一章　图形逻辑游戏

1.添加六边形	240
2.对号入座	240
3.美丽的花瓶	240
4.不同的箭头	240
5.圆中圆	240
6.玻璃上的弹孔	240
7.手势与影子	240
8.观察正方形	241

9.是冬还是夏	241
10.折叠魔方	241
11.哪个不相关	241
12.宝塔的碎片	241
13.老师出的谜题	241
14.图形识别	242
15.按图索骥（1）	242
16.按图索骥（2）	242
17.按图索骥（3）	242

18.补缺口 …… 242	63.缺少的图形 …… 250
19.残缺的迷宫 …… 242	64.美丽的正方体 …… 250
20.多余的线 …… 243	65.旋转的物体 …… 250
21.黑点方格 …… 243	66.箭轮 …… 250
22.魔方与字母 …… 243	67.循环图形（1） …… 250
23.六角帐篷 …… 243	68.循环图形（2） …… 251
24.面面俱到 …… 243	69.循环图形（3） …… 251
25.图形选择（1） …… 243	70.循环图形（4） …… 251
26.图形选择（2） …… 243	71.最长路线 …… 251
27.图形组合 …… 243	72.动物散步 …… 252
28.拼凑瓷砖 …… 244	73.图形规律（1） …… 252
29.三棱柱 …… 244	74.图形规律（2） …… 252
30.形单影只 …… 244	75.图形规律（3） …… 252
31.延伸的房子 …… 244	76.图形规律（4） …… 252
32.符号立方体（1） …… 244	77.图形变身 …… 252
33.符号立方体（2） …… 244	78.推测符号 …… 252
34.符号立方体（3） …… 244	79.路径逻辑（1） …… 253
35.折叠平面图 …… 245	80.路径逻辑（2） …… 253
36.连通电路 …… 245	81.找不同 …… 253
37.立方体的折叠 …… 245	82.叶轮 …… 253
38.图纸 …… 245	83.随意的图形 …… 254
39.错的图像 …… 245	84.半圆的规律 …… 254
40.立方体的图案 …… 245	85.吹泡泡 …… 254
41.方格折叠 …… 246	86.点数的规律 …… 254
42.盒子 …… 246	87.方格序列 …… 254
43.不同的脸 …… 246	88.不合规律的图 …… 254
44.壁纸 …… 246	89.组图 …… 255
45.火柴人 …… 246	90.不同类的图形 …… 255
46.查缺补漏 …… 246	91.突变 …… 255
47.支架上的布篷 …… 247	92.火柴翻身 …… 255
48.特制工具 …… 247	93.公路设计图 …… 255
49.拼整圆 …… 247	94.砖块 …… 256
50.底部的图案 …… 247	95.蚂蚁回家 …… 256
51.图形转换 …… 247	96.切割马蹄铁 …… 256
52.音符 …… 247	97.不中断的链条 …… 256
53.方框与符号 …… 248	98.棋盘游戏 …… 256
54.周长最长的图形 …… 248	99.岗哨 …… 256
55.共有的特性 …… 248	100.分割财产 …… 256
56.填补圆 …… 248	
57.最大表面积 …… 248	**第二章 数字逻辑游戏**
58.正方形打孔（1） …… 249	1.巧妙连线 …… 257
59.正方形打孔（2） …… 249	2.数字立方体（1） …… 257
60.组合正方形 …… 249	3.数字立方体（2） …… 257
61.心灵手巧的少妇 …… 249	4.数字狭条 …… 257
62.图形接力 …… 249	5.数字等式 …… 257

6.零花钱 …… 258	51.算一算 …… 265
7.4个数 …… 258	52.六边形与球 …… 265
8.书虫 …… 258	53.加法题 …… 265
9.九宫图 …… 258	54.调整算式 …… 265
10.四阶魔方 …… 258	55.适当的数字 …… 265
11.双面魔方 …… 258	56.数字算式题 …… 265
12.正方形网格 …… 259	57.字母算式题 …… 265
13.六阶魔方 …… 259	58.素数算式题 …… 266
14.八阶魔方 …… 259	59.重新排列数字 …… 266
15.三阶反魔方 …… 259	60.面布袋上的数 …… 266
16.魔幻蜂巢（1） …… 259	61.数字的路线 …… 266
17.魔幻蜂巢（2） …… 259	62.圆圈里的数字 …… 266
18.魔幻蜂巢（3） …… 260	63.划分表格 …… 266
19.魔幻蜂巢（4） …… 260	64.填数 …… 267
20.五角星魔方 …… 260	65.墨迹 …… 267
21.六角星魔方 …… 260	66.缺失的数字 …… 267
22.七角星魔方 …… 260	67.数字盘 …… 267
23.八角星魔方 …… 260	68.数学符号 …… 267
24.表盘上的数字 …… 261	69.序列图 …… 267
25.连续数序列 …… 261	70.第3个圆 …… 267
26.8个"8" …… 261	71.椭圆里的数 …… 268
27.六边形填数 …… 261	72.3个数学符号 …… 268
28.不同的数 …… 261	73.缺少的数字 …… 268
29.数字的规律 …… 261	74.数字之和 …… 268
30.数与格 …… 262	75.数值之和 …… 268
31.箭头与数字 …… 262	76.4个数学符号 …… 268
32.恰当的数（1） …… 262	77.图表与数字和 …… 269
33.恰当的数（2） …… 262	78.数值 …… 269
34.特殊的数 …… 262	79.魔数175 …… 269
35.圆圈与阴影 …… 262	80.合适的数字 …… 269
36.五边形与数 …… 263	81.数字的逻辑 …… 269
37.数字球 …… 263	82.7张字条 …… 269
38.不闭合图形 …… 263	83.数的规律 …… 270
39.竖式 …… 263	84.移动纸片 …… 270
40.哈密尔敦路线 …… 263	85.速算 …… 270
41.哈密尔敦闭合路线 …… 263	86.数字替换 …… 270
42.特殊数字 …… 263	87.数字的关系 …… 270
43.补充数字 …… 264	88.总值60 …… 270
44.奇妙六圆阵 …… 264	89.数字盘的规律 …… 271
45.寻找最大和 …… 264	90.序列数 …… 271
46.规律推数 …… 264	91.数字迷宫（1） …… 271
47.删数字 …… 264	92.数字迷宫（2） …… 271
48.两数之差 …… 264	93.数列 …… 271
49.数字六边形 …… 264	94.计算闯关 …… 271
50.猜数字 …… 265	95.有趣的数列 …… 272

96.图形与数字 …… 272
97.环环相扣 …… 272
98.菲多与骨头 …… 272
99.虚构的立方体 …… 272
100.科隆香水 …… 272

第三章　推理逻辑游戏

1.谁扮演"安妮" …… 273
2.足球评论员 …… 273
3.住在房间里的人 …… 273
4.思道布的警报 …… 274
5.寄出的信件 …… 274
6.柜台交易 …… 275
7.春天到了 …… 275
8.农民的商店 …… 275
9.马蹄匠的工作 …… 276
10.皮划艇比赛 …… 276
11.赛马 …… 277
12.成名角色 …… 277
13.蒙特港的游艇 …… 278
14.扮演马恩的4个演员 …… 278
15.年轻人出行 …… 278
16.继承人 …… 279
17.新工作 …… 279
18.在海滩上 …… 279
19.兜风意外 …… 280
20.航海 …… 280
21.排行榜 …… 280
22.单身男女 …… 281
23.新英格兰贵族 …… 281
24.交叉目的 …… 282
25.豪华轿车 …… 282
26.演艺人员 …… 282
27.下一个出场者 …… 283
28.士兵的帽子 …… 283
29.囚室 …… 283
30.夏日嘉年华 …… 284
31.上班迟到了 …… 284
32.房间之谜 …… 285
33.直至深夜 …… 285
34.吹笛手游行 …… 285
35.维多利亚歌剧 …… 286
36.得分列表 …… 286
37.戴黑帽子的家伙 …… 286
38.戒指女人 …… 287
39.剧院座位 …… 287
40.品尝威士忌 …… 287
41.酒吧老板的新闻 …… 288

第四章　侦探逻辑游戏

1.柯南的解释 …… 289
2.奇怪的来信 …… 289
3.幽灵的声音 …… 290
4.作案的电话 …… 290
5.萨斯城的绑架案 …… 291
6.泄密的秘书 …… 292
7.飞机机翼上的炸弹 …… 292
8.谁是纵火犯 …… 293
9.变软的黄金 …… 293
10.被热水浸泡的体温计 …… 293
11.重要证据 …… 293
12.有人杀害了我的丈夫 …… 294
13.梅丽莎在撒谎 …… 294
14.对话 …… 295
15.游乐园的父子 …… 295
16.价值连城的邮票被盗 …… 295
17.过继 …… 295
18.雨中的帐篷 …… 296
19.报案的秘书 …… 296
20.枪击案 …… 297
21.集邮家 …… 297
22.发难名探 …… 298
23.巧过立交桥 …… 298
24.消声器坏了 …… 298
25.神秘的盗贼 …… 299
26.拿破仑智救仆人 …… 299
27.飞来的小偷 …… 299
28.被杀的猫头鹰 …… 300
29.珠宝店里的表 …… 300
30.双重间谍 …… 301
31.埃默里夫人的宝石 …… 301
32.游船上的谋杀案 …… 302
33.血型辨凶手 …… 302
34.四名嫌疑犯 …… 302
35.迷乱的时间 …… 302
36.马戏团的凶案 …… 303
37.一张秋天的照片 …… 303
38.凶手可能是美国人 …… 304
39.撒谎的肯特 …… 304
40.瑞香花朵 …… 304

41.今年冬天的第一场雪 …… 305	65.破解隐语 …… 312
42.骡子下驹 …… 305	66.律师的判断 …… 312
43.大侦探罗波 …… 305	67.蜘蛛告白 …… 313
44.南美洲的大象 …… 305	68.杀人犯冯弧 …… 313
45.寓所劫案 …… 306	69.县令验伤 …… 313
46."幽灵"的破绽 …… 306	70.被打翻的鱼缸 …… 314
47.聪明的谍报员 …… 307	71.做贼心虚的约翰 …… 314
48.小福尔摩斯 …… 307	72.致命的烧烤 …… 315
49.谍报员面对定时炸弹 …… 308	73.小镇的烦心事 …… 315
50.柯南断案 …… 308	74.他绝不是自杀 …… 315
51.聪明的珍妮 …… 308	75.聪明的探长 …… 315
52.衣柜里的女尸 …… 309	76.凶手可能是律师 …… 316
53.罪犯逃向 …… 309	77.加油 …… 316
54.求救信号 …… 309	78.他杀证据 …… 316
55.神秘的情报 …… 310	79.灭口案 …… 316
56.匿藏赃物的小箱子 …… 310	80.毛毯的破绽 …… 317
57.常客人数 …… 310	81.丽莎在撒谎 …… 317
58.摩天大楼里的住户 …… 310	82.是走错房间了吗 …… 317
59.不在场证明 …… 311	83.臭名昭著的大盗贼 …… 317
60.门口的卷毛狗 …… 311	84.绑票者是谁 …… 318
61.雨后的彩虹 …… 311	85.墙上的假手印 …… 318
62.冰凉的灯泡 …… 312	86.逃犯与真凶 …… 318
63.锐眼识画 …… 312	**答　案** …… 319
64.装哑巴 …… 312	

上 篇
逻辑思维理论篇

第一章

逻辑思维的伟大力量

逻辑和思维密不可分

"逻辑"（logic）这个词是个舶来语，来源于古希腊语即"逻各斯"。逻各斯原指事物的规律、秩序或思想、言辞等。现代汉语中，不同的语境里，"逻辑"自有它不同的含义。比如，"中国革命的逻辑""生活的逻辑""历史的逻辑""合乎逻辑的发展"中的"逻辑"，表示事物发展的客观规律；"这篇文章逻辑性很强""说话、写文章要合乎逻辑""做出合乎逻辑的结论"中的"逻辑"表示人类思维的规律、规则；"大学生应该学点逻辑""传统逻辑""现代逻辑""辩证逻辑""数理逻辑"中的"逻辑"表示一门研究思维的逻辑形式、逻辑规律及简单的逻辑方法的科学——逻辑学；"人民的逻辑""强盗的逻辑""奴隶主阶级的逻辑"中的"逻辑"则指一定的立场、观点、方法、理论、原则。

"逻辑"一词来源于西方，但并不意味着逻辑就是西方的独创，古代东方对逻辑也有研究和应用，古代中国先秦时期的"名学""辨学"和古印度的"因明学"都是逻辑学应用的典范。这说明逻辑思维是人类思维一个共性。

这也说明，逻辑和思维是密不可分的。

有人把思维分为两种类型，即抽象（逻辑）思维和形象（直感）思维。辩证唯物主义认识论认为，人们在社会实践中对客观事物的认识分为两个阶段。

第一阶段：直接接触外界事物，在人脑中产生感觉、知觉和表象。

第二阶段：是对综合感觉的材料加以整理和改造，逐步把握事物的本质和规律性，从而形成概念，构成判断（命题）和推理。这一阶段是人们的理性认识阶段，也就是思维的阶段。

这就是说，人们认识世界主要通过两种方式。一种是亲知，即通过自己的感官来感觉和体验；另一种是推知，也就是思维，即从已经获得的知识来推论一些知识。因此，思维在人们的认识活动中起着十分重要的作用。

所谓的思维，简单地说，就是人们"动脑筋""想办法""找答案"的过程，并且，它一定同人们的认知过程相联系，必须是主要依靠人的大脑活动而进行的，否则，我们只能叫它感知（认识的第一阶段），而不是思维。换句话说就是，只有主要依靠人的大脑对事物外部联系综合材料进行加工整理，由表及里，逐步把握事物的本质和规律，从而形成概念、建构判断和进行推理的活动才是思维活动。

概念、判断、推理是理性认识的基本形式，也是思维的基本形式。概念是反映事物本质属性或特有属性的思维形式，是思维结构的基本组成要素。判断（命题）是对思维对象有所判定（即肯定或否定）的思维形式，它是由概念组成的，同时，它又为推理提供了前提和结论。推理是由一个或几个判断推出一个新判断的思维形式，是思维形式的主体。

而概念、判断、推理和论证，恰恰是逻辑所要研究的基本内容。因此，我们说逻辑是关于思维的科学。

当然，逻辑并不研究思维过程的一切方面。思维的种类有很多，形象思维、直觉思维、创造思维、发散思维、灵感思维、哲学思维等，这些思维都与人们的大脑活动有密切关系，但都不是逻辑思维。只有人们在认识过程中借助于概念、判断、推理等思维的逻辑形式，遵守一定的逻辑规则和规律，运用简单的逻辑方法，能动地反映客观现实的理性认识过程才叫逻辑思维，又称理论思维。这就是说，逻辑只从思维过程中抽象出思维形式（概念——判断——推理）来加以研究，准确地说，逻辑是关于思维形式的科学。

但是，人的大脑的思维活动深藏于脑壳之内，看不见摸不着，它一定要借助外在的载体——语言，才能表现出来。因此，我们说逻辑思维和语言有着不可分割的联系。人们在运用概念、进行判断、推理的思维活动时，是一刻也离不开语词、语句等语言形式的。

我们知道，语言的表达方式无外乎有语词、语句和句群，它们被形式化之后就成为思维的逻辑形式——思维内容各部分之间的联系方式（形式结构），亦即思维形式与语言形式是相对应的。思维形式的概念通过语言形式的词或词组来表达；思维形式的判断通过语言形式的句子来表达；思维形式的推理通过语言形式的复句或句群来表达。没有语词和语句，也就没有概念、判断和推理，从而也就不可能有人的逻辑思维活动。

比如，"桂林""山""水""甲""天""下"，这六个概念是借助于六个语词来表达的，没有这六个语词，就不能表达这六个概念。再比如，"桂林山水甲天下"，这是一个判断，它是借助于一个语句来表达的，没有这个语句，就无法表达这个判断。

再看下面的小故事：

爱尔兰文学家萧伯纳在一个晚会上独自坐在一旁想着自己的心事。

一位美国富翁非常好奇，他走过来说："萧伯纳先生，我愿出一块钱来打听您在想什么？"

萧伯纳抬头看了一眼这富翁，略加思索后说道："我想的东西不值一块钱。"

富翁更加好奇地问："那么，你究竟在想什么呢？"

萧伯纳笑了笑，回答说："我想的东西就是您啊！"

萧伯纳的思维过程用逻辑语言整理一下的话，就是：我想的东西不值一块钱；那位富翁是我想的东西；所以，那位富翁不值一块钱。萧伯纳的思维过程，从思维形式上看，是由三个语句组成的一个推理，没有这三个语句，这个推断也就不能存在了。

思维专属于人类，这是不争的事实。即使是最被人看好的类人猿、猴子、海豚等都不能有思维的属性，因为思维是和语言相连接的，没有语言和文字的动物是没有思维的。逻辑、思维形式、语言形式三者是密不可分的，了解了这一点，更加有助于提升我们的逻辑思维能力。

逻辑起源于理智的自我反省

古代中国的名学（辩学）、古希腊的分析学和古代印度的因明学并称为逻辑学的三大源流。不过，当时的逻辑学并不是一门独立的学科，而是包含于哲学之中。

中国的先秦时代是诸子百家争鸣、论辩之风盛行的时期，逻辑思想在当时被称为"名辩之学"。先秦的"名实之辩"几乎席卷了所有的学派。当时，出现了一批被称为"讼师""辩者""察士"的人，如邓析、惠施、公孙龙等。他们或替人打官司或聚徒讲学，"操两可之说，设无穷之辞"，提出了许多有关巧辩、诡辩和悖论性的命题。其中，以墨翟为代表的墨家学派对逻辑学的贡献最大。在墨家学派的著作《墨经》中，对概念、判断、推理问题作了精辟的论述。不过，"名学""辩学"作为称谓先秦学术思想的用语，并非古已有之，而是后人提出的，到了近代才被学术界普遍接受。

逻辑学在古代印度称为"因明学"，因，指推理的根据、理由、原因；明，指知识、学问。"因明"就是关于推理的学说，起源于古印度的辩论术。相传，上古时代的《奥义书》就已提到了"因明"。释迦牟尼幼时，也曾在老师的指导下学习过"因明"。不过，因明真正形成自己独立完整的体系，则是公元2世纪左右的事。其主要学术代表作为陈那的《因明正理门论》、商羯罗主的《因明入正理论》等。

古希腊是逻辑学的主要诞生地，经过公元前6世纪到公元前5世纪的发展后，在公元前4世纪由亚里士多德总结创立了古典形式逻辑。亚里士多德写了包括《范畴篇》《解释篇》《前分析篇》《后分析篇》《论辩篇》《辩谬篇》等在内的诸多论文，全面系统地研究了人类的思维及范畴和概念、判断、推理、证明等问题，这在西方逻辑学的历史上尚属首次。

在古代中国、印度和希腊，一些智慧之士已经意识到了适当运用日常生活中语言或思维中存在的机巧、环节、过程的重要性，并开始对其进行反省与思辨，从而留下了许多为人们津津乐道的有趣故事。

⊙ 白马非马

公孙龙（公元前320年~前250年），战国时期赵国人，曾经做过平原君的门客，名家的代表人物。其主要著作《公孙龙子》，是著名的诡辩学代表著作。其中最重要的两篇是《白马论》和《坚白论》，提出了"白马非马"和"离坚白"等论点，是"离坚白"学派的主要代表。

在《白马论》中，公孙龙通过三点论证证明了"白马非马"的命题。

其一，"马者，所以命形也；白者，所以命色也；命色者非命形也，故曰：白马非马。"公孙龙认为，"马"的内涵是一种哺乳类动物；"白"的内涵是一种颜色；而"白马"则是一种动物和一种颜色的结合体。"马""白""白马"三者内涵的不同证明了"白马非马"。

其二，"求马，黄黑马皆可致。求白马，黄黑马不可致。……故黄黑马一也，而可以应有马，而不可以应有白马，是白马之非马审矣。"在这里，公孙龙主要从"马"和"白马"概念外延的不同论证了"白马非马"。即"马"的外延指一切马，与颜色无关；"白马"的外延仅指白色的马，其他颜色则不行。

其三，"马固有色，故有白马。使马无色，有马如已耳。安取白马？故白者，非马也。白马者，马与白也，马与白非马也。故曰：白马非马也。"共相是哲学术语，简单地说就是指普遍和一般。"马"的共相是指一切马的本质属性，与颜色无关；"白马"的共相除了马的本质属性外，还包括了颜色。公孙龙意在通过说明"马"与"白马"在共相上的差别来论证"白马非马"。

公孙龙关于"白马非马"这个命题探讨，符合同一性与差别性的关系以及辩证法中一般和个别相区别的观点，在一定程度上纠正了当时名实混乱的现象，有一定的合理性和开创性。

不过，在我国古代对逻辑学的研究中，当属墨家的《墨经》和荀子的《正名篇》贡献最大。《墨经》中提出了"以名举实，以辞抒意，以说出故"的重要思想。其中，"名"相当于概念，"辞"相当于判断或命题，"说"相当于推理，即人们在思维、认识和论断过程中，是用概念来反映事物，用判断来表达思想，以推理的形式来推导事物的因果关系。墨家对概念、判断、推理所作的精辟论述，对逻辑学的发展影响深远。

⊙ 三支论式

印度的因明学一直和佛教联系在一起，事实上它的出现就是为了论证佛教教义。古印度最早的因明学专著《正理经》是正理派的创始人足目整理编撰的，《正理经》可说是因明之源。在《正理经》中，足目建立了因明学的纲要——十六句义（又称十六谛），即十六种认识及推理论证的方式。《正理经》几乎贯穿了整个印度的因明史，对印度因明学的发展意义重大。

陈那在印度逻辑史上是一位里程碑式的人物，他创立了新因明的逻辑系统，故被世人誉为"印度中古逻辑之父"。他在《因明正理门论》中提出了"三支论式"，认为每一个推理形式都是由"宗"（相当于三段论的结论）、"因"（相当于三段论的小前提）、"喻"（相当于三段论的大前提）三部分组成。比如：

宗：她在笑

因：她遇到了高兴的事

喻：遇到了高兴的事都会笑

比如她获奖了

⊙ 说谎者悖论

在古希腊，有过许多与逻辑学产生有关的奇人趣事，闪烁着智慧的光芒。关于"说谎者悖论"就是其中很有意思的一个。

公元前6世纪，古希腊克里特岛人匹门尼德说了一句著名的话：

所有的克里特岛人都说谎。

那么，他这句话到底是真是假？若是真话，他本人也是克里特岛人，就表示他也说谎，那么这就是假话；若是假话，就说明还有克里特岛人不说谎，那他说的就是真话。于是就出现了一个悖论。公元前4世纪，麦加拉派的欧布里德斯把该这句话改为："一个人说：我正在说的这句话是假话。"这句话究竟是真是假？对此，你也可以得出一个悖论。这就是"说谎者悖论"。后来，"说谎者悖论"演变出了一种关于明信片的悖论。一张明信片的正面写着："本明信片背面的那句话是真的。"明信片的背面则写着："本明信片正面的那句话是假的。"无论你从哪句话理解，你都只能得出一个悖论。

悖论指在逻辑上可以推导出互相矛盾的结论，但表面上又能自圆其说的命题或理论体系。它的特点就在于推理的前提明显合理，推理的过程合乎逻辑，推理的结果却自相矛盾。那么，悖论究竟是如何产生的？又怎样去避免？我们该怎样看待悖论？这直到现在都没有定论。

古代的智慧之士提出的这些巧辩、诡辩和悖论，不仅是对人类语言和思维的把玩与好奇，更是对其中各种有趣现象和问题的自我反省与思辨。他们对人类理智的这种自我反省与思辨驱使一代又一代的人去研究、探索，最终形成了一门充满智慧的学科——逻辑学。

逻辑思维的基本特征

人们通常说的思维是指逻辑思维或抽象思维。逻辑思维（logical thinking），是指人们在认识过程中借助于概念、判断、推理等思维形式能动地反映客观现实的理性认识过程，又称理论思维。它是人脑对客观事物间接概括的反映，它凭借科学的抽象揭示事物的本质，具有自觉性、过程性、间接性和必然性的特点。逻辑思维是人的认识的高级阶段，即理性认识阶段。只有经过逻辑思维，人们才能达到对具体对象本质的把握，进而认识客观世界。

逻辑学是逻辑思维的理论基础，逻辑思维正是在逻辑学理论的指导下进行的。所以，逻辑思维的基本特征与逻辑学的性质以及逻辑学的研究内容紧密相关。

就像声音是以空气作为媒介传播的一样，逻辑思维是通过概念、命题、推理等思维形式来传递信息和知识的。如果没有概念、命题、推理，逻辑思维就无法进行。这就像如果没有空气，声音就不能传播一样。只有确定了概念的内涵和外延、命题的真假和推理过程的合理明确，人们才能进行正确有效的逻辑思维。可以说，正是概念、命题和推理成就了逻辑思维的意义。

1938年，针对希特勒在德国的独裁统治，喜剧大师卓别林以此为题材写出了喜剧电影剧本《独裁者》，对希特勒进行了辛辣的讽刺。但是，就在电影将要开机拍摄之际，美国派拉蒙电影公司的人却声称："理查德·哈定·戴维斯曾写过一出名字叫做《独裁者》的闹剧，所以他们对这名字拥有版权。"卓别林派人跟他们多次交涉无果，最后只好亲自登门去和他们商谈。最后，派拉蒙公司声称：他们可以以2.5万美元的价格将"独裁者"这个名字转让给卓别林，否则就要诉诸法律。面对对方的狮子大开口，卓别林无法接受。正在无计可施之际，他灵机一动，便在片名前加了一个"大"字，变成了《大独裁者》。这一招让派拉蒙公司瞠目结舌，却又无话可说。

在这里，卓别林就是通过混淆了概念的内涵和外延（即概念的属种问题）巧妙地解决了派拉蒙公司的赔偿要求。在属种关系中，外延大的、包含另一概念的那个概念，叫做属概念；外延小的，从属于另一概念的那个概念叫做种概念。比如语言和汉语，语言就是属概念，汉语则是种概念。"独裁者"和"大独裁者"是两个相容关系的概念。前者外延大，是为属概念；后者外延小，是为种概念。在这个事例中，"独裁者"便是"大独裁者"的属概念。可见，只有对概念的内涵与外延有了明确的认识，才能进行正确的逻辑思维。同时，命题的真假和推理结构关系的不明晰也会影响逻辑思维，在此不再一一举例。

逻辑思维以真假、是非、对错为目标，它要求思维中的概念、命题和推理具有确定性。也就是说，在进行逻辑思维时，概念在内涵和外延上的含义应该有确定性；命题的真假及对研究对象的推理判断也应该有确定性。遵循思维过程中的确定性的逻辑思维才是正确的逻辑思维，反之则是不合逻辑或诡辩。

老虎是动物，所以小老虎是小动物。

下述哪个选项中出现的逻辑错误与题干中的最为类似？

A．这道题这么做看上去既像对的，又像错的，都有点像。

B．许多后来成为老板的人上大学时都经常做些小生意，所以经常做小生意的人一定能成为老板。

C．在激烈的市场竞争中，产品质量越好并且广告投入越多，产品需求量就越大。A公司投入的广告费比B公司多，所以市场对A公司产品的需求量就大。

D．故意杀人犯应判处死刑，行刑者是故意杀人者。所以行刑者应该判处死刑。

题干中"老虎是动物"是前提，"所以小老虎是小动物"是结论。显然，这是一个错误的结论。那么，错误出在哪儿呢？"老虎是动物"这个命题是正确的，小老虎也是老虎，所以小老虎也是动物。小动物是指体型较小的动物，比如猫、狗等宠物，小老虎只是年龄小。年龄和体型是两个概念，说"小老虎是小动物"其实是偷换了"小"的概念。在这里，只有D项中犯了"偷换概念"的逻辑错误，把"执法"曲解为"谋害"了。A项违背了排中律和矛盾律，B项则是把先做小生意后成为老板的"相继"关系当成了因果关系。C项命题、结论都是错的。

逻辑关系是逻辑思维的中心关节，只有理清逻辑关系，再对研究对象做逻辑分析，才能解决问题。命题之间的关系包括矛盾关系、反对关系、蕴涵关系、等值关系等，论据之间的关系包括递进关系、转折关系、并列关系等。只有弄清楚推理中的命题和论据各自的关系，才能进行正确的逻辑思维。

玫瑰和月季在英文里通俗的叫法都是rose。只是在早期的文学翻译中，把中国传统品种的月季还叫月季，而把西方的现代月季翻译成玫瑰。玫瑰和月季在花形上有许多相同的特征，所以有人认为所有具有这些特征的都是玫瑰。

如果上面的陈述和判断都是真的，那下面哪一项也一定为真？

A．玫瑰与月季的相似之处要多于和其他花的相似之处。

B．对所有的花来说，如果他们在花形上有相似的特征，那么在花的结构和颜色上也会有相同的特征。

C．所有的月季都是玫瑰。

D．玫瑰就是月季。

显然，题干中问题的性质是要确定逻辑关系，也就是确定选项中哪一项是题干的逻辑结论。我们首先需要提取题干中的主要信息，即"玫瑰和月季在花形上有许多相同的特征"和"所有具有这些特征的都是玫瑰"。然后，我们就可以根据它们的逻辑关系选择合乎其逻辑的选项。"玫瑰和月季在花形上有许多相同的特征"就是说所有月季都具有玫瑰的某些特征。因为"所有具有这些特征的都是玫瑰"，所以就得出"所有的月季都是玫瑰"的结论。在这里就涉及到逻辑结论与生活经验的冲突，因为"所有的月季都是玫瑰"的结论虽然合乎本题逻辑，却有违园艺学常识。因为，从园艺学上讲，玫瑰只是月季的一个品种。所以，如果我们要求"结论的真实性的话"，那么就要对推理形式的有效性和推理前提的真实性做出保证。

需要指出的是，在对推理或论证进行分析的时候，要遵循逻辑学的程序和规则。但是，逻辑学并非一个完美无暇的学科，它也有着自身的局限性。而且在追求知识的确定性的过程中，由于方法论本身存在着缺陷，所以逻辑学的程序和规则就受到了相应的挑战。这就要求我们在进行推理论证时要不断地对逻辑思维进行批判、修改和完善。

逻辑学的研究对象是什么

提到逻辑学，就不能不提到亚里士多德。这位古希腊伟大的学者，也是世界历史上最伟大的学者之一，毕生都在致力于学术研究，在修辞学、物理学、生物学、教育学、心理学、政治学、经济学、美学方面写下了大量著作。此外，他也是形式逻辑的事实性奠基者与开创者，由他建立的逻辑学基本框架至今还在沿用。亚里士多德认为，逻辑学是研究一切学科的工具。他也一直在努力把思维形式与客观存在联系起来，并按照客观存在来阐明逻辑学的范畴。他还发现并准确地阐述了逻辑学的基本规律，而这对后世的研究有着巨大的影响。在经过弗朗西斯·培根、穆勒、莱布尼兹、康德、黑格尔等哲学家的研究、发展后，西方已经建立了比较成熟完善的逻辑学研究体系。

我国是逻辑学的发源地之一，对逻辑学的研究在先秦时代就已经开始。但是，这些研究都是零散地出现于各派学者的著作中，并没有形成完整的体系，也没有得到更进一步的发展。所以，一般认为，逻辑学是西方人创立的。

简单地说，逻辑学就是研究思维的科学，包括思维的形式、内容、规律和方法等各个方面。有研究者曾这样定义逻辑学："逻辑学是研究纯粹理念的科学，所谓纯粹理念就是思维的最抽象的要素所形成的理念。"抽象就是从众多的事物中抽取出共同的、本质性的特征，而舍弃其非本质的特征。比如梅花、荷花、水仙、菊花等，其共同特性就是"花"，得出"花"这个概念的过程就是抽象的过程。但要最后得出"花"这个概念，就要对这几种花进行比较，没有比较就找不出它们的共同的、本质的特征。因此，有人认为逻辑学是最难学的，因为它研究的是纯抽象的东西，它需要一种特殊的抽象思维能力。但实际上逻辑学并没有想象的那么难，因为不管多么抽象，归根到底它研究的还是我们的思维，也就是说我们的思维形式、思维方法和思维规律。

简单地说，思维就是人脑对客观存在间接的、概括的反映。既然是人脑对客观存在的反映，那就涉及到反映的形式和内容的问题。也就是说，思维活动包括思维形式和思维内容两个方面。思维内容是指反映到思维中的各种客观存在，而思维形式则是指思维内容的具体组织结构以及联系方式。以语言为例，瑞士语言学家索绪尔认为，任何语言符号是由"能指"和"所指"构成的，"能指"指语言的声音形象，"所指"指语言所反映的事物的概念。比如"house"这个词，它的发音就是它的"能指"，"房子"的概念就是它的"所指"。因此，可以说思维形式就相当于语言的"能指"，思维内容就相当于语言的"所指"。思维形式和思维内容既相互区别又相互联系，就像硬币的两面，它们同时存在于同一思维活动中。古人说"皮之不存，毛将焉附"，如果说思维内容是"皮"，思维形式就是"毛"，二者一起组成了"皮毛"。所以说，内容和形式不可对立起来，没有内容，就无所谓形式；没有形式，内容也无可表达。之所以花这么多篇幅说思维内容和思维形式的关系，就是要说明逻辑学其实就是对从思维内容中抽离出来的思维形式进行研究的。思维形式主要是指概念、判断、推理，也有研究者认为假说和论证也是思维形式。比如：

（1）所有的商品都是劳动产品。
（2）所有的花草树木都是植物。
（3）所有的意识都是客观世界的反映。

这是三个简单的判断，即对"商品""花草树木""意识"这三种不同的对象进行判断，把它们分别归属为"劳动产品""植物"和"客观世界的反映"。它们虽然反映的思维内容各不相同，但是它们前后两部分的组织结构，也就是形式是相同的，即"所有……都是……"。如果用S表示前一部分内容，用P表示后一部分内容，就可以得到一个关于判断的逻辑结构公式：

所有S都是P。

在逻辑学上，把上述这种最常见的判断形式称为逻辑形式，逻辑学所研究的就是有着这种逻辑形式的逻辑结构。

对于推理，我们也可以用相同的方法推导出一个公式。比如：

（1）所有的商品都是劳动产品，汽车是商品，所以，所有的汽车是劳动产品。

（2）所有的花草树木都是植物，梧桐是树，所以，所有的梧桐是植物。

上述两例都是简单的推理过程，（1）是"汽车""商品"和"劳动产品"的推理过程，（2）是"梧桐""树"和"植物"的推理过程。二者反映的是不同的推理内容，但都包括三个概念，都是由三个判断构成的推理结构。如果用S、P、M表示三个概念，就可以得出下面的逻辑结构公式：

所有M都是P

所有S都是M

————————

所以，所有S都是P

在逻辑学上，把这种常见的推理结构称为三段论推理的逻辑结构（或逻辑形式）。

在这里，涉及到逻辑常项和逻辑变项两个概念。逻辑常项指思维形式中不变的部分，如"所有……都是……"这个结构；逻辑变项指思维形式中可变的部分，如"S"和"P"这两个概念。"S"和"P"可以是任意相应的概念，但"所有……都是……"这个结构却是固定的。

逻辑学研究的另两个对象是指思维方法和思维规律。其中，思维方法是指依靠人的大脑对事物外部联系和综合材料进行加工整理，由表及里，逐步把握事物的本质和规律，从而形成概念、建构判断和进行推理的方法。思维方法包括很多种，比如观察、实验、分析与综合、给概念下定义，等等。对各种各样的思维方法进行研究，是逻辑学的主要任务之一。

在人们运用各种思维方法对各种思维形式进行研究的过程中，也就是在人们对客观存在反映在人脑中的思维形式进行研究探讨过程中，逐渐总结出了一些规律性的、行之有效的规则，即思维规律。思维规律是人们根据长期思维活动的经验总结出来的，是人类智慧的结晶，也是人们在思维活动中必须遵循的、具有普遍指导意义的规则。在逻辑学中，思维规律主要是指同一律、矛盾律、排中律和充足理由律。其中，同一律可以用公式"A是A"表示，它指在同一思维过程中，使用的概念和判断必须保持同一性或确定性；矛盾律可以用公式"A不是非A"，它指在同一思维过程中，对同一概念的两个相互矛盾的判断至少应该有一个是假的；排中律是指在同一思维过程中，对同一概念两个相矛盾的肯定与否定判断中必有一个是真的，即"A或者非A"；充足理由律是指在思维过程中，任何一个真实的判断都必须有充足的理由。凡是符合上述思维规律的，就是正确的、合乎逻辑的思想，反之则是错误的、不合逻辑的。

由此可见，思维形式、思维方法及思维规律构成了逻辑学的主要研究内容，是逻辑学的三大主要研究对象。

逻辑学的性质是什么

如果要准确把握逻辑学的性质，首先要明白逻辑学的研究对象。最早把现代逻辑系统地介绍到中国来的逻辑学家之一金岳霖在他的《形式逻辑》这样定义逻辑："以思维形式及其规律为研究对象，同时也涉及一些简单的逻辑方法的问题。"我们在上节也对逻辑学的研究对象作了分析，即对思维形式、思维方法和思维规律的研究。逻辑学的研究对象决定了逻辑学的工具性，也决定了逻辑学是一门工具性的学科。这可以说是逻辑学最为显著的性质特点。

事实上，从亚里士多德建立逻辑学开始，逻辑学就表现出了它的工具性特点。亚里士多德认为，逻辑学是认识、论证事物的工具，他的关于逻辑学的论著也被命名为《工具论》。后来，英国著名哲学家弗朗西斯·培根也把自己的著作称为《新工具》。可见，历史上的哲学家及逻辑学家对逻辑学的工具性是有着统一认识的。"工具"的释义是："原指工作时所需用的器具，后引申为为达到、完成或促进某一事物的手段。"从这个定义我们可以看出，逻辑学的工具性表现以下在两个方面：

◎ **逻辑学是人们对事物进行判断、推理、认识的工具。**

它能够提供从形式方面确定思维正确性的知识，我们可以根据这些知识去判断推理关系的正确与否。就像语法规则，我们可以根据语法规则判断字、词、句的含义是否正确，它们的关系是否合理；又像法律，给我们提供判断违法或犯罪的凭据。语法和法律并不对具体的语言现象或行为作规定，它们只是提供一个准则，符合这些规则的就是正确的，不符合的就是错误的。逻辑学也是如此，只有符合思维规律的判断和推理才是正确的、合乎逻辑的。请看下面这则故事：

一个小青年拿着一个铜碗到一个古董商店里出售，声称这是一个汉代古董。站在柜台前新来的学徒小张接过铜碗一看，只见这铜碗看上去古色古香，还带有一些明显是埋在地下比较久了的锈迹。翻过来再一看碗底，还刻着"公元前21造"的字样。小张顿时觉得这碗很可能真是汉代的，这可是笔大生意啊，于是赶紧喜滋滋地将碗拿给店里的老师傅看。没想到，老师傅仅粗略一看，就"扑哧"笑出来，说道："这也太假了吧，'公元'是近代才产生的概念，汉代这么可能这么说呢？"

"公元"是近代才产生的概念，这个"汉代"铜碗却写着"公元前21造"，由此可见这个铜碗不是汉代的，所以是假的。在这个故事中，老师傅就是运用推理判断出了这件事的不合逻辑之处。

◎ **逻辑学是我们分析概念的内涵和外延，通过思维规律的普遍指导意义获取新知识的工具。**

比如你看到树叶落了，就会知道秋天来了，这正是通过你对"秋天里树叶会落"的认识来推理出这个结论的；再比如，哺乳动物是一种恒温、脊椎动物，身体有毛发，大部分都是胎生，并借由乳腺哺育后代。你可以根据对哺乳动物特征的了解推理出牛、马、狗等哺乳类动物的基本特征。同样，运用这种逻辑思维规律，也可以通过正确、有效的推理获取其他知识。需要注意的是，在逻辑学上，只对推理形式的合理有效做研究，但并不保证根据思维形式和规律得到的知识一定是正确或可靠的。比如，我们前面得出的"所有的月季都是玫瑰"的结论就是这样。

有这么一个故事：

几个青年作家去拜访一位老作家，老作家热情地接待了他们。为了表示欢迎，老作家精心准备了几道菜。而且，还把各种不同的菜采用不同的颜色、种类配合搭配出了非常漂亮的造型。但是，这些菜却都不能吃，因为它们全是生菜。几个青年作家看着这些好看却不能吃的菜，又看看老作家热情的笑容，感到很不解，也很尴尬。临别时，老作家对几位青年说："听说你们最近在争论文学的形式和内容的问题，这就算是我的一点看法吧。"

很显然，老作家是在用这些形式精美但却不能吃的菜告诫青年作家们形式再漂亮，如果内容不好，也是没有意义的。老作家如此看待文学形式和内容的问题，自然无可厚非。但是逻辑学在对待形式和内容的问题，具体地说是思维的形式和内容的问题上，正好和老作家有着相反的特征。因为，逻辑学在研究思维的过程中，只关注思维的形式，而不管内容。也就是说，逻辑学是一门形式科学。

在上节，我们通过分析得出了关于推理结构的公式，即：

所有M都是P

所有S都是M

所以，所有S都是P

在这个公式中，"所有……都是……"、"所以，所有……都是……"是逻辑常项，S、M、P是逻辑变项。也就是说，S、M、P可以是任意内容。这是因为，逻辑学追求的是对形式结构的研究，而不关注具体内容。比如在命题"所有的商品都是劳动产品，汽车是商品，所以，所有的汽车是劳动产品"中，逻辑学并不以商品的本质属性为研究对象，即便是商品从这个世界上消失了，逻辑学依然存在。逻辑学推广的是一种普遍有效的推理方式，任何对象放在这种方式里都适用。所以，从逻辑学的角度讲，它只看到了上面的公式结构，而不管"商品""汽车""劳动产品"之类的内容。就像庖丁解牛，只见骨架，不见全牛，"手之所触，肩之所倚，足之所履，膝之所踦，砉然响然，奏刀騞然，莫不中音。"因此，逻辑学是一门形式学科，这是它的另一个重要性质。

从语言学的角度讲，语言既不属于经济基础，也不属于上层建筑，这两者的变化都不会从本质上影响语言。也就是说，语言没有阶级性，也没有民族性。在这点上，逻辑学有着和语言相同的性质。也就是说，不管是哪个阶级，哪个民族，若要进行正常的思维活动，就必须遵循相同的思维规律，采取相同的思维形式和思维方法。一个至高无上的国王也好，一个衣不遮体的穷人也罢，普鲁士民族也好，俄罗斯民族也罢，只要想交流或表达思想，都要进行相同的逻辑思维。你可以否认别人的推理过程，你也可以批判别人的推理结果，但是你却不可能限制别人去进行思维活动。美国大片《盗梦空间》中的盗梦者也只是通过进入别人的梦境影响别人，而不能从本质上改变别人的逻辑思维能力。由此可见，逻辑学的超阶级性和超民族性。它是全人类的，不属于任何个人或团体。此外，逻辑学的工具性也决定了它的全人类性。它是各个阶级、民族共同使用的思维工具，是为全人类服务的一门基础性学科。

什么是逻辑思维命题

⊙ 思维命题的意义

心理学家认为人类在4岁之前的思维是最活跃的，也是最具有开发潜能的。随着年龄的增长，随着知识的增加，人的思维逐渐被知识束缚住了。人们思考问题的时候局限在常见的、已知的圈子里，不能想到更多的解决问题的方法。一旦现有的条件不能满足常规的解决问题的途径，人们就束手无策了。因此我们需要思维命题对思维能力进行训练。

思维命题的目的是进行思维训练，而知识命题的目的是检验对专业知识的掌握程度，二者的差别很明显。比如："秦始皇在哪一年统一了中国？"这显然是纯知识性的命题。大部分人在学历史的时候都学过，都背过，但是考试之后都忘了。如果问题改为"秦始皇为什么能够统一中国"，这就是一道思维命题。还可以进一步启发思考："如果你是秦始皇，你会采取哪些措施来达到统一中国的目的？"

据说外国的考试相对于中国的考试来说很简单，中国的差生到了外国可能是中等生。但是比较一下中国和外国的作文题目，你就知道中国更侧重于知识命题，而外国更侧重于思维命题，中国学生应付知识性考试还行，但是在思维命题方面未必表现出色。

中国作文题目：

诚实和善良

品味时尚

书

我想握着你的手

谈"常识"有关的经历和看法

站在……门口

美国作文题目：

（1）谁是你们这代的代言人？他或她传达了什么信息？你同意吗？为什么？

（2）罗马教皇八世Boniface要求艺术家Giotto放手去画一个完美的圆来证实自己的艺术技巧。哪一种看似简单的行为能表现你的才能和技巧？怎么去表现？

（3）想象你是某两个著名人物的后代，谁是你的父母？他们将什么样的素质传给了你？

（4）假如每天的时间增加了4小时35分钟，你将会做什么不同的事？

（5）开车进芝加哥市区，从肯尼迪高速公路上能看到一个表现著名的芝加哥特征的建筑壁饰。如果你可以在这座建筑物的墙上画任何东西，你将画什么，为什么？

（6）你曾经不得不做出的最困难的决定是什么？你是怎么做的？

法国作文题目：

（1）艺术品是否与其他物品一样属于现实？

（2）欲望是否可以在现实中得到满足？

（3）脑力劳动与体力劳动的比较有什么意义？

（4）就休谟在《道德原则研究》中有关"正义"的论述谈一谈你对"正义"的看法。

（5）"我是谁？"——这个问题能否以一个确切的答案来回答？

（6）能否说"所有的权力都伴随以暴力"？

当然了，我们强调思维命题的重要性，并不是说知识命题不重要。通过知识命题的训练，我们可以学到前人已经总结出的知识。但是知识命题只有唯一的答案，抑制了思维的创造性。在过去的教育中，我们过于重视知识命题，忽视了思维命题，导致很多人的思维能力有所欠缺。思维命题可以训练人的思考问题和解决问题的能力，培养正确的思维方式，使思维活跃起来，超越固定的思维模式。

⊙ **逻辑思维命题**

随着人类社会的发展，人们在实践的基础上认识了客观事物发展过程中的逻辑规律，于是出现了很多逻辑思维命题。

在公元前5世纪的古希腊曾经出现过一个智者哲学流派，他们靠教授别人辩论术吃饭。这是一个诡辩学派，以精彩巧妙和似是而非的辩论而闻名。他们对自然哲学持怀疑态度，认为世界上没有绝对不变的真理。其代表人物是高尔吉亚，他有三个著名的命题：

（1）无物存在；

（2）即使有物存在也不可知；

（3）即使可知也无法把它告诉别人。

这就是逻辑思维命题。

逻辑思维命题是逻辑学家通过对人类思维活动的大量研究而设计的。逻辑思维命题有两个较为显著的特征：第一个就是抽象概括性，就是抛开事物发展的自然线索和偶然事件，从事物成熟的、典型的发展阶段上对事物进行命题；第二个就是典型性，具体来说就是离开事物发展的完整过程和无关细节，以抽象的、理论上前后一贯的形式对决定事物发展方向的主要矛盾进行概括命题。

形式逻辑是一门以思维形式及其规律为主要研究对象，同时也涉及一些简单的逻辑方法的科学。概念、判断、推理是形式逻辑的三大基本要素。概念的两个方面是外延和内涵，外延是指概念包含事物的范围大小，内涵是指概念的含义、性质；判断从质上分为肯定判断和否定判断，从量上分为全称判断、特称判断和单称判断；推理是思维的最高形式，概念构成判断，判断构成推理。由形式逻辑派生出的逻辑推理命题，是逻辑学家用思维学的理论对人类的思维活动过程进行大量的研究而设计的。这类命题主要有以下的特点：

（1）在具体命题研究展开之前对研究对象进行分析。分析事物中的哪些属性相对于研究目的来说是主要的和稳定的，这种分析是对经验材料的杂多和繁复进行分离。

（2）引入还原方法，把复杂的命题材料还原为简单的命题规律格式，通过能够清晰表述的命题规律格式再现思维结构。其目的是更好地解析思维的逻辑特点及其规律。

古希腊哲学家苏格拉底、柏拉图、亚里士多德等人就是这方面的代表，他们构建了至今已有两千多年历史的形式逻辑思维框架。

苏格拉底认为自己是没有智慧的，声称自己一无所知，然而德尔菲神庙的神谕却说苏格拉底是雅典最有智慧的人。

苏格拉底在雅典大街上向人们提出一些问题，例如，什么是虔诚？什么是民主？什么是美德？什么是勇气？什么是真理？等等。他称自己是精神上的助产士，问这些问题的目的就是帮助人们产生自己的思想。他在与学生进行交流时从来不给学生一个答案，他永远是一个发问者。后来，他这种提出问题，启发思考的方式被称为"助产术"。

苏格拉底问弟子："人人都说要做诚实的人，那么什么是诚实？"学生说："诚实就是不说假话，说一是一，说二是二。"苏格拉底继续问："雅典正在与其他城邦交仗，假如你被俘虏了，国王问：'雅典的城门是怎么防守的，哪个城门防守严密？哪个城门防守空虚，我们可从哪面打进去？'你说南面防守严密，北面防守疏松，可以从北面打进去。对你而言，你是诚实的，但你却是一个叛徒。"学生说："那不行，诚实是有条件的，诚实不能对敌人，只能对朋友、对亲人，那才叫诚实。"苏格拉底又问："假如我们中有一个人的父亲已病入膏肓，我们去看他。这位父亲问我们：'这个病还好得了吗？'我们说：'你的脸色这么好，吃得好，睡得好，过两天就会好起来。'你这样说是在撒谎。如果你坦白地告诉他：'你这病活不了几天，我们今天就是来告别的。'你这是诚实吗？你这是残忍。"学生感叹道："我们对敌人不能诚实，对朋友也不能诚实。"接着，苏格拉底继续问下去，直到学生无法回答，于是就下课，让学生明天再问。

这种提问方式引发的思维方法可以帮助我们更清楚地认识事物的本质，对人类思维方式的训练具有重要意义。我们学习了很多知识，自以为知道很多，每个人说起自己的观点都侃侃而谈。实际上，深究起来，很多观点都经不起推敲，我们需要更深入地思考。

逻辑学的地位

逻辑学是一门工具性学科，也是支撑人类思维大厦的基础性学科。1974年，联合国教科文组织将逻辑学与数学、天文学和天体物理学、地球科学和空间科学、物理学、化学、生命科学并列为七大基础学科。在其公布的"科学技术领域的国际标准命名法建议"中，更将逻辑学列于众学科之首。而且，按照它对学科的分类，逻辑学是列在"知识总论"下的一级学科。美、英、德、日等国家的学科划分也都遵照了这一标准，比如《大英百科全书》就将逻辑学列于众学科之首。

可以说，逻辑学是一门古老而又年轻的学科。说它古老，是因为在公元前5世纪前后，古代中国（名实之辩）、古印度（因明学）和古希腊（逻辑学）就产生了各具特色的逻辑学说，至今已有两千多年的历史；说它年轻，随着现代科学和人类实践的发展，逻辑学仍然活力四射，在自然科学技术、人文社会科学和思维科学发展的进程中日益显示出重要的理论意义和应用价值，而且还在不断地革新发展中。

传统逻辑学是由亚里士多德建立，经过历代哲学家和逻辑学家发展的逻辑学。现代逻辑学是相对于传统逻辑而言的，它广泛采用数学方法，研究的广度和深度都大大超过了传统逻辑学。尼古拉斯·雷歇尔把现代逻辑学分为五类学科群体：（1）基础逻辑：由传统逻辑、正规的现代逻辑、非正规的现代逻辑三个学科门类构成；（2）元逻辑：由逻辑语形学、逻辑语义学、逻辑语用学、逻辑语言学四个学科门类构成；（3）数理逻辑：由算术理论、代数理论、函数论、证明论、概率逻辑、集合论、数学基础等七个学科门类构成；（4）科学逻辑：由物理学的应用、生物学的应用、社会科学的应用三个学科门类构成；（5）哲学逻辑：由伦理学、形而上学、认识论方面的应用和归纳逻辑四个学科门类构成。从雷歇尔对现代逻辑的分类，可以看出逻辑学若干新的进展。可以说，现代逻辑学的产生和发展标志着逻辑学进入了新的发展阶段。

从上述逻辑学的学科分类和发展可以看出逻辑学在各学科尤其是在当代社会中占据着重要位置。而且随着它的发展，它对现代科学发展的促进作用也越来越突出。下面，我们从逻辑学对哲学、数学的发展及现代科技进步的巨大影响来说明逻辑学的地位之重要。

关于哲学与逻辑学的关系之争古已有之，事实上，逻辑学最初产生时是被划归为哲学的，它和文法、修辞一同被称为"古典三学科"。不过，从19世纪中叶起，形式逻辑（也被称为符号逻辑）已开始作为数学基础而被研究。到20世纪初，逻辑学的研究开始严重数学化，逻辑学也开始逐渐与数学结合成为一种新的发展形式，即数理逻辑。此后，逻辑学才最终脱离哲学，成为一门独立的学科。西方的许多学者一般都是一身兼逻辑学家和哲学家两职，比如康德、黑格尔、罗素等，这既有利于他们从哲学的角度研究逻辑学，也有利于他们从逻辑学角度推动哲学的发展。

　　罗素认为数理逻辑"给哲学带来的进步，正像伽利略给物理学带来的进步一样"。因此，他和维特根斯坦以数理逻辑为工具创立了分析哲学。在他看来，在分析哲学的发展中，"新逻辑提供了一种方法"。他甚至认为"逻辑是哲学的本质"。1910年，罗素与怀特海发表了三大卷的《数理原理》，发展了关系逻辑和摹状词理论，提出了解决悖论的类型论，从而使数理逻辑发展和成熟起来。哲学理论的判定标准决定于逻辑标准，论证是否具有强有力的逻辑力量是判定哲学理论是否有说服力的唯一标准。因为只有强有力的逻辑论证力量才能震撼并启迪人的思想或心灵。也就是说，逻辑学使得哲学更加严格、精确，它不断地推动着哲学向着更加严密、精深的方向发展。

　　简单地说，一切在现代产生并发展起来的逻辑都可以叫现代逻辑。不过，从其内容角度讲，现代逻辑则主要指数理逻辑以及在数理逻辑基础上发展起来的逻辑。现代逻辑发展的动力主要有两个：一是来源于数学中的公理化运动。这是指20世纪初的数学家们通过对日常思维的命题形式和推理规则进行精确化、严格化的研究，并尝试根据明确的演绎规则推导出其他数学定理，以从根本上证明数学体系的可靠性而进行的研究活动。二是来源于对数学基础与逻辑悖论的研究。从推动现代逻辑发展的两大动力上可以看出，逻辑学与数学之间的关系是何等密切。可以说，数理逻辑的创立，基本上奠定了现代逻辑学的基础，同时也为逻辑学的其他分支学科的研究、产生、发展奠定了理论基础。

　　人们通常把现代逻辑等同于数理逻辑，这在某种程度上也说明了逻辑学与数学的密不可分。其实，数理逻辑是研究数学推理的逻辑，属于数学基础的范畴。不过，"用数学方法研究逻辑问题，或者用逻辑方法研究数学问题"的研究方法已经极大地促进了现代逻辑学的发展。正是数理逻辑的发展，使亚里士多德创立的逻辑学达到了第三个发展高峰。比如20世纪就曾形成了逻辑主义、形式主义和直觉主义这三大数学基础研究的派别。因此，20世纪也被认为是逻辑学发展的黄金时代。不但如此，也有逻辑学家预测，在21世纪逻辑学的发展中，逻辑学的数学化仍将是现代逻辑学发展的主要方向之一。

　　计算机科学的发展及其带来的现代文明也离不开现代逻辑的发展，因为正是现代逻辑应用到计算机科学和人工智能上才产生了人工智能逻辑。20世纪中期，数理逻辑学家冯·诺依曼和图灵造出了第一台程序内存的计算机。其中，冯·诺依曼运用的逻辑基础就是经典的二值逻辑。事实上，计算机软件、硬件技术所凭借的表意符号的性质及其解释都是基于符号逻辑的，而关于表意符号的二值运算又是基于经典二值逻辑（或数理逻辑）的。因此，可以说，符号语言和数理逻辑直接导致了计算机的诞生并极大地推动了计算机的发展。

　　此外，逻辑学还对包括语言学、物理学等在内的自然科学、工程技术、人文社会科学等领域有着不容忽视的影响。同时，逻辑的应用研究还延伸到其他学科领域，出现了价值逻辑、量子逻辑、概率逻辑、法律逻辑、控制论逻辑、科学逻辑等。逻辑学发展到现在，已经走出了哲学研究的范畴，而且也不仅仅局限于数学领域，它已经开始广泛应用于许多学科的领域之中，在促进其他学科发展的同时也实现了自身的发展。相信，在未来的世界，作为一门基础性和工具性学科，逻辑学会发挥越来越重要的作用。

逻辑能提高现代竞争力

　　现在，不管在哪个领域，从事什么工作，人们都有了一个共同认识，那就是如今各种竞争的核心都是人才的竞争。作为个人来讲，要想在如此激烈的竞争中立于不败之地，那就要不断提升自己的综合实力，即个人竞争力。从学术角度讲，个人竞争力是指个人的社会适应和社会生存能力，以及个人的创造能力和发展能力，是个人能否在社会中安身立命的根本。它包括硬实力和软实力。硬实力是指看得见、摸得着的物质力量，软实力则是指精神力量，比如政治力、文化力、外交力等软要素。在当代社会发展中，硬实力已经逐渐式微，而软实力则越来越受到人们的重视。逻辑学作为一门基础性和工具性学科，对提升个人软实力、提高个人现代竞争力无疑有着重要作用。

第一，逻辑学能够极大地提高人们的逻辑思维能力。

我们前面讲过，逻辑思维是指人们在认识过程中借助于概念、判断、推理等思维形式能动地反映客观现实的理性认识过程。那么，逻辑思维能力就是人们运用已知信息和现有知识，对各种现象和问题进行推理、论证和分析的能力。而要对各种现象和问题进行推理和论证，就要综合运用包括识别、比较、分析、综合、判断、归纳、支持、反驳、评价等在内的各种推理和论证方法。因此，可以说逻辑学对考察、训练、提高一个人的逻辑思维能力有着重要的作用，而一个人的逻辑思维能力也在事实上反映着一个人的综合素质。对此，只要稍稍看几道逻辑思维训练题就可以很容易地得到证明了。

第二，逻辑学能提高人们正确认识客观世界、获取新知识的能力。

马克思主义哲学认为，物质决定意识，意识是物质的反映。也就是说，人的主观认识都是客观世界在人脑中的反映。既然如此，也就有正确反映和错误反映之分，而逻辑学有助于人们正确地认识客观世界。只有对客观世界有了正确的认识，才可能对各种现象和问题进行正确的判断和推理，并从中获取新的知识。事实上，逻辑学就是从已知信息和现有知识准确地推论出新信息和新知识的学问。

亚里士多德认为，重的物体下落速度比轻的物体下落速度快，落体速度与重量成正比。在其后两千多年的时间里，人们一直都奉行亚里士多德的这个结论。直到1590年伽利略的两个铁球的实验，才最终结束了这种错误的认识。伽利略曾作如此推理：既然物体越重下落速度越快，那么如果把一个重量小的铁块和一个重量大的铁块绑在一起，小铁块下落速度慢，因而就会减缓大铁块的下落速度，最后两块铁块的整体下落速度就会慢于大铁块。但是，两个铁块绑在一起，它的重量比单独的大铁块要重，因此它的下落速度要比大铁块要快。这就在逻辑上出现了矛盾。为了证明自己的推理，伽利略登上了比萨斜塔。当着众人的面，将一重一轻两个铁球同时从塔顶抛下，结果人们震惊了，因为两个铁球是同时落地的。

这个实验从根本上推翻了亚里士多德的定论，并得出"两个不同重量的物体将以同样的速度降落且同时到达地面"的正确结论。这不能不说是正确的逻辑推理的功劳。

第三，逻辑学能提高人们识别错误、揭露诡辩的能力。

既然逻辑学可以让人们正确地认识客观世界，那么毫无疑问，运用正确的逻辑推理也可以让人们识别出错误的判断。比如著名的"自相矛盾"的故事中，那个楚人说："吾盾之坚，物莫能陷也。"其中隐含的判断就是"我的矛也刺不穿我的盾"；他又说："吾矛之利，于物无不陷也。"其中隐含的判断就是"我的矛可以刺穿我的盾"。这就得出了两个完全矛盾的判断，犯了最明显的逻辑错误。所以在别人问他"以子之矛，陷子之盾，何如"时，他就"弗能应"了。这就是通过逻辑学识别错误的典型案例。

逻辑学不但可以识别错误，也能够揭露诡辩。所谓诡辩就是有意地把真理说成是错误，把错误说成是真理的狡辩。诡辩实际上就是在混淆是非，颠倒黑白，但它却能自圆其说，即便你觉察到了不对也不知道如何反驳。诡辩是一种错误的逻辑，是诡辩者为了自己的主张故意制造出来的伪逻辑。它比错误更难识别，比强词夺理更难驳斥。只有掌握了正确的逻辑思维能力，才能揭破诡辩的真面目。

亚里士多德的《辩谬篇》中记载有这么一则诡辩：你有一条狗，它是有儿女的，因而它是一个父亲；它是你的，因而它是你的父亲，你打它，就是打你自己的父亲。

这便是经典的诡辩案例。这个推理乍看上去很符合逻辑，甚至无懈可击，实际上犯了"偷换概念"的错误，因而是荒谬的。

第四，逻辑学能提高人们准确地表达思想的能力。

逻辑学具有严密、精确的特点，不管是对概念作描述，还是对各种现象和问题作推理、论证，逻辑学都要求遵循明确的规则，运用精确的语言去表达。因此，它可以有效地培养并提高人们准确表达自己思想的能力。如果缺乏这种能力，你所表达的思想就会杂乱无章，让人不知所云。其实，一个正确的观点一定是符合逻辑的，而思想混乱本就是缺乏逻辑性的表现。

第五，逻辑学能提高人们的创新能力。

创新就是以新思维、新发明和新描述为特征的一种概念化过程。通常它包括三层含义：更新、改变和创造新的东西。创新从来不是一件容易的事，正因为如此，创新才显得格外重要，创新能力也成为企业招聘员工的一项重要参考标准。我们在讲逻辑学的性质时说过，逻辑学是一门工具性学科。也就是说，你只要掌握了一定的逻辑判断、推理、论证的原则和技巧，就可以对任意内容进行研究。这就像你掌握了一个数学公理，因此可以用它解答与之相应的很多问题。因此，它极大地训练并提高了人们的创新思维能力。事实上，人们通过逻辑学获取新知识本身就已经是一种创新了。所以，可以说，掌握了逻辑思维能力，就是拿到了进入创新世界的钥匙。

第六，逻辑学能提高人们的交际能力，是极好的说理工具。

《左传》中有这么一则故事：

晋国、秦国包围了郑国，存亡之际，郑国派烛之武去游说秦伯。烛之武说："秦、晋围郑，郑既知亡矣。若亡郑而有益于君，敢以烦执事。越国以鄙远，君知其难也。焉用亡郑以陪邻？邻之厚，君之薄也。若舍郑以为东道主，行李之往来，共其乏困，君亦无所害。且君尝为晋君赐矣，许君焦、瑕，朝济而夕设版焉，君之所知也。夫晋，何厌之有？既东封郑，又欲肆其西封，若不阙秦，将焉取之？阙秦以利晋，唯君图之。"秦伯说，与郑人盟，使杞子、逢孙、杨孙戍之，乃还。

在这里，烛之武从五个方面向秦伯分析了协助晋国进攻郑国的利害关系：（1）消灭郑国对秦国没有任何好处；（2）消灭郑国其实是在增强晋国的实力，客观上也就削弱了秦国的实力；（3）如果保留郑国，郑国可以成为秦国的盟友，向秦国进贡；（4）晋国言而无信，曾失信于秦国；（5）晋国消灭了郑国后，接着便会进攻秦国。烛之武运用严密的逻辑推理和极具说服力的言辞向秦伯说明了攻打郑国最终一定会损害秦国的利益，从而说服秦国退兵。五条理由层层深入、步步为营，显示了高超的外交能力和说理技巧。烛之武或许不懂得逻辑学，但却在事实上极为娴熟地运用了逻辑推理和论证。可见，逻辑学对提高人们的交际能力和说理技巧是何等重要。

第七，逻辑学能提高人们的批判性思维能力。

批判性思维是现代逻辑学的一个发展方向，从20世纪70年代起，西方世界出现了一场被称为"新浪潮"的批判性思维运动。这场运动的重要结果之一，就是出现了以批判性思维的理念为基础的风靡全球的能力型考试（GCT-ME逻辑考试）模式。它关注的核心问题便是逻辑知识与逻辑思维能力之间的关系。因此，学习逻辑学无疑会提高人们批判性思维的能力，也就是提高人们"决定什么可做，什么可信所进行的合理、深入的思考"能力。

第八，逻辑学能提高人们应付逻辑考试的能力。

现在，在西方国家的GRE（研究生入学资格考试）、GMAT（管理专业研究生入学资格考试）、雅思以及我国的MBA（工商管理硕士）、MPA（公共管理硕士）、GCT（硕士学位研究生入学资格考试）等考试中屡屡出现考察逻辑思维能力的试题，各大企业、公司在面试中也开始重视应聘者的逻辑思维能力。学习逻辑学，对应付这些关于逻辑思维能力的考试无疑是有好处的。

综上所述可知，逻辑学在提高现代竞争力方面发挥着积极的作用，我们要想在当今激烈的社会竞争中立于不败之地，掌握一些逻辑学的知识是十分必要的。

第二章

概念思维

什么是概念

概念是人们认识自然现象的一个枢纽，也是人们认识过程的一个阶段。从逻辑学的角度讲，概念是一种思维形式，而且是逻辑学首先需要研究的对象。如果说思维是一种生物，那么概念就是这种生物的细胞。概念是对客观存在辩证的反映，是主观性与客观性、共性与个性、抽象性与具体性的统一。同时，因为概念是可以相互转化的，所以概念也是确定性和灵活性的统一。

⊙ **概念的含义**

概念是人们在认识事物的过程中，对"这种事物是什么"的回答。通常，人们都认为概念是反映对象的本质属性的思维形式。而且，它所反映的是一切能被思考的事物。比如：

自然现象：日、月、山、河、雨、雪……

社会现象：商品、货币、生产力、国家、制度……

精神现象：心理、意识、思想、思维、感觉……

虚幻现象：鬼、神仙、上帝、佛……

上述事物虽然属于不同的现象和领域，但是都是能够被思考的事物，所以都可以反映为概念。

要想真正理解概念的含义，就要特别注意"本质属性"这四个字。事物的属性有本质属性和非本质属性之分。本质属性是指决定该事物之所以为该事物并区别于其他事物的属性，是对事物本质的反映。非本质属性就是指对该事物没有决定意义的事物。概念就是对事物的本质属性的反映，非本质属性的反映就不是概念。比如：

（1）雪：由冰晶聚合而形成的固态降水。

（2）雪：一种在冬天飘落的白色的、轻盈的、漂亮的像花一样的东西。

上述两个关于"雪"的描述中，（1）反映了"雪"的本质属性，即固态降水；（2）虽然从时间、颜色、重量、形状各方面都对其进行了描述，但都是关于它非本质属性的描述，并没有反映出决定"雪"之所以为"雪"的本质属性，所以不能成为概念。再比如：

柏拉图曾经把"人"定义为没有羽毛的两脚直立的动物。于是他的一个学生就找来了一只鸡，把鸡的羽毛全拔掉，然后拿给他："没有羽毛、两脚直立的动物，看，这就是柏拉图的'人'！"

显然，柏拉图对"人"的定义并没有反映出"人"的本质属性，只是指出了一些外在形式上的区别，所以闹出笑话。

⊙ **概念的形成过程**

概念的形成过程其实就是人的认识不断加深的过程。

人对事物的认识首先是感性认识，即人们在实践过程中，通过自己的肉体感官（眼、耳、鼻、舌、身）直接接触客观外界而在头脑中形成的印象。感性认识是对各种事物的表面的认识，一般都是非本质属性的认识。如柏拉图对"人"的定义便是感性认识。在感性认识的基础上，通过分析、综合、抽象、概括等方法对感性材料进行加工，从而把握事物的本质，才会形成理性的认识。理性认识就是对事物本质规律和内在联系的认识，具有抽象性、间接性、普遍性。理性认识是认识的高级阶段，概念一般也是在人的认识达到理性认识阶段的时候才得以形成的。在对"人"的定义上，便十分鲜明地显示了人们的认识逐渐深入的过程。

无名氏：人是会笑的动物。

柏拉图：没有羽毛的两脚直立的动物。

亚里士多德：人是城邦的动物。

荀子：人之所以为人者，非特以二足而无毛也，以其有辩也。

马克思：人是一切社会关系的总和。

《现代汉语词典》：能制造工具并能熟练使用工具进行劳动的高等动物。

张荣寰：人的本质即人的根本是人格，人是具有人格（由身体生命、心灵本我构成）的时空及其生物圈的真主人。

从上面"人"的定义的演变过程来看，概念的形成过程便是人从感性认识逐渐上升至理性认识，从对事物的非本质属性到本质属性认识的过程。

⊙ 概念和判断、推理的关系

概念是思维的基本形式，是思维的历史起点和逻辑起点。从思维的历史看，人是从对一个一个概念的学习开始，然后才逐渐开始思维的；从思维的逻辑看，没有概念就无法组成命题，更无法进行判断和推理。因此，概念是判断或命题的组成单位，推理是根据判断进行的。即：

概念→判断→推理

马克思主义哲学认为：物质决定意识，意识又反过来影响物质。概念和判断、推理的关系也是如此。这是因为人在现有概念的基础上，通过判断和推理，可以得到新的认识，从而形成新的概念。比如居里夫人在对原有各种物质本质属性认识的基础上发明了新的物质镭。这经过推理形成的新的概念不仅丰富了原有的概念范畴，也在新一轮的判断、推理中发挥着积极作用。这样，概念和判断、推理之间就形成了循环往复以至无穷的链条。即：

概念→判断和推理←→新的概念

⊙ 概念和语词

概念是思维的细胞，是思维的基本形式；语词是语言的细胞，是语言的基本组成单位。就像"形式"和"内容"的关系，就像"能指"和"所指"的关系，概念和语词的关系也是对立统一的，既相互联系，又相互区别。

1.概念和语词的联系

在某种程度上，概念和语词的联系就像组成"画"的纸张和颜料的关系。如果只有纸张而没有颜料，纸张就没有任何美学意义和艺术价值；如果只有颜料而没有纸张，颜料也只是颜料，同样没有美学意义和艺术价值。只有当二者有机地结合在一起时，才有了意义和价值。语词是一种语言符号，表现为一定的声音和笔画。语词之所以能作为人们交流思想的工具，就是因为它在人的头脑中组成了一定的概念。概念要想存在并表达出来，就不得不依赖语词，也就是说，语词使得概念的意义最终得以实现。概念是语词的思想内容，语词是概念的语言表达形式。脱离了语词的概念是不存在的，没有组成概念的语词也无法交流。

2.概念和语词的区别

第一，概念是逻辑学的研究对象，是一种思维形式；语词是语言学的研究对象，是一种语言形式。第二，概念反映的是事物的本质属性，语词只是表达概念的声音和符号。第三，概念虽然需要语词来表达，但并不是所有的语词都表达概念。比如：包括名词、动词、数词、形容词、代词等在内的实词一般都可以表达概念；但是包括副词、介词、连词、叹词、疑问词等在内的虚词则不表达概念。第四，同一概念可以通过不同的语词来表达，或者说不同的语词可以表达同样的概念。这主要是指不同的语种而言，比如汉语"妹妹"在英语中用"sister"来表达，在日语中则用"いもうと"来表达。虽然语词不同，但概念却是一样的。第五，同一语词在不同的语境中也可能表达不同的概念。语境指言语环境，它包括语言因素，也包括非语言因素。上下文、时间、空间、情景、对象、话语前提等与语词使用有关的都是语境因素。任一方面语境的变化都可能引起概念的变化，比如在"世界人民大团结万岁"和"这种男人，一月到手也不过六七张'大团结'，穷死了"两句话中，前者指广大人民之间的团结，后者则指1965年版的面值十元的第三套人民币。

正确使用语词，可以准确表达概念；错误使用语词，则会造成概念不清和逻辑思维的混乱。所以，我们要尽量了解语词，并明白语词在不同语境中的特定含义，规范使用语词，这样才能正确、清晰地表达概念。

概念的内涵和外延

有这么一则笑话：

老师：你最喜欢哪句格言？

杰克：给予胜于接受。

老师：很好。你从哪儿知道这句格言的？

杰克：我爸爸告诉我的，他一直都把这句话作为自己的座右铭。

老师：啊！你爸爸真是一个善良的人！他是做什么工作的？

杰克：他是一名拳击运动员。

我们都觉得这个笑话很好笑，但是或许并不太清楚它为什么好笑。也就是说，我们都是"知其然而不知其所以然"。从逻辑学的角度分析，这就涉及到概念的内涵和外延的问题。杰克之所以闹出笑话，是因为他不明白"给予"这个概念的内涵，而概念明确是我们进行正确的思维活动的前提。

⊙ **概念的内涵**

我们讲过，概念就是人脑对客观世界的反映，或者客观世界反映在人脑中的印象。不过，这印象是客观事物的本质属性。概念的内涵，即概念的含义，就是概念所反映的对象的本质属性，或者说反映在概念中的对象的本质属性。事物的本质属性指的是事物的本质，它是一种客观存在，不以人的意志为转移。人只有透过现象才能看到事物的本质，而一旦对事物的本质的认识反映到概念中，就构成了概念的内涵。比如上面的笑话中"给予"一词的内涵是"使别人得到好处"或者"把好处给予别人"，杰克的错误就在于没有真正明白"给予"的确切内涵。再比如：

"商品"这个概念的内涵就是用来交换的劳动产品；

"颜色"这个概念的内涵是光的各种现象或使人们得以区分在大小、形状或结构等方面完全相同的物体的视觉或知觉现象；

"国家"这个概念的内涵是经济上占统治地位的阶级进行阶级统治的工具；

"学校"这个概念的内涵是有计划、有组织地进行素质教育的机构。

需要指出的是，客观存在的本质属性与概念的内涵是两个概念，不能等同起来。也就是说，概念的内涵是被反映到主观思维中的概念的含义，而不再是客观存在的本质属性。简单地说，就是如果客观存在的本质属性是镜子外面的事物，那么概念的内涵就是镜子外面的事物反映到镜子里的那个影像。被镜子反映的事物和镜子里的那个影像是两个层次的事物，被反映的对象和反映在头脑中的概念也是两个不同的层次。

⊙ **概念的外延**

概念的外延是指具有概念所反映的本质属性的所有事物，也就是概念的适用范围。用一个不太恰当的比喻就是，如果说概念的内涵是一座房子，那么概念的外延就是房子里的所有物品。概念的内涵是从概念的"质"的方面来说的，它表明概念反映的"是什么"；概念的外延是从概念的"量"上来说的，它表明概念反映的是"有什么"，即概念都适用于哪些范围。我们通过下面的表格便可以很清楚地明白这一点：

概念	概念的内涵	概念的外延
商品	用来交换的劳动产品	一切用来交换的劳动产品，比如手机、电脑、饮料、服装、书籍等
国家	经济上占统治地位的阶级进行阶级统治的工具	古今中外的一切国家，比如中国、美国、英国、德国、新加坡、古希腊等
学校	有计划、有组织地进行素质教育的机构	所有种类的学校，比如大学、高中、小学、幼儿园、职业培训学校等
语言	词汇和语法构成的系统，是人类交流思想的工具	世界上的一切语言，比如汉语、英语、俄语、维吾尔族语等

通俗地讲，概念的外延就是这个概念所包括的子类或分子。因为概念的外延有时候涵盖的范围是非常广泛的，对这些范围中的事物进行归类，就可以得到一个个的"子类"，而"子类"中具体的对象就是"分子"。比如"学生"这个概念的外延是指所有学生，包括研究生、大学生、中学生、小学生等各个"子类"，而这各"子类"中具体的学生就是"分子"。如果一个概念反映的不包括任何实际存在的"子类"或"分子"，这个概念就是虚概念或空概念。比如"上帝""鬼""花妖""永动机""绝对真空""人造太阳""圆的方"等概念反映的对象在现实世界是不存在的，所以这些都是空概念。

⊙ **概念的内涵和外延的关系**

概念的内涵和外延是概念的两个基本特征，其关系就如同语法规则和具体的语言表达的关系。语法规定并制约着具体的语言表达，语法规则的变化也影响着具体的语言表达；而语言表达也反过来影响并丰富着语法规则。概念的内涵和外延的关系便是这样的相互依存又互相制约的关系。

首先，只有确定了概念的内涵，才能明确概念的外延。也就是说，概念的内涵是了解概念的外延的前提条件，对概念内涵的不同理解直接影响着概念外延的范围。看下面这则事例：

数学课上，老师提问李明：Y和$-Y$哪个大？

李明：Y大。$-Y$是负数，Y是正数，正数大于负数，所以Y大于$-Y$。

老师：是吗？如果Y是-1，哪个数大？

李明：哦，$-Y$大。

老师：如果Y是0呢？

李明：Y是0的话，$Y=-Y$。

老师：是啊，你看，Y的取值不同，两者比较得出的结果就不同。所以，在Y的数值情况不明确的情况下，你不能简单地说哪个大哪个小。

上面这个事例就很明确地说明了概念的内涵和外延的关系。Y的内涵是包括实数范围内的任何数；Y的外延可以是正数，可以是负数，也可以是0，一切实数都是Y的外延。所以，只有明确了Y的取值（概念的内涵），才能正确分别出Y和$-Y$的大小（概念外延的范围）。

其次，任何概念都是确定性和灵活性的统一，概念的内涵和外延也具有确定性和灵活性。某个时期内，概念的内涵是确定的，概念的外延也有着明确的范围；但是随着实践的深入，人们的认识也会发生一定的改变，那么，概念的内涵和外延也就随之发生改变；而且，有时候不同时间、地点、语境下，人们对同一概念的内涵和外延理解也会不同。以人们对"死亡"概念内涵的理解为例：

传统意义上，人们都认为只要心脏停止跳动，自主呼吸消灭就是死亡。后来人们都认识到思维的生理机制在于大脑。美国哈佛医学院于1968年首先报告了他们的"脑死亡"标准，即24小时的观察时间内持续满足无自主呼吸、一切反射消失、脑电心电静止才是死亡。我国卫生部前几年拟定的"脑死亡"标准则是持续6个小时出现严重昏迷，瞳孔放大、固定，脑干反应能力消失，脑波无起伏，呼吸停顿则判定为死亡。这种判定方法将死者与植物人区别了开来，使得人们对"死亡"概念的内涵和外延有了更清晰的了解。

最后，概念的内涵和外延间存在着反变关系。我们前面讲过概念的属种关系，属概念就是指外延较大的概念，种概念就是指外延较小的概念。比如"花"和"菊花"就是具有属种关系的两个概念，其中，"花"就是属概念，"菊花"就是种概念。从概念的内涵上讲，"花"这个概念反映的是被子植物的生殖器官；而"菊花"这个概念除了反映"花"的概念的内涵外，还反映"多年生菊科草本植物"这个本质属性。所以，"花"这个概念的内涵要比"菊花"这个概念的内涵少。从概念的外延上讲，"花"这个概念反映的是"一切花"；"菊花"这个概念反映的则是"一切菊花"。所以，"花"这个概念比"菊花"这个概念反映的范围要大，也就是说前一概念的外延大于后一概念的外延。因此，可以得出属概念的内涵少于种概念的内涵，但其外延大于种概念的外延的结论。也就是说，内涵越少，外延越大；内涵越多，外延越小。反变关系反映的就是具有这种属种关系的概念的内涵与外延间的关系。

单独概念和普遍概念

为了更清晰、明确地研究、描述、使用概念，根据对概念的内涵和外延的不同特征，逻辑学对概念进行了划分，把具有相同特征的概念划分为一类。这种分类不仅可以便于人们理解和学习，也能够更深入地分析概念的各种特征，进而用理论指导实践。

根据概念的外延的数量可以把概念分为单独概念和普遍概念。在本节，我们就先来讨论一下单独概念和普遍概念。

⊙ 单独概念

单独概念是反映某一个别对象的概念，它的外延是由独一无二的分子组成的类。

从语言学的角度出发，可以用两种表现形式来表示单独概念：

1. 用专有名词表示单独概念

专有名词是特定的某人、地方或机构的名称，即人名、地名、国家名、单位名、组织名等都是单独概念。比如：

表人物的单独概念：司马迁、曹雪芹、海明威、川端康成等；

表地点的单独概念：北京、郑州、汉城、好莱坞、香格里拉等；

表国家的单独概念：中国、美国、俄罗斯、西班牙等；

表组织的单独概念：联合国、非洲统一组织、上海合作组织等；

表节日的单独概念：中秋节、儿童节、感恩节、樱花节等；

表事件的单独概念：五四运动、康乾盛世、光荣革命等。

此外，还有表时间的单独概念，比如"1949年10月1日""2011年1月1日"等；表品牌的单独概念，比如"李宁""花花公子""联想"等。总之，一切有着"专有"性质且外延独一无二的概念都是单独概念。

2. 用摹状词表示单独概念

摹状词是指通过对某一对象某一方面特征的描述来指称该对象的表达形式。它满足在某一空间或时间"存在一个并且仅仅存在一个"的条件。比如："《史记》的作者""世界上最长的河流""新中国成立的时间""杂交水稻之父""巴西第一位女总统"，等等，都可以用来表示单独概念。

⊙ **普遍概念**

普遍概念是反映两个或两个以上的对象的概念。它与单独概念最大的区别就在于它的外延至少要包括两个对象，少于两个或没有对象的概念都不是普遍概念。

从语言学的角度出发，动词、形容词、代词、名词中的普通名词等都可以表示普遍概念。比如：

动词：逃跑、唱歌、运动、烹饪、写作等；

形容词：积极、勇敢、富裕、寒冷、漂亮等；

代词：他、她、它、他们等；

普通名词：人、商品、花、马、学生等。

从外延的可数与不可数的角度出发，普遍概念可以分为有限普遍概念和无限普遍概念。有限普遍概念是指其外延包括的对象在数量上是可数的，是有限量的，比如"国家""城市""高中"等；无限普遍概念是指其外延包括的数量是不可数的，是无限量的，比如"分子""学生""有理数""商品""颜色"等。

我们前面讨论了概念、类、子类和分子的关系，即概念可以分为各个"类"，"类"可以分为各个"子类"，"子类"则是由"分子"组成的。实际上，普遍概念就是对同一类分子共同特征的概括，因而属于这一"类"的所有子类或分子也一定具有这一"类"的属性。

⊙ **正确区分单独概念和普遍概念**

不管是在学术研究中，还是日常生活中，我们都会用到单独概念和普遍概念。只有正确区分单独概念和普遍概念，才能准确地表达自己的意思；如果对它们的区别不加注意，或者糊里糊涂，就难免出现错误。

第一，单独概念和普遍概念最大的区别就是在外延上是否真正唯一。比如"世界上最长的河流"是单独概念，仅指埃及的尼罗河；但是如果去掉"最"字，"世界上长的河流"就不再是单独概念了，因为其外延已经不止一条河流了。再比如"东岳"是单独概念，仅指山东泰山；但是"五岳"虽然也是专有的称呼，但其外延却包括泰山、嵩山、衡山、华山和恒山，也不是单独概念。所以，在说话或写作时，一定要表达清楚，一字之差结论可能就完全不同了。

第二，运用概念时前后保持一致，避免偷换概念。如果前面说的是单独概念，后面换成了普遍概念，或者把普遍概念换成了单独概念，就可能闹出笑话。请看下面这则笑话：

汤姆：帕里斯，昨天我举行婚礼，你怎么没来啊？

帕里斯：哦，真对不起，汤姆！昨天我头疼得厉害，所以不得不去看医生。请原谅，我保证下次一定去！

显然，上面这则笑话之所以可笑，就是因为帕里斯把"汤姆的婚礼"这一单独概念混同为普遍概念。这样一换就好像汤姆有好多婚礼一样，所以才让人觉得有趣。

第三，在特定的语境中，单独概念也可能表示普遍概念。有时候，语境的不同也会改变概念的外延。这时候，就要分清楚它到底是单独概念还是普遍概念，这样才能准确理解作者的意思。比如：

你们杀死一个李公朴，会有千百万个李公朴站起来！你们将失去千百万的人民！你们看着我们人少，没有力量？告诉你们，我们的力量大得很，强得很！看今天来的这些人都是我们的人，都是我们的力量！

这段话中，第一个"李公朴"是特指某一单个对象，即李公朴本人，所以是单独概念；第二个"李公朴"则并非特指某一特定对象，而是泛指具有李公朴精神的后来者，因此是普遍概念。

再比如：

（1）在这张纸上用毛笔书写着"向雷锋同志学习"七个潇洒苍劲的行草字。

（2）尊敬的老师、亲爱的同学们，大家好！今天我演讲的题目是《千万个雷锋在成长》。

在上面两段话中，（1）中"向雷锋同志学习"中的"雷锋"是特指某一单个对象，即雷锋本人，所以是单独概念；（2）中"千万个雷锋在成长"则是泛指具有雷锋精神的人，已经不是唯一的了，所以是普遍概念。

可见，正确区分单独概念和普遍概念，尤其是正确理解它们在不同的语境中的含义，是明确概念的内涵和外延基本要求。

实体概念与属性概念

依据反映的对象性质的不同，即所反映的是具体事物还是各种各样抽象的事物的属性，概念可分为实体概念和属性概念。

⊙ **实体概念**

亚里士多德认为实体是独立存在的东西，是一切属性的承担者，因此实体是独立的，可以分离。实体表达的是"这个"而不是"如此"。他还认为实体最突出的标志就是实体是一切变化产生的基础，是变中不变的东西。这体现了他一定的唯物主义思想。

实体概念又叫具体概念，是反映各种具体事物的概念。实体概念的外延都是某一个或某一类具体的事物。从语言学的角度看，实体概念可以用名词或名词词组来表示。比如：

名词：城市、故宫、课本、教师、杨树、草地、长江等；

名词词组：好看的电影、趣味谜语、勇敢的战士、小桌子、红玫瑰等。

下面我们来看一首诗，并从中找出描述实体概念的语词：

归园田居

少无适俗韵，性本爱丘山。
误落尘网中，一去三十年。
羁鸟恋旧林，池鱼思故渊。
开荒南野际，守拙归田园。
方宅十余亩，草屋八九间。
榆柳荫后檐，桃李罗堂前。
暧暧远人村，依依墟里烟。
狗吠深巷中，鸡鸣桑树颠。
户庭无尘杂，虚室有余闲。
久在樊笼里，复得返自然。

其中，丘山、羁鸟、旧林、池鱼、故渊、南野、田园、方宅、草屋、榆柳、后檐、桃李、堂前、村、墟里烟、狗、深巷、鸡、桑树、户庭、尘杂、虚室、余闲、樊笼等都是指某一个或某一类具体的事物，所以都是实体概念。

再看下面一首元曲：

莺莺燕燕春春，花花柳柳真真，事事风风韵韵。娇娇嫩嫩，停停当当人人。

其中，莺莺、燕燕、春春、花花、柳柳、事事、人人等都是实体概念。在马致远著名的《天净沙·秋思》中，"枯藤老树昏鸦，小桥流水人家，古道西风瘦马。夕阳西下，断肠人在天涯。"则几乎全是由实体概念组合成的曲子。

⊙ **属性概念**

属性概念又叫抽象概念，是反映事物某种抽象的属性的概念。这种抽象的属性既可以是事物本身的性质，也可以是事物间的各种关系。与实体概念反映的看得见、摸得着的具体事物相比，属性概念反映的属性则是看不见、摸不着的。比如：

事物本身的性质：公正、勇敢、坚强、善良、美丽、专心致志、得意忘形等；

事物之间的关系：友好、统治、敌对、等于、小于、包含、相容等。

以上面所举元曲为例，其中，真真、风风韵韵、娇娇嫩嫩、停停当当都是描述概念的性质的，所以都是属性概念。

再看一下《双城记》中开篇的一段话：

这是最美好的时代，这是最糟糕的时代；这是智慧的年头，这是愚昧的年头；这是信仰的时期，这是怀疑的时期；这是光明的季节，这是黑暗的季节；这是希望的春天，这是失望的冬天；我们全都在直奔天堂，我们全都在直奔相反的方向——简而言之，那时跟现在非常相象，某些最喧嚣的权威坚持要用形容词的最高级来形容它。说它好，是最高级的；说它不好，也是最高级的。

这段话里，美好、糟糕、愚昧、光明、黑暗、喧嚣、高级等是描述概念性质的属性概念。再比如：

（1）"1大于等于1"对吗？对，为什么呢？因为大于等于就是不小于啊，1不小于1，当然正确了。

（2）地主阶级与农民阶级是统治与被统治的关系。在封建社会，农民阶级总是受剥削、受压迫的阶级。

其中，大于、等于、不小于、统治、被统治、剥削、压迫都是表示事物之间的关系的，所以也是属性概念。

⊙ **正确理解实体概念和属性概念**

逻辑史上，黑格尔第一次把概念区分为实体概念（具体概念）与属性概念（抽象概念），肯定了实体概念的存在，并在其名著《逻辑学》中深入地研究了实体概念，提出了许多精辟的见解。我们在进行思维或表达的时候，也应该正确区分和运用实体概念和属性概念。

首先，要正确运用实体概念和属性概念。如果说实体概念是指一个人，那么属性概念就是指这个人的性格特征，比如善良抑或邪恶、聪明抑或愚笨、正直抑或卑鄙、漂亮抑或丑陋，等等。看下面北岛的诗中的一段：

卑鄙是卑鄙者的通行证，

高尚是高尚者的墓志铭，

看吧，在那镀金的天空中，

飘满了死者弯曲的倒影。

在这段诗里，"卑鄙者"是指语言或行为不道德的人，是具体的事物，所以应该是实体概念；而"卑鄙"则是对"卑鄙者"语言或行为属性的描述，因此是属性概念。"高尚"和"高尚者"的理解也同于此。诗人以诗的形式，通过实体概念（卑鄙者、高尚者）和属性概念（卑鄙、高尚）的综合对比运用，给人一种沉重的思考："高尚"与"卑鄙"的意义究竟何在？卑鄙的人竟然可以凭借其"卑鄙"而通行无阻，高尚的人却因他的高尚而死。那么，这究竟是一个怎样的世界啊？

其次，不要混淆实体概念和属性概念。实际上，在我们进行思维或表达的时候，不管是实体概念和属性概念的混淆，还是实体概念与实体概念之间、属性概念与属性概念之间的混淆，都可能造成思维或表达的混乱。许多幽默故事就是运用了这种不同概念之间的混淆才产生了极具戏剧性的效果。比如：

一次酒会上，一位男作家站起来，大声对在座的女士们说："我们男人是大拇指"，他伸出大拇指摇了摇，继续说，"而你们女人则是小拇指"，说完他又晃了晃小拇指。

在座的女士们很生气，觉得男作家对他们太不恭敬了，便质问道："你这是什么意思？"

男作家笑了笑，不慌不忙地答道："大拇指粗壮结实，小拇指灵巧可爱。难道不是这样吗？"

这则幽默故事中，"男人""女人""大拇指""小拇指"都是实体概念，男作家因为故意将"男人""女人"与"大拇指""小拇指"这两对实体概念混淆起来而引起女士们的不满。

事实上，女士们不满的并不是男作家把自己比作"小拇指"，她们不满的是"小拇指"代表的意义，她们认为那是一种挑衅甚至侮辱。

"粗壮结实""灵巧可爱"是描述事物属性的属性概念，"大拇指"有"粗壮结实"的属性，"小拇指"有"灵巧可爱"的属性。这本来是没什么疑问的，妙就妙在男作家在用它们描述大小拇指的同时又将其和"男人""女人"这两个实体概念混淆起来，使"男人""女人"具有了这些属性，因而造成了戏剧性效果。

正概念与负概念

正概念和负概念是根据其反映的对象是否具有某种属性来划分的。它们强调的不是这种属性"是什么"，而是"有没有"这种属性。

⊙ **正概念**

正概念即肯定概念，是反映对象具有某种属性的概念。在思维过程中，人们遇到的大多数概念都是正概念。比如：美好、优秀、温柔、漂亮、精致、坚毅，等等，都是正概念或肯定概念。

不过，正概念反映的是对象具有某种属性的概念，与这种属性是什么并无关系。也就是说，它没有褒贬色彩，不管这属性是好是坏、是对是错，只要它有这种属性，就是正概念。因此，凶恶、卑鄙、落后、残暴、懒惰、危险等同样是正概念。

⊙ **负概念**

负概念即否定概念，是反映对象不具有某种属性的概念。负概念是相对于正概念而言的，相对于正概念的"有"，负概念反映的是"没有"。比如：非正义战争、非本部门人员、不正当竞争、不合法、无轨电车、无性繁殖等都是负概念。负概念有以下特点：

第一，负概念一般都有"非""不""无"等否定词，比如：非正常表现、不正规、无脊椎动物等。我们上面举的例子也都有否定词。所以，一般来讲，否定词是辨认负概念的标志。不过，并非有"非""不""无"等否定词的概念都是负概念。比如：非籍华人、非常时期、不丹、不惑之年、无锡等虽然也含有否定词，但是并不表示否定意义，有些还是专有名词，所以这些都不是负概念。

第二，负概念也不体现褒贬色彩。负概念是反映对象不具有某种属性，它并不体现属性的褒贬色彩，也就是说不对其反映的对象作道德评价。不管是好的属性还是坏的属性，只要它有那种属性就不是负概念。比如："卑鄙"虽然是与"高尚"相对立的概念，但它并非负概念，只有"非高尚"才是负概念；"聪明"和"愚昧"也是相对的概念，但"愚昧"也不是负概念，只有"非聪明"才是负概念。

第三，负概念总是相对于一定的论域而言的。在逻辑学上，论域是指某个特定的范围。比如当我们在说荷花和梅花的时候，论域就是指各种花；当我们在谈论数学的时候，论域就是一切数。在研究某个对象的时候，我们应该将其放在一定的论域中。否则，就会因研究对象所属范围太过宽泛而显得大而无当，进而影响人们的思维和表达。在讨论某个负概念时，我们也要确定它的论域，否则它也会显得太过宽泛而难以把握。比如："不正当竞争"这个负概念的论域是市场竞争；同样，"非廉洁官员"的论域是官员。如果我们不把"不正当竞争"的论域界定为市场竞争，或者不把"非廉洁官员"的论域界定为"官员"，那么，"市场竞争"外的一切事物，或者任何不廉洁的行为以及"官员"以外的任何事物都可能被包括在论域中，这必然影响人的思维或表达的准确性。

⊙ **正概念和负概念的关系**

正概念和负概念是相对而言的两个概念，但是它们有着一定的联系，也有着一定的区别。我们在研究或运用正概念和负概念的时候，对其联系和区别都要有准确的把握，以避免因相互混淆引起思维的混乱。

第一，正概念和负概念区别的关键点在于其反映对象有无某种属性。正如我们前面所说，正负概念的关注焦点不在于反映了什么样的属性，而在于有没有那种属性。比如：如果一个概念反映的对象具有"健康"这种属性，那么它就是正概念；如果它反映的对象不具有"健康"这种属性，即不健康，那它就是负概念。至于这种属性是"健康"或者还是别的什么特征并没什么关系。

第二，对同一个对象，反映的角度不同，它可以表现出不同的概念形式。也就是说，如果反映的某个对象具有某种属性，它就形成正概念；如果反映这同一个对象不具有另一种属性，它就形成负概念。实际上，这只是改变了这种属性的描述角度，使之分别具有了正负概念所反映的属性。比如：

（1）施工工地的门口有块牌子，上面写着"施工队以外人员不得进入"。
（2）施工工地的门口有块牌子，上面写着"非施工人员不得进入"。

上面两句话中，（1）中的"施工队以外人员不得进入"与（2）中的"非施工人员不得进入"反映的是同一对象，但由于描述角度不同，所以前者是正概念，后者是负概念。再比如：

（1）你每天都是最后一个到的，真是落后！
（2）你每天都是最后一个到的，真是不先进！

上述两句话中，（1）中的"落后"与（2）中的"不先进"反映的也是同一对象，但前者是正概念，后者却是负概念。

有时候，为了强调或突出一个对象具有或不具有某种属性时，会采用不同的概念。上面第一个例子中用"非施工人员不得进入"这个负概念就显得更突出些。再比如：

（1）董事会赞成扩大生产规模的提案。
（2）董事会不反对扩大生产规模的提案。

上面两句话中，（1）中的"赞成"和（2）中的"不反对"反映的是同一对象。但是，如果用来强调董事会的态度的话，用（1）中的正概念来表达显然要比用（2）中的负概念表达更具说服力。

第三，要明确正负概念尤其是负概念的内涵和外延，即论域。明确其论域，就是为了避免因概念的外延不确定而引起思维的混乱，也是为了避免有人利用论域不确定的漏洞钻空子。下面这个幽默故事中的Peter便是利用这一点狡辩的：

Peter上学时忘了穿校服，被校长挡在了校门口。

校长："Peter，你为什么不穿校服？你不知道这是学校的规定吗？"

Peter想了想，突然指着校门口的一块牌子说："校长先生，牌子上明明写着'非本校学生不得入内'。校服不是'本校学生'，所以我才没把它穿来。"

校长无奈，只得放Peter进了学校。

在这个故事中，"非本校学生"是"本校学生"的负概念，它的论域是"人"。但Peter却故意曲解了这个概念的论域，将其扩大为"本校学生"以外的所有事物，即所有"人"和所有"物"，自然也就包括"校服"了。因此，他才钻了空子。

集合概念和非集合概念

在讨论集合概念和非集合概念前，需要先弄清楚类和集合体的区别。

我们前面讲过类和分子的关系，类是由分子构成的，它们是一般和特殊的关系。同属一个类的分子一般都具有这个类的属性，或者说类的属性也反映在它的每个分子中。看下面的三组语词：

花：梨花，桃花，蔷薇，荷花，菊花，梅花等。

人：韩信，刘备，谢灵运，王勃，李白，唐伯虎等。

牛：黄牛，水牛，奶牛等。

上述三组语词中，"花""人""牛"都是类，其后的语词分别是它们各自的分子，这些分子也都具有它们所属类的属性。比如，"梨花""梅花"都具有"花"的属性。

但是，对于集合体来说，它所具有的属性则并不一定为构成它的每个个体所具有。或者说，集合体的属性并不反映在它的每一个个体上。比如"草地"和"草"、"森林"和"树木"、"数"和"整数"、"马队"和"战马"等都是集合体和个体的关系。但是后者并不一定具有前者的属性。比如，"草地"具有绿化环境、净化空气、防止水土流失、保持生物多样性等作用，但"草"却没有；同样，"数"可以表示为"整数"，也可以表示为分数、小数等，但是"整数"却并不具有"数"的性质。

⊙ **集合概念和非集合概念的含义**

集合概念和非集合概念是根据所反映的对象是否为集合体来划分的。

集合概念就是反映集合体的概念。通俗点说，集合概念反映的是事物的整体，即由两个或两个以上的个体有机组合而成的整体。集合体和个体的关系就是整体和部分的关系。部分不一定具有整体的属性，个体不一定具有集合体的属性。比如：北约、丛书、船队、苏东坡全集等都是集合概念。再比如：

（1）火箭队是一支实力强大的篮球队。

（2）《鲁迅全集》包括杂文集、散文集、小说集、诗集、书信、日记等。

上面两句话中，"火箭队"是个集合概念，具有"实力强大的篮球队"的属性，但却不能说"火箭队"的每个队员都具有"实力强大的篮球队"的属性；同理，"鲁迅全集"所具有的全面性与丰富性也不是组成它的任何一个个体，即"杂文集""散文集""小说集""诗集""书信""日记"等所具有的。

非集合概念也叫类概念，是反映非集合体或者反映类的概念。可以说，非集合概念反映的是类与分子的关系。类与分子是具有属种关系的概念，分子都具有类的属性。比如：老师、学生、成年人、手枪等都是非集合概念。再比如：

（1）核武器是大规模杀伤性武器。

（2）我们学校的歌唱队都是艺术系的学生。

上面两句话中，"核武器"是个非集合概念，具有"大规模杀伤性武器"的属性，而组成"核武器"的每个分子也同样具有"大规模杀伤性武器"的属性；同理，"我们学校的歌唱队"是个非集合概念，具有"艺术系的学生"的属性，其中歌唱队的每个队员也具有"艺术系的学生"的属性。

⊙ **集合概念和非集合概念的关系**

从以上对集合概念和非集合概念含义的探讨中，我们可以总结一下二者的关系，以便更准确地把握它们的不同。

首先，集合概念和非集合概念是根据它们所反映的对象是否为集合体来划分的，也就是说它们是从一个研究角度出发分出的两个概念，这是它们相互关联的地方。但是，对于同一概念来说，划分角度或标准的不同，也可以得出不同的结论。比如，"草地"相对于"草"、"马队"相对于"战马"来说，都是集合概念；但是相对于"森林"或"车队"等概念来说，"草地"和"马队"都是普遍概念。

其次，非集合概念反映的是类的概念，其中的组成类的分子也具有类概念的属性；集合概念反映的是集合体的概念，它的属性只适用于它所反映的集合体，而不一定适用于组成集合体的所有个体，这是二者相区别的地方。请看下面这则幽默故事：

有一个很小气的人，一天他肚子饿了，便到路边的馒头店买馒头吃。吃了一个没饱，又买了一个；吃完第二个还没饱，就又买了第三个。就这样，他一直买了五个馒头才吃饱。这时他突然后悔起来了："早知道第五个馒头能吃饱，我还吃前四个馒头干吗呢？直接吃第五个馒头就行了，还能省不少钱呢!"

从逻辑学角度讲,这个人之所以会认为应该"直接吃第五个馒头",就在于他没有搞清楚这五个馒头其实是一个集合概念,它反映的是这五个馒头组合而成的一个整体或集合体,而"第五个馒头"只是这个集合体的一个个体。只有这个集合体才具有让他吃饱的属性,不管是第五个馒头,还是前面四个馒头中的任何一个,都不具备让他吃饱的属性。也就是说,这个集合概念并不适用于组成集合体的任何一个个体。这个人之所以可笑就在于他不懂得这基本的逻辑概念。

⊙ **正确理解集合概念和非集合概念**

首先,在区分或判断集合概念和非集合概念时,应该将其放在一定的语境中。因为,同一个概念,在不同的语境中会表现出不同的形式。也就是说,同一个概念在这个语境中可能是集合概念,在另一个语境中就可能是非集合概念。脱离了语境去判断集合概念或非集合概念,往往会让人无所适从。我们上面给出的一些有关集合概念或非集合概念,都是有典型性的。但在我们思维过程中,很多概念并非如此典型。这就容易造成思维的混乱。比如:相对于"战马"来说,"马队"是个集合概念,但是相对于"晋商的马队"而言,"马队"则是个非集合概念,因为"马队"具有的属性,"晋商的马队"也具有。因此,不同的语境中,同一概念的种类也可能发生改变。再看下面这道题:

这场突如其来的暴风雪让羊群损失大半,她的羊群也遭遇了暴风雪,所以她的羊群也损失大半。以下哪项是对题干中的推理所犯错误最恰当的说明?

　　A. 该推理犯了偷换单独概念与普遍概念的错误
　　B. 该推理犯了偷换实体概念和属性概念的错误
　　C. 该推理犯了偷换集合概念和非集合概念的错误
　　D. 该推理犯了偷换正概念和负概念的错误

从所给的四个选项中,我们首先可以判断该推理犯的是偷换概念的错误,这就缩小了分析其所犯错误的范围,降低了题目的难度;但从另一方面说,只有对几种概念的含义与区别理解透彻了,才可能找出正确答案,这就没有了利用排除法排除其他比较明显的错误选项的机会,因此难度是加大了。

题干中大前提中的"羊群"是集合概念,指的是羊群的整体;小前提中的"羊群"是非集合概念,指的是类。虽然二者用的是同一个语词,但在不同的语境中却有着不同的内涵和外延,因此表现出不同的含义,属于不同的概念。故而本题选C。

其次,不要混淆了集合概念和非集合概念。相对于其他概念的划分来说,集合概念和非集合概念虽然也有着自己的划分标准,但在按照此标准分析的时候,还是会让人觉得有心无力,因此往往会出错。所以,在我们进行思维活动的时候,一定不要把二者混淆了。

目前,对集合概念和非集合概念的研究还在进一步地深入。相信不远的将来,集合概念和非集合概念的理论框架会更加完善。

概念间的关系

考察概念间的关系,有助于我们正确地认识和使用概念。但要对概念间的所有关系进行全面考察,无疑是个浩大的工程。所以,我们在这里讨论的主要是概念的外延间的关系。不过,这种考察是要放在一定的范围或系统中来进行的。比如你若要考察鲁迅和老舍在小说创作上的不同风格,就要把他们放在"小说"这个范围或系统中才能比较。

概念的外延之间的关系总的来说有两种:相容关系和不相容关系。相容关系是指所考察的两个概念的外延至少有一部分是重合的,它主要包括同一关系、真包含关系、真包含于关系和交叉关系。不相容关系是指所考察的两个概念的外延是完全不重合的,它主要包括全异关系。在讨论这几种关系时,我们采用瑞士数学家欧拉创立的"欧拉图"来说明,以便更清晰、直观地区分这几种关系。

下面，我们先对相容关系进行分析。

⊙ **同一关系**

1. 含义

同一关系是指两个概念的外延完全相同或完全重合的关系，也叫全同关系。我们假设有S和P两个概念，若S的全部外延正好是P的全部外延，也就是说S和P的外延完全相同或重合，则S和P就是同一关系，也叫全同关系。比如：

（1）《出师表》的作者（S）与诸葛亮（P）

（2）郑州（S）与河南省的省会（P）

（3）对角相等、邻角互补的四边形（S）与四条边相等的四边形（P）

上面三组概念中，S代表的概念和P代表的概念的外延完全相同或重合。比如"《出师表》的作者"的外延就是"诸葛亮"，"诸葛亮"的外延也是"《出师表》的作者"；"郑州"的外延是"河南省的省会"，"河南省的省会"的外延也是"郑州"；"对角相等、邻角互补的四边形"的外延是"四条边相等的四边形"，"四条边相等的四边形"的外延也是"对角相等、邻角互补的四边形"。所以，这三组概念都是同一关系。我们可以用欧拉图来表示同一关系，如图1所示：

图1

2. 特点

同一关系有几个主要特点，只有理解了这几个特点，才能正确把握同一关系。

首先，同一关系是指两个概念的外延完全重合，但是内涵不同。事实上，具有同一关系的两个概念只是从不同的角度去描述同一事物的属性，但它们的内涵却不相同。比如"郑州"的内涵是城市，"河南省的省会"的内涵是河南省政治、经济、文化中心。如果内涵与外延都重合了，那就不是同一关系，而是同一概念的不同表达方式了。比如：马铃薯和土豆，麦克风和话筒，虽然用的是不同的语词，但其内涵和外延都相同，所以不是同一关系。看下面这则幽默故事：

露丝拒绝了杰克的求婚，但是露丝的朋友凯特却嫁给了杰克。

露丝参加凯特的婚礼时，凯特幸灾乐祸道："嘿，露丝！你看，现在杰克和我结婚了，你后悔吗？"

露丝微笑道："这没什么奇怪的，遭受爱情打击的人往往都会做出蠢事。"

在这则故事中，"凯特和杰克的婚礼"与"蠢事"是外延完全相同的两个概念，但是其内涵显然不一样，所以这两个概念是同一关系。

其次，一般情况下，具有同一关系的两个概念是可以互换使用的。尤其是在文学创作中，适时换用具有同一关系的两个概念既可以避免重复，又可使行文更活泼生动。

再次，表示同一关系时，通常可以用这些具有标志性的词语，比如"……即……""……就是……""……也就是说……"等。

⊙ **真包含关系和真包含于关系**

在讨论真包含关系和真包含于关系前，我们先看一下属种关系和种属关系。

1. 属种关系和种属关系

我们前面讲过，在同一系统中，外延较大的概念叫属概念，外延较小的概念叫种概念。比如我们原来讲过的"独裁者"就是属概念,"大独裁者"就是种概念。外延较大的属概念和外延较小的种概念之间的关系叫做属种关系,反之则称为种属关系。要理解这两种关系的不同,就要注意以下几个方面:

第一,属概念与种概念是相对的。在不同的语境中,或不同的概念作对比时,属概念可能会变成种概念,种概念也可能会变成属概念。比如:"学生"这个概念与"大学生""高中生"相比较时是属概念,但与"人"这个概念作比较时则是种概念。

第二,属种关系不是整体与部分的关系。"树木"和树枝、树叶是整体与部分的关系,与桃树、柳树则是属种关系;"盲人摸象"的故事里,"大象"与几个盲人摸到的耳朵、鼻子、腿、尾巴等是整体与部分的关系,但与亚洲象、非洲象则是属种关系。

第三,如果两个概念具有属种关系或种属关系,在思维或表达过程中一般不能并列使用。比如:"花园里开满了红花和五颜六色的花。"在这句话里,"红花"和"五颜六色的花"是种属关系,"五颜六色的花"已经包含了"红花",所以不能并列使用。

第四,一般来讲,简单的种属关系可以用"S是P"这种结构来表示。比如:"手机是一种科技含量较高的产品"或"张怡宁是一名优秀的乒乓球运动员"。

2.真包含关系和真包含于关系

真包含关系是指一个概念的部分外延与另一个概念的全部外延重合的关系。我们假设有S和P两个概念,如果P的全部外延是S的外延的一部分,也就是说S的外延包含P的全部外延,则S和P就是真包含关系。相反,真包含于关系则是一个概念的全部外延与另一个概念的部分外延重合的关系。我们同样假设有S和P两个概念,如果S的全部外延是P的外延的一部分,也就是说P的外延包含S的全部外延,则S和P就是真包含于关系。现在我们通过下面的表格来作比较:

真包含关系	真包含于关系
1.花(S)和兰花(P)	A.兰花(S)和花(P)
2.小说(S)和《红楼梦》(P)	B.《红楼梦》(S)和小说(P)
3.马(S)和白马(P)	C.白马(S)和马(P)

左列表格中,"花"的外延包含"兰花"的外延,而"兰花"的外延只是"花"的外延的一部分,"花"包含"兰花",所以"花"与"兰花"是真包含关系,即S和P是真包含关系;在右列表格中,"兰花"的外延只是"花"的外延的一部分,而"花"的外延则完全包含"兰花"的外延,"兰花"包含于"花",所以"兰花"与"花"是真包含于关系,即S和P是真包含于关系。其他例子也可以用同样的方法分析。我们可以用欧拉图来分别表示这两种关系,如图2和图3所示:

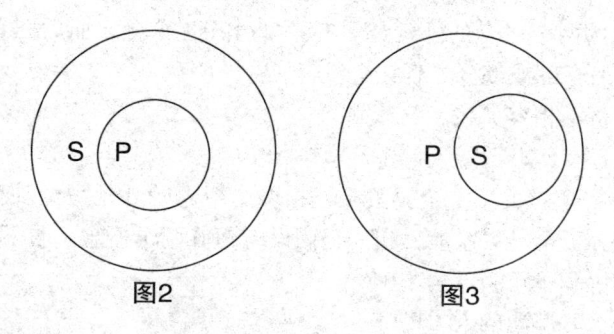

图2　　　　　　　图3

根据我们上面对属种关系和种属关系的分析,实际上真包含关系就是属种关系,真包含于关系就是种属关系,他们的表达虽然不同,但却有着相同的特点。从形式上看,具有真包含关系的两个概念反过来就是真包含于关系，反之亦然。不过，不管是哪种关系，它们必须处在同一个系统里才能成立。

⊙ 交叉关系

交叉关系是指两个概念的部分外延重合，或者说一个概念的部分外延与另一个概念的部分外延相重合。我们还假设有S和P两个概念，如果S有一部分外延与P的外延重合，另一部分不重合，而且P也有一部分外延与S的外延重合，另一部分不重合，则S和P就是交叉关系。比如：

（1）年轻人（S）和学生（P）

（2）完好的东西（S）和我的东西（P）

（3）连长（S）和中校（P）

上面三组概念中，S代表的概念外延与P代表的概念外延在某一部分是重合的，同时又有一部分不重合。比如："年轻人"有一部分是学生，有一部分不是学生，"学生"有一部分是年轻人，有一部分不是年轻人，二者只有一部分外延重合，所以它们是交叉关系。我们可以用欧拉图来表示这种关系，如图4所示：

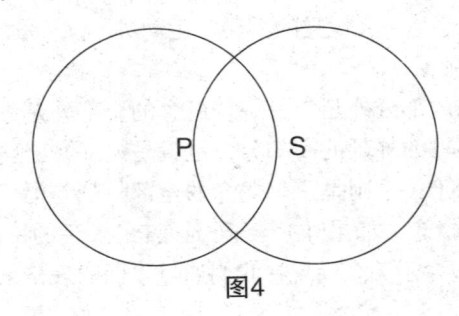

图4

看下面这则故事：

一天，史密斯先生接到邻居约翰的电话，邀请他晚上参加一个宴会，史密斯先生欣然同意。

晚上，史密斯先生穿着一身崭新的礼服来到了约翰家。进门后，餐桌前的客人都起身向他问好。一位男士也从餐桌旁站了起来，急匆匆地走过来。

史密斯先生连忙迎上去伸出手："噢，先生！您太客气了，快请坐下吧！"说着就把那位男士往餐桌旁推。

那位男士很尴尬，附在史密斯先生耳旁小声说："先生，您误会了！我是去洗手间。"

这则故事中，出现了"从餐桌旁站起来的客人"和"向史密斯先生问好的客人"两个概念，而且这两个概念的外延却发生了交叉。也就是说有的人站起来是问好，有的则不是。史密斯先生以为所有人都是在向他问好，其实是误解了这种交叉关系，因而才发生了这有趣的误会。对于具有交叉关系的两个概念，实际上它们是从不同的方面反映了其重合的那部分外延，但这两个概念却并不完全反映同一个事物。

交叉关系与同一关系、真包含关系和真包含于关系的相同点在于其中至少有一部分概念是重合的，不同点在于前者的两个概念的外延都只有一部分相互重合，而后三者则是其中一个概念的全部外延与另一个概念的全部或部分外延完全重合。

下面，我们开始分析不相容关系。

⊙ 全异关系

不相容关系主要包括全异关系。全异关系是指两个概念的外延完全没有重合即没有任何一部分外延重合的关系。在分析全异关系前，我们仍假设有S和P两个概念。看下面两组概念：

（1）正当竞争（S）和不正当竞争（P）

（2）善良的人（S）和邪恶的人（P）

上面两组概念中，S代表的概念外延与P代表的概念外延没有任何重合的部分，比如"正当竞争"就不包含"不正当竞争"的任何部分，反之亦然，所以二者是全异关系，即S和P是全异关系。我们可以用欧拉图来表示这种关系，如图5所示：

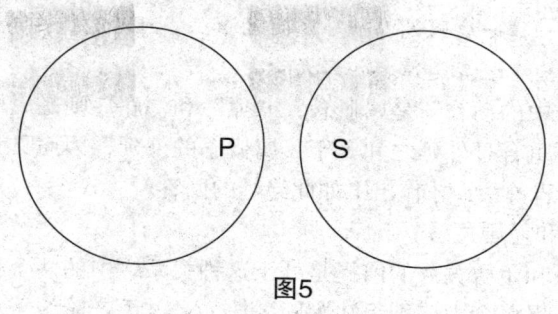

图5

如果对全异关系进一步分析的话，在同一个属概念的前提下，全异关系可以分为反对关系和矛盾关系。

1.反对关系

处于同一属概念中的两个种概念，若它们的外延完全不同且外延之和小于这个属概念的外延，则这两个种概念之间就是反对关系或者对立关系。比如：

（1）比喻（S）和拟人（P）
（2）优秀学生（S）和落后学生（P）

上面两组概念中，S代表的概念的外延与P代表的概念的外延完全不同，而且它们的外延之和又小于他们的属概念。比如："比喻"的外延和"拟人"的外延没有重合的部分，而且"比喻"与"拟人"的外延加起来又小于属概念"修辞"的外延，因此二者是反对关系，即S和P是反对关系。我们可以用欧拉图来表示这种关系，如图6所示：

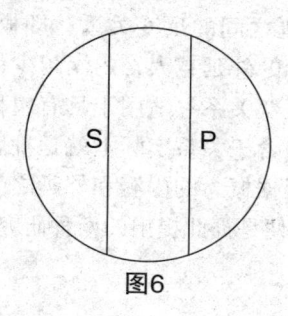

图6

2.矛盾关系

处于同一属概念中的两个种概念，若它们的外延完全不同且外延之和等于这个属概念的外延，则这两个种概念之间就是矛盾关系。比如：

（1）集合概念（S）与非集合概念（P）
（2）正确的判断（S）与不正确的判断（P）

上面两组概念中，S代表的概念的外延与P代表的概念的外延完全不同，而且它们的外延之和等于它们的属概念。比如："正确的判断"的外延和"不正确的判断"的外延没有重合的部分，而且"正确的判断"与"不正确的判断"的外延加起来正好等于"判断"这个属概念，因此二者是矛盾关系，即S和P是矛盾关系。我们可以用欧拉图来表示这种关系，如图7所示：

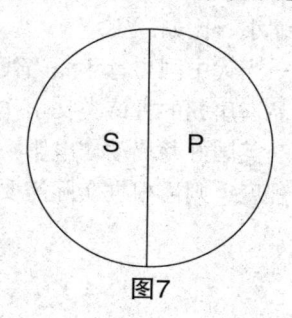

图7

《梦溪笔谈》中有一则故事：

王元泽数岁时，客有一獐一鹿同笼以献。客问元泽："何者是獐？何者是鹿？"元泽实未识，良久对曰："獐边者是鹿，鹿边者是獐。"客大奇之。

这则故事中，"笼子中的动物"是属概念，"獐"和"鹿"则是属概念下的两个种概念，而且这两个种概念的外延不重合且外延之和等于其属概念的外延，因而具有矛盾关系。王元泽正是运用了这全异关系中的矛盾关系，才作出了如此绝妙的回答。

3.正确理解反对关系和矛盾关系

第一，判断反对关系和矛盾关系的前提是处于这种关系之中的两个种概念一定是属于同一个属概念的。若不在同一个属概念中，则无法判断。比如："无产阶级"和"有理数"两个概念就无法判断其关系。

第二，不管是反对关系还是矛盾关系，两个种概念的外延都是完全不重合的。若有一部分重合，就可能是其他关系了。

第三，反对关系的两个种概念外延之和小于属概念的外延，矛盾关系的两个种概念之和等于属概念的外延。这两条性质切不可混淆。

第四，矛盾关系常用一个正概念和一个负概念来表达，比如"正义战争"和"非正义战争"；反对关系则常用两个正概念来表达，比如"名词"和"动词"。不过，有时候两个正概念也可以表示矛盾关系，比如"男人"和"女人"。

概念的限制和概括

我们前面讲过概念的内涵和外延之间的反变关系，即概念的内涵越少，外延越大；内涵越多，外延越小。反之亦成立，即概念的外延越大，内涵越少；外延越小，内涵越多。同时我们也讲过概念的内涵与外延之间的这种反变关系只适用于具有属种关系或种属关系的概念间。因为真包含关系实际上就是属种关系，真包含于关系实际上就是种属关系，所以这种反变关系也同样适用于真包含关系和真包含于关系。根据概念的内涵和外延之间的这种反变关系，我们可以对概念进行研究。其中，概念的限制与概括便是据此提出的两种研究方法。

⊙ 概念的限制

1.限制的含义

概念的限制是通过增加概念的内涵以缩小概念的外延的逻辑研究方法，也叫概念缩小法。比如：

青年→当代青年作品→文学作品电影→动作电影

从"青年"到"当代青年"、"作品"到"文学作品"、"电影"到"动作电影"，概念的内涵都增加了，外延则都缩小了。比如"电影"的内涵可以理解为"由活动照相术和幻灯放映术结合发展起来的一种现代艺术"，"动作电影"的内涵除了具有"电影"的内涵外，还增加了"动作"的内涵，因此其内涵扩大了，但其包括的电影种类和数量范围则缩小了。实际上，限制概念的过程就是概念的外延由大到小的变化过程，也就是一个概念从属概念到种概念过渡的过程。这种"渐变的过程"的性质决定了这个缩小的过程的持续性，也就是说，我们可以对一个概念进行第二次、第三次甚至更多次的缩小。比如：

青年→当代青年→当代中国青年→当代中国男青年→当代中国未婚男青年……

作品→文学作品→唐朝的文学作品→唐朝的古诗类文学作品……

电影→动作电影→美国动作电影→美国好莱坞动作电影……

至于你要把这个概念限制到何种程度，则需根据实际需要来决定了。看下面这则故事：

儿子：爸爸，你为什么吃长寿面？

爸爸：因为今天是爸爸的生日。

儿子：生日是什么？

爸爸：生日就是说爸爸是在今天出生的。

儿子：啊！爸爸！你今天出生的都长这么大了啊？

这则故事中，"爸爸"为了逗儿子，就故意不对"今天"这个概念加以限制，所以才产生了幽默的效果。

2.限制概念的方法

一是在概念前加限制性的修饰语（即定语）。比如上面的例子中，在"青年"前加限制性修饰语"当代"，在"文学作品"前加"唐朝的"等。

二是改换语词，即直接将属概念换为与之相应的种概念。比如：把"天气"直接换为"晴天""阴天"等，把"植物"直接换成"含羞草""太阳花"等。

三是在形容词或动词前加状语。比如：在"勇敢"前加"非常"，在"做饭"前加"经常"等。

3.限制概念的作用

一是明确概念，使人们的认识更加具体化，思维、表达更准确，推理、论证更严密，也更有助于人们交流。比如：你说"小丽，帮我带点儿饭吧"可能会让小丽为难，因为她不知道该带什么饭。如果你加上饭的具体名字，比如"鱼香肉丝盖浇饭"，就清楚多了。

二是让人们了解事物从一般到特殊、从概括到具体的变化过程，有助于了解具体事物的特征和本质，也有助于人们养成思维逻辑严密的习惯。

4.限制概念时需注意的几点

在对概念进行限制时，我们要正确运用"限制"这种研究方法，尽量避免错误使用。

第一，限制只适用于具有属种关系的概念，其他的则不能。比如：

鲁迅说：俯首甘为孺子牛。

郭沫若说：我愿意做这头"牛"的尾巴，为人民服务的"牛尾巴"。

茅盾说：那我就做"牛尾巴"上的"毛"，帮助"牛"赶走吸血的蚊虫。

在这段话中，虽然概念从"牛"到"牛尾巴"再到"牛尾巴上的毛"是连续进行了两次缩小，但却并非限制。因为这是从整体到部分的变化，而不是从子类到分子的缩小，因此"牛""牛尾巴"以及"牛尾巴上的毛"不具有属种关系，也就不是限制。

第二，在对概念的外延进行限制时，要根据实际需要进行限制，不能使外延过宽，也不能使外延过窄。总之，要进行有效限制，不要随心所欲。比如："我是一个您不熟悉的陌生朋友""他是唯一幸存的遇难者"等就是错误的限制。

第三，概念进行连续性限制并不等于无限性限制，当这种限制达到单独概念时，就不能再往下限制了，因为单独概念已经是一个具体的事物了。比如对"青年"的连续性限制中，当到了具体的某个人（张三或李四等）时，就不能再限制了；同样，对"电影"的连续性限制中，到了具体的某一部电影（《真实的谎言》或《生死时速》等）时，也不能再限制下去了。

第四，有些加在概念前的修饰语等不一定具有限制的作用。比如：在"地主"前加"万恶的就地主"只是强调了"地主"具有的某种属性，并没有改变概念外延的大小。

⊙ 概念的概括

1.概括的含义

概念的概括是指通过减少概念的内涵以扩大概念的外延的逻辑研究方法，也叫概念扩大法。比如：

英语系的大学生→大学生武侠小说→小说中国城市→城市

从"英语系的大学生"到"学生"、"武侠小说"到"小说"、"中国城市"到"城市"，概念的内涵都减少了，概念的外延则都扩大了。比如："大学生"这个概念的内涵就是"接受过大学教育的人"，而"英语系的大学生"则是指"接受过大学英语专业教育的人"，因此"大学生"的内涵就减少了；同时"大学生"的外延不仅包括"英语系的大学生"，还包括其他专业的大学生，所以其外延扩大了。实际上，概括概念的过程就是减少概念的内涵同时又扩大概念的外延的过程，也是从种概念过渡到属概念的过程。此外，同概念的限制可持续进行一样，概念的概括也可以持续进行。比如：

英语系的大学生→大学生→学生→人……

武侠小说→小说→文学形式→文学……

中国城市→城市→地域……

至于要概括到何种程度，也需要根据实际需要来决定。看下面这则记载在《孔子家语》中的故事：

楚共王出游，亡乌嗥之弓，左右请求之。王曰："止！楚王失弓，楚人得之，又何求之？"孔子闻之，曰："惜乎其不大也。曰人遗弓人得之而已，何必楚？"

这则故事中，楚王丢了一张弓，能够捡到这张弓的应该是某个具体的楚国人。但是，在"左右"请求寻找时，楚王说："楚人得之，又何求之？"楚王这句话把"捡到弓的某个具体的楚国人"这个概念概括到了"楚人"这个概念，其外延明显扩大了；在孔子听到这件事时，孔子却嫌楚王的胸怀还不够大，于是对这个概念进行了进一步的概括，从"楚人"这个概念概括到了"人"这个概念，意思就是反正捡到弓的是人就好了，何必管他是哪国人呢？可见，楚王和孔子都是站在自己的角度，根据自己的认识对概念进行概括的。

2.概括概念的方法

一是去掉限制性的修饰词。比如上面的例子中，把"英语系的大学生"前的"英语系的"去掉，或者把"中国城市"前的"中国"去掉等。

二是改换语词，即直接将种概念换为与之相应的属概念。比如上面的例子中，把"学生"概括为"人"，把"小说"概括为"文学形式"等。

3.概括概念的作用

一是使人们对概念从特殊到一般、从具体到普遍的概括过程中，揭示事物的普遍性意义，认识事物的本质。比如将"学生"概括为"人"，就可以对"学生"的本质属性进行更深入的研究。

二是可以使人们站在更高的层面进行思维或表达，更为准确、严密地描述概念。

4.概括概念时需注意的几点

在对概念进行概括的过程中，我们要注意一些容易出现概括不当的地方。

第一，概括只适用于具有种属关系的概念，不能随意概括。比如你不能把"窗户"概括为"房子"，因为它们不具有种属关系，不是分子与类的关系，而是部分与整体的关系。

第二，是否需要概括，概括到何种程度，一定要根据实际情况决定，不能概括不够，也不能不顾实际的任意概括。看下面这则故事：

老师问小明："小明，是谁发明了造纸术啊？"

小明回答道："人。"

老师很崩溃，继续启发道："具体是什么人啊？"

小明认真地想了想，骄傲地说："是中国人！"

这则故事中，小明在回答老师提问时，把"发明造纸术的某个人"回答为"人"和"中国人"，都是在不该概括的时候进行了概括。

第三，概括概念的过程可以持续进行，但不能无限度地一直进行下去。在概括到某个不能再概括的概念时，一般是指概括到一个哲学范畴时，就不能再概括下去了，因为那已经是最大的概念了。比如上面的例子中，"英语系的大学生"概括到"人"后还可以进行到"动物""生物""物质"，但是到了"物质"就已经是极限了，不能再进行了。

什么是定义

日常生活中，经常出现有关"定义"的情况。字典、词典里有给每个字、词下的"定义"，我们的课本里有许多概念的"定义"，你在写文章时可能用到"下定义"的说明方法，各类考试中也会有关于各种"定义"的考题，等等。那么，究竟什么是"定义"呢？从逻辑学的角度讲，"定义"也和"限制""概括"一样，是一种明确概念的逻辑方法。

⊙ 定义的含义

定义是一种揭示概念内涵的逻辑方法。它通过简洁、明确、精练的语言对概念所反映的对象的本质属性来作解释或描述。通过对概念进行定义的方法，我们不仅可以明确概念的内涵，也可以使它与其他概念区别开来。比如：

（1）生产关系是人们在物质资料生产过程中所结成的社会关系。

（2）法律是国家制定或认可的，由国家强制力保证实施的，以规定当事人权利和义务为内容的具有普遍约束力的社会规范。

上面两句话就是"生产关系"和"法律"的定义，分别揭示了"生产关系"和"法律"这两个概念的内涵，即"社会关系"和"社会规范"，并将之与其他概念区别了开来。

我们再看一下关于"生产关系"和"法律"的定义的描述方法，可以发现它们都分为三个部分：

（1）生产关系（第一部分）是（第二部分）人们在物质资料生产过程中所结成的社会关系（第三部分）。

（2）法律（第一部分）是（第二部分）国家制定或认可的，由国家强制力保证实施的，以规定当事人权利和义务为内容的具有普遍约束力的社会规范（第三部分）。

第一部分我们称之为"被定义项"，即被揭示内涵的概念，用Ds表示；第三部分我们称之为"定义项"，即用来揭示被定义项内涵的概念，用Dp表示；第二部分我们称之为"定义联项"，即联接被定义项和定义项的概念。在现代汉语中，定义联项通常用"……是……""……即……""……就是……"等表示。

一个定义一般都由被定义项、定义联项和定义项三部分组成。从语法的角度分析，被定义项相当于一个句子的主语，定义联项相当于谓语，定义项则相当于宾语。因此，我们可以用下面的这个逻辑公式来表示定义，即：

Ds是Dp

⊙ 定义的方法

我们在给概念定义时，最常用的方法是属加种差法。

定义项（Dp）作为揭示被定义项内涵的概念，一般包括两部分：邻近的属概念和种差。邻近的属概念是指比被定义项的高一层次的概念，也就是对被定义项进行第一次概括得到的概念。比如"小说"就是"武侠小说"邻近的属概念，"电影"就是"动作电影"邻近的属概念，"社会规范"就是"法律"邻近的属概念。种差，顾名思义就是种概念之间的差别，它主要是指被定义项与和它同一层次的其他种概念之间的差别或不同。比如"法律"的定义：

法律是国家制定或认可的，由国家强制力保证实施的，以规定当事人权利和义务为内容的具有普遍约束力的社会规范。

"由国家强制力保证实施的，以规定当事人权利和义务为内容的具有普遍约束力的"的属性就是被定义项"法律"与和它在同一层次的其他种概念（比如道德）的种差。所以我们可以这样标注"法律"的定义：

法律（被定义项）是（定义联项）国家制定或认可的，由国家强制力保证实施的，以规定当事人权利和义务为内容的具有普遍约束力的（种差）社会规范（邻近的属概念）。

对于其他定义我们也可以进行类似的分析，比如我们以前提到的"商品"的定义：

商品（被定义项）是（定义联项）用于交换的（种差）劳动产品（邻近的属概念）。

由此，我们可以得出"属加种差法"的公式：

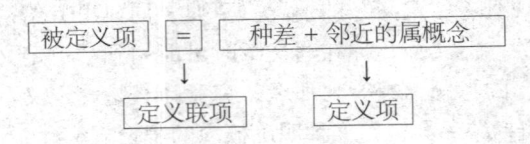

被定义项 = 种差 + 邻近的属概念
　　↓　　　　　↓　　　　　↓
　定义联项　　　　　　　定义项

⊙ 定义的种类

总体来看，定义可以分为实质定义和语词定义。

1.实质定义

实质定义就是揭示概念所反映的对象的本质属性的定义。比如：

（1）心理学是研究人和动物心理现象发生、发展和活动规律的一门科学。

（2）物质就是存在。

（3）马是一种哺乳类动物。

对概念进行定义的时候，一般采用属加种差法。但概念的内容是十分丰富的，在对其定义时可以从不同的方面进行，而不同的定义也是对概念所反映的对象的不同属性的描述。根据种差揭示的不同方式和内容，可对实质定义进行不同的分类，即：性质定义、发生定义、关系定义和功用定义。

以概念所反映的对象的性质为种差所作的定义叫性质定义。比如：

（1）逻辑学是研究逻辑的思维形式、思维规律和思维方法的科学。

（2）民事诉讼法是调整民事诉讼的法律规范。

在这里，"研究逻辑的思维形式、思维规律和思维方法"和"调整民事诉讼"就分别是"逻辑学"和"民事诉讼法"的性质。

以概念所反映的对象发生或形成过程为种差所作的定义叫发生定义。比如：

（1）三角形是由不在同一直线上的三条线段首尾顺次连接所组成的封闭图形。

（2）月食是当月球运行至地球的阴影部分时，因为在月球和地球之间的地区的太阳光被地球所遮蔽而形成的月球部分或全部缺失的天文现象。

以概念所反映的对象和其他事物之间的关系为种差所作的定义叫关系定义。比如：

（1）合数是除能被1和本数整除外，还能被其他的数整除的自然数。

（2）速度就是位移和发生此位移所用时间的比值。

以概念所反映的对象的功用为种差所作的定义叫功用定义。比如：

（1）书是人类交流感情、取得知识、传承经验的重要媒介。

（2）手机是人们用来互通讯息的一种通讯工具。

2.语词定义

语词定义是说明或规定语词的用法或意义的定义。与实质定义相比，语词定义只是描述或解释概念的语词意义，并不直接揭示概念的本质属性。不过，对概念的语词意义进行定义，也有助于人们通过对语词意义的了解而了解概念的本质属性或者说概念的内涵。根据对语词不同形式的解释或描述，语词定义可分为说明的语词定义和规定的语词定义。

说明的语词定义是指对语词已有的意义进行说明的定义。比如：

（1）蒹葭：蒹，没有长穗的芦苇；葭，初生的芦苇。蒹葭就是指芦荻，芦苇。

（2）惯性就是物体保持其运动状态不变的属性。

规定的语词定义是指对语词表示的某种意义作规定性解释的定义。比如：

（1）"三个代表"是指中国共产党始终代表中国先进生产力的发展要求，代表中国先进文化的前进方向，代表中国最广大人民的根本利益。

（2）"六艺"是指礼、乐、射、御、书、数。

对于说明的语词定义和规定的语词定义之间的关系，我们需要注意以下几点：

第一，说明的语词定义是就某个语词的本来意义进行解释或说明，是以词解词；规定的语词定义是随着时代的发展或用词者的需要，给某个语词赋以规定性的意义。前者是固有的，后者是新生的。

第二，规定的语词定义主要是对新产生的语词加以明确规定，以让人们更清楚地了解这些语词，避免歧义。这种规定并不是随时随地可以任意进行的，而是要考虑实际需要和社会的认可度。一旦这种规定确定下来，就不能任意改变。

第三，在对语词进行说明性或规定性定义时，要注意对其意义进行准确把握，在用词上也要力求精确、简练，以免出现错误。

定义的规则和作用

通过对定义的含义的分析，我们知道了什么是定义；通过对定义的方法的分析，我们知道了如何对概念定义；通过对定义的种类的分析，我们知道了都有哪些类型的定义。在本节，我们将通过对定义的规则的分析，来理清楚对概念进行定义时该依据什么样的规则。

⊙ 定义的规则

孟子曰："不以规矩，不能成方圆。"也就是说，不管是日常生活中的行为举止，还是在从事某些活动、研究时，都要遵循一定的规则。在给概念进行定义时，也要遵循一定的规则。只有在这些规则的指导下进行定义，才能尽量地避免错误，正确揭示概念的本质属性。

第一，定义时应当遵循相称原则，即定义项的外延与被定义项的外延要完全相等，具有同一关系。

被定义项是被揭示内涵的概念，定义项是用来揭示被定义项内涵的概念。二者的外延只有完全相等时，定义项才能准确地表示被定义项的内涵，才能让人们明白被定义项究竟具有什么属性。比如前面我们提到的"心理学"的定义：

心理学是研究人和动物心理现象发生、发展和活动规律的一门科学。

在这个定义中，定义项"研究人和动物心理现象发生、发展和活动规律的一门科学"的外延和被定义项"心理学"的外延是完全相等的，定义项已经完全揭示了"心理学"需要研究的全部内容，因此这是一个正确的定义。如果在对概念进行定义时违反了这个规则，就会出现定义过宽或过窄的错误。

定义过宽是指定义项的外延大于被定义项的外延。这时候，被定义项和定义项就由同一关系变成了真包含于关系。

看下面这道题：

《汉书·隽不疑传》中记载："每行县录囚徒还，其母则问不疑：有所平反，活几何人？"下列各项中哪项对"平反"的表述不正确？

A.平反是还历史一个真实的面目，还当事人一个公正的评价。

B.平反是对处理错误的案件进行纠正。

C.张三曾因罪入狱，后经调查发现他并没有参与盗窃，于是便无罪释放了。所以说，张三被平反了。

D.张三曾因罪被判刑五年，后经调查发现量刑过重，便减刑一年。所以说，张三被平反了。

一般来讲，在案件判决上，可能出现四种错判，即轻罪重判、重罪轻判、无罪而判和有罪未判。其中，对轻罪重判和无罪而判的案件的纠正可以叫平反，但是对重罪轻判和有罪未判的案件进行纠正则不能叫平反。因此，A、C、D三项都正确。B项中，定义项"处理错误的案件"显然包括重罪轻判和有罪未判，所以它的概念外延大于被定义项"平反"的外延，违反了定义相称的规则，犯了定义过宽的错误。

定义过窄是指定义项的外延小于被定义项的外延。这时候，被定义项与定义项就由同一关系变成了真包含关系。

看下面这则故事：

有人问阿凡提："阿凡提，最近有什么新闻吗？"

阿凡提说道："什么算新闻呢？"

那人答道："新闻就是比较离奇的、出人意料的、有刺激性的消息。"

阿凡提笑道："有啊！昨晚我梦到有只老鼠在咬你的脚。"

那人答道："你这算什么新闻啊？一点儿也不离奇。"

阿凡提又笑道："你的意思是，当我梦到你的脚在咬一只老鼠时才算离奇了？"

这个故事中，这个人对"新闻"的定义就犯了定义过窄的错误。被定义项"新闻"的外延既包括"比较离奇的、出人意料的、有刺激性的消息"，也包括新近发生的其他事。因此定义项"比较离奇的、出人意料的、有刺激性的消息"的外延小于被定义项的外延，成了被定义项外延的一部分，所以这个定义是不准确的。

第二，定义时应当遵循明确、清楚、精练的原则，不得使用含混不清、模棱两可的字句。

对被定义项进行定义就是使用最简洁、凝练的表达解释其含义，它的目的就在于明确、清楚地揭示被定义项的内涵。如果人们不能通过定义明白被定义项的内涵，或者得到的仍然是一个含混不清、模棱两可的内涵，那这个定义就是失败的定义，也就失去了它的意义。比如：

（1）生命是通过塑造出来的模式化而进行的新陈代谢。

（2）道德就是对人具有一定约束性质的行为规范。

上述两个定义中，虽然各自对"生命"和"道德"进行了定义，但（1）中"塑造出来的模式化"和（2）中"一定约束性质"都含混不清，让人不明所以。这种不符合明确、清楚的定义原则的现象就是"定义不清"或"定义模糊"。

第三，定义一般都使用肯定句式。

对被定义项进行定义是为了揭示它的内涵，也就是指出被定义项所反映的对象具有什么样的本质属性，说明这个概念"是什么"。所以定义一般使用肯定句式，即用正概念。而否定句式的定义一般只是说明被定义项"不是什么"或"没有什么"，也就是说只揭示被定义项所反映的对象不具有什么样的属性。比如，如果肯定句说"今天天气冷"，否定句则说"今天天气不热。"但"不热"的外延并不完全等于"冷"，它也可能是指天气比较凉爽。这就是否定句表达意义不确切的一面。再比如：

（1）曲线是动点运动时，方向连续变化所成的线。

（2）曲线就是不直的线。

（1）是用肯定句式对"曲线"进行定义的，（2）则是用否定句式对"曲线"进行定义的。（2）虽然指出了"曲线"的某些特征，比如"不直"，但却并没有指出"曲线"的本质属性。

不过，由于某些被定义项的特殊性，只有通过否定句才能准确揭示其内涵，这时候也可以使用否定句式。比如：

（1）无性繁殖是指不经生殖细胞结合的受精过程，由母体的一部分直接产生子代的繁殖方法。

（2）无党派人士是指没有参加任何党派、对社会有积极贡献和一定影响的人士。

诸如上述"无性繁殖""无党派人士"一类概念的定义，只有通过揭示其不具有某种属性才能明确、清楚地表达其含义，这时就可以使用否定句式。

第四，定义项不能直接或间接地包含被定义项。

"不能直接包含被定义项"就是说在对被定义项进行定义时，不能用被定义项本身去解释被定义项。比如，"成年人就是已经成年的人"这个定义中，定义项中直接包含了被定义项，用"已经成年的人"来解释"成年人"，最终也没说清楚到底怎样才是"成年"。这就好像《三重门》中的"林雨翔"向人介绍自己的名字怎么写时说："林是林雨翔的林，雨是林雨翔的雨，翔是林雨翔的翔"，说来说去还是没有说清楚这三个字怎么写。这种定义项直接包含被定义项的现象就是"同语重复"。

"不能间接包含被定义项"就是说在对被定义项进行定义时，定义项中不能有用被定义项来解释或说明的部分，即定义项不能与被定义项互相定义。比如，"不正当竞争就是正当竞争的反面，正当竞争就是不正当竞争的反面"这个定义中，定义项与被定义项互相定义，最终也没有说清楚到底什么是"正当竞争"和"不正当竞争"。这种定义项间接包含被定义项的现象就是"循环定义"。

第五，定义不能使用诸如比喻、夸张之类的修辞手法。比如：
（1）爱情是生活中的诗歌和太阳。
（2）书是一代对另一代精神上的遗训，是行将就木的老人对刚刚开始生活的青年人的忠告，是行将休息的站岗人对来接替他的岗位的站岗人的命令。

上述两句话就是通过比喻的修辞手法对"爱情"和"书"这两个概念进行的解读，但如果我们把它们当做"爱情"和"书"的定义，就犯了"以比喻代定义"的错误。因为定义是揭示概念所反映的对象的本质属性，而"比喻式定义"只是人们根据自身经历对其个别属性进行的形象化描述。

⊙ 定义的作用

在人们进行的各种思维活动中，定义扮演着重要角色。可以说，人们就是在各种概念的定义的基础上进行思维的。如果说思维是一座房子，那么定义就是这座房子的地基。人们的思维要用到定义，同时人们又用自己思维的成果来完善、丰富着定义。

第一，定义可以检验人们所用概念是否具有确定性。概念是反映对象的本质属性的思维形式。在人们的思维过程中，可以通过对概念进行定义的方法来检验人们是否认识了概念的确切内涵。如果人们能够给出符合概念所反映的对象的本质属性的定义，就说明这个概念是明确的，反之则不是。

第二，定义可以总结并巩固人们对客观事物的认识成果。定义实际上就是人们对客观事物本质认识的总结，当这种总结逐渐形成并最终确定下来时，也就巩固了人们的认识成果。

第三，定义有助于人们学习和传授知识。一旦人们对客观事物本质的认识确定下来并形成定义后，它就有了指导意义，成为人们学习和传授知识的工具。同时，人们也可以利用现有定义对客观事物进行更深一步的研究和思考。

第四，定义有助于人们说理和交际。准确把握概念的定义，可以让人们在进行说理和交际时判断正确、推理严密、论证有说服力。

什么是划分

划分和概念的限制、概括、定义一样，也是明确概念的一种方法。

⊙ 什么是划分

1.划分的含义

不管是概念的限制和概括，还是概念的定义，都是和概念的内涵有关的逻辑方法。划分则是明确概念的外延的一种逻辑方法。除了单独概念外，概念的外延一般都比较大，涵盖的范围比较广。而我们在进行思维的过程中，并不一定要把全部外延作为研究对象。因此，将外延按一定的标准进行划分，然后再对划分得出的某一个种类进行有针对性的研究就很有必要了。划分就是依据一定的标准，将概念的外延分为若干小类以明确其外延的一种逻辑方法。比如"植物"这个概念的外延很大，可以把它划分为藻类、蕨类、苔藓植物和种子植物等；把"电影"划分为动作电影、爱情电影、喜剧电影、恐怖电影等。由此可见，对概念的外延进行划分的过程实际上就是按照一定的标准把一个属概念划分为若干种概念的过程。

2.划分的结构

划分由三部分构成，即：划分的母项、划分的子项和划分的标准。

划分的母项是指被划分的概念。划分的子项是指对母项划分后得到的各个种概念。划分的标准就是把母项划分为若干子项时的依据。这种依据就是被划分的概念（即划分的母项）所反映的对象的各种属性。比如：

（1）动物可以划分为脊椎动物和无脊椎动物。

（2）花可以分为木本花卉、草本花卉和肉质类花卉。

上述两个划分中，（1）中的"动物"和（2）中的"花"就是划分的母项；（1）中的"脊椎动物""无脊椎动物"和（2）中的"木本花卉""草本花卉""肉质类花卉"就是划分的子项；（1）依据的划分标准是动物的骨骼特征，（2）依据的划分标准则是花的形态特征。

事物所具有的属性是多种多样的，因此划分的标准也并不唯一，依据事物不同的属性来划分可以得出的不同的子项。我们上面提到的"花"就可以按照不同的生物特性划分出不同的子项。比如，按对光照需求的不同划分为喜阳性花卉和耐阴性花卉；按照对温度不同的要求划分为耐寒性花卉和喜温性花卉等。

划分的标准的多样化还表现在可以根据实际情况的不同进行不同的划分。看下面一则故事：一位旅客到一家小餐馆吃饭，对小餐馆的米饭很不满。

于是他就招呼服务员："请你们老板来一下。"

一会儿，老板过来了，问道："先生，您有什么事吗？"

旅客说道："你们餐馆的米饭有几种啊？"

老板不解："只有一种啊。"

旅客用筷子挑起几粒米说道："我看你们应该有三种，生的、熟的和半生不熟的。我现在吃的，正是第三种。"

这则故事中，旅客通过把"米饭"（母项）依照生熟的不同（划分的标准）划分为生的、熟的和半生不熟的（三个子项）几种，对小餐馆的米饭质量进行了讽刺。

3.划分与分解的不同

划分是按照一定的标准把一个属概念（即母项）划分为若干种概念（即子项），划分得到的子项具有母项的属性，子项与母项具有种属关系。而分解则是把整体分为各个部分，且部分不具有整体的属性。比如把"花"分为"木本花卉"、"草本花卉"和"肉质类花卉"是划分，把"花"分为花梗、花冠、花萼、花托、花蕊等则是分解；把"书"分为纸质书和电子书是划分，但把"书"分为封面、扉页、内文、封底等则是分解。

⊙ 划分的种类

根据不同的标准，划分可以分为三大类。

1.二分法和多分法

依据划分的子项数量的不同，划分可以分为二分法划分和多分法划分。

我们前面讲过，正概念是反映对象具有某种属性的概念，负概念是反映对象不具有某种属性的概念。二分法划分就是依据概念所反映的对象有无某种属性把一个母项划分为两个子项的方法。即具有某种属性的划为一个子项，不具有某种属性的划为一个子项。一般来讲，这两个子项就是一对正负概念。比如：

（1）化合物可以分为有机化合物和无机化合物。

（2）体育成绩可以分为达标和不达标。

上述两个划分中，"化合物"和"体育成绩"都有两个子项，所以叫二分法。

多分法划分是指把一个母项划分为两个以上（不包含两个）子项的方法。比如，把"花"分为"木本花卉、草本花卉和肉质类花卉"就是多分法；把"植物"分为"藻类、蕨类、苔藓植物和种子植物"也是多分法。

与多分法相比，二分法有着一定的优势。比如，在人们不能完全了解一个母项概念的外延时，或者不需要完全了解一个母项概念的外延时，使用二分法对母项概念进行划分，有助于人们对其中较为了解的部分进行研究。不过，二分法中属于负概念的子项的内涵和外延的不明确性也会影响人们对母项概念进行更深一步的探讨。

2.一次划分和连续划分

依据划分层次的不同，划分可以分为一次划分和连续划分。

一次划分就是依据一定的划分标准一次完成母项的划分。一次划分只包括母项和子项两个层次。连续划分则是把上一次划分得到的子项作为母项再进行划分。连续划分可以包括三个甚至更多的层次，它可以把每次划分后得到的任一子项作为母项一次次划分下去，直到满足需要或无法划分为止。比如：

（1）动物可以分为脊椎动物和无脊椎动物。

（2）动物可以分为脊椎动物和无脊椎动物；脊椎动物分为鱼类、两栖类、爬行类、鸟类、哺乳类等，无脊椎动物分为原生动物、软体动物、节肢动物等；爬行类动物分为有足类、无足类……

上述两个划分中，（1）包括母项（动物）和子项（脊椎动物和无脊椎动物）两个层次，是一次划分；（2）对子项（脊椎动物和无脊椎动物）分别进行了划分，之后又对脊椎动物的子项（爬行类动物）进行了划分，前后共包括四个层次，是为连续划分。

3.一次划分和多次划分

依据划分的次数的不同，划分可以分为一次划分和多次划分。

一次划分就是依据一定的划分标准一次完成母项的划分。一次划分只包括母项和子项两个层次。多次划分则是根据具体需要依据不同的标准或从不同的角度对母项进行多种划分。不同种类的划分得到的子项各不相同，但都属于一次划分的范畴。若对这些子项再继续划分，则属于连续划分。比如我们前面提到的"花"的不同标准的划分就是多次划分。再比如：

（1）文学可以分为中国文学和外国文学。

（2）按国度分，文学可以分为中国文学和外国文学；按时间分，文学可以分为古代文学和现代文学；按探讨问题和目的的不同，文学可以分为大众文学（或通俗文学）和纯文学……

上述两个划分中，（1）就是一次划分，（2）分别从三个不同的角度对"文学"这一母项概念进行了不同的划分，是多次划分。

各种划分种类既相互区别又相互联系，比如"化合物可以分为有机化合物和无机化合物"既是二分法，又属于一次划分，所以它们有相通之处。但前者是从子项的数量角度进行的划分，后者是根据划分层次的不同进行的分类，所以它们又是不同的。至于按哪一种类对母项进行划分，又划分到何种程度，都应该根据我们的实际需要而定。

划分的规则和作用

⊙ 划分的规则

对概念进行定义时要遵循一定的规则，对概念进行划分时也要遵循一定的规则。划分是明确概念的外延的一种逻辑方法。如果在划分时不遵循规则，每个人都按照自己的理解去做，那就不但不能明确概念的外延，反而会越"划"越模糊，越"分"越混乱。那么，划分该遵循哪些规则呢？

第一，划分时应该遵循相称原则，即划分的各子项外延之和要与母项的外延完全相等。

在这点上，划分与定义有着相同的要求。我们看下面两个数学运算：

（1）20=8+6+3+3+1

（2）20=8+6+3+2

运算（1）中，等号右边各数之和大于等号左边的数，即8+6+3+3+1>20；运算（2）中，等号右边各数之和小于等号左边的数，即8+6+3+2<20。不管是大于还是小于，这个两个运算都是不成立的，是错误的。如果把"20"当做母项概念，把"8+6+3+3+1"或"8+6+3+2"当做划分得到的子项概念，那么，这两组子项概念的外延之和与母项的外延之和就不相等。前者之和大于母项的

外延，后者之和小于母项的外延。不管是大于还是小于，都说明这两次划分违反了相称原则，因而都是错误的。

划分后各子项外延之和大于母项外延的，就犯了"多出子项"或"划分过宽"的错误。比如："四大文明古国"这个母项可以划分出古代中国、古代埃及、古代印度、古代巴比伦和古代希腊。在这个划分中，各子项外延之和大于母项外延，因为子项里多出来一个"古代希腊"，犯了"多出子项"（划分过宽）的错误。看下面这个故事：

小杰克上课时不认真听讲，总是爱讲话。妈妈为了教育一下儿子，就与他进行了一次谈话。

妈妈问："杰克，你说你们班上都有谁听课不认真啊？"

杰克说道："我不知道。"

妈妈继续问："那么，杰克，当所有同学都坐在那里安静地听课时，是谁在那里一直不停地讲话呢？"

杰克想了想回答道："我们的老师约翰逊先生。"

这则故事中，"班上听课不认真的学生"是一个母项概念，而听课不认真的所有学生则是各个子项。妈妈问小杰克"你们班上都谁听课不认真"，实际上让他对这个母项概念进行划分，进而找出那个子项，即小杰克本人，从而达到警示他的目的。但是小杰克却把"老师约翰逊先生"作为一个子项划进了"听课不认真的学生"这个母项概念中，从而使子项外延之和大于母项外延，犯了"多出子项"的错误。

划分后各子项外延之和小于母项外延的，就犯了"划分不全"或"划分过窄"的错误。比如：

（1）文学体裁可以分为小说、散文和戏剧。

（2）植物可以分为藻类、苔藓植物和种子植物。

在上述两个划分中，（1）缺失了"诗歌"这个子项，（2）缺失了"蕨类"这个子项，致使各子项外延之和小于母项外延，犯了"划分不全"（划分过窄）的错误。

第二，在对同一概念进行同一次划分时应当遵循同一个标准。

我们前面讲过，由于大部分概念的外延较大，所以根据不同的标准可以划分出不同的子项。但是，在对同一个概念进行同一次划分时，只能遵循同一个标准。否则，一个母项概念的子项中既包括按A标准划分的子项，又包括按B标准划分的子项，就会显得混乱，也达不到明确概念外延的目的。比如：

（1）文学可以分为古代文学、现代文学、当代文学、外国文学。

（2）花可以分为木本花卉、草本花卉、肉质类花卉、耐寒性花卉。

上述两个划分中，（1）中的"古代文学、现代文学和当代文学"是按时间划分的，而"外国文学"则是按国别划分的，虽然同属"文学"范畴，但没有遵循同一个标准，因此显得有点混乱；（2）的中"木本花卉、草本花卉和肉质类花卉"是按花的形态特征进行的分类，而"耐寒性花卉"则是按"花"对温度需求的不同进行的划分，也没有遵循同一标准。

第三，划分要按照层次进行，不可越级划分。

划分就是将一个属概念分为一个个种概念，种概念与属概念具有种属关系，即划分的子项与母项具有种属关系。而且，在划分时，子项应该是母项下一级或紧邻母项的种概念。如果子项不是与母项相邻的种概念，而是由与母项相邻的子项进行第二次甚至更多次划分而得到的，这就属于"越级划分"。"越级划分"不但不能明确母项概念的外延，反而会使之更加模糊。比如：

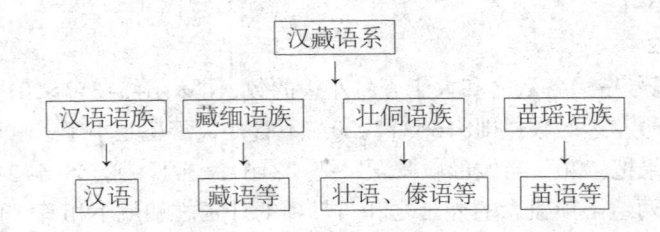

```
                    汉藏语系
        ┌──────┬──────┬──────┬──────┐
      汉语语族  藏缅语族  壮侗语族  苗瑶语族
        ↓        ↓        ↓         ↓
       汉语     藏语等  壮语、傣语等  苗语等
```

在上述划分中，把"汉语语族""藏缅语族""壮侗语族"和"苗瑶语族"直接划分为各种具体语言，就犯了"越级划分"的错误。因为，语系可以划分为各个语族，语族又可划分为各个语支，语支才可划分为各种具体语言。因此，"汉语"这个子项并不是"汉语语族"这个母项相邻的种概念（其他几组也是如此）。正确的划分应该是这样：

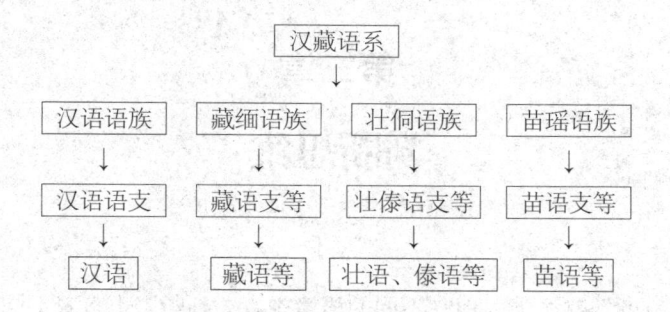

```
                        汉藏语系
                           │
        ┌──────────┬───────┴───────┬──────────┐
     汉语语族    藏缅语族        壮侗语族     苗瑶语族
        ↓           ↓               ↓           ↓
     汉语语支    藏语支等         壮傣语支等    苗语支等
        ↓           ↓               ↓           ↓
       汉语      藏语等         壮语、傣语等    苗语等
```

第四，划分后各子项的外延应当互不相容、互相排斥。

对某一母项概念进行划分得出的各子项应该是属于同一层次的种概念，彼此间是互不相容的全异关系。如果子项中出现相容现象，那么其中必有子项与另一个子项具有真包含（于）关系或相交关系，这就犯了"子项相容"的错误。各子项之间的关系也因此复杂起来，这样的划分也不能明确概念的外延。比如：

（1）藏缅语族可以分为藏语支、缅语支、彝语支、景颇语支和藏语等。

（2）法律可以分为实体法、程序法、《刑事诉讼法》等。

上述两个划分中，（1）中的"藏语"属于"藏语支"范畴，二者相容；（2）中的"《刑事诉讼法》"属于"程序法"范畴，二者也相容。它们都犯了"子项相容"的错误，造成了划分逻辑的混乱。

第五，对不能或不需要完全列出的子项要交代清楚。

在对概念进行划分时，有时由于概念外延过大，所以子项繁多，不能一一列出；有时只需要对其中某个子项进行研究，不必要把其他子项也列出来。这种情况下，要对未列出的子项交代清楚，不能随个人意愿随意增减子项，以免造成人们的误解。一般来讲，对没有完全列出子项的划分可在其后加"等"或"等等"来说明。比如，"法律"可分为宪法、刑法、民法、经济法、劳动和社会保险法等。有了这个"等"字，人们就能明白，除了所列子项外，"法律"还有其他子项。

⊙ 划分的作用

第一，划分本是明确概念的外延的一种逻辑方法，所以正确的划分可以让人们了解概念适用的范围，清楚概念的外延，有助于人们准确恰当地使用概念。

第二，依据不同的标准可以对概念进行不同角度的划分，得出不同的子项。这种划分可以让人们从各个方面了解概念所反映的对象的各种属性，从而更深入地了解概念的内涵和外延。

第三，对概念正确、适当的划分可以把各种知识系统起来，有助于人们掌握、巩固和传授知识。

第四，通过划分人们对母项概念所划分出的各级子项的层次性会有更直观、清晰的了解，可以尽可能地避免各级子项间的混淆。

需要说明的是，划分的作用只有在遵循划分的规则的基础上才能最大限度地发挥出来。如果违反了划分规则，得出的结果就是错误的，那划分也就失去了它的作用。

第三章

判断思维

什么是判断

我们经常遇到"判断"这个词，但在不同的语境中，"判断"也有着不同的含义。比如：

"雨村便徇情枉法，胡乱判断了此案。"（判决）

"金鱼玉带罗阑扣，皂盖朱幡列五侯，山河判断在俺笔尖头。"（欣赏）

"父爱也一样的，倘不加判断，一味从严，也可以冤死了好子弟。"（分析）

上述三个例子分别使用了"判断"三个不同的意思。不过，我们即将探讨的"判断"却与这日常所见的"判断"有所不同。在逻辑学中，判断是一种常用的逻辑方法。

⊙ **判断的含义**

作为逻辑学中最基本的思维形式之一，判断是推理的基础，也是对已有概念的运用。概念是反映对象本质属性的思维形式，如果概念仅止于概念，就无法发挥它的作用。只有运用概念进行判断，才能实现概念的最终意义。判断就是对思维对象有所断定的思维形式。比如：

（1）天气很晴朗。

（2）鲁迅是伟大的无产阶级的文学家、思想家、革命家，是中国文化革命的主将。

（3）他不是我们的朋友。

上述三个判断中，（1）就是运用了"天气""晴朗"这两个概念进行的判断；（2）和（3）也是运用已经形成的概念作出的判断。虽然（1）、（2）是肯定句，（3）是否定句，但都是人们对思维对象作出的一种断定。

实际上，不管是在认识事物的过程中，还是在思维、研究某一对象的过程中，抑或在日常表达、交流过程中，人们都要用到判断。可以说，判断是人们进行正常的思维活动的基础和必要条件。南宋俞文豹《吹剑录》中载：

东坡在玉堂日，有幕士善歌，因问："我词何如柳七？"对曰："柳郎中词，只合十七八女郎，执红牙板，歌'杨柳岸，晓风残月'。学士词，须关西大汉，铜琵琶，铁绰板，唱'大江东去'。"东坡为之绝倒。

这则故事中，幕士作了两个判断：

（1）对柳永词风的判断：柳郎中词，只合十七八女郎，执红牙板，歌"杨柳岸，晓风残月"。

（2）对苏轼词风的判断：学士词，须关西大汉，铜琵琶，铁绰板，唱"大江东去"。

随着人们实践的深入，当把对事物的某种判断结果作为一种普遍认识固定下来后，它也可以成为人们认识事物或进行其他判断的标尺，并反过来指导人们的思维活动。

⊙ **判断的特征**

第一，判断就是对思维对象有所肯定或否定。

我们上面举的三个例子中，"天气很晴朗"和"鲁迅是伟大的无产阶级的文学家、思想家、革命家，是中国文化革命的主将"这两个判断用的是肯定句，分别表示"天气"具有"晴朗"的属性、"鲁迅"具有"无产阶级的文学家、思想家、革命家和中国文化革命的主将"的属性，是对其作的肯定式断定，我们称之为肯定判断。所谓肯定判断，就是断定思维对象具有某种属性的判断。比如：

（1）这是本很好看的书。

（2）水结成冰是一种物理反应。

上述两个判断中，（1）肯定了"书"具有"好看"的属性，（2）肯定了"水结成冰"具有"物理反应"的属性，所以都是肯定判断。

我们上面举的三个例子中，"他不是我们的朋友"这个判断用的是否定句，表示"他"不具有"我们的朋友"的属性，是对其作的否定式断定，我们称之为否定判断。所谓否定判断，就是断定思维对象不具有某种属性或者否定思维对象具有某种属性的判断。比如：

（1）《金瓶梅》不在中国古代四大名著之列。

（2）李清照的《渔家傲·天接云涛连晓雾》没有她以往的婉约风格。

上述两个判断中，（1）断定"《金瓶梅》"不具有"中国古代四大名著"的属性，（2）断定"李清照的《渔家傲·天接云涛连晓雾》"不具有"婉约风格"的属性，所以都是否定判断。

判断的第一个特征便是指它必须要对思维对象有所肯定（即作肯定判断）或否定（即作否定判断）。也就是说，判断与肯定或否定这种形式无关，重要的是必须要有所断定。否则，就不称其为判断。

第二，任何判断都有真有假。

马克思主义哲学告诉我们，认识作为人脑对客观存在的反映，正确反映客观存在的就是正确的认识；错误反映客观存在的就是错误的认识。判断是一种思维形式，也是对客观存在的反映，因此也有对错之别。正确反映客观存在、符合实际情况的判断就是真判断。比如：

（1）我国有四个直辖市，即北京、上海、天津和重庆。

（2）《红楼梦》是一部具有高度思想性和高度艺术性的伟大作品。

上述两个判断都是符合实际情况的判断，都属于真判断。

相反，错误反映客观存在、不符合实际情况的判断就是假判断。比如：

（1）六书是指象形、指事、会意、形声、转注、反切。

（2）开封被称为"六朝古都"。

上述两个判断中，（1）中的"反切"是汉字注音的方法，而不是造字法，不属于"六书"之列，所以该判断是假判断；（2）中的"开封"曾作为战国时期的魏、五代时期的后梁、后晋、后汉、后周以及北宋和金七个朝代的都城，被称为"七朝古都"，所以该判断也为假判断。

判断的第二个特征便是指任何判断都有真假之分，这是根据判断是否正确反映了客观存在、是否符合实际情况来分别的。但不管是真是假，都是对思维对象作出的一种断定，因而都是判断。看下面这则故事：

有一个人特爱凑热闹，哪里人多就往哪里凑。一天，街上发生了一起交通事故，人们都围在那里看热闹。这个人也急忙跑过去，使劲儿往里挤。但是人太多了，他怎么也挤不进去。情急之下便大声嚷道："大家请让一让，让一让，出事的是我父亲！"等他顺着人们让开的缝隙挤进去一看，不仅傻眼了，因为被撞的是一头驴。

这则故事中，这个人所作出的"出事的是我父亲"的判断便是不符合实际情况的假判断。不过，虽然是假判断，也是他对实际情况作的一种断定，所以也属于判断。

了解了判断的含义和特征，我们便可以对思维对象作出自己的判断。但要对其作出真判断，除了正确认识客观存在、了解实际情况外，还要坚持"实践是检验真理的唯一标准"的原则，通过实践指导自己的判断。这样才能作出正确的判断，并尽可能地避免错误的判断。

判断与语句

我们曾经分析过思维形式和思维内容的联系。判断与语句的关系与思维形式和思维内容的关系一样，也是既相互联系，又相互区别。

◉ **判断与语句的联系**

语句是一种语言形式，判断是一种思维形式。判断只有通过语句才能表达出来，语句是判断的表达形式，而判断则是语句的思想内容。没有语句，判断就没了凭借，也就无法实现判断的意义。比如：

这杯茶是热的。

他是一个善良的人。

上述判断只有通过语句这种语言形式才能表现出来，而语句也承载着判断所需要表达的思想内容，人们是通过语句这种形式而了解判断所表达的内容的。

◉ **判断与语句的区别**

第一，判断与语句属于不同的学科领域。

判断是逻辑学研究的范畴，对判断的运用要符合一定的逻辑规则，对判断的研究要在一定的逻辑规律的框架之下进行；语句则属于语言学研究的范畴，对语句的运用和研究要遵循一定的语言规则和语言规律。

第二，判断与语句有着不同的形态特征。

判断是最基本的逻辑思维形式之一，属于精神形态的范畴；语句则是一种语言形式，属于物质形态的范畴。

第三，判断与语句并非是一一对应的，同一语句可以表达不同的判断，同一个判断也可以用不同的语句来表达。

1.同一语句可以表达不同的判断，这主要是针对有歧义的语句而言。比如：

（1）动手术的是他母亲。

（2）我对老师的批评是很有心理准备的。

（3）百货大楼在这一站的前一站。

上述三个语句都分别表达了两种不同的判断。

语句（1）中，既可以表达"他母亲在给别人动手术"，也可以表达"别人在给他母亲动手术"；语句（2）中，既可以表达"老师对我的批评"，也可以表达"我对老师的批评"；语句（3）中，从时间上，该判断表达"百货大楼在这一站的上一站"，从空间上，该判断则表达"百货大楼在这一站的下一站"。这都是歧义造成的同一语句表达不同的判断的情况。

2.在世界范围内，语言有着不同的种类；在同一语种里，语言也是极其丰富且灵活多变的。因此，作为语言形式的语句对同一内容也有着多种表达形式。也就是说，不同的语句可以表达同一个判断，或者说同一个判断可以用不同的语句来表达。

这首先表现在语种的不同上，也就是说同一个判断可以用不同的语种来表达。这语种虽然表示相同的意义，但却是不同的语句。比如：

（1）北京是中国的首都。

（2）Beijing is the capital of China.

上述两个语句虽然不同，但却表示同一个判断，即"北京是中国的首都"。

在同一语种里，同一判断也可以用不同的语句来表达。比如：

（1）杭州西湖是著名的景点。

（2）难道杭州西湖不是著名的景点吗？

（3）他会来的，除非下雨了。

（4）只有不下雨，他才会来。

上述四个语句中，（1）、（2）属于不同的语句，但其思想内容却是相同的，所以表达了同一个判断；（3）、（4）两个语句也是如此。

第四，判断都要通过语句来表达，但并非所有语句都表达判断。

1.一般来讲，陈述句、反问句可以表达判断，疑问句、祈使句、感叹句则不表达判断。比如：

（1）逻辑学是一门很有意思的学科。

（2）难道你不是因为我才美丽？

（3）那是你的书吗？

（4）过来！

（5）上帝啊！

上述五个语句中，作为陈述句的语句（1）和作为反问句的语句（2）都表达了一种判断；但是，疑问句（3）、祈使句（4）和感叹句（5）因为并没有对任何对象作出断定，所以都没有表达判断。再看下面这则幽默：

她含羞低头，面如桃花。

我喜不自胜，柔柔地问："你真的喜欢我？"

她的脸越发红了，小声说道："你猜！"

我心中更喜，脱口而出："喜欢！"

她头更低，脸更红，声音更小："你再猜！"

这则故事中有陈述句、疑问句、祈使句。其中，陈述句有：

（1）她含羞低头，面如桃花。（2）我喜不自胜。（3）她的脸越发红了。（4）我心中更喜。（5）她头更低，脸更红，声音更小。

依据判断对思维对象有所肯定或否定的特征，可知这五个句子均表判断。

故事中还有两个祈使句：

（1）你猜！（2）你再猜！

祈使句（1）只是表达一种命令性的口气，但并没有对思维对象有所断定的意思，所以它不表达判断；祈使句（2）看上去虽然只比（1）多了一个"再"字，但其意义却不相同。在这个特定的语境中，"你再猜"的潜在台词就是"你刚才猜错了"，这实际上就是在对"我"所猜的"喜欢"的一种否定，因此该句也表判断。需要指出的是，如果不是在这特定的语境中，而是单独出现的"你再猜"三个字，则不表达判断。

故事中还有一个省略句，即：

"喜欢！"

从语言学的角度讲，如果只是单独的"喜欢"这个词，那它不是句子，只是一个词语，也就不能表判断。但是在这个特定的语境中，"喜欢"是一个省略句，它的全句应该是"我猜你喜欢我"。虽然是一种猜测，但也是对思维对象的一种肯定，因此该句也表判断。

需要说明的是，这种断定同时也具有真假之别（以上所指出的表判断的语句也是如此），至于是真还是假，则需根据实际情况去判断。

故事中还有一个疑问句，即：

"你真的喜欢我？"

在故事中，该疑问句只是表达一种问询的口气，并没有对思维对象有所肯定或否定，所以不表达判断。

2.有些疑问句、祈使句、感叹句也表达判断。

我们前面说疑问句、祈使句和感叹句一般不表达判断，但这并不表示所有的疑问句、祈使句和感叹句都不表达判断。事实上，反问句就是疑问句的一种，但反问句却表判断。而祈使句表判断的例子我们在上面的故事中也谈到了。所以，有些疑问句（主要是指反问句）、祈使句和感叹句也可以表达判断。比如：

（1）禁止醉酒驾车！

（2）闲人免进！

（3）你真是太漂亮了！

（4）黄河啊，我的母亲！

上述几个语句中，前两句是祈使句，后两句是感叹句。语句（1）"禁止醉酒驾车"已经表明了对醉酒后不准驾车的断定，语句（2）也是对闲人不许进入的一种断定，因此这两个语句都表判断；语句（3）虽然是表欣赏的感叹句，也是对其"漂亮"这个属性的一种肯定；语句（4）潜在的意思即"黄河就是母亲"，这也是一种断定。所以后两句感叹句也表判断。当然，至于判断的真假则需根据实际情况来判断，比如语句（1）就是真判断。

由此可见，有些语句是直接对事物表达判断的，比如大多数陈述句、反问句等，这就是直接判断；有些语句则并不直接对事物表判断，而是把这种判断隐藏在语句中，比如大多数祈使句、感叹句等，这就是间接判断。

第五，判断与语句结构不同。

以直言判断为例，比如，"有的祈使句是表达判断的"，这个直言判断由主项（祈使句）、谓项（表达判断的）、量项（有的）和联项（是）四部分组成；但作为语句，它则由主语（有的祈使句）、谓语（是表达判断的）等语法成分组成。

总之，在思维或表达过程中，只有清楚判断和语句的区别与联系，才能更好地理解、运用语句和判断。

结构歧义

歧义现象我们都不陌生。有时候歧义会让人们如坠云雾，不明所以；有时候人们则会因歧义闹出笑话；有时候歧义也可能造成比较严重的后果。造成歧义的原因很多，我们在这里主要讨论的是结构歧义。

⊙ **什么是结构歧义**

在讨论结构歧义前，我们先来看下面几个歧义句：

（1）我要炒鸡蛋。

（2）他看错了人。

（3）他一天就写了6000字。

句（1）中，若"炒"为形容词，"炒"修饰"鸡蛋"，表示我要"炒鸡蛋"这个菜；若"炒"为动词，"鸡蛋"就是"炒"的宾语，表示我要自己来"炒"鸡蛋。这是因为词类不同造成的歧义。

句（2）中，若"看"表示视线接触人或物的意思，这句话就是说他眼神不好，认错了人，把A当做B了；若"看"表示"判断"的意思，这句话就是说他眼光不好，把此种人当成了彼种人。这是因为一词多义造成的歧义。

句（3）中，若轻读"就"字，就是说他的速度很快，短短一天的时间就写了6000字；若重读"就"字，则说明他工作效率低，整整一天才写了6000字。这是口语中读音轻重不同造成的歧义。

上述三种歧义都是由词语引起的理解上的歧义，不同于我们说的"结构歧义"。结构歧义是指一个句法结构可以作两种或两种以上的分析，表达两种或两种以上的意义。从逻辑学上讲，结构歧义是指语句在表达判断时，由于语法结构的不确定或不明晰而引起的判断歧义。它主要是由句法结构的不确定或不明晰引起，与词语类别或多义引起的起义有所区别。比如：

（1）这是他们新盖的办公楼和教室。

（2）学生家长来了。

句（1）中，既可以理解为"（新盖的）（办公楼和教室）"，即办公楼和教室都是新盖的；又可以理解为"（新盖的办公楼）和（教室）"，即只有办公楼是新盖的。句（2）中，既可理解为"学生和家长"，也可理解为"学生的家长"。这两个歧义句都是因为对句法结构不同的分析得出的两种不同的理解，因此属于结构歧义。

⊙ 结构歧义的类型

一般来讲，结构歧义可以分为三种。

1. 结构层次不同引起的歧义

如果一个句法结构内部包含了不同的结构层次，就可能产生结构歧义。对于这种结构歧义，我们可以采用层次分析法来分析。比如：

（1）关心企业的员工　　　　　　（2）关心企业的员工
　　｜—偏正关系—｜　　　　　　　｜—动宾关系—｜
　　｜—动宾—｜　　　　　　　　　　　｜—偏正—｜

通过层次分析可知，这个短语可以有两种理解：（1）｜关心企业的｜员工｜，即员工很关心自己所在的企业；（2）｜关心｜企业的员工｜，即我们要关心企业里的员工。这就是结构层次的不同引起的歧义。再比如：

（1）这桃子不大好吃。
（2）这是两个解放军抢救国家财产的故事。

从逻辑学角度讲，句（1）按不同的层次划分可以得出两种判断，即："这桃子｜不大好吃"和"这桃子不大｜好吃"。这后一个判断便是逻辑学中的联言判断。句（2）也可以通过不同的划分得出两种判断，一是说这是两个故事，故事的内容讲的是解放军抢救国家财产的事；二是说这是一个故事，故事讲的是两个解放军抢救国家财产的事。

看下面这则故事：

从前有个人家里既养牛又酿酒，但是为人却很小气，每次卖给人的肉和酒总是短斤少两。为了戏弄他，有人便写了副对联送他：养牛大如山老鼠头头死，酿酒缸缸好造醋坛坛酸。

此人拿着对联念道：

养牛大如山老鼠头头死
酿酒缸缸好造醋坛坛酸

他很高兴，便赶紧贴在了大门上。但是人们看到这副对联后，却再也不到他家里沽酒买肉了。因为人们是这么理解的：

养牛大如山老鼠头头死
酿酒缸缸好造醋坛坛酸

这便是典型的因结构层次引起的歧义。明朝四大才子之一祝枝山写的一副对联也可以作类似的分析：

明日逢春好不晦气
终年倒运少有余财

对这副对联的结构层次进行划分可以得到两种理解：

明日逢春｜好不晦气　　明日逢春好｜不晦气
终年倒运｜少有余财　　终年倒运少｜有余财

2. 结构关系不同引起的歧义

所谓结构关系就是通过语序和虚词反映出来的各种语法关系，比如主谓关系、动宾关系、偏正关系等。有时候，同一结构层次可能包含着不同的结构关系，而结构关系的不同又引起了短语或句子的歧义。比如：

进口汽车　　学习文件

这两个短语层次并不麻烦，都可以这样划分：进口｜汽车；学习｜文件。但是每个短语都有着两种结构关系，因此容易引起歧义。"进口汽车"可以是动宾短语，指从国外进口汽车；也可以是偏正短语，指进口的汽车。"学习文件"可以是动宾短语，指去学习某个文件；也可以是偏正短语，指供人们学习的文件。再比如：

（1）她们手中的线，我们身上的衣。

（2）天上的星星，地上的街灯。

句（1）中，"她们手中的线，我们身上的衣"既可以是并列关系，即"她们手中的线"和"我们身上的衣"，这也是联言判断；又可以是主谓关系，即"她们手中的线"织就了"我们身上的衣"，是关系判断。句（2）也可作类似的分析，前后两句为并列关系时，是联言判断；为主谓关系时，是指"天上的星星"看上去好像"地上的街灯"，是关系判断。

3.语义关系不同引起的歧义

所谓语义关系是指隐藏在显性结构关系后面的各种语法关系，通常表现为施事（指动作的主体，也就是发出动作或发生变化的人或事物）和受事（受动作支配的人或事物）之间的关系。有时候，在结构层次和结构关系均不引起歧义的情况下，语义关系的不同，或者说施事和受事关系的不确定、不明晰也会引起歧义。比如：

（1）通知的人

（2）巴金的书

短语（1）中，"通知的人"可以是施事，比如我接到了小李的通知，那小李就是"通知的人"；也可以是受事，即被通知的人。短语（2）中，"巴金的书"可以指巴金拥有的书，也可以指巴金写的书。这就是语义关系不同引起的歧义。再比如：

（1）这位老人谁都可以接待。

（2）这个人连我都不认识。

句（1）中，"老人"为施事时，可理解为"老人"可以接待任何人；"老人"为受事时，则指任何人都可以接待"老人"。句（2）中，"这个人"为施事时，是指他不认识"我"；"这个人"为受事时，是指"我"不认识他。

有时候，单独看一个句子时，可能有结构歧义，但放在一定的语境中就不会引起歧义。所以，特定的语境一般可以消除结构歧义。若是在一定的语境中仍然会因结构层次、结构关系或语义关系引起歧义，就需要对其进行修改了。

直言判断

根据判断中是否包含模态词（即反映事物的必然性、可能性的"必然""可能"等词）可将判断分为模态判断和非模态判断。其中，模态判断是指断定事物可能性和必然性的判断，包括必然模态判断（或必然判断）和可能模态判断（或可能判断）。根据非模态判断中是否包含其他判断，可将其分为简单判断和复合判断。根据复合判断中包含的联结项的不同，可将其分为联言判断、选言判断、假言判断和负判断。根据断定的是对象的性质还是对象间关系，可将简单判断分为直言判断和关系判断。直言判断和关系判断也可以进行更细致的划分，我们后面会作详细介绍，在此不再赘述。

直言判断就是直接断定思维对象具有或不具有某种性质的判断，所以也叫性质判断。直言判断是简单判断的一种，具有简单判断的性质，即判断中不包括其他判断。比如：

（1）所有的孩子都是天真的。

（2）凡是领导说的话都是对的。

（3）有的老师不是教授。

（4）任何事物都不是静止的。

上述四个判断中，（1）、（2）都是断定对象具有某种性质的判断，（3）、（4）都是断定对象不具有某种性质的判断。其中，（1）断定"孩子"具有"天真"的性质；（2）断定"领导说的话"具有"对"的性质；（3）断定"有的老师"不具有"教授"的性质；（4）断定"任何事物"不具有"静止"的性质。这四个判断中都是直接断定对象具有或不具有这些性质的，而且除此外这些判断都不包含其他判断，所以它们都是直言判断。

直言判断是由逻辑变项（即主项和谓项）和逻辑常项（即联项和量项）组成的。

1.主项

在前面所举的四个判断中，"孩子""领导说的话""老师""事物"都是主项。由此可知，主项就是判断中被断定的对象，或者说是反映思维对象的那个概念。逻辑学中，主项通常用"S"表示。比如：

（1）小王是个电视迷。

（2）这个网站不是英语网站。

上述两个直言判断中，"小王"和"这个网站"都是主项。

一般来讲，任何直言判断都是有主项的。不过有时候，尤其是在一定的语境中，根据上下文的提示，主项也可省略。比如：

"听说来了远客，是哪位啊？"

"黛玉。"

这组对话中，因为有上下文的提示，所以在回答时就省略了主项"远客"，完整的表达应该是"远客是黛玉"。

2.谓项

在前面所举的四个判断中，"天真的""对的""教授"和"静止的"都是谓项。由此可知，谓项就是指判断中被断定的对象具有或不具有某种性质的概念，或者说是反映思维对象属性的那个概念。逻辑学中，谓项通常用"P"表示。仍以上面两个判断为例：

（1）小王是个电视迷。

（2）这个网站不是英语网站。

在这两个直言判断中，"电视迷"和"英语网站"都是反映被断定的对象属性的概念，所以都是谓项。

同主项一样，谓项有时候也可省略。比如：

"小兵张嘎是个小英雄，还有谁是小英雄？"

"雨来。"

这组对话中，在回答时省略了谓项"小英雄"，完整的表达应该是"雨来也是小英雄。"

3.联项

在前面所举的四个判断中，"是"和"不是"都是联项。由此可知，联项就是联结主项和谓项的那个概念，或者说联项是表示被断定的对象和其性质间关系的那个概念。一般来讲联项只包括"是"和"不是"两个。其中，"是"是肯定联项，它表示思维对象具有某种性质；"不是"是否定联项，它表示思维对象不具有某种性质。

在判断或表达时，有时也可以省略联项。在"主项"和"谓项"中所举的两组对话中，答语（即"黛玉"和"雨来"）实际上都省略了联项"是"。再比如：

（1）尼罗河，世界第一长河。

（2）林黛玉才貌双全，多愁善感。

上面这两个直言判断都省略了联项"是"，完整的表达应该是：

（1）尼罗河是世界第一长河。

（2）林黛玉是才貌双全、多愁善感的人。

4.量项

在前面所举的四个判断中，"所有的""凡是""有的"和"任何"都是量项。由此可知，量项是表示主项（或被断定对象）的数量或范围的概念。量项一般置于主项之前，从语言学角度上讲，量项对主项起修饰限定的作用。在前面所举的四个判断中，"所有的""凡是""有的"和"任何"这四个量项都在主项前。不过，量项也可放在主项之后、联项之前，比如在前面四个判断中，（1）、（2）、（4）联项前都用了"都"字，这实际上就是量项。量项一般可分为三种：全称量项、特称量项和单称量项。

全称量项是指在判断中对主项的全部外延作断定的量项。常用的全称量项有"所有""全部""任何""一切""都""凡是""每个""个个"等。比如：

（1）一切反动派都是纸老虎。

（2）每个孩子都是父母的宝。

特称量项是指在判断中对主项的部分外延作断定的量项。常用的特称量项有"有的""有些""并非所有"等。比如：

（1）有的同学是我的邻居。

（2）有些书不是我的。

需要说明的是，特称量项在表示"有的"或"有些"主项具有某种性质时，只是对主项的这一部分外延作断定，这并不代表主项的另一部分外延完全不具有这种性质。反之，特称量项在表示"有的"或"有些"主项不具有某种性质时，也只是对主项的这一部分外延作断定，也并不代表主项的另一部分外延完全具有这种性质。看下面这则故事：

一次，美国著名作家马克·吐温就他的小说《镀金时代》答记者问时说道："美国国会中的有些议员是狗娘子养的。"此言见报后，舆论大哗。议员们都十分愤慨，纷纷谴责马克·吐温的无礼，并强烈要求他道歉，否则就将诉诸法律。几天后，马克·吐温在《纽约时报》上发表了"道歉声明"，把那句话改为"美国国会中的有些议员不是狗娘子养的。"

在这则故事中，有两个直言判断：

（1）美国国会中的有些议员是狗娘子养的。

（2）美国国会中的有些议员不是狗娘子养的。

显然，这两个判断中都使用了特称量项"有些"，不同的是，判断（1）是断定主项"议员"具有某种性质，是肯定判断；判断（2）是断定主项"议员"不具有某种性质，是否定判断。但是"肯定此"并不意味着"否定彼"，"否定彼"也并不意味着"肯定此"。所以，马克·吐温断定"美国国会中的有些议员是狗娘子养的"并不是说其他议员就一定不是"狗娘子养的"，反之亦然。马克·吐温正是通过这种方法来表达他对那些议员的嘲笑的。

单称量项是指在判断中，当主项为单独概念时用来断定主项的量项。比如：

（1）这个人是英国人。

（2）这道题是错的。

这两个直言判断中，"这个""这道"都是单称量项。

在全称量项、特称量项和单称量项中，特称量项是不能省略的。比如：

（1）有的同学是我的邻居。

（2）同学是我的邻居。

显然，省略特称量项"有的"后，主项的外延便不再受限制，该判断也成为一个新的判断了。

不过，有时候，全称量项和单称量项是可以省略的。比如：

（1）"每个孩子都是父母的宝。"和"孩子是父母的宝。"

（2）张鹏是班里最高的孩子。

判断（1）中，省略全称量项"每个"和"都"后，并不改变主项的外延，因此可以省去；判断（2）中，"张鹏"是一个单独概念，所以也可以不要单称量项。不过需要特别注意的是，全称量项一般都可省去，但单称量项有些是不能省的，一旦省去，就改变了主项的外延。比如："这个人是英国人"中的单称量项一旦省去就变成了"人是英国人"，这显然是不行的。

直言判断的种类

在对直言判断进行分类前，要先了解"质"和"量"这两个概念。所谓"质"，就是在直言判断中，联项所表示的主项和谓项之间的关系。因为联项有"是"与"不是"两个，所以它也就可以表示两种关系。所谓"量"，就是在直言判断中，被断定的对象（即主项）的量。因为直言判断中一般用"量项"来表示主项的量，所以可以用量项来表示直言判断的量。根据"质"和"量"的不同，可以把直言判断分为不同的种类。

⊙ **根据"质"的不同来分类**

根据直言判断"质"的不同，也就是联项的不同，可以将直言判断分为肯定判断和否定判断。我们在讲"判断的特征"时，曾根据"判断就是对思维对象有所肯定或否定"的特征，把判断分为肯定判断和否定判断。对直言判断的分类也是如此。

1.肯定判断

在直言判断中，肯定判断就是对思维对象有所肯定的判断，即断定思维对象具有某种性质。思维对象也就是主项。在逻辑学中，肯定判断可以用"S是P"来表示。比如：

（1）思维规律是逻辑学研究的对象之一。

（2）她是最漂亮的新娘子。

这两个直言判断中，（1）断定"思维规律"具有"逻辑学研究对象"的性质，（2）断定"她"具有"最漂亮的新娘子"的性质，因此都是肯定判断。再比如：

《我问佛》一诗中有这么两句：

我问佛：如何才能如你般睿智？

佛曰：佛是过来人，人是未来佛。

其中，"佛是过来人"和"人是未来佛"两句都是直言判断中的肯定判断，"佛"具有"过来人"的性质，"人"具有"未来佛"的性质。

电影《非诚勿扰Ⅱ》中，李香山在他的人生告别会上说：

婚姻怎么选都是错的，长久的婚姻就是将错就错。

这两个直言判断也是肯定判断。

2.否定判断

在直言判断中，否定判断就是对思维对象有所否定的判断，即断定思维对象不具有某种性质。在逻辑学中，否定判断可以用"S不是P"来表示。比如：

（1）他说的话不是实话。

（2）《蜀道难》不是律诗。

这两个直言判断中，（1）断定"他说的话"不具有"实话"的性质，（2）断定"《蜀道难》"不具有"律诗"的性质，所以都是否定判断。

⊙ **根据"量"的不同来分类**

根据直言判断中"量"的不同，也就是量项的不同，可以将直言判断分为全称判断、特称判断和单称判断。

1.全称判断

在直言判断中，全称判断就是断定思维对象的全部外延都具有或不具有某种性质的判断。一般来讲，全称判断都有全称量项。当然，在不影响判断内容的前提下，全称量项是可以省略的。比如：

（1）所有的马都是脊椎动物。

（2）鸵鸟不是飞行动物。

这两个全称判断中，（1）断定"所有的马"（也就是"马"的全部外延）都具有"脊椎动物"的性质；（2）断定"鸵鸟"（也就是"鸵鸟"的全部外延）都不具有"飞行动物"的性质，不过它省略了全称量项"所有的"。

2.特称判断

在直言判断中，特称判断就是断定思维对象的部分外延具有或不具有某种性质的判断。一般来讲，特称判断都有特称量项，而且不能省略。比如：

（1）有些单位是先进单位。

（2）有的人不是诚实守信的人。

这两个特称判断中，（1）断定"有些单位"（也就是"单位"的部分外延）具有"先进单位"的性质；（2）断定"有的人"（也就是"人"的部分外延）不具有"诚实守信"的性质。

不过，正如我们在上一节指出的，特称判断断定这一部分对象具有或不具有某种性质并不意味着断定另一部分对象一定不具有或具有这种性质。

3.单称判断

在直言判断中，单称判断就是断定某一具体对象具有或不具有某种性质的判断。一般来讲，单称判断也有单称量项。不过，在不影响判断内容的前提下，单称量项也可以省略。比如：

（1）这首《献给爱丽丝》是钢琴曲。

（2）《西游记》不是战争小说。

在这两个单称判断中，（1）断定"这首《献给爱丽丝》"具有"钢琴曲"的性质，"这首"是单称量项；（2）断定"《西游记》"不具有"战争小说"的性质，并省略了单称量项"这部"。

⊙ **根据"质""量"的不同来分类**

根据直言判断中"质"和"量"两个标准的不同结合，可以将直言判断分为全称肯定（否定）判断、特称肯定（否定）判断和单称肯定（否定）判断。

1.全称肯定判断

在直言判断中，全称肯定判断就是断定思维对象的全部外延都具有某种性质的判断。全称肯定判断同时具有全称判断的"全称"性和肯定判断的"肯定"性。通常全称肯定判断都有"一切……都是……""所有……都是……""任何……都是……""全部……都是……""凡是……都是……"等全称量项。在逻辑学中，全称肯定判断可以用"所有S是P"来表示。因为拉丁文中表"肯定"的Affirmo中第一个元音字母为A，所以全称肯定判断又叫A判断，其逻辑形式则表示为"SAP"。比如：

（1）一切人类的祖先都是猴子。

（2）所有工人阶级都是无产阶级。

这两个直言判断中，（1）、（2）都分别对其研究对象"人类""工人阶级"的全部外延作了肯定式断定，即断定它们分别具有"猴子"和"无产阶级"的性质，因此都是全称肯定判断。

2.全称否定判断

在直言判断中，全称否定判断就是断定思维对象的全部外延都不具有某种性质的判断。全称否定判断同时具有全称判断的"全称"性和否定判断的"否定"性。通常全称否定判断都有"一切……都不是……""所有……都不是……""任何……都不是……""全部……都不是……""凡是……都不是……"等全称量项。在逻辑学中，全称否定判断可以用"所有S不是P"来表示。因为拉丁文中表"否定"的Nego中第一个元音字母大写形式为E，所以全称否定判断又叫E判断，其逻辑形式则表示为"SEP"。比如：

（1）所有电子书都不是纸质书。

（2）任何律诗都不是绝句。

这两个直言判断中，（1）、（2）都分别对其研究对象"电子书""律诗"的全部外延进行了否定式断定，即断定它们分别不具有"纸质书""绝句"的性质，因此都是全称否定判断。

需要说明的是，在不改变被断定对象外延的情况下，全称肯定判断和全称否定判断中的全称量项是可以省略的，比如"一切人类""所有工人阶级""所有电子书"和"任何成功"四个主项的全称量项都可以省去。

3.特称肯定判断

在直言判断中，特称肯定判断就是断定思维对象的部分外延具有某种性质的判断。特称肯定判断既有特称判断的"特称"性又有肯定判断的"肯定"性。通常特称肯定判断都有"有些……是……""有的……是……""一部分……是……"等特称量项。在逻辑学中，特称肯定判断可以用"有的S是P"来表示。因为拉丁文中表"肯定"的Affirmo中第二个元音字母大写形式为I，所以特称肯定判断又叫I判断，其逻辑形式则表示为"SIP"。比如：

（1）有的电梯是坏的。

（2）有些动作电影是很精彩的。

这两个直言判断中，（1）断定"有的电梯"（即"电梯"的部分外延）具有"坏"的性质，（2）则断定"有些动作电影"（即"动作电影"的部分外延）具有"精彩"的性质，因此都是特称肯定判断。

4.特称否定判断

在直言判断中，特称否定判断就是断定思维对象的部分外延不具有某种性质的判断。特称否定判断既有特称判断的"特称"性又有否定判断的"否定"性。通常特称否定判断都有"有些……不是……""有的……不是……""一部分……不是……"等特称量项。在逻辑学中，特称否定判断可以用"有的S不是P"来表示。因为拉丁文中表"否定"的Nego中第二个元音字母大写形式为O，所以特称否定判断又叫O判断，其逻辑形式则表示为"SOP"。比如：

（1）有些月季品种不是玫瑰。

（2）有的宠物不是猫。

这两个直言判断中，（1）断定"有些月季"（即"月季"的部分外延）不具有"玫瑰"的性质，（2）则断定"有的宠物"（即"宠物"的部分外延）不具有"猫"的性质，因此都是特称否定判断。

需要特别注意的是，不管是特称肯定判断，还是特称否定判断，其中包含的特称量项都不可省略。

5.单称肯定判断

在直言判断中，单称肯定判断就是断定某一具体对象具有某种性质的判断。单称判断的主项一般都是一个单独概念，有着单独概念的特征。单独概念的外延等于其内涵，所以对单独概念作断定就意味着对其全部外延作断定。所以，单独肯定判断与全称肯定判断都是对思维对象的全部外延作断定，只不过对象的量项不同。因此可以说，单称肯定判断实际上就是一种特殊的全称肯定判断。因此，传统逻辑学往往把它归入全称肯定判断的范畴。

在逻辑学中，单称肯定判断可以用"这个S是P"来表示。因为拉丁文中表"肯定"的Affirmo中第一个元音字母小写形式为a，所以单称肯定判断又叫a判断，其逻辑形式则表示为"SaP"。比如：

（1）上海是一个国际性大都市。

（2）李白是位大诗人。

这两个直言判断中，"上海""李白"都是单独概念，断定它们具有某种性质的判断就是单称肯定判断。

6.单称否定判断

在直言判断中，单称否定判断就是断定某一具体对象不具有某种性质的判断。基于在"单称肯定判断"中讲到的原因，单称否定判断也是一种特殊的全称否定判断。因此，传统逻辑学往往把它归入全称否定判断的范畴。

在逻辑学中，单称否定判断可以用"这个S不是P"来表示。因为拉丁文中表"否定"的Nego中第一个元音字母为e，所以单称否定判断又叫e判断，其逻辑形式则表示为"SeP"。比如：

（1）郑州不是一个国际性大都市。

（2）李白不是小说家。

这两个直言判断中，"郑州""李白"都是单独概念，断定它们不具有某种性质的判断就是单称否定判断。

在单称肯定或否定判断中，在不影响主项外延的情况下，单称量项可以省去。此外，不管是单称判断还是全称判断，在表"肯定"的判断中，联项也是肯定的；在表"否定"的判断中，联项也是否定的。

由于单称肯定判断归入了全称肯定判断，单称否定判断归入了全称否定判断，所以直言判断一般以"A、E、I、O"四种判断形式出现，即：全称肯定判断（SAP）、全称否定判断（SEP）、特称肯定判断（SIP）和特称否定判断（SOP）。

直言判断的主、谓项周延性问题

前面讲过，直言判断包括四部分：主项、谓项、联项和量项。周延性问题主要与直言判断中的主项和谓项有关。

直言判断中主、谓项的周延性问题是指在直言判断中，对主项和谓项的外延范围或数量作断定的问题。如果主项或谓项被断定反映了它们所表示的概念的全部外延，就说明主项或谓项的外延在这个直言判断中是周延的，反之，如果断定的结果是主项或谓项没有反映它们所表示的概念的全部外延，就说明主项和谓项在这个直言判断中是不周延的。所以，确切地说，周延性问题是与直言判断中主项和谓项的外延有关的问题。

我们已经知道，直言判断可以分为A、E、I、O四种判断形式，在不同种类的直言判断中，主、谓项的周延性情况也是不同的。

1.A判断中主、谓项的周延性

A判断即全称肯定判断。我们以上节提到的两个A判断为例：

（1）一切人类的祖先（S）都是猴子（P）。

（2）所有工人阶级（S）都是无产阶级（P）。

判断（1）中，我们可以断定一切"人类的祖先"都是"猴子"，但却不能断定"猴子"都是一切"人类的祖先"。因为，"猴子"的外延很大，有的猴子进化成了人类，但有的猴子仍然是猴子。因此，在这个直言判断中，我们可以认为主项"人类的祖先"的全部外延是被断定的，因而是周延的，而谓项"猴子"的外延只有一部分被断定，因而是不周延的。对判断（2）进行类似的分析后，也同样可以得出主项"工人阶级"是周延的，而谓项"无产阶级"则是不周延的。

由此我们可以推断出，在A判断中，即"所有S是P"这一逻辑形式中，主项"S"都是谓项"P"，因此主项"S"的全部外延是被断定的，因而是周延的；而谓项"P"却并不一定都是主项"S"，所以谓项"P"只有部分外延是被断定的，因而是不周延的。

2.E判断中主、谓项的周延性

E判断即全称否定判断。我们以上节提到的两个E判断为例：

（1）所有电子书（S）都不是纸质书（P）。

（2）任何律诗（S）都不是绝句（P）。

判断（1）中，我们可以断定所有"电子书"都不是"纸质书"，即"电子书"的全部外延都不相容于"纸质书"；同时也就断定了所有"纸质书"都不是"电子书"，即"纸质书"的全部外延也不相容于"电子书"。也就是说，主项"所有电子书"与谓项"纸质书"是全异关系。因此，在这个判断中，主项、谓项的外延都是被断定的，因而都是周延的。对判断（2）进行类似的分析后，也同样可以得出主项"律诗"和谓项"绝句"的外延都是被断定的，因而都是周延的。

由此我们可以推断出，在E判断中，即"所有S不是P"这一逻辑形式中，主项"S"不是谓项"P"，即"S"的全部外延不相容于"P"，同时也断定了"P"的全部外延也不相容于"S"。二者的外延都是被断定的，因此在E判断中，主项、谓项都是周延的。

3.I判断中主、谓项的周延性

I判断即特称肯定判断。我们以上节提到的两个I判断为例：

（1）有的电梯（S）是坏的（P）。

（2）有些动作电影（S）是很精彩的（P）。

判断（1）中，有些"电梯"是"坏的"，就说明还有电梯不是"坏的"，因此并未对主项"电梯"的全部外延进行断定，因而主项是不周延的；此外，"坏的"可以是"电梯"，自然也可以是任何其他东西，所以谓项也没有被断定全部外延，因而也是不周延的；对判断（2）进行类似的分析后，同样可以得出主项"动作电影"和谓项"很精彩的"都是不周延的。

由此我们可以推断出，在I判断中，即"有的S是P"这一逻辑形式中，主项既然是有的"S"，就表示"S"的外延没有被全部断定，因而主项是不周延的；同时，断定有的"S"是"P"，并不意味着断定所有的"P"都是"S"，也就是说，谓项"P"的外延也没有被全部断定，因而也是不周延的。

4. O判断中主、谓项的周延性

O判断即特称否定判断。我们以上节提到的两个O判断为例：

（1）有些月季品种（S）不是玫瑰（P）。

（2）有的宠物（S）不是猫（P）。

判断（1）中，有些"月季品种"，就表示不是所有"月季品种"，所以只是对主项"月季品种"中的一部分外延作了断定，因而它是不周延的；有些"月季品种"不是"玫瑰"，就表示那些除是"玫瑰"的"月季品种"外，"其他任何月季品种"都不是玫瑰，即"不是任何一种玫瑰"，换句话说就是断定了"任何一种玫瑰"的全部外延，因而谓项"玫瑰"是周延的。对判断（2）进行类似的分析后，同样可以得出主项"宠物"是不周延的，谓项"猫"则是周延的。

由此我们可以推断出，在O判断中，即"有的S不是P"这一逻辑形式中，主项既然是有的"S"，就表示"S"的外延没有被全部断定，因而主项是不周延的；"有的S"不是"P"，就是说这部分"S"不是任何一个"P"，换言之就是断定了"任何一个P"，即断定了"P"的全部外延，因而谓项"P"是周延的。

经过上面的分析，我们可以对直言判断中主、谓项的周延情况作如下总结：

直言判断的种类	逻辑形式	主项（S）	谓项（P）
全称肯定判断（A）	SAP	周延	不周延
全称否定判断（E）	SEP	周延	周延
特称肯定判断（I）	SIP	不周延	不周延
特称否定判断（O）	SOP	不周延	周延

从这个表格中，我们可以得出下面两个结论：

（1）全称判断的主项周延，特称判断的主项不周延；

（2）肯定判断的谓项不周延，否定判断的谓项周延。

在断定直言判断中主项和谓项是否周延时，我们需要注意一下几点：

第一，主、谓项的周延性必须放在直言判断中才能作断定。

直言判断是断定主、谓项是否周延的前提条件，这就好像你如果要避雨，就必须找个能遮雨的地方或东西。离开了直言判断这个前提条件，主、谓项的周延性问题就无从谈起。比如，对"手机"这一概念就无法直接断定其外延是否周延，但放在"所有手机都是商品"这一直言判断中就可以进行。

第二，单称肯定或否定判断中主、谓项的周延情况与全称肯定或否定判断中的一致。

我们在上一节讲过，单称肯定判断可以归入全称肯定判断，单称否定判断可以归入全称否定判断，因此在对单称肯定或否定判断中的主、谓项周延性问题作断定时，以全称肯定或否定判断中的情况为准即可。

第三，在直言判断中，主、谓项的周延性问题只与各种判断的形式有关，与实际内容无关。

逻辑学是一门形式学科，这是逻辑学的主要性质之一。因此，我们在断定直言判断中主、谓项是否周延时，只根据各判断的逻辑形式断定就行，至于主项或谓项的具体内容是什么则不重要。比如，在"所有S不是P"这一逻辑形式中，不管"S"或"P"填充什么内容，都不影响主、谓项周延性的断定。换句话说，就是其具体内容与实际情况是否符合并无关系。比如：

（1）所有的人不是善良的。

（2）所有的人都是善良的。

在这两个个全称判断中，根据我们上面的分析，可以得出判断（1）中，主项"人"与谓项"善良的"都是周延的；判断（2）中，主项"人"是周延的，谓项"善良的"则是不周延的。虽然这两个判断都不符合实际情况，但对断定其主、谓项周延性并无妨碍，因为这种断定只与各种判断形式有关。

直言判断中主、谓项的周延问题是逻辑学中比较重要的内容之一，只有对这个问题完全理解了，在以后进行直言判断的直接推理和间接推理时才能运用自如。

A、E、I、O之间的真假关系

要判断A、E、I、O之间的真假关系，则需先判断A、E、I、O各判断自身的真假；要判断A、E、I、O各判断自身的真假，则需要判断各判断中主、谓项的关系。判断各直言判断中主、谓项的关系，就需要考察主、谓项概念外延的关系。根据在"概念间的关系"中的分析，两个概念间具有同一、真包含、真包含于、交叉和全异五种关系。

⊙ A、E、I、O各判断的真假关系

1.A判断

我们看下面两个A判断：

（1）所有直言判断（S）都是性质判断（P）。

（2）所有的花（S）都是有颜色的（P）。

判断（1）中，主项"直言判断"（S）和谓项"性质判断"（P）是全同关系，即S与P完全重合，这时该判断则为真；判断（2）中，主项"花"（S）与谓项"有颜色的"（P）是真包含于关系，即S真包含于P，这时该判断也为真。

再看下面三个A判断：

（1）所有动物（S）都是哺乳动物（P）。

（2）所有英语系学生（S）都是英语高手（P）。

（3）所有沙漠（S）都是绿洲（P）。

判断（1）中，主项"动物"（S）与谓项"哺乳动物"（P）是真包含关系，即S真包含P；判断（2）中，主项"英语系学生"（S）和谓项"英语高手"（P）是交叉关系，即S与P交叉；判断（3）中，主项"沙漠"（S）与谓项"绿洲"（P）是全异关系，即S与P全异。显然，在这三种关系中，这些判断都为假。

由此可知，当S与P是同一关系或真包含于关系时，A判断为真判断；当S与P是真包含、交叉或全异关系时，A判断为假判断。

2.E判断

我们看下面四个E判断：

（1）所有直言判断（S）都不是性质判断（P）。

（2）所有动物（S）都不是哺乳动物（P）。

（3）所有的花（S）都不是有颜色的（P）。

（4）所有英语系学生（S）都不是英语高手（P）。

根据上面的判断，我们可知这四个E判断中主、谓项即S与P之间的关系依次为同一、真包含、真包含于和交叉关系。显然，当S与P是这四种关系时，这些判断都是假判断。

再看下面两个E判断：

（1）所有沙漠（S）都不是绿洲（P）。

（2）所有少年（S）都不是老年（P）。

在这两个判断中，主、谓项即S与P是全异关系，这时这两个判断为真判断。

由此可知，当S与P是全异关系是，E判断为真判断；当S与P是同一、真包含、真包含于或交叉关系时，E判断为假判断。

3.I判断

我们看下面四个I判断：

（1）有的直言判断（S）是性质判断（P）。

（2）有的动物（S）是哺乳动物（P）。

（3）有的花（S）是有颜色的（P）。

（4）有的英语系学生（S）是英语高手（P）。

我们已经知道这四个判断中主、谓项即S与P的关系依次是同一、真包含、真包含于和交叉关系。显然，当S与P是这四种关系时，这些判断都是真判断。

再看下面两个I判断：

（1）有的沙漠（S）是绿洲（P）。

（2）有的少年（S）是老年（P）。

这两个判断中，主、谓项都是全异关系，显然，这时这两个判断都是假判断。

由此可知，当S与P是同一、真包含、真包含于或交叉关系时，I判断为真判断；当S与P是全异关系是，I判断为假判断。

4.O判断

我们看下面两个O判断：

（1）有的直言判断（S）不是性质判断（P）。

（2）有的花（S）不是有颜色的（P）。

这两个判断中，主、谓项即S与P的关系分别是同一关系和真包含于关系，这时这两个判断为假判断。

再看下面三个O判断：

（1）有的动物（S）不是哺乳动物（P）。

（2）有的英语系学生（S）不是英语高手（P）。

（3）有的少年（S）不是老年（P）。

这三个判断中，主、谓项即S与P的关系依次是真包含、交叉和全异关系，这时这三个判断都为真判断。

由此可知，当S与P是真包含、交叉或全异关系时，O判断为真判断；当S与P是同一关系或真包含于关系时，O判断为假判断。

根据上面的结论，我们可以将各直言判断的真假关系总结如下：

	同一关系	真包含于关系	真包含关系	交叉关系	全异关系
A判断	真	真	假	假	假
E判断	假	假	假	假	真
I判断	真	真	真	真	假
O判断	假	假	真	真	真

⊙ A、E、I、O各判断之间的对当关系

我们先看下面四个直言判断：

（1）所有的监狱都是国家机器。

（2）所有的监狱都不是国家机器。

（3）有的监狱是国家机器。

（4）有的监狱不是有阶级性的。

这四个直言判断中，（1）、（2）、（3）三个判断的主项都是"监狱"，谓项都是"国家机器"；判断（4）的主项也是"监狱"，但谓项则是"有阶级性的"。所以，（1）、（2）、（3）三个判断的主、谓项都是相同的，于是我们可以说这三个判断是同一素材；判断（4）与其他三个判断主项相同，谓项不同，于是我们就说它与其他三个判断不是同一素材。

所谓同一素材的直言判断就是指各判断的逻辑变项（即主项和谓项）必须相同、逻辑常项（即联项和量项）可以不同的情况。在我们分析A、E、I、O四种判断之间的对当关系时，需要遵循的前提条件就是它们需有着同一素材，即相同的主项和谓项。

1.反对关系

对上面的表格中A判断和E判断的真假关系进行比较我们可以得出下面两个结论：

（1）当A判断为真时，E判断必为假；当A判断为假时，E判断则真假不定。

（2）当E判断为真时，A判断必为假；当E判断为假时，A判断则真假不定。

由此可知，对于A判断与E判断来说，其中一个为真时，另一个必为假；其中一个为假时，另一个却真假不定。也就是说它们可以同假，但不能同真。A判断与E判断之间的这种关系在逻辑学中称为反对关系。比如：

（1）所有的手机都是智能的。

（2）所有的手机都不是智能的。

显然，（1）为A判断，（2）为E判断，二者可以同假，但不可能同真，是反对关系。

2.下反对关系

对上面的表格中I判断和O判断的真假关系进行比较我们可以得出下面两个结论：

（1）当I判断为真时，O判断真假不定；当I判断为假时，则O判断必为真。

（2）当O判断为真时，I判断真假不定；当O判断为假时，则I判断必为真。

由此可知，对于I判断与O判断来说，其中一个为真时，另一个真假不定；其中一个为假时，另一个则必为真。也就是说它们可以同真，但不能同假。I判断与O判断之间的这种关系在逻辑学中称为下反对关系。比如：

（1）有的手机是智能的。

（2）有的手机不是智能的。

显然，（1）为I判断，（2）为O判断，二者可以同真，但不可能同假，是下反对关系。

3.矛盾关系

A判断与O判断

对上面的表格中A判断和O判断的真假关系进行比较我们可以得出下面两个结论：

（1）当A判断为真时，O判断必为假；当A判断为假时，O判断则必为真。

（2）当O判断为真时，A判断必为假；当O判断为假时，A判断则必为真。

由此可知，对于A判断与O判断来说，其中一个为真时，另一个则必为假；其中一个为假时，另一个则必为真。也就是说二者既不能同真，也不能同假。A判断与O判断之间的这种关系在逻辑学上称为矛盾关系。看下面这道题：

若"无商不奸"为假，那么下面哪一项为真？

A.所有的商人都是奸的　　　　　　B.所有奸的都是商人

C.有的商人不是奸的　　　　　　　D.所有商人都不是奸的

这道题中，"无商不奸"的意思是"所有的商人都是奸的"，是A判断；A项与命题重复，故首先排除；B项也是A判断，但与命题主、谓项颠倒了，不是同一素材，也排除；D项是E判断，与命题是反对关系，即A判断假时E判断真假不定，也可排除；C项是O判断，与命题是矛盾关系，即A判断假时O判断必为真，所以选C项。

E判断与I判断

对上页的表格中E判断和I判断的真假关系进行比较我们可以得出下面两个结论：

（1）当E判断为真时，I判断必为假；当E判断为假时，I判断则必为真。

（2）当I判断为真时，E判断必为假；当I判断为假时，E判断则必为真。

由此可知，E判断与I判断也是既不能同真，也不能同假，也属于矛盾关系。比如：

（1）所有的手机都不是智能的。

（2）有的手机是智能的。

显然，（1）为E判断，（2）为I判断。当（1）为真时，（2）必为假；当（1）为假时，（2）必为真。反之亦然。

4.从属关系

A判断与I判断

对上页的表格中A判断和I判断的真假关系进行比较我们可以得出下面两个结论：

（1）当A判断为真时，I判断必为真；当A判断为假时，I判断则真假不定。

（2）当I判断为真时，A判断真假不定；当I判断为假时，A判断则必为假。

由此可知，A判断与I判断不一定总是同真，也不一定总是同假。A判断与I判断的这种关系在逻辑学上称为从属关系或等差关系。比如：

（1）所有的手机都是智能的。

（2）有的手机是智能的。

显然，（1）是A判断，（2）是I判断。若（1）为真，即所有的手机都是智能的，（2）必为真，因为"有的手机"包含在"所有的手机"中；若（1）为假，则（2）的真假难定。反之，若（2）为真，"有的手机"是智能的并不代表"所有的手机"都是智能的，但也不排除"所有的手机"都是智能的，这时（1）真假难定；若（2）为假，就表示"有的手机"不是智能的，这样一来，（1）就必为假了。因此，这两个判断是从属关系或等差关系。

E判断与O判断

对上面的表格中E判断和O判断的真假关系进行比较我们可以得出下面两个结论：

（1）当E判断为真时，O判断必为真；当E判断为假时，O判断则真假不定。

（2）当O判断为真时，E判断真假不定；当O判断为假时，E判断则必为假。

由此可知，E判断与O判断之间也是从属关系或等差关系。比如：

（1）所有的手机都不是智能的。

（2）有的手机不是智能的。

显然，（1）是E判断，（2）是O判断。在对它们进行如上面类似的分析后，亦可得出E判断与O判断是从属关系或等差关系。

5.单称肯定判断和单称否定判断的关系

我们前面讲过，传统逻辑学一般把单称肯定判断归入全称肯定判断（即A判断），把单称否定判断归入全称否定判断（即E判断）。A判断与E判断是反对关系，那么，单称肯定判断与单称否定判断之间是不是也是反对关系呢？看下面这则故事：

一天，甲和乙谈起鲁迅时，甲突然问道："对了，鲁迅姓什么呢？"乙说："当然姓周了。"甲哈哈大笑道："错！鲁迅当然姓鲁了，怎么会姓周呢？"

这则故事中，包含着一对单称肯定判断和单称否定判断，即：

（1）鲁迅是姓周的。（单称肯定判断）

61

（2）鲁迅不是姓周的。（单称否定判断）

显然，若判断（1）为真，即"鲁迅姓周"，则判断（2）必为假；若判断（1）为假，即"鲁迅不姓周"，则判断（2）必为真。反之亦然。

由此可见，单称肯定判断与单称否定判断之间是矛盾关系，这与全称肯定判断和全称否定判断之间的关系是不同的。这一点一定要分清楚。

通过上面对A、E、I、O四种直言判断之间关系的分析，我们知道A与E之间是反对关系；I与O之间是下反对关系；A与O之间、E与I之间是矛盾关系；A与I之间、E与O之间是从属关系或等差关系。我们把A、E、I、O这四种直言判断之间关系叫做对当关系。它可以用下面的逻辑方阵来表示：

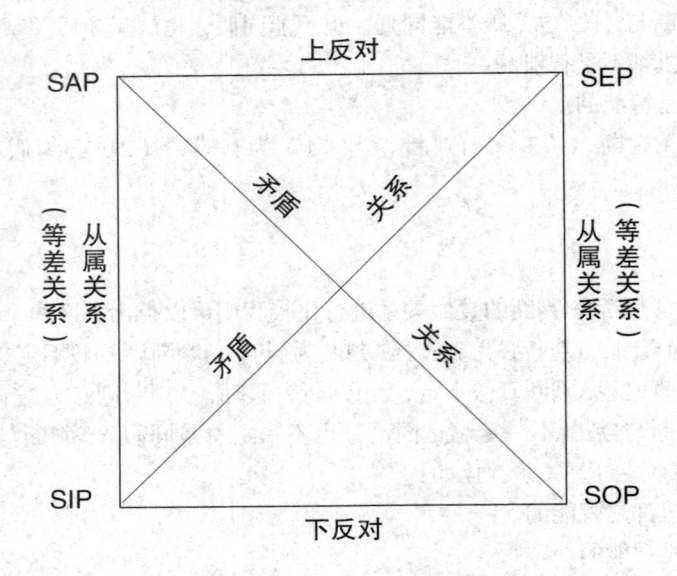

```
        上反对
SAP ─────────────── SEP
  │ ╲           ╱ │
  │   ╲  矛盾 ╱   │
（ │     ╲关系╱     │ ）
等从│       ╳       │从等
差属│     ╱关╲     │属差
关关│   ╱  系  ╲   │关关
系系│ ╱ 矛盾     ╲ │系系
  │╱             ╲│
SIP ─────────────── SOP
        下反对
```

为了记忆方便，有人曾根据逻辑方阵把直言判断中的这四种关系概括为几句口诀，即："上不同真；下不同假；两边自上而下真必真，自下而上假必假；中间交叉分真假。"

关系判断

马克思主义哲学认为，世界上没有完全孤立存在的事物，一切事物都处在普遍联系中。在逻辑学中，关系判断就是研究事物之间关系的一种判断。

⊙ 关系判断的含义

关系判断就是断定思维对象之间是否具有某种关系的判断。比如：

（1）梁山伯与祝英台是一对恋人。

（2）张明比其他同学都要高。

（3）所有的梁山好汉与宋江都是兄弟。

上述三个判断中，（1）断定"梁山伯"与"祝英台"具有"恋人"关系；（2）断定"张明"与"其他同学"具有"高"的关系；（3）断定"所有的梁山好汉"与"宋江"具有"兄弟"的关系。所以这三个判断都是关系判断。

断定思维对象之间具有某种关系时，是关系判断；同样，断定思维对象之间不具有某种关系时，也是关系判断。我们看《世说新语》中记载的一个故事：

管宁、华歆共园中锄菜，见地有片金，管挥锄与瓦石不异，华捉而掷去之。又尝同席读书，有乘轩冕过门者，宁读如故，歆废书出看。宁割席分坐，曰："子非吾友也。"

这就是著名的"割席断交"的故事。在这个故事中，有两个关系判断：

（1）华歆与管宁是朋友。

（2）华歆与管宁不是朋友。

判断（1）中断定"华歆"与"管宁"具有"朋友"的关系，所以是关系判断；判断（2）中断定"华歆"与"管宁"不具有"朋友"的关系，也是关系判断。

需要注意的是，只有对思维对象之间的关系进行断定才是关系判断，若没有断定则不是关系判断。比如：

那两个人是王磊和李欣。

这个判断中虽然也包括两个思维对象，即"王磊"和"李欣"，但并没有断定他们具有或不具有某种关系，因此不是关系判断。

⊙ 关系判断的结构

关系判断都是由关系者项、关系项和量项三部分组成。

所谓关系者项就是关系判断所断定的对象，或者说是反映思维对象的那些概念。在逻辑学中，一般用小写a、b、c等来表示。

所谓关系项就是反映被断定的各对象间（或关系者项之间）具有某种关系的那个概念。在逻辑学中，一般用R表示。

所谓量项就是表示关系者项数量或范围的概念。常用量项有"所有的"、"全部"、"有些"、"有的"等。

以上面所举的几个关系判断为例，其中：

关系者项有：梁山伯（a）和祝英台（b）、张明（a）和其他同学（b）、梁山好汉（a）和宋江（b）、华歆（a）和管宁（b）。

关系项有：恋人（R）、高（R）、兄弟（R）、朋友（R）。

量项有：所有的。

因此，具有两个关系者项的关系判断的逻辑形式可以表示为：aRb或Rab，即a与b具有R关系；具有两个以上关系者项的关系判断的逻辑形式可以表示为：Ra，b，c……即a，b，c……具有R关系。

⊙ 关系判断的种类

关系判断可以分为对称性关系和传递性关系两种。其中，从是否具有对称性看，对称性关系可分为对称关系、反对称关系和非对称关系；从是否具有传递性看，传递性关系可分为传递关系、反传递关系和非传递关系。

1. 对称性关系

对称关系

对称关系是指当这一对象与另一对象具有某种关系时，另一对象与这一对象也具有这种关系。即：当a与b具有R关系时，b与a也具有R关系。比如：

（1）1小时（a）等于60分钟（b）。

（2）Lily（a）和Lucy（b）是双胞胎。

判断（1）中，"1小时"与"60分钟"具有"等于"的关系，"60分钟"与"1小时"也具有"等于"的关系；判断（2）中，"Lily"与"Lucy"具有"双胞胎"的关系，"Lucy"与"Lily"也具有双胞胎的关系。也就是说，当aRb成立时，bRa也成立，因此这两个关系判断都具有对称关系。

现代汉语中，表对称的常用关系项还有"朋友""同学""交叉""矛盾""对立"等。

反对称关系

反对称关系是指当这一对象与另一对象具有某种关系时，另一对象与这一对象必不具有这种关系。即：当a与b具有R关系时，b与a必不具有R关系。看下面这则故事：

国王听说阿凡提很聪明，心中很不高兴，便想故意为难他一下。

他派人把阿凡提叫来，盛气凌人地说："阿凡提，听说你很聪明。那么，你能猜出自己什么时候会死吗？如果你能猜出来，那就说明你是真聪明；如果猜不出来，就说明你是个骗子。"

阿凡提知道国王是在刁难他，如果他猜自己明天死，国王现在就会杀了他；如果他猜自己今天死，国王就会故意不在今天杀他。不管怎么猜，都难逃一死。于是他就说道："国王陛下，曾经有位先知告诉我，说我会比您早死三天，我想应该是这样吧。"

国王一听，就不敢对阿凡提怎么样了，因为他唯恐杀了阿凡提后，自己三天后也会死。

这则故事中，有一个关系判断，即："阿凡提的死会早于国王的死。"在这个判断中，两个关系者项是"阿凡提的死"（a）和"国王的死"（b），关系项是"早于"（R）。当"阿凡提的死"早于"国王的死"时，"国王的死"则必不早于"阿凡提的死"。也就是说，当aRb成立时，bRa必不成立，因此这个关系判断是反对称的。

现代汉语中，表反对称的常用关系项还有"大于""小于""晚于""多于""少于""高于""低于""重于""轻于""统治""剥削"等。

非对称关系

非对称关系是指当这一对象与另一对象具有某种关系时，另一对象与这一对象的关系不确定，它们可能具有这种关系，也可能不具有这种关系。也就是说，当a与b具有R关系时，b与a可能具有R关系，也可能不具有R关系。比如：

（1）晴雯（a）喜欢贾宝玉（b）。

（2）蓝队（a）支持红队（b）。

判断（1）中，"晴雯"喜欢"贾宝玉"，"贾宝玉"是否喜欢"晴雯"并不确定；判断（2）中，"蓝队"支持"红队"，但"红队"可能支持"蓝队"，也可能不支持。也就是说，当aRb成立时，bRa可能成立，也可能不成立。因此，这两个关系判断都是非对称的。

现代汉语中，表非对称的常用关系项还有"尊重"、"爱戴"、"帮助"、"佩服"、"重视"等。

2.传递性关系

传递关系

传递关系是指如果A对象与B对象具有某种关系且B对象与C对象也具有这种关系时，A对象与C对象也必具有这种关系。也就说，当a与b具有R关系且b与c也具有R关系时，a与c也必具有R关系。比如：

（1）直线a与直线b平行，直线b与直线c平行，所以直线a与直线c平行。

（2）甲写的字（a）好于乙写的字（b），乙写的字（b）好于丙写的字（c），所以甲写的字（a）好于丙写的字（c）。

判断（1）中的"平行"和判断（2）中的"好于"就是表传递的关系项。由此可知，当aRb成立时且bRc成立时，aRc也成立。因此，这两个关系判断都具有传递关系。

现代汉语中，表传递的常用关系项还有"大于""小于""等于""高于""包含"."重于""在……后"等。

反传递关系

反传递关系是指如果A对象与B对象具有某种关系且B对象与C对象也具有这种关系时，A对象与C对象必不具有这种关系。也就说，当a与b具有R关系且b与c也具有R关系时，a与c必不具有R关系。比如：

（1）直线a垂直于直线b，直线b垂直于直线c，则直线a必不垂直于直线c。

（2）甲（a）是乙（b）的儿子，乙（b）是丙（c）的儿子，则甲（a）必不是丙（c）的儿子。

判断（1）中的"垂直于"与判断（2）中的"儿子"都是表反传递的关系项。由此可知，当aRb成立时且bRc成立时，aRc必不成立。因此，这两个关系判断都是反传递的。

现代汉语中，表反传递的常用关系项还有"重……斤""大……岁""是父亲"等。

非传递关系

非传递关系是指如果A对象与B对象具有某种关系且B对象与C对象也具有这种关系时，A对象与C对象可能具有这种关系，也可能不具有这种关系。也就是说当a与b具有R关系且b与c也具有R关系时，a与c的关系不确定，可能具有R关系，也可能不具有R关系。比如：

（1）小明（a）认识小光（b)，小光（b)认识小红（c），则小明（a）不一定认识小红（c）。

（2）蓝队（a）支持红队（b)，红队（b)支持黄队（c），则蓝队（a）不一定支持红队（c）。

判断（1）中的"认识"和判断（2）中的"支持"都是表非传递的关系项。由此可知，，当aRb成立时且bRc成立时，aRc可能成立，也可能不成立。因此，这两个关系判断都是非传递的。

现代汉语中，表非传递的常用关系项还有"尊重""喜欢""交叉""帮助"等。

直言判断与关系判断的不同

第一，二者研究的对象不同。直言判断是断定思维对象是否具有某种性质的判断，关系判断是断定思维对象之间关系的判断。

第二，二者研究对象的数量不同。直言判断主要是对一个或一类对象作判断，关系判断则是对两个或两个以上的对象作判断。

第三，构成要素不同。直言判断由主项、谓项、联项和量项四部分组成，关系判断则由关系者项、关系项和量项组成。

逻辑学中的关系判断是对各种事物或对象之间的关系作判断的，而且这种判断形式可以应用于各个领域，这无疑对其他各学科的研究有着一定的影响。所以，我们要准确理解关系判断，这也是以后进行关系推理的基础。

联言判断

⊙ **联言判断的含义**

根据复合判断中包含的联结项的不同，可将其分为联言判断、选言判断、假言判断和负判断。所谓复合判断，就是由联结词联接的两个或两个以上的简单判断（包括直言判断和关系判断）有机组合而成的判断。这些组成复合判断的简单判断叫肢判断，联结词就是联项。所以，简单地说，复合判断就是由联结词和肢判断组成的判断。比如：

（1）虽然他取得了很大的成就，但他行为处世依然很低调。

（2）他有点儿不舒服，可能是感冒，也可能是太累了。

（3）假如给我三天光明，我将好好观察这个世界。

（4）并非所有人都害怕鬼。

以上四个判断都是复合判断，依次为联言判断、选言判断、假言判断和负判断。

联言判断是复合判断的一种。所以，联言判断具有复合判断的基本特征。也就是说，联言判断也包括两个或两个以上的简单判断，也有联结词。但是，联言判断是复合判断，复合判断却并非都是联言判断。因为联言判断也有着自己的一些特征。比如：

（1）她很年轻，并且也很漂亮。

（2）狄仁杰不但善于探案，而且能于治国。

（3）主演不是陈道明，而是陈宝国。

这三个联言判断中，（1）断定"她"既年轻，又漂亮；（2）断定"狄仁杰"既是神探，又有治国之能；（3）断定"主演"不是陈道明，而是陈宝国。也就是说，每个联言判断都是对其所反映的事物或对象存在情况的一种断定。

因此，我们可以得出，所谓联言判断就是断定几种对象或事物情况同时存在的复合判断。

⊙ **联言判断的结构**

联言判断是由联言肢和联言联结词组成的。

1.联言肢

联言肢就是组成联言判断的各简单判断,换言之,联言肢就是组成联言判断的各肢判断。以上面三个联言判断为例:判断(1)中包括"她很年轻"和"她很漂亮"两个联言肢;判断(2)中包括"狄仁杰善于探案"和"狄仁杰能于治国"两个联言肢;判断(3)包括"主演不是陈道明"和"主演是陈宝国"两个联言肢。在逻辑学中,联言肢一般用小写字母"p"、"q"、"r"等来表示。

对于联言肢,有以下几点需要注意:

第一,联言判断中要包括两个或两个以上的联言肢,也就是说一个联言判断中,至少要包括两个联言肢。比如上面举的三个联言判断都分别包括两个联言肢。再比如:

我们一方面要紧急转移灾民,一方面要加固河堤,另一方面还要做好各项应急准备工作。

上面这个联言判断中就包括三个联言肢,即"我们要紧急转移灾民""我们要加固河堤"和"我们要做好各项应急准备工作"。

第二,组成联言判断的联言肢可以是直言判断,也可以是关系判断。联言判断是由简单判断组成的复合判断,而简单判断又包括直言判断和关系判断,所以联言肢既可以是单独的直言判断或关系判断,也可以同时包括直言判断和关系判断。比如:

《非诚勿扰II》与《非诚勿扰》是姊妹篇,是一部好看的电影。

这个联言判断中,包括两个联言肢,一个是直言判断"《非诚勿扰II》是一部好看的电影",一个是关系判断"《非诚勿扰II》与《非诚勿扰》是姊妹篇"。

第三,为了表达上的简洁,有些时候,联言判断可以适当省略各联言肢共有的语法成分。比如:

他是一个学识渊博、思维缜密的人。

这个联言判断包括两个联言肢,即"他是一个学识渊博的人"和"他是一个思维缜密的人"。为了避免重复,省略了主语成分"他"和谓语成分"是"以及数量词"一个"。

第四,联言肢是联言判断中的逻辑变项,可以随着实际需要而改变。

2.联言联结词

在联言判断中,联结词就是联结各联言肢的词项,它反映着各联言肢的关系,也叫联言联结词。联言判断中经常使用的联结词有"并且""不但……而且……""既……又……""虽然……但是……""不是……而是……""一方面……另一方面……""是……也是……""不仅……而且(也)……"等。其中,"并且"构成联言判断比较重要的联结词。

对于联结词,有以下几点需要注意:

第一,任何关系判断都包括联结词,但有时候为了表达的简洁,根据实际需要可以省略联结词。比如,"她年轻漂亮、聪明能干"这个联言判断中就省略了联结词"既……又……"。完整的表达是这样:"她既年轻漂亮,又聪明能干。"

第二,要特别注意省略联结词只是为了语言表达的简洁,在逻辑结构上,联结词的作用依然存在。比如上面的例子中虽然省略了联结词,但并不改变其在逻辑结构上的作用。

第三,联结词是联言判断中的逻辑常项,同样的联结词,可以联结不同的联言肢。也就是说,一个判断是否是联言判断,与联言肢的具体内容无关,而与联结词有关。

3.联言判断的逻辑形式

联言判断的逻辑形式是:p并且q,即:$p \wedge q$。

其中,"$\wedge$"是"合取"之意,因此,联言肢p和q又被称为合取肢。比如,"她很年轻,并且也很漂亮"就可表示为"p并且q";"狄仁杰不但善于探案,而且能于治国"可以表示为"不但p而且q"。

⊙ **联言判断的真假值**

"任何判断都有真有假"是"判断"的基本特征之一,联言判断作为"判断"的一种,自然也有真假之分。联言判断的这种或真或假的性质叫做联言判断的真假值或逻辑值，简称真值。我们知道，联言判断是由两个或两个以上的联言肢组成的，因此，联言判断的真假值就与每个联言肢有关。只有当每一个联言肢都是真的时候联言判断才是真的，只要有任何一个联言肢为假，那这个联言判断就必为假。换言之，若一个联言判断为假，则至少有一个联言肢是假的。比如：

（1）哺乳动物既不是恒温动物（p），也不是脊椎动物（q）。

（2）哺乳动物是恒温动物（p），但不是脊椎动物（q）。

（3）哺乳动物不是恒温动物（p），而是脊椎动物（q）。

（4）哺乳动物既是恒温动物（p），又是脊椎动物（q）。

上面四个联言判断中，判断（1）p为假，q也为假，故该判断为假；判断（2）中，p为真，q为假，故该判断也为假；判断（3）中，p为假，q为真，故该判断也为假；判断（4）中，p为真，q也为真，故该判断为真。

由此可知，只有当p为真且q为真时，"p∧q"才为真；若p或q任一个为假，则"p∧q"必为假。反之，若"p∧q"为真，则p和q必为真；若"p∧q"为假，则p和q必有一个为假，或者p和q均为假。看下面一则故事：

约翰到服装店买衣服，看到墙体上贴着一张"买一送一"的标语，便问："你们说'买一送一'，这'送一'是送什么？"售货员答道："是指送一条领带。"约翰又问："也就是说，领带是免费的了？"售货员答道："是的，先生。"约翰笑了笑道："那好吧，麻烦你送我一条免费的领带吧。"

在这个故事中，包含这一个联言判断："买一件衣服，并且送一条领带。"也就是说，只有当"买一件衣服"和"送一条领带"这两个联言肢都为真时，这个联言判断才是真的，这个"买一送一"的行为才可能实现。但是约翰并没有买衣服，所以"买一件衣服"这个判断为假，那么这个联言判断也必为假，"买一送一"的行为自然也就不能实现了。

根据上面的分析，我们可以总结出下面这个"联言判断真值表"：

联言肢（p）	联言肢（q）	P并且q（p∧q）
假	假	假
真	假	假
假	真	假
真	真	真

由此可知，当且仅当所有联言肢都为真时，联言判断的逻辑值才为真。

在分析联言判断的真假值时，需要注意以下几点：

第一，既要根据实际情况分析所有联言肢的真假，也要注意联结词。因为，由不同的联结词和同样的联言肢组成的联言判断的真假不一定相同。比如，"哺乳动物既是恒温动物，又是脊椎动物"为真，但"哺乳动物不是恒温动物，而是脊椎动物"则为假。

第二，一般情况下，联言判断的真假与联言肢的内容有关，与其顺序无关。也就说联言肢的顺序不影响联言判断的真假，即p∧q等于q∧p。比如，"哺乳动物既是恒温动物，又是脊椎动物"为真，"哺乳动物既是脊椎动物，又是恒温动物"也为真。

第三，有些联言判断的联言肢一旦顺序变了，联言判断的真假也会变。对于这类联言判断，p∧q不等于q∧p，其联言肢的顺序也一定不能改变。比如，若"主演不是陈道明，而是陈宝国"为真，则"主演不是陈宝国，而是陈道明"就必为假了；再比如，"小明今天考试了，并且考得很好"是符合逻辑的判断，但"小明今天考得很好，并且考试了"就不合逻辑了。一般来讲，联言肢要按概念的外延从大到小的顺序或者事物发生发展的时间顺序来排列。

第四，在逻辑学中，研究联言判断时一般只研究联言判断与其联言肢之间的真假对应关系，而不关注它们所表示的意义方面的联系。

充分条件假言判断

⊙ 假言判断的含义

作为复合判断的一种，假言判断也具有复合判断的特征，即由两个或两个以上的肢判断和联结词组成。与断定几种事物情况同时存在的联言判断不同，假言判断是断定某一事物情况的存在是另一事物情况存在的条件的判断。也就是说，假言判断研究的是事物间的条件关系。比如：

（1）如果你病了，就会不舒服。

（2）只有具备了天时、地利和人和，我们才能取胜。

（3）当且仅当两条直线的同位角相等，则两直线平行。

上述三个判断中，判断（1）断定了"生病"是"不舒服"的条件，只有"生病"这个条件存在，"不舒服"才存在；判断（2）断定"具备天时、地利和人和"是"取胜"的条件，只有"天时、地利和人和"这个条件存在，"取胜"才存在；同理，判断（3）中"两条直线的同位角相等"也是"两条直线平行"存在的条件。因此，这三个判断都是假言判断。

假言判断由前件、后件和假言联结词组成。所谓前件，就是假言判断中反映条件的肢判断。比如，上面三个判断中的"你病了""具备了天时、地利和人和"以及"两条直线的同位角相等"就是前件。所谓后件，就是假言判断中反映结果的、依赖该条件而存在的肢判断。比如，上面三个判断中的"不舒服""取胜"以及"两直线平行"就是后件。所谓假言联结词，就是联结前件和后件的词项。在逻辑学中，前件一般用p表示，后件一般用q表示。

根据反映条件关系的不同，假言判断可以分为充分条件假言判断、必要条件假言判断和充分必要条件（或充要条件）假言判断。

⊙ 充分条件假言判断

1. 充分条件假言判断的含义

充分条件假言判断就是断定某一事物情况（前件）是另一事物情况（后件）存在的充分条件的判断。简单地说，充分条件假言判断就是断定前件与后件之间具有充分条件关系的假言判断。比如：

（1）如果你病了（p），就会不舒服（q）。

（2）一旦河堤决口（p），后果就不堪设想（q）。

判断（1）中，只要前件"你病了"，后件"不舒服"就一定存在，也就是说"你病了"是"不舒服"的充分条件；判断（2）中，只要前件"河堤决口"存在，后件"后果不堪设想"就一定存在，也就是说"河堤决口"是"后果不堪设想"的充分条件。即：如果p存在，那么q一定存在。因此，这两个判断都是充分条件假言判断。

需要注意的，在充分条件假言判断中，前件p存在，后件q一定存在；但前件p不存在，后件q则并非一定不存在。比如，"你病了"存在，则"不舒服"一定存在；但如果"你病了"不存在，也就是说如果你没病，你也可能因其他原因"不舒服"。

2. 充分条件假言判断的逻辑形式

我们用p表示前件，用q表示后件，充分条件假言判断的逻辑形式可以表示为：如果p，那么q，即：$p \rightarrow q$。其中，"$\rightarrow$"是"蕴涵"的意思，读做p蕴涵q。p和q都是逻辑变项，"如果……那么……"为假言联结词，是逻辑常项。

在逻辑学中，表达充分条件假言判断的常用假言联结词（即逻辑常项）还有"如果……就……""倘若……就（便）……""一旦……就……""假如……就（便）……""若是……就……""只要……就……"等。

3.充分条件假言判断的真假值

充分条件假言判断或真或假的性质就是充分条件假言判断的真假值，它可以分四种情况来分析。比如：

（1）如果温度下降（p），天气就会冷(q)。

（2）倘若你睡着了（p），你便见不到他了(q)。

若前件p为真，后件q也为真，则"p→q"必为真。

判断（1）中，若前件p"温度下降"为真，后件q"天气会冷"也为真，则该假言判断符合实际情况，在逻辑上也必为真；判断（2）中，若前件p"你睡着了"为真，后件"你见不到他"也为真，则"p→q"必为真。

若前件p为假，后件q也为假，则"p→q"必为真。

判断（1）中，若p为假，即"温度不下降"，q也为假，即"天气不会冷"，该判断就是"如果温度不下降，天气就不会冷"，是符合实际情况的，因此"p→q"必为真；运用同样的方法，也可得出判断（2）为真。

若前件p为真，后件q为假，则"p→q"必为假。

判断（1）中，若p为真，即"温度下降"，q为假，即"天气不会冷"，该判断就是"如果温度下降，天气就不会冷"，显然是不符合实际情况的，因此"p→q"必为假；运用同样的方法，也可得出判断（2）为假。再看下面一则故事：

吉姆打算驾车旅游，于是就去商店购买最新款的导航仪。

吉姆："老板，你们这导航仪会失灵吗？"

老板很肯定地说："不会的，我们卖出过很多导航仪，但从没人因为它失灵而来退货。"

吉姆又问："万一它失灵我找不到路了怎么办呢？"

老板和热情地说："您放心！如果真发生那样的事，您可以把它送回来调换。"

这则故事中，含有一个充分条件假言判断，即：

如果吉姆因导航仪失灵迷路，就可以把导航仪送回来调换。

在这个判断中，如果前件"吉姆因导航仪失灵迷路"为真，就不可能再找到去这个商店的路，也就没机会调换，因此后件"可以把导航仪送回来调换"就必为假，这个判断也就是假的了。

若前件p为假，后件q为真，则"p→q"必为真。

判断（1）中，若p为假，即"温度不下降"，而q为真，即"天气会冷"。因为造成天气冷的原因很多，未必一定是"温度下降"，所以p的假并不影响q的真，因此仍符合实际情况，"p→q"仍为真；判断（2）中，若p为假，即"你没睡着"，而q为真，即"你见不到他"。因为"你见不到他"的可能性原因很多（比如你去别的地方因而错过了），"你没睡着"并不是唯一充分条件，因此它并不影响这个判断的成立，所以"p→q"仍为真。

根据上面的分析，我们可以总结出下面这个"充分条件假言判断真值表"：

前件（p）	后件（q）	如果P，那么q（p→q）
真	真	真
假	假	真
真	假	假
假	真	真

由此可知，当且仅当前件为真、后件为假时，充分条件假言判断才为假。

必要条件假言判断

◎ 必要条件假言判断的含义

必要条件假言判断就是断定某一事物情况（前件）是另一事物情况（后件）存在的必要条件的假言判断。简单地说，必要条件假言判断就是断定前件与后件具有必要条件关系的假言判断。比如：

（1）除非有足够的光照（p），否则花就不会开（q）。

（2）只有体检合格（p），才能参加高考（q）。

判断（1）中，断定"足够的光照"是"开花"的必要条件，判断（2）中断定"体检合格"是"参加高考"的必要条件，因此这两个判断都是必要条件假言判断。

在必要条件假言判断中，前件（p）存在，后件（q）则未必一定存在。比如，上面举的两个例子中，判断（1）中，只有p（足够的光照），q（开花）未必一定实现；判断（2）中，只有p（体检合格），q（参加高考）也未必一定实现。

同时，在必要条件假言判断中，前件（p）不存在，则后件（q）一定不存在。比如，上面举的两个例子中，判断（1）中，如果没有p（足够的光照），则q（开花）就不可能实现；判断（2）中，如果没有p（体检合格），q（参加高考）也不能实现。

由此可知，若p存在，则q不一定存在；若p不存在，则q必不存在。

清朝刘蓉的《习惯说》中曾记载：

蓉少时，读书养晦堂之西偏一室。俯而读，仰而思；思有弗得，辄起绕室以旋。室有洼，径尺，浸淫日广，每履之，足若踬焉。既久而遂安之。一日，父来室中，顾而笑曰："一室不治，何以天下家国为？"命童子取土平之。

这则故事中，"一室不治，何以天下家国为"即是一个必要条件假言判断，意为"只有先整理好一室，才能为家国天下服务"。著名的"一屋不扫，何以扫天下"也是一个必要条件假言判断，意为"只有先扫一屋，才能扫天下"。

◎ 必要条件假言判断的逻辑形式

我们用p表示前件，用q表示后件，必要条件假言判断的逻辑形式可以表示为：只有p，才q，即：p←q。其中，"←"是"逆蕴涵"的意思，读做p逆蕴涵q。P和q都是逻辑变项，"只有……才……"为假言联结词，是逻辑常项。

在逻辑学中，表达必要条件假言判断的常用假言联结词（即逻辑常项）还有"没有……就没有……""除非……（否则）不""必须……才……""不……就不能……""不……何以……"等。

◎ 必要条件假言判断的真假值

必要条件假言判断或真或假的性质就是必要条件假言判断的真假值，它可以分四种情况来分析。比如：

（1）只有建立抗日民族统一战线（p），才能团结一切可以团结的力量（q）。

（2）不积小流（p），无以成江海（q）。

1.若前件p为真，后件q也为真，则"p←q"必为真。

判断（1）中，前件（p）"建立抗日民族统一战线"是后件（q）"团结一切可以团结的力量"的必要条件，事实上如果"建立抗日民族统一战线"，确实可以"团结一切可以团结的力量"。因此，若p为真，q也为真，这个判断就符合实际情况，"p←q"就必为真；判断（2）中，如果能"积小流"，确实可以"成江海"。因此，若p为真，q也为真，这个判断就符合实际情况，"p←q"就必为真。

2.若前件p为假，后件q也为假，则"p←q"必为真。

判断（1）中，若p为假，即"不建立抗日民族同一战线"，q也为假，即"不能团结一切可以团结的力量"。那么，这个判断其实就是"如果不建立抗日民族同一战线，就不能团结一切可以团结的力量"。这也符合实际情况，因此"p←q"就必为真；同样，判断（2）换种表达就是"只有积小流，才能成江海"。那么，若p为假，即"不积小流"，若q也为假，即"不能成江海"，这个判断其实就是"只有不积小流，才能不成江海"，也符合实际情况，因此"p←q"就也为真。

3.若前件p为真，后件q为假，则"p←q"必为真。

判断（1）中，若p为真，即"建立抗日民族同一战线"，而q为假，即"不能团结一切可以团结的力量"。那么，这个判断其实就成为"即使建立抗日民族同一战线，也不一定能团结一切可以团结的力量"。这也与实际情况相合，因为"建立抗日民族同一战线"只是"团结一切可以团结的力量"的其中一个必要条件，而不是唯一条件，因此这个判断即"p←q"就也为真；判断（2）中，若p为真，q为假，这个判断就成为"即使积小流，也并一定能成江海"，这也符合实际情况，因为要成江海，除了"积小流"外，还需要其他地理、环境条件。因此，该判断即"p←q"就也为真。再看下面这个故事：

军官："你多大了？"

中年人："45岁了。"

军官："你年龄太大了，不能当兵了，回去吧。"

中年人："请问你多大了？"

军官："42岁。"

中年人："嗯，好吧，那我就当军官好了。"

这则故事中，包含两个潜在的必要条件假言判断：

（1）只有年龄适合的人（p），才能当兵（q）。

（2）只有先当兵（p），才能当军官（q）。

如果p为真，q为假，这两个判断可以这样表达：

（1）即使年龄适合的人，也不一定能当兵。

（2）即使先当兵了也不一定能当军官。

显然，这两个判断都是符合实际情况的，因此都为真。

4.若前件p为假，后件q为真，则"p←q"必为假。

判断（1）中，若p为假，q为真，该判断就是"只有不建立抗日民族同一战线，才能团结一切可以团结的力量"，这显然有违事实，所以"p←q"必为假；我们上面说过判断（2）换种表达就是"只有积小流，才能成江海"，那么，若p为假，q为真，该判断其实就是"只有不积小流，才能成江海"，这显然也有违事实，所以"p←q"也必为假。

根据以上分析，我们可以总结出下面这个"必要条件假言判断真值表"：

前件（p）	后件（q）	只有P，才q（p←q）
真	真	真
假	假	真
真	假	真
假	真	假

由此可知，当且仅当前件为假、后件为真时，必要条件假言判断才为假。

充分必要条件假言判断

⊙ 充分必要条件假言判断的含义

充分必要条件假言判断，或者充要条件假言判断就是断定某一事物情况（前件）是另一事物情况（后件）存在的充分必要条件的假言判断。换言之，在充分必要条件假言判断中，前件既是后件的充分条件，又是后件的必要条件。比如：

（1）当且仅当前件为真、后件为假时（p），充分条件假言判断才为假（q）。

（2）当且仅当前件为假、后件为真时（p），必要条件假言判断才为假（q）。

这是我们在讨论充分条件假言判断和必要条件假言判断真假值时得出的两个结论。

判断（1）断定了只要符合"前件为真、后件为假"这个条件，"充分条件假言判断"必为"假"；如果不符合"前件为真、后件为假"这个条件，"充分条件假言判断"则必不为"假"。判断（2）断定了只要符合"前件为假、后件为真"，"必要条件假言判断"必为"假"；如果不符合"前件为假、后件为真"，"必要条件假言判断"则必不为"假"。也就是说，在这两个判断中，p既是q的充分条件，又是q的必要条件，因此这两个判断都是充分必要条件假言判断。

充分必要条件假言判断的重要特征就是当前件p存在时，后件q一定存在；当前件p不存在时，后件q一定不存在。以我们上面提到的判断（1）为例，只要这个判断的前件p"前件为真、后件为假"存在，后件q就一定存在；如果前件p"前件为真、后件为假"不存在，即"前件为真、后件为真"、"前件为假、后件为真"或者"前件为假、后件也为假"，那么后件则必不存在。因此，可以说，在充分必要条件假言判断中，只有且仅有前件这一个条件才能引起后件所表示的结果。

⊙ 充分必要条件假言判断的逻辑形式

我们用p表示前件，用q表示后件，充分必要条件假言判断的逻辑形式可以表示为：当且仅当p，才q，即：p⟷q。"⟷"意为"等值于"，读做p等值于q。其中，作为前、后件的p、q是逻辑变项，假言联结词"当且仅当"为逻辑常项。

需要说明的是，"当且仅当"来自数学语言，现代汉语中并没有与之完全对等的一个词。因此只能用诸如"只要……则……，并且只有……，才……""只有并且仅有……才……""如果……那么……，并且如果不……那么就不……"之类的词项来充当假言联结词。

有一则流传甚广的关于佛印和苏东坡的故事：

一次，苏东坡和佛印骑马而游。

佛印对苏东坡说："你骑马姿势端庄，好像一尊佛。"

苏东坡却故意调笑："你身披黑色袈裟，好像一坨粪。"

佛印笑而不答，东坡自以为得计，很是高兴。回家后向妹妹说起此事，苏小妹叹道："哥哥你着相啦！如果你心中有佛，那么你眼中就有佛，如果你心中无佛，那么你眼中就无佛；如果你心中有粪，那么你眼中就有粪，如果你心中无粪，那么你眼中就无粪。"苏东坡听后大惭。

这则故事中，有两个充分必要条件假言判断：

（1）如果你心中有佛，那么你眼中就有佛，如果你心中无佛，那么你眼中就无佛。

（2）如果你心中有粪，那么你眼中就有粪，如果你心中无粪，那么你眼中就无粪。

判断（1）断定若"心中有佛"，则"眼中有佛"，若"心中无佛"，则"眼中无佛"，也就是说"心中有佛"是"眼中有佛"的充分必要条件；判断（2）断定若"心中有粪"，则"眼中有粪"，若"心中无粪"，则"眼中无粪"，那么，"心中有粪"也就是"眼中有粪"的充分必要条件。

在这两个充分必要条件假言判断中运用的假言联结词实际上就是"如果……那么……，如果不……那么就不……"。

⊙ 充分必要条件假言判断的真假值

充分必要条件假言判断或真或假的性质就是充分必要条件假言判断的真假值，它可以分四种情况来分析。比如：

（1）当且仅当两条直线的同位角相等（p），则两直线平行（q）。

（2）当且仅当能被2整除（p）的数才是偶数（q）。

1.若前件p为真，后件q也为真，则"p⟷q"必为真。

在上面两个判断中，若前件p和后件q都为真，显然是符合实际情况的。因此，该充分必要条件假言判断即p⟷q也必为真。

2.若前件p为假，后件q也为假，则"p⟷q"必为真。

判断（1）中，若p为假，即"两条直线的同位角不相等"，q也为假，即"两直线不平行"。那么，这个判断就是"当且仅当两条直线的同位角不相等，则两直线不平行"，这符合实际情况，因此p⟷q为真；判断（2）中，若p为假，即"不能被2整除"，q也为假，即"不是偶数"。那么，这个判断就是"当且仅当不能被2整除的数不是偶数"，这显然也是符合实际情况的，因此p⟷q也为真。

3.若前件p为真，后件q为假，则"p⟷q"必为假。

判断（1）中，若p为真，即"两条直线的同位角相等"，而q为假，即"两直线不平行"。那么，这个判断就是"当且仅当两条直线的同位角相等，则两直线不平行"，这显然不符合实际，因此p⟷q为假；判断（2）中，若p为真，即"能被2整除"，而q为假，即"不是偶数"。那么，这个判断就是"当且仅当能被2整除的数不是偶数"，这显然也是不符合实际情况的，因此p⟷q也为假。

4.若前件p为假，后件q为真，则"p⟷q"必为假。

判断（1）中，若p为假，即"两条直线的同位角不相等"，而q为真，即"两直线平行"。那么，这个判断就是"当且仅当两条直线的同位角不相等，则两直线平行"，这显然不符合实际，因此p⟷q为假；判断（2）中，若p为假，即"不能被2整除"，而q为真，即"是偶数"。那么，这个判断就是"当且仅当不能被2整除的数是偶数"，这显然也是不符合实际情况的，因此p⟷q也为假。

根据以上分析，我们可以总结出下面这个"充分必要条件假言判断真值表"：

前件（p）	后件（q）	当且仅当P，才q（p⟷q）
真	真	真
假	假	真
真	假	假
假	真	假

由此可知，当且仅当前件、后件取相同的逻辑值时，充分必要条件假言判断才为真。

逻辑蕴含的假言判断

⊙ 正确认识三种假言判断

根据反映条件关系的不同，假言判断可以分为充分条件假言判断、必要条件假言判断和充分必要条件（或充要条件）假言判断。以上三节中，我们也分别对这三种假言判断作了分析。不过，在思维或日常运用过程中，经常会出现三种假言判断互相误用的情况。对此，我们应该格外重视，正确认识它们之间的联系与区别。

1.正确认识各假言判断的逻辑性质

我们以p表示前件，以q表示后件，可以将三种假言判断的性质概括如下：

充分条件假言判断：p存在时，q必存在；p不存在时，q未必不存在。

必要条件假言判断：p存在时，q未必存在；p不存在时，q必不存在。

充分必要条件假言判断：p存在时，q必存在；p不存在时，q必不存在。

在有的逻辑学著作中，有人曾把这三种假言判断的逻辑性质概括为三句话，即：

充分条件假言判断：有之则必然，无之未必然。

必要条件假言判断：无之必不然，有之未必然。

充分必要条件假言判断：有之则必然，无之必不然。

鉴于各假言判断的逻辑性质，我们可以得出：充分必要条件假言判断的前件、后件可以互为条件，但充分条件假言判断和必要条件假言判断则不能。以我们前面提到的几个判断为例：

（1）一旦河堤决口（p），后果就不堪设想（q）。

（2）只有体检合格（p），才能参加高考（q）。

"当且仅当两条直线的同位角相等（p），则两直线平行（q）。"

判断（1）、（2）分别为充分条件假言判断和必要条件假言判断，如果前件（p）和后件（q）互换，这两个判断就变为：

（1）一旦后果不堪设想，河堤就会决口。

（2）只有参加高考，才能体检合格。这不但与实际情况不符，甚至显得荒唐可笑了。

判断（3）为充分必要条件假言判断，如果前件（p）和后件（q）互换，该判断就变为：

"当且仅当两直线平行，则两条直线的同位角相等。"这与实际情况相符，因而也是正确的。

因此，p→q不等值于q→p，p←q也不等值于q←p，只有p←→q与q←→p等值。

2.正确运用假言联结词

运用假言判断时，要特别注意假言联结词的选择。因为，不同的假言联结词一般代表着不同种类的假言判断，一旦误用，就可能混淆各种假言判断，从而造成思维、表达的混乱。比如：

（1）如果付出，就会有收获。

（2）只有付出，才会有收获。

（3）当且仅当付出了，才会有收获。

这三个假言判断依次为充分条件假言判断、必要条件假言判断和充分必要条件假言判断。判断（1）把"付出"当做"收获"的充分条件是不妥的，因为很多时候，付出了未必收获，这是误把必要条件当做了充分条件。判断（3）把"付出"当做"收获"仅有的条件显然也是不妥的，因为要想有收获，除了"付出"，还可能需要天时、地利、人和等各种条件；况且即使有"收获"，也不意味着一定有"付出"，毕竟还有"不劳而获"的情况。因此，这是误把必要条件当做充分必要条件了，只有判断（2）才是正确的。

3.正确认识假言判断的形式和内容

逻辑学研究的是各种判断形式，判断的具体内容则是其他各学科研究的对象。因此，就可能出现形式符合假言判断但内容不符合实际情况的判断。比如：

（1）如果杰克是欧洲人，那么杰克就是英国人。

（2）只有华佗再生，你才能得救。

这两个判断从形式上都是假言判断，但在内容上显然是不成立的。因此，我们在运用假言判断进行思维时，要注意判断形式和内容的区别。

⊙ 逻辑蕴含的假言判断

在一些历史故事中，甚至在日常生活中，我们经常看到蕴含假言判断的精彩事例，甚至我们自己也曾经使用过假言判断，只是没有意识到罢了。现在我们来看几个蕴含假言判断的事例，以了解假言判断的特征和作用，从而更深入地认识、运用假言判断。

1.蕴含充分条件假言判断的逻辑运用

网上曾经盛传这么一段话：

我用心祈祷，神终于感动了。神问我：你有什么愿望？我说：我要我的亲人和朋友一生幸福！神说：可以，只能七天。我说：好，星期一到星期七。神说：不行，只能四天。我说：好，春天、夏天、秋天、冬天。神说：不行，只能三天。我说：好，昨天、今天、明天。神说：不行，只能两天。我说：好，白天、黑天。神说：不行，只能一天。我说：好，在我生命中每一天。最后，神哭了……

通过这段话中，我们首先可以得到这几个结论：

如果我的亲人和朋友有七天幸福的时间，那么这七天就是星期一到星期七；如果我的亲人和朋友有四天幸福的时间，那么这四天就是春天、夏天、秋天和冬天；如果我的亲人和朋友有三天幸福的时间，那么这三天就是昨天、今天和明天；如果我的亲人和朋友有两天幸福的时间，那么这两天就是白天和黑天；如果我的亲人和朋友有一天幸福的时间，那么这一天就是我生命中的每一天。

再对这个结论进行总结，这段话中"我"其实只向"神表"达了一个意思，即：

如果有你要求的那几天，就有我提出的这几天。

换言之，这句话就是：如果你要求的那几天存在，那我提出的这几天就存在；如果你要求的那几天不存在，我提出的这几天也未必不存在。很显然，"你要求的那几天"是"我提出的这几天"的充分条件，这个判断是充分条件的假言判断。这便是因蕴含假言判断这个逻辑形式而具有奇妙效果的实际运用。

2.蕴含必要条件假言判断的逻辑运用

歌曲《真心英雄》中，有这么几句歌词：

把握生命里的每一分钟

全力以赴我们心中的梦

不经历风雨怎么见彩虹

没有人能随随便便成功

这段歌词中，蕴含着两个假言判断，即：

（1）只有经历风雨，才能见彩虹。

（2）只有经历风雨，才能成功。

这两个判断都断定"不经历风雨"肯定不能"见彩虹"或"成功"，但是也暗含着即便"经历风雨"，也未必就一定能"见彩虹"或"成功"。也就是说，"经历风雨"是"见彩虹"或"成功"的必要条件，这是两个必要条件假言判断。

3.蕴含充分必要条件假言判断的逻辑运用

总之，正确认识并熟练运用各种假言判断，既有利于我们进行思维活动和日常表达的准确性，也是以后进行假言推理的基础。

选言判断

⊙什么是选言判断

简单地说，选言判断是对若干事物情况存在的可能性作断定的复合判断。确切地说，选言判断是断定在可能存在的若干事物情况中至少有一种事物情况存在的复合判断。因此，选言判断一般都包括两个或两个以上的肢判断。比如：

（1）他学的专业可能是中国古代文学，也可能是中国现当代文学。

（2）几年没见，小柔要么胖了，要么瘦了，要么没变。

这两个选言判断都对若干事物情况存在的可能性作了断定。判断（1）断定"他"可能学的是

"中国古代文学",也可能是"中国现当代文学",这两种可能性中至少有一个是存在的;判断(2)中断定小柔有"胖了""瘦了"和"没变"这三种可能,其中也必有一个是存在的。

选言判断是由选言肢和选言联结词构成的。

1.选言肢

选言肢就是组成选择判断的各个肢判断,它反映着可能存在的若干事物情况。一个选言判断至少有两个选言肢。上面举的两个选言判断中,判断(1)中包括"中国古代文学"和"中国现当代文学"两个选言肢;判断(2)中包括"胖了""瘦了"和"没变"三个选言肢。

2.选言联结词

选言联结词就是联结选言判断中表示可能事物情况的各个选言肢的词项。上面举的两个选言判断中,判断(1)中的选言联结词是"可能……也可能……";判断(2)中的选言联结词是"要么……要么……要么……"。

⊙ 选言判断的种类和真假值

根据选言判断中各选言肢是否可以并存的关系,选言判断可分为相容选言判断和不相容选言判断。在这两种不同的选言判断中,其真假值(或逻辑值)也是不同的。

1.相容选言判断

相容选言判断的含义

顾名思义,相容选言判断中的各选言肢所表示的可能事物情况是相容的,可以同时存在的。因此,相容选言判断就是指断定若干事物情况中至少有一种事物情况存在的选言判断,或者说是断定各选言肢中至少有一个选言肢存在的选言判断。需要说明的是,既然是断定"至少有一个选言肢存在",也就是说可以只有一个选言肢存在,也可以有多个选言肢同时存在。比如:

(1)他或者懂英语,或者懂法语。

(2)黑格尔或者是哲学家,或者是逻辑学家。

判断(1)中,可以断定两种可能:懂英语或者懂法语。这两种可能可以只有一种存在,也可以都存在,它们之间并不冲突;判断(2)中,也可以断定两种可能:是哲学家或者是逻辑学家。这两种可能也不冲突,可以存在一种,也可以都存在。所以,这两个判断都是相容选言判断。

相容选言判断的逻辑形式

我们如果用p、q表示选言肢,相容选言判断的逻辑形式可以表示为:

p或者q,即:p∨q。

在这里,"或者……或者……"是选言联结词,"∨"意为"析取",所以p和q也可称为析取肢,p∨q读做p析取q。

相容选言判断的联结词除"或者"外,常用的还有"也许……也许……""可能……可能……""或许……或许……""至少一个"等。

相容选言判断的真假值

相容选言判断或真或假的性质就是它的真假值。根据我们得出的相容选言判断"可以只有一个选言肢存在,也可以有多个选言肢同时存在"可以得出它的逻辑性质,即:各选言肢都为真或有一个为真,则该判断为真;各选言肢均为假时,该判断为假。比如:

他或者懂英语(p),或者懂法语(q)。

第一,若该判断为"他既懂英语,又懂法语",则p和q两个选言肢都为真,因此p∨q必为真;

第二,若该判断为"他懂英语,但不懂法语",则p为真,q为假,有一个选言肢为真,因此p∨q也必为真;

第三,若该判断为"他不懂英语,但懂法语",则p为假,q为真,也有一个选言肢为真,因此p∨q也必为真;

第四,若该判断为"他既不懂英语,也不懂法语",则p和q都为假,即所有选言肢都为假,因此p∨q必为假。

根据以上分析，我们可以总结出下面这个"相容选言判断真值表"：

前件（p）	后件（q）	p或者q（p∨q）
真	真	真
真	假	真
假	真	真
假	假	假

由此可知，当且仅当选言肢都为假时，相容选言判断的逻辑值才为假。

2.不相容选言判断

不相容选言判断的含义

不相容选言判断是断定若干事物情况中有且仅有一种事物情况存在的选言判断，或者说是断定各选言肢中有且仅有一个选言肢存在的选言判断。比如：

（1）你的考试成绩要么合格，要么不合格。

（2）这个词的用法要么是对的，要么是错的。

判断（1）断定了"考试成绩合格"和"考试成绩不合格"这两种可能，它们是不能共存的，其中一个存在，另一个则必不存在；判断（2）断定了"这个词的用法是对的"和"这个词的用法是错的"两种可能，这两种可能也不能共存，其中一个存在，另一个则必不存在。因此，这两个判断都是不相容选言判断。

不相容选言判断的逻辑形式

我们如果用p、q表示选言肢，相容选言判断的逻辑形式可以表示为：

要么p，要么q，即：p∨̇q。

在这里，"要么……要么……"是选言联结词，"∨̇"意为"不相容析取"，p∨̇q读做p不相容析取q。

不相容选言判断的联结词除"要么……要么……"外，常用的还有"或者……或者……二者必居其一（二者不可得兼）"、"不是……就是……"等。

不相容选言判断的真假值

不相容选言判断或真或假的性质就是它的真假值。不相容选言判断"断定各选言肢中有且仅有一个选言肢存在"的特征决定了各选言肢中只能有一个选言肢是真的。如果多于一个真选言肢，就说明它已不是不相容选言判断，因此必假；如果没有任何选言肢为真，则没有任何一种事物情况存在，它也必为假。反之，当不相容选言判断为真时，也有且只有一个选言肢为真。比如：

你的考试成绩要么合格（p），要么不合格（q）。

第一，若该判断为"你的考试成绩既合格，又不合格"，则p和q两个选言肢都为真，同时也不符合实际情况，因此p∨̇q必为假；

第二，若该判断为"你的考试成绩是合格，不是不合格"，则p为真，q为假，只有一个选言肢为真，也符合实际情况，因此p∨̇q为真；

第三，若该判断为"你的考试成绩不是合格，而是不合格"，则p为假，q为真，只有一个选言肢为真，也符合实际情况，因此p∨̇q为真；

第四，若该判断为"你的考试成绩既不是合格，又不是不合格"，则p和q两个选言肢都为假，同时也不符合实际情况，因此p∨̇q必为假。

根据以上分析，我们可以总结出下页"不相容选言判断真值表"：

选言肢（p）	选言肢（q）	要么p，要么q（p$\dot\vee$q）
真	真	假
真	假	真
假	真	真
假	假	假

由此可知，当且仅当一个选言肢为真时，不相容选言判断的逻辑值才为真。

⊙ 选言肢的穷尽问题

选言判断都包括两个或两个以上的选言肢，这"两个以上"是一个不确定概念，这种不确定也就意味着选言肢会出现两种情况：选言肢穷尽和选言肢不穷尽。

1.当一个选言判断列出了所有的选言肢，涵盖了所有可能出现的事物情况，那么这个选言判断的选言肢就是穷尽的。比如：

（1）景阳冈上，要么老虎吃掉武松，要么武松打死老虎，二者必居其一。

（2）一个人称代词要么是第一人称，要么是第二人称，要么是第三人称。

判断（1）包括两个选言肢，而且这两个选言肢已经涵盖了武松遇到老虎时可能发生的全部情况，因此该判断的选言肢是穷尽的；判断（2）包括三个选言肢，这三个选言肢也涵盖了人称代词可能包括的所有情况，因此该判断的选言肢也是穷尽的。

对于一个真的选言判断，若是相容判断，则至少有一个选言肢为真，也可能都为真；若是不相容判断，则只有一个选言肢为真。也就是说，如果一个选言判断为真，它至少要有一个选言肢为真。而选言肢穷尽的选言判断已经涵盖了所有可能的事物情况，因此其中也一定包含了真的选言肢。换言之，一个穷尽所有选言肢的选言判断一定为真。

2.当一个选言判断没有列出所有的选言肢，也就不能涵盖所有可能出现的事物情况，那么这个选言判断的选言肢就没有穷尽的。比如：

（1）气质说认为一个人或者是多血质，或者是粘液质，或者是胆汁质。

（2）这首近体诗或许是五言绝句，或许是七言绝句，或许是五言律诗，或许是七言律诗。

判断（1）包括三个选言肢，但并没有涵盖气质说所有可能的事物情况，因为气质说还包括一种"抑郁质"，因此该判断的选言肢是不穷尽的；判断（2）包括四个选言肢，不过也没有穷尽近体诗所有可能的事物情况，因为近体诗还包括一种十句以上的排律，因此该判断的选言肢也是不穷尽的。

一个选言判断的选言肢不穷尽，就意味着它没有涵盖所有可能出现的事物情况，那么，这些选言肢就可能包括真的选言肢，也可能遗漏真的选言肢，所以这个选言判断就可能为真，也可能为假。

总之，一个选言肢穷尽的选言判断必为真，一个选言肢不穷尽的选言判断可真可假。

3.正确认识选言判断的穷尽问题。

第一，有的选言判断不可能列出所有的选言肢，而且有时候也没必要列出所有选言肢。这种情况下，只要所列出的选言肢有一个为真，那么该选言判断就为真；如果没有任何一个选言肢为真，那么该判断就为假。

第二，在断定选言判断的真假时，虽然涉及到选言肢内容的分析，但选言肢所涵盖的内容并不是逻辑学的研究对象，逻辑学研究的只是选言判断这种形式。

负判断

⊙ 负判断的含义和逻辑形式

1.负判断的含义

不管是联言判断、假言判断还是选言判断，都是断定某一个或几个事物情况的判断，负判断却不同。所谓负判断就是由否定某个判断而得到的复合判断。比如：

（1）并非小明和小光是朋友。

（2）并非所有的电影都是好看的。

判断（1）是由否定"小明和小光是朋友"这个判断而得到的一个判断，判断（2）是由否定"所有的电影都是好看的"这个判断而得到的一个判断，因此这两个判断都是负判断。

2.负判断的结构

与其他复合判断不同，负判断是一种特殊的复合判断。因为其他复合判断都包括两个或两个以上的肢判断，而负判断只有一个肢判断。也就是说，负判断是由其本身所表达的判断和其包含的判断构成的一个复合判断。

负判断由肢判断和否定联结词组成。

在负判断中，被否定的那个判断就是肢判断。比如，上面提到的两个判断中，"小明和小光是朋友"和"所有的电影都是好看的"都是负判断的肢判断。否定联结词就是否定肢判断的那个联结词。比如，上面提到的两个负判断中的"并非"就是否定联结词。

3.负判断的逻辑形式

我们如果用p表示肢判断，负判断的逻辑形式可以表示为：并非p，即：$\neg p$。

其中，"$\neg$"意为"并非"，$\neg p$读做并非p。

在负判断中，除"并非……"外，常用的否定联结词还有"并不是……""……是假的""并没有……这种情况"等。

⊙ 负判断的真假值

负判断或真或假的性质就是负判断的真假值。我们前面见过，负判断是由否定某个判断而得到的判断，这就是说负判断与它所否定的那个肢判断是矛盾的。这种矛盾也决定了负判断与其肢判断真假值的矛盾。以上面提到的一个负判断为例：

并非小明和小光是朋友（p）。

1.当肢判断p为真时，负判断"并非p"必为假。

在上面这个判断中，若肢判断p"小明和小光是朋友"为真，那么负判断"并非小明和小光是朋友"就是说"小明和小光不是朋友"，因此该负判断即"并非p"必为假。

2.当肢判断p为假时，负判断"并非p"必为真。

在上面这个判断中，若肢判断p"小明和小光是朋友"为假，即"小明和小光不是朋友"，那么负判断"并非小明和小光不是朋友"就是说"小明和小光是朋友"，因此该负判断即"并非p"必为真。

负判断与其肢判断同真同假的情况是不存在的，因此可以不作讨论。根据以上分析，我们可以总结出下面这个"负判断真值表"：

肢判断p	并非p（$\neg p$）
真	真
真	假
假	真
假	假

负判断的种类

按照负判断的肢判断是否包含其他判断，可以将负判断分为简单判断的负判断和复合判断的负判断。

1.简单判断的负判断

简单判断的负判断是指肢判断为简单判断的负判断。因为简单判断包括直言判断和关系判断，所以负判断的肢判断既可以是直言判断，也可以是关系判断。比如：

（1）并非所有的知识都是实践经验的总结。

（2）并非所有的知识都不是实践经验的总结。

（3）并非有的知识是实践经验的总结。

（4）并非有的知识不是实践经验的总结。

（5）并非感性认识和理性认识都是认识。

上述五个判断依次为全称肯定判断（SAP）、全称否定判断（SEP）、特称肯定判断（SIP）、特称否定判断（SOP）和关系判断（aRb）的负判断。它们可以表示为：

全称肯定判断的负判断：并非SAP，即¬SAP；

全称否定判断的负判断：并非SEP，即¬SEP；

特称肯定判断的负判断：并非SIP，即¬SIP；

特称否定判断的负判断：并非SOP，即¬SOP；

关系判断的负判断：并非aRb，即¬aRb。

2.复合判断的负判断

复合判断的负判断是指肢判断为复合判断的负判断。因为复合判断还包括联言判断、假言判断、选言判断，所以负判断的肢判断也可以是联言判断、假言判断和选言判断。比如：

（1）并非她很年轻，并且也很漂亮。

（2）并非如果你病了，就会不舒服。

（3）并非只有体检合格，才能参加高考。

（4）并非当且仅当两条直线的同位角相等，则两直线平行。

（5）并非他或者懂英语，或者懂法语。

（6）并非你的考试成绩要么合格，要么不合格。

（7）并非没有小明和小光是朋友这种情况。

上述七个判断依次为联言判断（p并且q）、充分条件假言判断（如果p，那么q）、必要条件假言判断（只有p，才q）、充分必要条件假言判断（当且仅当p，才q）、相容选言判断（p或者q）、不相容选言判断（要么p，要么q）和负判断（并非p）的负判断。因此，它们可以依次表示为：

联言判断的负判断：并非（p并且q），即¬（p∧q）；

充分条件假言判断的负判断：并非（如果p，那么q），即¬（p→q）；

必要条件假言判断的负判断：并非（只有p，才q），即¬（p←q）；

充分必要条件假言判断的负判断：并非（当且仅当p，才q），即¬（p⟷q）；

相容选言判断的负判断：并非（p或者q），即¬（p∨q）；

不相容选言判断的负判断：并非（要么p，要么q），即¬（p∨̇q）；

负判断的负判断：并非（并非p），即¬（¬p）。

负判断的等值判断

与负判断的真假值相等的判断叫做负判断的等值判断。也就是说，负判断和它的等值判断是同真同假的。我们还将其分为简单判断的负判断和复合判断的负判断两类来分析。

1.简单判断的负判断的等值判断

我们在"A、E、I、O之间的真假关系"一节中曾经得出过这样的结论，即：

SAP和SOP之间、SEP和SIP之间都是矛盾关系，而负判断与其肢判断也是矛盾关系，这就是说，负判断与和它的肢判断矛盾的那个判断等值。所以，SAP的负判断就等值于SOP，SOP的负判断也等值于SAP；同样，SEP的负判断等值于SIP，SIP的负判断也等值于SEP。用符号形式可以这样表示：

¬ SAP⟷SOP	¬ SOP⟷SAP
¬ SEP⟷SIP	¬ SIP⟷SEP

比如：

（1）"并非所有的知识都是实践经验的总结"等值于"有的知识是实践经验的总结"；

（2）"并非所有的知识都不是实践经验的总结"等值于"有的知识不是实践经验的总结"；

（3）"并非有的知识是实践经验的总结"等值于"所有的知识都不是实践经验的总结"；

（4）"并非有的知识不是实践经验的总结"等值于"所有的知识都是实践经验的总结"。

2.复合判断的负判断的等值判断

联言判断的负判断的等值判断

在联言判断中，当且仅当所有联言肢都为真时，联言判断的逻辑值才为真。那么，如果要否定一个联言判断，就要断定它的联言肢p或q中至少要有一个为假，即p假或者q假。简言之，就是"非p或者非q"，而"非p或者非q"的逻辑形式相当于一个选言判断。因此，我们可以得出如下结论：

"并非（p并且q）"等值于"非p或者非q"，即：¬（p∧q）⟷（¬p∨¬q）。

比如：

（1）"并非她很年轻，并且也很漂亮"等值于"她或者不年轻，或者不漂亮"；

（2）"并非狄仁杰不但善于探案，而且能于治国"等值于"狄仁杰或者不善于探案，或者不善于治国"。

充分条件假言判断的负判断的等值判断

在充分条件假言判断中，当且仅当前件为真、后件为假时，充分条件假言判断才为假。因此，要否定一个充分条件假言判断，就要断定其前件p为真并且后件q为假，简言之即"p并且非q"，而"p并且非q"符合联言判断的逻辑形式。因此，我们可以得出如下结论：

"并非（如果p，那么q）"等值于"p并且非q"，即：¬（p→q）⟷（p∧¬q）。比如：

（1）"并非如果你病了，就会不舒服"等值于"你病了，但没有不舒服"；

（2）"并非一旦河堤决口，后果就不堪设想"等值于"河堤决口了，但后果不会不堪设想"。

必要条件假言判断的负判断的等值判断

在必要条件假言判断中，当且仅当前件为假、后件为真时，必要条件假言判断才为假。因此，要否定一个必要条件假言判断，就要断定其前件p为假并且后件q为真，简言之即"非p并且q"。"非p并且q"符合联言判断的逻辑形式，因此我们可以得出如下结论：

"并非（只有p，才q）"等值于"非p并且q"，即：¬（p←q）⟷（¬p∧q）。

比如：

（1）"并非只有体检合格，才能参加高考"等值于"体检不合格，也能参加高考"；

（2）"并非只有建立抗日民族统一战线，才能团结一切可以团结的力量"等值于"没有建立抗日民族同一战线也能团结一切可以团结的力量"。

充分必要条件假言判断的负判断的等值判断

在充分必要条件假言判断中，当且仅当前件、后件取相同的逻辑值时，充分必要条件假言判断才为真。所以，要否定一个充分必要条件假言判断，就要断定前、后件不同真同假，即"p并且非q或者非p并且q"。这就是说，一个充分必要条件假言判断的负判断等值于两个联言判断组成的选言判断。因此，我们可以得出如下结论：

"并非（当且仅当p，才q）"等值于"p并且非q或者非p并且q"，即：

¬（p←→q）←→（（p∧¬q）∨（¬p∧q））

比如：

（1）"并非当且仅当两条直线的同位角相等，则两直线平行"等值于"两条直线的同位角相等时两直线不平行，或者两条直线的同位角不相等时两直线平行"；

（2）"并非当且仅当能被2整除的数才是偶数"等值于"能被2整除的数不是偶数，或者不能被2整除的数是偶数"。

相容选言判断的负判断的等值判断

在相容选言判断中，当且仅当选言肢都为假时，相容选言判断的逻辑值才为假。所以，要否定一个相容选言判断，就要断定所有的选言肢都为假，即"非p并且非q"，这符合联言判断的逻辑形式。因此，我们可以得出如下结论：

"并非（p或者q）"等值于"非p并且非q"，即：¬（p∨q）←→（¬p∧¬q）。

比如：

（1）"并非他或者懂英语，或者懂法语"等值于"他既不懂英语，也不懂法语"；

（2）"并非黑格尔或者是哲学家，或者是逻辑学家"等值于"黑格尔既不是哲学家，也不是逻辑学家"。

不相容选言判断的负判断的等值判断

在不相容选言判断中，当且仅当一个选言肢为真时，不相容选言判断的逻辑值才为真。所以，要否定一个不相容选言判断，就要断定所有的选言肢都为真或者都为假，即"p并且q或者非p并且非q"。这就是说，一个不相容选言判断的负判断等值于两个联言判断组成的选言判断。因此，我们可以得出如下结论：

"并非（要么p，要么q）"等值于"p并且q或者非p并且非q"，即：

¬（p$\ddot{\vee}$q）←→（（p∧q）∨（ p∧ q））

比如：

（1）"并非你的考试成绩要么合格，要么不合格"等值于"你的考试成绩既合格又不合格或者你的考试成绩既不合格又合格"；

（2）"并非这个词的用法要么是对的，要么是错的"等值于"这个词的用法既对有错或者这个词的用法既不对又不错"。

负判断与其负判断的等值关系

负判断是否定某个判断而得到的判断，那么，负判断的负判断就是否定它所否定的那个判断，否定的否定就是肯定，即肯定原来的那个判断。因此，负判断的负判断等值于原判断，或者原负判断的肢判断。因此，我们可以得出如下结论：

"并非（并非p）"等值于p，即：¬（¬p）←→p。比如：

（1）"并非没有小明和小光是朋友这种情况"等值于"小明和小光是朋友"；

（2）"并非没有所有的电影都是好看的这种情况"等值于"所有的电影都是好看的"。

⊙ 负判断与否定判断的不同

在研究负判断时，应该将其与否定的直言判断区别开来。否定的直言判断是断定思维对象不具有某种属性的判断，具体地说，否定的直言判断是否定"主项"不具有"谓项"所描述的属性的判断。而负判断是否定一个判断而得到的判断，它所否定的那个肢判断本身也是一个完整的判断。比如：

（1）所有的电影都不是好看的。

（2）并非所有的电影都不是好看的。

判断（1）是全称否定判断，它断定主项"电影"都不具有谓项"好看"的性质；而判断（2）是负判断，它是对"所有的电影都不是好看的"这一完整的判断的否定，二者显然是不同的。

模态判断

⊙ **模态判断的含义和结构**

1.模态判断的含义

我们这里说的模态判断是指狭义的模态判断。所谓狭义的模态判断就是断定事物情况存在的必然性或可能性的判断。如果说非模态判断（即简单判断和复合判断）是对事物情况存在与否的断定，那么模态判断则是对事物情况存在的必然性和可能性作断定。也就是说，模态判断是断定某事物情况必然存在或可能存在的判断。比如：

（1）一切事物必然处于不断的运动中。

（2）《让子弹飞》的票房可能比《赵氏孤儿》的票房高。

判断（1）断定"一切事物处于不断的运动中"这一事物情况是必然存在的，判断（2）则断定"《让子弹飞》的票房比《赵氏孤儿》的票房高"这一事物情况是可能存在的，因此这两个判断都是模态判断。

2.模态判断的结构

模态判断由原判断和模态词组成。

原判断是指构成模态判断的判断。比如，上面两个模态判断中的"一切事物处于不断的运动中"和"《让子弹飞》的票房比《赵氏孤儿》的票房高"就是两个原判断。

模态词是指表达事物情况存在的必然性、可能性或其他属性的词项。比如，上面两个模态判断中的"必然""可能"就是模态词。

⊙ **模态判断的种类**

我们在"直言判断"中曾经讲到，根据模态判断中模态词的不同（必然或可能），模态判断可分为必然模态判断（或必然判断）和可能模态判断（或可能判断）。

1.必然判断

必然判断是断定事物情况存在的必然性的模态判断，或者说必然判断是对事物情况必然存在的断定。必然判断一般都含有模态词"必然"，类似的模态词还有"一定""肯定"等。比如：

（1）理性认识必然是感性认识的高级阶段。

（2）新的、先进的社会制度必然要代替旧的、落后的社会制度。

（3）秦始皇必然没有料到秦王朝灭亡得如此迅速。

（4）老年人的精力不如年轻人是必然的。

判断（1）断定"理性认识是感性认识的高级阶段"这一事物情况是必然存在，判断（2）断定"新的、先进的社会制度代替旧的、落后的社会制度"这一事物情况是必然存在的；判断（3）断定"秦始皇料到秦王朝灭亡得如此迅速"这一事物情况是必然不存在的，判断（4）断定"老年人的精力如年轻人"这一事物情况是必然不存在的。

从上面的四个必然判断中我们可以发现，判断（1）、（2）都是对事物情况必然存在的断定，判断（3）、（4）则是对事物情况必然不存在的断定。我们把断定事物情况必然存在的必然判断叫做必然肯定判断；把断定事物情况必然不存在的必然判断叫做必然否定判断。必然肯定判断和必然否定判断是必然判断的两种基本形式。它们可以用下面的逻辑形式来表示：

必然肯定判断：S必然是P（或"必然P"）。用符号表示则是：□P（"□"意为必然）。

必然否定判断：S必然不是P（或"必然非P"）。用符号表示则是：□¬P（"¬"意为非）。

2.可能判断

可能判断是断定事物情况存在的可能性的模态判断，或者说可能判断是对事物情况可能存在的断定。可能判断一般都含有模态词"可能"，类似的模态词还有"或许"、"也许"等。比如：

（1）明天可能是一个晴天。

（2）可能那个罪犯已经越狱了。

（3）在海底建城市是不大可能的。

（4）葛优可能不会出演这部电影了。

判断（1）断定"明天是一个晴天"这一事物情况是可能存在的，判断（2）断定"那个罪犯已经越狱"这一事物情况是可能存在的；判断（3）断定"在海底建城市"这一事物情况可能是不存在的，判断（4）断定"葛优出演这部电影"这一事物情况可能是不存在的。

同样，上面四个可能判断中，判断（1）、（2）都是对事物情况可能存在的断定，判断（3）、（4）则是对事物情况可能不存在的断定。我们把断定事物情况可能存在的可能判断叫做可能肯定判断；把断定事物情况可能不存在的可能判断叫做可能否定判断。可能肯定判断和可能否定判断也是可能判断的两种基本形式。它们可以用下面的逻辑形式来表示：

可能肯定判断：S可能是P（或"可能P"）。用符号表示则是：◇P（"◇"意为可能）。

可能否定判断：S可能不是P（或"可能非P"）。用符号表示则是：◇¬P。

各模态判断间的对当关系

必然肯定判断、必然否定判断、可能肯定判断和可能否定判断这四种模态判断间的对当关系与A、E、I、O四种直言判断间的对当关系是相同的。见下表：

模态判断	模态判断	对当关系	真假特点
必然肯定判断（□P）	必然否定判断（□¬P）	反对关系	□P、□¬P各自为真时，另一个必假；各自为假时，另一个真假不定。故可以同假，不能同真。
必然肯定判断（□P）	可能肯定判断（◇P）	从属关系（等差关系）	□P真，则◇P真；◇P假，则□P假；□P假或◇P真，则另一个真假不定。故可同真，也可同假。
必然否定判断（□¬P）	可能否定判断（◇¬P）	从属关系（等差关系）	□¬P真，则◇¬P真；◇¬P假，则□¬P假；□¬P假或◇¬P真，则另一个真假不定。故可同真，也可同假。
必然肯定判断（□P）	可能否定判断（◇¬P）	矛盾关系	□P真，则◇¬P假；□P假，则◇¬P真；◇¬P真，则□P假；◇¬P假，则□P真。故不能同真，也不能同假。
必然肯定判断（□P）	可能肯定判断（◇P）	矛盾关系	□¬P真，则◇P假；□¬P假，则◇P真；◇P真，则□¬P假；◇P假，则□¬P真。故不能同真，也不能同假。
可能肯定判断（◇P）	可能否定判断（◇¬P）	下反对关系	◇P假，则◇¬P真；◇¬P假，则◇P真；◇P或◇¬P真，则另一个真假不定。故可以同真，不能同假。

现在且以必然否定判断（□¬P）和可能否定判断（◇¬P）的从属关系为例来加以说明。比如：

（1）老年人的精力不如年轻人是必然的。

（2）老年人的精力不如年轻人是可能的。

判断（1）为必然否定判断（□¬P），判断（2）为可能否定判断（◇¬P）。显然，若（1）

为真，则（2）也为真；若（2）为假，即"老年人的精力不如年轻人是不可能的"，则（1）也必假；若（1）为假，即"老年人的精力不如年轻人不是必然的"，则表示"老年人的精力可能如年轻人，也可能不如年轻人"，故（2）真假不定；若（2）为真，则表示"老年人的精力不如年轻人"可能存在，也可能不存在，故（1）真假不定。

各模态间的对当关系可以用模态逻辑方阵来表示：

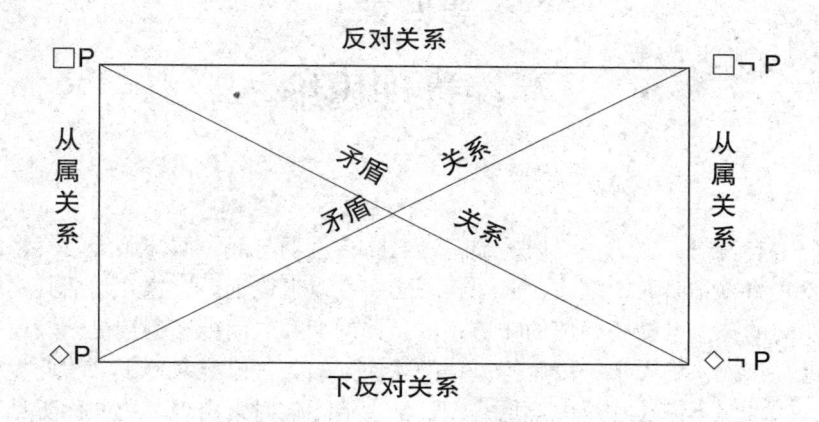

```
            反对关系
    □P ─────────────── □¬P
    │╲              ╱│
    │ ╲   矛盾  关系 ╱ │
  从│  ╲          ╱  │从
  属│   ╲        ╱   │属
  关│    ╲      ╱    │关
  系│     ╲矛盾╱关系  │系
    │      ╲  ╱      │
    │       ╲╱       │
    │       ╱╲       │
    │      ╱  ╲      │
    ◇P ─────────────── ◇¬P
            下反对关系
```

不管是在思维或表达过程中，还是在具体各学科的研究运用上，模态判断都发挥着积极的作用。恰到好处地运用必然判断和可能判断可以更精确地阐述自己的思想或观点，也可以更加真实、科学地反映事物的客观情况。同时，掌握并熟练运用模态判断，也是进行模态推理的基础。

第四章

演绎推理思维

什么是推理

《淮南子》中有言曰:"尝一脔肉,知一镬之味;悬羽与炭,而知燥湿之气;以小明大。见一叶落,而知岁之将暮;睹瓶中之冰,而知天下之寒;以近论远。"这几句话其实就是一种简单的推理:由一块肉的味道推知一锅肉的味道;由悬挂的羽和炭而推知空气是干燥还是潮湿;由树叶飘落而推知这一年就快结束了;由瓶子里结的冰而推知天气已经寒冷了。与此类似的"以小明大,以近论远"的见解不但在古籍中常见,在日常生活中也时常出现,比如你听见狗吠可能就会推知有路人经过,等等。这其实都是在自觉不自觉地运进行推理。推理于逻辑学而言,更是一种重要的思维方法。那么,究竟什么是推理呢?

⊙ **推理的含义与结构**

1. 推理的含义

在逻辑学中,推理就是由一个或几个已知判断推出新判断的一种思维形式。推理依据的是现有知识或已知判断,得出的是一个新的结论。事实上,推理的进行正是运用了事物之间多种多样的联系,因为新的事物不会凭空而出,它一定来源于现有事物;现有事物也不会静止不动,它必然会发展为新事物。而推理就是抓住这种联系积极地、主动地促成新事物、新观念、新判断的产生。比如:

(1)现在大学生找工作难,
所以,有些大学生没找到工作。
(2)张林喜欢所有的喜剧电影,
《加菲猫》是喜剧电影,
所以,张林喜欢《加菲猫》。
(3)北方方言以北京话为代表,
吴方言以苏州话为代表,
湘方言以长沙话为代表,
赣方言以南昌话为代表,
客家方言以广东梅县话为代表,
闽方言以福州话、厦门话等为代表,
粤方言以广州话为代表,
所以,各方言区人民都有自己的代表方言。

上面三个例子中,例(1)根据一个已知判断推出了一个新判断,例(2)根据两个已知判断推出了一个新判断,例(3)根据七个已知判断推出了一个新判断。它们都是由已知的判断推出未知的新判断,因而都是推理。

2. 推理的结构

推理都是由前提和结论组成的。

推理的前提是进行推理时所依据的已知判断,它是进行推理的根据。比如上面三个推理中,推理（1）的前提是"现在大学生找工作难"；推理（2）的前提是"张林喜欢喜剧电影，《加菲猫》是喜剧电影"；推理（3）的前提是"北方方言以北京话为代表，吴方言以苏州话为代表"等七个已知判断。一般认为，"所以"前面的判断就是推理的前提。

通常，推理的前提中会使用诸如"由于""因为""根据""依据""出于""鉴于"之类的词项。

推理的结论是进行推理后由已知判断推导出的新判断，它是进行推理的目的。比如上面三个推理中，推理（1）的结论是"有些大学生没找到工作"；推理（2）的结论是"张林喜欢《加菲猫》"；推理（3）的结论是"各方言区人民都有自己的代表方言"。一般认为，"所以"后面的判断就是推理的结论。

通常，推理的结论中会使用诸如"所以""因此""总之""由此可见"之类的词项。

一般情况下，推理的前提都是在结论之前的。不过，有时候也会把结论放在前面，而把前提放在后面。比如："他这次考试又拿了第一，因为他学习总是很勤奋。"

⊙ 推理的作用

《吕氏春秋·察今》中说："有道之士，贵以近知远，以今知古，以所见知所不见。"《史记·高祖本纪》中说："运筹帷幄之中，决胜千里之外。"事实上，这些都是讲高明的人可以根据已知情况进行推理，从而预料未知情况。他们虽不是逻辑学家，但却极为娴熟、精妙地运用了逻辑推理。可见，推理在人们认识并判断事物中有着极为重要的作用。

第一，推理是人们根据已知事物认识未知事物、根据已知知识获得未知知识的重要方法。认识未知事物、获取未知知识是人类文明进步的必要条件，也是人们对客观世界深入了解、探究的基础。

首先，推理可以使人们由对事物的个别、特殊的认识概括、总结、推导出一般性、普遍性的认识。在逻辑学中，这被称为归纳推理。在欧几里得以前，古希腊虽然已经出现了一些为人们所公认的几何知识，但都是零散的、个别的，并没有形成完整的体系。欧几里得把这些为人们所公认的几何知识作为定义和公理，并在此基础上研究图形的性质，推导出了一系列定理，组成演绎体系，写出《几何原本》，第一次完成了人类对空间的认识。《几何原本》也成为西方世界仅次于《圣经》而流传最广的书籍。

其次，推理可以使人们由对事物的一般性、普遍性的认识推导出个别的、特殊的认识。在逻辑学中，这被称为演绎推理。19世纪，俄国著名化学家门捷列夫根据他发现的具有普遍指导意义的元素周期律编制了第一个元素周期表。在这个元素周期表中，他不但把已经发现的63种元素全部列入表里，初步完成了元素系统化的任务，而且还在表中留下空位，预言了类似硼、铝、硅的未知元素的存在。多年后，他的这些预言都被人们完全证实了。这可以说是根据已知一般性认识推导出个别认识的经典案例。当然，人们也可以根据逻辑学中的类比推理，从对某些事物个别的、具体认识推导出另一些个别的、特殊的认识。比如，警方在进行破案时，通过模拟现场的方案来推测案发时的情况就是运用的类比推理。

第二，推理是人们根据现有情况对未知情况进行正确判断的手段。《史记》中曾记载这么一个故事：

春秋时期，鲁国的宰相公仪休非常喜欢吃鱼，几乎达到了无鱼不食、无鱼不欢的地步。于是，许多前来求他办事的人便纷纷奉上花尽心思得来的好鱼、奇鱼，以求得他的欢心。但是，公仪休对这些送上门来的鱼却一概不纳。客卿们都很不解，问他既然喜欢吃鱼，为什么不收下呢。公仪休叹息道："正是因为我喜欢吃鱼，所以才不能收啊！首先，我身为宰相，完全有能力自己买鱼吃，是以不必接受他人的鱼。其次，如果我接受了他们的鱼，就要替他们办事，那就有可能因此而获罪，并因此被免职。第三，在我失去宰相的职务后，我就没有了俸禄，就没有能力买鱼，也就吃不上鱼了。"

这个故事里，公仪休就是通过运用推理对是否接受别人献的鱼作出了正确的判断。

第三，推理是人们对各种思想、观点进行论证或反驳的重要方法。不管是要论证某种思想、观点的正确性，还是反驳它们的错误，推理无疑都是一种行之有效的方法。上面"公仪休拒鱼"时运用的推理，就是一个很好的例子。他既用这一推理论证了"拒鱼"的正确性，同时也是对"收鱼"这一错误思想的反驳。

当然，在我们进行推理的时候，需要根据实际情况选择适当的推理方法，同时还要遵循一定的推理规则，这样才能保证推理的正确性和有效性。

推理的种类

⊙ 推理的种类

在进行推理时，推理的前提的不同、推理的前提与结论关系的不同或者推理角度等的不同，推理的种类也不同。也就是说，推理可以根据各种不同的标准进行分类。

1.直接推理和间接推理

这是根据推理中的前提是一个还是多个而进行分类的。

直接推理

以一个判断为前提推出结论的推理就是直接推理。比如：

（1）诸葛亮是智慧的化身，
　　　所以，诸葛亮是有智慧的。

（2）商品是用来交换的劳动产品，
　　　所以，有些劳动产品是商品。

上面两个推理都是由一个判断出发推出结论的，所以都是直接推理。

间接推理

以两个或两个以上的判断为前提推出结论的推理就是间接推理。比如：

（1）物理学是研究物质结构、物质相互作用和运动规律的自然科学，
　　　力学是研究物体的机械运动和平衡规律的，
　　　所以，力学属于物理学范畴。

（2）论点是议论文的要素之一，
　　　论据是议论文的要素之一，
　　　论证也是议论文的要素之一，
　　　所以，议论文包括论点、论据和论证三个要素。

上面两个推理中，推理（1）是由两个判断推出的结论，推理（2）是由三个判断推出的结论，所以它们都是间接推理。

2.简单判断推理和复合判断推理

这是根据推理中前提繁简的不同而进行分类的。

简单判断推理

以简单判断为前提推出结论的推理就是简单判断推理。根据简单判断种类的不同，简单判断推理又可以分为直言判断的直接推理、直言判断的变形直接推理、三段论推理和关系推理等，比如：

（1）花是被子植物的生殖器官，
　　　菊花是花，
　　　所以，菊花是被子植物的生殖器官。

（2）菱形是四边形的一种，
　　　正方形是菱形的一种，
　　　所以，正方形是四边形的一种。

上面两个推理的前提都是简单判断，所以都属于简单判断推理。其中，推理（1）是三段论推理，推理（2）是关系推理。

复合判断推理

以复合判断为前提推出结论的推理就是复合判断推理。根据复合判断种类的不同，复合判断推理又可以分为联言推理、假言推理、选言推理和二难推理等。比如：

（1）李蒙的数学考试不及格，或者是因为考试时状态不佳，或者是因为平时不用功，
　　　李蒙的数学不及格不是因为考试时状态不佳，
　　　所以，李蒙的数学不及格是因为平时不用功。

（2）如果这个剧本好，他就会参演，
　　　这个剧本好，
　　　所以，他会参演。

上面两个推理的前提都是复合判断，所以他们都是复合判断推理。其中，推理（1）是选言推理，推理（2）是假言推理。

3.演绎推理、归纳推理和类比推理

这是根据推理中从前提到结论思维活动进程的不同而进行分类的。

演绎推理

从一般性、普遍性认识推出个别性、特殊性认识的推理就是演绎推理。比如上节中我们提到的例子：

张林喜欢所有的喜剧电影，
《加菲猫》是喜剧电影，
所以，张林喜欢《加菲猫》。

这个推理中，"张林喜欢所有的喜剧电影"是一般性前提，"《加菲猫》是喜剧电影"是个别性认识。根据这两个前提推出"张林喜欢《加菲猫》"这一个别性认识。

归纳推理

从个别性、特殊性认识推出一般性、普遍性认识的推理就是归纳推理。比如上节中我们提到的例子：

北方方言以北京话为代表，
吴方言以苏州话为代表，
湘方言以长沙话为代表，
赣方言以南昌话为代表，
客家方言以广东梅县话为代表，
闽方言以福州话、厦门话等为代表，
粤方言以广州话为代表，
所以，各方言区人民都有自己的代表方言。

上面这个推理从"北方方言以北京话为代表"等七个个别的、特殊的认识推出"各方言区人民都有自己的代表方言"这个一般性、普遍性认识，所以是归纳推理。

类比推理

从个别性、特殊性认识推出个别性、特殊性认识或从一般性、普遍性认识推出一般性、普遍性认识的推理就是类比推理。比如：

菱形有一组邻边相等，对角线互相垂直且平分，
正方形也有一组邻边相等，
所以，正方形的对角线也互相垂直且平分。

上面这个推理就是通过菱形与正方形的类比而推出结论的，所以是类比推理。

4.必然性推理和或然性推理

这是根据推理中的前提是否蕴涵结论而进行分类的。

必然性推理

推理的前提蕴涵结论的推理就是必然性推理。因为前提和结论的蕴涵关系，所以必然能从前提中推出相应的结论。换言之，若前提为真，则结论也必为真。比如，间接推理中的例（1）、简单判断推理中的两个例子等都是必然性推理。

或然性推理

推理的前提不蕴涵结论的推理就是或然性推理。因为前提不蕴涵结论，那么就意味着结论并非必然是从前提中推出的。换言之，若前提为真，则结论真假不定。比如，归纳推理中关于"方言"的例子就是或然性推理。

5.模态推理和非模态推理

这是根据推理中是否包含模态判断而进行分类的。推理中包含模态判断的推理就是模态推理，推理中不包含模态判断的推理就是非模态推理。

⊙ 有效运用推理

1.正确认识推理

要想在思维过程中有效运用推理，就要先正确认识推理。

第一，推理的前提和结论间具有推断关系的才是推理，也就是说，结论必须是由推理推出来的，否则就不是推理。比如：

动物分为脊椎动物和无脊椎动物，

所以，猫是猫科动物。

上面这个"推理"中，前提和结论并无关联，只是两个独立的判断，虽然符合推理形式，但也并非推理。

第二，推理都是人脑对客观世界的反映，是人们实践经验的总结，所以推理应该符合客观规律，不能主观臆断。比如：

美国是世界上最发达的国家，

美国是资本主义制度的代表，

所以，资本主义是最先进的社会制度。

上面这个推理的结论虽然是由前提推出的，但却并不符合客观规律，所以这个推理只是主观臆断的。

2.有效推理的条件

要保证推理的有效性并进行正确推理，就必须满足两个条件。

推理的形式正确

推理形式包括推理的外在形式和逻辑规律和规则两个方面。其外在形式就如我们在上面举出的各个推理实例，它们都符合推理的外在形式。逻辑规律和规则是指在进行推理过程中必须遵守的各种逻辑规律和规则。如果只符合推理的外在形式，却不符合一定的逻辑规律和规则，那么得出的结论就必定是错误的。在上面"正确认识推理"中举的两个例子就是如此。

推理的前提必须真实

推理的前提真实是指推理时所依据的各个判断必须真实、客观地反映客观存在，而不能任意凭主观臆造。比如：

所有的花都是红色的，

梨花是花，

所以，梨花是红色的。

这个推理形式的外在形式正确，推理时也遵守了逻辑规律和规则，但得出的结论却是错的。这是因为推理的大前提，即"所有的花都是红色的"本身就是一个假判断，由此所推出的结论自然是假的。

同时，这两个条件也可以作为我们判定推理是否有效的依据。只有满足这两个条件的推理才是有效的，否则就是无效的。此外，如果一个推理的结论的范围超出了所依据的前提的范围，那么，这个结论就没有蕴涵在前提中，这个推理就是或然性推理。这就表示，即便所有前提都为真，这个结论也未必为真。

直言判断的直接推理

⊙ 直言判断的直接推理的含义

我们上节讲过，简单判断推理就是以简单判断为前提推出结论的推理；直接推理就是以一个判断为前提推出结论的推理。直言判断是简单判断的一种，那么直言判断的直接推理也就是简单判断推理的一种。因此，直言判断的直接推理兼有简单判断推理和直接推理的特征。由此可知，直言判断的直接推理就是以一个直言判断为前提推出一个新的直言判断的推理。因为直言判断又叫性质判断，所以直言判断的直接推理又可称为性质判断的直接推理。比如：

（1）有的花是草本花卉，
　　所以，并非所有的花都是草本花卉。
（2）人是能够制造和使用工具的动物，
　　所以，并非有人不能制造和使用工具。

根据直言判断的直接推理的含义以及上面的例子，我们可以总结出直言判断的直接推理的几个特点：

第一，推理遵循了直言判断的逻辑规律和性质。关于这点我们将在下面的篇幅里详细讨论。

第二，前提是一个且只有一个直言判断。比如例（1）的前提只有一个直言判断"有的花是草本花卉"，例（2）的前提也只有一个直言判断"人是能够制造和使用工具的动物"。

第三，结论也是直言判断。比如例（1）的结论是直言判断"并非所有的花都是草本花卉"，例（2）的结论是直言判断"并非有人不能制造和使用工具"。

⊙ 对当关系直接推理

对当关系就是指A、E、I、O四种直言判断之间的真假关系，那么，对当关系直接推理就是根据A、E、I、O四种直言判断之间的真假关系进行的推理过程。在进行对当关系直接推理时，要注意两个方面的问题：

第一，因为直言判断的对当关系是在同一素材即各判断的主项和谓项相同的情况下进行的，所以，对当关系直接推理也应该是在同一素材中进行。

第二，进行对当关系直接推理时，要在具有必然关系的判断之间进行，依据它们之间的真假制约关系而推理。也就是说，可以从一个真判断推出一个假判断，也可以从一个假判断推出一个真判断；或者从一个真判断推出另一个真判断，从一个假判断推出另一个假判断。但是若所推出的另一个判断真假不定，那么就不能进行对当关系直接推理。

1.反对关系直接推理

反对关系直接推理就是在具有反对关系的直言判断之间进行的推理。在直言判断的对当关系中，A判断和E判断具有反对关系。根据反对关系的逻辑性质可知，其中一个判断为真时，另一个必为假；其中一个为假时，另一个却真假不定。所以，我们可进行如下推理：

由SAP（真）推出SEP（假）或由SEP（真）推出SAP（假）。即：

（1）所有S都是P，　　　　　　　　（2）所有S都不是P，
　　所以，并非所有S都不是P。　　　　所以，并非所有S都是P。

由上述推理公式可得出：SAP→¬SEP，SEP→¬SAP

2.从属关系直接推理

从属关系直接推理就是在具有从属关系的直言判断之间进行的推理。因为从属关系也叫等差关系，所以从属关系直接推理也叫等差关系直接推理。在直言判断的对当关系中，A判断和I判断

之间、E判断与O判断之间具有从属关系。根据从属关系的逻辑性质可知，A真则I真，I假则A假，当A假或I真时，另一个真假不定；同样，E真则O真，O假则E假，当E假或O真时，另一个真假不定。所以，我们可进行如下推理：

由SAP（真）推出SIP（真）或由SIP（假）推出SAP（假）。即：

（1）所有S都是P，_____
　　　所以，有些S是P。

（2）并非有些S是P，_____
　　　所以，并非所有S都是P。

由上述推理公式可得出：SAP→SIP，¬SIP→¬SAP

由SEP（真）推出SOP（真）或由SOP（假）推出SOP（假）。即：

（1）所有S都不是P，_____
　　　所以，有些S不是P。

（2）并非有些S不是P，_____
　　　所以，并非所有S都不是P。

由上述推理公式可得出：SEP→SOP，¬SOP→¬SEP

3.矛盾关系直接推理

矛盾关系直接推理就是在具有矛盾关系的直言判断之间进行的推理。在直言判断的对当关系中，A判断和O判断之间、E判断与I判断之间具有矛盾关系。根据矛盾关系的逻辑性质可知，具有矛盾关系的直言判断不能同真，也不能同假，即其中一个判断为真时，另一个必为假；其中一个为假时，另一个必为真。所以，我们可进行如下推理：

由SAP（真）推出SOP（假），或由SAP（假）推出SOP（真）；由SOP（真）推出SAP（假，）或由SOP（假）推出SAP（真）。即：

（1）所有S都是P，_____
　　　所以，并非有些S不是P。

（2）并非所有S都是P，_____
　　　所以，有些S不是P。

（3）有些S不是P，_____
　　　所以，并非所有S都是P。

（4）并非有些S不是P，_____
　　　所以，所有S都是P。

由上述推理公式可得出：SAP→¬SOP，¬SAP→SOP，SOP→¬SAP，¬SOP→SAP

由SEP（真）推出SIP（假），或由SEP（假）推出SIP（真）；由SIP（真）推出SEP（假，）或由SIP（假）推出SEP（真）。即：

（1）所有S都不是P，_____
　　　所以，并非有些S是P。

（2）并非所有S都不是P，_____
　　　所以，有些S是P。

（3）有些S是P，_____
　　　所以，并非所有S都不是P。

（4）并非有些S是P，_____
　　　所以，所有S都不是P。

由上述推理公式可得出：SEP→¬SIP，¬SEP→SIP，SIP→¬SEP，¬SIP→SEP

4.下反对关系直接推理

下反对关系直接推理就是在具有下反对关系的直言判断之间进行的推理。在直言判断的对当关系中，I判断和O判断具有下反对关系。根据下反对关系的逻辑性质可知，其中一个判断为真时，另一个真假不定；其中一个为假时，另一个则必为真。所以，我们可进行如下推理：

由SIP（假）推出SOP（真）或由SOP（假）推出SIP（真）。即：

（1）并非有些S是P，_____
　　　所以，有些S不是P。

（2）并非有些S不是P，_____
　　　所以，有些S是P。

由上述推理公式可得出：¬SIP→SOP，¬SOP→SIP

需要指出的是，我们在前面讲过，在直言判断中，有时候主项S或谓项P可以省略，即主项或谓项可能为空。但在进行对当关系推理时，要想保证推理的有效性，则主项S一定不能为空。

⊙ 附性法直接推理

1.附性法直接推理的含义

"附性法"，顾名思义，就是在某一事物对象上附加某一成分的方法。附性法直接推理就是指通过在前提（即原判断）的主、谓项上附加同一成分而得到一个新的结论（即新的直言判断）

的直接推理。比如：

（1）小轿车是车，
　　　所以，红色的小轿车是红色的车。
（2）小轿车是车，
　　　所以，小轿车灯是车灯。

推理（1）是在前提的主、谓项前分别附加了性质概念"红色的"，从而得到了一个新的结论；推理（2）是在前提的主、谓项后分别附加了实体概念"灯"，从而得到了一个新的结论。所以，这两个推理都是附性法直接推理。

2.附性法直接推理的规则

在进行附性法直接推理时，要遵循两个规则：

第一，附加成分后所得结论的主、谓项之间的关系必须和附加成分前的主、谓项之间的关系保持一致。比如上面的两个推理中，附加成分前主、谓项之间的关系是种属关系，即前项（小轿车）真包含于谓项（车）；附加成分后，所得结论的主、谓项之间也是种属关系，即"红色的小轿车"真包含于"红色的车"，"小轿车灯"真包含于"车灯"。

如果违背了这个规则，就会得到错误的结论。比如：

大熊猫是动物，
所以，小大熊猫是小动物。

这个推理中，前提的主、谓项之间是相容关系，即"大熊猫"真包含于"动物"；附加成分后，结论的主、谓项则是不相容关系，因为"小动物"是指家庭饲养的猫、狗之类的动物，而"大熊猫"则属于大型动物，"小大熊猫"是年幼时的"大熊猫"，它年龄再小也是大型动物。所以，该推理是错误推理。

第二，附加成分后所得结论的主、谓项概念不能有歧义。比如：

科学家是人，
所以，计算机科学家是计算机人。

这个推理中，前提的主项（科学家）与谓项（人）不会发生歧义，但是附加"计算机"这个成分后，结论的主项"计算机科学家"是指研究或运用计算机的科学家，"计算机"是研究或运用的对象；而谓项中的"计算机人"则是指用计算机来控制的一种智能产品。附加成分"计算机"在这里就产生歧义了。所以，该推理也是错误的。

3.附性法直接推理的种类和逻辑形式

附性法直接推理可分为前附式直接推理和后附式直接推理。

前附式直接推理是指在前提（即原判断）的主、谓项前附加同一成分而得到一个新的结论的直接推理，也可叫前加式直接推理。比如我们上面举的例子"小轿车是车，红色的小轿车是红色的车"就是前附式直接推理。其逻辑形式为：

S是（不是）P→QS是（不是）QP，其中Q表示前附加成分。

后附式直接推理是在前提（即原判断）的主、谓项后附加同一成分而得到一个新的结论的直接推理，也可叫后加式直接推理。比如我们上面举的例子"小轿车是车，所以小轿车灯是车灯"就是后附式直接推理。其逻辑形式为：

S是（不是）P→SR是（不是）PR，其中R表示后附加成分。

直言判断的变形直接推理

上节我们分析了对当关系直接推理和附性法直接推理，这节我们来讨论一下直言判断的直接推理的另一种推理方法：直言判断的变形直接推理。

顾名思义，直言判断的变形直接推理就是通过改变直言判断的形式来进行的推理。更确切地说，所谓直言判断的变形直接推理就是通过改变前提（即直言判断）的形式而得出结论（即新的直言判断）的直接推理。它主要包括换质法直接推理、换位法直接推理和换质位法直接推理三种形式。同样，在使用直言判断的变形直接推理时，也要在同一素材中进行。

⊙ **换质法直接推理**

1.换质法直接推理的含义

换质法直接推理就是通过改变前提（即直言判断）的"质"而得到结论（即新的直言判断）的直接推理。所谓"质"，就是在直言判断中，联项所表示的主项和谓项之间的关系。因为联项有"是"与"不是"两个，所以它也就可以表示两种关系，即肯定判断和否定判断。因此，所谓换质法就是将肯定的推理前提变为否定的推理前提或将否定的推理前提变为肯定的推理前提。

在进行换质法直接推理时，我们要遵循两条规则：一是要改变前提（即原判断）的联项。换"质"是指换联项，即可以将否定联项改为肯定联项，也可以将肯定联项改为否定联项。二是不得改变主、谓项的位置和量项的范围。

2.A、E、I、O的换质法直接推理

A判断（即SAP）的换质法直接推理

A判断（即SAP）的换质法直接推理就是改变A判断的"质"（即联项）而得出一个新的直言判断的直接推理。即：

所有S都是P，_____

所以，所有S都不是非P。

如果用"$\overline{P}$"表示非P，根据上述推理公式可得出：$SAP \rightarrow SE\overline{P}$。比如：

所有的商品都是劳动产品→所有的商品都不是非劳动产品

E判断（即SEP）的换质法直接推理

E判断（即SEP）的换质法直接推理就是改变E判断的"质"（即联项）而得出一个新的直言判断的直接推理。即：

所有S都不是P，_____

所以，所有S都是非P。

根据上述推理公式可得出：$SEP \rightarrow SA\overline{P}$。比如：

所有的成功都不是容易的→所有的成功都是不容易的

I判断（即SIP）的换质法直接推理

I判断（即SIP）的换质法直接推理就是改变I判断的"质"（即联项）而得出一个新的直言判断的直接推理。即：

有些S是P，_____

所以，有些S不是非P。

根据上述推理公式可得出：$SIP \rightarrow SO\overline{P}$。比如：

有些大学生是有电脑的→有些大学生不是没有电脑的

O判断（即SOP）的换质法直接推理

O判断（即SOP）的换质法直接推理就是改变O判断的"质"（即联项）而得出一个新的直言判断的直接推理。即：

有些S不是P，_____

所以，有些S是非P。

根据上述推理公式可得出：$SOP \rightarrow SI\overline{P}$。比如：

有些荷花不是红色的→有些荷花是非红色的

换质法直接推理实际上是用肯定和否定两种不同的方法来表达同一个意思，它可以增强语言表达的灵活性，并丰富语言内容，为人们的思维和表达提供更多的选择。

⊙ 换位法直接推理

1.换位法直接推理的含义

换位法直接推理通过改变前提（即直言判断）的主项和谓项的位置而得到结论（即新的直言判断）的直接推理。也就是说，在进行推理时，将前提的主项放在谓项的位置、将谓项放在主项的位置，从而得到一个新的结论。

在进行换位法直接推理时，我们也要遵循两条规则：一是不改变前提的性质（即联项），也就是说前提是肯定判断的换位后也须是肯定判断，前提是否定判断的换位后也须是否定判断。二是在前提中不周延的主、谓项换位后也要不周延。因为主、谓项在不同的直言判断中的周延性情况不同，而一旦在换位后原来不周延的主项或谓项周延了，就会导致推理的无效。因此，在换位法直接推理中，应保证推理的前提（即原判断）中原来不周延的主、谓项换位后也不周延。关于这点，我们可以根据在"直言判断的主、谓项周延性问题"一节中得到的结论来加以掌握，即：

直言判断的种类	逻辑形式	主项（S）	谓项（P）
全称肯定判断（A）	SAP	周延	不周延
全称否定判断（E）	SEP	周延	周延
特称肯定判断（I）	SIP	不周延	不周延
特称否定判断（O）	SOP	不周延	周延

从这个表格中我们可以清楚地知道直言判断中主、谓项的周延情况：E判断和I判断主、谓项换位后周延情况不发生改变，所以可以进行换位推理；A判断中谓项P原来不周延，换位后就周延了，因此要采用限量（即限制量项）的方法来保证A判断换位推理的有效性；而O判断主、谓项换位后，都会由不周延变得周延，因而不能进行换位推理。

2.A、E、I、O的换位法直接推理

A判断（即SAP）的换位法直接推理

A判断（即SAP）的换位法直接推理就是改变A判断的主、谓项而得出一个新的直言判断的直接推理。即：

所有S都是P，

所以，有的P是S。

在结论中把量项"所有"换为"有的"即是通过限量来保证A判断换位推理的有效性。根据上述推理公式可得出：SAP→PIS。比如：

所有的人都是动物→有的动物是人

E判断（即SEP）的换位法直接推理

E判断（即SEP）的换位法直接推理就是改变E判断的主、谓项而得出一个新的直言判断的直接推理。即：

所有的S都不是P，

所以，所有的P都不是S。

根据上述推理公式可得出：SEP→PES。比如：

任何直角三角形都不是钝角三角形→任何钝角三角形都不是直角三角形

I判断（即SIP）的换位法直接推理

I判断（即SIP）的换位法直接推理就是改变I判断的主、谓项而得出一个新的直言判断的直接推理。即：

有些S是P，

所以，有些P是S。

95

根据上述推理公式可得出：SIP→PIS。比如：

有些电影是喜剧电影→有些喜剧电影是电影。

换位法直接推理可以揭示并明确主、谓项的外延情况，避免在实际情况中因为主、谓项外延的变化而出现错误。看《伊索寓言》中的一则故事：

有一只调皮的狗，经常偷吃人们的鸡蛋。时间一长，它就发现原来一切鸡蛋都是圆的。一天，它看到一个海螺，圆圆的好像鸡蛋，不禁垂涎欲滴，一口把它吞了下去。不久，它的肚子就疼起来了，直在地上打滚，它很后悔："唉，我真不该把一切圆的都当成鸡蛋啊！"

这个故事中，"发现原来一切鸡蛋都是圆的"实际上就是认为"一切鸡蛋都是圆的"，"把一切圆的都当成鸡蛋"实际上就是认为"一切圆的都是鸡蛋"。从"一切鸡蛋都是圆的"到"一切圆的都是鸡蛋"是一个A判断的换位法直接推理。即：

一切鸡蛋（S）都是圆的（P），
所以，一切圆的（P）都是鸡蛋（S）。

在这个推理中，谓项"圆的"在原判断中是不周延的，但在换位后得到的结论中却是"周延"的，违背了换位法直接推理的规则，从而得出了"一切圆的都是鸡蛋"的错误结论。正确的推理应该是换位后限制谓项"圆的"量项，即"有的圆的是鸡蛋"。

⊙ 换质位法直接推理

所谓换质位法直接推理就是通过改变前提（即原判断）的质和位而得出新的结论（即新的直言判断）的直接推理。它实际上进行了两次变换，因此比之于前两种变形直接推理方法都要复杂。

根据是先改变质和位的先后，换质位法直接推理又分为换质位法直接推理和换位质法直接推理。不管是先改变质还是先改变位，都必须遵循换质法直接推理和换位法直接推理的规则。

1.换质位法直接推理

换质位法直接推理就是先改变前提（即原判断）的质，然后再改变换质得到结论的位（即主、谓项）而得出新的结论（即新的直言判断）的直接推理。

在对A、E、I、O四种直言判断的换质法直接推理进行分析时曾得到"SIP→SOP"这一结论，因为O判断不能进行换位推理，所以I判断不能进行换质位法直接推理。这样我们就只能对A、E、O三种直言判断进行换质位法直接推理。

A判断（即SAP）的换质位法直接推理

A判断（即SAP）的换质位法直接推理就是先改变A判断的质，再改变换质得出的结论的位而得出一个新的直言判断的直接推理。为了比较清楚地说明换质位法直接推理的推理方法，现将A判断换质换位的全过程都列出来。即：

所有S都是P，　　　　　　→　　所有S都不是非P，
所以，所有非P都不是S。　　　　所以，所有非P都不是S。

根据上述推理公式可得出：SAP→SE$\bar{P}$→$\bar{P}$ES。比如：

所有的商品都是劳动产品，　　　→　　所有的商品都不是非劳动产品，
所以，所有的商品都不是非劳动产品。　　所以，所有的非劳动产品都不是商品。

E判断（即SEP）的换质位法直接推理

E判断（即SEP）的换质位法直接推理就是先改变E判断的质，再改变换质得出的结论的位而得出一个新的直言判断的直接推理。在该判断和下面的O判断中，我们将略去换质的步骤，直接得出换质位后的结论。即：

所有的S都不是P，
所以，有些非P都是S。

根据上述推理公式可得出：SEP→SA$\bar{P}$→$\bar{P}$IS。在对SA$\bar{P}$进行换位时，由于SA$\bar{P}$是A判断，所以要采用限量推理法。比如：

所有的成功都不是容易的，
所以，有些不容易的是成功。

O判断（即SOP）的换质位法直接推理

O判断（即SOP）的换质位法直接推理就是先改变O判断的质，再改变换质得出的结论的位而得出一个新的直言判断的直接推理。即：

有些S不是P，
所以，有些非P是S。

根据上述推理公式可得出：SOP→SI$\bar{P}$→$\bar{P}$IS。比如：

有些荷花不是红色的，
所以，非红色的是荷花。

2.换位质法直接推理

换位质法直接推理就是先改变前提（即原判断）的位，然后再改变换位得到结论的质而得出新的结论（即新的直言判断）的直接推理。它与换质位法直接推理进行的步骤正好相反。需要指出的是因为O判断不能换位，所以它也就不能进行换位质法直接推理。

A、E、I三种判断的换位质法直接推理形式及结论如下：

A判断的换位质法直接推理

A判断的换位质法直接推理就是先改变A判断的（即原判断）的位，然后再改变换位得到结论的质而得出新的直言判断的直接推理。即：

所有S都是P，
所以，有的P不是非S。

根据上述推理公式可得出：SAP→PIS→PO$\bar{S}$。

E判断的换位质法直接推理

E判断的换位质法直接推理就是先改变E判断的（即原判断）的位，然后再改变换位得到结论的质而得出新的直言判断的直接推理。即：

所有S都不是P，
所以，所有P都是非S。

根据上述推理公式可得出：SEP→PES→PA$\bar{S}$。

I判断的换位质法直接推理

I判断的换位质法直接推理就是先改变I判断的（即原判断）的位，然后再改变换位得到结论的质而得出新的直言判断的直接推理。即：

有些S是P，
所以，有些P不是非S。

根据上述推理公式可得出：SIP→PIS→PO$\bar{S}$。

值得一提的是，有时候换质、换位的推理方法可以反复、持续地进行。看下面这则故事：

有一个人请客，客人却迟迟没有来齐。其人一急，便说道："该来的怎么都没来！"已经来的客人听到主人的话后，呼啦啦走了一片。其人更加着急，又说道："怎么回事啊？不该走的都走了！"剩下的人一听，也都呼啦啦走了，只剩下主人在那里发愣。

在这个故事中，"该来的怎么都没来"就是说"该来的都是没来的"；"不该走的都走了"就是说"不该走的都是走的"。这其实就是两个直言判断，现在我们通过换质、换位推理的交叉连续运用来找出客人走的原因。

（1）对"该来的都是没来的"换质可以得到"该来的都不是来的"，再对其换位可以得到"来的都不是该来的"，再对其进行换质可以得到"来的都是不该来的"。既然如此，那些已经来的人自然会走掉一片了。

（2）对"不该走的都是走的"换质可得到"不该走的都不是没走的"，再对其换位可得到

"没走的都不是不该走的",再对其进行换质可得到"没走的都是该走的"。既然如此,剩下没走的人自然也都走了。

通过对直言判断的变形直接推理的分析我们可以看到,一个直言判断可以通过不同的推理方法推出多个必然真的结论。这不但可以让人们对直言判断所描述的事物有更深入、全面的认识,从这些结论中选择最为准确的表达,同时也有助于人们更为有效地进行较为复杂的思维活动。

三段论

作为形式逻辑的奠基人,亚里士多德在逻辑学上的贡献是多方面的,其中最重要的就是他的三段论学说。经过历代学者的研究修缮,现在的三段论已经是逻辑学中最为重要和严密的推理形式之一。

⊙ 三段论的定义

所谓三段论就是以包括一个共同概念的两个直言判断作为前提推出一个新的直言判断作为结论的演绎推理形式。具体地说,就是通过一个共同概念把两个直言判断联结起来,并以这两个直言判断为前提,推出一个新的直言判断。因为,三段论的前提和结论都是直言判断,所以三段论又被称为直言三段论推理或直言三段论。比如:

(1) 作家都是知识分子,
　　钱锺书是作家,
　　所以,钱锺书是知识分子。

(2) 语言是人类交际的工具,
　　汉语是语言,
　　所以,汉语是人类交际的工具。

推理(1)是以包含"作家"这个共同概念的两个直言判断(作家都是知识分子、钱锺书是作家)作为前提推出一个新的直言判断作为结论(钱锺书是知识分子)的三段论推理;推理(2)则是以包含"语言"这个共同概念的两个直言判断(语言是人类交际的工具、汉语是语言)作为前提推出一个新的直言判断作为结论(汉语是人类交际的工具)的三段论推理。

因为三段论是由两个判断推出一个判断的推理形式,所以三段论是间接推理;又因为三段论的前提和结论都是直言判断,所以三段论是直言判断的间接推理。

⊙ 三段论的结构

三段论是由三个直言判断组成的,所以共有三个主项和三个谓项。因为事实上每个词项都出现了两次,所以一个三段论共包括三个不同的词项。以上面的推理(1)为例:

作家(M)都是知识分子(P),
钱锺书(S)是作家(M),
所以,钱锺书(S)是知识分子(P)。

由此可见,这个三段论推理共包含三个不同的词项,即:作家、知识分子和钱锺书。

我们把三段论中这三个不同的词项叫做大项、小项和中项。

大项就是结论中的谓项,用P表示,在上面两个推理中即是"知识分子"和"人类交际的工具"。大项P在第一个前提中是作为谓项出现的。

小项就是结论中的主项,用S表示,在上面两个推理中即是"钱锺书"和"汉语"。小项S在第二个前提中是作为主项出现的。

中项就是在前提中出现两次而在结论中不出现的词项,用M表示,在上面的两个推理中即是"作家"和"语言"。中项是联接大项和小项的词项。

三段论是由两个作为前提的直言判断和一个作为结论的直言判断组成的。我们把其中包含大项(P)的前提叫大前提,在上面的两个推理中即是"作家都是知识分子"和"语言是人类交际的工具";把其中包含小项(S)的前提叫小前提,在上面的两个推理中即是"钱锺书是作家"和"汉语是语言"。

这样我们就可以得出三段论的结构,即:由包含三个不同的项(大项、中项和小项)的三个直言判断（大前提、小前提和结论）组成。

由上面两例三段论的结构我们可以得出它们的推理公式：

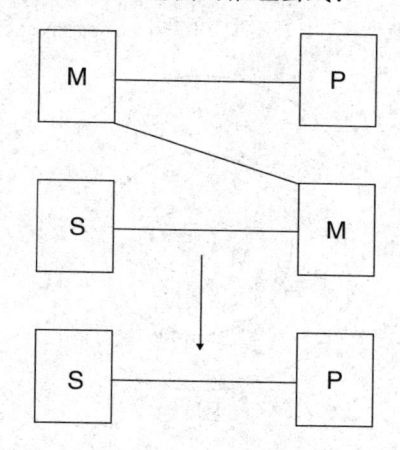

```
    M ——— P
    
    S     M
         ↓
    S ——— P
```

这种三段论推理公式是最基本的推理形式，它还有许多变化，以后我们会专节讲述。

⊙ 三段论的特点

从三段论的含义及结构形式我们可以得出三段论具有以下几个特点：

第一，三段论都是由两个已知直言判断作为前提推出一个新的直言判断。

第二，作为前提的两个直言判断中必然包含一个共同概念，这个共同概念（即中项）是联结两个前提的中介。

第三，三段论的前提中蕴涵着结论，因此前提必然能推出结论，这个推理也是必然性推理。

第四，由大前提和小前提推出结论的过程是由一般到个别、特殊的演绎推理过程。

⊙ 三段论的公理

所谓公理，也就是经过人们长期实践检验、不需要证明同时也无法去证明的客观规律。比如"过两点有且只有一条直线""同位角相等，两直线平行"等都是数学公理。逻辑学中，三段论的公理即是：

对一类事物的全部有所肯定或否定，就是对该类事物的部分也有所肯定或否定。

1.对一类事物的全部有所肯定，就是对该类事物的部分也有所肯定。

看下面这则故事：

明朝的戴大宾幼时即被人们誉为"神童"，特别善于联诗作对。一次，一个显贵想看看戴大宾是否名副其实，便想出对考他。显贵首先出对道："月圆。"戴大宾随即对道："风扁。"显贵嘲笑道："月自然是圆的，风如何是扁的呢？"戴大宾道："风见缝就钻，不扁怎么行？"显贵又出对道："凤鸣。"戴大宾从容不迫道："牛舞。"显贵又讥笑道："牛如何能舞？这次肯定不通。"戴大宾笑道："《尚书·虞书·益稷》上说：'击石拊石，百兽率舞'，牛亦属百兽之列，如何不能舞？"显贵俯首叹服。

这则故事中，包含着两个三段论推理：

（1）能钻缝的都是扁的，　　　（2）兽都是能舞的，
　　　风是能钻缝的，　　　　　　　牛是兽，
　　　所以，风是扁的。　　　　　　所以，牛是能舞的。

推理（1）肯定"能钻缝的都是扁的"，而"风是能钻缝的"的事物中的一部分，那么就必然可以肯定"风是扁的"了；推理（2）肯定"兽都是能舞的"，而"牛是兽"的一种，那么也就必然可以肯定"牛是能舞的"了。

这就是对三段论公理中"对一类事物的全部有所肯定，就是对该类事物的部分也有所肯定"的运用。上面两个三段论可以用下面这个逻辑形式来表示：

所有M都是P，

所有S都是M，
所以，所有S都是P。

我们可以用S（小项）、M（中项）、P（大项）的图示来表示三段论公理肯定方面的含义如图1：

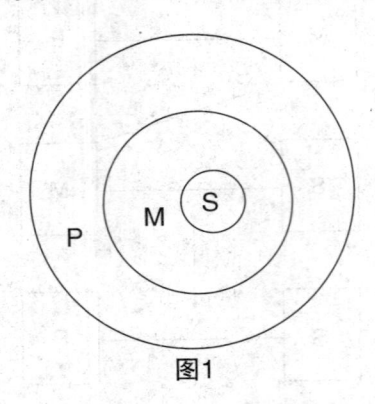

图1

从图1可以看出，对事物P的全部有所肯定，就是对它的部分M和S有所肯定。

2.对一类事物的全部有所否定，就是对该类事物的部分也有所否定。比如：

（1）不能制造和使用工具的动物不是人，　　（2）草本花卉不是木本花卉，
　　虎是不能制造和使用工具的动物，　　　　　紫罗兰是草本花卉，
　　所以，虎不是人。　　　　　　　　　　　　所以，紫罗兰不是木本花卉。

推理（1）是对"不能制造和使用工具的动物是人"的否定，而"虎是不能制造和使用工具的动物"的一种，那么就必然可以否定"虎是人"并由此得出"虎不是人"的结论；推理（2）也可通过类似的分析得出"紫罗兰不是木本花卉"的结论。

这就是对三段论公理中"对一类事物的全部有所否定，就是对该类事物的部分也有所否定"的运用。上面两个三段论可以用下面这个逻辑形式来表示：

所有M都不是P，
所有S都是M，
所以，所有S都不是P。

我们可以用S（小项）、M（中项）、P（大项）的图示来表示三段论公理否定方面的含义，如图2。

总之，三段论的公理是对客观事物中一般和个别关系的反映，是人们长期实践经验的总结，也是我们进行三段论推理的客观依据。

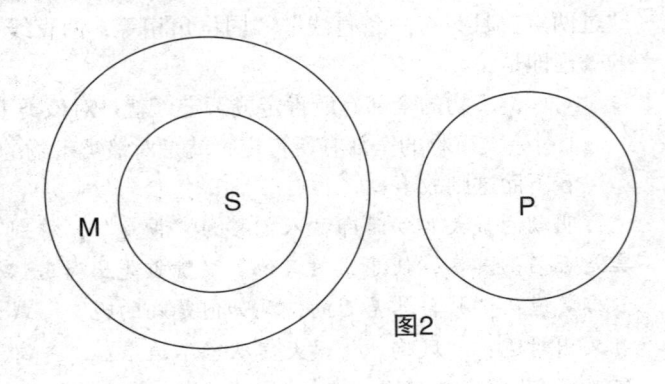

图2

三段论的规则

任何推理都要遵循一定的规则，三段论推理也是如此。通过上节对三段论的含义、结构、特点和公理的分析，我们可以得出三段论推理必须遵守的各项规则。

⊙ **规则一**：有且只能有大项、中项和小项这三个不同的项

大项、中项和小项是一个三段论推理得以有效进行的必要条件，如果少于三个，显然无法构成三段论；如果多于三个，即在三段论中出现四个不同的项，也不能得出结论。在逻辑学中，这叫做"四词项"错误（或叫"四概念"错误）。常见的有两种情况：

1.由完全不同的四个词项组成的三段论

如果一个三段论是由完全不同的四个词项组成的，那么就根本无法进行推理，这是最明显的

"四词项"错误。比如：

北京是中国的首都，
上海是一个国际性大都市，
所以……

这个三段论的包含了四个不同的词项，即"北京""中国的首都""上海"和"一个国际性大都市"，但是却无法推出结论。因为，这四个词项组成了两个独立的判断，它们既然没有联系，也就不能推出结论了。

2.前提中使用外延不同的词项作为中项

有些三段论，从形式看没什么错误，也是由三个不同的词项组成的，但因为中项在大前提和小前提中的外延不同，实质上是用三个词项表达了四个概念。这是一种不太明显的"四词项"错误，稍不留意就会忽略。比如：

一次辩论会上，正方为了说服反方，便语重心长地说："我们应该辩证地看问题，辩证法是伟大的马克思主义哲学的灵魂啊。"反方立即抓住正方这个观点的漏洞，反驳道："是吗？黑格尔也是为西方所公认的辩证法大师，根据正方的观点，是不是可以认为黑格尔的辩证法也是马克思主义哲学的灵魂呢？"正方哑口无言。

在这里，反方是运用三段论的推理来对正方的观点加以反驳的，即：

辩证法是马克思主义哲学的灵魂，
黑格尔的辩证法是辩证法，
所以，黑格尔的辩证法是马克思主义哲学的灵魂。

在这个三段论中，包含三个词项："辩证法""马克思主义哲学的灵魂"和"黑格尔的辩证法"。不过需要注意的是，大前提中的"辩证法"是指马克思提出来的唯物辩证法，而"黑格尔的辩证法"则是指黑格尔提出的辩证体系。这两个词项在外延上是完全不同的。因此，可以说这两个"辩证法"是两个不同的词项。反方虽然用这个三段论反驳得正方哑口无言，但是却犯了"四词项"错误，因而这是一个错误的三段论推理。

⊙ **规则二：中项在前提中至少要周延一次**

周延性问题就是指在直言判断中，对主项和谓项的外延范围或数量作断定的问题。作为联结大项和小项的中项，如果在大小前提中都不周延，即其外延的范围或数量不确定，那么大项与中项就只能在一部分外延上发生联系；而中项与小项也只是在一部分外延上发生联系。如果这发生联系的两部分是完全不同的，或者只有一部分相同，那么就无法推出必然的结论。比如：

外语系学生都是学外语的，
李明是学外语的，
所以，李明是外语系学生。

这个三段论中，"学外语的"是联结大项"外语系"和小项"李明"的中项，但是它在两个前提中的外延都没有明确断定，即都不周延，因此得出的结论也是错误的。

所以，只有中项至少周延一次，它才能通过其全部外延与大项或小项确定的某种关系来实现联结的意义。

⊙ **规则三：在前提中不周延的项在结论中亦不得周延**

这条规则是说，如果前提中的词项的外延不断定，那么在结论中的外延也应该是不断定的。因为结论中包含大项和小项两个词项，所以这也分两种情况：

1.大项在前提中不周延在结论中周延

大项是结论的谓项，如果大项在前提中不周延，那么它的外延就没有被全部断定，而只是部分断定；如果它在结论中周延了，就意味着它在结论中的外延是全部断定的。这样一来，结论中的大项的外延显然是比前提中大项的外延大，这就犯了"大项扩大"的错误，而结论也就不是必然推出的了。比如：

5加5是等于10的，
2加8不是5加5，
所以，2加8不等于10。

在这个三段论中，大前提中的大项"等于10"是不周延的；结论"2加8不等于10"是个否定判断，根据否定判断谓项周延的规律，那么结论中的"等于10"就是周延的。这就是因为犯了"大项扩大"的错误而推出了错误的结论。

2.小项在前提中不周延在结论中周延

小项是结论的主项，如果小项在前提中不周延而在结论中周延了，那么结论中小项的外延也就比小前提中的外延大，这就犯了"小项扩大"的错误，推出的结论也就不是必然的了。

妈妈为了劝女儿多吃水果，便说："你要知道，多吃桃子是可以减肥的。"

女儿奇道："为什么？"

妈妈道："你见过肥胖的猴子吗？"

在上面一段对话中，"妈妈"运用了一个三段论推理：

猴子都是不肥胖的，
猴子都是吃桃子的，
所以，吃桃子的都是不肥胖的。

这个三段论中，小项"吃桃子的"在小前提中是谓项，在结论中则是主项。而小前提和结论都是全称肯定判断，根据全称肯定判断主项周延、谓项不周延的规律，小项"吃桃子的"在前提中是不周延的，在结论中则是周延的。这就犯了"小项扩大"的错误，因而得到的结论也是错误的。

⊙ 规则四：大小前提不能都是否定判断

否定判断是断定某事物不具有某种属性，也就是说，否定判断的主项和谓项是不相容的。如果大小前提同时为否定直言判断，那么，大前提中的大项与中项则不相容，小前提中的中项与小项也不相容，这样就不能推导出小项与大项的关系，得不出必然结论。比如：

（1）豹子不是老虎，　　　　　　　（2）锐角三角形不是钝角三角形，
　　　猫不是豹子，　　　　　　　　　　锐角三角形也不是直角三角形，
　　所以，猫……　　　　　　　　　　那么，直角三角形……

三段论（1）中，大小前提都是否定判断，那么结论既可以是"猫不是老虎"，也可以是"猫是老虎"，或者"猫是（不是）其他……"。因此无法推出必然结论，这个三段论也就不能成立；三段论（2）亦然。

⊙ 规则五：若前提中有一个否定的，结论也必为否定；若结论为否定，则必有一个前提为否定。

两个前提中，若大前提是否定的，小前提是肯定的。那么，大前提中，大项和中项就是不相容关系，小前提中小项和中项则是相容关系，那么小项则必然与大项不相容，所以结论也必为否定。同样，若小前提是否定的，大前提是肯定的，那么，大前提中大项与中项则是相容，小前提中小项与中项不相容，那么，小项必然与大项不相容，则结论也必为否定。比如：

（1）历史系学生不是数学系学生，　　（2）能被2整除的数都是偶数，
　　　张强是历史系学生，　　　　　　　　17是不能被2整除的，
　　所以，张强不是数学系学生。　　　　所以，17不是偶数。

三段论（1）中，大前提是否定的，大项"数学系学生"和"历史系学生"不相容；小前提是肯定的，小项"张强"真包含于中项"历史系学生"，所以小项"张强"与大项"数学系学生"也不相容，因而必然得出的结论必为否定的。三段论（2）中，大前提是肯定的，小前提是否定的。所以，中项"能被2整除的数"真包含于大项"偶数"，同时与小项"17"不相容，那么，小项"17"必然与大项"偶数"不相容，所得结论也就必是否定的。

此外，若结论是否定的，则必然推出小项与大项不相容。那么，在保证推理有效的前提下，也就必然可以推出小项与中项不相容或中项与大项不相容，也就是说大小前提中必有一个是否定的。

⊙ **规则六：大小前提不能都是特称判断**

第一，若大小前提都是特称否定判断（即O+O），那么就违背了规则四，即"大小前提不能同时为否定判断"，三段论也就不能成立；

第二，若大小前提都是特称肯定判断（即I+I），那么根据"特称判断的主项不周延，肯定判断的谓项不周延"可得出前提中的大、小、中项都不周延，这违背了规则二，即"中项在前提中至少要周延一次"，三段论也就不能成立；

第三，若大小前提是一个特称肯定判断和一个特称否定判断，即I+O或O+I。那么：

I判断主、谓项均不周延，O判断主项周延，则前提中只有一个周延项。

根据规则二，即"中项在前提中至少要周延一次"，则这个周延项应为中项；

根据规则五，即"若前提中有一个否定的，结论也必为否定"，则结论必为否定；

根据"否定判断的谓项周延"的规律，结论中的谓项即三段论中的大项必然周延；

"周延项应为中项"与"大项必然周延"显然是矛盾的，因此不管是I+O还是O+I，三段论都不能成立。

⊙ **规则七：若前提中有一个是特称的，结论必然也是特称的。**

第一，若两个前提中一个是全称肯定判断，一个是特称肯定判断，即A+I。那么：

根据"A判断的主项周延谓项不周延，I判断的主、谓项均不周延"可得出只有A判断的主项周延；

根据规则二，即"中项在前提中至少要周延一次"，则这个周延项应为中项，那么大、小项就均不周延；

根据规则三，即"在前提中不周延的项在结论中亦不得周延"，那么，结论的主项（即小项）则不周延，因此结论必为特称判断。

第二，若两个前提中一个是全称否定判断，一个是特称否定判断，即E+O，根据规则四，即"大小前提不能都是否定判断"，可知这时三段论不能成立。

第三，若两个前提中一个是全称肯定判断，另一个是特称否定判断，即A+O。那么：

根据"A判断主项周延谓项不周延，O判断主项不周延谓项周延"，可知前提中只有两个周延项；

根据规则二，即"中项在前提中至少要周延一次"，可知两个周延项中至少有一个为中项；

根据规则五，即"若前提中有一个否定的，结论也必为否定"，则结论必为否定；

根据"否定判断谓项周延"，可知结论的谓项即大项周延，大项、中项是两个周延项，则小项必不周延；

根据规则三，即"在前提中不周延的项在结论中亦不得周延"，那么，结论的主项（即小项）则不周延，因此结论必为特称判断。

第四，若两个前提中一个是全称否定判断，另一个是特称肯定判断，即E+I。那么：

根据"E判断主、谓项均周延，I判断主、谓项均不周延"可知前提中只有两个周延项；

这就与"A+O"中的情况相似了，对此进行同样的分析可知，这两个周延项也必为中项和大项，而小项不周延。那么结论中的主项（即小项）也必不周延，因此结论必为特称判断。

由以上几种情况可知，若前提中有一个是特称判断，则结论也必为特称判断。

三段论的规则实际上就是三段论的公理的具体化，只有遵循三段论的公理和规则，才能避免错误，进行正确、有效的推理。

三段论的格

⊙ **三段论的格**

三段论包括大、中、小项三个词项。中项可以是大前提的主项或谓项，也可以是小前提的主项或谓项。三段论的格即是根据中项在大、小前提中位置的不同而形成的不同的三段论形式。因为中项可以在大、小前提主、谓项的任一位置，所以三段论可以分为四个格。

1.第一格

第一格的形式

在第一格中，中项（M）分别是大前提的主项和小前提的谓项。这是三段论推理中最基本、最典型的形式，所以被称为"典型格"或"完善格"。我们在"三段论"一节中曾给出过第一格的推理形式，即：

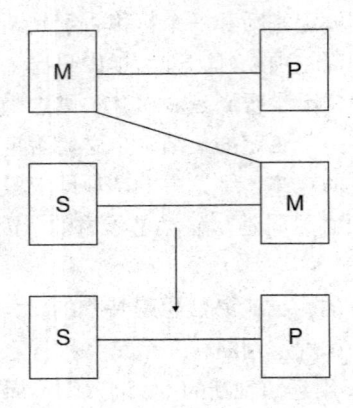

```
   ┌───┐     ┌───┐
   │ M │─────│ P │
   └───┘     └───┘
               ╲
   ┌───┐     ┌───┐
   │ S │─────│ M │
   └───┘     └───┘
             │
             ▼
   ┌───┐     ┌───┐
   │ S │─────│ P │
   └───┘     └───┘
```

第一格的规则

要想保证第一格推理形式的有效性，就要遵循第一格的规则，即：

（1）大前提必须是全称的；

（2）小前提必须是肯定的。

第一格规则可以概括为"大全小肯"。只有具备了这两条规则，第一格的推理形式才能成立。比如：

（1）所有的整数都是有理数，　　　（2）凡是邪恶的都不是善良的，
　　　386是整数，　　　　　　　　　　犯罪行为是邪恶的，
　　　所以，386是有理数。　　　　　　所以，犯罪行为不是善良的。

第一格的特点

第一格体现了从一般到个别、从普遍到特殊的典型演绎推理过程，因此运用最为广泛；它根据一般性、普遍性原则来推导、论证个别的、特殊的问题，因此可以用来验证某一结论的真实性；最常用于司法审判中。

2.第二格

第二格的形式

在第二格中，中项（M）在大、小前提中均为谓项。其推理形式为：

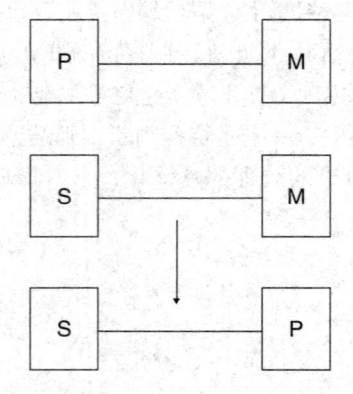

```
   ┌───┐     ┌───┐
   │ P │─────│ M │
   └───┘     └───┘

   ┌───┐     ┌───┐
   │ S │─────│ M │
   └───┘     └───┘
             │
             ▼
   ┌───┐     ┌───┐
   │ S │─────│ P │
   └───┘     └───┘
```

第二格的规则

要想保证第二格推理形式的有效性，就要遵循第二格的规则，即：

（1）大前提必须是全称的；

（2）前提中必须有一个是否定的。

第二格规则可以概括为"大全一否"。只有具备了这两条规则，第二格的推理形式才能成立。比如：

（1）所有的花都是植物，　　　　　（2）所有的脊椎动物都不是无脊椎动物，
　　企鹅不是植物，　　　　　　　　　　蜗牛是无脊椎动物，
　　所以，企鹅不是花。　　　　　　　　所以，蜗牛不是脊椎动物。

第二格的特点

根据三段论的规则五，即"若前提中有一个否定的，结论也必为否定"，可知第二格的结论必为否定，即它是说明"什么不是什么"，因此可以用来区分不同事物的类别，故被称为"区别格"。

3.第三格

第三格的形式

在第三格中，中项（M）在大、小前提中均为主项。其推理形式为：

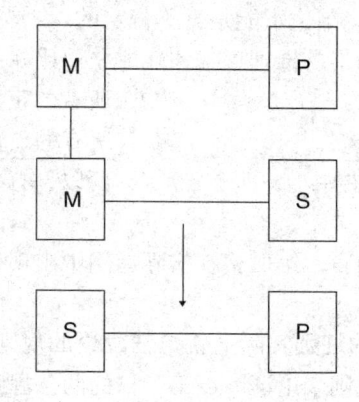

```
┌───┐      ┌───┐
│ M │──────│ P │
└───┘      └───┘
  │
┌───┐      ┌───┐
│ M │──────│ S │
└───┘      └───┘
  │
  ▼
┌───┐      ┌───┐
│ S │──────│ P │
└───┘      └───┘
```

第三格的规则

要想保证第三格推理形式的有效性，就要遵循第三格的规则，即：

（1）小前提必须是肯定的；

（2）结论必须是特称的。

第三格的规则可以概括为"小肯结特"。只有具备了这两条规则，第三格的推理形式才能成立。比如：

（1）亚里士多德是哲学家，　　　　　（2）有些文学作品不是小说，
　　亚里士多德是逻辑学家，　　　　　　有些文学作品是诗歌，
　　所以，有些逻辑学家是哲学家。　　　所以，有些诗歌不是小说。

第三格的特点

特称判断的特点是肯定或否定某一部分事物不具有某些属性，相对于全称判断而言，它主要是指一般情况中的特殊情况。因此，它可以用来否定或反驳一个全称判断，指出其中的例外情况，所以又被称为"反驳格"。

4.第四格

第四格的形式

在第四格中，中项（M）分别是大前提的谓项和小前提的主项。其推理形式为：

```
        ┌───┐       ┌───┐
        │ P │───────│ M │
        └───┘       └───┘
             \
        ┌───┐       ┌───┐
        │ M │       │ S │
        └───┘       └───┘
             │
             ▼
        ┌───┐       ┌───┐
        │ S │       │ P │
        └───┘       └───┘
```

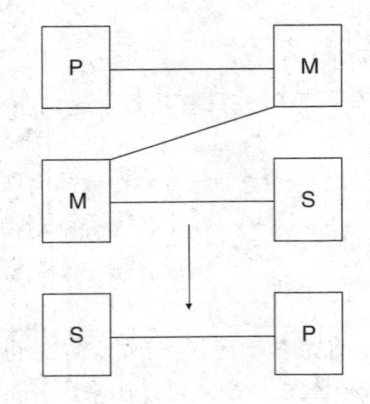

第四格的规则

（1）若大前提是肯定的，则小前提必须是全称的；

（2）若小前提是肯定的，则结论必须是特称的；

（3）若前提中有一个否定的，则大前提必须是全称的；

（4）前提不能是特称否定的，结论不能是全称肯定的。

只有具备了这四条规则，第四格的推理形式才能成立。比如：

（1）有些花是草本花卉，
　　　所有的草本花卉都是植物，
　　　所以，有些植物是草本花卉。

（2）所有的正数都不是负数，
　　　所有的负数都是小于零的，
　　　所以，有些小于零的不是正数。

第四格的特点

相对于其他三种三段论形式而言，第四格在实际运用中出现得最少。

⊙ 三段论的格的证明和运用

这四种三段形式所必需遵循的规则实际上就是三段论的规则在具体情况中的运用。所以，它们的这些规则都可以用三段论的规则来论证。以第二格的两条规则为例：

（1）大前提必须是全称的；

（2）前提中必须有一个是否定的。

假设大、小前提都是肯定的，根据"肯定判断的谓项不周延"可知，大小前提的谓项都是不周延的，那么中项就是不周延的；而三段论规则二要求"中项在前提中至少要周延一次"，那么大、小前提都是肯定的就违背了三段论规则，所以前提中必须有一个是否定的。

根据三段论规则五，即"若前提中有一个否定的，结论也必为否定"，那么第二格中的结论必为否定，而否定判断的谓项（即大项）是周延的。如果大前提是特称的，因为特称判断主项不周延，那么大项就是不周延的。而这与三段论规则三要求的"在前提中不周延的项在结论中亦不得周延"是相矛盾的，所以大前提不能是特称，只能为全称。

对于第一、三、四格也可以用三段论的七条规则来证明，在此不再赘述。

掌握了三段论的格，就可以利用它的四种不同的形式和特点来解答一些题目。看下面这道题：

所有的七言律诗都是律诗，《静夜思》不是律诗，所以，《静夜思》不是七言律诗。

以下哪个选项和上述推理结构最为类似？

A.所有的城市都是经济集聚区，所有的城市都是人群集聚区，所以，有些人群集聚区是经济集聚区。

B.所有的老虎都是猫科动物，东北虎是老虎，所以，东北虎是猫科动物。

C.具有先进思想的人是共产党人，共产党人是革命者，所以，有些革命者是具有先进思想的人。

D.所有的城市都是经济集聚区，有些人群集聚区不是经济集聚区，所以，有些人群集聚区不是城市。

这是一道关于三段论的题目，题干和选项都是三段论。题干中，中项"律诗"分别是大、小前提的谓项，所以题干是三段论的第二格；A项中，中项"城市"分别是大、小前提的主项，所以A项是三段论的第三格，与题干不符；B项中，中项"老虎"分别是大、小前提的主项和谓项，所以B项是三段论的第一格，与题干不符；C项中，中项"共产党人"分别是大、小前提的谓项和主项，所以C项是三段论的第四格，也与题干不符；只有D项，中项"经济集聚区"分别是大、小前提的谓项，属于三段论的第二格，与题干相符。

三段论的式

⊙ 三段论的式

1.三段论的式的含义

我们前面讲过，根据质和量的不同，直言判断可以分为A、E、I、O四种类型。这四种直言判断在前提和结论中组合的不同，也会形成不同的三段论形式。三段论形式就是指A、E、I、O四种直言判断以不同的方式排列组合而形成的各种三段论形式，或者说是由于前提和结论的质与量的不同而形成的各种三段论形式。比如：

（1）所有的脊椎动物都不是无脊椎动物（A），　　（2）有些花是草本花卉（I），
　　　老虎是脊椎动物（A），　　　　　　　　　　　　　所有的草本花卉都是植物（A），
　　　所以，老虎不是无脊椎动物（A）。　　　　　　　所以，有些植物是草本花卉（I）。

上面两个三段论是我们在前面所举的例子。三段论（1）中，大、小前提和结论都是A判断，所以这个三段论就叫AAA式；三段论（2）中，大前提是I判断，小前提是A判断，结论是I判断，所以这个三段论就叫IAI式。

2.三段论的可能式和有效式

理论上，A、E、I、O四种直言判断的任意三个都可以按照不同的组合构成一个三段论，即：大前提、小前提和结论都可以是其中的任一判断。由此可知，三段论共有4×4×4=64个式。因为三段论有四个格，每个格也就都有64个式，所以又可得到64×4=256个式。这256个式便是三段论的可能式。

不过我们前面讲过，若要保证三段论的有效性，必须遵循三段论的规则，具体到四个格里，就要遵循各个格的规则。而可能式中有些式是显然不能成立的。比如，根据三段论规则四，即"大小前提不能都是否定判断"，可知以"EE"和"EO""OE"为前提的三段论都是无效的。这样一来，除去不符合规则的可能式，可以得出24个有效的式。这24个式便是三段论的有效式。

此外，有些式，在这一格中有效，但放在其他格中则是无效的；在这一格中无效，但放在其他格中则有效。比如，"AOO"放在第二格中有效，放在其他格中则无效。也有些式，放在这一格中有效，放在另一格中也有效。比如，AEE放在第二格中有效，放在第四格中也有效。根据这些特点，可以把这些有效式按不同的格分门别类。如下表：

格	有效式
第一格	AAA、AII、EAE、EIO、(AAI)、(EAO)
第二格	AEE、AOO、EAE、EIO、(AEO)、(EAO)
第三格	AAI、AII、EAO、EIO、IAI、OAO
第四格	AAI、AEE、EAO、EIO、IAI、(AEO)

3.弱式

从上面的表格中，我们可以看到有五个带括号的"有效式"。它们都有一个共同特点，即都是全称判断的结论派生出的特称判断结论。以第二格中的AEE和AEO为例：

根据第二格的形式和规则，AEE可以用下面的逻辑形式表示：

所有的P都是M，

所有的S都不是M，

所以，所有的S都不是P。

在同一素材中，全称判断真，特称判断也必真。如果S1是S的一部分，即S1真包含于S，那么这个三段论也必然可以推出"有些S（即S1）不是P"。也就是说，由这个全称否定判断的结论可以必然推出特称否定判断的结论，即由AEE推出AEO。

但是，作为一个结论，AEO并没有把所推出的结论的全部内容包括进去。也就是说，它是一个不完全推理。我们把这种"有效式"叫做弱式。所谓弱式，就是在大、小前提相同的条件下，由全称判断的结论再推出的特称判断的结论而形成的三段论的"有效式"。事实上，弱式是有效式的派生物。在逻辑学中，一般不把弱式归入有效式。因此，去掉这五个弱式，可以得到19个属于完全推理的有效式。

⊙ 三段论的省略式

1.三段论的省略式的含义

三段论是逻辑学中最为重要和严密的内容之一，但是我们在运用三段论时，却不一定也没有必要每次都把三段论的大前提、小前提和结论都一一列出。尤其是在特定的语境中，往往会省略一部分，只运用其中的某一部分就可以进行有效的思维、表达或交流了。这就产生了三段论的省略式。

所谓三段论的省略式，就是在语言表达上省略三段论的某一部分的推理形式，有时也称简略三段论。比如：

（1）电脑是商品，所以，电脑是劳动产品。

（2）任何工作都要实事求是，所以，搞市场调查也要实事求是。

（3）物理反应是不会产生新物质的，水变成冰没有产生新物质。

上述三个推理都是三段论，但是它们都只有两个直言判断，可见都省略了某一判断，所以都是三段论的省略式。

2.三段论的省略式的种类

常见的三段论的省略式有三种，省略大前提、省略小前提和省略结论。

当大前提表达的是众所周知、不言自明的一般性事实时，比如公认的公理、原则等，一般可以省略。上面所举的三段论（1）就省略了大前提，它的完整形式应该是：

一切商品都是劳动产品，

电脑是商品，

所以，电脑是劳动产品。

当小前提表达的是显而易见的事实，不需要也没必要再特别指出时，往往也可以省略。上面所举的三段论（1）就省略了小前提，它的完整形式应该是：

任何工作都要实事求是，

搞市场调查是工作，

所以，搞市场调查也要实事求是。

当结论不必说出来也能让人明白，或者不说出来比说出来更有力量、更有效果时，往往也可以省略。上面所举的三段论（3）就省略了结论，它的完整形式应该是：

物理反应是不会产生新物质的，

水变成冰没有产生新物质，

所以，水变成冰不是物理反应。

需要特别注意的是，任何三段论都是由大前提、小前提和结论三部分构成的，缺一不可。三段论的省略式省略的只是语言表达形式，而不是逻辑结构。也就是说，所省略的部分只是没有以语言形式表示出来，但在思维的逻辑结构中依然存在。

3.三段论的省略式的恢复

因为三段论的省略式省略了三段论的某一部分，这就增加了人们认识、判断三段论正确性的难度。换言之，这种省略式有可能是无效的，但由于其不完整，这种无效反而被隐藏了。

为了避免这种有意或无意导致的错误推理，我们可以通过恢复三段论完整形式的方法来对其进行验证。这个恢复过程可以分三步进行：

第一，辨别省略的大、小前提和结论。恢复三段论的完整式时，辨别省略的部分是大、小前提还是结论无疑是首先需要完成的工作。要辨别省略部分，就要先确定现有部分是什么。

一般而言，结论都包含"因此""所以"等标志性词语，可以较为容易地辨别出来。如果没有这类标志性词语，可以根据现有判断间是否有推断关系，有推断关系的则是结论，反之则不是。在确定结论后，再根据结论的主项是小项，谓项是大项，就可以辨别出大、小前提了。如果现有判断中没有结论，只有大、小前提，那么大、小前提共有的概念就是中项，确定了中项，就可以找出小项和大项并进而辨别出大、小前提了。辨别出来现有判断后，就可以知道省略的是哪部分了。

第二，还原所省略的部分，恢复完整的三段论形式。辨别出省略的是哪部分后，就可以根据现有判断还原省略的部分。而根据三段论中任意两部分还原另一部分，显然是比较容易的。

第三，根据三段论的规则对恢复完整的三段论进行验证，如果它符合三段论的各项规则，就说明这个省略式是有效的，反之则是无效的。

4.三段论的省略式和直言判断的直接推理的区别

从形式上看，三段论的省略式与直言判断的直接推理都是由两个直言判断组成的推理形式，那么，如何区别它们呢？

第一，二者包含的词项数目不同。除去联项和量项外，三段论的省略式都包含三个不同词项，而直言判断的直接推理则包括两个不同的词项。比如：

（1）所有学生都要上课，所以，并非有的学生不上课。

（2）所有学生都要上课，所以，李光要上课。

推理（1）中包含两个不同的词项，即"学生""上课"，所以是直言判断的直接推理；推理（2）包含三个不同的词项，即"学生""上课"和"李光"，所以是三段论的省略式。

第二，三段论的省略式可以还原省略的部分，恢复完整的形式，而直言判断的直接推理则只有两个判断。比如上面的推理（2）就可以恢复为：

所有的学生都要上课，李光是学生，所以，李光要上课。

三段论的省略式省略了众所周知或不言自明的部分，使推理形式更加精练，表达上更加简洁有力或婉转深刻，丰富了语言的内涵，也有利于人们进行更加有效的思维活动。因此，在日常生活中，三段论的省略式比完整式的运用更加广泛。需要注意的是，在使用三段论的省略式时，要根据三段论的规则对其进行验证，以免出现错误推理。

⊙ 三段论的复杂式

三段论的复杂式是指由两个或两个以上的三段论联结起来构成的复杂的三段论推理，主要包括复合式、连锁式和带证式三种形式。

1.复合三段论

复合式直言三段论简称复合三段论，是指由前一个三段论的结论作为后一个三段论的前提而构成的连续性三段论形式。它又可分为前进的复合三段论和后退的复合三段论两种。比如：

（1）文学是一种意识形态，　　　　　（2）《红楼梦》是小说，
　　小说是文学，　　　　　　　　　　　　小说是文学，
　　所以，小说是一种意识形态。　　　　　所以，《红楼梦》是文学。

《红楼梦》是小说， 文学是一种意识形态，
所以，《红楼梦》是一种意识形态。 所以，《红楼梦》是一种意识形态。

上面两个推理都包含两个简单的三段论，所以都是复合三段论。

复合三段论（1）中，第一个三段论的结论"小说是一种意识形态"是作为第二个三段论的大前提而存在的，它和小前提"《红楼梦》是小说"共同推出了一个新的结论"《红楼梦》是一种意识形态"。这种由前一个三段论的结论作为后一个三段论的大前提而构成的复合三段论叫做前进的复合三段论。

复合三段论（2）中，第一个三段论的小前提是"《红楼梦》是小说"，大前提是"小说是文学"，其结论为"《红楼梦》是文学"；这个结论再作为下一个三段论的小前提，与它的大前提"文学是一种意识形态"共同推出了新的结论"《红楼梦》是一种意识形态"。这种由前一个三段论的结论作为后一个三段论的小前提而构成的复合三段论叫做后退的复合三段论。

前进的复合三段论和后退的复合三段论是根据不同的推理进程而得到的复合三段论的两种形式。它们的推理形式如下：

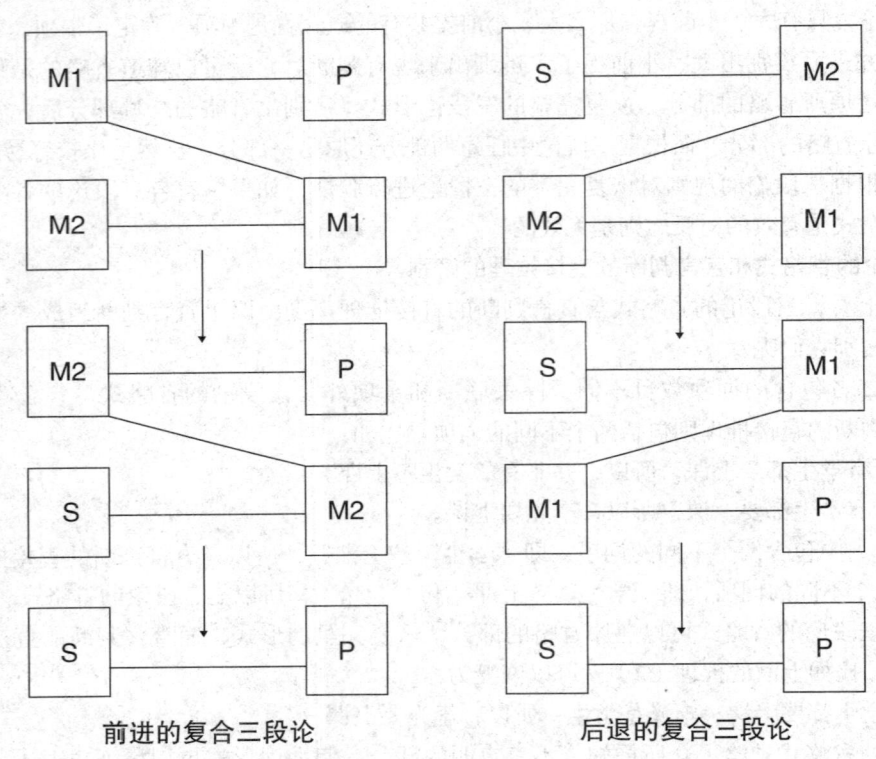

前进的复合三段论　　　　　　　后退的复合三段论

2.连锁三段论

连锁式直言三段论简称连锁三段论，是指两个或两个以上的省略了结论的三段论联结在一起推出一个新的结论的三段论形式。也就是说，除了最后一个结论外，前面的三段论的结论都省略，而通过一系列中项的联结推出结论。又因其首尾环环相扣，形同锁链，故称连锁三段论。实际上，连锁三段论就是复合三段论的省略形式。比如：

（1）文学是一种意识形态， （2）《红楼梦》是小说，
小说是文学， 小说是文学，
《红楼梦》是小说， 文学是一种意识形态，
所以，《红楼梦》是一种意识形态。 所以，《红楼梦》是一种意识形态。

与前进的复合三段论相比，连锁三段论（1）省略了第一个三段论的结论"小说是一种意识形态"，使得这两个三段论的各前提在中项"文学""小说"的联结下推出了新的结论"《红楼梦》是一种意识形态。"这种在前进的复合三段论中由省略所有结论的三段论联结在一起推出一个新的

结论的连锁三段论就是前进的连锁三段论。前进的连锁三段论是前进的复合三段论的省略形式。

与后退的复合三段论相比，连锁三段论（2）省略了第一个三段论的结论"《红楼梦》是文学"，使得这两个三段论的各前提在中项"小说""文学"的联结下推出了新的结论"《红楼梦》是一种意识形态"。这种在后退的复合三段论中由省略所有结论的三段论联结在一起推出一个新的结论的连锁三段论就是后退的连锁三段论。后退的连锁三段论是后退的复合三段论的省略形式。

前进的连锁三段论和后退的连锁三段论是根据不同的推理进程得到的复合三段论的两种省略式。它们的推理形式如下：

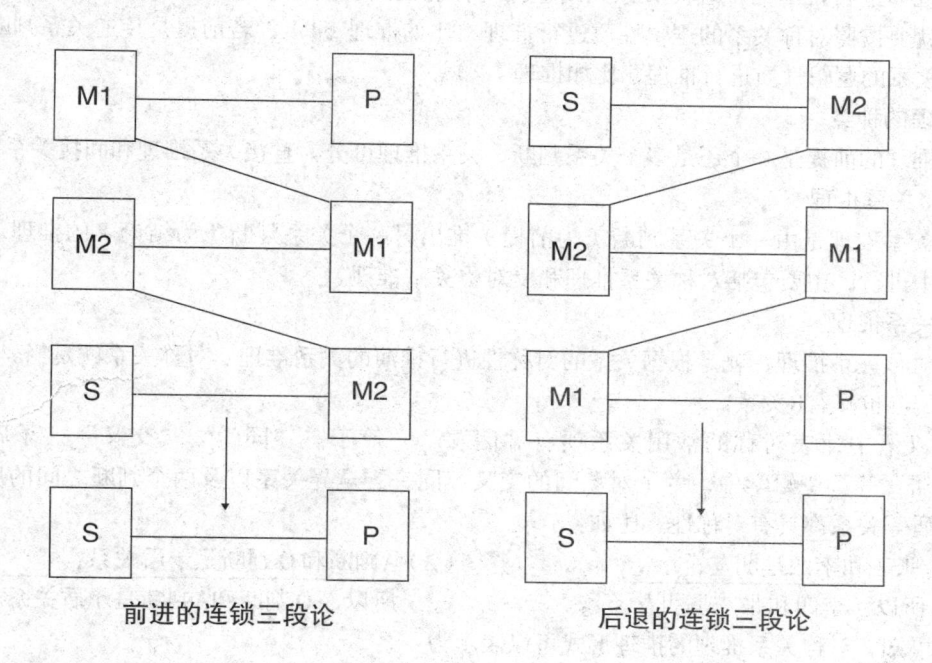

前进的连锁三段论　　　　　　　后退的连锁三段论

3.带证三段论

带证式直言三段论简称带证三段论，顾名思义，"带证"就是带有证明。带证三段论就是至少有一个前提是其他三段论的省略式的复合三段论。因为前提本身带有证明性质，所以称为"带证"三段论。比如：

公理是经得起检验的，因为公理是符合客观规律的，

经过直线外一点，有且只有一条直线与这条直线平行是公理，

所以，经过直线外一点，有且只有一条直线与这条直线平行是符合客观规律的。

在这个带证三段论中，大前提"公理是经得起检验的，因为公理是符合客观规律的"就是一个三段论的省略式，且带有证明性质。其完整形式应该是：

凡是符合客观规律的都是经得起检验的，

公理符合客观规律，

所以，公理是经得起检验的。

带证三段论是复杂三段论的特殊形式，在表达、论证时有着较强的说服力。

关系推理

以简单判断为前提推出结论的推理就是简单判断推理。前面我们讲到的直言判断的直接推理、附性法推理、直言判断的变形直接推理以及三段论推理都是简单判断推理。本节讨论的关系推理也是简单判断推理的一种。

⊙ 关系推理的含义

关系推理就是前提中至少有一个关系判断的推理。比如：

（1）十二月比十一月冷，_____
　　所以，十一月没有十二月冷。

（2）十二月比十一月冷，
　　一月比十二月冷，_____
　　所以，一月比十一月冷。

上面两个推理中，推理（1）的前提是一个关系判断，推理（2）的前提是两个关系判断。所以，这两个推理都是关系推理。

在进行关系推理的时候，要根据关系的逻辑性质来进行。所以，关系推理也可以说是根据关系的逻辑性质进行推演的推理。关系判断包括对称性关系和传递性关系两种。若前提中是对称关系判断，就要按照对称关系的逻辑性质进行推理，比如推理（1）；若前提是传递关系判断，就要按照传递关系的逻辑性质进行推理，比如推理（2）。

⊙ 关系推理的种类

按照推理的前提是一个还是多个关系判断，关系推理可分为直接关系推理和间接关系推理。

1. 直接关系推理

直接关系推理是由一个关系判断（为前提）推出另一个关系判断（为结论）的推理。它在两个关系项中进行，主要包括对称关系推理和反对称关系推理。

对称关系推理

所谓对称关系推理，就是根据关系的对称性进行推演的关系推理。对称关系就是当a与b具有R关系时，b与a也具有R关系。

现代汉语中，表对称的常用关系项有"朋友""等于""同学""交叉""矛盾""对立""邻居"等。逻辑学中，两个对象间的交叉、同一、全异关系以及两个判断之间的反对、下反对、矛盾等关系都具有对称性。比如：

（1）张三和李四是朋友，_____
　　所以，李四和张三是朋友。

（2）A判断和O判断是矛盾关系，_____
　　所以，O判断和A判断是矛盾关系。

由此可知，对称关系推理的推理形式可以表示为：

$$aRb,$$
$$\text{所以，} bRa。$$

反对称关系推理

所谓反对称关系推理，就是根据关系的反对称性进行推演的关系推理。反对称关系就是当a与b具有R关系时，b与a必不具有R关系。

现代汉语中，表反对称的常用关系项有"大于""小于""早于""晚于""多于""少于""高于""低于""重于""轻于""（被）统治""（被）剥削""（被）侵略"等。比如：

（1）8加9大于8加6，_____
　　所以，8加6不大于8加9。

（2）大胖重于小胖，_____
　　所以，小胖不重于大胖。

看庄子《逍遥游》中的一段话：

朝菌不知晦朔，蟪蛄不知春秋，此小年也。楚之南有冥灵者，以五百岁为春，五百岁为秋；上古有大椿者，以八千岁为春，八千岁为秋，此大年也。而彭祖乃今以久特闻，众人匹之，不亦悲乎？

在这段话中，有一个反对称关系推理：

朝菌、蟪蛄的寿命短于冥灵、大椿的寿命，_____
所以，冥灵、大椿的寿命不短于朝菌、蟪蛄的寿命。

由此可知，反对称关系推理的推理形式可以表示为：

$$aRb,$$
$$\text{所以，} b\overline{R}a。$$

其中，$\overline{R}$示"不具有R关系"。

我们前面讲过，对称性关系中还有一种非对称关系，但因为非对称关系是当a与b具有R关系时，b与a可能具有R关系，也可能不具有R关系。所以，非对称关系不能推出必然结论，也就不能进行必然性推理。

2.间接关系推理

间接关系推理是指由至少包括一个关系判断的两个或两个以上的判断（为前提）推出一个新的关系判断（为结论）的关系推理。它是在三个或三个以上的关系项中进行推理的，主要包括纯关系推理和混合关系推理两种情况。

纯关系推理

纯关系推理是指前提和结论都是关系判断的关系推理。从这个角度说，对称关系推理和反对称关系推理也属于纯关系推理。此外，它还包括传递关系推理和反传递关系推理。

所谓传递关系推理是指根据关系的传递性进行推演的关系推理。传递关系就是当a与b具有R关系且b与c也具有R关系时，a与c也必具有R关系。

现代汉语中，表传递的常用关系项有"平行""相似""相等""大于""小于""早于""晚于""包含""侵略"等。比如：

（1）甲坐在乙前面，
　　　乙坐在丙前面，
　　所以，甲坐在丙前面。

（2）动物真包含哺乳动物，
　　　哺乳动物真包含牛，
　　所以，动物真包含牛。

由此可知，传递关系推理的推理形式可以表示为：

$$aRb,$$
$$bRc,$$
$$所以，aRc。$$

所谓反传递关系推理是指根据关系的反传递性进行推演的关系推理。反传递关系就是当a与b具有R关系且b与c也具有R关系时，a与c必不具有R关系。

现代汉语中，表反传递的常用关系项有"重……斤""大……岁""是父亲""是儿子"等。比如：

（1）甲是乙的父亲，
　　　乙是丙的父亲，
　　所以，甲不是丙的父亲。

（2）小张比小王高5公分，
　　　小王比小李高5公分，
　　所以，小张比小李并非高5公分。

由此可知，反传递关系推理的推理形式可以表示为：

$$aRb,$$
$$bRc,$$
$$所以，aRc。$$

传递性关系中有一种非传递关系，即当a与b具有R关系且b与c也具有R关系时，a与c的关系不确定，可能具有R关系，也可能不具有R关系。因此，非传递关系不能推出必然结论，所以也不能进行必然性推理。

3.混合关系推理

混合关系推理是指由一个关系判断和一个直言判断（为前提）推出一个新的关系判断（为结论）的间接关系推理。它包括两种推理公式：

（1）aRb,
　　　c是a,
　　所以，cRb。

（2）aRb,
　　　c是b,
　　所以，aRc。

比如：

（1）A公司员工的待遇好于B公司员工的待遇，
　　　小林是A公司的员工，
　　所以，小林的待遇好于B公司员工的待遇。

（2）A公司员工的待遇好于B公司员工的待遇，
　　　小林是B公司的员工，
　　　所以，A公司员工的待遇好于小林的待遇。

上面两个混合关系推理中，前提都是由一个关系判断和一个直言判断构成的，所得结论也均为关系推理。其中，推理（1）是根据公式（1）得来的，推理（2）是根据公式（2）得来的。

在进行混合关系推理时，要满足以下几个原则：

第一，前提中的直言判断必须是肯定的。以上面的推理（1）为例，若直言判断是否定的，即"小林不是A公司的员工"，那么"小林"与B公司的关系就不确定，也就无法推出必然结论。

第二，作为中项的关系项至少要周延一次。这与三段论的规则二"中项在前提中至少要周延一次"的道理是相同的。

第三，前提中不周延的词项在结论中亦不得周延。如果在前提中不周延的词项在结论中周延了，就会犯"词项扩大"的错误，道理与三段论规则三"前提中不周延的项在结论中亦不得周延"相同。

第四，若前提中的关系判断肯定，则结论亦肯定；若前提中的关系判断否定，则结论亦否定。

第五，若关系R是对称的，那么结论中的关系项位置应该与前提中的关系项的位置是相应的。换言之，若关系项在前提中是前项，在结论中也应是前项；若关系项在前提中是后项，在结论中也应是后项。这主要是因为不对称关系的前后项一旦错位，就改变了原来的关系，这个关系推理就可能是错误的。

从形式上看，混合关系推理类似三段论，只不过它的前提有一个关系判断，所以有人称其为关系三段论。在日常生活中，不管是纯关系推理还是混合关系推理，都有着广泛的用途。

联言推理

⊙ **联言推理的含义**

以联言判断作为前提或结论的复合判断推理就是联言推理。联言判断的逻辑性质是：当且仅当所有联言肢都为真时，联言判断才为真。所以，联言推理也是根据联言判断的逻辑性质进行推演的复合判断推理。比如：

（1）她很年轻，并且也很漂亮。
　　　所以，她很漂亮。

（2）狄仁杰善于探案，
　　　狄仁杰能治国，
　　　所以，狄仁杰不但善于探案，而且能治国。

上面两个推理中，推理（1）的前提为联言判断，并且根据联言判断的逻辑性质（联言判断为真，它的联言肢也必为真）推出"她很漂亮"这一结论；推理（2）的结论为联言判断，并且根据联言判断的逻辑性质（联言肢都为真时，联言判断才为真）推出了"狄仁杰不但善于探案，而且能治国"这一联言判断。所以，这两个推理都是联言推理。

⊙ **联言推理的规则**

要保证联言推理的有效，就要遵循以下两条规则：

1.肯定一个联言判断为真，即是肯定它的所有联言肢都为真。反之亦然。

以上面的推理（1）为例，如果肯定前提"她很年轻，并且也很漂亮"为真，那么就必然肯定了"她很年轻"和"她很漂亮"这两个联言肢为真，也只有如此，才能推出必然结论；以上面的推理（2）为例，如果肯定了"狄仁杰善于探案"和"狄仁杰能治国"这两个判断为真，就能得出"狄仁杰不但善于探案，而且能治国"这个联言判断的结论为真，即推出必然结论。

2.否定一个联言肢为真，即是否定了这个联言判断为真。反之，否定了一个联言判断为真，就至少否定了其中一个联言肢为真。

比如上面两个推理，只要否定了前提中的任一个判断为真，就不能推出必然结论。

联言推理的种类

联言推理包括分解式和合成式两种。

1.联言推理的分解式

联言推理的分解式的含义

概括地说，联言推理的分解式是以一个联言判断作为前提的联言推理。具体地说，联言推理的分解式是以一个真的联言判断为前提，以其任一联言肢为结论的联言推理。比如上面的推理（1）中，即是以联言判断"她很年轻，并且也很漂亮"为前提，以其联言肢"她很漂亮"为结论的联言推理。再比如：

<u>哺乳动物既是恒温动物，又是脊椎动物。</u>
所以，哺乳动物是脊椎动物。

这个推理即是以"哺乳动物既是恒温动物，又是脊椎动物"这个联言判断为前提，推出其联言肢"哺乳动物是脊椎动物"为结论的。

需要指出的是，在这个推理过程中，必须要遵循联言推理的两条规则，否则就不能推出必然结论。

联言推理的分解式的逻辑形式

我们前面讲过，联言判断可以用"p并且q，即：$p \land q$"来表示。所以，联言推理的分解式的推理形式可以表示为：

<u>p并且q，</u>　　　　　　　　即：<u>$p \land q$，</u>
所以，p（或q）。　　　　　　　　p（或q）。

也可以表示为：$p \land q \to p$（或q）。

比如："哺乳动物既是恒温动物，又是脊椎动物"既可以推出"哺乳动物是脊椎动物"，也可以推出"哺乳动物是恒温动物"。

2.联言推理的合成式

联言推理的合成式的含义

概括地说，联言推理的合成式就是以一个联言判断作为结论的联言推理。具体地说，联言推理的合成式就是以两个或两个以上真的联言肢为前提，以推出的真的联言判断为结论的联言推理。比如上面的推理（2）中，即是以"狄仁杰善于探案"和"狄仁杰能治国"这两个真的联言肢为前提，以它们推出的真的联言判断"狄仁杰不但善于探案，而且能治国"为结论的联言推理。再比如：

"三个代表"是我们党的立党之本，
"三个代表"是我们党的执政之基，
<u>"三个代表"是我们党的力量之源，</u>
所以，"三个代表"既是我们党的立党之本，又是我们党的执政之基、力量之源。

这个推理即是以三个真判断为前提，推出一个真的联言判断为结论的联言推理。

在进行合成式推理时，也要遵循联言推理的两条规则。比如我们在"联言判断"一节中提到的"约翰买衣服"的那个故事，其中有两个判断："买一件衣服"和"送一条领带"。只有当这两个判断都为真时，才能推出"买一件衣服，且送一条领带"这个必然结论。约翰只肯定"送一条领带"为真，否定了"买一件衣服"，因此就不能得出"买一送一"这个必然结论。

联言推理的合成式的逻辑形式

联言推理的合成式的推理形式可以表示为：

p，　　　　　　　　　　　p，
<u>q，</u>　　　　　即：　　<u>q，</u>
所以，p并且q。　　　　　$p \land q$。

也可以表示为：$(p, q) \to p \land q$。

⊙ 联言推理的作用

联言推理有着很重要的作用，比如在企业公布的招聘条件中，在解释某些法律条款时，或者在刑事案件的侦查中，联言推理都发挥着不容忽视的作用。

第一，有助于人们根据整体情况推出个体情况，根据普遍认识推出特殊认识。如今各个学科的研究越来越细化，也越来越深入，这其实都是联言推理的在研究中的具体运用。比如：

法律是国家制定或认可的，由国家强制力保证实施的，以规定当事人权利和义务为内容的具有普遍约束力的社会规范。

这是一个联言判断。从对法律的定义中，我们可以推出法律的几个特点：

法律是国家制定或认可的；

法律是由国家强制力保证实施的；

法律是以规定当事人权利和义务为内容的；

法律是具有普遍约束力的；

法律是社会规范。

这实际上就是一个联言推理，"法律"的定义是前提，这几个特点是由它推出的联言肢。

第二，有助于人们根据个体的、特殊的情况或认识推出普遍的、整体的情况或认识，从一个个个别现象推导出具有普遍指导意义的真理和规律。比如根据人类社会历史发展历程的特点总结出人类社会都是由低级到高级发展的规律。事实上，在企业开发出某种新产品或政府准备出台某个决策时，一般会先选择几个地方作为试点，一旦效果较好，便整体推行。这实际上也是联言推理的一种具体运用。

第三，联言推理是人们论证思想、表明立场、解决问题的有力工具。看下面这道题：

桌子上依次摆着三本书，已知前提有：

（1）小说书右边的两本书中至少有一本散文；

（2）散文左边的两本书中也有一本散文；

（3）黄色封面左边的两本书中至少有一本是红色封面；

（4）红色封面右边的两本书中也有一本是红色封面。

那么，这三本书各是什么颜色封面的书？

第一，由前提（1）可知左边第一本书是小说，由前提（4）可知左边第一本书的封面是红色的，由此可以推出左边第一本书是红色封面的小说。即：由"左边第一本书是小说"和"左边第一本书的封面是红色的"这两个判断推出"左边第一本书是红色封面的小说"这一结论。这运用的是联言推理的合成式。

第二，由前提（2）可知右边第一本书是散文，由前提（3）可知右边第一本书的封面是黄色的，由此可推出右边第一本书是黄色封面的散文。这也是运用的联言推理的合成式。

第三，由前提（2）可知当中的那本书或它左边的那本书（即左边第一本）都可能是散文，但由于我们已推出左边第一本书是小说，所以可知当中那本书是散文。由前提（4）可知当中那本书和它右边的那本书（即右边第一本书）都可能是红色封面，但由于我们已推出右边第一本书是黄色封面，因此可知当中的那本书是红色封面。最后推出当中那本书是红色封面的散文。

上面这道题便是运用联言推理来解决的。可见，联言推理虽然简单，但在日常生活中的用途却是广泛的。

选言推理

⊙ 选言推理的含义和形式

1.选言推理的含义

选言推理是以选言判断为大前提，并根据选言判断的逻辑性质进行推理的复合判断推理。比如：

(1) 学习如逆水行舟，不进则退，
　　我们是进步的，
　　所以，我们没有退步。

(2) 他学的专业可能是中国古代文学，也可能是中国现当代文学，
　　他学的专业不是中国古代文学，
　　所以，他学的专业是中国现当代文学。

上面两个推理中，大前提都是选言判断，小前提和结论都是直言判断，这是最常见的选言推理结构。

2.选言推理的形式

根据小前提和结论是肯定部分选言肢还是否定部分选言肢，选言推理可以分为两种基本形式：肯定否定式和否定肯定式。但不管是哪种形式，它们的大前提都是选言判断。

肯定否定式：以选言判断为大前提，以小前提肯定部分选言肢，结论则否定另一部分选言肢。如上面所举的第一个选言推理：大前提为选言判断，小前提肯定了一个选言肢，即"进步"，所推出的结论则否定了另一个选言肢，即"退步"。

否定肯定式：以选言判断为大前提，以小前提否定部分选言肢，结论则肯定另一部分选言肢。如上面所举的第二个选言推理：大前提为选言判断，小前提否定了一个选言肢，即"中国古代文学"，所推出的结论则肯定了另一个选言肢，即"中国现当代文学"。

⊙ 选言推理的种类

根据选言判断是相容还是不相容，选言推理可以分为相容选言推理和不相容选言推理。

1.相容选言推理

相容选言推理就是以相容选言判断为大前提，并根据其逻辑性质进行推理的复合判断推理。

我们前面讲过，当且仅当选言肢都为假时，相容选言判断才为假。也就是说，只要有一个选言肢为真，这个相容选言判断就为真。因为一个相容选言判断可以有两个或两个以上的选言肢，所以，也可以有多个选言肢同时为真。这就是说，如果肯定一部分选言肢为真，并不等于可以否定其他选言肢为真；而如果否定一部分选言肢为真，则可以肯定另一部分选言肢为真。根据相容选言判断的这种逻辑性质，我们可以得出相容选言推理需要遵循的规则：

第一，否定一部分选言肢，就要肯定另一部分选言肢；

第二，肯定一部分选言肢，不能否定另一部分选言肢。

根据相容选言推理的这两条规则，可以得出相容选言推理的两种形式：

否定肯定式：以相容选言判断为大前提，以小前提否定部分选言肢，结论则肯定另一部分选言肢。比如：

(1) 他或者懂英语，或者懂法语，　　　(2) 他或者懂英语，或者懂法语，
　　他不懂英语，　　　　　　　　　　　　他不懂法语，
　　所以，他懂法语。　　　　　　　　　　所以，他懂英语。

推理(1)中，小前提否定了选言肢"懂英语"，结论中则肯定了另一个选言肢"懂法语"；推理(2)中，小前提否定了选言肢"懂法语"，结论则肯定了另一个选言肢"懂英语"。

我们前面见过，相容选言判断可以表示为"p或者q，即：$p \vee q$"。那么，相容选言推理的否定肯定形式可以表示为：

p或者q，　　　　　　　　$p \vee q$，
非p（非q），　　　即：$\neg p (\neg q)$，
所以，q（p）。　　　　　q（p）。

也可以表示为：$(p \vee q) \wedge \neg p \to q$；$(p \vee q) \wedge \neg q \to p$。

肯定否定式：以相容选言判断为大前提，以小前提肯定部分选言肢，结论则否定另一部分选

言肢。比如：

(1) 他或者懂英语，或者懂法语，
　　他懂英语，
　　所以，他不懂法语。

(2) 他或者懂英语，或者懂法语，
　　他懂法语，
　　所以，他不懂英语。

推理(1)中，小前提肯定了选言肢"懂英语"，结论中则否定了另一个选言肢"懂法语"；推理(2)中，小前提肯定了选言肢"懂法语"，结论则否定了另一个选言肢"懂英语"。

因此，相容选言推理的肯定否定形式可以表示为：

p或者q，　　　　　　　　　　　　p∨q，
p（q），　　　　　即：　　　　　　p（q），
所以，非q（非p）。　　　　　　　　¬q（¬p）。

也可以表示为：(p∨q)∧p→¬q；(p∨q)∧q→¬p。

但是，根据相容选言推理的第二条规则，即"肯定一部分选言肢，不能否定另一部分选言肢"，可知肯定否定式是违反其推理规则的。比如上面的推理中，肯定他"懂英语"，但不等于就可以否定他"懂法语"，因为相容选言判断的选言肢是可以多个同时为真的。所以，由此得到的"(p∨q)∧p→¬q和(p∨q)∧q→¬p"两个逻辑形式也是无效的。

根据上面的分析可知，相容选言推理中，只有否定肯定式这种形式才是其唯一的有效式。

2.不相容选言推理

不相容选言推理就是以不相容选言判断为大前提，并根据其逻辑性质进行推理的复合判断推理。

不相容判断的逻辑性质是当且仅当一个选言肢为真时，不相容选言判断才为真。换言之，肯定一个选言肢为真，就等于否定其他选言肢为真；否定除一个选言肢以外的其余选言肢为真，就等于肯定剩余的那个为真。根据不相容选言判断的这种逻辑性质，我们可以得出不相容选言推理需要遵循的规则：

第一，肯定一个选言肢，就要否定其余的选言肢；

第二，否定其余的选言肢，就要肯定剩下的那一个选言肢。

根据不相容选言推理的这两条规则，可以得出不相容选言推理的两种形式：

肯定否定式：以不相容选言判断为大前提，以小前提肯定一个选言肢，结论则否定其余的选言肢。比如：

(1) 考试成绩要么合格，要么不合格，
　　他的考试成绩是合格，
　　所以，他的考试成绩不是不合格。

(2) 考试成绩要么合格，要么不合格，
　　他的考试成绩是不合格，
　　所以，他的考试成绩不是合格。

推理(1)中，小前提肯定了一个选言肢"合格"，结论则否定了另一个选言肢"不合格"；推理(2)中，小前提肯定了一个选言肢"不合格"，结论则否定了另一个选言肢"合格"。

我们前面见过，不相容选言判断可以表示为"要么p，要么q，即：p∨q"。那么，不相容选言推理的肯定否定形式可以表示为：

要么p，　　　　　　　　　　　　要么q，p∨q，
p（q），　　　　　即：　　　　　　p（q），
所以，非q（非p）。　　　　　　　　¬q（¬p）。

也可以表示为：(p∨q)∧p→¬q；(p∨q)∧q→¬p。

否定肯定式：以不相容选言判断为大前提，以小前提否定其余选言肢，结论则肯定剩下的那个选言肢。比如：

(1) 考试成绩要么合格，要么不合格，
　　他的考试成绩不是合格的，
　　所以，他的考试成绩是不合格。

(2) 考试成绩要么合格，要么不合格，
　　他的考试成绩不是不合格，
　　所以，他的考试成绩是合格。

推理(1)中，小前提否定了一个选言肢"合格"，结论则肯定了另一个选言肢"不合格"；

推理（2）中，小前提否定了一个选言肢"不合格"，结论则肯定了另一个选言肢"合格"。

因此，相容选言推理的肯定否定形式可以表示为：

要么p，要么q，　　　　　　　　　　p∨q，
非p（非q），　　　　　　　即：　　¬p（¬q），
所以，q（p）。　　　　　　　　　　q（p）。

也可以表示为：(p∨q)∧¬p→q；(p∨q)∧¬q→p。

根据上面的分析可知，不相容选言推理的肯定否定式和否定肯定式都符合其推理规则，因而都是有效的。

⊙ **选言推理的作用**

选言推理在思维中有着极为重要的作用：

第一，选言推理中最为常用的方法是排除法。因为在日常工作和生活中，很多问题都存在着各种可能性，理论上每个可能性都有发生的几率，就是说每个选言肢都有为真的可能。这时候就可以使用排除法，逐步缩小范围，最终确定正确的答案或最佳的方法。这在刑侦工作、疾病诊断、科学研究以及各类考试的选择题中都经常使用。

第二，人们在认识事物的过程中，也不可能立刻就认识到事物的本质，也需要运用选言推理一步步探索。

需要指出的是，在运用选言推理的时候，一定要注意以下两个问题：

第一，如果作为大前提的不相容选言判断有三个或三个以上的选言肢时，小前提否定其中一个，有时并不能肯定余下的那些选言肢中哪个是真的。这就需要层层推理、排除，最终确定得到那个必然结论。比如：

几年没见，小柔要么胖了，要么瘦了，要么没变，
小柔不是胖了，
所以，小柔要么瘦了，要么没变。

这个选言推理的结论有两个选言肢，还不能肯定究竟哪个为真，也就不能得出必然结论，因此需要接着推理：

几年没见，小柔要么瘦了，要么没变，
小柔不是没变，
所以，小柔瘦了。

第二，如果作为大前提的相容选言判断有三个或三个以上的选言肢时，小前提否定其中一个，那么剩下的几个选言肢可能只有一个为真，也可能都真。比如：

他或者懂英语，或者懂法语，或者懂德语，
他不懂法语，
所以，他懂英语或者德语。

第三，当作为大前提的选言判断的选言肢是穷尽的时候，那么大前提就必为真；但是，当其选言肢没有穷尽时，大前提的真假就难以确定。所以，进行选言推理时，要尽可能地穷尽大前提中的选言肢。只有这样，才能保证得出必然结论。

充分条件假言推理

⊙ **假言推理的含义**

假言推理就是以假言判断为大前提，并根据假言判断前、后件的关系进行推演的复合判断推理。最常见的假言推理结构是以一个假言判断为大前提，以一个直言判断为小前提，并推出一个直言判断作为结论。比如：

(1) 如果他是凶手，就一定有作案时间，
　　他是凶手，
　　所以，他有作案时间。

(2) 我们只有建立抗日民族统一战线，才能团结一切可以团结的力量，
　　我们没有建立抗日民族统一战线，
　　所以，我们不能团结一切可以团结的力量。

这是两个假言推理，大前提都是一个假言判断，小前提和结论都是直言判断；推理（1）是根据前件"他是凶手"和后件"一定有作案时间"之间的关系进行推理的；推理（2）则是根据前件"建立抗日民族统一战线"和后件"团结一切可以团结的力量"之间的关系进行推理的。

根据假言判断的不同，假言推理可以分为充分条件假言推理、必要条件假言推理和充分必要条件假言推理。上面的推理（1）即是充分条件假言推理，推理（2）即是必要条件假言推理。

⊙ **充分条件假言推理**

1.充分条件假言推理的含义和规则

充分条件假言推理就是以充分条件假言判断为大前提，并根据充分条件假言判断前、后件的关系进行推演的复合判断推理。

根据充分条件假言判断的逻辑性质可知，当且仅当前件为真、后件为假时，充分条件假言判断才为假。这就是说，对于一个真的充分条件假言判断，当前件为真时，后件也必为真；当后件为假时，前件必为假；但是当前件为假时，后件则真假不定。

由此可知，要保证充分条件假言推理有效，必须遵循下面两条规则：

第一，肯定前件就要肯定后件，否定前件则不必然否定后件；

第二，肯定后件不必然肯定前件，否定后件就要否定前件。

2.充分条件假言推理的形式

由充分条件假言推理的两条规则，可以得出它的四种推理形式：

肯定前件式：以充分条件假言判断为大前提，以小前提肯定大前提的前件，结论则肯定大前提的后件。比如：

(1) 如果他是凶手，就一定有作案时间，
　　他是凶手，
　　所以，他一定有作案时间。

(2) 一旦河堤决口，后果就会不堪设想，
　　河堤决口了，
　　所以，后果不堪设想。

上面两个充分条件假言推理中，推理（1）中，小前提肯定了大前提的前件，即"他是凶手"，从而推出大前提的后件"他一定有作案时间"为结论；推理（2）中，小前提肯定了大前提的前件"河堤决口"，从而推出大前提的后件"后果不堪设想"为结论。

我们前面讲过，充分条件假言判断可以表示为"如果p，那么q，即：$p \rightarrow q$"。那么，充分条件假言推理的肯定前件式就可以表示为：

如果p， 那么q， $p \rightarrow q$，
p， 即： p，
所以，q。 q。

也可表示为：$(p \rightarrow q) \land p \rightarrow q$。

否定后件式：以充分条件假言判断为大前提，以小前提否定大前提的后件，结论则是对大前提的前件的否定。比如：

(1) 如果他是凶手，就一定有作案时间，
　　他没有作案时间，
　　所以，他不是凶手。

(2) 一旦河堤决口，后果就会不堪设想，
　　后果没有不堪设想，
　　所以，河堤没有决口。

上面两个充分条件假言推理中，推理（1）中，小前提否定了大前提的后件，即"他没有作案时间"，从而推出结论，即对大前提前件的否定："他不是凶手"；推理（2）中，小前提否定了大前

提的后件，即"后果没有不堪设想"，从而推出结论，即对大前提前件的否定："河堤没有决口"。

充分条件假言推理的否定后件式可以表示为：

如果p，那么q，　　　　　　　　　　　p→q，
非q，　　　　　　　即：　　　　　　¬q，
所以，非p。　　　　　　　　　　　　¬p。

也可表示为：(p→q)∧¬q→¬p。

肯定后件式：以充分条件假言判断为大前提，以小前提肯定大前提的后件，结论则是对大前提的前件的肯定。其逻辑形式可以表示为：

如果p，那么q，　　　　　　　　　　　p→q，
q，　　　　　　　　即：　　　　　　q，
所以，p。　　　　　　　　　　　　　p。

也可表示为：(p→q)∧q→p。

但是，根据"肯定后件不必然肯定前件"的规则，可知结论既可以是对前件的肯定，也可以是对前件的否定。所以，这个推理形式违反了充分条件假言推理的规则，不能推出必然结论，因而是无效的。比如：

（1）如果他是凶手，就一定有作案时间，　　（2）一旦河堤决口，后果就会不堪设想，
　　他有作案时间，　　　　　　　　　　　　　　后果不堪设想了，
　　所以，他是凶手。　　　　　　　　　　　　　所以，河堤决口了。

推理（1）中，小前提肯定了大前提的后件，即"他有作案时间"，因而得出了"他是凶手"（对大前提前件的肯定）的结论。但是，从常识判断，任何人都有作案时间，但却并一定是凶手。因此这个结论不是必然结论，这个推理也是无效的。推理（2）中，肯定"后果不堪设想了"，但是引起不堪设想的后果的事情是很多的，并非一定是"河堤决口了"。所以，这个结论也不是必然结论，这个推理也是无效的。

否定前件式：以充分条件假言判断为大前提，以小前提否定大前提的前件，结论则是对大前提的后件的否定。其逻辑形式可以表示为：

如果p，那么q，　　　　　　　　　　　p→q，
非p，　　　　　　　即：　　　　　　¬p，
所以，非q。　　　　　　　　　　　　¬q。

也可表示为：(p→q)∧¬p→¬q。

不过，根据"否定前件则不必然否定后件"的规则，可知结论既可否定后件，也可肯定后件。所以，这个推理形式违反了充分条件假言推理的规则，不能推出必然结论，因而也是无效的。比如：

（1）如果他是凶手，就一定有作案时间，　　（2）一旦河堤决口，后果就会不堪设想，
　　他不是凶手，　　　　　　　　　　　　　　河堤没有决口，
　　所以，他一定没有作案时间。　　　　　　　所以，后果没有不堪设想。

显然，不是凶手并非一定没有作案时间，正如上面所分析的，任何人都可能有作案时间，但却并不能说任何人都是凶手，因此推理（1）的结论不是必然得出的；同样，河堤没有决口也不一定代表后果没有不堪设想，也可能会有其他原因导致不堪设想的后果，因此推理（2）的结论也不是必然得出的。所以，这两个推理都是无效的。

通过上面的分析，我们可以得出在充分条件假言推理的四种形式中，肯定后件式和否定前件式都是无效的，只有肯定前件式和否定后件式是有效的。因此，充分条件假言推理的两个有效式就是：

（1）(p→q)∧p→q；
（2）(p→q)∧¬q→¬p。

必要条件假言推理

必要条件假言推理的含义

必要条件假言推理就是以必要条件假言判断为大前提,并根据必要条件假言判断前、后件的关系进行推演的复合判断推理。看下面这则故事:

张三、李四都喜欢吹牛。这天,他们又开始吹起牛来。

张三吹道:"我在江北见过一面鼓,要十个人抬着鼓锤才能敲。鼓响起来的时候,五十里外都能听见。"

李四不甘示弱,也吹道:"我在江南见过一头牛,它的头有一间屋子那么大。喝水时,一下子能喝十缸水。"

张三气愤道:"你这是吹牛!怎么可能有那么大的牛?"

李四笑道:"要是没有这么大的牛,你说的那面鼓上的牛皮是从哪儿来的?"

这则故事中有一个必要条件假言推理,即:

只有这么大的牛,才能有那么大的鼓,

没有这么大的牛,

所以,没有那么大的鼓。

其中,大前提是一个必要条件假言判断,小前提和结论都是直言判断。而结论也是根据大前提中前件(这么大的牛)和后件(那么大的鼓)之间的关系推出来的。

比如,刘蓉《习惯说》里的一个必要条件假言判断,即:"一室不治,何以家国天下为?"其意为"只有先整理好一室,才能为家国天下服务"。这也包含一个必要条件假言推理:

你只有先整理好一室,才能为家国天下服务,

你没有整理好一室,

所以,你不能为家国天下服务。

⊙ 必要条件假言推理的规则

根据必要条件假言推理的逻辑性质可知,当且仅当前件为假后件为真时,必要条件假言判断才为假。所以,对于一个真的必要条件假言判断来说,当后件为真时,前件也必为真;当前件为假时,后件也必为假;而当前件为真时,后件则真假不定。

由此可知,要保证必要条件假言推理有效,必须遵循下面两条规则:

第一,否定前件就要否定后件,肯定前件则不必然肯定后件;

第二,肯定后件就要肯定前件,否定后件则不必然否定前件。

⊙ 必要条件假言推理的形式

由必要条件假言推理的两条规则,可以得出它的四种推理形式:

1.否定前件式:以必要条件假言判断为大前提,以小前提否定大前提的前件,结论则是对大前提后件的否定。比如:

(1)我们只有建立抗日民族统一战线,才能团结一切可以团结的力量,

我们没有建立抗日民族统一战线,

所以,我们不能团结一切可以团结的力量。

(2)只有这么大的牛,才能有那么大的鼓,

没有这么大的牛,

所以,没有那么大的鼓。

这两个必要条件假言推理中,推理(1)的小前提否定了大前提的前件,即"我们没有建立抗日民族统一战线",从而推出结论,即对大前提后件的否定:"我们不能团结一切可以团结的力量。"推理(2)的小前提否定了大前提的前件,即"没有这么大的牛",从而推出结论,即对大前提后件的否定:"没有那么大的鼓。"

我们前面讲过，必要条件假言判断可以用"只有p，才q，即：p←q"来表示。那么，必要条件假言推理的否定前件式就可以表示为：

只有p，才q，　　　　　　　　　　　p←q，
非p，　　　　　　　即：　　　　　　¬p，
所以，非q。　　　　　　　　　　　 ¬q。

也可以表示为：(p←q)∧¬p→¬q。

2.肯定后件式：以必要条件假言判断为大前提，以小前提肯定大前提的后件，结论则是对大前提前件的肯定。比如：

（1）我们只有建立抗日民族统一战线，才能团结一切可以团结的力量，
　　　我们团结了一切可以团结的力量，
　　　所以，我们建立了抗日民族统一战线。

（2）只有这么大的牛，才能有那么大的鼓，
　　　有那么大的鼓，
　　　所以，有这么大的牛。

推理（1）的小前提肯定了大前提的后件，即"我们团结了一切可以团结的力量"，从而推出结论，即对大前提前件的肯定："我们建立了抗日民族统一战线。"推理（2）的小前提肯定了大前提的后件，即"有那么大的鼓"，从而推出结论，即对大前提前件的肯定："有这么大的牛。"

必要条件假言推理的肯定后件式可以表示为：

只有p，才q，　　　　　　　　　　　p←q，
q，　　　　　　　　即：　　　　　　q，
所以，p。　　　　　　　　　　　　 p。

也可以表示为：(p←q)∧q→p。

3.否定后件式：以必要条件假言判断为大前提，以小前提否定大前提的后件，结论则是对大前提前件的否定。其逻辑形式可以表示为：

只有p，才q，　　　　　　　　　　　p←q，
非q，　　　　　　　即：　　　　　　¬q，
所以，非p。　　　　　　　　　　　 ¬p。

也可以表示为：(p←q)∧¬q→¬p。

但是，根据"否定后件则不必然否定前件"的规则，可知结论既可否定前件，也可肯定前件。所以，这个推理形式违反了必要条件假言推理的规则，不能推出必然结论，因而是无效的。比如：

（1）我们只有建立抗日民族统一战线，才能团结一切可以团结的力量，
　　　我们没有团结一切可以团结的力量，
　　　所以，我们不能建立抗日民族统一战线。

（2）只有这么大的牛，才能有那么大的鼓，
　　　没有那么大的鼓，
　　　所以，没有这么大的牛。

这两个推理的小前提都否定了大前提的后件，而结论则都是对大前提的前件的否定。但是，推理（1）中，"没有团结一切可以团结的力量"并不是说就必然不能建立抗日民族统一战线，比如可以建立团结一大部分力量的统一战线。所以该结论不是必然结论，这个推理也是无效的。推理（2）中，"没有那么大的鼓"并不能必然推出"没有这么大的牛"，因为可能存在"有这么大的牛，但却没有去做那么大的鼓"的情况。所以该结论不是必然结论，这个推理也是无效的。

4.肯定前件式：以必要条件假言判断为大前提，以小前提肯定大前提的前件，结论则是对大前

提后件的肯定。其逻辑形式可以表示为：

只有p，才q，　　　　　　　p←q，
p，　　　　　即：　　　　p，
所以，q。　　　　　　　　q。

也可以表示为：（p←q）∧p→q。

根据"肯定前件则不必然肯定后件"的规则，可知结论既可以肯定后件，也可以否定后件。所以，这个推理形式违反了必要条件假言推理规则，不能推出必然结论，因而是无效的。比如：

（1）我们只有建立抗日民族统一战线，才能团结一切可以团结的力量，
　　　我们建立了抗日民族统一战线，
　　　所以，我们团结了一切可以团结的力量。

（2）只有这么大的牛，才能有那么大的鼓，
　　　有这么大的牛，
　　　所以，有那么大的鼓。

显然，"建立了抗日民族统一战线"并不能必然推出"团结了一切可以团结的力量"这个结论，其中也可能包括可以团结但却没有团结到的力量，因而这个推理是无效的；同样，"有这么大的牛"并不意味着一定做了那么大的鼓，所以这个结论也不是必然得出的。

通过上面的分析，我们可以得出在必要条件假言推理的四种形式中，肯定前件式和否定后件式都是无效的，只有否定前件式和肯定后件式是有效的。因此，必要条件假言推理的两个有效式就是：

（1）（p←q）∧¬p→¬q；
（2）（p←q）∧q→p。

⊙ 充分条件假言推理和必要条件假言推理的关系

从充分条件假言判断（p→q）和必要条件假言判断（p←q）的形式上看，一个充分条件假言判断的前、后件易位就可以得到一个必要条件假言判断，反之亦然。比如：

（1）如果他是凶手，就一定有作案时间；
（2）只有他有作案时间，他才可能是凶手。

判断（1）是充分条件假言判断，判断（2）是必要条件假言判断，二者的前、后件的位置正好相反。也就是说，"如果p，那么q"等于"只有q，才p"，即：p→q ¬ q←p。这种特点就使得充分条件假言推理也可能与必要条件假言推理有一定的关系。请看下表：

充分条件假言推理	必要条件假言推理
肯定前件式：（p→q）∧p→q（有）	否定前件式：（p←q）∧¬p→¬q（有）
否定后件式：（p→q）∧¬q→¬p（有）	肯定后件式：（p←q）∧q→p（有）
肯定后件式：（p→q）∧q→p（无）	否定后件式：（p←q）∧¬q→¬p（无）
否定前件式：（p→q）∧¬p→¬q（无）	肯定前件式：（p←q）∧p→q（无）

其中，（有）指推理的有效式，（无）指推理的无效式。

根据表格可知，充分条件假言推理的有效式恰恰是必要条件假言推理的无效式，而它的无效式则恰恰是必要条件假言推理的有效式。反之亦然。

充分必要条件假言推理

⊙ **充分必要条件假言推理的含义**

充分必要条件假言推理就是以充分必要条件假言判断为大前提，并根据充分必要条件假言判断前、后件的关系进行推演的复合判断推理。比如：

（1）当且仅当两条直线的同位角相等，则两直线平行，
　　　两条直线的同位角相等，
　　　所以，两直线平行。

（2）当且仅当能被2整除的数才是偶数，
　　　一个数是偶数，
　　　所以，这个数能被2整除。

上面两个充分必要条件假言推理中，都是以充分必要条件假言判断为大前提，以直言判断作为小前提和结论的，并且是根据大前提的前、后件之间的关系进行推理的。

在数学公式推算中，也可以应用充分必要条件假言推理。例如：假设a大于b，那么，无论a、b、c为何值，最后结论都能推出a+c大于b+c；假设a+c大于b+c，那么，无论a、b、c为何值，最后结论都能推出a大于b。即：当且仅当a大于b时，a+c大于b+c。

当且仅当a大于b，a+c大于b+c
a大于b，
所以，a+c大于b+c

当然，根据小前提的不同，上面这三个推理还可以得出其他的结论，这就涉及到充分必要条件假言推理的规则和形式的问题。

⊙ **充分必要条件假言推理的规则**

根据充分必要条件假言判断的逻辑性质可知，当且仅当前件、后件取相同的逻辑值时，充分必要条件假言判断才为真。所以，对于一个真的充分必要条件假言判断来说，当前件为真时，后件也必为真；当前件为假时，后件也必为假。反之，当后件为真时，前件也必为真；当后件为假时，前件也必为假。

由此可知，要保证充分必要条件假言推理有效，必须遵循下面两条规则：

第一，肯定前件就要肯定后件，肯定后件就要肯定前件；

第二，否定前件就要否定后件，否定后件就要否定前件。

⊙ **充分必要条件假言推理的形式**

由充分必要条件假言推理的两条规则，可以得出它的四种推理形式：

1.肯定前件式：以充分必要条件假言判断为大前提，以小前提肯定大前提的前件，结论则肯定大前提的后件。比如：

（1）当且仅当两条直线的同位角相等，则两直线平行，
　　　两条直线的同位角相等，
　　　所以，两直线平行。

（2）当且仅当能被2整除的数才是偶数，
　　　一个数能被2整除，
　　　所以，这个数是偶数。

这两个充分必要条件假言推理中，推理（1）的小前提肯定了大前提的前件，即"两条直线的同位角相等"，结论则肯定了大前提的后件，即"两直线平行"；推理（2）的小前提肯定了大前提的前件，即"能被2整除"，结论则肯定了大前提的后件，即"偶数"。

我们在前面讲过，充分必要条件假言判断可以用"当且仅当p，才q，即：p$\longleftrightarrow$q"来表示。那么，充分必要条件假言推理的肯定前件式就可以表示为：

当且仅当p，才q，　　　　　　　　　　p⟷q，
p，　　　　　　　　　即：　　　　　p，
所以，q。　　　　　　　　　　　　　q。

也可以表示为：（p⟷q）∧p→q。

2.肯定后件式：以充分必要条件假言判断为大前提，以小前提肯定大前提的后件，结论则肯定大前提的前件。比如：

（1）当且仅当两条直线的同位角相等，则两直线平行，
　　　两直线平行，
　　　所以，两条直线的同位角相等。

（2）当且仅当能被2整除的数才是偶数，
　　　一个数是偶数，
　　　所以，这个数能被2整除。

这两个推理都是通过小前提肯定大前提的后件推出肯定大前提前件的结论的。

充分必要条件假言推理的肯定后件式可以表示为：

当且仅当p，才q，　　　　　　　　　　p⟷q，
q，　　　　　　　　　即：　　　　　q，
所以，p。　　　　　　　　　　　　　p。

也可以表示为：（p⟷q）∧q→p。

3.否定前件式：以充分必要条件假言判断为大前提，以小前提否定大前提的前件，结论则否定大前提的后件。比如：

（1）当且仅当两条直线的同位角相等，则两直线平行，
　　　两条直线的同位角不相等，
　　　所以，两直线不平行。

（2）当且仅当能被2整除的数才是偶数，
　　　一个数不能被2整除，
　　　所以，这个数不是偶数。

推理（1）的小前提否定了大前提的前件，即"两条直线的同位角不相等"，从而推出了否定大前提后件的结论，即"两直线不平行"；推理（2）的小前提否定了大前提的前件，即"不能被2整除"，从而推出了否定大前提后件的结论，即"不是偶数"。

充分必要条件假言推理的否定前件式就可以表示为：

当且仅当p，才q，　　　　　　　　　　p⟷q，
非p，　　　　　　　　　即：　　　　￢p，
所以，非q。　　　　　　　　　　　　￢q。

也可以表示为：（p⟷q）∧￢p→￢q。

4.否定后件式：以充分必要条件假言判断为大前提，以小前提否定大前提的后件，结论则否定大前提的前件。比如：

（1）当且仅当两条直线的同位角相等，则两直线平行，
　　　两直线不平行，
　　　所以，两条直线的同位角不相等。

（2）当且仅当能被2整除的数才是偶数，
　　　一个数不是偶数，
　　　所以，这个数不能被2整除。

这两个推理都是通过小前提否定大前提的后件推出否定大前提前件的结论的。

充分必要条件假言推理的肯定后件式可以表示为：

当且仅当p，才q，　　　　　　　　p⟷q，

非q，　　　　　　　　即：　　　　¬q，

所以，非p。　　　　　　　　　　　¬p。

也可以表示为：（p⟷q）∧¬q→¬p。

通过上面的分析，我们可以得出充分必要条件假言推理的四种形式，即肯定前件式、肯定后件式、否定前件式和否定后件式都是有效的。其有效式为：

（1）（p⟷q）∧p→q；

（2）（p⟷q）∧q→p；

（3）（p⟷q）∧¬p→¬q；

（4）（p⟷q）∧¬q→¬p。

⊙ 假言推理的作用

假言推理的三种类型都已经介绍完了，作为思维中推理的重要形式之一，假言推理可以说是应用最为广泛的一种。

其一，在日常生活中，假言推理也是人们论证思想、解决问题的重要手段。

其二，假言推理是根据已知条件推出未知事实的，因此它在刑事案件的侦查、疾病的诊断，尤其是科学研究中都有着广泛的应用，并起到了极为重要的作用。

看下面一个案例：

某公司保险箱被盗，经过反复侦查，侦查小组掌握了以下几个事实：

（1）本案为内部盗窃，并且案犯只可能是员工A或B；

（2）值班员工C被杀，而B却于案发当晚失踪；

（3）只有C未被杀死，员工D的证词才不实；

（4）若B为案犯，当晚就不会有警报声；

（5）若D的证词属实，当晚就会有警报声。

那么，谁是案犯？

要想破获该案，就要使用假言推理。

1.对事实（2）和（3）进行必要条件假言推理的否定前件式推理，可知D的证词属实。即：

只有C未被杀死，员工D的证词才不实，

C被杀死了，

所以，员工D的证词属实。

2.对事实（5）和"员工D的证词属实"进行充分条件假言推理的肯定前件式推理，可知当晚有警报声。即：

若D的证词属实，当晚就会有警报声，

员工D的证词属实，

所以，当晚有警报声。

3.对事实（4）和"当晚有警报声"进行充分条件假言推理否定后件式推理，可知B不是案犯。即：

若B为案犯，当晚就不会有警报声，

当晚有警报声，

所以，B不是案犯。

4.对事实（1）和"B不是案犯"进行相容选言推理，可知A为案犯。即：

案犯或者是A，或者是B，

B不是案犯，

所以，A是案犯。

需要注意的是，在运用假言推理时，一定要注意各种假言推理不同形式的规则，只有按规则

推理才能得出正确的结论。

二难推理

⊙ 二难推理的含义

有这样一个故事：

有一个国王，每次处决犯人时，都会让犯人说一句话。如果这句话是真话，就把犯人绞死；如果这句话是假话，就把犯人砍头。总之，犯人都难免一死。有一次，一个囚徒被押赴刑场，国王照例让他说一句话。他想了想说："我会被砍头而死。"这下国王就犯难了：如果将其砍头，这句话就是真话，说真话应该被绞死的，这就违背了自己的诺言；如果将其绞死，这句话就是假话，说假话应该被砍头，这也违背了自己的诺言。不得已，国王只能放了他。

这个故事中，囚徒运用了这么一个推理：

如果我被砍头，那么国王就违背了自己的诺言；

如果我被绞死，那么国王也违背了自己的诺言；

或者我被砍头，或者我被绞死，

所以，国王都要违反自己的诺言。

国王自然不愿意违背自己的诺言，所以只能放了囚徒。囚徒运用的这个推理就是二难推理。

所谓二难推理，就是以两个充分条件假言判断和一个有两个选言肢的选言判断为前提进行推演的复合判断推理。因为二难推理一般都由假言判断和选言判断构成，所以也被称为假言选言推理。

二难推理实际上是由两个假言前提提出两种情况，然后再用选言前提对其前件或后件进行肯定或否定，从而得出结论的一种推理形式。选言前提肯定或否定的情况不同，得到的结论也不同。

⊙ 二难推理的规则

因为二难推理的前提包括假言判断和选言判断，这就要求在进行二难推理时，既要根据假言判断的逻辑性质，也要根据选言判断的逻辑性质。总的说来，要保证二难推理的有效性，要遵循以下四条规则：

第一，两个假言前提必须是充分条件假言判断且都为真；

第二，两个真的充分条件假言判断的前、后件间必须有必然联系；

第三，选言前提的选言肢要穷尽有关的可能情况；

第四，要遵循假言推理和选言推理的有关规则。

⊙ 二难推理的形式

根据二难推理的选言前提是肯定还是否定以及结论是简单判断还是复合判断，可以将其分为简单构成式、简单破坏式、复杂构成式和复杂破坏式四种基本的有效形式。

1. 简单构成式

简单构成式是以选言前提肯定两个假言前提的不同前件，从而推出肯定其相同后件的结论的二难推理。因为推理运用了充分条件假言推理的肯定前件式，并且其结论是一个简单判断，所以该推理形式被称为二难推理的"简单构成式"。

前面关于"囚徒与国王"的那个推理就是二难推理的简单构成式：以选言前提（"或者我被砍头，或者我被绞死"）的两个选言肢来分别肯定两个假言前提的前件（"我被砍头"、"我被绞死"）而推出"国王都要违背自己的诺言"的结论。这个结论既是对假言前提的相同后件（"国王就违背了自己的诺言"）的肯定，又是一个简单判断。

此外，著名的"自相矛盾"的故事里也包含着一个二难推理：

如果你的盾能被你的矛刺穿，那么你就在说谎；
如果你的盾不能被你的矛刺穿，那么你也在说谎；
你的盾或者能被你的矛刺穿，或者不能被你的矛刺穿；
所以，你都是在说谎。

在这个二难推理中，选言前提也肯定了两个假言前提的不同前件，即"你的盾能被你的矛刺穿"和"你的盾不能被你的矛刺穿"，推出的结论则是对两个假言前提相同后件的肯定，即"你都是在说谎"。

据以上分析，二难推理的简单构成式的逻辑形式可以表示为：

如果p，那么r； $p \rightarrow r$；
如果q，那么r；   即： $q \rightarrow r$；
或者p，或者q； $p \vee q$；
所以，r。   r。

也可以表示为：$(p \rightarrow r) \wedge (q \rightarrow r) \wedge (p \vee q) \rightarrow r$。

由此可得出二难推理的简单构成式的三个特点：

第一，两个假言前提的前件不同，后件相同；第二，选言前提的两个选言肢分别肯定两个假言前提的前件；第三，所得结论是简单判断且是对两个假言前提相同后件的肯定。

2.简单破坏式

简单破坏式是以选言前提否定两个假言前提的不同后件，从而推出否定其相同前件的结论的二难推理。因为推理运用了充分条件假言推理的否定后件式，并且其结论是一个简单判断，所以该推理形式被称为二难推理的"简单破坏式"。比如：

如果你继续吵闹，就会影响别人的工作；
如果你继续吵闹，就会影响别人的休息；
你或者不影响别人的工作，或者不影响别人的休息；
所以，你不能继续吵闹。

这个二难推理中，选言前提（"你或者不影响别人的工作，或者不影响别人的休息"）分别否定了两个假言前提的不同后件（"影响别人的工作""影响别人的休息"），从而推出了否定其相同前件的结论（"你不能继续吵闹"），这个结论也是简单判断。

据以上分析，二难推理的简单破坏式的逻辑形式可以表示为：

如果p，那么q； $p \rightarrow q$；
如果p，那么r；   即： $p \rightarrow r$；
或者非q，或者非r； $\neg q \vee \neg r$；
所以，非p。 $\neg p$。

也可以表示为：$(p \rightarrow q) \wedge (p \rightarrow r) \wedge (\neg q \vee \neg r) \rightarrow \neg p$。

由此可得出二难推理的简单破坏式的三个特点：

第一，两个假言前提的前件相同，后件不同；第二，选言前提的两个选言肢分别否定两个假言前提的后件；第三，所得结论是简单判断且是对两个假言前提相同前件的否定。

3.复杂构成式

复杂构成式是以选言前提肯定两个假言前提的不同前件，从而推出肯定其不同后件的结论的二难推理。因为推理运用了充分条件假言推理的肯定前件式，并且其结论是一个属于复合判断的选言判断，所以该推理形式被称为二难推理的"复杂构成式"。

《战国策》中有一个故事：

有献不死之药于荆王者，谒者操以入。中射之士问曰："可食乎？"曰："可。"因夺而食之。王怒，使人杀中射之士。中射之士使人说王曰："臣问谒者，谒者曰可食，臣故食之。是臣无罪，而罪在谒者也。且客献不死之药，臣食之而王杀臣，是死药也。王杀无罪之臣，而明人之欺王。"

王乃不杀。

在这个故事中，荆王（即楚顷襄王）因为中射之士（即王宫卫士）吃了别人献给他的不死药，大发雷霆，要处死卫士。卫士辩解道："如果这是不死之药，那么大王就杀不死我；如果这不是不死之药，就是证明自己被欺骗了。"实际上，卫士是用这样一个推理在给自己辩解的：

如果这是不死之药，那么大王就杀不死我；
如果这不是不死之药，就证明大王被欺骗了；
或者这是不死之药，或者这不是不死之药；
所以，或者大王杀不死我，或者证明大王被欺骗了。

这个二难推理中，选言前提（"或者这是不死之药，或者这不是不死之药"）分别肯定了两个假言前提中不同的前件（"这是不死之药""这不是不死之药"），从而推出了肯定其不同后件的结论（"或者大王杀不死我，或者证明大王被欺骗了"），这个结论是一个选言判断。

苏东坡有首《琴诗》："若言琴上有琴声，放在匣中何不鸣？若言声在指头上，何不于君指上听？"其中也包含着一个二难推理的复杂构成式：

如果琴声在琴上，那么放在匣中也能听到；
如果琴声在手指上，那么在手指上也能听到；
或者琴声在琴上，或者琴声在手指上；
所以，或者放在匣中也能听到，或者在手指上也能听到。

据以上分析，二难推理的复杂构成式的逻辑形式可以表示为：

如果p，那么r；	$p \to r$；
如果q，那么s； 即：	$q \to s$；
或者p，或者q；	$p \lor q$；
所以，或者r，或者s。	$r \lor s$。

也可以表示为：$(p \to r) \land (q \to s) \land (p \lor q) \to r \lor s$。

由此可得出二难推理的复杂构成式的三个特点：

第一，两个假言前提的前、后件都不同；第二，选言前提的两个选言肢分别肯定两个假言前提的不同前件；第三，所得结论是选言判断且是对两个假言前提不同后件的肯定。

4.复杂破坏式

复杂破坏式是以选言前提否定两个假言前提的不同后件，从而推出否定其不同前件的结论的二难推理。因为推理运用了充分条件假言推理的否定后件式，并且其结论是一个属于复合判断的选言判断，所以该推理形式被称为二难推理的"复杂破坏式"。比如：

如果他考上研究生了，就能继续读书；
如果他找到工作了，就能开始挣钱；
他或者不能继续读书，或者不能开始挣钱；
所以，他或者没有考上研究生，或者没有找到工作。

这个二难推理中，选言前提（"他或者不能继续读书，或者不能开始挣钱"）分别否定了两个假言前提的后件（"继续读书""开始挣钱"），从而推出了否定其不同前件的结论（"他或者没有考上研究生，或者没有找到工作"），这个结论也是一个选言判断。

看下面这则故事：

丈夫买回来三斤肉，准备晚上招待客人，可是贪吃的妻子却偷偷地把肉全吃了。等丈夫发现肉没了时，便去问妻子。妻子说："肉都被那只馋猫偷吃了。"丈夫一把把猫抓过来，放在秤盘上称，发现猫正好三斤。丈夫就说："肉是三斤，猫也是三斤。如果这是肉，那么猫去哪儿了？如果这是猫，那么肉去哪儿了？"妻子无地自容。

这个故事中，丈夫责问妻子时，就是运用了二难推理的复杂破坏式：

如果秤盘上的是肉，那么猫就不在了；

如果秤盘上的是猫，那么肉就不在了；

或者猫在，或者肉在，

所以，或者秤盘上的不是肉，或者秤盘上的不是猫。

这个二难推理就是通过选言前提分别否定两个假言前提的不同后件而推出否定其不同前件的结论的。

据以上分析，二难推理的复杂破坏式的逻辑形式可以表示为：

如果p，那么r；　　　　　　　　p→r；

如果q，那么s；　　　即：　　　q→s；

或者非r，或者非s；　　　　　　￢r∨￢s；

所以，非p或者非q。　　　　　　￢p∨￢q。

也可以表示为：（p→r）∧（q→s）∧（￢r∨￢s）→（￢p∨￢q）。

由此可得出二难推理的复杂破坏式的三个特点：

第一，两个假言前提的前、后件都不同；第二，选言前提的两个选言肢分别否定两个假言前提的不同后件；第三，所得结论是选言判断且是对两个假言前提不同前件的否定。

⊙ 如何破斥错误的二难推理

由于二难推理的特殊形式及效果，往往会被人尤其是诡辩者钻空子，故意运用错误的二难推理来迷惑或反驳他人。要破斥错误的二难推理，可以从以下三个方面入手：

第一，检验推理前提是否真实。

前提包括两个假言前提和一个选言前提，只要其中任一个前提不真实，这个二难推理就是错误的。对于假言前提来说，如果假言前提不是充分条件假言前提，或者其前、后件间没有必然联系，都会造成假言前提不真实；对于选言前提来说，如果选言肢没有穷尽所有可能性，那么这个选言判断就有可能不真实。比如：

如果你知道，那么我就不应该说；（说了重复）

如果你不知道，那么我也不应该说；（说了白说）

你或者知道，或者不知道；

所以，我不应该说。

这个推理中，第二个假言前提是不真实的，因为"你不知道"并不能成为"我不应该说"的充分条件，所以这个推理是错误的。

第二，检验推理形式是否正确。

二难推理又叫假言选言推理，所以要遵循假言推理和选言推理的相关规则。而充分条件假言推理有肯定前件式和否定后件式两个有效式，如果选言前提在肯定或否定假言前提的前、后件时，运用的不是充分条件假言推理的有效式，那就可能导致错误的二难推理。比如：

如果他是凶手，那么他就有作案时间；

如果他是凶手，那么他就有作案动机；

他或者有作案时间，或者有作案动机；

所以，他是凶手。

从形式上看，这是二难推理的简单破坏式，那么选言前提就要分别否定两个假言前提的不同后件，最终推出否定其相同前件的结论。但是这个推理的选言前提却是对两个假言前提不同后件的肯定，结论也是对前件的肯定，所以是错误的。

第三，构造一个新的结构相似但结论相反的二难推理去反驳错误的二难推理。

在构造相反的二难推理时，要遵循以下四个规则：

第一，保留原二难推理假言前提的前件；第二，后件与原二难推理假言前提的后件相反；第三，列举充分的理由；第四，推出与原二难推理相反的结论。比如：

如果要反驳我们在分析"检验推理前提是否真实"的过程中所举的错误推理，就可以构造一个相反的二难推理，即：

如果你知道，那么我就应该说（可以更深入地了解）；
如果你不知道，那么我更应该说（说了就知道了）；
你或者知道，或者不知道；
所以，我应该说。

显然，这个相反的二难推理与原二难推理假言前提的前件相同；后件及结论则与之相反；其中"可以更深入地了解"和"说了就知道了"就是所列举的理由。

通过构造相反的二难推理，就可以其人之道还治其人之身，有力地反驳错误的二难推理。

根据以上分析，可知二难推理是有力的论辩武器。实际上，二难推理本就来源于古希腊的论

模态推理

⊙ 模态推理的含义

模态判断就是断定事物情况存在的必然性或可能性的判断。模态推理就是以模态判断为前提或结论，并根据模态判断的逻辑性质进行推演的推理。比如：

（1）一切事物必然处于不断的运动中，
所以，一切事物不必然不处于不断的运动中。

（2）凡是脊椎动物必然有脊椎，
爬行类动物是脊椎动物，
所以，爬行类动物必然有脊椎。

推理（1）中，前提和结论都是模态判断；推理（2）中，大前提和结论都是模态判断。所以，这两个推理都是模态推理。

⊙ 对当关系模态推理

模态判断的对当关系就是指必然肯定判断（□P）、必然否定判断（□¬P）、可能肯定判断（◇P）和可能否定判断（◇¬P）这四种模态判断间的真假关系。根据模态判断的对当关系进行的推理就是对当关系模态推理。与直言判断的对当关系直接推理一样，对当关系模态推理也要注意两个问题：

第一，对当关系模态推理应该在同一素材中进行。

第二，进行对当关系模态推理时，要在具有必然关系的模态判断之间进行，依据它们之间的真假制约关系而推理。也就是说，可以从一个真判断推出一个假判断，也可以从一个假判断推出一个真判断；或者从一个真判断推出另一个真判断，从一个假判断推出另一个假判断。但是若所推出的另一个判断真假不定，那么就不能进行对当关系模态推理。

1. 反对关系模态推理

反对关系模态推理就是在具有反对关系的模态判断之间进行的推理。在模态判断的对当关系中，必然肯定判断（□P）、必然否定判断（□¬P）具有反对关系。根据反对关系的逻辑性质可知，其中一个判断为真时，另一个必为假；其中一个为假时，另一个却真假不定。所以，我们可进行如下推理：

由□P真推出□¬P假或由□¬P真推出□P假。比如：

（1）人必然有生老病死，
所以，并非人必然没有生老病死。

（2）客观规律必然不以人的意志为转移，
所以，并非客观规律必然以人的意志为转移。

推理（1）由□P真推出□¬P假。由此可知，"必然P"可以推出"并非必然非P"，即：

□P→¬□¬P。

推理（2）由□¬P真推出□P假。由此可知，"必然非P"可以推出"并非必然P"，即：□¬P→¬□P。

2.从属关系模态推理

从属关系模态推理就是在具有从属关系的模态判断之间进行的推理。因为从属关系也叫等差关系，所以从属关系模态推理也叫等差关系模态推理。在模态判断的对当关系中，必然肯定判断（□P）和可能肯定判断（◇P）之间、必然否定判断（□¬P）和可能否定判断（◇¬P）之间具有从属关系。根据从属关系的逻辑性质可知，□P真则◇P真，◇P假则□P假；□P假或◇P真，则另一个真假不定。同样，□¬P真则◇¬P真，◇¬P假则□¬P假；□¬P假或◇¬P真，则另一个真假不定。所以，我们可进行如下推理：

由□P真推出◇P真或由◇P假推出□P假。比如：

（1）人必然有生老病死，

所以，人可能有生老病死。

（2）并非客观规律可能以人的意志为转移，

所以，并非客观规律必然以人的意志为转移。

推理（1）由□P真推出◇P真。由此可知，"必然P"可以推出"可能P"，即：□P→◇P。

推理（2）由◇P假推出□P假。由此可知，"并非可能P"可以推出"并非必然P"，即：¬◇P→¬□P

由□¬P真则◇¬P真或◇¬P假则□¬P假。比如：

（1）老年人的精力必然不如年轻人，

所以，老年人的精力可能不如年轻人。

（2）并非李白可能不是唐朝人，

所以，并非李白必然不是唐朝人。

推理（1）由□¬P真则◇¬P真。由此可知，"必然非P"可以推出"可能非P"，即：□¬P→◇¬P。

推理（2）◇¬P假则□¬P假。由此可知，"并非可能非P"可以推出"并非必然非P"，即：¬◇¬P→¬□¬P。

3.矛盾关系模态推理

矛盾关系模态推理就是在具有矛盾关系的模态判断之间进行的推理。在模态判断的对当关系中，必然肯定判断（□P）和可能否定判断（◇¬P）之间、必然否定判断（□¬P）和可能肯定判断（◇P）之间具有矛盾关系。根据矛盾关系的逻辑性质可知，具有矛盾关系的直言判断不能同真，也不能同假，即其中一个判断为真时，另一个必为假；其中一个为假时，另一个必为真。所以，我们可进行如下推理：

由□P真推出◇¬P假或由□P假推出◇¬P真。比如：

（1）人必然有生老病死，

所以，并非人可能没有生老病死。

（2）并非客观规律必然以人的意志为转移，

所以，客观规律可能不以人的意志为转移。

推理（1）由□P真推出◇¬P假。由此可知，"必然P"可以推出"并非可能非P"，即：□P→¬◇¬P。

推理（2）由□P假推出◇¬P真。由此可知，"并非必然P"可以推出"可能非P"，即：¬□P→◇¬P。

由◇¬P真推出□P假或由◇¬P假推出□P真。比如：

（1）老年人的精力可能不如年轻人，
　　　所以，并非老年人的精力必然如年轻人。
（2）并非李白可能不是唐朝人，
　　　所以，李白必然是唐朝人。

推理（1）由◇¬P真推出□P假。由此可知，"可能非P"可以推出"并非必然P"，即：◇¬P→¬□P。

推理（2）由◇¬P假推出□P真。由此可知，"并非可能非P"可以推出"必然P"，即：¬◇¬P→□P。

由□¬P真推出◇P假，由□¬P假推出◇P真；由◇P真推出□¬P假，由◇P假推出□¬P真。根据上一组矛盾关系的分析，对□¬P和◇P的真假关系进行分析可得出如下结论：

由"必然非P"可以推出"并非可能P"，即：□¬P→¬◇P；
由"并非必然非P"可以推出"可能P"，即：¬□¬P→◇P；
由"可能P"可以推出"并非必然非P"，即：◇P→¬□¬P；
由"并非可能P"可以推出"必然非P"，即：¬◇P→□¬P。

根据以上对矛盾关系模态推理的分析，可以得出以下四个等值推理：
（1）□P←→¬◇¬P；（2）¬□P←→◇¬P；（3）□¬P←→¬◇P；（4）¬□¬P←→◇P。

4.下反对关系模态推理

下反对关系模态推理就是在具有下反对关系的模态判断之间进行的推理。在模态判断的对当关系中，可能肯定判断（◇P）和可能否定判断（◇¬P）具有下反对关系。根据下反对关系的逻辑性质可知，其中一个判断为真时，另一个真假不定；其中一个为假时，另一个则必为真。所以，我们可进行如下推理：

由◇P假推出◇¬P真或由◇¬P假推出◇P真。比如：

（1）并非客观规律可能以人的意志为转移，
　　　所以，客观规律可能不以人的意志为转移。
（2）并非李白可能不是唐朝人，
　　　所以，李白可能是唐朝人。

推理（1）由◇P假推出◇¬P真。由此可知，"并非可能P"可以推出"可能非P"，即：¬◇P→◇¬P。

推理（2）由◇¬P假推出◇P真。由此可知，"并非可能非P"可以推出"可能P"，即：¬◇¬P→◇P。

由上面的对当关系模态推理的分析可知它共有16个有效式。

⊙偶然判断与实然判断的模态推理

1.偶然判断模态推理

顾名思义，"偶然"就是可能发生，也不可能不发生。它可以通过"必然"与"可能"两个概念来定义，即：

（1）"偶然P"等值于"可能P，也可能非P"。

这就是说，"偶然P"可以推出"可能P，也可能非P"，"可能P，也可能非P"也可以推出"偶然P"。

（2）"偶然P"也等值于"不必然P，也不必然非P"。

同样，"偶然P"可以推出"不必然P，也不必然非P"，"不必然P，也不必然非P"也可以推出"偶然P"。

偶然判断就是断定事物情况存在的偶然性的模态判断，或者说是断定事物情况可能存在也可能不存在的模态判断。偶然判断中一般都含有"偶然"这个词。比如：

（1）他的彩票偶然中了奖。

（2）他考上研究生是偶然的。

根据偶然判断的逻辑性质以及其与必然判断和可能判断的关系进行的推理就是偶然判断模态推理。比如：

（1）他的彩票偶然中了奖，

所以，他的彩票可能中奖，也可能不中奖。

（2）他考上研究生是偶然的，

所以，他不必然考上研究生，也不必然考不上研究生。

推理（1）是根据偶然判断与可能判断之间的关系来推理的，即："偶然P"等值于"可能P，也可能非P。"其推理形式可以这样来表示：

偶然P ←→（◇P∧◇¬P）。

推理（2）是根据偶然判断与必然判断之间的关系来推理的，即："偶然P"等值于"不必然P，也不必然非P。"其推理形式可以这样来表示：

偶然P ←→（¬□P∧¬□¬P）。

2.实然判断模态推理

实然判断是断定事物情况存在的实然性的模态判断，或者说是断定事物情况确实存在或确实不存在的模态判断。但是，实然判断中一般并不含有"实然"一词。其公式即为：S是（不是）P，可以简单地表示为"P（非P）"。

根据实然判断和必然判断与可能判断的关系可知，如果"必然P"真，那么"P"必真；如果"必然非P"真，那么"非P"也必真；如果"P"真，那么"可能P"必真；如果"非P"真，那么"可能非P"必真。反之则不然。

根据实然判断的逻辑性质以及其与必然判断和可能判断的关系进行的推理就是实然判断模态推理。

1.由□P真推出P真或由□¬P真推出¬P真。比如：

（1）人必然有生老病死，　　　　　（2）客观规律必然不以人的意志为转移，

所以，人有生老病死。　　　　　　所以，客观规律不以人的意志为转移。

推理（1）由□P真推出P真。由此可见，"必然P"可以推出"P"，即：□P→P。

推理（2）由□¬P真推出非P真。由此可见，"必然非P"可以推出"非P"，即：□¬P→¬P。

从这两个推理中可以看出，"P"仅仅断定了"P"，"必然P"却同时断定了"P"和"必然"，所以"必然P"比"P"断定得多；"非P"仅仅断定了"非P"，"必然非P"却同时断定了"非P"和"必然"，所以"必然非P"比"非P"断定得多。由此可知，必然判断比实然判断断定得要多。

2.由P真推出◇P真或由¬P真推出◇¬P真。比如：

（1）人有生老病死，　　　　　　　（2）客观规律不以人的意志为转移，

所以，人可能有生老病死。　　　　所以，客观规律可能不以人的意志为转移。

推理（1）由P真推出◇P真。由此可知，"P"可以推出"可能P"，即：P→◇P。

推理（2）由¬P真推出◇¬P真。由此可知，"非P"可以推出"可能非P"，即：¬P→◇¬P。

从这两个推理中可以看出，"可能P"仅仅断定"P"的"可能"，而"P"既断定"P"，又包含着对其"可能"的断定，所以"P"比"可能P"断定得多；"可能非P"仅仅断定"非P"的"可能"，而"非P"既断定"非P"，又包含着对其"可能"的断定，所以"非P"比"可能非P"断定得多。由此可知，实然判断比可能判断断定得要多。

因为必然判断比实然判断断定得要多，实然判断比可能判断断定得要多，所以可以从必然推出实然，从实然推出可能。也就是说，断定某事物情况必然存在，即可断定其存在，断定其存在，即可断定其可能存在。但是，若要反过来推理，则是不通的。

模态三段论

⊙ 模态三段论的含义

顾名思义，模态三段论就是以模态判断作为前提或结论的三段论。与非模态三段论相比，模态三段论中都含有模态词。所以，也可以说模态三段论就是在非模态三段论中引入模态词而构成的三段论。比如：

(1) 新事物必然代替旧事物，
　　所有符合生产力发展的事物必然是新事物，
　　所以，所有符合生产力发展的事物必然代替旧事物。

(2) 所有的小学生都可能学英语，
　　张明可能是小学生，
　　所以，张明可能学英语。

上面两个推理中，大、小前提和结论都是模态判断，所以都是模态三段论。不同的是，推理(1)中的模态词是"必然"，所以是必然模态三段论；推理(2)中的模态词是"可能"，所以是可能模态三段论。

需要注意的是，模态三段论不但要遵循三段论的所有规则，还要符合模态判断的有关逻辑性质。只有这样，才能进行正确的模态三段论推理。

根据作为大、小前提的模态判断的不同，模态三段论可以分为必然模态三段论、可能模态三段论和必然、可能相结合的模态三段论。

⊙ 模态三段论的种类

1. 必然模态三段论

必然模态三段论就是以必然判断作为前提或结论的模态三段论，或者在三段论中引入"必然"这一模态词的模态三段论，简称为"必然三段论"。它大体可分为两种形式：两个必然判断为前提构成的必然模态三段论和一个必然判断、一个实然判断为前提构成的必然模态三段论。

以两个必然判断为前提

这种必然模态三段论的特点是以必然判断作为大、小前提并推出一个新的必然判断作为结论。两个必然肯定前提推出的结论是肯定的，一个必然否定前提和一个必然肯定前提推出的结论则是否定的。根据三段论的规则，两个前提是不能同时否定的，所以不能以两个必然否定判断为前提。其逻辑形式可以表示为：

(1) 所有的M必然是P，　　　　(2) 所有的M必然不是P，
　　所有的S必然是M，　　　　　　 所有的S必然是M，
　　所以，所有的S必然是P。　　　 所以，所有的S必然不是P。

这是三段论第一格的形式，所以它要遵循第一格的规则。形式(1)中，所有的S属于M且具有必然关系，而所有的M又属于P且具有必然关系，所以所有的S必然属于P。形式(2)中，所有的S属于M且具有必然关系，而所有的M不属于P且具有必然关系，所以所有的S也必然不属于P。比如：

(1) 新事物(M)必然代替旧事物(P)，
　　所有符合生产力发展的事物(S)必然是新事物(M)，
　　所以，所有符合生产力发展的事物(S)必然代替旧事物(P)。

(2) 人(M)必然不是十全十美的(P)，
　　小林(S)必然是人(M)，
　　所以，小林(S)必然不是十全十美的(P)。

以一个必然判断、一个实然判断为前提

这种必然模态三段论的特点是以一个必然判断和一个实然判断分别作为大、小前提并推出一个新的必然判断或实然判断作为结论。必然判断可作为大前提，也可作为小前提，可以肯定，也

可以否定；实然判断亦然。这样就可以得出多种不同的形式，这里只介绍第一格的两种形式。即：

(1) 所有的M必然是P，　　　　　　(2) 所有的M不是P，
　　所有的S是M，　　　　　　　　　　所有的S必然是M，
　　所以，所有的S必然是P。　　　　　所以，所有的S不是P。

形式（1）中，所有的M属于P且具有必然关系，所有的S与M则没有必然关系，但是所有的S却真包含于M，所以所有的S必属于P且具有必然关系；形式（2）中，所有的S属于M且具有必然关系，那么，"必然M"就可以推出"M"。但所有的M与P不具有必然关系，所以所有的S与P也只能是不必然关系。比如：

(1) 新事物（M）必然代替旧事物（P），
　　所有符合生产力发展的事物（S）是新事物（M），
　　所以，所有符合生产力发展的事物（S）必然代替旧事物（P）。

(2) 人（M）不是十全十美的（P），
　　小林（S）必然是人（M），
　　所以，小林（S）不是十全十美的（P）。

2.可能模态三段论

可能模态三段论就是以可能判断作为前提或结论的模态三段论，或者在三段论中引入"可能"这一模态词的模态三段论，简称为"可能三段论"。它大体上也可分为两种形式：两个可能判断为前提构成的可能模态三段论和一个可能判断、一个实然判断为前提构成的可能模态三段论。

以两个可能判断为前提

这种可能模态三段论的特点是以可能判断作大、小前提并推出一个新的可能判断作结论。与必然模态三段论一样，两个肯定前提推出的结论也是肯定的，一个否定前提和一个肯定前提推出的结论也是否定的。其逻辑形式可以表示为：

(1) 所有的M可能是P，　　　　　　(2) 所有的M可能不是P，
　　所有的S可能是M，　　　　　　　　所有的S可能是M，
　　所以，所有的S可能是P。　　　　　所以，所有的S可能不是P。

形式（1）中，所有的S属于M且具有可能关系，所有的M属于P且具有可能关系，所以所有的S可能属于P；形式（2）中，所有的S属于M且具有可能关系，所有的M不属于P且具有可能关系，所以所有的S不属于P且具有可能关系。比如：

(1) 所有的小学生（M）都可能学英语（P），
　　张明（S）可能是小学生（M），
　　所以，张明（S）可能学英语（P）。

(2) 下周（M）他可能都没有时间（P），
　　24日到30日（S）都属于下周（M），
　　所以，24日到30日（S）他可能都没有时间（P）。

以一个可能判断、一个实然判断为前提

这种可能模态三段论的特点是以一个可能判断和一个实然判断分别作为大、小前提并推出一个新的可能判断作为结论。它也包括多种不同的形式，这里只介绍第一格的两种形式。即：

(1) 所有的M可能是P，　　　　　　(2) 所有的M不是P，
　　所有的S是M，　　　　　　　　　　所有的S可能是M，
　　所以，所有的S可能是P。　　　　　所以，所有的S可能不是P。

形式（1）中的结论为可能判断是容易理解的，需要指出的是形式（2）中的结论也是可能判断，这就与相同形式下的必然模态三段论所推出的结论有所不同。这是因为实然判断可以推出可能判断，但可能判断不能推出实然判断。所以，形式（2）中，所有的S可能是M，而"可能M"推不出"M"，因此所有的S与P只能是可能关系。比如：

(1) 所有的小学生（M）都可能学英语（P），
　　张明（S）是小学生（M），
　　所以，张明（S）可能学英语（P）。

(2) 下周（M）他没有时间（P），
　　24日到30日（S）都属于下周（M），
　　所以，24日到30日（S）他可能都没有时间（P）。

3.必然可能模态三段论

必然可能模态三段论就是以必然判断和可能判断作为前提推出一个新的可能判断作为结论的模态三段论，简称为"必然可能三段论"。需要说明的是，必然可能模态三段论的结论一定是可能判断，不会是必然判断。简单地说，它包括两种形式：

以必然判断作为大前提，以可能判断作为小前提

这种形式是以必然判断作为大前提、以可能判断作为小前提，从而推出一个新的可能判断作为结论的模态三段论。其逻辑形式为：

(1) 所有的M必然是P，　　　　　　(2) 所有的M必然不是P，
　　所有的S可能是M，　　　　　　　　所有的S可能是M，
　　所以，所有的S可能是P。　　　　　所以，所有的S可能不是P。

形式（1）中，所有的S属于M且具有可能关系，而可能判断推不出必然判断，即"可能M"推不出"M"，所以所有的S与P也只能是可能关系；形式（2）亦然。比如：

(1) 七言绝句必然有四句，　　　　(2) 犯罪行为必然不被法律认可，
　　这首诗可能是七言绝句，　　　　　他这种行为可能是犯罪行为，
　　所以，这首诗可能有四句。　　　　所以，他这种行为可能不被法律认可。

以可能判断作为大前提，以必然判断作为小前提

这种形式是以可能判断作为大前提、以必然判断作为小前提，从而推出一个新的可能判断作为结论的模态三段论。其逻辑形式为：

(1) 所有的M可能是P，　　　　　　(2) 所有的M可能不是P，
　　所有的S必然是M，　　　　　　　　所有的S必然是M，
　　所以，所有的S可能是P。　　　　　所以，所有的S可能不是P。

形式（1）中，所有的S属于M且具有必然关系，但所有的M与P则具有可能关系，那么，S作为M的一部分只能与P具有可能关系；形式（2）亦然。比如：

(1) 这个宿舍的人可能会踢足球，　　(2) 酒可能不益于身体，
　　他必然是这个宿舍的人，　　　　　这瓶东西是酒，
　　所以，他可能会踢足球。　　　　　所以，这瓶东西可能不益于身体。

⊙ **模态三段论的特点**

从上面对模态三段论的分析可知模态三段论具有以下几个特点：

第一，它遵循三段论的一切规则；

第二，模态三段论都是由两个已知前提推出一个新的结论；

第三，作为前提的两个判断包含一个共同概念，而且至少有一个前提包含模态词；

第四，推理前提蕴含着结论，只要大、小前提真实，并按照三段论规则进行正确推理，那么就必然能得出结论；

第五，如果模态三段论的前提是两个必然判断，则结论可以是必然判断；如果它的前提是两个或包含一个可能判断，则结论只能是可能判断；

第六，由大前提和小前提推出结论的过程是由一般到个别、特殊的演绎推理过程。

需要特别注意的是，模态三段论是相当复杂的一种推理形式，我们上面所介绍的几种都是其在第一格中的形式，所举例子也遵循第一格的规则。它与直言三段论一样，在不同的格中也会有

不同的式。要进行有效的模态三段论推理，就必须先清楚它属于哪一格，然后在遵循那一格规则的前提下进行推演。

复合模态推理

以复合判断为前提推出结论的推理就是复合判断推理。那么，复合模态推理就是在复合判断推理中引入模态词而构成的模态推理。这就要求，在进行复合模态推理时，不但要遵循模态推理的有关规则，还要遵循复合判断推理的有关规则。复合判断推理包括联言推理、选言推理和假言推理等，那么复合模态推理也可以分为联言模态推理、选言模态推理和假言模态推理等。

⊙ 联言模态推理

联言模态推理就是在联言推理中引入模态词，并根据联言推理和模态推理的性质进行推演的复合模态推理。因为模态词包括"必然"和"可能"两种，联言模态推理也可以分为两种形式来讨论。

1.在联言推理中引入模态词"必然"

这种形式是在联言推理中引入模态词"必然"而构成的联言模态推理。根据联言推理和模态推理的逻辑性质可知，断定一个联言判断所表示的事物情况"必然"存在就是断定该联言判断的所有联言肢所表示的事物情况"必然"存在。这是因为，断定一个联言判断为真，则断定其所有联言肢为真。因此，"必然（p并且q）"可以推出"必然p并且必然q"。比如：

（1）柳永和苏东坡必然都是宋朝人，
    所以，柳永必然是宋朝人并且苏东坡必然是宋朝人。
（2）小花必然是一个温柔并且善良的女孩子，
    所以，小花必然是一个温柔的女孩子并且小花必然是一个善良的女孩子。

这两个推理都是联言模态推理。其推理形式可以表示为：

必然（p并且q）→必然p并且必然q，即：必然（p∧q）→必然p∧必然q。

反之，断定一个联言判断的所有联言肢所表示的事物情况"必然"存在就是断定该联言判断所表示的事物情况"必然"存在。这是因为，当且仅当所有联言肢都为真时，联言判断才为真。因此，"必然p并且必然q"可以推出"必然（p并且q）"。比如："柳永必然是宋朝人并且苏东坡必然是宋朝人"就可以推出"柳永和苏东坡必然都是宋朝人"。其推理形式可以表示为：

必然p并且必然q→必然（p并且q），即：必然p∧必然q→必然（p∧q）。

由此可知，"必然（p并且q）"和"必然p并且必然q"具有等值关系，即：

必然（p∧q）⟷必然p∧必然q。

2.在联言推理中引入模态词"可能"

这种形式是在联言推理中引入模态词"可能"而构成的联言模态推理。根据联言推理和模态推理的逻辑性质可知，断定联言判断所表示的事物情况"可能"存在就是断定该联言判断的所有联言肢所表示的事物情况"可能"存在。这是因为，断定一个联言判断可能为真，也就可以断定其所有联言肢可能为真。因此，"可能（p并且q）"可以推出"可能p并且可能q"。比如：

（1）可能华生是医生并且是军人，
    所以，华生可能是医生并且华生可能是军人。
（2）可能近朱者赤并且近墨者黑，
    所以，近朱者可能赤并且近墨者可能黑。

其推理形式可以表示为：

"可能（p并且q）"→"可能p并且可能q"，即：可能（p∧q）→可能p∧可能q。

但是，断定一个联言判断的所有联言肢所表示的事物情况"可能"存在却并不等于断定该联言判断所表示的事物情况"可能"存在。这是因为，断定一个联言判断的所有联言肢可能为真，也就是断定它们可能不全为真，只要有一个联言肢为假，该联言判断也必为假。因此，"可能p并且可能q"不能推出"可能（p并且q）"。比如："天气预报说，明天可能是晴天，也可能是阴天"不能推出"天气预报说，可能明天是晴天并且是阴天"。

⊙ 选言模态推理

选言模态推理就是在选言推理中引入模态词，并根据选言推理和模态推理的性质进行推演的复合模态推理。选言模态推理也可以分为两种形式。

1.在选言推理中引入模态词"必然"

这种形式是在选言推理中引入模态词"必然"而构成的选言模态推理。根据选言推理和模态推理的逻辑性质可知，断定一个选言判断的所有选言肢所表示的事物情况"必然"存在就是断定该选言判断所表示的事物情况"必然"存在。这是因为，如果断定一个选言判断的所有选言肢为真，那么该选言判断也必为真。因此，"必然p或者必然q"可以推出"必然（p或者q）"。比如：

（1）刘德华必然是歌手或者刘德华必然是演员，
　　　所以，刘德华必然是歌手或者演员。

（2）这次比赛必然是蓝队获胜或者必然是红队获胜，
　　　这次比赛必然是蓝队或者红队获胜。

其推理形式可以表示为：

必然p或者必然q→必然（p或者q），即：必然p∨必然q→必然（p∨q）。

事实上，"必然p或者必然q"蕴含着"必然（p或者q）"。但是，反过来，断定一个选言判断所表示的事物情况"必然"存在却不等于断定该选言判断的所有选言肢所表示的事物情况"必然"存在。这是因为，断定一个选言判断为真，可以断定其选言肢至少有一个为真，但却不能断定其所有选言肢都为真。选言判断的这种逻辑性质决定了"必然（p或者q）"不能推出"必然p或者必然q"。

2.在选言推理中引入模态词"可能"

这种形式是在选言推理中引入模态词"可能"而构成的选言模态推理。根据选言推理和模态推理的逻辑性质可知，断定一个选言判断的所有选言肢所表示的事物情况"可能"存在就是断定该选言判断所表示的事物情况"可能"存在。这是因为，如果断定一个选言判断的所有选言肢可能为真，那么该选言判断也可能为真。因此，"可能p或者可能q"可以推出"可能（p或者q）"。比如：

（1）病人发烧，可能是感冒，也可能是其他炎症，
　　　病人发烧，可能是感冒或者其他炎症。

（2）明天可能是晴天，也可能是阴天，
　　　所以，明天可能是晴天或者阴天。

其推理形式可以表示为：

"可能p或者可能q"→"可能（p或者q）"，即：可能p∨可能q→可能（p∨q）。

反之，断定一个选言判断所表示的事物情况"可能"存在也可以断定该选言判断的所有选言肢所表示的事物情况"可能"存在。这是因为，"可能"不等于"必然"，任何一个选言肢都为真则该选言判断为真，那么断定一个选言判断可能为真，也可以断定其所有选言肢都有为真的可能。因此，"可能（p或者q）"可以推出"可能p或者可能q"，比如："明天可能是晴天或者阴天"就可以推出"明天可能是晴天，也可能是阴天"。其推理形式可以表示为：

"可能（p或者q）"→"可能p或者可能q"，即可能（p∨q）→可能p∨可能q。

由此可知，"可能（p或者q）"和"可能p或者可能q"是等值的，即

可能（p∨q）⟷可能p∨可能q。

⊙ 假言模态推理

假言模态推理就是在假言推理中引入模态词，并根据假言推理和模态推理的性质进行推演的

复合模态推理。它也包括两种形式。

1.充分条件假言模态推理

这种形式是在充分条件假言推理中引入模态词"必然"而构成的假言模态推理，即："必然（如果p，那么q）"可以推出"不可能（p并且非q）"。比如：

（1）必然如果他是凶手，那么他就一定有作案时间，
　　　所以，不可能他是凶手并且一定没有作案时间。
（2）必然一旦河堤决口，后果不堪设想，
　　　所以，不可能河堤决口并且后果没有不堪设想。

其推理形式可以表示为：

必然（如果p，那么q）→不可能（p并且非q），即必然（p→q）→不可能（p∧¬q）。

反之，"不可能（p并且非q）"也可以推出"必然（如果p，那么q）"，比如上面两个例子都可以反推。再比如：

不可能张三再迟到并且老板不炒他鱿鱼，
所以，如果张三再迟到，老板就要炒他鱿鱼。

其推理形式可以表示为：

不可能（p并且非q）→必然（如果p，那么q），即不可能（p∧¬q）→必然（p→q）。

由此可知，"必然（如果p，那么q）"和"不可能（p并且非q）"是等值的，即
必然（p→q）←→不可能（p∧¬q）。

2.必要条件假言模态推理

这种形式是在必要条件假言推理中引入模态词"必然"而构成的假言模态推理，即"必然（只有p，才q）"可以推出"不可能（非p并且q）"。比如：

（1）必然只有不畏艰难，才能取得成功，
　　　所以，不可能畏惧艰难并且还能取得成功。
（2）必然只有入虎穴，才能得虎子，
　　　所以，不可能不入虎穴并且还能得虎子。

其推理形式可以表示为：

必然（只有p，才q）→不可能（非p并且q），即必然（p←q）→不可能（¬p∧q）。

反之，"不可能（非p并且q）"也可以推出"必然（只有p，才q）"，比如上面两个例子都可以反推。再比如：

不可能外语不纯熟并且还能做翻译，
所以，只有外语纯熟，才能做翻译。

其推理形式可以表示为：

不可能（非p并且q）→必然（只有p，才q），即不可能（¬p∧q）→必然（p←q）。

由此可知，"必然（只有p，才q）"和"不可能（非p并且q）"是等值的，即
必然（p←q）←→不可能（¬p∧q）。

复合模态推理是比较复杂的一种推理形式，上面关于复合模态推理的介绍，也只是联言模态推理、选言模态推理和假言模态推理的基本形式。需要注意的是，不管进行任何形式的复合模态推理，都要遵循推理的有关规则。

在本章，我们主要讨论了各类演绎推理的规则、形式和应用。作为一种重要的思维形式，演绎推理不管是在研究领域还是日常生活中，都发挥着积极的作用。

猜测与演绎推理

本章我们主要讨论了演绎推理的逻辑思维形式，比如三段论、假言推理、选言推理等。亚里

士多德认为，演绎推理是"结论可以从前提的已知事实'必然的'得出的推理"。演绎推理的共同特征是，从一般到个别的，并且其结论所断定的范围不超出前提断定的范围。所以，演绎推理又可以定义为结论在普遍性上不大于前提的推理，或"结论在确定性上，同前提一样"的推理。三段论一般由大、小前提和结论三部分构成，其中大前提是指一般性的认识或规律，小前提则是指个别性认识或对象，由大、小前提推出结论的过程就是由一般到个别的过程。可以说，三段论推理是最为常用的演绎推理形式，因此也有人把演绎推理称为三段论推理。

猜测是猜度、推测的意思，是凭某些线索或想象进行推断。在逻辑学中，猜测就是人们以现有知识为基础，通过对问题的分析、归纳，或将其与有类似关系的特例进行比较、分析，通过判断、推理对问题结果作出的估测。在科学研究上，猜测有着重要意义。比如在数学上，猜测可以说是数学理论的胚胎，许多伟大的数学家都是通过猜测发现了别人不曾发现的真理。

猜测在推理中的作用是不言而喻的，甚至可以说推理就是伴随着猜测而生的，而演绎推理与猜测的关系尤其密切。虽然人们在猜测时不一定会采用规范的演绎推理形式，但其中却无不体现着演绎推理的精髓。

有一篇文章对马王堆一号汉墓中发现的女尸的死因进行了推测。其中有一段话是这样写的：

女尸年龄约五十岁左右，皮下脂肪丰满，并无高度衰老现象，不可能是自然死亡。经仔细检查，也未见任何暴力造成的致死创伤，故推测当是病死。但女尸营养状况良好，皮肤未见久卧病床后常见的痔疮，也未见慢性消耗疾病的证据，而且消化道内还见到甜瓜子。这些情况表明，墓主当系因某种急性病或慢性病急性发作，在进食甜瓜后不久死亡。

事实上，这段话就是运用演绎推理对其死因进行推测的：

（1）如果是自然死亡，那么她的皮下脂肪就会衰竭且有高度衰老现象，
　　　她的皮下脂肪没有衰竭且无高度衰老现象，
　　　所以，她不是自然死亡。

（2）如果是暴力致死，她身上就会有暴力造成的创伤，
　　　她身上没有暴力造成的创伤，
　　　所以，她不是暴力致死。

（3）她或者是自然死亡，或者是暴力致死，或者是病死，
　　　她不是自然死亡，也不是暴力致死，
　　　所以，她是病死。

上面三个推理中，前两个都是充分条件假言推理，第三个是选言推理。通过这三个推理，得出了墓主是病死的结论。虽然三个推理的前提都是建立在猜测基础上的，但却都是符合客观事实的，所以都为真。那么，因此推出的结论也就是真的。

（4）如果是慢性疾病致死，她的营养状况就会不好且有慢性消耗病的证据(比如痔疮)，
　　　她的营养状况没有不好且没有慢性消耗病的证据，
　　　所以，她不是慢性疾病致死。

（5）凡病死的人，要么是慢性疾病致死，要么是急性疾病（含慢性病急性发作）致死，
　　　不是慢性疾病致死，
　　　所以，是急性疾病（含慢性病急性发作）致死。

在通过充分条件假言推理（4）和选言推理（5）的分析后，得出了墓主是因急性疾病或慢性病急性发作而死的结论。因为前提真实，所以其结论是可信的。

事实上，最为广泛的运用猜测进行推理的还是在刑事侦查中。刑事侦查是指研究犯罪和抓捕罪犯的各种方法的总和。刑事侦查员要力求查明罪犯使用的方法、犯罪的动机和罪犯本人的身份。在这个过程中，对案发现场进行详细勘察后，再根据各种线索对犯罪嫌疑人的特征进行推测无疑是重要的破案方法。众所周知的福尔摩斯无疑就是根据案发现场的各种细微线索进行推测，从而找出犯罪嫌疑人的高手。他曾说："一个逻辑学家不需要亲眼见到或听说过大西洋或尼亚加

拉瀑布，他能从一滴水推测出它的存在。"

电视剧《荣誉》中有这么一个情节：

临近春节的一个晚上，公安局接到报案，一个村子的一台重达三百多斤的发电机被盗，林敬东迅速带人赶往现场。对现场仔细勘察后，林敬东确认了盗窃发电机的嫌疑人的特征。经过排除后，确定了赵永力和赵永强兄弟俩的嫌疑最大。但是，经验证，雪地上留下的脚印并非赵永强的而是赵永力的。但林敬东坚持认为案犯一定是他们兄弟俩，他解释说："第一，下雪天偷东西，一定不是惯偷，是初犯。惯偷知道下雪留脚印，不出门，初犯才不知道深浅；第二，过年偷东西，家里一定不富裕，一准儿是真缺钱花，家里还可能有病人；第三，那电机三百多斤重，他一个穷小子，穷得饭都吃不饱，没人帮忙，咋弄走？"

在这里，林敬东进行猜测时也运用了演绎推理：

（1）凡惯犯都不会在雪天行窃，
　　　他们在雪天行窃，
　　　所以，他们不会是惯犯。

（2）如果家里富裕，不缺钱花，就不会在过年时偷东西，
　　　他们在过年时偷东西，
　　　所以，他们家里不富裕。

（3）如果没有帮手，他就不能偷走三百多斤重的电机，
　　　他偷走了三百多斤重的电机，
　　　所以，他有帮手。

这三个推理中，第一个推理是直言三段论推理，后两个推理则是充分条件假言推理。需要注意的是，虽然这三个推理从形式上看无懈可击，但其大前提都有着一定的问题。因为在这三个大前提断定的事物情况中，都有出现例外的可能。也就是说，其前提不必然为真，因此其结论也就不必然为真。比如，推理（3）中，如果存在仅凭一人之力就扛动电机的人，那么该推理就是错误的。事实上，电视剧中的确是赵永力一个人偷走电机的，并且他还当众证明了一个人就能扛动电机的事实。

这就涉及到猜测的准确性问题。其实，猜测本身就存在着意外的可能。因为，猜测虽然是在经验的基础上并依据了一定的事实进行的，但是毕竟都是理论上的可能性。不管可能性有多大，都不等于事实。仅凭猜测断定事实就是把偶然性当做了必然性，把可能情况当做了必然事实。

风靡全球的美国电视剧《Lietome》（中文译名《别对我说谎》或《千谎百计》）中，主人公Lightman博士就是根据人脸上出现的细微表情和身体其他部位的细微动作来确定其真实情绪或态度的。比如，嘴角单侧上扬表示轻视；笑时只有嘴和脸颊变化，而没有眼睛的闭合动作就表示是假笑；不经意地耸肩、搓手或者扬起下嘴唇则表示说谎，等等。这种根据人的细微表情或细微反应判断人的真实情绪或态度的方法都是通过猜测进行的演绎推理来实现的。比如：

如果一个人没有不经意地耸肩、搓手或者扬起下嘴唇，就表示他没有说谎，
他说谎了，
所以，他有不经意地耸肩、搓手或者扬起下嘴唇。

不可否认，这种观察或者判断是建立在一定的实际经验和科学研究的基础上的。但是，同样不可否认，仅凭这些细微表情就完全断定一个人的真实情绪或态度也是缺乏可靠性的。或许，将其作为一种参考或者辅助性手段才是恰当的选择。

那么，如何提高依据猜测进行推理而得出的结论的可靠性呢？答案是实事求是。只有坚持实事求是的态度，根据客观实际来进行猜测、判断、推理，才能尽可能地得到可靠的结论。正如林敬东告诫自己的："别以为自己什么都成，尊重事实，才能无案不破。"

第五章

归纳逻辑思维

什么是归纳推理

《韩诗外传》中记载有这么一个故事：

魏文侯问狐卷子曰："父贤足恃乎？"对曰："不足。""子贤足恃乎？"对曰："不足。""兄贤足恃乎？"对曰："不足。""弟贤足恃乎？"对曰："不足。""臣贤足恃乎？"对曰："不足。"文侯勃然作色而怒曰："寡人问此五者于子，一一以为不足者，何也？"对曰："父贤不过尧，而丹朱（尧之子）放（流放）；子贤不过舜，而瞽瞍（舜之父）拘（拘禁）；兄贤不过舜，而象（舜之弟）傲（傲慢）；弟贤不过周公，而管叔（周公之兄）诛；臣贤不过汤、武，而桀、纣伐（被讨伐）。望人者不至，恃人者不久。君欲治，从身始，人何可恃乎？"

在这则故事中，魏文侯向狐卷子连续发问父、子、兄、弟和臣子是否足以依靠，狐卷子均答曰"不足"，并通过一系列不可否认的事实证明了自己的观点，最后得出"君欲治，从身始，人何可恃乎"的结论。这就是归纳推理的运用。

⊙ 归纳推理的含义

归纳推理就是以个别性认识为前提推出一般性认识为结论的推理。个别就是单个的、特殊的事物，一般则是与个别相对的、普遍性的事物。个别与一般相互联结，一般存在于个别之中。个别和一般是相互依存、不可分割的。从一般的、特殊的认识推出一般的、普遍的认识，是人们认识事物的重要途径，也是归纳推理的基础。比如，"云彩往南水连连，云彩往北一阵黑；云彩往东一阵风，云彩往西披蓑衣"就是人们根据云彩运动方向的不同而归纳出来的天气情况；"能被2整除的数是偶数，不能被2整除的数是奇数"是根据数与2是否整除的关系归纳出的偶数和奇数的性质。再比如：

汉语是中国人最重要的交际工具，

英语是英、美等国人最重要的交际工具，

德语是德国人最重要的交际工具，

俄语是俄罗斯人最重要的交际工具，

……

（汉语、英语、德语、俄语等是语言的部分对象），

所以，语言是人类最重要的交际工具。

上面这个推理就是根据人们对各种具体语言的个别性认识推导出对语言这个整体的一般性认识的归纳推理。

我们在开头讲述的那个故事中的归纳推理也可以这样表示：

父贤不过尧，而丹朱放，所以父贤不足恃，

子贤不过舜，而瞽瞍拘，所以子贤不足恃，

兄贤不过舜，而象傲，所以兄贤不足恃，

弟贤不过周公，而管叔诛，所以弟贤不足恃，

臣贤不过汤、武，而桀、纣伐，所以臣贤不足恃，

（父子、兄弟、臣子等是人的部分对象），

所以，任何人都不足恃，治理国家还是要靠自己。

这也是由对"父、子、兄、弟和臣子不足恃"的个别认识而归纳出"任何人都不足恃"的一般认识的归纳推理。

⊙ **归纳推理的种类和特点**

1.归纳推理的种类

根据归纳推理考察对象范围的不同，归纳推理可以分为完全归纳推理和不完全归纳推理。简单地说，完全归纳推理就是对某类事物的全部对象具有或不具有某种属性做考察的推理。比如：

《红楼梦》是长篇章回体小说，

《三国演义》是长篇章回体小说，

《水浒传》是长篇章回体小说，

《西游记》是长篇章回体小说，

（《红楼梦》《三国演义》《水浒传》和《西游记》是中国四大古典文学名著），

所以，中国四大古典文学名著是长篇章回体小说。

不完全归纳推理是只对某类事物的部分对象具有或不具有某种属性做考察的推理。我们在前面举的关于"语言"和"任何人都不足恃"的推理都是不完全归纳推理。

此外，根据前提是否揭示考察对象与其属性间的因果联系，不完全归纳推理又可以分为简单枚举归纳推理和科学归纳推理。其中，简单枚举归纳推理只是根据经验观察而归纳出结论的推理，科学归纳推理则是在经验基础上借助科学分析推出结论的推理。

2.归纳推理的特点

根据上面对归纳推理的分析，可以总结出归纳推理的几个特点：

第一，从个别性或特殊性认识推出一般性或普遍性认识；

第二，除完全归纳推理外，前提不蕴涵结论，结论断定的范围超出前提断定的范围；

第三，除完全归纳推理外，归纳推理是或然推理，其结论不是必然的；

第四，除完全归纳推理外，即使归纳推理的前提都真，结论也未必真实。看下面一则故事：

有一次，苏东坡去拜访王安石，恰巧王安石不在。苏东坡闲等之际，看到王安石桌上的一张纸上写着两句诗："西风昨夜过园林，吹落黄花满地金。"墨迹尚新，显然是刚写的；只有两句，可见是未完之作。苏东坡看到这两句诗，不禁暗笑：菊花最能耐寒，从来只有枯萎的菊花，哪有随风飘落满地的菊花呢？于是提笔续写道："秋花不比春花落，说与诗人仔细吟。"然后转身离去。后来苏东坡被贬黄州，重阳赏菊之日，看到满园菊花纷纷飘落，一地灿烂，枝上竟无半朵，这才知道王安石那两句诗并没有错，只是自己见识不足而已。

在这则故事中，苏东坡根据他历来所见过的菊花都是枯萎而没有飘落的前提，归纳出"所有的菊花都是枯萎而不是飘落"这一错误结论，所以他才嘲笑王安石的诗错了。可见，前提的真实并不一定能推出真实的结论。

⊙ **归纳推理与演绎推理的关系**

1.归纳推理与演绎推理的联系

归纳推理与演绎推理作为两种重要的推理方法，有着密切的联系。

第一，归纳推理所得出的一般性认识是进行演绎推理的前提。人们的认识过程一般都是从个别、特殊的认识总结出一般性、普遍性的认识，然后再从一般性、普遍性认识出发，去认识个别的、特殊的事物。因此，在归纳推理经过对事物对象的考察，得出具有一般性的认识后，演绎推理就能以之为前提进行进一步的推理了。比如：

汉语是中国人最重要的交际工具，英语是英、美等国人最重要的交际工具……所以，语言是人类最重要的交际工具。

这是归纳推理，我们可以将它的结论"语言是人类最重要的交际工具"作为演绎推理的前提进行推理：

语言是人类最重要的交际工具，日语是日本人的语言，所以，日语是日本人最重要的交际工具。

第二，演绎推理可以进一步论证归纳推理的结论。归纳推理的结论是人们通过对个别性、特殊性认识归纳而来的，即便是前提都真，结论也未必真实。这时候就可以通过演绎推理对其结论进行进一步论证，以验证其结论是否真实。比如，如果以"语言是人类最重要的交际工具"这个结论为前提，推导出了某个结论属于"语言"，但又不是"人类最重要的交际工具"，那么就可以证明该归纳推理的结论不真实。事实上，演绎推理以归纳推理的结论为前提进行推理的同时也是在验证其真实性。

总之，归纳推理与演绎推理虽然是不同的推理方法，但却依据各自性质和特点互相补充，紧密地联系在一起，共同为人们正确地认识客观事物服务。

2.归纳推理与演绎推理的区别

第一，二者的思维进程不同。归纳推理是从个别性或特殊性认识归纳推导出一般性或普遍性认识，而演绎推理则是从一般性或普遍性认识演绎推导出个别性或特殊性认识，其思维进程正好相反。

第二，二者的前提和结论的关系不同。除完全归纳推理外，归纳推理的前提和结论不具有必然联系，也就是说其前提不必然推出结论；而且，即便前提都真，归纳推理的结论也未必真。演绎推理的前提与结论具有必然关系，而且在遵循有关推理规则的前提下，真实的前提必然可以得出真实的结论。

第三，二者的结论断定的范围不同。除完全归纳推理外，归纳推理的前提不蕴涵结论，所得结论断定的范围超出前提断定的范围；而演绎推理的结论断定的范围则没有超出其前提断定的范围。

第四，二者研究的侧重点不同。归纳推理主要研究的是其前提对所得结论的支持度，即结论在多大程度上为真；而演绎推理研究的则主要是推理形式的有效性。

在逻辑史上，曾形成了归纳派和演绎派两大派别的论战。归纳派以法国哲学家、物理学家、数学家和生理学家笛卡儿为代表，认为归纳推理是科学研究唯一正确的工具，因为演绎推理的前提并非自然而生，而是通过归纳推理而得的。演绎派以英国哲学家、思想家、作家和科学家培根为代表，认为演绎推理才是科学研究的正确工具，因为归纳推理的结论不必然真实，以不必然真实的结论为前提自然不能推出必然真实的结论。不过，到后来，逻辑学家们都普遍认为，归纳推理和演绎推理都是重要的推理方法，二者互相补充，缺一不可。只有正确认识归纳推理和演绎推理的联系与区别，并将其有机结合起来，才能更好地进行科学研究。

作为一种重要的思维形式和推理方法，归纳推理在人们认识客观事物的过程中有着极其重要的作用。在数学、物理、化学等各学科中，归纳推理都有着出色的表现，在科学发现上的功劳更是有目共睹。总之，人们通过运用这种从个别到一般、从特殊到普遍的认识方法，概括总结出了一系列重要知识，为科学研究奠定了基础。

完全归纳推理

⊙ 完全归纳推理的含义

完全归纳推理是根据某类事物的每一个对象都具有或不具有某种属性，推出该类事物全都具有或不具有该属性的推理。

有"数学王子"之称的德国著名数学家高斯读小学时，就表现出了超人的才智。一次，在一节数学课上，老师给大家出了道题："从1+2+3……+98+99+100等于多少？"老师心想，学生们要算出这100个数之和，大概得花不少时间呢。谁知他刚想到这里，高斯就举手报出了结果：

5050。老师惊讶不已，问他为什么这么快就算出来了。高斯答道："1+100=101，2+99=101，3+98=101……这样到50+51=101一共可以得出50个101，用50乘以101就得出答案了。"听完高斯的解释，老师、同学都赞叹不已。

在这里，高斯就运用了完全归纳推理，即：

1+100=101，

2+99=101，

3+98=101，

……

50+51=101，

（1到100是所给题目的全部对象），

所以，100数中所有各个相应的首尾两数之和都等于101。

在这个归纳推理中，高斯就是通过断定这100个数中"1+100，2+99到50+51"这每个对象都具有"等于101"的属性，归纳推出"100数中所有各个相应的首尾两数之和都等于101"这个一般性结论的。正是根据这个结论，高斯很快就算出了结果，显示了他无与伦比的数学天赋。再比如：

期中考试中，小明的平均成绩不到80分，

期中考试中，小光的平均成绩不到80分，

期中考试中，小红的平均成绩不到80分，

期中考试中，小灵的平均成绩不到80分，

（小明、小光、小红和小灵是二班一组的全部成员），

所以，期中考试中，二班一组的平均成绩不到80分。

这个归纳推理是通过断定二班一组的每个成员（小明、小光、小红和小灵）的平均成绩都不具有"80分"这一属性，推出"二班一组的平均成绩"不具有"80分"这个一般性结论的。

⊙ 完全归纳推理的形式和规则

通过以上两例的分析，我们可以得出完全归纳推理的形式：

S_1是（或不是）P，

S_2是（或不是）P，

S_3是（或不是）P，

……

S_n是（或不是）P，

（S_1、S_2……S_n是S类的全部对象），

所以，所有S都是（或不是）P。

要保证完全归纳推理的有效性，需要遵循以下几条规则：

第一，推理前提必须是对某类事物任何个体对象的断定，不能有任何遗漏。

"完全"就是指全部。如果在考察某类事物对象时，遗漏了某个或某一部分对象，那么这个推理就不再是完全归纳推理，所得结论也就不一定为真。看下面一则幽默故事：

约翰："我买任何产品都要先试用一下。"

推销员："是的，先生。有些产品的确可以而且也应该试用一下，但有些大概不能吧。"

约翰："为什么不能？现在连婚姻都可以试，还有什么产品不能试呢？"

推销员："您说的没错，先生。不过，我还是觉得……"

约翰："不让试用的话，我坚决不购买你们的产品。"

推销员："如果您执意如此，那好吧。"

约翰："这就对了。顾客就是上帝，你们应该尽量满足顾客的要求。对了，你们公司生产的是什么产品？"

推销员："骨灰盒，先生。"

在这个故事中，约翰由自己买任何产品都必须要试用一下归纳推导出"所有产品都可以试用"的结论。但是，在前提中却遗漏了"骨灰盒"这一不能试用的产品，因而得出了错误的结论。这则故事也就是运用了这一点达到幽默效果的。

第二，推理前提的每个判断必须全都是真实的。

如果前提中有任何一个判断不真，那么结论就会是错误的。比如，在前面提到的高斯的故事中，如果从1到100中，有两个相应的数首尾相加不等于101，那么高斯的结论就会是错误的，计算结果也会是错误的。

第三，所考察的事物对象数量应该是有限的且有可能对其一一考察。

只有对该类事物中的所有对象进行考察，才可能确认结论的真实性。如果所考察的对象数量上是无穷的，或者根本无法一一考察，那么它就不适用完全归纳推理。比如，如果对某十只乌鸦进行考察，得知它们都是黑色的，从而推出"这十只乌鸦都是黑色的"则是正确的推理；如果由此得出"天下所有的乌鸦都是黑色的"就不是完全归纳推理，因为"天下所有的乌鸦"的数量既不确定，也无法进行一一考察。

第四，推理前提中所有判断的谓项必须是同一概念，联项必须完全相同。

谓项就是指完全归纳推理形式中的"P"，构成前提的所有判断的谓项必须是一样的。比如，在"二班一组的平均成绩不到80分"这个完全归纳推理中，如果其中一个前提的平均成绩高于80分了，那么这个结论就是错误的。联项则是表示事物对象"具有或不具有"某种属性的概念。对于前提中所考察的事物对象，要么是都具有某种属性，要么是都不具有某种属性，有任何一个例外，都推不出必然结论。

⊙ 完全归纳推理的特征

根据完全归纳推理的含义、形式和规则，我们可以总结出它的两大特征。

第一，完全归纳推理的前提涵盖了所考察事物的全部对象。因为完全归纳推理是通过对某类事物的每个个别对象进行断定后推出结论的，结论和前提都涵盖了该类事物的全部，因此其结论断定的范围没有超出前提断定的范围。看下面这段话：

我不是很想你，我只是白天想你，晚上也想你；

我不是很想你，我只是在发呆的时候想你，没有发呆的时候也想你；

我不是很想你，我只是在工作的时候想你，不工作的时候也想你；

我不是很想你，我只是醒着的时候想你，睡着的时候想你，半睡半醒的时候也想你；

我真的没有很想你，我只是……

在这段话中，虽然"我"说的是"不是很想你"，但实际上是在表明"我在一刻不停地想你"，并且是通过完全归纳推理的方法来说明的。比如：

我白天想你，	我发呆的时候想你，
我晚上也想你，	我没有发呆的时候也想你，
（白天、晚上是时间的全部），	（发呆和没有发呆的时候涵盖了时间的全部），
所以，我在一刻不停地想你。	所以，我在一刻不停地想你。

对于其他几句话，也可以做类似的推理。因为"一刻不停"等于"时间的全部"，所以完全归纳推理的结论断定的范围没有超出前提断定的范围。

第二，完全归纳推理是必然性推理，只要前提真实，推理形式正确，就必然可以得出真实可靠的结论。

⊙ 完全归纳推理的作用

完全归纳推理最重要的作用就是让人们的认识从个别上升到一般，从特殊上升到普遍。完全归纳推理是在对某类事物全部个别对象认识的基础上得出对该类事物的一般性认识的，这既是人们深化对客观事物认识的一种重要途径，也是人们在自然科学、社会科学的研究工作中常用的方法。

此外，完全归纳推理也是人们说明问题、论证思想的重要手段。在日常生活中，人们可以通过完全归纳推理的运用，直观地说明问题，或有力地论证自己的思想。比如在辩论中，就可以通过运用排比手法对某类事物个别对象所具有属性进行阐述，从而归纳出一个具有一般性认识的观点来论证自己一方的看法。

不完全归纳推理

⊙ 不完全归纳推理的含义和形式

从一个袋子里摸出来的第一个是红玻璃球，第二个是红玻璃球，甚至第三个、第四个、第五个都是红玻璃球的时候，我们立刻会出现一种猜想："是不是这个袋里的东西全部都是红玻璃球？"但是，当我们有一次摸出一个白玻璃球的时候，这个猜想失败了。这时，我们会出现另一种猜想："是不是袋里的东西全都是玻璃球？"但是，当有一次摸出来的是一个木球的时候，这个猜想又失败了。那时，我们又会出现第三个猜想："是不是袋里的东西都是球？"这个猜想对不对，还必须继续加以检验，要把袋里的东西全部摸出来，才能见个分晓。

这是我国著名数学家华罗庚在他的《数学归纳法》一书中的一段话，它形象地阐述了不完全归纳推理的特点。其中，出现的三种猜想都是对不完全归纳推理的运用，且以第一种猜想为例：

摸出的第一个东西是红玻璃球，
摸出的第二个东西是红玻璃球，
摸出的第三个东西是红玻璃球，
摸出的第四个东西是红玻璃球，
摸出的第五个东西是红玻璃球，
（摸出的这五个东西是袋子里的部分东西），
所以，这个袋子里的东西都是红玻璃球。

当然，对第二种、第三种猜想也可以进行类似的分析。这就是不完全归纳推理。

所谓不完全归纳推理是根据某类事物的部分对象都具有或不具有某种属性，推出该类事物全都具有或不具有该属性的推理。比如上面的推理中，根据从袋子里摸出的五个东西都具有"红玻璃球"的属性的前提推出了"这个袋子里的东西"都具有"红玻璃球"的属性的结论。

不完全归纳推理的前提只对某类事物的部分对象作了断定，而结论则是对全部对象所作的断定。因此，不完全归纳推理的结论断定的范围超出了前提断定的范围，是或然性推理。其形式可以表示为：

S_1是（或不是）P，
S_2是（或不是）P，
S_3是（或不是）P，
……
S_n是（或不是）P，
（S_1、S_2……S_n是S类的部分对象），
所以，所有S都是（或不是）P。

⊙ 不完全归纳推理的种类

我们前面讲过，根据前提是否揭示考察对象与其属性间的因果联系，不完全归纳推理可以分为简单枚举归纳推理和科学归纳推理。这是不完全归纳推理的两种基本类型。

1. 简单枚举归纳推理

简单枚举归纳推理的含义和形式

简单枚举归纳推理是在经验的基础上，根据某类事物的部分对象都具有或不具有某种属性，在没有遇到反例的前提下推出该类事物全都具有或不具有该属性的推理，也叫简单枚举法。我们

上面提到的"红玻璃球"的推理就是简单枚举归纳推理。再比如：

液化不会改变物质的性质，

汽化不会改变物质的性质，

凝固不会改变物质的性质，

结晶不会改变物质的性质，

液化、汽化、凝固和结晶是物理反应的部分对象，

并且没有遇到反例，

所以，物理反应不会改变物质的性质。

简单枚举归纳推理的形式可以表示为：

S1是（或不是）P，

S2是（或不是）P，

S3是（或不是）P，

……

Sn是（或不是）P，

（S1、S2……Sn是S类的部分对象，并且没有遇到反例），

所以，所有S都是（或不是）P。

正确运用简单枚举归纳推理

作为不完全归纳推理的一种，简单枚举归纳推理的结论断定的范围也超出了其前提断定的范围，而且简单枚举归纳推理是建立在经验的基础上的。因此，简单枚举归纳推理很容易出现错误。比如，"守株待兔"这一故事中的"宋人"根据"兔走触株，折颈而死"这仅有一次的情况就得出"兔子都会触株而死"这一结论，从而"释其耒而守株，冀复得兔"。这就犯了"轻率概括"的错误。

此外，在进行简单枚举归纳推理时，还很容易犯"以偏概全"的错误。比如：

小王为图便宜花50块钱买了件衣服，但只洗过一次就变形了；后来他又用30块钱买了一双鞋，穿了不久鞋底就开胶了。于是他见人就说："便宜没好货，以后再也不买便宜货了。"

在这里，小王也使用了简单枚举归纳推理。即：

买的衣服是便宜货，质量不好，

买的鞋子是便宜货，质量不好，

（这衣服和鞋子是便宜货的部分对象，并且没有反例），

所以，便宜货质量不好。

在这里，这个推理形式没什么错误，但仅以两次经验就得出"便宜货质量不好"的结论无疑是犯了"以偏概全"的错误。

那么，如何提高简单枚举归纳推理的有效性，得出尽量可靠的结论呢？

第一，通过寻找反例来验证结论的可靠性。有时候，没有遇到反例不等于不存在反例，比如小王在"便宜货质量不好"的判断上，虽然自己没有遇到反例，但显而易见反例是肯定存在的。简单枚举归纳推理成立的前提就在于没有遇到反例，如果一旦出现了反例，那么该推理也必然是错误的。所以，在推理过程中可以通过寻找反例来验证其结论的可靠性。

第二，通过增多考察对象的数量、拓宽考察对象的范围来提高结论的可靠性。显然，一个简单枚举归纳推理的前提所涵盖的对象的数量越多、范围越广，得到的结论的可靠性就越高。因为，每增多一个前提，就多了一个证明结论可靠的证据。证据越多，可靠性越强。所以，增多考察对象的数量、拓宽考察对象的范围是提高结论的可靠性的重要手段。

简单枚举归纳推理的作用

在日常生活中，简单枚举归纳推理是对一些经常重复性出现的一些现象、问题、情况等进行初步概括的重要手段。通过不断积累的经验，人们往往能初步总结出这些现象、问题、情况的

规律，形成最直观的认识。而这些认识，是人们更深一步认识事物的基础。比如，"二十四节气歌"就是古代人民在经验基础上运用简单枚举归纳推理得出的结论。

同时，简单枚举归纳推理也是人们进行科学研究的重要方法。科学研究一般都是在大量的观察和实验基础获得第一手资料的，而简单枚举归纳推理正好为它提供了进行初步研究必需的基础性知识。可以说，简单枚举归纳推理是科学研究的得力助手。

2.科学归纳推理

科学归纳推理的含义和形式

科学归纳推理是根据某类事物的部分对象与某属性之间的必然联系，在科学分析的基础上推出该类事物全都具有或不具有该属性的推理，也叫科学归纳法。所谓的"必然联系"，一般是指所考察的对象与某种属性间的因果关系。比如：

钠与氧在燃烧条件下反应会生成新物质，
锂与氧在燃烧条件下反应会生成新物质，
钾与氧在燃烧条件下反应会生成新物质，
氢与氧在燃烧条件下反应会生成新物质，
钠、锂、钾、氢与氧的反应是化学反应的一部分；
因为在燃烧中，分子破裂成原子，原子重新排列组合，从而生成新物质，
所以，化学反应会生成新物质。

这个推理中，首先知道了"钠、锂、钾、氢与氧的反应"具有"生成新物质"的属性；而后通过科学分析（即在燃烧中，分子破裂成原子，原子重新排列组合，从而生成新物质）知道了"钠、锂、钾、氢与氧的反应"与"生成新物质"之间的因果关系，从而推出了"化学反应会生成新物质"的结论。这就是科学归纳推理的运用。

科学归纳推理的形式可以表示为：

S_1是（或不是）P，
S_2是（或不是）P，
S_3是（或不是）P，
……
S_n是（或不是）P，
（S_1、S_2……S_n是S类的部分对象，并且S与P具有必然联系），
所以，所有S都是（或不是）P。

正确运用科学归纳推理

与简单枚举归纳推理相比，科学归纳推理无疑是更为可靠、应用也更为广泛的推理形式。这是因为，科学归纳推理已经不仅仅是根据经验得出的结论，而是对由经验得出的结论再进行科学分析而得出的对事物更深一层的认识。因此，不管是在日常生活中还是科学研究中，科学归纳推理都有着重要作用。

那么，如何提高科学归纳推理的有效性，得出尽量可靠的结论呢？

科学归纳推理的结论在多大程度上可靠取决于考察对象与其属性之间的关系，所以，找出考察对象与其属性之间的必然联系是提高科学归纳推理结论的可靠性的根本。我们可以通过求同法、求异法、求同求异并用法、共变法和剩余法来分析它们之间的关系。在下一章我们会对这几种方法详细介绍，在此不再赘述。

3.简单枚举归纳推理和科学归纳推理的关系

简单枚举归纳推理和科学归纳推理都属于不完全归纳推理，它们的前提都是只对某类事物的部分对象进行考察；同时，它们都是通过断定部分对象具有或不具有某种属性推出该事物的全部对象具有或不具有该属性的，所以其结论断定的范围都超出了前提断定的范围。这是它们相同的地方。它们的区别主要表现在以下几个方面：

第一，它们推出结论的根据不同。简单枚举归纳推理主要是以经验为基础，通过对某类事物的重复性观察而认识事物；而科学归纳推理则是在科学分析的基础上，对考察对象与其属性之间的关系进行探讨，从而推出结论的。

第二，它们所得结论的可靠性不同。简单枚举归纳推理的结论以经验为基础，以没有遇到反例为成立的条件，这就注定了它在可靠性上的不足，大多数时候只有参考价值；而科学归纳推理的结论则是在对考察对象与其属性之间的必然关系进行科学分析的基础上得出的，显然比简单枚举归纳推理的结论可靠得多。

第三，它们对前提的要求不同。对简单枚举归纳推理来说，前提所断定的考察对象的数量越多、范围越广，其结论就越可靠；而对科学归纳推理来说，前提中考察对象与其属性之间的必然关系才是其结论可靠性的重要保证，而考察对象的数量与范围则是次要的。

⊙ **完全归纳推理与不完全归纳推理的区别**

完全归纳推理与不完全归纳推理作为归纳推理的两种基本类型，有一定的相似之处，比如都是根据某类事物中的对象具有或不具有某种属性推出该事物全都具有或不具有该属性；都是从对事物的个别性认识推出一般性认识的。但是，它们之间的区别更为明显，主要表现在：

第一，考察对象的范围不同。完全归纳推理考察的是某类事物的全部对象，而不完全归纳推理考察的则是某类事物的部分对象；

第二，结论与前提的关系不同。完全归纳推理的结论断定的范围没有超出前提断定的范围；而不完全归纳推理的结论断定的范围则超出了前提断定的范围；

第三，结论的可靠性不同。只要前提为真，推理形式正确，完全归纳推理的前提必然推出真的结论，是必然性推理；而不完全归纳推理则是或然性推理，即便前提都为真，结论也未必真。

只有明确了完全归纳推理和不完全归纳推理的联系与不同，才能在科学研究、说明问题或论证思想时正确运用它们。而且，在适当的时候采取不同的归纳推理形式，取长补短，互相辅助，也更有助于人们认识客观事物。

类比推理

⊙ **类比推理的含义**

《庄子·杂篇》中有一则"庄子借粮"的故事：

庄子家境贫寒，于是向监河侯借粮。监河侯说："行啊，等我收取封邑的税金，就借给你三百金，好吗？"庄子听了忿忿地说："我昨天来的时候，看到有条鲫鱼在车轮辗过的小坑洼里挣扎。我问它怎么啦，它说求我给他一升水救命。我对它说：'行啊，我将到南方去游说吴王越王，引西江之水来救你，好吗？'鲫鱼听了忿忿地说：'你现在给我一升水我就能活下来了，如果等你引来西江水，我早在干鱼店了！'"

在这则故事中，庄子用鲫鱼的处境和自己的处境做类比：鲫鱼急需水救命，庄子急需粮食救命；等引来西江水鲫鱼早就渴死了，等监河侯收取税金自己早就饿死了。通过这种类比，庄子表达了自己对监河侯为富不仁的愤怒。这就是类比推理。

类比推理就是根据两个或两类事物在某些属性上相同或相似，推出它们在另外的属性上也相同或相似的推理。当然，这些属性指的是事物的本质属性，而不是表面属性。其推理形式可以表示为：

A事物具有属性a、b、c、d，
B事物具有属性a、b、c，
所以，B事物也具有属性d。

在这里，A、B表示两个（或两类）做类比的事物；a、b、c表示A、B事物共有的相同或相似的属性，叫做"相同属性"；d是A事物具有从而推出B事物也具有的属性，叫做"类推属性"。比如，上面的故事就可用类比推理的形式表示：

鲫鱼急需水，却要等到西江水来才能得水，那时鲫鱼早已死去，

庄子急需粮，却要等到收取税金后才能得粮，

所以，那时庄子也早已死去。

德国哲学家莱布尼茨说："自然界的一切都是相似的。"这就是说，在客观世界中，客观事物之间存在着同一性和相似性，而这正是类比推理的客观基础。两个完全没有联系和相似之处的事物是无法进行类比推理的，只有两个或两类事物具有某些相同或相似的属性，才能将它们放在一起做类比。

⊙ **类比推理的种类**

根据推理方法的不同，类比推理可以分为正类比推理、反类比推理、合类比推理以及模拟类比推理。

1. 正类比推理

正类比推理是根据两个或两类事物具有某些相同或相似的属性，再根据其中某个或某类事物还具有其他属性，从而推出另一个或一类事物也具有其他属性的推理。正类比推理也叫同性类比推理，其逻辑形式可以表示为：

A事物具有属性a、b、c、d，

B事物具有属性a、b、c，

所以，B事物也具有属性d。

我们上面提到的"庄子借粮"的故事就属于正类比推理。此外，传说鲁班就是根据雨伞与荷叶的相似性运用正类比推理发明雨伞的：荷叶是圆的，叶面布满叶脉，并且有叶茎。于是鲁班用把羊皮剪成圆形，作为伞面；把竹竿劈成细竹条，作为支架；再用一根木棍儿来固定支架。已知荷叶顶在头上可以避雨，所以伞也可以避雨。

2. 反类比推理

反类比推理是根据两个或两类事物不具有某些属性，再根据其中某个或某类事物还不具有其他属性，从而推出另一个或一类事物也不具有其他属性的推理。反类比推理也叫异性类比推理，其逻辑形式可以表示为：

A事物不具有属性a、b、c、d，

B事物不具有属性a、b、c，

所以，B事物也不具有属性d。

看下面这则幽默故事：

一天，将军的儿子看到一位士兵。为了显示自己的身份，他故意拦住士兵问道："你父亲是做什么的？"士兵答道："是农民。"他又问道："那你父亲为什么没把你培养成农民呢？"士兵很气愤，便反问道："你父亲是做什么的？"他洋洋得意地答道："将军。"士兵又接着问："那你父亲为什么没有把你培养成一名将军呢？"

这则故事中，士兵就是用反类比推理反击将军的儿子的，即：我不是农民，你不是将军；你父亲没有把你培养成将军，所以我父亲没有把我培养成农民。

3. 合类比推理

合类比推理是根据两个或两类事物具有某些相同或相似的属性，推出它们都具有另一属性；再根据它们不具有某些相同或相似的属性，推出它们都不具有另一属性。合类比推理是正类比推理和反类比推理的综合运用，虽然它的推理前提和结论较之于它们复杂，但也比它们全面。其推理形式可以表示为：

A事物有属性a、b、c、d，无属性e、f、g、h，

B事物有属性a、b、c，无属性e、f、g，

所以，B事物有属性d，无属性h。

4.模拟类比推理

模拟类比推理是通过模型实验根据某个或某类事物的属性和关系推出另一个或一类事物也具有该属性和关系的推理。

仿生学可以说就是运用模拟类比推理为基础发展起来的一门学科。比如模仿青蛙眼睛的独特结构制造出"电子蛙眼"；模仿萤火虫发光的特性制造出人工冷光；模仿能放电的"电鱼"制造出伏特电池等；而模仿各种昆虫的特性制造出的科技产品就更是举不胜举了。此外，人工智能其实也是以模拟类比推理为理论基础的。比如机器人就是模仿人体结构和功能制造出来的。它们的共同特点是根据自然原型设计制造出模型，使模型具有和自然原型相同或相似的属性、功能和结构等。换言之，它是由原型推出模型的模拟类比推理。其推理形式可以表示为：

原型A中，属性a、b、c与d具有R关系，
模型B经设计具有属性a、b、c，
所以，模型B中，属性a、b、c与d也具有R关系。

在某些科学研究、大型工程建设过程中，通常会先采取模型的形式进行试验，在试验成功后再进行实际应用。比如，建造大型水坝时，都会先设计一个模型进行试验，获得相关数据后再进行建造；宇航员在进入太空前也会进行多次模拟演练，待确认无误后才会进行实际探索。它们的共同特点是先根据模型具有和自然原型相同或相似的属性、功能和结构，推出它或者它的原型适用的对象也具有该属性、功能和结构的推理。其推理形式可以表示为：

原型A具有属性a、b、c，
模型B具有属性a、b、c，且试验证明a、b、c与d具有R关系，
所以，原型A中，属性a、b、c与d也具有R关系。

⊙ **类比推理的特征**

根据以上类比推理的分析，可知类比推理具有以下两大特征：

第一，类比推理是从个别到个别，从一般到一般的推理。

这是指类比推理的前提和结论都是对个别事物的个别属性或某类事物的一般属性的断定。从这个意义上讲，类比推理的前提和结论在知识的一般性程度上是一样的。

第二，类比推理是或然性推理，其结论断定的范围超出了前提断定的范围。

这是指类比推理的前提只断定了考察对象所具有的相同属性及类推属性，但并没有对它们之间的关系做断定。也就是说，考察对象可能具有类推属性，也可能不具有类推属性。因此，类比推理是或然性推理，即使前提都真，也未必能推出必然真的结论。

⊙ **提高类比推理结论的可靠性**

有哲学家指出，世界上没有完全相同的两片树叶。这是说，世界上任何事物都存在着差异，不可能绝对相同。这就动摇了类比推理所依据的事物之间的同一性或相似性的基础。换言之，事物之间存在的差异性可能使得类比推理推出虚假的结论。毕竟，谁都不能确定类比推理的类推属性一定不是考察对象的差异性。同时，类比推理前提只是列出了考察对象所具有的属性，但却并不断定它们各属性之间是否具有必然联系，这也可能导致推出虚假的结论。

那么，如何避免无效的类比推理，提高其结论的可靠性呢？

第一，推理前提中的两个或两类事物所具有的相同属性与结论中的类推属性相关度越高，结论就越可靠。所以，要尽量找出相同属性与类推属性之间程度高的联系进行推理。

第二，尽量采用推理前提中两个或两类事物所具有的本质属性进行类比，不要使用表面的或者偶然的属性，以免陷入"机械类比"的错误。所谓机械类比，就是对两个或两类表面相似、性质却根本不同的事物进行机械类比而推出结论的推理。逻辑学中，经常以欧洲中世纪神学家为了论证上帝的存在而将"世界"和"钟表"进行类比推理的事例来说明"机械类比"的错误。即：

钟表是各部分有机构成的一个整体，有规律性，有制造者，

<u>世界也是各部分有机构成的一个整体，有规律性，</u>

所以，世界有制造者（即上帝）。

第三，推理前提中的两个或两类事物所具有的相同或相似的属性越多，其结论就越可靠。因此，在类比事物已经确定的前提下，要尽可能多地挖掘它们之间的相同或相似的属性。它们相同或相似的属性越多，具有其他相同或相似属性的可能性就越大。在医学和科学实验中，经常对某个研究对象进行多次试验，然后根据每次试验结果的相似程度来断定研究对象是否符合预期要求，就是这个道理。

第四，在某些关于"数"或"量"的类比推理中，要尽量采用比较弱或不精确的描述，以提高结论的可靠性。比如：

在某汽车公司对其新型汽车进行试驾试验后得知：甲车行驶35公里，耗油1千克。那么，由此可以推出：

（1）乙车行驶35公里，耗油1千克；

（2）乙车行驶30多公里（或30到40公里），耗油1千克。

显然，第二个结论要比第一个结论更可靠些。

⊙ **类比推理的作用**

类比推理的过程是一个启发思维、激活思维的过程，也是一个进行思维比较的过程。在这个过程中，类比推理实际上是把人们对事物的认识进行了重新组合。因此，它在人们进行思维活动过程中，有着极其重要的作用。

第一，类比推理是开拓人们的视野、丰富人们的认识的手段，是通向创新的桥梁。比如，鲁班根据荷叶发明雨伞、根据带齿的茅草发明铁锯用的是类比推理；纳米武器专家纳勒德根据《西游记》中孙悟空变成小虫子钻入铁扇公主肚子里的故事开始研制纳米武器也是用的类比推理。

第二，类比推理是一种创造性思维方法，对人们提出假说、探索并发现真理有着重要作用。比如，阿基米德根据洗澡时水溢出浴盆的现象发现了"浮力原理"是用的类比推理；英国医生哈维通过对蛇的实验发现了血液循环的理论也是用的类比推理。

第三，类比推理是仿生学的理论基础，在科学发明和发展方面有着重要作用。

此外，类比推理还是人们说明道理、论证思想、说服他人以及进行辩护的有力武器。比如，荀子在《劝学》中，通过"蓬生麻中，不扶而直；白沙在涅，与之俱黑。兰槐之根是为芷，其渐之滫，君子不近，庶人不服"的类比说明"君子居必择乡，游必就士，所以防邪辟而近中正也"的道理；而孟子通过类比推理论证自己的思想、说服君主接受自己建议的例子更是不胜枚举。

由此可见，类比推理与演绎推理、归纳推理一样，是人们认识客观世界的有力工具，在科学研究和人们的日常生活中起着重要作用。

比较中的证认推理

⊙ **比较中的证认推理的含义和形式**

春秋时代，秦国有个人叫孙阳，因为善于相马，被人们称为"伯乐"。为了不让自己相马的技艺失传，也为了让更多的人学会相马，孙阳根据自己多年积累的经验撰写了《相马经》，并配上了各种马的图像。孙阳的儿子看了父亲的《相马经》后，以为相马很容易，便天天拿着书到处找好马。一天，他看到一只癞蛤蟆，很像书上描述的千里马，便喜不自胜地带回去给父亲看："我找了匹千里马，只是蹄子差了些。"孙阳为儿子的愚蠢哭笑不得，便玩笑道："可惜这马太喜欢跳了，不能用来拉车。"

这就是"按图索骥"的故事。在这里，孙阳之子运用了"比较"的方法，也就是通过比较图像与马的特征，来判断所找到的马是不是千里马，只不过他没有看到二者的本质属性，所以才闹

了笑话。

用"按图索骥"来比喻"比较中的证认推理",虽然不大恰当,但也可以说明它的某些特征。所谓比较中的证认推理,就是以事物具有的某些"标记"为依据,通过某事物与其他事物的比较而证实、确认该事物与其他事物之间关系的推理。其推理形式可以表示为:

事物标记
Aa1, a2, a3;
Bb1, b2, b3;
Cc1, c2, c3;
……

X: a1, a2, a3(或b1, b2, b3; 或……)
所以,X是A(或B; 或……)

其中,A、B、C表示已知事物,"X"表示需要证认的未知事物,a、b、c表示标记。比较中的证认推理就是以a、b、c这些标记为依据,通过需要证认的X与已知事物A、B、C的比较,来证认X是A或B还是C。

⊙ 比较中的证认推理的运用

通过需要证认的事物与已知事物的影像摹本或标本的比较,来证认该事物是否是已知事物的方法是比较简单的、低级的推理方法,也是比较中的证认推理最基本的运用。

公安人员在刑侦过程中,会根据目击者的描述画出犯罪嫌疑人的样子,然后再将此作为侦破案件的重要线索。成语"画影图形"就是说的这个意思。不管是在小说中还是影视剧中,我们都经常看到官府画影图形,将绘有犯罪嫌疑人的图画悬于城墙之上通缉的情节。据说,曾经有个小偷到毕加索家里行窃,正好被毕加索的女仆看见,于是她急忙找到纸笔将小偷的容貌画了出来。警察根据女仆所描画的形象,很快抓到了小偷。这实际上都是将需要证认的事物与已知事物的影像摹本做比较,从而证实该事物与已知事物的关系。

曾经热播一时的《大宋提刑官》中有这么一个情节:

一个地方发生了杀人案,宋慈接到报案后迅速赶到了现场。经过多方查证推理后,发现死者是被人用刀杀死的,而且凶手是本地人。但是,当地几乎每家都有那样的刀,如何找出凶器呢?于是,宋慈派人将当地所有和凶器一样的刀都取来,堆成一堆放在院子里,然后就在那里等。没过多长时间,只听"嗡嗡"的响声由远及近,院子里突然来了许多蚊子。而且这些蚊子都飞向其中的一把刀,宋慈立刻让人取过那把刀,说:"这就是凶器。"

其实,宋慈就是通过比较来证认凶器的:刀杀人后一定会有血迹,虽然血可以洗掉,但上面的血腥味短时间内却不会消失,而蚊子又是嗜血的,自然会循着血腥味而来。这就是通过刀上留下的这种"标记"来证认推理出凶器的。

当然,比较中的证认推理不仅适用于日常生活和刑事侦查中,也适用于科学研究和科学发现中,是一种重要的科学研究方法。

英国地质学家赖尔就是运用这种推理方法创立地质进化论的。他在《地质学原理》这部地质进化论思想的经典著作中写道:"现在在地球表面上和地面以下的作用力的种类和程度,可能与远古时期造成地质变化的作用力完全相同。"这就是"古今一致"的原则。既然作用于地球的各种自然力古今一致,那么人们就可以根据现在看到的仍然在起作用的自然力推论过去。通过对现存的各种生物化石的比较,来证认推理出地质历史时期的各种地质作用和地质现象。这种以现在推论过去的现实主义方法,后人将其概括为"将今论古"。

此外,比较中的证认推理也是"根据古代人类通过各种活动遗留下来的物质资料研究人类古代社会的历史"的考古学的重要研究方法。所谓实物资料就是古代社会遗留下来的各种遗迹和遗物,它们实际上就是古代社会方方面面的"标记"。比如,甲骨文就是商周时代的"标记";各种神殿、寺庙、祭坛、祭具、造像、壁画、经卷是各时代宗教神学的"标记";各时代遗留下来的古钱则是它们在商业经济上的"标记";同时,在美术、航空、植物、地质、人的体质以及各种典籍史料等中也可以发现古代社会的各种"标记"。从这些标记中证认推理出古代社会的各种情况,就是比较中的证认推理的具体运用。

⊙ **比较中的证认推理与类比推理的关系**

比较中的证认推理与类比推理有着一定的相似之处,也有着明显的区别。

相似之处是这两种推理都是运用对比的方法来考察、认识事物之间的关系的,都是人们认识客观事物的重要手段,并且在日常生活以及科学研究中都发挥着重要作用;此外,它们都是或然性推理,其结论都不是必然结论。

其区别在于,类比推理一般是在两个或两类事物中进行类比推理的,而比较中的证认推理可以将需要证认的事物同时与多个(或类)事物进行比较;类比推理是根据两个或两类事物在某些属性上相同或相似,推出它们在另外的属性上也相同或相似,比较中的证认推理则是依据某些"标记",来推理出该事物和已知事物之间的关系,或者说推出该事物就是已知事物。

明白了二者的相似与区别,才能根据考察对象的不同特点采用恰当的推理方式,更好地为人们认识客观世界服务。

概率归纳推理

⊙ **概率的定义**

据统计,全国100个人中就有3个彩民。对北京、上海与广州三个城市居民调查的结果显示,有50%的居民买过彩票,其中5%的居民是"职业"彩民。而要计算彩票的中奖率,就要用到数学中的概率。作为数学中的一个分支学科,概率的历史并不久远。那么,什么是概率呢?

1.概率的古典定义

每次上抛一枚硬币,出现正面或反面朝上的概率都是二分之一;每次掷一枚骰子,出现1到6任一个点的概率都是六分之一。它们的概率就是硬币或骰子可能出现的情况与全部可能情况的比率。可见,概率就是表征随机事件发生可能性大小的量。

如果我们做一个试验,并且这个试验满足这两个条件:(1)只有有限个基本结果;(2)每个基本结果出现的可能性是一样的。那么这样的试验就是概率的古典试验。如果我们用P表示概率,用A表示试验中的事件,用m表示事件A包含的试验基本结果数,用n表示该试验中所有可能出现的基本结果的总数目,那么P(A)=m/n。这就是概率的古典定义。

但是,在实际情况中,与一个事件有关的全部情况并不是"同等可能的",比如某一产品合格不合格并不一定是同等可能的,而概率的古典定义恰恰是假定了全部可能情况都是同等可能的。鉴于这种局限性,就出现了概率的统计定义或频率定义。

2.概率的统计定义

在一定条件下,重复做n次试验,nA为n次试验中事件A发生的次数,如果随着n逐渐增大,频率nA/n逐渐稳定在某一数值p附近,则数值p称为事件A在该条件下发生的概率,记做P(A)=p。这个定义称为概率的统计定义。也就是说,任一事件A出现的概率等于它在试验中出现的次数与试验总次数的比率。比如,抛一枚硬币出现正面的概率是二分之一,那么抛两枚硬币出现正面的概率就是两个二分之一的乘积,即四分之一。

⊙ **概率归纳推理的兴起与发展**

18世纪40年代,英国心理学家、哲学家和经济学家约翰·穆勒在他的《逻辑体系》中以很大篇幅讨论了偶然性问题,认为概率论只同经验定律的建立有关,而与作为因果律的科学定律的建立无关,但并没有把概率论应用于归纳;最早将归纳同概率相结合的是德摩根和耶方斯。耶方斯在他的《科学原理》中说明:"如果不把归纳方法建立于概率论,那么,要恰当地阐释它们便是不可能的。"耶方斯认为一切归纳推理都是概率的。他的工作实现了古典归纳逻辑向现代归纳逻辑的过渡。

现代概率归纳逻辑始于20世纪20年代，以逻辑学家凯恩斯、尼科及卡尔纳普和莱欣巴赫等人为代表。他们通过采用不同的确定基本概率的原则及对概率的不同解释，形成了不同的概率归纳逻辑学派。1921年，凯恩斯将概率与逻辑相结合，提出了第一个概率逻辑系统，这就标志着归纳逻辑以现代的面貌出现了。凯恩斯在推进归纳逻辑与概率理论的结合上作出的历史性贡献，使他成为现代归纳逻辑的一位"开路先锋"。现代概率归纳逻辑的另一代表人物卡尔纳普在20世纪50年代提出了概率逻辑系统，这一体系宣告了归纳逻辑的演绎化、形式化和定量化，将概率归纳逻辑推向了"顶峰"。

⊙ **概率归纳推理的含义与特征**

概率归纳推理就是由某一事件中个别对象出现的概率推出该类事件中全部对象出现的概率的推理。其逻辑形式可以表示为：

S_1是P，

S_2是P，

S_3不是P，

……

S_n是P，

S_1、S_2、S_3……S_n是S类的部分对象，

并且n个事件中有m个是P，

所以，所有的S都有m/n的可能性是P。

其中，P指概率，S指研究的事件，n指研究的事件中的全部对象，m则指部分对象。比如，在检验某产品的合格率时就可采用这种概率归纳推理。

概率归纳推理有以下几个特征：

第一，它从某一事件中个别对象的概率推出该事件中全部对象的概率，因此概率归纳推理也是由个别到一般、由特殊到普遍的推理；

第二，概率归纳推理是或然性推理，其结论断定的范围超出了前提断定的范围；

第三，即使推理前提都真，也不能推出必然真的结论；

第四，即使出现反例，概率归纳推理也不影响人们对考察对象的大致了解。这也是它与简单枚举归纳推理的不同之处。

⊙ **提高概率归纳推理结论可靠性的方法**

在实际运用概率归纳推理时，应该尽可能地提高其结论的可靠性。只有这样，才能得出较为真实的结论，用以判断事件的整体情况。

第一，观察次数越多，考察范围越广，结论的可靠性就越大。这主要是因为在运用概率归纳推理时，必须要先求出事件出现的概率。根据概率的统计定义，任一事件A出现的概率，就是A在若干次试验中出现的频率。这就决定了进行试验的次数对所得结论可靠性的影响。同时，考察的范围越广，对于可能出现的情况就考察得越全面，这也可以提高结论的可靠性。

第二，重视客观条件对考察对象的影响，随着客观情况的变化对试验做适当调整。在对某事件进行考察时，难免受到客观情况的影响，有时这种影响还会很大。比如对天气情况的考察会受到气候等各种因素的影响；对比赛胜负的考察会受到参赛选手身体状况以及天气情况等的影响；对考试成绩的考察也会受到参考人员水平的发挥情况、考试环境等的影响。而这些客观情况又势必会影响到试验结果，最终影响到概率归纳推理结论的可靠性。因此，在进行概率归纳推理时，要注意客观情况的变化，这也是避免发生"以偏赅全"错误的有效方法。

现代科学的发展是概率归纳推理兴起的原因之一，而概率归纳推理又反过来影响并推动着现代科学的发展。作为一种重要的研究工具，概率归纳推理已经被广泛应用于社会各领域，并且发挥着越来越重要的作用。

统计归纳推理

⊙ 统计学

通常来说，"统计"有三个含义：统计工作、统计资料和统计学。统计工作是指搜集、整理和分析客观事物总体数量方面资料的工作过程；统计资料是指统计工作所取得的各项数字资料及有关文字资料；统计学则是指研究如何搜集、整理和分析统计资料的理论与方法。我们在这里说的主要是统计学。

不管是日常生活还是科学研究，统计都是一种重要的方法。而要运用统计方法，就不得不先了解几个基本概念，即总体、个体、样本。总体就是指研究对象的全体；个体就是总体中的每个对象。为了推断总体分布和各种特征，可以按一定规则从总体中抽取一定的个体进行观察试验以获得总体的有关信息，其中被抽取的部分个体就叫样本，而抽取样本的过程就叫抽样。

比如，要对高二（1）班的50名学生的数学成绩进行考察，这50名学生就是总体，其中每个学生就是总体中的个体。如果抽取10名学生进行考察，这10名学生就是样本，抽取这10名学生的过程就叫抽样。如果用抽取的这10名学生的成绩之和除以人数，就能得到他们的数学平均成绩。这个平均成绩就是这10名学生数学成绩的算术平均数。

所谓算术平均数就是用所考察的一组数据的和除以这些数据的个数而得到的数。比如，如果上述10学生的数学成绩分别是85、78、90、81、83、89、77、85、72、80，用它们的成绩之和除以10，所得的82就是算术平均数。

⊙ 统计归纳推理的含义和形式

一般来说，统计归纳推理包括估计、假设检验和贝叶斯推理三种形式。其中，估计是由样本的有关信息推出具有某种性质的个体在总体中所占的比率；假设检验是运用有关样本的信息对统计假说（具有某种性质的个体在总体中所占的比率）进行否定或不否定；贝叶斯推理则不仅要根据当前样本所观察到的信息，而且还要考虑推理者过去所积累的有关背景知识。

我们这里讨论的统计归纳推理就是由样本具有某种属性推出总体也具有该属性的推理。作为归纳推理的主要形式之一，统计归纳推理是以一些数据或资料为前提，以概率演算为基础，由样本所含单位具有某属性的相对频率推出总体所含单位具有该属性的概率。比如，我们就可以由所得出的10名学生82分的数学平均成绩来推出高二（1）班学生的数学总平均成绩也是82分。统计归纳推理的推理形式可以表示为：

S_1是P，

S_2是P，

S_3不是P，

……

S_n是P，

S_1、S_2、S_3……S_n是S类的部分对象，

并且其中有m个是P，

所以，所有的S中有m/n个是P。

⊙ 统计归纳推理中易出现的错误

我们前面在推出高二（1）班学生的数学总平均成绩时运用的是最简单的统计归纳推理形式，它的准确性是有待考究的。因为，所抽取的学生的数量多少、是否具有代表性以及抽取过程是否随机都会影响到推理结论的准确性。

第一，抽样不准会得出错误的结论。所谓抽样不准，主要是指所抽取的样本不具有代表性。比如，如果要对某地区居民网上购物的情况做统计，就要注意研究对象中个体是否具有较大的差异性。如果某些居民从不网上购物甚至不知道如何进行网上购物，那么抽取这些样本所得到的结论就必然是错误的。要保证样本的代表性，就要保证抽样的随机性，即随机抽样。随机抽样又叫

概率抽样，就是对总体的对象进行随机性抽取，使每一对象都有同等的机会成为样本。只有这样，才能保证推理结论的正确性。

第二，统计归纳推理中，经常会遇到一些"百分比"。如果把这些百分比都当成统计数字，就会陷入"数字陷阱"中。比如，A市今年的生产总值比去年增长了1.2%，B市的则比去年增长了1.3%。从这两个数据中，我们只能推出今年B市的经济增长速度比A市快，但不能推出B市一定比A市富裕。

第三，对统计平均数的解释不规范或者错误时，也会得出错误的推理结论。比如，某机构曾经对高校学生对《知识产权法》的掌握程度进行抽样调查，最后发现第一组学生成绩的优秀率达到60%，而第二组只有20%。于是该机构就认为该校学生对《知识产权法》的掌握程度差异很大。但是这个结论未必是正确的，因为如果选取的第一组样本是法律系学生，第二组样本是其他系学生，那么他们得出的结论就自然是错误的了。

第四，如果没有注意到统计数据的变化，也可能导致错误的推理结论。这包括两种情况：一种是用过去的统计数据来对现在的事件进行推论或用彼处的统计数据对此处的事件进行推论。显然，不同时间、地点得出的统计数据也是不同的。换言之，即使时间相同，抽取样本的不同也会得出不同的结论；即使样本相同，不同时间的抽取所得的结论也是不同的。第二种是对统计数据进行进一步分析前，因为没有考虑到数据的变化而导致推出错误的结论。这就是说，在对现有统计数据进行进一步分析时，要事先确定这些数据的有效性，以免因没有发现数据的变化而影响结论的正确性。

⊙ 提高统计归纳推理结论可靠性的方法

作为归纳推理的一种，统计归纳推理也具有归纳推理的一般特征：第一，是由个别到一般的推理；第二，是或然性推理，不能推出必然真的结论；第三，结论断定的范围超出了前提断定的范围。因此，在进行统计归纳推理时，除了避免错误外，还要尽可能地提高统计归纳推理结论的可靠性。

第一，保证适当大的样本的容量（即样本所包含的个体数目）。如果样本的容量太小，不管是数量还是范围，都不能准确地反映总体的情况，所得的结论也就不可靠。只有保证适当大的样本容量，才能保证推理结论的可靠性。

第二，要抽取能反映总体情况的具有代表性的样本。这就要求我们在抽取样本时要随机抽取，不能有意识地只抽取好的或只抽取坏的，这也是保证推理结论可靠性的重要一环。

在应用上，统计归纳推理与概率归纳推理一样，也是现代科学研究的重要工具。事实上，现代归纳逻辑就是通过概率论、统计学作为中介而实现在科学、经济学、商业等中的应用的。以归纳逻辑作为理论基础的数理统计、统计推理是归纳逻辑走向现代和走向应用的桥梁，它为归纳逻辑的现代应用开启了一扇大门。

第六章

科学逻辑方法

什么是科学逻辑方法

⊙ **科学**

"科学"一词,英文为science,源于拉丁文的scientio,有"知识""学问"之意。在梵文中,"科学"指"特殊的智慧"。"科学"一词在我国广泛运用是在康有为和严复引进并使用"科学"二字之后的事。

英国博物学家达尔文认为:"科学就是整理事实,从中发现规律,做出结论。"1999年《辞源》对科学的定义是:"运用范畴、定理、定律等思维形式反映现实世界各种现象的本质的规律的知识体系。"法国《百科全书》则认为:"科学首先不同于常识,科学通过分类,以寻求事物之中的条理。此外,科学通过揭示支配事物的规律,以求说明事物。"简单地说,科学就是反映事实真相的学说。它首先指对应于自然领域的知识,经扩展、引用至社会、思维等领域。一般来讲,科学包括科学知识、科学思想、科学精神和科学方法。

科学知识包括经验知识和理论知识。其中,经验知识主要是描述事实,回答"是什么"的问题;理论知识主要是解释事实,回答"为什么"的问题。理论知识又可以分为经验定律和理论原理。经验定律是对经验知识的归纳与概括,是科学知识的低层次部分。经验定律的获得主要是通过观察和实验来实现的。比如,查理定律、光的折射定律等。理论原理则是揭示经验定律后的根本原因以及对客观事物的本质与现象间的因果联系的探索,是科学知识的高层次部分。理论原理的获得主要是通过比较、分析、综合等各种抽象思维的方法来实现的。比如,能量守恒定律、万有引力定律、生物的新陈代谢理论等。

科学思想是人们对外在世界本质和规律的一种认识,而科学精神则是由科学性质所决定并贯穿于科学活动之中的基本的精神状态和思维方式,是体现在科学知识中的思想或理念。我们所要讨论的主要是科学方法。

⊙ **逻辑方法与科学方法**

我们前面讲过,逻辑思维方法就是指依靠人的大脑对事物外部联系和综合材料进行加工整理,由表及里,逐步把握事物的本质和规律,从而形成概念、建构判断和进行推理的方法。

科学方法则是指人们为达到认识客观世界的本质及规律这一基本目的而采用的手段、方式和途径,包括在一切科学活动中采用的思路、程序、规则、技巧和模式。简单地说,科学方法就是人类在所有认识和实践活动中所运用的全部正确方法。

从种类上说,科学方法分为描述事实的经验认识方法和解释事实的理论思维方法;从层次上看,科学方法可以分为哲学—逻辑方法、经验自然科学方法、特殊的科学方法和个别的科学方法。其中,哲学—逻辑方法适用于自然科学、社会科学、思维科学以及人们日常生活的各个领域;经验自然科学方法则仅仅适用于经验自然科学;特殊的科学方法适用于一门或几门学科;而个别的科学方法则是指运用望远镜、显微镜等的方法。也有人把科学方法分为单学科方法(或专门科学方法)、多学科方法(或一般科学方法,适用于自然科学和社会科学)和全学科方法(具有最普遍方法论意义的哲学方法)三个层次。

逻辑方法与科学方法是紧密联系在一起的。物理学家爱因斯坦说过："一切科学的伟大目标，即要从尽可能少的假说或者公理出发，通过逻辑的演绎，概括尽可能多的经验事实。"他同时也指出："逻辑简单的东西，当然不一定就是物理上真实的东西；但物理上真实的东西一定是逻辑上简单的东西。"事实上，思维方法本身就是通过概念、判断、推理的运用来揭示客观事物间的因果联系的。而且，在揭示事物真相的过程中，观察、实验、比较、分析与综合都是最为常用的研究方法，它们也需要借助概念、判断、推理等逻辑方法来揭示客观事物间的因果联系。在这方面，逻辑方法与科学方法是难分彼此的。

⊙ **科学逻辑方法**

科学思维逻辑方法就是逻辑方法与科学方法的综合运用，简称为科学逻辑方法。科学逻辑方法可以说是在科学基础上运用逻辑方法去认识、揭示客观事物的规律和本质的方法，也可以说是在逻辑的辅助下运用科学方法去认识、揭示客观事物的规律和本质的方法。

我们所讨论的科学逻辑方法主要包括科学解释的逻辑方法、科学预测的逻辑方法、探求因果联系的逻辑方法和科学假说的逻辑方法等。其中，科学解释的逻辑方法是关于科学解释的逻辑模式与逻辑方法的理论；科学预测的逻辑方法是关于科学预测的逻辑模式和逻辑方法的理论；探求因果关系的逻辑方法则是探求客观事物之间因果联系的逻辑方法，它又可以分为求同法、求异法、求同求异并用法、共变法以及剩余法；而科学假说的逻辑方法则是指人们依据一定的事实材料和科学原理，对事物的未知原因或规律性所作的假定性解释的逻辑方法。爱因斯坦曾说："物理学的任务，仅在于用假说从经验材料中总结出这些规律。"由此可见科学假说的逻辑方法的重要性。

运用科学逻辑方法进行探索时一般要遵循以下几个步骤：

（1）发现并解释客观事物（比如各种自然现象）存在的事实、原因和规律；

（2）根据已经发现的客观事物本质和规律预测新的、未知的事物；

（3）探求这些新的、未知的客观事物之间的因果联系；

（4）根据预测及探求到的客观事物间的因果联系提出科学假说；

（5）对所提出的科学假说的合理性进行检验、证明。

这五个步骤是进行科学探索的基本步骤，也是科学逻辑方法的具体运用。科学家们正是根据这几个步骤，结合科学逻辑方法进行科学研究、发现并促进科学的发展的。

科学解释的逻辑方法

⊙ **科学解释逻辑的含义**

贯休《行路难》中"君不见烧金炼丹古帝王，鬼火荧荧白杨里"以及宋陆游《老学庵笔记》卷四中"予年十馀岁时，见郊野间鬼火至多"都提到了"鬼火"。唐李贺《苏小小墓》诗"油壁车，久相待。冷翠烛，劳光彩"的"冷翠烛"也是指"鬼火"。历来民间因为对墓地里的"鬼火"成因不明，都把它看成不祥之兆。那么，"鬼火"究竟是如何形成的呢？这是因为人体内部除了碳、氢、氧三种元素外，还含有磷、硫、铁等元素。尤其是骨骼中，含有较多的磷化钙。因此，人的躯体在地下腐烂时会发生各种化学反应。在这个过程中，磷由磷酸根状态转化为磷化氢，而磷化氢是一种气体物质，燃点很低，在常温下与空气接触便会燃烧起来。磷化氢产生之后沿着地下的裂痕或孔洞冒出地面，在空气中燃烧并发出蓝色的光，这就是磷火，也就是人们所说的"鬼火"。

在上面这段话中，对"鬼火"成因的解释就是科学解释。

所谓科学解释，就是运用科学知识去说明某一现象、事件存在或产生的原因，也叫科学说明。科学解释的逻辑方法就是关于科学解释的逻辑模式与逻辑方法的理论，简称为科学解释逻辑。

⊙ 科学解释逻辑的模式

科学解释逻辑的模式主要包括"D—N模式"（即演绎—律则模式）、"I—S模式"（即归纳—统计模式）、类比模式和多元化科学解释模式。

1. D—N模式

一般来讲，科学解释逻辑包括理论原理、相关条件陈述和事实陈述三部分。

理论原理是揭示经验定律后的根本原因以及对客观事物的本质与现象间因果联系的探索，上面关于"鬼火"的解释中，运用的理论原理就是化学反应以及物质的燃点；相关条件陈述是指某一现象或事件存在或发生的具体条件，上面关于"鬼火"的解释中，相关条件陈述包括人体含有的磷、钙、氢等各种化学元素和磷化氢燃点较低，常温下与空气接触便会燃烧；事实陈述则是对某一现象或事件存在或发生事实的陈述，或者说事实陈述就是科学解释的对象。根据以上分析，关于"鬼火"的科学解释逻辑可以用下面的模式来表示：

理论原理：
化学反应
物质的燃点
相关条件陈述：
人体含有的磷、钙、氢等各种化学元素
磷化氢燃点较低，常温下与空气接触便会燃烧
事实陈述：
所以，墓地里会产生"鬼火"。

因为理论原理和相关条件陈述都是对客观事实的解释，所以把它们合称为"解释项"；而事实陈述是被解释的对象，所以称为"被解释项"。科学解释逻辑的模式可以表示为：

L：理论原理
C：相关条件陈述　　　　　解释项
所以，E：事实陈述　　　　被解释项

在这里，L代表理论原理，C代表相关条件陈述，E代表事实陈述。因此，该模式又可以表示为$(L \land C) \rightarrow E$。需要说明的是，有时候，某一现象或事件存在或发生的原因是多方面的，也就是说，它可能是自然律（即理论原理）与具体条件（相关条件陈述）共同作用的结果。此外，这些原因，即理论原理和相关条件在数量上也可能不是唯一的。因此，我们可以将该模式表示为：

$L_1, L_2 \cdots L_n$
$C_1, C_2 \cdots C_n$　　解释项
所以，E　　　　被解释项

从以上分析可知，这种解释模式与演绎推理有着相似之处，也是从一般性、普遍性认识推出个别的、特殊的认识的。所以，这种科学解释逻辑模式叫"演绎—律则模式"或"定律覆盖的演绎模型"，用字母表示则是"D—N模式"，即根据一般性、普遍性原理推出某一个别的、特殊的观察陈述。

2. I—S模式

据报道：由多家媒体及机构共同发起了中国城市健康大调查，在历时4个月的调查中共采集116480份有效样本。其中，城市"租房者"健康状况调查报告显示："买房压力、经济压力、工作压力、生活压力、房租压力"这五大压力致六成租房者受疾病困扰。

如果小王是一个城市"租房者"，我们就可以用"I—S模式"来表示小王因五大压力致病的可能情况：

五大压力致六成城市"租房者"受疾病困扰
小王是城市"租房者"
所以，小王很可能受疾病困扰

"I—S模式"即归纳—统计模式，是指根据统计规律和相关条件陈述来说明被解释项的科学解释逻辑模式。如果用F和G表示统计对象，用a表示统计对象中的个体，"I—S模式"就可以表示为：

百分之几的F是G
<u>a是F</u>　　　　　　　　　　　　解释项
所以，a是G　　　　　　　　　　　被解释项

"I—S模式"有两个特点：第一，解释项"百分之几的F是G"要建立在有效统计的基础上，不能任意编造；第二，解释项并不逻辑地蕴涵被解释项。因为只有F中的一部分是G，而a又是F中的个体，所以，a有可能是G，也可能不是G，其可能性大小取决于统计结果。

3.类比模式

据报道：2007年，英国哥伦比亚大学的天文学家马修称发现了一颗适合人类居住的星球——红矮星Gliese581c。科学家关于宜居星球的基本定义是：大小跟地球差不多，有类似地球的温度，有液态水。而Gliese581c的直径是地球的1.5倍，并且围绕着"红矮星"运转。"红矮星"与太阳相比则小很多，也没有太阳的强燃烧热量。马修说："这是人类首次在太阳系之外发现的一颗可能适合人类居住的星球。这颗星球有着类似于地球的温度，大小和体积也与地球差不多，可能还有水存在于星球上，距离地球大约20.5光年（约120万亿英里）。"

从这则报道中可知，天文学家是通过红矮星Gliese581c与地球的类比来确定其是否适合人类居住的。它可以这样来表示：

地球有着适当的温度、液态水、大小和体积，适合人类居住，
红矮星Gliese581c有着适当的温度、液态水、大小和体积，
所以，红矮星Gliese581c也适合人类居住。

类比模式可用下面的形式来表示：

A事物具有属性a、b、c、d
<u>B事物具有属性a、b、c</u>　　　　　　解释项
所以，B事物也具有属性d　　　　　　被解释项

4.多元性科学解释模式

有时候，对同一现象、事件往往会从不同的角度做出各不相同的科学解释。比如，对地壳运动的原因，就有收缩说、膨胀说、脉动说、地球自转速度变化说、地幔对流说、大陆漂移说以及板块构造说等不同的解释；对于光的折射、反射等现象也有光的波动性理论、光的微粒性理论以及光的波粒二象性理论等不同的解释。而且，对这同一现象、事件提出的各种不同解释都自成一体，各有各的道理，因而形成了多元性的科学解释。如果我们用E表示被解释的现象或事件，用H1、H2……Hn来表示对该现象或事件提出的各种不同的科学解释。那么，多元性科学解释模式就可以表示为：

H1
H2→E
……
Hn

对于多元性科学解释，我们要注意两个问题：

第一，一般情况下，对同一现象或事件的不同解释的解释力是不同的。也就是说，有的解释可以说明这种现象，却说明不了另一现象；有的解释能说明局部现象，却说明不了整体现象等。比如，大陆漂移说是取代大陆位移说而出现的，显然它要比后者更有解释力；而板块构造说也只有与海底扩张说结合起来，才能更完满地解释地壳的不稳定性和可变性。

第二，对同一现象或事件的不同解释未必都是正确的。比如，相对于"地心说"而言，哥白尼提出的"日心说"显然更具科学性，因为它证明了地球是围绕太阳进行公转的。但是，"日心

说"也有着明显的缺陷，比如它认为太阳是宇宙的中心就是错误的。

科学解释可以说是科学的所有认识论、方法论问题的集结点，是科学哲学的中心问题。而科学解释的方法、特点、标准和评价等问题也是科学哲学的重要内容之一。所以，我们在研究科学解释逻辑的时候，既要认识到不同科学解释的逻辑模式的作用和重要性，也要认识到它们的不足之处。只有这样，才能对客观事物作出符合实际情况的科学解释。

科学预测的逻辑方法

⊙ 科学预测逻辑的含义

"预测"就是预先或事前推测、测定的意思。它主要是指根据已经掌握的信息或积累的数据，依据一定的规律和方法对未知事物情况进行推测，以预先推测某种事物情况的存在、发生或结果。日常生活中的预测不乏其例，比如天气预测、地震预测、经济预测等。有的预测是对事物发展的整体性预测，而有的则是某一个别情况的预测。比如，经济预测可以对国家以至世界的经济形势做预测，也可以对房价、粮价等做预测。在各种各样的预测中，有的是仅凭主观或直觉进行的预测，有的则是根据长期积累的经验进行的预测，而有的则是在一定的实践与理论知识的基础上，根据实际情况和事物发展的规律进行的科学预测。比如，门捷列夫根据元素周期表预测类似硼、铝、硅的未知元素的存在；约翰·柯西·亚当斯根据计算预测了海王星的存在等。

所谓科学预测就是根据现有的科学理论知识和相关条件陈述对未知事物情况进行的推测。它主要是在运用科学方法对现代科学某一领域的情况或各领域间的关系进行分析研究的基础上，科学地预测某一现象或事件的存在或发生、发展的原因。根据科学预测的逻辑模式和逻辑方法形成的理论就是科学预测逻辑。科学预测逻辑是研究科学预测的模式、程序、途径、手段以及合理标准等问题的理论。

⊙ 科学预测逻辑的模式

科学预测逻辑有多种模式与方法，包括科学预测的演绎模式、溯因模式、并案归纳溯因模式、类比模式等。比如：

玛丽·居里（即居里夫人）与丈夫皮埃尔·居里长年致力于以沥青铀矿石为主的放射性物质的研究。针对这种矿石的总放射性比其所含有的铀的放射性强的现象，居里夫妇于1896年提出了一个逻辑推断：沥青铀矿石中必定含有某种未知的放射成分，而且其放射性远远大于铀的放射性。他们于当年12月26日公布了存在这种新物质的设想。1898年，居里夫妇开始研究由法国物理学家贝可勒尔发现的含铀矿物所放射出的一种神秘射线。在极其困难的条件下，他们对沥青铀矿进行了分离和分析，终于在1898年7月和12月先后发现钋（Po）和镭（Ra）两种新元素。

可见，居里夫妇正是在现有科学知识和理论的基础上，根据相关条件陈述，通过科学的分析对放射性新物质的存在提出预测的。这种科学预测逻辑的模式可以表示为：

$L_1, L_2 \cdots L_n$
$C_1, C_2 \cdots C_n$ 预测根据
所以，E   被预测项

由此可见，该模式是由定律原理（L）、相关条件陈述（C）和预测陈述（E）三部分组成的。其中，定律原理和相关条件陈述都是作出科学预测的根据，所以合称为预测根据；预测陈述则是根据预测根据推出的结论，也叫被预测项。该模式也可以表示为：$(L \wedge C) \rightarrow E$。

根据定律原理形式的不同，科学预测模式中预测根据与被预测项的关系也不同：

第一，如果作为预测根据之一的定律原理是全称判断，那么被预测项就蕴涵在预测根据中，该模式就是由一般推出个别的演绎预测模式。比如，牛顿第一定律，即"一切物体在任何情况下，在不受外力的作用时，总保持相对静止或匀速直线运动状态"就是全称判断；能量守恒定律，即"能量既不会凭空产生，也不会凭空消灭，它只能从一种形式转化为其他形式，或者从一

个物体转移到另一个物体，在转化或转移的过程中，能量的总量不变"也是全称判断。如果以这种全称判断式的定律原理为预测根据，该模式就是演绎预测模式。

第二，如果作为预测根据之一的定律原理是统计定律，那么被预测项就没有被蕴涵在预测根据中，该模式就是一个统计预测模式。所谓统计定律，就是根据科学的统计方法推导出的规律；所谓统计预测，就是利用科学的统计方法对未知事物情况进行定量推测，并计算概率置信区间。

⊙ 科学预测模式与科学解释模式的关系

通过对科学解释模式和科学预测模式的分析，我们可以发现它们之间有着不同之处。但它们又并非各自为政、互不兼容的，甚至有时候是彼此交叉的存在着。

其不同之处在于：

科学解释模式的推导前提是解释项，结论是被解释项，而科学预测模式的推导前提是预测根据，结论是预测陈述；科学解释模式是利用现有科学理论对某一已知现象或事件作出解释并进行科学论证，而科学预测模式则是利用现有科学理论对某一未知现象或事件作出预测并进行逻辑推导；科学解释模式的推导前提蕴涵结论，而当科学预测模式的定律原理是统计规律时，其推导前提不蕴涵结论。

其相同之处在于：

第一，当科学预测模式的定律原理是全称判断时，科学解释模式和科学预测模式都属于逻辑蕴涵式，其蕴涵式都可表示为 $(L \wedge C) \rightarrow E$。

第二，从科学解释模式和科学预测模式的逻辑结构上看，它们的逻辑推导前提不管是解释项还是预测根据，都是由定律原理和相关条件陈述构成的；它们所推出的结论不管是被解释项还是被预测项，都属于事实陈述。也就是说，它们在逻辑结构上是相同的。

第三，科学解释一般不含有科学预测，但科学预测有时却可含有科学解释。也就是说，在对某一未知现象或事件进行科学预测的时候，也已经对其存在或发生、发展情况进行了科学解释。

科学解释逻辑和科学预测逻辑是科学逻辑方法的重要组成部分，它们是进行科学研究和发现的有效手段，在丰富科学知识、深化科学理论、提倡科学方法和促进科学进步方面都发挥着积极作用。

什么是因果联系

⊙ 因果联系的含义

古希腊伟大的唯物主义哲学家德谟克利特一生都在探求事物之间的因果联系，并以此为最大快乐。他曾说过："宁可找到一个因果的解释，不愿获得一个波斯王位。"比如，如果你看见一只乌龟突然从天下掉下来，并恰好落在一个秃头上，你肯定以为这是一件不可思议的事。但德谟克利特却会告诉你：世上没有不可思议的事，任何结果都是有原因的。不信你抬头看，乌龟一定是从正在天上盘旋的那只老鹰爪中掉下来的。德谟克利特就是要通过这件事告诉我们，任何事物都是处在普遍联系之中的，而一个结果的产生也一定有着它的原因，这就是事物间的因果联系。

任何现象都会引起其他现象的产生，任何现象的产生都是由其他现象所引起的。这种引起和被引起的关系就是因果联系。比如，"一分耕耘，一分收获"中，"耕耘"是因，是引起的现象，"收获"是果，是被引起的现象；"牵一发而动全身"中，"牵一发"是因，是引起的现象，"动全身"是果，是被引起的现象。

⊙ 因果联系的特征

任何事物都处于普遍联系中，但却并非任何联系都是因果联系。比如，"鱼儿离不开水，瓜儿离不开秧"中，鱼和水、瓜和秧之间的联系是指事物间的直接联系；"城门失火，殃及池鱼"中，火和鱼之间的联系是指事物间的间接联系，但它们却并非因果联系。因果联系作为事物间关系的重要表现形式之一，有着它独有的特征。

第一，由因果联系的定义可知，它是一种引起与被引起的关系；同时，原因作为引起的现象，一般都是先出现的，结果作为被引起的现象，一般都是后出现的，原因和结果有着先行后续的关系。因此，因果联系是一种先行后续的引起与被引起关系。比如，苹果成熟后掉落地上，而不是飞向天上，是因为万有引力的原因。先有万有引力，然后才有苹果落地，这是先行后续的关系；万有引力引起苹果落地，这是引起与被引起的关系。

第二，因果联系普遍存在于自然、社会以及人的思维之中，具有普遍性。比如：

一天，通用汽车公司黑海汽车制造厂总裁收到一封抱怨信，说是开着该厂的汽车去买冰淇淋，只要是买香子兰冰淇淋，汽车便发动不了，而买其他牌子的冰淇淋，汽车却一切正常。黑海厂总裁对这封信迷惑不解，但还是派了一名工程师去查看。但是，工程师在进行调查时也遇到了相同的问题，而且一连三次都是如此，这让他百思不得其解。接下来的调查中，他开始对日期、汽车往返时间以及汽油类型等做认真详细的记录。最后终于发现，车主买香子兰冰淇淋比买其他冰淇淋用的时间要短，从而找出了汽车停的时间太短就无法启动的原因。经过进一步研究，发现它跟气锁有关。买冰淇淋的时间长的话，可以使汽车充分冷却以便启动；买冰淇淋时间短的话，汽车引擎就还是热的，所产生的气锁就耗散不掉，因而汽车无法启动。

一个冰淇淋竟然影响到一辆汽车的启动，让人不能不承认因果联系的普遍性。

第三，当相同的原因和一切所必需的条件都存在时，就会必然产生结果，而且只产生相同的结果。这就是因果联系的必然性和确定性。比如，苹果落地和万有引力是因果联系，但是苹果落地与牛顿发现万有引力却不是必然联系。因为看到苹果落地的人很多，但却只有牛顿一人发现了万有引力，这是因果联系的必然性。同时，只要在适用于万有引力的条件下，就一定会产生苹果落地的结果，而不是上天或停留在空中，这是因果联系的确定性。

第四，一般来说，因果联系有一因一果、一因多果、多因一果和多因多果等各种形式，而且有时候甚至不能说出到底哪个是因哪个是果。也就是说，有时候事物之间可能会互为因果。这就是因果关系的复杂多样性。比如，经济落后可能会造成教育落后、科技落后、军事落后等多个结果；而教育落后、科技落后、军事落后等又必然造成经济落后。

第五，世上没有无因之果，也没有无果之因，原因和结果总是相互依存、共存共生的关系。这就是因果联系的互存性。"黄鼠狼给鸡拜年——没安好心"是这个道理，"没有无缘无故的恨，也没有无缘无故的爱"也是这个道理。

需要指出的是，在认识因果联系时，要注意以下几点：

第一，只有先行后续而没有引起和被引起的关系不是因果联系。看下面一则幽默故事：

一对恋人在看海。面对大海，男孩突然激情勃发，朗诵起高尔基的《海燕》："在乌云和大海之间，海燕像黑色的闪电，在高傲地飞翔。一会儿翅膀碰着波浪，一会儿箭一般地直冲向乌云……"女孩无限仰慕地看着男孩，激动地说道："啊，亲爱的，你太厉害了！你看，海燕能听懂你的话，真的在乌云和大海间飞呢。"

这则故事中，男孩朗诵与海燕飞翔并没有因果联系。因为海燕一直都是那样飞的，并不是因为男孩的朗诵才那样飞，二者没有引起与被引起的关系，所以不是因果联系。

第二，如果原因发生变化，结果也会相应地发生变化，要根据原因的变化重新度量结果。这就好像你用老机器每天可以生产10个产品，用新机器就可能生产15个产品。机器改变了，生产的数量就改变了；而原因改变了，结果自然也会改变。

第三，只有在所有必需条件都具备的情况下，原因才可能产生结果。比如，接通电源，电灯就会发光，它们具有因果联系。但是，如果电灯或导线有问题，那么就不能产生发光的结果。所以，只有满足各种必需条件，才能产生结果。

第四，原因和结果的区别是相对的，在一定条件下可以互相转化。看下面这首著名的民谣：

丢了一颗铁钉，坏了一个铁蹄；坏了一个铁蹄，折了一匹战马；折了一匹战马，伤了一个将士；伤了一个将士，输了一场战争；输了一场战争，亡了一个帝国！

在这首民谣中，各个现象之间的原因和结果就都是相对的，比如，"坏了一个铁蹄"是"丢了一颗铁钉"的结果，却是"折了一匹战马"的原因。因果联系的这种关系实际上也是其复杂多样性特征的体现。

⊙ 探求因果联系的逻辑方法

事物间的因果联系具有普遍性和客观性，这是人们正确认识事物的前提。只有正确把握因果联系，才能提高人们进行各种活动的自觉性和预见性，在科学研究发现中尤其如此。事实上，科学解释就是在根据现有各种科学现象的"果"去探索它们存在或发生、发展的"因"；而科学预测也是在科学理论和相关条件的基础上，根据事物间的因果联系预测新事物的存在。

当然，事物间的因果联系是复杂多样的，要探求复杂多样的因果联系，就要运用科学的逻辑方法。常用的探求事物间因果联系的逻辑方法有求同法、求异法、求同求异并用法、共变法以及剩余法。这五种方法是由约翰·穆勒在用归纳法研究自然界的因果联系时创立的，所以称为"穆勒五法"。对此，我们将在以下几节中详细探讨。

求同法

⊙ 求同法的含义、形式和特点

有甲、乙、丙三块地，在甲地里施磷肥、氮肥、浇水，在乙地里施磷肥、钾肥、除草，在丙地里施磷肥、钙肥、杀虫，结果发现这三块地的产量都高了。由此人们认为：这三块地都缺磷，磷肥是粮食产量提高的原因。

在这里，人们就是运用求同法来探求粮食产量提高的原因的。

所谓求同法，就是在某一被研究对象出现的若干不同的场合中，除某个情况相同外，其他情况均不同，那么这个相同的情况就是被研究对象的原因，它们之间具有因果联系。所以，求同法也叫契合法。如果我们用1、2、3等表示若干不同的场合，用A、B、C等表示先于结果出现的各种情况，用a表示被研究对象，求同法的逻辑形式就可以表示为：

场合	先行情况	被研究对象
1	A、B、C	a
2	A、D、E	a
3	A、F、G	a
……	……	……

所以，A是a的原因。

在场合1中，a与A、B、C一起出现；在场合2中，a与A、D、E一起出现；在场合3中，a与A、F、G一起出现……A是a在各种场合出现时的共同情况，所以A是a出现的原因，A与a具有因果联系。

根据求同法的逻辑形式，上面所举的例子可以这样表示：

场合	先行情况	被研究对象
甲地	施磷肥、氮肥、浇水粮食	产量提高
乙地	施磷肥、钾肥、除草粮食	产量提高
丙地	施磷肥、钙肥、杀虫粮食	产量提高

所以，施磷肥是粮食产量提高的原因。

在这里，施磷肥是粮食产量在三块不同的地里得以提高的共同条件，所以施磷肥是粮食产量提高的原因，二者具有因果联系。再比如：

小王、小张、小李三人的生长环境、学习条件、生活条件以及工作条件都不相同，但他们却都有着一个好身体。这是为什么呢？经调查发现，原来他们都喜欢运动，而且每周都有固定的运动量。于是，人们就推测出运动是他们身体好的原因。

通过上面的分析，我们可以得出求同法在探求事物间的因果联系时有以下三个特点：

第一，求同法依据的是因果联系的确定性特征，即在必需条件都具备的情况下，同样的原因会引起相同的结果。比如上面的两个事例中，施磷肥在各种不同的场合中都引起"粮食产量提高"这一结果；运动在不同的情况中都引起"身体好"这一结果。

第二，求同法是"异中求同"或者说是"求同除异"，即在各不相同的场合中排除相异因素，找出相同因素。比如，上面两个事例中分别排除了施氮肥、钾肥、钙肥、除草、浇水、杀虫等不同因素以及生长环境、学习条件、生活条件、工作条件等不同因素，从而分别找出了施磷肥和运动这一相同因素。

第三，求同法是或然性推理，所推出的结论也是或然的。这主要是因为求同法基本上都是根据经验观察而判断出事物间的因果联系的，而经验并不是任何时候都正确的，所以凭经验得出的结论也就不必然是真的。因此，可以说求同法是一种观察方法，而不是实验方法。

⊙ **正确理解和运用求同法**

在运用求同法探求事物间的因果联系时，经常会出现一些错误。这一方面可能是人们对求同法的理解不够准确，另一方面则可能是没有正确地运用这种方法。要想正确理解并运用求同法，我们应该注意以下几点：

第一，只有时间上的先行性不一定就是引起结果的原因。比如，春天总是在夏天前，闪电总在雷鸣前，但却不能说春天是引起夏天的原因，闪电是引起雷鸣的原因。因为它们只有时间上的先行后续，但没有引起与被引起的关系。

第二，在不同场合出现的共同情况不必然是引起结果的原因。这一方面是因为人们的认识不足，从而把某些表面情况当成了被研究对象出现的原因。比如，康有为、梁启超等维新派所力推的维新变法之所以失败，就在于他们看到英国、法国、日本等实行资产阶级变法而富强起来，因此便得出了资产阶级变法是摆脱民族危亡、实现国家富强的原因。而实际上，这只是表面原因，而不是真正引起这一结果产生的根本原因。另一方面是人们把某些共同情况中含有的其他因素一并当成了被研究对象出现的原因。比如，人们最先认为燃烧的必备条件是空气，没有空气就不能燃烧。直到后来发现并分离出空气中的氧，人们才知道真正使燃烧得以进行的是氧。

第三，要能在"异"中发现"同"，因为某些表面不同的情况中也可能存在着引起被研究对象的原因。

第四，因为求同法是或然性推理，而且主要是根据经验观察而得出的结论，所以即使注意到了以上所提到的几点情况，利用求同法得出的结论也未必一定正确。同时，一个结果的产生也可能是由多个不同的原因共同引起的，也就是"多因一果"。因此，一定注意不要仅凭经验就断定某一个原因是某一结果出现的充分条件。

⊙ **提高求同法结论可靠性的方法**

求同法是探求因果联系的常用方法之一，利用求同法可以对各不相同的场合中出现的错综复杂的因素进行有针对性的观察，从而排除无关紧要的干扰性因素，找出引起被研究对象出现的原因。因此，求同法是科学研究的初始阶段经常采用的方法。为了提高利用求同法得出的结论的可靠性，我们可以采取以下两种手段：

第一，把被研究对象放在尽可能多的场合观察，以便尽可能多地得出各不相同的情况，再从这些情况中找出共同因素。这样就可以避免因只观察几个场合的情况就匆忙下结论而引起的错误，提高结论的可靠性。

第二，经过观察后，如果所发现的共同情况只有一个，可以再认真分析一下，以确定是否还存在其他相关原因；如果所发现的共同情况不止一个，那么就要对这些共同情况再做研究，以确定哪一个或哪几个是引起结果的根本原因。这样就可以避免漏掉某些共同情况，从而提高所得结论的可靠性。

求异法

⊙ 求异法的含义与形式

有甲、乙两块地，它们连续两年粮食产量都不高，但又不知道什么原因。于是，人们开始通过实验的方法来探求粮食产量低的原因。在其他条件都相同的情况下，人们在甲地里施磷肥、浇水、除草、杀虫，在乙地里浇水、除草、杀虫。结果发现，甲地的粮食产量有了明显提高，乙地的产量则没变。由此人们认为，施磷肥是粮食产量提高的原因，二者具有因果联系。

在这里，人们就是运用求异法来探求粮食产量提高的原因的。

所谓求异法，就是在某一被研究对象出现和不出现的两个场合中，除某个情况不同外，其他情况均相同，那么这个不同的情况就是被研究对象的原因，它们之间具有因果联系。所以，求异法也叫差异法。如果我们用1、2表示两个不同的场合，用A、B、C等表示先于结果出现的各种情况，用a表示被研究对象，求异法的逻辑形式就可以表示为：

场合	先行情况	被研究对象
1	A、B、C	a
2	—B、C	—

所以，A是a的原因。

在场合1中，a与A、B、C一起出现；在场合2中，A没有出现，a也没有出现。因此，A是a出现的原因，二者具有因果联系。

根据求异法的逻辑形式，上面所举的例子可以这样表示：

场合	先行情况	被研究对象
甲地	施磷肥、浇水、除草、杀虫	粮食产量提高
乙地	—浇水、除草、杀虫	—

所以，施磷肥是粮食产量提高的原因。

在这里，甲、乙两块地的其他条件都相同，施磷肥是其唯一不同之处。所以，施磷肥是甲地粮食产量提高的原因。再比如：

为了找出蝙蝠在黑暗中自由飞翔并准确辨别方向的原因，科学家对其进行了实验。首先，科学家把蝙蝠的双眼罩住，结果发现蝙蝠依然能像往常一样准确地辨别方向，丝毫没有因为双眼不能视物而受影响。于是，科学家又换了一种方法，即将蝙蝠的双耳罩住。这下科学家们发现，蝙蝠突然失去了方向感，在空中到处乱飞，不时地撞在墙上。而当科学家把罩住蝙蝠耳朵的东西除去后，蝙蝠又恢复了往常的辨向能力。由此科学家们得出了蝙蝠是靠双耳来辨别方位的结论。

在这个实验中，科学家们就是采取求异法来探求蝙蝠的双耳与其辨别方位之间的因果联系的，即在其他条件完全相同的情况下，罩住双耳的蝙蝠不能辨别方位，没有罩住双耳的蝙蝠则可以辨别方位。

⊙ 求异法的特点和需要注意的问题

通过上面的分析，我们可以得出求异法在探求事物间的因果联系时有以下三个特点：

第一，求异法是采用实验的方法进行的，而且一般都是在两个场合中进行；

第二，求异法是"同中求异"，即在两个场合中出现的错综复杂的情况中，排除相同的情况，找出不同的情况；

第三，求异法是或然性推理，所推出的结论也是或然的。这一方面是因为实验手段本身存在的局限性或误差，另一方面是因为现实中的因果联系是极为复杂的，所推出的那个差异未必是引起相应结果的根本原因。

求异法主要用于各种实验中。因为，求异法一般只在两个场合中进行，一个是被研究对象出现的场合，一个是被研究对象不出现的场合。而且，在这两个场合中，只有一种情况不同，其他情况都相同，这对进行试验有很大便利。比如，在进行蝙蝠实验的时候，只需把蝙蝠的眼睛或耳朵罩住或松开即可，整个实验场所及条件都不需要改变。这就省去了很多麻烦，便于实验的顺利进行。因此，求异法是科学研究中最为常用的方法之一。但是，在运用求异法探求因果联系的时候，要保证所得结论的可靠性，就要注意以下几个问题：

第一，要确保被研究对象出现和不出现的两个场合中只有一个情况是不同，而其他情况或条件务必相同。只有在这个前提下，所推出的结论才可能是可靠的。反言之，如果不同的情况不唯一，那就无法判断这些情况究竟哪个是原因了。看下面一则故事：

一天，约翰穿着旧衣服去参加一个宴会。在酒店门口，约翰被保安拦住了，理由自然是保安觉得他衣着破旧，不像赴宴的人。直到约翰拿出请柬时，保安才放他进去。进入富丽堂皇的宴会大厅后，满大厅衣着华贵的人都没有理约翰，甚至还嘲笑他的寒酸。约翰很生气，便立刻回去穿了件高档的华贵礼服，重新回到酒店。这时保安很礼貌地向他问好，宴会上的客人也都争相和他谈话、敬酒。约翰没理那些人，而是当着众人的面脱下了礼服，把它扔到了餐桌上，说道："喝吧，衣服！"众人都很吃惊，约翰却若无其事地说："我穿着旧衣服赴宴时，没人理我，也没人给我敬酒；我穿着华贵的礼服赴宴时，你们都争相和我打招呼、敬酒，可见你们尊敬的不是我，而是我的衣服，那就让它陪你们吧。"说完，约翰便扬长而去。

在这个故事中，约翰就是用求异法得出结论的。而且，他在运用求异法进行推理时，被研究对象出现和不出现的两个场合除了一个情况（即华贵礼服）不同外，其他情况（宴会环境、客人等）完全相同。因此，他得出的结论是可靠的。相反，如果此外还有其他情况不同，比如约翰的言行举止先后不同，那么约翰的这个结论就不一定正确了。

第二，要确保两个场合中的那个唯一的不同情况是引起相应结果的全部原因，而不是部分原因。比如上面的事例中，如果引起甲地粮食产量提高的原因除了"施磷肥"之外，还有别的（比如光照、温度等），那所推出的结论就是错误的。

第三，要确保两个场合中的那个唯一的不同情况是引起相应结果的根本原因。这主要是因为，在所得出的那个不同情况中，有可能还存在其他因素需要进一步探讨。比如，我们在上节谈到的"引起燃烧的原因是氧气而不是空气"就是这个道理。

⊙ **求同法和求异法的关系**

作为探求因果联系的常用方法，求同法和求异法是"穆勒五法"中最基本的方法，也是求同求异并用法、共变法和剩余法的基础；而且，求同法和求异法都属于或然性推理，其结论都不是必然结论；此外，求同法和求异法都是科学研究的重要方法，是进行创造性思维活动的有效手段。不过，求同法和求异法也有不同之处：

第一，求同法主要是在经验观察的基础上推出结论的，而求异法则是在科学实验的基础上推出结论的。经验观察凭借主观，因此可能存在较大的误差；科学实验依据一定的客观条件，因此误差较小。而且实验条件可以通过人工设置和控制，即根据被研究对象的实际情况和研究目的创设或改变实验条件，所以求异法所推出的结论更为可靠，运用也更为广泛。

第二，求异法可以证明或检验求同法所推出的结论。在利用求同法推出结论后，我们可以再利用求异法，通过实验的方法来对其进行证明或检验，以确定其结论是否正确可靠。

了解了求同法和求异法的联系与区别，就可以根据被研究对象的不同选择不同的探求方法，或者两法共用，以便更迅捷有效地找出事物间的因果联系。

求同求异并用法

⊙ **求同求异并用法的含义**

求同求异并用法，也叫契合差异并用法，是指在被研究对象出现的若干场合中，只有一个情况相同；而在被研究对象不出现的若干场合中，都没有出现这一情况，那么这一情况就是被研究对象的原因，二者具有因果联系。其中，我们把被研究对象出现的若干场合叫做正面场合，把被研究对象没有出现的若干场合叫做反面场合。在正面场合所列举的事例叫正事例组，在反面场合列举的事例叫负事例组。比如：

为了研究候鸟在长途迁徙过程中识别方向的原因，科学家们做了这样一个实验。在一个四周装有窗户的六角亭里，设置了一个玻璃底圆柱形铁丝笼，笼中是候鸟的代表——椋鸟。实验首先是在晴天时进行的。经过观察，科学家发现当阳光射进亭子里时，笼中的椋鸟立刻就开始向着它们迁徙的方向飞行；当用镜子将阳光折转60度时，椋鸟的飞行方向也会随着调转60度；当阳光被折转90度时，椋鸟的飞行方向也会调转90度。经过反复实验，发现椋鸟总是随着太阳的方向飞行的。接着，科学家又在阴雨天气进行实验，结果发现，在太阳消失的阴雨天里，椋鸟很快就迷失了方向。由此科学家们得出结论：候鸟是通过太阳定向的。

在这个实验中，科学家就是通过求同求异并用法来探求太阳与椋鸟定向的因果关系的。在椋鸟能够定向的几个场合里，都有"太阳"这一相同情况；在椋鸟不能定向的几个场合里，都没有"太阳"这一情况。因此，太阳是椋鸟定向的原因，二者具有因果联系。

⊙ **求同求异并用法的形式和步骤**

如果我们用a表示被研究对象，用A表示共同因素，用B、C、D等表示出共同因素外的有关因素，那么求同求异并用法的逻辑形式就可以表示为：

	场合	先行情况	被研究对象
	1	A、B、C	a
正面场合	2	A、D、E	a
	3	A、F、G	a
	……	……	……
	1	—B、G	—
反面场合	2	—M、N	—
	3	—P、Q	—
	……	……	……

所以，A是a的原因。

从这个逻辑形式中我们可以看出，在被研究对象a出现的正面场合（1、2、3……）中，只有一个相同因素A；在被研究对象a没有出现的反面场合（1、2、3……）中，都没有这个相同因素A。这种性质决定了我们在使用求同求异并用法进行分析时，要分三个步骤：

（1）在正面场合中，被研究对象a出现时，都有一个相同因素A。根据求同法可知，A是a的原因，二者具有因果联系；（2）在反面场合中，被研究对象a没有出现时，都没有出现相同因素A。根据求同法可知，A不出现是a不出现的原因，二者具有因果联系；（3）综合比较正、反面场合的结果，即A出现时a出现，A不出现时a不出现。根据求异法可知，A是a的原因，A与a具有因果联系。比如上面提到的关于"候鸟定向"的实验，就是通过这样三个步骤来进行的：在被研究对象"椋鸟"能够定向的正面场合（即晴天）中，都有一相同因素"太阳"，根据求同法可知，"太阳"与"椋鸟"定向具有因果联系；在被研究对象"椋鸟"不能够定向的反面场合（即阴雨天）中，都没有相同因素"太阳"，根据求同法可知，"太阳"不出现与"椋鸟"不能够定向具有因果联系；再运用求异法对这两个结果进行分析可知，"太阳"与"椋鸟"定向具有因果联系，并进而得出太阳与候鸟定向具有因果联系。

从求同求异并用法的使用步骤来看，它是通过在正、反面场合中分别使用求同法，再对其所得结论使用求异法，最终推出A与a的因果联系的。简言之，就是通过两次使用求同法，一次使用求异法推出结论的。因此，相对于求同法和求异法而言，求同求异并用法要复杂得多，但显然也可靠得多。

⊙ **求同求异并用法与求同、求异法相继运用的区别**

求同求异并用法并不等于求同法和求异法的相继运用。

在求同求异并用法中，正面场合都有相同因素A且被研究对象a出现，反面场合都没有相同因素A且被研究对象a不出现。从这方面看，反面场合是对正面场合的检验。但是，反面场合只是通过选择A不出现的场合进行检验，而不是通过消除A来进行检验的。

在求同法和求异法的相继运用中，是先运用求同法得出一个结论，再运用求异法对其进行检验。如果我们通过观察，发现某一相同因素A与某一被研究对象a具有因果联系。那么，我们就可以通过求异法对其进行检验，即通过实验消除这一相同因素A，然后观察这时a是否会出现。也就是说，求异法是通过消除A来对求同法所得结论进行检验的，而不是选择A不出现的场合进行检验。

显然，选择A不出现的场合与消除A并不是一回事。因为，由前者推出A与a具有因果联系显然没有由后者推出这一结论可靠。这就好比孙悟空与唐僧的安全之间的关系。如果我们要检验孙悟空与唐僧的安全是否具有因果联系，那么，选择孙悟空不在的时候看唐僧是否安全显然没有直接把孙悟空赶走再看唐僧是否安全更为可靠。

有"药王"之称的孙思邈在研究脚气产生的病因时运用的就是求同求异并用法。首先，他经过观察发现富人得脚气病的要比穷人多。然后，他又发现虽然富人有各种各样的生活经历和习性，但都有一个相同点，即不吃粗粮；而穷人虽然也有各种各样的生活经历和习性，但也有一个相同点，即吃粗粮。由此他认为，不吃粗粮是得脚气病的原因。用逻辑形式表示就是：

	先行情况	被研究对象
正面场合	富人甲不吃粗粮	得脚气病
	富人乙不吃粗粮	得脚气病
	富人丙不吃粗粮	得脚气病
	……	……
反面场合	穷人甲吃粗粮	没有脚气病
	穷人乙吃粗粮	没有脚气病
	穷人丙吃粗粮	没有脚气病
	……	……

所以，不吃粗粮是得脚气病的原因。

无疑，孙思邈由此得出"不吃粗粮是得脚气病的原因"这一结论是有一定科学性的，而且他用米糠、麸子等粗粮治疗脚气病也有明显效果。在这里，孙思邈就是通过选择相同因素（即不吃粗粮）不出现的反面场合对正面场合进行检验的。但显然，并不是所有的富人都有脚气，也并不是所有的穷人都没有脚气。所以，用穷人吃粗粮而没有脚气来检验富人不吃粗粮而得脚气的可靠性就没那么高了。如果在运用求同法得出结论后，再采用求异法对其检验就比直接采用求同求异并用法更为可靠些。

首先，运用求同法进行分析：

场合	先行情况	被研究对象
1	富人甲不吃粗粮	得脚气病
2	富人乙不吃粗粮	得脚气病
3	富人丙不吃粗粮	得脚气病

所以，不吃粗粮是得脚气病的原因。

然后再运用求异法，即消除相同因素"不吃粗粮"对该结论进行检验：

场合	先行情况	被研究对象
1	富人甲吃粗粮	没有脚气病
2	富人乙吃粗粮	没有脚气病
3	富人丙吃粗粮	没有脚气病

所以，吃粗粮是不得脚气病的原因。

所以，由求同法和求异法的相继运用得到的结论要比求同求异并用法得到的结论更具可靠性。

在孙思邈发现脚气病因一千多年后的1890年，荷兰医生克里斯琴·艾克曼才发现了粗粮与脚气病的关系。不过，虽然中外的医学家都各自先后发现了不吃粗粮与得脚气病的因果联系，但是却并没有弄清楚究竟是粗粮中的什么物质防治的脚气病。这个谜团直到1911年才被波兰生化学家卡西米尔·芬克解开。原来米糠中有一种碱性含氮的晶体物质，这种物质属于胺类，芬克将其称为"生命胺"。它才是防治脚气的真正原因。

由此可知，不管是求同求异并用法还是求同法和求异法的相继运用，所推出的结论不一定是最终结论。因为科学是不断进步的，而人们的认识也会随着科学的进步越来越深入。

⊙ 提高求同求异并用法结论的可靠性

我们前面已经提到过，求同求异并用法所推出的结论在可靠性上是有待商榷的，也需要进行更进一步的研究。那么，如何在其推理过程中尽可能地提高结论的可靠性呢？

显然，对被研究对象进行比较的场合越多，所得结论的可靠性也就越高。此外，因为反面场合实际上是对正面场合的检验，所以反面场合中所列举的事例（即负事例组）与正面场合所列举的事例（即正事例组）越相似，所得结论的可靠性也就越高。这主要是因为，相同因素A出现的场合或许是有限的，但其没有出现的场合却是无限的。只有所选择的A因素没有出现的场合的情况与其出现的场合的情况越相似，其可比性才会越强，所得结论也才越可靠。

共变法

⊙ 共变法的含义和形式

19世纪英国经济学家登宁说过这样一段话：

资本逃避动乱和纷争，它的本性是胆怯的。这是真的，但还不是全部真理。资本害怕没有利润或利润太少，就像自然害怕真空一样。一旦有适当的利润，资本就胆大起来。如果有10%的利润，它就保证到处被使用；有20%的利润，它就活跃起来；有50%的利润，它就铤而走险；为了100%的利润，它就践踏一切人间法律；有300%的利润，它就敢犯任何罪行，甚至冒绞首的危险。如果动乱和纷争能带来利润，它就会鼓励动乱和纷争。

在这段话中，登宁就是运用共变法推出"资本利润的大小与资本胆量的大小具有因果联系"这一结论的。

所谓共变法，就是在被研究对象出现的若干场合中，在其他情况都不变的前提下，如果某一现象发生变化，被研究对象也随之发生相应的变化，那么这一现象就是被研究对象的原因，二者具有因果联系。比如：在一个有空气的玻璃罩内安装一个电铃，接通电源后电铃会发出声音。然后抽出一半空气，再接通电源，发现电铃的声音减小了；接着继续抽出一半空气，接通电源后发现电铃的声音更小；等玻璃罩内的空气全部抽出时，接通电源后发现听不到电铃的声音了。由此得出，声音是靠空气传播的。

这个实验就是通过共变法推出"声音是靠空气传播的"这一结论的。其中，玻璃罩、电铃、电源等都没有变化，只有空气在减少，而且随着空气的减少电铃的声音也越来越小。因此，空气是声音传播的原因，二者具有因果联系。

如果用a_1、a_2、a_3等表示被研究对象在各场合的变化，用A_1、A_2、A_3等表示各场合中某一现象的变化，用B、C、D等表示各场合中不变的情况，共变法的逻辑形式就可以表示为：

场合	先行情况	被研究对象
1	A_1、B、C、D	a_1
2	A_2、B、C、D	a_2
3	A_3、B、C、D	a_3
……	……	……

所以，A是a的原因。

其中，a1、a2、a3是被研究对象a随着相同因素A的变化在各场合中发生的变化。

在上面的"资本利润的大小与资本胆量的大小"的论断中，资本利润就是相同因素A，资本胆量就是被研究对象a，资本利润与资本胆量具有共变关系。

⊙ 共变法的特点

根据以上分析，我们可以发现共变法有以下几个特点：

相对于求同法和求异法而言，共变法的应用范围更为广泛。

运用求同法时，要保证先行情况中除某一情况相同外其他都不同；运用求异法时，要保证先行情况中除某一情况不同外其他情况都相同。而且，在使用求异法时，还要通过消除某一情况来进行分析。但是，在客观情况中，有些条件是很难满足的。尤其是消除某一情况进行分析时更为不易，因为有很多因素都是无法消除的。比如，各种力、物体的温度等都无法消除。但是，不管是力还是温度，都是可以变化的。因此，我们可以采用共变法，通过实验观察各种变化来研究事物间的因果联系。比如，牛顿第一定律指出"任何物体在不受任何外力的作用下，总保持匀速直线运动状态或静止状态，直到有外力迫使它改变这种状态为止"，因为"外力"是不可消除的，所以不能使用求同法或求异法进行分析，只能使用共变法，通过不断减小"外力"来观察物体速度的变化来对其进行推理研究。

相对于求异法而言，共变法的应用更为简捷。

运用求异法推理时，要先看被研究对象出现的场合是否有某一因素出现，然后再看其不出现的场合是否该因素也不出现，在对这两种情况综合分析后才可推出结论。而共变法只需要观察现象间的变化即可，只要两个现象间出现共变情况，就可以推出结论。因此，它要比求异法更为简单、快捷。

此外，共变法不但可以推出现象间的因果联系，而且在现象间的变化能够用精确的数量表示时，它也可以用函数关系来表示。也就是通过某两个现象间数量的变化，来推导出它们之间是否具有因果联系。比如，物体做自由落体运动时瞬时速度的计算公式为$v=gt$。其中，g是重力加速度，在一般情况下都有一定的值。因此，时间t越长，速度v就越大。

当然，共变法得出的结论也是或然性结论。

⊙ 正确运用共变法

在运用共变法的过程中，经常会出现一些错误。比如，没有注意到其他情况的变化，或者没有满足一定的条件时都会造成共变法的误用，从而影响到所得结论的可靠性。所以，要正确运用共变法，就要注意下面几个问题。

第一，具有共变关系的现象不一定具有因果联系。比如，闪电越强，雷声就越大；闪电越弱，雷声就越小。闪电与雷声虽然有共变关系，但却并非因果联系。同时，共变关系有时可以用函数关系来表示，但并非函数关系都表示共变关系。比如，圆的面积$S=\pi r^2$。其中，半径r与S具有共变关系，但它们却非因果联系。所以，不要只根据现象间的共变关系来判断因果联系。

第二，在使用共变法时，要确定与被研究对象发生共变的现象是唯一的，而且除此外的其他条件都保持不变。如果与被研究对象发生共变的情况不止一种，那就不能推出它们之间具有因果联系。比如，当电阻不变的情况下，电流越大，电压越大，电流与电压才可能是产生共变；如果电阻也发生了变化，就不能确定电流与电压之间是否具有因果联系了。同时，如果除与被研究对象发生共变的现象外，其他条件也发生了改变，也不能确定它们之间是否具有因果联系。比如，如果要研究一块地施30公斤氮肥和施50公斤氮肥对粮食产量的影响，就要保证其他温度、水分等条件都不变，否则就不能推出氮肥多少与粮食产量高低的因果联系。

第三，要注意共变法运用的条件和限度。任何方法的运用都要满足一定的条件，也有一定的限度，超过了这个限度就可能破坏原来的共变关系。这就是所谓的"过犹不及"。比如，第一年施30公斤氮肥，某块地的粮食产量是150公斤；第二年施60公斤氮肥，这块地的产量是300公斤；第三年施90公斤氮肥，这块地的粮食产量是450公斤。施氮肥的数量与粮食产量看似有一定的共变关系。但是，如果第四年在这块地施2000公斤氮肥，会出现什么情况呢？或许会是颗粒无收。所以，在运用共变法时，一定要注意现象间的条件和限度。

当然，有时候，两个现象间的因果联系并不是单一的，也可能是互为因果的。比如，敲击"Y"形音叉的一个支叉会使之振动，这个支叉的振动又会引起另一支叉的振动，而另一支叉的振动又会反过来引起这一支叉的振动。这就是共振现象。它们之间的这种变化就是双向的，是互为因果的。

总之，只有正确理解共变法的含义和特点，才能有效地运用共变法为科学研究服务。

剩余法

⊙剩余法的含义和形式

电视剧《一代廉吏于成龙》中有这么一个情节：

一天，于成龙带着几个人外出办事。路上，看到两个大汉用担架抬着一个女人急走，他们身后还跟着几个壮汉。女人躺在担架上，用被子蒙着，看上去好像是病了。但奇怪的是，他们每走一段路就累得"呼哧呼哧"直喘气，不得不再换两个人抬，看上去相当吃力。于成龙不禁心生疑窦：两个大汉抬一个妇人怎么可能如此吃力？怎么还要轮换着抬？可见担架里必定还有其他东西。于是他立即派人拦下担架，上前检查，果然发现被子下面还有许多金银珠宝，原来这是一个盗贼团伙。

在这里，于成龙就是运用剩余法推出其中蹊跷的。

所谓剩余法，就是指某一复合现象是另一复合现象的原因，同时又知该复合现象的一部分是另一复合现象的一部分原因，那么，该复合现象的剩余部分就是另一复合现象剩余部分的原因。如果用a、b、c、d等表示被研究对象，用A、B、C、D等表示被研究对象的原因，其逻辑形式就可以表示为：

复合现象A、B、C、D是被研究对象a、b、c、d的原因，

B是b的原因，

C是c的原因，

D是d的原因，

所以，A是a的原因。

这个逻辑形式是假设被研究对象是a、b、c、d，引起该对象的原因则是A、B、C、D。其中，B只能引起b，C只能引起c，D只能引起d。因此可以推出：A只能引起a。

上面提到的例子中，有两组复合现象，一组是担架和所抬女人的重量，一组是大汉的负重能力。一般而言，两个大汉抬一个女人是不会如此吃力的，而且也不必轮换着抬。但这几个大汉非但看上去抬得吃力，还不时换人，可见除了担架和女人的重量外，一定还有其他重量。也就是说，使大汉感到吃力的是除去担架和女人外剩余的东西。用逻辑形式可以这样表示：

担架及女人的重量几乎超出了两个大汉的负重能力，

担架及女人不可能有如此重量，

所以，必定有其他重量使之几乎超出了两个大汉的负重能力。

再比如：

雷达是一种利用电磁波探测目标的电子装备，它发射电磁波照射目标并接收其回波，由此来发现目标并测定位置、运动方向和速度及其他特性。最初，科学家是先用雷达向地球大气的电离层发射电波，然后对接收到的回波进行研究，以此考察电离层对电波的影响。在这个过程中，科学家们经常发现接收到的回波要比电离层反射回来的回波强一些。当时有人认为，这种"回波增强"的现象可能是因为所发射的电波除被电离层反射回来外，还受到了其他能反射电波的物体的影响。到后来，科学家发现在流星雨期间，每当流星经过时都会出现很强的无线电回波，这时他们才认识到所增强的回波有可能是流星引起的。

在对"回波增强"的分析中，科学家就运用了剩余法。所收到的回波应该与所发射的回波相同，但是所收到的回波增强了。而其中所收到的回波中的一部分一定是由原来发射的电波引起的，那么那后来增强的一部分回波就必定是受了其他能反射电波的物体的影响。

事实上，我们在"科学预测的逻辑方法"一节中提到的居里夫妇科学地预测出"沥青铀矿石中必定含有某种未知的放射成分"也是利用的剩余法。因为他们在以沥青铀矿石为主进行放射性物质研究时，发现这种矿石的总放射性比其所含铀的放射性还要强。因此他们认为，除了铀元素的放射性外，另一部分放射性一定是由其他新的元素产生的。用逻辑形式表示就是：

沥青铀矿石产生了比较强的放射性，

其中一部分放射性是铀引起的，

所以，一定有另一种元素引起另一部分的放射性。

正是利用剩余法，居里夫妇科学地预测出了新元素的存在，并最终发现了钋和镭。

⊙ **正确运用剩余法**

剩余法看上去不难，但真正运用起来并不容易。如果对剩余法的含义理解得不对，那么就不能正确运用剩余法，也就得不出可靠结论。

在运用剩余法时，首先必须确定其复合原因与被研究的复合现象具有因果联系。比如，担架和所抬女人的重量与大汉的负重能力具有因果联系；所发射的电波与所收到的回波之间具有因果联系；沥青油矿石与产生的较强的放射性具有因果联系。同时，还要确定被研究的复合现象的一部分是由相应的复合原因中的一部分引起的，并且剩余部分的被研究现象与已知原因无关。比如，大汉负重能力的一部分一定是由担架和女人引起的，并且这部分重量与大汉所肩负的其他重量无关；所收到的部分回波也一定是由所发射的电波引起的，并且所发射的电波与所增强的回波无关，等等。如果引起被研究复合现象的原因除已知复合原因外还有其他原因，或者剩余部分的被研究现象与已知原因有关，那么就不能推出剩余部分原因引起剩余部分被研究现象的结论。

此外，还要考虑剩余部分的被研究现象是单一的还是多样的。如果是单一的，就表示剩余部分被研究现象正是由剩余部分原因引起的。比如，大汉所肩负的除担架和女人外的重量一定是由所盗窃的金银珠宝引起的。如果剩余部分的被研究现象是多样的或复合的，那么就要对其进行更深入的分析，以确定它包含几个现象，而这几个现象又分别是由哪些剩余部分的原因所引起的。比如，居里夫妇所发现的沥青油矿石比其所含铀的放射性多出来的那部分放射性就是由钋和镭共同引起的。如果不加研究，把这部分放射性完全归于钋或镭，就会得出错误的结论。

到这里，我们对穆勒五法已经介绍完毕。简而言之，"穆勒五法"中，求同法是从异中求同，求异法是从同中求异，求同求异并用法是既认识同又辨别异，共变法是着眼于因果共变，而剩余法则是从余果中求余因。这五种方法是探求因果联系的基本方法，也是进行科学研究、探案、医疗诊断等的基本手段。而且，在实际运用中，它们之间并非完全孤立的，常常是两种甚至几种方法共同使用，互为补充。只有这样，才能更好地探求事物间的因果联系，得出更可靠的结论。

假说的逻辑方法

⊙ **假说的含义**

1900年，德国科学家马克斯·普朗克提出了一个大胆的假说：辐射能或者光波能不是一种连续不断的流的形式，而是由小微粒组成的。他把这种小微粒称为量子，并用这一假说解释黑体辐射，在理论上准确地推导出了正确的黑体辐射公式。他在这个假说中提出的一个重要的物理学常数被称为普朗克常数，而他推导出的黑体辐射公式不但圆满解释了实验现象，也揭开了量子力学的序幕。普朗克的这一假说与经典的光学说和电磁学说相对立，在科学界可谓是一鸣惊人，并使物理学发生了一场革命。

在提出量子论的时候，普朗克运用了假说的逻辑方法。所谓假说，就是根据已知的事实材料和科学原理，对未知现象或规律作出假定并检验这个假定的思维过程。

人们在认识客观事物或改造客观世界的过程中，面对所遇到的各种疑惑，往往会根据已知事实和现有知识，对其作出各种解释。这种解释一旦被实践证明是正确的，就会成为科学理论；如果是错误的，人们就会再提出其他的假定。人们就是在不断地假说、检验、再提出假说、再进行检验这样的过程中一步步地认识事物、积累知识的。而且，假说的运用不仅仅只在于科学研究。医生通过望、闻、问、切对病情的认识是假说；刑侦人员根据案发现场的各种线索以及掌握的各种情况提出的各种破案方法是假说；指挥员根据敌情、地形以及各自实力等提出的各种战斗方案也是假说。总之，假说是一种重要的逻辑方法，是一种常用的研究手段。

⊙ 假说的种类

根据提出假说的不同目的，可将假说分为科学假说和工作假说。

科学假说是为解决某个科学问题，依据大量的事实和科学原理而提出并希望能经过检验发展为可靠理论的假说。科学假说一般具有科学性、解释说明性、预见推测性和待验证性四个方面的本质特征。也有研究者对科学假说进行了进一步的分类，比如狭义性假说和广义性假说、理论假说和事实假说、证实性假说和证伪性假说等。科学假说的例子不胜枚举，魏格纳为解释陆海分布以及大陆之间存在的构造、地质和物理相似性提出的大陆漂移说就是其中之一。

1912年，德国地质学家、气象学家魏格纳提出各大陆是由一个巨大的陆块漂移、分开而形成的假说。1915年，在其代表作《海陆的起源》中又对这一假说进行了详细阐述。他认为，古代大陆原来是联合在一起的，后来由于大陆漂移而分开，分开的大陆之间出现了海洋。对此，他解释道，大陆是由较轻的含硅铝质的岩石如玄武岩组成，它们像一座座块状冰山一样，漂浮在较重的含硅镁质的岩石如花岗岩之上，并在其上发生漂移。这一点可以通过大洋底部是由硅镁质组成的事实来证明。同时他认为，在二叠纪时，全球只有一个巨大的陆地，即泛大陆或联合古陆。中生代到来后，泛大陆首先一分为二，形成北方的劳亚大陆和南方的冈瓦纳大陆，并逐步分裂成几块小一点的陆地，四散漂移，有的陆地又重新拼合，最后形成了今天的海陆格局。

魏格纳的大陆漂移说对海陆形成以及大陆之间存在的构造、地质和物理相似性在一定程度上给出了较为合理的解释，他也提出了大量证据来证实自己的假说。但是，也有很多科学家反对他的这种观点，甚至完全否定。但是，不管大陆漂移说是否完全正确，作为一种科学假说，对地质科学研究产生的影响是不容置疑的。

工作假说是为了解决新的问题，有计划有目地地进行进一步的研究，依据已知事实和现有材料提出一个或几个暂时性假说来安排新的实验或研究的假说。工作假说是在研究过程中提出的假说，虽然具有暂时性，但它的提出却保证了研究工作顺利开展，因此也是一种重要的逻辑研究方法。

⊙ 假说的特征

作为一种科学的研究方法，假说具有推测性、科学性、逻辑性、多样性等基本特征。

假说是对未知现象或规律的假定，这本身就带有推测性质；况且假说的提出已经超出了已知事实和现有知识解释的范围，这也是其推测性的表现。既然是推测，就有正确和错误之分。因为任何假说都是需要检验证实的，只有被证实是正确的假说，才能成为科学理论，用来指导人们以后的研究。在被证实正确之前，不管经历了多么曲折漫长的过程，它仍然是一种假说，一种推测。假说的推测性一方面是科学研究的突破口，推动着科学研究的发展；一方面它又未被证实，还不是真正的科学理论。

17世纪末18世纪初，化学界在解释燃烧现象时，通用的学说是燃素说。燃素说认为：可燃的要素是一种气态的物质，存在于一切可燃物质中，这种要素就是燃素；燃素在燃烧过程中从可燃物中飞散出来，与空气结合，从而发光发热，这就是火；油脂、蜡、木炭等都是极富燃素的物质，所以它们燃烧起来非常猛烈；而石头、木灰、黄金等都不含燃素，所以不能燃烧。物质发生化学变化，也可以归结为物质释放燃素或吸收燃素的过程。

对于燃烧的这种假说曾长期盛行于当时的化学界，直到18世纪70年代氧气被发现之后，人们才真正认识了燃烧的本质。虽然燃素说是错误的假说，但它在推动科学的发展上仍然功不可没。

尽管假说具有推测性，但它毕竟是建立在大量的事实材料和科学原理上的，因此它具有科学性。在提出假说时，不能随心所欲，凭空幻想，必须要根据事实来进行。离开了事实和科学原理，假说就是无源之水、无本之木，就成了空中楼阁，是靠不住的。譬如人们把某些疾病看做是"中邪"、鬼魂缠身等，就是错误的假说。只有依据科学知识，对已知事实进行客观分析后提出的假说才是可信的。法国医生米歇尔·奥当在其著作《水与性》中就提出一个假说：人与海豚比类人猿更接近。他这一假说是建立在诸多事实上的，比如类人猿不会流泪，而海豚和人都能流泪；人和海豚皮肤下都有脂肪层，人与海豚的皮肤大多都是光滑的，而类人猿不是；人的乳汁与海豚极为相似，但与类人猿不同，等等。不管这一假说是否成立，它都是建立在一定的事实基础上的。

此外，假说还具有多样性和抽象性。这主要是指，在对某一现象或规律提出假说时，有时会提出两种甚至多种假说。这些假说不但各不相同，甚至截然相反，但在某种程度上也能自圆其说。比如，在生命起源的问题上，就有创世说（认为生命是神创造的）、自然发生说（认为生命可以随时从非生命物质直接产生出来）、生物发生说（认为生命只能来自生命）、宇宙发生说（认为生命来自宇宙间的其他星球）、化学进化说（认为生命是在原始地球条件下起源的，是由非生命物质通过化学途径逐渐进化来的）等。假说的抽象性也是其推测性的体现之一。

作为一种重要的逻辑方法，假说是科学发展的必要手段，也是人们认识事物、获取真理的有效方法。假说不是真理，但却是通向真理的桥梁。有了假说，就好比鸟儿有了翅膀，迷途的人有了方向。有了假说，人们就可以无限接近真理，触摸到真理的脉动，并最终打开真理的大门。

假说形成的逻辑方法

任何事物的形成都有其开始和完成阶段，假说的形成也是如此。逻辑学并不关注假说的具体内容，而是对各种假说形成的共同步骤和所遵循的原则进行探讨。无疑，假说的形成过程是一个复杂的过程。它的复杂性不仅表现在大量材料的搜集、大量事实的观测以及据此进行的假定上，还表现在不断的变化发展上。因为，假说是一种推测，并不等于真理。随着人们对研究对象认识的不断深入，原先提出的假说就可能被否定或者修订。因此可以说，假说的形成过程也是其不断发展的过程。此外，假说的形成过程也是一个进行创造性思维的过程。固步自封、墨守成规是不可能有所创造的，也是不能提出有助于科学研究和发展的假说的。假说的预见性决定了它必须具有创造性，而假说的创造性又使它具有了预见性。

一般而言，假说的形成包括初始阶段和完成阶段两个阶段。

⊙ 假说形成过程的初始阶段

假说形成过程的初始阶段主要是在大量事实材料的基础上，依据现有的科学原理，运用逻辑推理手段，通过创造性的思维对某个问题或现象提出假定的阶段。在这一阶段，归纳推理和类比推理起着重要作用。

美国的什克罗夫斯基和卡尔·沙根教授在他们的《太空生灵的生活》一书中提出了这样一个假说：有史以来，地球已被宇宙中的其他智慧生命造访过一万次以上。他们甚至用概率估算出了宇宙中其他文明社会的数目及存在位置，并计算出他们相互交往的概率。在其提出的事例中，包括下面两个：

——英国的一座博物馆里保存着一具四万年前的尼德人颅骨。该颅骨的左侧有一个圆洞，奇怪的是这圆洞看上去并非石器、弓箭或长矛之类的武器所造成的，其平滑的边缘颇似子弹留下的痕迹。但四万年前的人显然是不可能拥有火器的。

——苏联的一所古生物博物馆里保存着一具四万年前的一种野牛的颅骨，该颅骨上也有一些圆洞。经过研究，考古学家们认为这些圆洞是因为受到束状高压气体冲击而造成的。但显然，四万年前的地球人也不可能拥有这种打猎技术。

根据诸如此类的材料，什克罗夫斯基和卡尔·沙根认为这些枪伤或许是由造访地球的其他宇宙生命留下的。经过进一步研究，他们提出了上面的假说。显然，在这一假说形成过程中，他们运用的是归纳推理。

被誉为"第二个普罗米修斯"的富兰克林也曾提出一个假说：闪电是一种放电现象，只要运用适当的设备就可以将其引至地面甚至收集起来。他的这一假说主要是通过闪电与室内电火花的类比推理完成的：

电可以造成火灾，闪电也可以；电能够在导体或带电体中通过，闪电也可以；电可以熔接金属，闪电也可以；触电可能身亡，接触闪电也可能身亡；电是从一个物体到另一个物体，闪电也是从一朵云到另一朵云……

富兰克林正是通过这种类比推理提出上面的假说的：既然电可以放电，并通过适当的设备收集起来，那么闪电也可以放电，并通过适当的设备引至地面甚至收集起来。在这一假说的基础上，富兰克林进行了举世闻名的风筝实验，最终得出了闪电与我们生活中用的电是一种东西的结论。

由此可见，在假说的形成阶段，归纳推理和类比推理发挥着积极作用。需要指出的是，因为对同一问题，科学家可能根据不同的事实材料和科学原理，从不同的角度提出各不相同的假说，因此，在假说形成的初始阶段，往往会有多个不同的假说。这也是假说多样性特征的体现。比如我们前面提到的"生命起源"的假说就是如此。这种特征也决定了初始阶段的假说具有暂时性和尝试性。它们只是科学家对某一问题或现象的最初设想，还需要在此基础上搜集更多的材料，进行更深一步的分析和研究，以便选择其中最为合理、最具可能性的假说。

⊙ 假说形成过程的完成阶段

通过对假说形成的初始阶段的研究，人们已经能够基本确定所提出的假说具有一定的科学性和解释力，既能对已知事实进行合理的解释，也能推导出更多的可以接受检验的未知事实。在此基础上，再对各类事实材料和科学理论进行扩展研究和广泛论证，就可以使初始假说形成一个有着严密、完整和稳定结构的系统。这时，假说的形成过程就基本完成了。

在假说形成过程的完成阶段，演绎推理起着重要作用。比如，门捷列夫根据元素周期律的假说，就不但解释了已发现元素的性质，还预测了未知元素的存在及其基本的化学性质。魏格纳也根据他提出的大陆漂移假说，对某些地理现象进行了解释。比如，大西洋两岸以及印度洋两岸彼此相对地区的地层构造是相同的；各个大陆块可以像拼板玩具那样拼合起来；根据岩层中的痕迹可知，在3.5亿年前到2.5亿年前之间，现在的北极地区曾经是气候很热的沙漠，而赤道地区则为冰川所覆盖，等等。

要保证假说的正确性，在这一阶段就要做三方面的工作：首先要尽可能地搜集事实材料，运用多方面的知识对其进行论证；其次要用假说对已知事实进行合理科学的解释，发挥假说的演绎推理作用；再次就是根据假说进一步对未知事实或规律进行预测。只有做好这三方面的工作，才能有效地充实、扩展并最终完成假说。

⊙ 假说形成过程的指导原则

在假说形成的过程中，需要遵循以下几条原则：

第一，以经验事实为依据，以科学原理为指导。

恩格斯说过："不论在自然科学或历史科学的领域中，都必须从既有的事实出发，因而在自然科学中必须从物质的各种实在形式和运动形式出发；因此，在理论自然科学中也不能虚构一些联系放到事实中去，而是要从事实中发现这些联系，并且在发现了之后，要尽可能地用经验去证明。"任何假说都是在经验和事实的基础上，依据科学原理提出来的。脱离了经验事实的支持，假说就没有了源泉；没有了科学原理的指导，假说就难以有正确的方向。只是，需要特别注意的是，以已知的经验事实为依据不等于完全拘泥于经验事实，更不等于迷信经验事实，而是要源于经验事实又高于经验事实；以现有的科学原理为指导也不等于完全受科学原理的摆布，而要敢于打破传统认识，挑战经典理论。

第二，既要能合理解释已知事实，又要能科学预测未知事实，同时还要具有可检验性。

假说源于已知事实和科学理论，因此它首先必须能合理解释已知事实，并符合现有的科学理论。假说又是一种创造性活动，因此它又必须能对未知事实作出预测。这都是在提出假说时应该遵循的基本原则。此外，假说还要具有可检验性。不能检验的假说不称其为假说，只有经过验证的假说才有意义。不管是在实验过程中检验，还是在历史过程中检验，检验都是假说最终得以成立的必经途径。

第三，具有简明而严谨的结构。

严谨自然是假说必须遵循的原则，也是假说成立的必要条件，因为只有严谨才有说服力，才能经得起实践的检验。简明的要求主要是源于假说形成过程的复杂性。这是因为，从假说的初始阶段到完成阶段，假说要经过无数次的修正，也要经过不断地充实、扩展等。这个过程是相当复杂的，有时也是非常漫长的。为了避免在这个过程中出现重复假说或者整体与部分、部分与部分之间的矛盾或不协调，就要遵循简明的原则。一般而言，遵循简明而严谨的原则的最好方式就是建立公理演绎系统。需要注意的是，公理演绎系统要在对被研究对象的认识达到一定的高度的基础上去建立。

第四，要谨慎对待不同的假说。

假说的特征之一就是多样化，我们在前面已有所阐述。所以，在提出假说时，对从不同角度提出的其他假说不能断然否定，也不能盲目相信。而是要在客观分析的基础上，经过实践来检验这些假说是否正确。这就涉及到假说检验的逻辑方法。

假说检验的逻辑方法

⊙ 假说检验逻辑的步骤

俗话说："是骡子是马拉出来遛遛。"实际上就是说只有通过检验、证明，才能确定一件事究竟是怎么样的。人们在认识事物的过程中，也只有通过检验才能确定自己的认识是否正确。假说作为人们认识事物的一种方法，当然也需要通过检验来证明其真伪。从本质上讲，假说是人们对客观世界的一种主观认识，要想知道这一主观认识是否真实反映了客观世界，就要通过检验，也就是实践来证明。可以说，实践是联结主、客观的纽带，也是假说走向真理的桥梁。

一般来讲，人们都认为检验假说要分两个步骤进行。

假说一般是不能进行直接检验的，只有先运用逻辑推理推出可供检验的事实陈述（包括对已知事实的解释和对未知事实的预测），才能通过实践的手段（比如观察和实验）来对其进行检验。因此，假说检验的第一步就是结合现有的相关背景知识，从假说的基本理论观点出发，引出关于事实的结论。如果我们用p表示假说的基本观点；r表示现有的相关背景知识、条件陈述或辅助性假说等；q表示关于事实的判断。那么，这一过程就可以表示为：

如果p且r，则q。即$p \wedge r \rightarrow q$。

从形式上看，这是一个充分条件的推理形式。如果假说的基本观点（p）为真，相关知识、条件陈述或辅助性假说（r）也为真，则它们推出的关于事实的结论（q）也为真。因此，这是一个必然性推理。

在这里，如果只以假说的基本观点（p）为前提，而没有相关背景知识、条件陈述或辅助性假说（r），就不足以引出关于事实的结论。比如：仅以"所有胃消化功能不好的人稍微多吃一点就会胃胀"这一基本观点为前提，并不能演绎出"李明稍微多吃一点就会胃胀"这一结论。要想演绎出这一结论，还必须有相关条件陈述或辅助性假说，即"李明的胃消化功能不好"。而要诊断出"李明的胃消化功能不好"这一先行条件，就必须还要具备相关的病理背景知识。因此，只有同时以假说的基本观点和相关背景知识、条件陈述或辅助性假说为前提，才能引出关于事实的结论。

在引出关于事实的结论后，第二步就是要通过实践，即观察、实验等手段对这一结论进行检验。如果经检验发现结论与事实不符，那么这一假说就可能是错误的，这就叫证伪；如果经检验发现结论与事实相符，那么这一假说就可能是正确的，这就叫证实。证实和证伪是假说检验的两种手段。比如，富兰克林将他用风筝收集到的闪电引入莱顿瓶中，并用它进行各种电学实验，证明了天上的雷电与人工摩擦产生的电具有完全相同的性质。

⊙ 假说检验逻辑的方法

对假说进行检验时，常用的方法是假说—演绎法。笛卡儿被认为是这一方法的倡导者，在《哲学原理》一书中，他提出了"理性从天赋观念（即第一原理）演绎出关于自然的确实知识"的观点。1840年，英国学者威廉·惠威尔在其所著的《归纳科学的哲学》一书中丰富和发展了假说—演绎法。他认为一个假说应该满足三个条件：能解释两个或多个已知事实；能预言由假说推出的不同事实；能预言或解释相关背景知识没有反映的现象或事实。同时他也指出，对假说的检验应该满足两个条件，即解释已观察到的现象和预言尚未观察到的现象。

假说—演绎法对"如果p且r，则q"这一逻辑模式中的结论q进行检验，如果q真，那么p就是被证实（或者叫确证）了；如果q假，那么p就是被证伪（或者叫否证）了。

1. 假说的确证

在现有的事实材料基础上对假说的观点作出部分证实或支持就是假说的确证。之所以说是部分证实或支持，是因为通过证实q进而确证p的过程是由结论确证前提的逆绎推理，而不是演绎推理。所以，证实q只能确证一部分p，或者说在一定程度上支持p，但不能完全证实p的成立。比如：

牛顿提出万有引力假说后，使得涨潮和退潮现象得到了圆满的解释，但仅凭此还不足以证实万有引力假说的真理性。18世纪，法国的数学家克雷洛根据牛顿的万有引力假说计算出了哈雷彗星的轨道，并预测了它出现的日期。后来，人们果然在其预期的误差范围内观察到了哈雷彗星。这一事实对牛顿的万有引力假说是个有力的证明。

假说的确证过程可以用下面的逻辑形式来表示：

如果p且r，那么q（q_1、q_2……q_n），

q（q_1、q_2……q_n），

所以，p且r。

需要指出的是，假说一般都是一个全称判断，比如牛顿的万有引力假说就是一个全称判断："任意两个质点通过连心线方向上的力相互吸引。该引力的大小与它们的质量乘积成正比，与它们距离的平方成反比，与两物体的化学本质或物理状态以及中介物质无关。"而要证明一个全称判断，仅凭有限的关于事实的结论是远远不够的。只有从假说p与相关知识r引出的支持假说的事实q越多（即q_1、q_2……q_n），假说得到确证的部分才会越多，得到确证的程度才会越高。但是，不同的事实对假说的支持程度也是不同的。如果引出的事实是已知事实，它对假说的支持度就很一般。只有当假说能够预测到从现有知识中无法推出的未知事实时，它才能获得更为有力的支持。因此人们才把克雷洛对哈雷彗星出现日期的预测作为牛顿万有引力假说的有力证据。

2. 假说的证伪

根据由假说和相关背景知识引出的有关事实的虚假来否定假说的真实性就是假说的证伪。它可以用下面的逻辑形式来表示：

如果p且r，那么q（q_1、q_2……q_n），

非q（非q_1、非q_2……非q_n），

所以，非（p且r）。

当然，由于要确认q为假并不容易，因为它包含的事实是纷繁复杂的，所以，证明一个假说不真实也是一个复杂的过程。退一步讲，即使确认了q为假，由q假也不能推出p假，因为q是由"p且

r"引出的，只有确认r真时，才能由q假推出p假。

此外，值得注意的是，由于观察和实验工具或技术的局限性，有时由假说和相关背景知识引出的事实与观察或实验的结果并不相符，这时候就不能认为这个假说是被证伪的了。

显然，不管是假说的证实还是证伪，其过程都不是必然性推理。而且又因为不同的事实对假说的支持程度不同，所以假说的检验过程并非一蹴而就，有时甚至是一个相当漫长的过程。事实上，假说的检验并不是在假说完全形成之后才开始的，假说的检验从假说的初始阶段就已经开始了。因为，在假说形成的初始阶段，对同一问题提出的不同假说的取舍过程实际上也是对假说的检验过程。假说的检验可以说从假说诞生开始，一直持续到假说被证实或被证伪。

一般来讲，对假说的检验会有三个结果：一是假说是错误的，因而被完全否定。比如"永动机"和"燃素说"即是如此。二是假说的部分内容被证实，部分内容被证伪，因而需要不断地修正完善。比如哥白尼的"太阳中心说"和魏格纳的"大陆漂移说"即是如此。三是假说经过足够的事实和预言的检验，真理性得到证实，因而成为科学理论。比如普朗克的量子论和沃森、克里克的DNA（脱氧核糖核酸）分子双螺旋结构的假说即是如此。

恩格斯说："只要自然科学思维着，它的发展形式就是假说。一个新的事实被观察到了，使得过去用来说明和它同类的事实的方式不中用了。从这一瞬间起，就需要新的说明方式了——它最初仅仅以有限数量的事实和观察为基础。进一步的观察材料会使这些假说纯化，取消一些，修正一些，直到最后纯粹地构成定律。如果要等待构成定律的材料纯粹化起来，那么这就是在此以前要把运用思维的研究停下来，而定律也就永远不会出现。"这可谓对假说在科学研究以及科学发展方面重要作用的精辟论述。

第七章

逻辑基本规律

逻辑的基本规律

所谓规律，就是事物运动过程中固有的本质的必然的联系，它决定着事物的发展方向。人们在认识和改造客观世界的过程中，必须遵循一定的规律。规律是客观存在的，不以人的意志为转移。只有遵循事物发展的规律，才能推动事物的发展；违背了事物发展的规律，就必然会导致失败。在人们进行思维活动的时候，也要遵循一定的逻辑规律。事实上，思维规律本就是逻辑学的三大研究对象之一。只有遵循逻辑规律，才能进行正确、有效的思维活动；而一旦违背了逻辑规律，就必然导致思维的混乱。逻辑规律就像是人类社会的法律，只要身处其中，就必须遵循。不同的是，法律规范的是人的行为，而逻辑规律规范的是人的思维活动。

逻辑规律可以分为特殊的逻辑规律和一般的逻辑规律，也有人把它分为非基本的逻辑规律和基本的逻辑规律，或者是具体的逻辑规律和基本的逻辑规律。

所谓特殊的逻辑规律是在某些特定范围内需要遵循的逻辑规律。比如，直言判断的对当关系、直言三段论、联言推理、假言推理、选言推理以及二难推理等所遵循的规则都是特殊的逻辑规律。在进行直言三段论推理时，就必须遵循直言三段论的逻辑规律；反之，直言三段论的逻辑规律也只适用于直言三段论推理，而不适用于其他推理。因此，特殊的逻辑规律的作用是有限的，只适用于某一特定范围。

一般的逻辑规律就是指逻辑的基本规律，即普遍适用于逻辑思维过程中的一般性规律。它一般包括同一律、矛盾律、排中律以及充足理由律。这四条基本的逻辑规律既是对人类思维活动的基本特征的反映，也是对人们进行正确的思维活动的要求。这些规律是人们长期进行思维活动的经验的总结，而它们又反过来指导、规范着人们的思维活动。逻辑的基本规律不但适用于概念、判断、推理、论证等各个具体领域，也作用于人们的日常生活、学习或者工作、研究等思维活动。逻辑的基本规律就像空气，存在于任何形式的思维活动中，也是任何形式的思维活动所不可或缺的。

如果把逻辑规律比作法律，特殊的逻辑规律就如同法律中的刑法、民法、经济法、婚姻法、知识产权法等，而逻辑的基本规律就好比国家的根本大法——宪法。刑法、民法、经济法、婚姻法、知识产权法等的制定都要依据宪法进行，特殊的逻辑规律也必须以遵循逻辑的基本规律为前提。

人们对逻辑规律的认识并不是完全相同的。逻辑实证主义者就认为，逻辑规律只是少数人之间的约定，并不适用于所有人群。根据这种观点，世界各个国家或地区的不同人群就会有不同的约定，而他们也只能依据自己的约定进行思维活动，彼此不能互相理解。而事实上，人们之间的交流和理解不仅一直存在着，而且越来越频繁。这主要是因为，人们进行思维的具体内容虽然各不相同，但却都遵循着逻辑思维的基本规律，这也正是不同语言、经历以及生活习惯中的人能够互相理解、交流的原因。而先验论者则认为逻辑思维规律是人们与生俱来的、主观自生的，而不是对客观规律的反映。这种观点割断了人们的理性认识与感觉经验和社会实践的联系，否认了认识同客观世界的反映与被反映的联系，因而是错误的。人非生而知之，而是经过后天的学习得来的，逻辑思维也是如此。所以，如果没有后天有意识地培养甚至训练，人们就不会形成遵循和运用逻辑规律的思维能力。

　　逻辑实证主义者与先验论者的共同错误就在于忽视了逻辑基本规律的客观性。而客观性，是逻辑基本规律的重要特征之一。物质决定意识，意识是物质的反映。思维活动作为一种意识，也是人们对客观世界的反映。虽然其形式上是主观，但其内容却是客观的。因为人的思维不可能凭空产生，任何思维的内容都来源于客观存在。而客观存在的规律反映到人的思维中，就使得人的思维规律具有了客观性，并且不以人的意志为转移。比如，"领导总说要听取群众的意见，我是群众，可他从没有听取过我的意见"。在这一思维过程中，前后两个"群众"虽然是一个词语，但前者是集合概念，后者是非集合概念，违背了同一律的要求，因此是错误的。由此可见，逻辑的基本规律对人们正确进行思维活动有着不可或缺的规范性，是客观存在的，不能随人的意志任意改变。

　　逻辑基本规律的另一大特征是确定性。客观事物都是具有确定性的，比如，"天"就是"天"，"地"就是"地"，"天"不会是"地"，"地"也不会是"天"。当一种事物具有某种属性时，就不能同时不具有某种属性。比如，如果"小明是他弟弟"是对的，那么"小明不是他弟弟"就不能同时是对的。诸如此类的事实都可以说明客观事物具有确定性，而客观事物的确定性又决定了思维的确定性。比如，当你对某一现象进行思维的过程中，你断定了它是什么或有什么，就不能再断定它不是什么或没有什么，否则就违背了逻辑基本规律中的矛盾律。

　　此外，逻辑基本规律还有两个基本特征，即普遍性和论证性。其存在的普遍性，简而言之，就是指逻辑基本规律对人们的思维活动具有普遍的规范性和指导意义。而人们在对某一思想或观点进行论断的过程中，逻辑基本规律也显示了它的论证性。事实上，正是在逻辑基本规律的规范下，论证过程才得以顺利进行。

　　总之，只有遵循逻辑的基本规律，才能使人们的思维活动具有一贯性、明确性和无矛盾性，也才能使我们的思维过程明确概念，进行恰当而有效的判断、推理和强有力的论证。

同一律

⊙ 同一律的基本内容

　　清代的袁枚的《随园诗话补遗》里有这么一则记载：

　　唐时汪伦者，泾川豪士也，闻李白将至，修书迎之，诡云："先生好游乎？此地有十里桃花。先生好饮乎？此地有万家酒店。"李欣然至。乃告云："桃花者，潭水名也，并无桃花。万家者，店主人姓万也，并无万家酒店。"李大笑，款留数日，赠名马八匹，官锦十端，而亲送之。李感其意，作《桃花潭》绝句一首。

　　这则轶事中的汪伦即是李白《赠汪伦》中"桃花潭水深千尺，不及汪伦送我情"中的汪伦。汪伦故意把深十里的桃花潭说成"十里桃花"，把姓万的主人开的酒店说成是"万家酒店"，终于迎来了李白。他这样做，到底是求贤若渴还是沽名钓誉且不去论，其巧妙运用同一律的做法则不能不让人赞叹，怪不得李白听了后也"大笑"不已并赠诗予他了。

　　作为逻辑基本规律之一的同一律是指在同一思维过程中，每一思想都与其自身保持同一性。这里的"同一"，既包括同一思维过程中的同一时间，又包括其中的同一关系和同一对象。也就是说，在推理或论证某一思想的时候，在同一思维过程中，涉及该思想的时间、关系以及对象都必须始终保持同一。前面的推理或论证中该思想出现时是什么时间、什么关系、哪个对象，后面推理或论证时也要是这一时间、这一关系和这一对象。这三个要素中有任何一个不同一，都会违反同一律，犯混淆概念、论题或转移概念、论题的错误。比如：

　　唐代以后，古体诗尤其是长篇古体诗转韵的例子有很多，比如张若虚的《春江花月夜》和白居易的《琵琶行》《长恨歌》等。

这句话中，在论证"古体诗转韵"这一思想时，前面提到的时间是"唐代以后"，后面举的例子的时间却是"唐代"（张若虚、白居易俱为唐代人），在时间上没有保持同一性，因而是错误的。

一般来讲，时间、关系和对象都可以通过概念或判断表现出来。所以，在同一思维过程中，保持时间、关系和对象的同一性就是保持概念和判断的同一性。这也是同一律的基本要求。

保持概念的同一性就是要求在同一思维过程中，每一个概念都要与其自身保持同一性，即每一个概念的内涵和外延要具有确定性。这主要是因为，概念的内涵和外延都是极为丰富的，如果在同一思维过程中，前面用的是某概念的这一内涵或外延，而后面用的则是该概念的另一内涵或外延，那么这个概念的内涵和外延就是不确定的。这就违反了同一律，必然造成思维的混乱。比如：古希腊著名诡辩家欧布利德斯曾这样说："你没有失掉的东西，就是你有的东西；你没有失掉头上的角，所以你就是头上有角的人。"他的这一推理可以用三段论形式来表示：

凡是你没有失掉的东西就是你有的东西，
你头上的角是你没有失掉的东西，
所以，你头上的角是你有的东西。

在这个推理中，大前提中的"你没有失掉的东西"是指原来具有而现在仍没有失掉的东西；小前提中的"你没有失掉的东西"则是指你从来没有的东西，二者显然不是同一概念。从推理形式来说，这一推理犯了"四词项"错误；从思维过程来说，这一思维过程违反了同一律，犯了偷换概念的错误。这就是欧布利德斯的诡辩。

保持判断的同一性就是要求在同一思维过程中，每一个判断都要与其自身保持同一性，即每一个判断的内容都要具有确定性。也就是说，不管是在你表达自己的观点时，还是在你与别人进行讨论或辩论某一个问题时，或者是对某一错误观点进行反驳时，都要保持判断的确定性，即一个判断原来断定的是什么，后来断定的也要是什么，判断的真假值必须前后一致。否则就会违反同一律，造成思维的混乱。比如：

明朝永乐年间，有一位朝廷大臣为母亲祝寿，明朝的大才子、《永乐大典》的主编解缙应邀前往。受邀的各位客人都带了礼物，但解缙却空手而来，大家都很意外。轮到解缙祝寿时，他要来文房四宝，挥笔写道："这个婆娘不是人。"众人大惊，那位为母亲祝寿的大臣的脸也阴沉了下来。解缙不以为意，继续写道："九天仙女下凡尘。"大家都松了口气，刚准备喝彩时，只见解缙又写道："个个儿子都是贼。"众人再次大哗，那个大臣似乎也忍不住要发作。解缙仍然不理会众人，不慌不忙地写下最后一句："偷得蟠桃献母亲。"一时满堂喝彩。

这四句祝辞看似违反了同一律，但实际上却是解缙对同一律的巧妙运用。"这个婆娘不是人"与"九天仙女下凡尘"表面上看似无关，其实是对同一对象（大臣的母亲）所作的同一判断，因为九天仙女本就不是人而是神；同样，"个个儿子都是贼"与"偷"也是同一判断，因为偷东西的自然是贼了。解缙正是通过对同一律的巧妙运用，达到这样一个令人意想不到的效果的。

如果我们用A表示任一概念或判断，那么同一律的逻辑形式就可以表示为：A是A。也可以表示为：如果A，那么A。用符号表示就是：A→A。这一逻辑形式表示的是在同一思维过程中，每一个概念或判断都要与其自身保持同一性。

需要注意的是，同一律不是哲学上讲的"表示对事物根本认识的"世界观和"认识、改造客观世界的"方法论。也就是说，它本身并非是对一切事物都绝对与自身同一且永不改变的断定。它只是规范人们思维活动的一条规律，只对人们在同一思维过程中保持概念或判断的前后同一性做要求。而且，它并不否定概念或判断随着事物的发展产生的变化，只是要求人们在同一思维过程中不能任意改变概念和判断的确定性。

⊙ **违反同一律的逻辑谬误**

如果违反了同一律，就会犯逻辑错误，比如混淆概念、偷换概念、转移论题和偷换论题。其中，"混淆概念"和"转移论题"与"偷换概念"和"偷换论题"的区别在于犯前两种错误的认识主体一般是无意识的，而犯后两种错误的认识主体一般是有意识的。无意识的犯错可能是认识主体本身对同一律的认识或认真度不够，有意识的犯错则是认识主体为了达到某种目的而故意违反同一律。比如，为了反驳、讥讽或者幽默等而为之，或者为了诡辩而为之等。事实上，"偷换概念"和"偷换论题"本就是诡辩者的常用伎俩。具体内容会在逻辑谬误一章中详细叙述。

这里说一下转移论题和偷换论题。

转移论题是指在同一思维过程中，无意识地把某些表面相似的不同判断当做同一判断使用而犯的逻辑错误，也叫离题或跑题。同混淆概念一样，转移论题一般也是由认识主体对概念本身认识不清或逻辑知识欠缺而造成的。比如：

李老师到学生小明家里家访，一进门就看到小明在抽烟。李老师严肃地看着小明，小明吓了一跳，满面通红地站在那里，不知道该怎么办。这时小明的爸爸从里屋出来，看到小明看着老师发呆，忙批评道："你这孩子真不懂事，别光自己抽啊，也给老师抽一支啊！"

小明的爸爸把李老师对小明的责备看做是对小明不礼貌的不满，因而作出小明"不懂事"，让他赶紧给李老师"抽一支"的判断，犯了转移论题的错误，不禁让人觉得好笑。

人们在说话、辩论或写文章时，也经常犯转移论题的错误。常见的情况是答非所问，或者长篇大论了半天，最后却离题万里，让人不知道他究竟在说什么。比如：

一位病人与医生电话预约第二天看病的时间。

完毕后，病人不放心地问："医生，请问，除此之外我还有其他需要准备的吗？"

"把钱准备好。"医生马上回答道。

病人的询问是指在看病前是否还要做些其他有助于治疗的准备事宜，而医生却给出了与病人所问完全不同的回答，显然犯了转移论题的错误。

刘震云在其小说《手机》中描写费墨时，说他每次讨论一个问题好像都要从原始社会开讲，几千年一直讲下来，长篇大论。看似渊博，实际上不知所云。事实上，费墨所犯的就是转移论题的错误。

偷换论题是指在同一思维过程中，为达到某种目的而故意违反同一律，把某些表面相似的不同判断当做同一判断使用或者把一个新判断当做原来的判断使用而犯的逻辑错误。比如：

有个议员为了攻击林肯，故意当着众人的面说："林肯先生有两副面孔，是一个标准的两面派！"林肯耸耸肩，无奈地说："先生，如果您是我，并且果真有另一副面孔的话，您还愿意整天带着这副面孔出门吗？"

议员说"林肯有两副面孔"是想让众人觉得林肯是个两面派，但林肯却故意偷换了论题，采用自嘲的幽默方式不动声色地否定了议员的判断。

⊙ 同一律的作用

同一律是逻辑的基本规律之一，也是对客观事物的反映。而遵循同一律，无疑是正确反映客观事物的前提。只有正确地反映客观事物，才能够作出正确的判断、推理和论证，从而进行正确、有效的思维活动。同时，同一律也是保证同一推理或论证过程中任一概念、判断与其自身同一的法则，而这又是保证思维的确定性的必要条件。此外，遵循同一律可以让人们正确地表达自己意见，反驳错误的观点，揭露诡辩者的真面目，让人们充分、有效地交流思想。

矛盾律

⊙ 矛盾律的基本内容

一天，一个年轻人来到爱迪生的实验室，爱迪生很礼貌地接待了他。年轻人说："爱迪生先生，我很崇拜您，我很希望能到您的实验室工作。"爱迪生问道："那么，您对发明有什么看法呢？"年轻人激动地说："我要发明一种万能溶液，它可以毫不费力地溶解任何东西。"爱迪生惊奇地看着他说："您真了不起！不过，既然那种溶液可以毫不费力地溶解一切，那么你打算用什么东西来装它呢？"年轻人顿时语塞。

这则故事中，年轻人和《韩非子》中卖矛和盾的那个楚人犯了同样的错误，都违反了矛盾律。既然"万能溶液"可以溶解一切，自然也能溶解实验设备及盛装它的器皿。如此一来这种溶液不但无法发明，更无法保存。这显然是自相矛盾的。

矛盾律就是指在同一思维过程中，互相否定的两个思想不能同时为真。这里的互相否定既指互相矛盾，也指互相反对。也就是说，在同一思维过程中，人们的任何推理、论证过程都必须保持前后一贯性，两个互相矛盾或互相反对的思想不能同时为真，必须有一个为假。这也是矛盾律对思维活动的基本要求。当然，同一思维过程也是指同一时间、同一关系和同一对象。

如果用A表示任一概念或判断，用非A表示任一概念或判断的否定，那么矛盾律的逻辑形式就可以表示为：A不是非A，或者并非"A且非A"。用符号表示则是¬（A∧¬A）。这一逻辑形式表示的就是A与非A不能同时成立。

与同一律一样，我们也可以从概念和判断两个方面来对矛盾律加以说明。

首先，在同一思维过程中，两个互相矛盾或互相反对的概念不能同时为真。换言之，不能用两个互相矛盾或反对的概念去表示同一个对象。比如，在同一思维过程中，如果用"高"和"矮"同时形容一个人，或者用"熟"和"不熟"同时形容一份炒菜，就会违反矛盾律，造成思维的混乱。再比如，19世纪，德国哲学家杜林提出了一个"可以计算的无限序列"的命题，这是一个关于概括世界的定数律。问题在于，如果是"无限序列"，就是不可计算的；如果是"可以计算的"，就不会是无限序列。既"可以计算"又是"无限序列"，显然自相矛盾。

当然，由于概念的内涵和外延极其丰富，如果是在不同的思维过程中，比如不同的时间或针对不同的对象时，互相矛盾的两个概念就不违反矛盾律。《古今谭概》中就有这么一个例子：

吴门张幼于，使才好奇，日有阔食者，佯作一谜粘门云："射中许入。"谜云："老不老，小不小；羞不羞，好不好。"无有中者。王百谷射云："太公八十遇文王，老不老；甘罗十二为丞相，小不小；闭了门儿独自吞，羞不羞；开了门儿大家吃，好不好。"张大笑。

"老"与"不老"、"小"与"不小"、"羞"与"不羞"、"好"与"不好"本是四对互相矛盾的概念，不能同时为真的。但经过王百谷一解，就完全说得通了："太公八十遇文王"，年龄是"老"了，但其心其志却"不老"；"甘罗十二为丞相"，年龄是"小"了，但其才却"不小"；而"羞不羞"、"好不好"则是对主人的反问。王百谷之所以用了两个互相矛盾的概念指称同一对象而又没有违反矛盾律，是因为这两个概念的外延并不同，是对同一对象不同角度的说明。

其次，在同一思维过程中，两个互相矛盾或互相反对的判断不能同时为真。换言之，不能用两个互相矛盾或反对的判断去对同一对象做断定：即如果断定了某对象是什么，就不能再同时断定它不是什么或是别的什么。比如：形容一朵花时，不能既断定"这朵花是菊花"，又同时断定"这朵花不是菊花"；对一个人讲的话，不能既断定"凡是他说的话都是对的"，又同时断定"他说的有些话是错的"。

需要注意的是，两个判断互相矛盾是指这两个判断不能同真，也不能同假。根据逻辑方阵可知，直言判断中的A判断与O判断、E判断与I判断是矛盾关系；模态判断中的□P与◇¬P、□¬P与◇P是矛盾关系；正判断与负判断也是矛盾关系。比如："明天必然是晴天"与"明天可能不是晴天"是矛盾关系，不能同时为真，也不能同时为假。两个判断互相反对是指这两个判断不能同真，但可以同假。直言判断中的A判断与E判断是反对关系，模态判断中的□P与□¬P也是反对关系。比如："他是北京人"与"他是河南人"是反对关系，不能同真，但可以同假。

此外，有时候，对同一对象进行断定的判断里会含有两个互相矛盾或互相反对的概念，这也是违反矛盾律的。比如：

（1）天上万里无云，白云朵朵。

（2）这个结论基本上是完全正确的。

判断（1）中，"万里无云"，就不可能再"白云朵朵"，反之亦然，二者既不能同真，也不能同假，是矛盾关系；判断（2）中，"基本上"与"完全"不能同真，但可以同假，是反对关系。这两个判断都违反了矛盾律，因而都是错误的。

⊙ **违反矛盾律的逻辑错误**

作为逻辑的基本规律之一，矛盾律对人们进行正确的思维活动有着重要的规范作用。在同一思维过程中，如果互相矛盾或互相反对的思想同时为真，或者说在同一时间和同一关系的前提下，对同一对象做互相矛盾或互相反对的判断，就会违反矛盾律，犯"自相矛盾"的错误。这种"自相矛盾"的错误，不仅指概念间的自相矛盾（比如"圆形的方桌""冰冷的热水"等），也包括判断间的自相矛盾（比如"这幅画上有两只蝴蝶"和"这幅画上有一只蝴蝶"等）。

看下面一则故事：

据说，关羽死后成了天上的神。一次，他正在天庭散步，突然看到一个挑着一担帽子的人走过来。关羽喝道："你是干什么的？"这人答道："小的是卖高帽子的。"关羽怒斥道："你们这种人最可恨，许多人就是因为喜欢戴高帽子才犯了致命的错误。"这人恭敬地答道："关老爷您说的没错，世上有几个人能像您一样刚正不阿，对这种高帽子深恶痛绝的呢？"关羽心中大喜，便放他走了。走远后，这人回头看了下担子，发现上面的高帽子少了一顶。

这则故事中，关羽本来对喜欢戴高帽子的人是深恶痛绝的，可自己被人戴了高帽子后，却又大喜过望。对同一件事却有着完全相反的表现，可谓自相矛盾了。

违反矛盾律，实际上就是违反了同一思维过程中思想的前后一贯性。在日常生活中，我们说某个人"言而无信，出尔反尔"或者"前言不搭后语"就是指他们违反了思维过程的一贯性，犯了自相矛盾的逻辑错误。

事实上，与同一律一样，矛盾律也是对思维的确定性的一种要求。如果说同一律是从肯定的角度（即"A是A"）对同一思维过程中的思想的确定性进行规范，那么矛盾律（即"A不是非A"）就是从否定的角度对其进行规范。因此可以说，矛盾律实际上是同一律的一种引申。

⊙ **矛盾律的作用**

对于规范人们思维活动的逻辑规律之一，矛盾律是人们的思维得以正确表达的必要条件。只有遵循矛盾律的要求，人们才能避免自相矛盾，保持同一思维过程中思想的首尾一贯性。其次，在提出某些科学理论时，也必须遵循矛盾律，因为任何科学理论中都不能存在自相矛盾的逻辑错误。

在日常运用中，矛盾律也是人们揭露逻辑矛盾、反驳虚假命题的重要依据。比如，人们可以通过证明一个假命题的矛盾命题或反对命题为真来间接证明原命题为假。这种方法在辩论中较为常用。此外，矛盾律在人们进行推理的过程中也发挥着积极作用。在同一思维过程中，依据矛盾律的要求，互相矛盾或互相反对的思想不能同时为真，必有一个为假。人们可以根据这一特征，对推理过程中两个互相矛盾或互相反对的思想进行排除，进而推出正确的结论。

逻辑矛盾与辩证矛盾

逻辑矛盾是指在同一思维过程中，因违反矛盾律而犯的逻辑错误。所以，逻辑矛盾也叫自相矛盾。它主要是说同一认识主体在同一时间、同一关系里对同一对象作出互相矛盾或互相反对的判断。而辩证矛盾则是指客观事物内部存在的既对立又统一的矛盾，列宁称其为"实际生活中的矛盾"，而不是"字面上的、臆造出来的矛盾"。这是逻辑矛盾与辩证矛盾含义上的区别。比如：

（1）他在这次10000米越野赛中获得冠军，但不是第一名。

（2）他在这次10000米越野赛中虽然是最后一名，但他仍然是成功的，因为他坚持到了最后。

第一句话中，既然说"冠军"，又说"不是第一名"，显然是犯了"自相矛盾"的逻辑错误；而第二句话同时肯定"最后一名"和"成功"为真，是因为他战胜了自己，坚持到了最后，其不放弃的精神是值得赞赏的。前者是针对"名次"这一个对象而言，后者是针对"名次"与"精神"两个对象而言。所以，前者属于逻辑矛盾，后者属于对立统一的辩证矛盾。

具体地说，逻辑矛盾和辩证矛盾之间的不同表现在以下几个方面。

两种矛盾的性质不同。

逻辑矛盾是违反矛盾律而犯的逻辑错误，其本质是思维过程中出现的无序、混乱现象。比如，《韩非子》中的楚人一方面夸口"吾盾之坚，物莫能陷也"，一方面又声称"吾矛之利，于物无不陷也"。同时肯定"不可陷之盾"与"无不陷之矛"为真，违反了矛盾律，造成了逻辑矛盾。再比如：

大卫上了火车后，好不容易找到一个座位，走过去时却发现上面有个手提包。大卫便问对面的一个妇女："请问这是你的包吗？"妇女说道："不是我的，那个人下车买东西去了。"大卫说声"谢谢"，便站在了一旁。一会儿火车启动了，但那个座位仍然空着。大卫赶忙拿起那个包从车窗扔出去："他没有上车，把包忘在这儿了，我给他扔下去！"看到大卫把包扔出窗外，妇女惊叫道："啊！那是我的包！"

这则故事中，妇女先肯定"手提包不是我的"，后又肯定"手提包是我的"，犯了自相矛盾的错误，并因此而丢失了自己的包，实在可笑。

辩证矛盾则是普遍存在于自然界、社会中的既对立又统一的矛盾，是现实的矛盾。思维的辩证矛盾就是思维对客观事物内部存在的辩证矛盾的反映。马克思主义认为任何事物都是作为矛盾统一体而存在的，矛盾是事物发展的源泉和动力。比如，电学中的正电与负电、化学中的化合与分解、生物学中的遗传与变异以及统治阶级与被统治阶级、战争与和平、正义与邪恶等，都是辩证矛盾。

两种矛盾中矛盾双方的关系不同。

在逻辑矛盾中，矛盾双方是完全的互相否定、互相排斥的关系，其中必有一方为假，没有对立统一的关系，也不能相互转化。比如：

小刚不想上学，于是便学着爸爸的声音给老师打电话："老师，小刚生病了，大概这两天不能去上学了。"王老师说道："是吗？那么，现在是谁在跟我说话呢？""我爸爸，老师。"小刚不假思索地说道。

这则故事中，小刚既承认自己在说话，又承认是"爸爸"在说话，犯了自相矛盾的逻辑错误。而且，"小刚"要么是他自己，要么是他"爸爸"，二者只能有一个为真，不能相互转化。

在辩证矛盾中，矛盾的双方是互相对立统一的关系，而且在一定条件下可以互相转化。比如臧克家《有的人》中有两句诗：

有的人活着，他已经死了；有的人死了，他还活着。

"活着"与"死了"本是相互矛盾的两个概念，不可能同时为真。但在这里，"有的人活着，他已经死了"中的"活着"是指骑在人民头上的人，其躯体虽然活着，但生命已毫无意义，虽生犹死；"有的人死了，他还活着"则是指鲁迅，虽然生命已经消亡，但其精神永存，虽死犹生。在这里，"活着"与"死了"是对立统一的两个概念，是辩证的。

而且，辩证矛盾的双方在一定条件下是可以转化的。比如，当新兴的资产阶级推翻封建地主阶级的政权后，他们原来的统治与被统治的关系就发生了转变。

两种矛盾存在的条件不同。

只有人们在思维过程中违反了矛盾律时，才会出现逻辑矛盾。它的存在不是客观事物或人的思维过程中所固有的，而是或然性的。而辩证矛盾却是客观事物所固有的，它的存在是普遍的、无条件的。可以说，事事处处、时时刻刻都存在着辩证矛盾。

两种矛盾的解决方法不同。

逻辑矛盾从本质上说只是一种错误，是人为的，应该也能够消除。事实上，矛盾律就是规范人们的思维活动的规律。只要按照矛盾律的要求进行思维，就可以避免"自相矛盾"的逻辑错误。比如，上面提到的两个故事中，如果那个妇女承认那个手提包是自己的，小刚也不去为了逃课而撒谎，其中的逻辑矛盾就完全可以避免。辩证矛盾从本质上说是一种客观存在，无法消除，也避免不了。比如，正电和负电、战争与和平、遗传与变异等之间的辩证矛盾就不可能消除。而且，只有承认了事物内部存在的这种辩证矛盾，才能正确地认识客观事物。

此外，承认一种矛盾并不等于否定另一种矛盾，反之亦然。也就是说，因逻辑混乱而产生的矛盾与客观事物所固有的矛盾并不是互相对立的。不允许出现逻辑矛盾并不意味着否认辩证矛盾，承认辩证矛盾也不等于允许逻辑矛盾的存在。比如：

（1）这场大火给我们造成了重大损失；这场大火没有给我们造成重大损失。

（2）这场大火既是坏事，也是好事。

第一组是两个互相矛盾的判断，不能同真，其中必有一假，否则就会出现逻辑矛盾；第二组则是辩证矛盾，它们从不同方面、不同意义上反映了大火的两重性。比如，大火给我们带来的生命、财产的损失是坏事，从火灾中吸取有益的教训、发现我们在安全意识上的不足则是好事。承认"大火"这一事件中存在的辩证矛盾并不等于承认对"大火"认识过程中出现的逻辑矛盾，而消除对"大火"认识过程中出现的逻辑矛盾也不等于就否定了"大火"这一事件中存在的辩证矛盾。这两者是不能混淆的。

总之，逻辑矛盾是人们认识事物的障碍，而辩证矛盾则是人们认识事物的动力。人们在思维活动中应该尽量避免出现逻辑矛盾，一旦发现了也要想方设法地消除；对于客观存在的辩证矛盾则必须有正确认识，要明白它的存在并不以人的意志为转移，人只能认识它、利用它，而无法回避它、消除它。

悖论

⊙ 悖论的含义

"悖论"一词来自希腊语，意思是"多想一想"。英文里则用"paradox"表示，即"似是而非""自相矛盾"的意思，这实际上也是悖论的主要特征。我们在"逻辑起源于理智的自我反省"中就提到过，所谓悖论，就是在逻辑上可以推导出互相矛盾的结论，但表面上又能自圆其说的命题或理论体系。其特点即在于推理的前提明显合理，推理的过程合乎逻辑，推理的结果却自相矛盾。悖论也称为"逆论"或"反论"。

如果我们用A表示一个真判断为前提，在对其进行有效的逻辑推理后，得出了一个与之相矛盾的假判断为结论，即非A；相反，以"非A"这一假判断为前提，对其进行有效的逻辑推理后，也会得出一个与之相矛盾的真判断为结论，即A。那么，这个A和非A就是悖论。简言之，如果承认某个判断成立，就可推出其否定判断成立；如果承认其否定判断成立，又会推出原判断成立。也就是说，悖论就是自相矛盾的判断或命题。

⊙ 悖论产生的原因

悖论的产生一方面是逻辑方面的原因。实际上，悖论就是一种特定的逻辑矛盾。这主要是因为构成悖论的判断或语句中包含着一个能够循环定义的概念，即被定义的某个对象包含在用来对它定义的对象中。简单地说就是，我们本来是对A来定义B的，但B却包含在A中，这样就产生了悖论。悖论产生的另一原因是人们的认识论和方法论出现了问题。悖论也是对客观存在的一种反映，只不过是人们认识客观世界的过程中，所运用的方法与客观规律产生了矛盾。

具体地讲，悖论的产生有以下几种情况。

第一，由自我指称引发的悖论。所谓自我指称，是说某一总体中的个别直接或间接地又指称这个总体本身。这个总体可以是语句、集合，也可以是某个类。而自我指称之所以能引发悖论，就是因为"自指"是不可能的。德国哲学家谢林就曾说过："自我不能在直观的同时又直观它进行着直观的自身。"比如，当你在"思考"的时候，你不可能同时又去"思考"这"思考"本身；当你在"远眺"的时候，你不可能又同时去"远眺"这"远眺"本身。我们曾提到的"所有的克里特岛人都说谎"这一悖论就是因自我指称引发的，因为说这话的匹门尼德本人也是克里特岛人。试想，如果这一判断是克里特岛人以外的人作出的，那就不会引发悖论了。再比如20世纪初英国哲学家罗素提出的"集合论"悖论也是自我指称引发的，即：

R是所有不包含自身的集合的集合。

那么，R是否包含R本身呢？如果包含，R本身就不属于R；如果不包含，由规定公理可知，R本身是存在的，那么R本身就应属于R。这就出现了一个悖论。因为集合论的兼容性是集合论的基础，而集合论的基本概念又已渗透到数学的所有领域，所以，这一悖论的提出极大地振动了当时的数学界，动摇了数学的基础，造成了第三次"数学危机"。后来，罗素将这一悖论用一种较为通俗的方式表达了出来，即：

某城市的一个理发师挂出一块招牌："我只给城里所有那些不给自己刮脸的人刮脸。"

那么，理发师会不会给自己刮脸呢？如果他给自己刮脸，他就等于替"给自己刮脸的人"刮脸了，这就违背了自己的承诺；如果他不给自己刮脸，那他属于"不给自己刮脸的人"，因此它应该给自己刮脸。这就是"理发师悖论"，也叫"罗素悖论"，它与"集合论"悖论是等同的。

因为自我指称可能引发悖论，所以学术界出现的许多理论都是通过禁止自我指称来避免悖论的。不过，也有研究者认为，自我指称不是悖论产生的充分条件或必要条件，禁止自我指称并不能从根本上解决悖论问题。比如，美国逻辑学家、哲学家克里普克就认为"自我指称与悖论形成没有关系，经典解悖方案中不存在任何对自我指称的限制"。但究竟如何，似乎直到现在也没有定论。

第二，由引进"无限"引发的悖论，即通过在有限中引进无限而引发了悖论。比如，公元前4世纪，古希腊数学家芝诺提出了一个"阿基里斯悖论"，即：

阿基里斯追不上起步稍领先于他的乌龟。

这是因为，阿基里斯要想追上乌龟，就必须先到达乌龟的出发点，而这时乌龟已爬行了一段距离，阿基里斯只有先赶上这段距离才能追上乌龟；但当他跑完这段距离时，乌龟又向前爬行了……如此一来，身为奥林匹克冠军的阿基里斯只可能无限地接近乌龟，但却永远都追不上它。这就是由引进"无限"引发的悖论。再比如，《庄子·天下》中引用了战国时宋国人惠施的一句名言：

一尺之棰，日取其半，万世不竭。

这就是说，一尺长的东西，今天取一半，第二天取第一天剩下的一半的一半，第三天再取第二天剩下的一半的一半……这样一直取下去，永远都不会终结。这与芝诺的"二分法"可谓有异曲同工之妙，即要到达某个地方，必须先经过全部距离的一半；在此之前，又必须要经过全部距离一半的一半……这样一直类推下去，也是无穷尽的。因此，你永远无法到达你要去的地方，甚至根本无法开始起行。

第三，由连锁引发的悖论，即通过一步一步进行的论证，最终由真推出假，得出的结论与常识相违背。"秃头"悖论就是其中之一：

如果一个人掉一根头发，不会成为秃头；掉两根头发也不会，掉三根、四根、五根也不会；那么，这样一直类推下去，即使头发掉光了也不会成为秃头。

这就引发了悖论。对于这一悖论，也有人这样描述：

只有一根头发的可以称为秃头，有两根的也可以，有三根、四根、五根也可以；那么，这样一直类推下去，头发再多也会是秃头了。

与"秃头"悖论相似的还有一个"一袋谷子落地没有响声"的悖论，即：

一粒谷子落地没有响声，两粒谷子落地也没有响声，那么，三粒、四粒、五粒……如此类推下去，一整袋谷子落地也没有响声。

第四，由片面推理引发的悖论，即根据一个原因推出多个结果，不管选择哪个结果都可以用其他结果来反驳。这种悖论更多地表现为诡辩。

《吕氏春秋》中有一段记载：

秦国和赵国订立了一条合约："自今以来，秦之所欲为，赵助之；赵之所欲为，秦助之。"居无几何，秦兴兵攻魏，赵欲救之。秦王不悦，使人让（责备）赵王曰："约曰：'秦之所欲为，赵助之；赵之所欲为，秦助之。'今秦欲攻魏，而赵因欲救之，此非约也。"赵王以告平原君，平原君以告公孙龙。公孙龙曰："可以发使而让秦王曰：'赵欲救之，今秦王独不助赵，此非约也。'"

在这里，公孙龙在对待秦赵之约时就使用了诡辩。同样一个条约，却引出了两个完全相反的结果，而且各自从自身角度出发都能自圆其说，这就是由片面推理引发的悖论。

此外，引发悖论的原因还有很多，比如由一个荒谬的假设引发的悖论：

如果2+2=5，等式两边同时减去2得出2=3，再同时减去1得出1=2，两边互换得出2=1；那么，罗素与教皇是两个人就等于罗素与教皇是1个人，所以"罗素就是教皇"。

由于2+2=5这个假设本就是错误的，因此即使推理过程再无懈可击，其结论也是荒谬的。

⊙ **悖论的作用**

人们曾经一度把悖论看做一种诡辩，认为其只是文字游戏，没什么意义。但是，悖论的产生已经几千年了，几乎与科学史同步。这足可证明自悖论产生以来，人们就一直在对其进行探索与研究。18世纪法国启蒙运动的杰出代表、哲学家孔多塞就曾说："希腊人滥用日常语言的各种弊端，玩弄字词的意义，以便在可悲的模棱两可之中困搅人类的精神。可是，这种诡辩却也赋予人类的精神一种精致性，同时它又耗尽了他们的力量来反对这虚幻的难题。"

随着现代数学、逻辑学、哲学、物理学、语言学等的发展，人们也越来越认识到悖论对于科学发展的推动作用。历史上的许多悖论都曾对逻辑学和数学的基础产生了强烈的冲击，比如"罗素悖论"就引发了第三次数学危机，而这些冲击又激发出人们更大的求知热情，并促使他们进行更为精密和创造性的思考。人们的这些努力也不断地丰富、完善和巩固着各学科的发展，使它们的理论更加严谨、完美。

同时，人们也一直在寻找解决悖论的方法，在这个过程中，人们提出了许多有意义的方案或理论。比如，罗素的分支类型法、策墨罗·弗兰克的公理化方法以及塔尔斯基的语言层次论等。这些方案或理论不仅对解决悖论有着积极作用，也给人们带来了全新的观念。

排中律

⊙ **排中律的基本内容**

从前有个国王，最为倚重甲、乙两个大臣。但这两个大臣却因政见不合，经常互相攻击。后来，甲大臣诬告乙大臣谋反。国王半信半疑，便打算用抓阄的办法来处理这件事。他吩咐甲大臣准备两个"阄"给乙大臣，抓着"生"就放了他，抓着"死"就处死他。甲大臣偷偷地在"阄"上做了手脚，给乙大臣写了两个"死"阄。乙大臣猜到了甲大臣的用心，心生一计，抽到一个"阄"后马上把它吞进了肚里。国王无奈，只得拿出剩下的那个"阄"，打开一看原来是"死"。于是国王说："既然这个是'死'阄，你吞下那个必然是'生'阄了，这大概是上天的旨意吧。"乙大臣最终被无罪释放。

在这则故事中，国王就是利用排中律来判断乙大臣吞下的是"生"阄的。

排中律是指在同一思维过程中，互相否定的两个思想不能同假，其中必有一个为真。在这里，"互相否定的两个思想"是指互相矛盾或具有下反对关系的两个思想。这就是说，在同一思维过程中，不能对具有矛盾关系或下反对关系的两个思想同时否定，也不能不置可否或含糊其辞，必须肯定其中一个为真，以使思维过程有序、思维内容明确。这也是排中律对思维活动的基本要求。当然，这里的"同一思维过程"也是指同一时间、同一关系和同一对象。

如果用A表示任一概念或判断，用非A表示任一概念或判断的否定，那么排中律的逻辑形式就可以表示为：A或者非A。用符号表示即是：A∨¬A。这一形式就是说，在同一时间、同一关系的前提下，对指称同一对象的两个具有矛盾关系或下反对关系的思想不能同时否定，即"A"或"非A"必有一真。这不仅是对概念的要求，也是对判断的要求。

根据逻辑方阵可知，在直言判断中，A判断与O判断、E判断与I判断具有矛盾关系，I判断和O判断具有下反对关系；在模态判断中，□P与◇¬P、□¬P与◇P具有矛盾关系，◇P与◇¬P具有下反对关系。正判断与负判断具有矛盾关系。比如：

（1）有些垃圾是可以回收的；有些垃圾是不可以回收的。

（2）加菲猫说的话很有意思；并非加菲猫说的话很有意思。

（1）组的两个判断具有下反对关系，其中必有一个为真，不能同假；（2）组则是具有矛盾关系的正、负判断，也不能同假，其中必有一真。

⊙ **违反排中律的逻辑错误**

排中律是逻辑的基本规律之一，违反了排中律，就会犯"两不可"或"不置可否"的逻辑错误。

所谓"两不可"，是在同一思维过程中，对具有矛盾关系或下反对关系的两个思想同时否定，即断定它们都为假而犯的逻辑错误。比如：

被告伤人既非故意也非过失，所以批评教育一下即可。

伤人要么是故意伤人，要么过失伤人，二者是互相矛盾的，其中必有一个为真。但这个判断却同时否定了这两种情况，犯了"两不可"的错误。再比如：

几个人在讨论世界上到底有没有上帝，甲说有，乙说没有。丙听了说道："我不同意甲，因为达尔文的进化论表明，人是由猿进化而来的，而不是上帝创造的，因此不存在上帝；我也不同意乙，因为世界上有那么多基督徒，既然他们都相信上帝，那上帝就应该是存在的。"

在这里，丙既否定了"世界上不存在上帝"，又否定了"世界上存在上帝"，而这两个判断在同一思维过程中是互相矛盾的，因而违反了排中律，犯了"两不可"的错误。

所谓"不置可否"，是在同一思维过程中，对具有矛盾关系或下反对关系的两个思想既不肯定，也不否定，而是含糊其辞，不作明确表态。这可以分为两种情况，一是为了某个目的而回避表态，故意含糊其辞。比如，鲁迅在他的杂文《立论》中讲了一个故事：

一户人家生了个男孩，满月时很多人去祝贺。你如果说这孩子将来肯定能升官发财，那么主人就会很高兴，但你也是在说谎；你如果说这孩子将来肯定会死，虽然没说谎，却可能会被主人揍一顿。你若既不想说谎，又不想挨打，可能就只能这么说："啊呀！这孩子呵！您瞧！那么……阿唷！哈哈！"

在这里，这种含糊不清的态度实际上就是犯了"不置可否"的错误。

还有一种情况是对两个互相否定的思想，用不置可否、含糊不清的语句去表达，不知道真正说的是什么意思，让人觉得模棱两可。比如："你认识他吗？""应该见过。"这个回答既可以理解为"认识"，也可以理解为"不认识"，表达含糊不清，所以犯了"不置可否"的错误。

需要指出的是，有时候因为对思维对象缺乏足够的认识，因而一时不能对其作出明确的判断，这不能视为违反排中律。在科学研究中尤其如此。比如，银河系内是否有适合人类生存的星球？对于这一问题还不能作出非常明确的回答，因为人们对银河系还没有完全了解。所以，对这一问题不置可否并不违反排中律。另外，如果是出于实际情况的考虑，不宜作出明确表态或判断的时候，对某些事给予模糊的断定也不违反排中律。比如：

法国革命家康斯坦丁·沃尔涅想要到美国各地游历，于是便去找美国第一任总统乔治·华盛顿，希望他能为自己提供一张适用于全美国的介绍信。华盛顿觉得开这样一封介绍信似乎很不妥，但却又不好直接拒绝他。思来想去，终于想出一个办法。他找来一张纸，写了这么一句话："康斯坦丁·沃尔涅不需要乔治·华盛顿的介绍信。"然后把它给了康斯坦丁·沃尔涅。

"康斯坦丁·沃尔涅不需要乔治·华盛顿的介绍信。"这句话可以理解为康斯坦丁·沃尔涅即使不需要华盛顿的介绍信也可以周游美国，也可以理解为康斯坦丁·沃尔涅不需要华盛顿开介绍信，因而这张纸条不作数。华盛顿其实是故意用一种含糊的态度来让自己摆脱两难境地，虽然在形式上也是"不置可否"，但毕竟是出于外交的实际情况的考虑，因此不算违反排中律。

排中律的"排中"是排除第三种情况，只在两种情况间做判断。如果实际上存在第三种情况，同时否定其中两种也不违反排中律。比如：

《韩非子》中有一则"东郭牙中门而立"的故事：

齐桓公将立管仲为仲父，令群臣曰："寡人将立管仲为仲父，善者（赞成者）入门而左（进门后往左走），不善者入门而右。"东郭牙中门而立（在屋门当中站着）。公曰："寡人立管仲为仲父，令曰：善者左，不善者右。今子何为中门而立？"牙曰："以管仲之智为能谋（谋取）天下乎？"公曰："能。""以断（果断）为敢行（管理、处理）大事乎？"公曰："敢。"牙曰："若智能谋天下，断敢行大事，君因属（托付）之以国柄（国家大权）焉；以管仲之能，乘（利用）公之势，以治齐国，得无危乎？"公曰："善。"乃令隰朋治内，管仲治外，以相参（互相牵制）。

这则故事中，东郭牙既没有站在左边，也没有站在右边；既没有明确表示赞同立管仲为仲父，也没有明确表示反对立管仲为仲父。"站在左边"与"站在右边"虽然互相矛盾，但还存在第三种情况，即"站在中间"；同样，"明确赞同"与"明确反对"虽然互相矛盾，但其中也存在第三种情况，即在某种程度上赞同或反对，或者说部分赞同或反对。因此，东郭牙同时否定"左边""右边"而选择"中门而立"并不违反排中律；同时否定"明确赞同""明确反对"而反问齐桓公，也不违反排中律。

此外，排中律只是规范人的思维活动的基本规律，它只规定同一思维过程中互相否定的两个思想不能同时为假，并不否定客观事物发展过程中客观存在的过渡阶段或中间状态。

⊙ **排中律与矛盾律的区别**

排中律与矛盾律都是逻辑的基本规律之一，都是对人的思维活动的规范，都是在同一思维过程中对互相否定的两个思想做判断。这是其相同之处，其区别主要在于：

排中律是指同一思维过程中互相否定的两个思想不能同时为假，其中必有一真；矛盾律是指同一思维过程中互相否定的两个思想不能同时为真，其中必有一假。这是其基本内容的不同。

排中律的基本内容决定了它可以由假推真，同时保证思维过程的明确性，避免思维内容的模糊不清；矛盾律的基本内容则决定了它可以由真推假，同时保证思维过程的前后一贯性，避免思维活动出现逻辑矛盾。这是其主要作用的不同。

排中律适用于同一思维过程中具有矛盾关系或下反对关系的两个概念或判断，而矛盾律适用于同一思维过程中具有矛盾关系或反对关系的两个概念或判断。这是其适用范围的不同。

违反排中律就会犯"两不可"或"不置可否"的逻辑错误，违反矛盾律则会犯"自相矛盾"的逻辑错误。这表示违反排中律和矛盾律造成的逻辑错误也是不同的。

理解了排中律和矛盾律的不同，才能根据其各自的基本内容来判断思维过程中是否存在逻辑错误，并根据其各自的基本要求来规范各种思维活动，正确表达自己的观点并有效地揭露、反驳错误的认识。

复杂问语

⊙ **复杂问语的含义**

据说，古希腊有一个著名的提问：你还打你的父亲吗？

对于这个问题，如果做否定回答，就表示你现在不打你的父亲了，但以前打过；如果做肯定回答，就表示你不但以前打你的父亲，现在还打。也就是说，不管你是做肯定回答还是否定回答，都要承认你打过你父亲。

类似这样的问语叫做复杂问语。所谓复杂问语，就是指在问语中含有一个对方不具有或不能接受的预设前提或假定，不管答话人是做肯定回答还是否定回答，都表示其承认了这一预设前提或假定。比如，"你还打你的父亲吗？"这一复杂问语中就含有"你打过你父亲"这一假定，不管你是做肯定回答还是否定回答，结果都等于你承认了这一假定。再比如：

（1）你还抽烟吗？
（2）你是不是还是每天都打网络游戏？
（3）你的作业是不是又没有写完？

问语（1）中，不管是做肯定回答还是否定回答，都等于承认"我抽烟"这一假定；问语（2）中，不管是做肯定回答还是否定回答，都等于承认"我每天都打网络游戏"这一假定；问语（3）中，不管是做肯定回答还是否定回答，都等于承认"我经常完不成作业"这一假定。所以，这三句都属于复杂问语。

⊙ 复杂问语的运用

日常生活中，我们经常会遇到一些复杂问语，尤其是在回答脑筋急转弯时，人们经常会陷入提问者事先设计好的陷阱里。比如：

在一个炎热的夏天，一群狗进行了一场激烈的赛跑，请问：取得第一名和最后一名的两条狗哪一条出的汗多一些？

在这个脑筋急转弯中，有一个假定，即"狗是出汗的"，你不管是回答"第一名"还是"最后一名"，都会承认这个假定，陷入出题者的陷阱中。因为狗根本没有汗腺，是不会出汗的。

在刑事侦查过程中，有时出于破案需要，刑侦人员也可能会通过复杂问语来使犯罪嫌疑人吐露实情。比如，"犯罪现场的新旧两把钥匙中，哪把是你的？"不管犯罪嫌疑人是回答"新的"还是"旧的"，都得承认"我到过犯罪现场"这一预设前提。刑侦人员就可以此为突破口，对其进行进一步调查。

在法庭审判中，有时法官或律师也会使用复杂问语对被告提问，让其进行肯定或否定的回答，以此让他们承认这些问语中隐含的假定。比如：

秘鲁小说《金鱼》中有这样一个情节：

霍苏埃是瓜达卢佩船的一名渔工，因为不愿和船长拉巴杜做违法的走私生意，两人发生了搏斗。搏斗中，拉巴杜失足落水，为鲨鱼所吞食。拉巴杜之妻告霍苏埃谋杀，法官在审判霍苏埃时就连续使用复杂问语，意图诱使霍苏埃承认自己谋杀。

（1）你对被害人拉巴杜，是否早就怀恨在心？
（2）你对拉巴杜不是早就怀恨在心的，是不是？
（3）你的意思是说，你对其他任何人都不怀恨在心，而拉巴杜是你的老雇主，你对他可能早就怀恨在心了。请被告人明确回答"是"还是"不是"，"有"还是"没有"？

复杂问语（1）中隐含着"拉巴杜是被害人"的假定；（2）中隐含着"你对拉巴杜先生是后来怀恨在心的"的假定。对于（3），因为霍苏埃说"我对任何人都不存在怀恨在心"，法官便故意曲解霍苏埃的话，将拉巴杜排除在"任何人"之外，其中实际隐含着"你对拉巴杜确已怀恨在心"的假定。对于这三个复杂问语，不管霍苏埃是做肯定回答还是否定回答，都等于承认其中隐含的假定。

但是，在刑侦过程中，尤其是法庭审判时，使用复杂问语难免会有"套供"之嫌，这是不允许的。《金鱼》中的法官接二连三地使用复杂问语，也是为了诬陷霍苏埃，并不符合审判规则。

此外，如果正确、适时、巧妙地运用复杂问语，不但可以在辩论时给对方设置陷阱，使其作出有利于己方的回答，而且在处理某些问题时也可能会有着意想不到的帮助。年轻时的乔治·华盛顿就曾用这种方法找回了丢失的马。

一天，华盛顿家的马丢了。在警察的帮助下，他们很快便发现了偷马的人。但偷马人却坚称这匹马是他自己的，双方一时僵持不下。这时，华盛顿突然用双手捂住马的眼睛说："既然这匹马是你的,那么你告诉大家,这匹马的哪只眼睛是瞎的。"偷马人犹豫不决道:"右眼。"华盛顿移开右手,但见马的右眼炯炯有神。偷马人急忙辩解道:"我的意思是左眼,刚才说错了。"华盛顿慢慢移开左手,马的左眼同样完好无缺。偷马人还想狡辩,但警察打断了他:"如果这真是你的马,你怎么会不知道马的眼睛根本没有瞎呢?看来你得跟我走一趟了。"

在这里,"这匹马的哪只眼睛是瞎的"这一问语中,隐含着"马一定有一只眼睛瞎了"的假定,不管偷马人回答哪只眼,都等于承认这一假定。而实际上,马的眼睛并没有瞎,由此可知这匹马肯定不是偷马人自己的。华盛顿就是通过巧妙运用复杂问语揭破偷马人的谎言的。

⊙ **应对复杂问语的方法**

《遥远的救世主》一书中,正天集团的老总裁去世后,提名韩楚风为总裁候选人。但按公司章程规定,新总裁应该在两个副总裁中产生。韩楚风对该不该去争总裁的位置难以决定,便请教他的朋友丁元英。丁元英说:"那件事不是我能多嘴的。"韩楚风笑道:"恕你无罪。"丁元英答道:"一个'恕'字,我已有罪了。"

我们经常听到有人说"恕你无罪",其实它其中也隐含着"你是有罪的"这样一个假定。既然无罪,又何须"恕"?既然要"恕",就等于已经先认定"你"有罪了。丁元英的回答,就是指出了这句话中隐含的假定。虽然这不是复杂问语,但却有着复杂问语的某些特征,而丁元英的回答也给我们提供了应对复杂问语的某些方法。

排中律要求在同一思维过程中,对两个互相矛盾的概念或判断不能同时否定,必须肯定其中一个为真。但复杂问语却是同时否定了"是"和"不是"两种可能,即断定其都为假,看上去似乎与排中律的要求相悖。但实际上它并没有违反排中律。因为复杂问语中隐含着一个假定,而这个假定又是人们不具有或不能接受的,也可以认为是错误的。所以,排中律并不要求对隐含错误假定的复杂问语盲目地作出明确应答。相反,为了避免陷入复杂问语的圈套,我们还可以采取下面几种方法来应对。

第一,揭示性回答,即在对方提出复杂问语后,揭示出其中隐含的错误假定,从而打破对方设下的圈套。比如,《金鱼》中的霍苏埃在回答复杂问语(1)时,就指出"拉巴杜不是被害人,因为这不是一起犯罪行为";回答复杂问语(2)时,则指出"我对任何人都不存在怀恨在心"。再比如:古龙的小说《流星蝴蝶剑》中,孟星魂化名秦护花的远房侄子秦中亭刺杀孙玉伯,在审查他的身份时,孙玉伯的朋友陆漫天问孟星魂:"你叔叔秦护花的哮喘病好了没有?"孟星魂答道:"他根本没有哮喘病。"在这里,孟星魂也是通过采用揭示性回答指出了陆漫天问话中隐含的错误假定。

第二,反问式回答,即在对方提出复杂问语后,立即对其进行反问,让对方因措手不及而自乱阵脚。比如,如果有人用"你还抽烟吗"或"你什么时候戒烟了"询问从不抽烟的你,你就可以立即反问:"谁说我抽烟啊?"

第三,答非所问式回答,既不揭示对方的问语中的错误假定,也不对其进行反问,而是用完全不相干的回答来应付。这样不但可以化解自己的窘境,也不会让对方太尴尬。比如,有一天叔叔问小林"你的作业是不是又没有写完",小林就答道:"叔叔,今天我们学了一首诗,我背给您听吧……"这样一来,就把"作业"的问题转换为"背诗"的问题,不但可以摆脱这个于己不利的问题,还可以趁机表现一下。

总之,复杂问语不同于一般的问语,有着自身的形态、特征和运用方式。而且,因为它在刑侦、询问等领域的特殊作用,也越来越受到人们更为广泛的关注和研究。

充足理由律

⊙ **充足理由律的基本内容**

一个刻薄的老板在给员工开会时说:"每年有52周,52乘以2等于104天;清明节、劳动节、端午节、中秋节、元旦各3天假期，共15天；春节、国庆节各7天假期，共14天；一年有365天，一天有24小时，每天你们花8小时睡觉，365乘以8除以24约等于121天；每天你们要花3个小时吃饭，365乘以3除以24约等于45天；每天上下班的路上再花2个小时，365乘以2除以24约等于30天。这样，你们这一年要花104天过周末，29天过假期，121天睡觉，45天吃饭，30天时间坐公交，这一共是329天；这样你们只有36天的时间上班。如果再除去病假、事假等6天，只剩下30天。同志们，一年365天你们只上班30天，还要迟到、早退、怠工，你们对得起我给你们的薪水吗？"

这个老板的计算过程看上去合情合理，但其得出的结论却与实际情况截然相悖。之所以出现这种情况，是因为他违反了逻辑基本规律中的充足理由律，用虚假的前提推出了一个错误的结论。

充足理由律是指在同一思维过程中，任何一个思想被断定为真，必须具有真实的充足理由，且理由与结论要具有必然的逻辑关系。

如果我们用A表示一个被断定为真的思想，用B表示用来证明A为真的理由，充足理由律的逻辑形式就可以表示为：

A真，因为B真且B能推出A。

其中，结论A叫做推断或论题，B叫做理由或论据，可以是一个，也可以是多个。这个逻辑形式可以描述为：在同一思维或论证过程中，一个思想A之所以能被断定为真，是因为存在着一个或多个真实的理由B，并且从B真必然可以推出A真。比如：

《左传》中描写春秋初期齐鲁之间的"长勺之战"时，有这么一段记载：

（齐鲁）战于长勺。公（鲁庄公）将鼓之。刿（曹刿）曰："未可。"齐人三鼓。刿曰："可矣。"齐师败绩。公将驰（追赶）之。刿曰："未可。"下视其辙，登轼而望之，曰："可矣。"遂逐齐师。

既克，公问其故。对曰："夫战，勇气也。一鼓作气，再而衰，三而竭。彼竭我盈，故克之；夫大国，难测也，惧有伏焉。吾视其辙乱，望其旗靡，故逐之。"

在这里，曹刿向鲁庄公解释鲁国战胜的原因时运用了充足理由律：

理由一：士气上"彼竭我盈"。齐军第一次击鼓时士气高涨，所以要避其锋芒；第二次击鼓时其士气已开始衰落，所以要继续等待；第三次击鼓时其士气已经完全低落，而此时我军却士气高涨，所以能战胜他们。

理由二：判断正确，乘胜追击。在击败齐军后，没有盲目追击，而是对其车辙、军旗进行观察，确定没有埋伏时再乘胜追击，所以能战胜他们。

这两条理由是充分的，也是真实的，所以能得出一个真实的推断，即"克之"。

通过以上分析，我们可以得出充足理由律的三个基本逻辑要求：

第一，有充足的理由。没有理由或理由不充分时，都无法进行思维或论证。

第二，理由必须真实。即使有了充足的理由，如果这些理由不真实或不完全真实，就不能推出真实的结论。

第三，理由和推断之间有必然的逻辑联系。在有充足的理由且理由为真后，还要保证这些理由与推断存在必然的逻辑关系，也就是由这些理由能必然地得出真实的推断。

其实，所谓"充足的理由"就是指这些理由是所得推断的充分条件。如果把思维或论证过程看做一个假言判断，那么这些理由就是假言判断的前件，推断就是假言判断的后件。只有作为前件的理由是充足理由时，才能必然推出后件。换言之，如果以论据和论题作为前、后件的这一充分条件假言判断能够成立，那么论据就是论题的充足理由。

⊙ **违反充足理由律的逻辑错误**

我们经常说某人"信口开河""捕风捉影""听风就是雨"，其实就是说他违反了充足理由律，只根据片面或错误的理由就得出推断。通常来讲，违反充足理由律导致的逻辑错误包括"理由缺失""理由虚假"和"推不出"三种。

所谓"理由不足"就是指其在同一思维过程中，在没有理由为根据的情况下凭空得出推断，或者只给出推断，却不给出充足的理由来证明这个推断而犯的逻辑错误，也叫做"有论无据"，即只有论题，没有论据。比如：

从前，一个外国人到中国游历，回国时带回去几大包茶叶。他对妻子说："闲暇时品一品中国的茶，真是一种最美妙的享受啊！"他的妻子便烧了一大锅开水，然后把一大包茶叶倒了进去。几分钟后，她把茶叶水倒掉，将茶叶盛在两个杯子里端给丈夫，说："我们来品茶吧！"

在这则故事中，这个外国人就是犯了"理由不足"的逻辑错误，他只告诉了妻子一个推断，即"品中国的茶是种享受"，但并没有给出理由，即怎么泡茶、怎么品茶、为什么是享受等，结果闹出了笑话。

所谓"理由虚假"就是指在同一思维过程中，以主观臆造的理由或错误的理由为根据得出推断而犯的逻辑错误。比如：

一个人去演讲，一登上讲台就问台下的听众："大家知道今天我要讲什么吗？"台下齐声道："知道！"这人就说道："既然你们都知道，那我就不讲了。"说完就要下台，台下的听众一看，马上又喊道："不知道！"这人叹口气说："如果你们什么都不知道，那我还讲什么呢？"说完又要离开。这时听众学乖了，一半人喊"不知道"，一半人喊"知道"。这人看了看台下，笑道："很好，那么，现在就请这一半知道的人讲给那一半不知道的人听吧。"说完就走下了讲台。

在这则故事中，这个演讲的人连续三次犯了"理由虚假"的错误：（1）只根据听众说"知道"就断定他们完全懂得自己要讲什么；（2）只根据听众说"不知道"就断定他们完全不懂得自己要讲什么；（3）只根据听众一半说"知道"一半说"不知道"就断定"知道"的一半可以讲给"不知道"的那一半人听。这三个推理的理由显然都是他主观臆造出来的虚假理由，因而必然得出错误的结论。

所谓"推不出"是指在同一思维过程中，理由虽然是真实的，但因其与推断之间没有必然的逻辑关系，因而不能必然得出推断为真。"推不出"也叫"不相干论证"这一逻辑谬误在逻辑谬误一章还会论述。

⊙ **充足理由律的作用**

充足理由律可以保证人们思维过程的论证性，从而增强推理的有效性和论辩的说服力。比如，科学家在进行科学研究、提出科学理论时要有充足的事实作为依据，医生在查找病因时要观察病人的病情，警察在确定罪犯时要有确凿的证据，军事指挥员下命令时要对敌情做详细分析，表达或反驳某一观点时要有充分的依据，进行辩论或说服他人时要有足够的理由，以及日常生活中我们说的"以理服人""言之成理、持之有据"等都是充足理由律在实际运用中的体现。

此外，遵循充足理由律有利于证明比较复杂的思维或论证过程。人们在对某个思想进行思维或论证时，其过程是极其复杂的。在主观条件上可能涉及到个人的生活经历、教育背景、知识水平以及世界观、人生观、价值观等；在客观条件上则可能涉及到政治和历史原因、科技水平、经济状况等；在思维或论证手段上则可能涉及到概念、判断、推理等各种形式。其中任何一个方面的缺失或不真实都可能造成思维或论证结果的错误。只有遵循充足理由律，把各种情况都考虑进去，运用充足、真实的理由，才能得出真实的结论。

⊙ **与其他逻辑基本规律之间的关系**

作为逻辑的基本规律之一，充足理由律与同一律、矛盾律、排中律相互区别又相互联系。其区别在于，每条规律都是从不同的角度来规范同一思维过程的，各有各的特点。同一律、矛盾律、排中律本质上都是对同一思维过程中思维确定性的反映，而充足理由律则是对同一思维过程中思维论证性的反映。而且，违反了不同的逻辑规律也会导致不同的逻辑错误。

其联系在于，不管反映的是思维的确定性还是论证性，都是对人们的思维活动的规范。只有遵循这些规律，才能避免逻辑错误，得出真实有效的结论。

此外，只有先保证了思维的确定性，才能对其进行有效论证。比如，如果基本的概念、判断尚不确定，那么就不能确定概念与概念、判断与判断以及概念与判断间的关系，更无法用它们进行有效推理。所以，保证思维确定性的同一律、矛盾律、排中律是充足理由律的基础，或者说遵循同一律、矛盾律、排中律是遵循充足理由律的必要条件。同时，如果保证了思维的确定性，却不能保证论证过程的可靠性，也不能进行有效推理。换言之，思维的论证性是对思维确定性的深化和补充。所以，满足了同一律、矛盾律、排中律之后，还必须用充足理由律来对思维或论证过程进行规范，这样才能保证所得结论的必然性。如果说同一律、矛盾律、排中律是道路，那么充足理由律就是指南针。前者为前进开辟了道路，后者却最终保证着人们顺着正确的方向前进。所以，在进行思维或论证的时候，必须遵循这四条基本规律，缺一不可。

第八章

逻辑论证思维

什么是逻辑论证

⊙ 逻辑论证的含义

逻辑论证就是用已知为真的判断通过逻辑推理确定另一判断真假的思维过程。

不管是在科学研究中，还是在日常生活中，都要用到逻辑论证。比如：

如果在三代以内有共同的祖先近亲之间通婚，会增加子女遗传性疾病的发生风险。这是因为，近亲结婚的夫妇有可能从他们共同祖先那里获得同一基因，并将之传递给子女。如果这一基因按常染色体隐性遗传方式，其子女就可能因为是突变纯合子而发病。因此，近亲结婚会增加某些常染色体隐性遗传疾病的发生风险。

在这里，"增加子女遗传性疾病的发生风险"这一结论的得出就是通过逻辑论证来实现的。

再比如：

李某经常打儿子小兵，并且宣称"老子教训儿子是天经地义的"。为了制止李某的这种行为，小兵的老师正告李某道："根据《青少年保护法》第二章第八条规定：父母或者其他监护人应当依法履行对未成年人的监护职责和抚养义务，不得虐待、遗弃未成年人。你这样做是违法的。"

在这里，老师援引法律证明李某"老子教训儿子是天经地义"的认识是错误的，也是法律所不容许的，运用的也是逻辑论证。

任何思维活动都离不开概念、判断和推理，逻辑论证在运用已知为真的判断确定另一判断的真实性或虚假性的过程，也是综合运用概念、判断和推理的过程。

需要指出的是，逻辑论证与实践证明是不同的概念。从本质上说，逻辑论证是人的意识对客观存在的反映，而实践证明则是一种实践活动。从形式上说，逻辑论证是对概念、判断和推理的综合运用，是通过已知为真的判断确定另一判断的真假；而实践证明则是人们通过实践活动的各项事实和结果来确定某个判断的真实性。从方式上说，逻辑论证要通过推理来进行，进行推理的过程也是确定各思维对象关系的过程；而实践证明则不能通过推理来进行，它只是将人们对思维对象的各种认识放在实践活动中进行检验。

但是，逻辑论证与实践证明也并非互不兼容的。实践是检验真理的唯一途径，如果没有实践活动，就没有进行逻辑论证所必需的真实前提（即论据）及有效的论证方式。可以说，实践证明是逻辑论证的基础。正是有了实践对各种认识活动的证明，逻辑论证才能不断地深化。不仅如此，逻辑论证所得出的结果最终也需要通过实践来证明其真假。因为推理的性质决定了即使推理前提真实、推理形式完全正确，其所得的结论也并非全都为真，尤其是归纳推理和类比推理。所以，推理结论还要通过实践来检验。当然，逻辑论证毕竟是一种有着严谨科学性的论证方法，在实际运用的广度与深度上远比实践证明更具普遍性和概括性。同时，推理可以从已知推出未知，所以逻辑论证就具有了对未知事实推测性或预见性的性质。这对人们的认识活动显然有着极为重要的意义，是实践证明所没有且不可比拟的。如果说实践证明是人们对客观事物的感性认识，那么逻辑论证就是在此基础上形成的理性认识。事实上，逻辑论证就是将经实践证明了的结论上升为具有普遍意义的理论，并用这些理论对客观事物进行更为广泛和深入的研究。

总之，实践证明与逻辑论证是人们进行思维和论证的两种手段，它们互相依存、互为补充，像左膀右臂一样有力地服务于人们认识客观世界过程中所进行的各种活动。

⊙ 逻辑论证的形式

按照论证目的的不同，逻辑论证可以分为证明和反驳两种形式。

所谓证明，就是用已知为真的判断通过逻辑推理确定另一判断为真的思维过程。比如，论证"增加子女遗传性疾病的发生风险"为真的过程就是一个证明过程。再比如：

苏轼的《晁错论》中有一段话：

古之立大事者，不惟有超世之才，亦必有坚忍不拔之志。昔禹之治水，凿龙门，决大河而放之海。方其功之未成也，盖亦有溃冒冲突可畏之患；惟能前知其当然，事至不惧，而徐为之图，是以得至于成功。

在这段话中，苏轼就是通过大禹治水时不惧"溃冒冲突之患"并"徐为之图"这一真实判断来证明"古之立大事者，不惟有超世之才，亦必有坚忍不拔之志"这一判断为真的。

证明过程并不是简单易行的，有时候甚至要经过复杂、艰苦而又漫长的过程，在科学研究中尤其如此。我国著名数学家陈景润论证"哥德巴赫猜想"的过程就是如此：

18世纪中期，德国数学家哥德巴赫提出了"任何一个大于2的偶数均可表示两个素数之和"的命题，简称为"1＋1"。但他终其一生也没能证明出来，最终带着无限遗憾离开了人世。"哥德巴赫猜想"犹如王冠上的明珠，其光彩让陈景润深深地着迷了。为了论证"哥德巴赫猜想"，在那间不足6平方米的斗室里，经过十多年的潜心钻研，并用掉了几麻袋的草纸后，陈景润在1965年5月发表了他的论文《大偶数表示一个素数及一个不超过2个素数的乘积之和》，简称为"1＋2"。这一成果是"哥德巴赫猜想"研究上的里程碑，被人们称为"陈氏定理"。中国的数学家们曾用这样一句话来评价陈景润：他是在挑战解析数论领域250年来全世界智力极限的总和。

所谓反驳，就是用已知为真的判断通过逻辑推理确定另一判断为假的思维过程。比如，小兵的老师论证"老子教训儿子是天经地义"为假的过程就是一个反驳的过程。再比如：

有篇《有志者事未必竟成》的文章里有这么一段话：

有志者，事竟成，算得上是千古名言，但是也是一个千古误区，误导了古代、近代、现代的数不胜数的人。

我们所看见的，听说的，史书记载的，当然也有有志者事竟成者。但是毋庸讳言，我们看到的，听说的，史书记载的，更多的却是有志者事未竟成。多少人决心做官而没有能够做官，多少人立志致富而没有能够致富，多少人发誓要有所发明创造却始终没有发明创造出任何专利来。范进中举并不仅仅是个文学作品中的典型事件，终其一生孜孜追求而仍一无所成者大有人在啊……

在这段话中，作者就是通过逻辑推理对"有志者事竟成"这一判断进行反驳的。

被反驳的判断实际上是由某些已知判断推出的结论，而反驳就是通过另外的已知为真的判断来论证其结论的虚假性，对"有志者事竟成"的反驳即是如此。

在论证过程中，证明与反驳是对立统一的。证明是确定一个判断为真，是"立"，反驳则是确定一个判断为假，是"破"；证明是用来证实正确的，而反驳则是用来批判谬误的。这是它们的对立之处。但是，确定一个判断为假，也就是确定对它的证明不成立。换言之，反驳某个判断，就是证明其否定判断；证明某一判断，也就是反驳其否定判断。由此可知，反驳中有证明，证明中也有反驳。它们并不是互相排斥的，而是互为补充、相辅相成的。在复杂、艰苦或漫长的论证过程中，常常会综合运用证明和反驳两种不同的形式，将证明真理和反驳谬误结合起来。

⊙ 逻辑论证的特征

根据以上分析，可知逻辑论证有两个基本特征：逻辑论证要通过推理形式来实现；逻辑论证的已知判断（即论据）必须是真实的。

推理是逻辑论证的手段，也是进行逻辑论证的必要条件。逻辑论证离不开推理，不通过推理形式进行的论证不是逻辑论证，比如实践证明就不是通过推理形式来论证的。此外，与推理一样，逻辑论证也要遵循各种逻辑规律和规则，并且通过判断间的真假关系进行推演。实际上，逻辑论证的论据就是推理的前提，而其论题则是推理的结论。比如：

地球是圆形的（论题），因为凡是圆形的物体，从其中某点出发一直往前走（论据），还会回到原点；麦哲伦正是从西班牙起航，最后又回到了西班牙（论据）。

这是对"地球是圆形"的证明。我们可以将其用推理形式表示出来：

凡是圆形的物体，从其中某点出发一直往前走，还会回到原点，
麦哲伦从地球的某点（西班牙）出发，最后又回到了原点（西班牙），
所以，地球是圆形的物体。

上面这个逻辑论证的两个论据正好是推理的大小前提，而其论题则是推理的结论。由此可见，逻辑论证的结构就是颠倒后的推理形式，推理是已知前提在先而结论在后，逻辑论证则是结论在先而已知前提在后。

除此之外，还要注意的是，推理是由已知推出未知，而逻辑论证则是由已知为真的判断确定另一判断的真假；推理并不要求已知前提都为真，而逻辑论证的前提则必须是真实的；推理的过程比较单一，只要推理形式正确且符合推理规则，就能进行有效的推理，而逻辑论证的过程比较复杂，有时甚至是漫长的，往往是各种推理形式的综合运用。而且，除了论证方式可能因不遵循推理形式和规则而出现错误外，论据和论题也可能出错。

⊙ 逻辑论证的作用

逻辑论证有助于人们发现和揭示真理。逻辑论证也是一个思维过程，是意识对客观事物及其规律的反映。而对客观事物及其规律进行严密的逻辑论证，也有助于发现和揭示出这些规律和真理。在发现规律或真理后，为了让人们接受、信服并广泛运用它们指导各种实践活动，还必须通过逻辑论证来证明其正确性，在此过程中达到传播真理、推广知识以及揭露、反驳谬误的目的。

在科学研究中，逻辑论证也发挥着重要作用。很多科学假说就是根据逻辑论证提出的，而科学假说对科学理论的确定以及科学体系的建立又有着重要影响。因此，可以说，除少数公理外，大多数科学理论都是通过逻辑论证确定的，没有逻辑论证就没有科学理论体系。

在日常生活中，逻辑论证也是人们表达或反驳某一观点以及人际沟通的重要手段。比如，在病情诊断、刑事侦查、审判、辩论、写作以及说话等各种活动中，人们都能够通过使用逻辑论证使自己的思想或判断更为严谨、完整、有说服力。

论证的结构

逻辑论证通常是由论题、论据和论证方式三部分组成的。

1.论题

论题就是通过逻辑论证确定其真假的判断。论题回答的是"论证什么"，即"证明什么或反驳什么"的问题。它是进行逻辑论证的目的。比如：

设一个直角三角形的两个锐角为角A和角B，根据直角三角形的定义可知，直角三角形有一个角是90度；根据三角形内角和等于180度可知，180度减去90度等于90度，即角A和角B之和为90度。所以，在直角三角形中，两个锐角互余。

在这个论证过程中，"在直角三角形中，两个锐角互余"就是论题。

论题通常包括两种：

（1）已被科学原理或事实证明真假的判断。比如，各类公理、定理、定律等，都是根据科学原理或事实，通过逻辑论证或实践活动被证明为真的判断；而"燃素说""造物主""永动机"等都是根据科学原理或事实，通过逻辑论证或实践活动被证明为假的判断。人们可以利用这类已被证明真假的判断来指导各项研究、传播真理或揭露谬误。

（2）未被科学原理或事实证明真假的判断。比如，有关生命的起源、宇宙的形成、是否存在

有智慧的外星人等的各种观点都是还没有被证明真假的理论。人们可以利用这类未被证明真假的判断进行科学假说，并通过逻辑论证来证明或反驳这些假说。

需要指出的是，有些议论文的标题虽然是论题，但论题并不等于标题。如果将论证过程比做一篇文章，那么论题就是这篇文章的论点。此外，即使已知都为真，论题的真假也不确定。比如：

《列子·汤问》中有一则"两小儿辩日"的故事：

孔子东游，见两小儿辩斗。问其故。

一儿曰："我以日始出时去人近，而日中时远也。"

一儿以日初出远，而日中时近也。

一儿曰："日初出大如车盖，及日中则如盘盂，此不为远者小而近者大乎？"

一儿曰："日初出沧沧凉凉，及其日中如探汤，此不为近者热而远者凉乎？"

这则故事中，一个孩子的论题是"日始出时去人近，而日中时远"，另一个孩子的论题是"日初出远，而日中时近"。事实上，太阳与人的距离一直没变，这种现象都是地球自转的原因。所以，这两个论题都是虚假的。

2. 论据

论据就是用以确定论题真假的判断，或者说论据是确定论题成立的证据或理由。论据回答的是"用什么来论证"，即"用什么来证明或反驳"的问题。它是进行逻辑论证的依据。比如：

在"直角三角形中两个锐角互余"的论证中，论据即是：（1）直角三角形的定义；（2）三角形内角和等于180度。

在"两小儿辩日"中，一个孩子的论据是"日初出大如车盖，及日中则如盘盂"，另一个孩子的论据是"日初出沧沧凉凉，及其日中如探汤"。

论据通常也包括两种：一种是理论论据，即已被确定为真的科学原理。各类公理、定理、定律等都是理论论据。比如，在"直角三角形中两个锐角互余"的论证中运用的就是理论论据。另一种是事实论据，即被事实证明的判断。比如，在"两小儿辩日"的论证过程中运用的就是事实论据。

需要注意的是，论据和论题之间必须具有逻辑上的必然联系，并且论据要是充足、真实的。

3. 论证方式

论证方式是指逻辑论证过程中采用的推理形式或论题和论据之间的联系方式。它回答的是"怎样论证"，即"怎样用论据来论证论题"的问题。

根据逻辑论证过程中采用的推理形式的不同，论证方式可以分为演绎论证、归纳论证和类比论证。其中，演绎论证就是根据演绎推理"由一般到个别"的推理形式进行逻辑论证的方式。比如，在"直角三角形中两个锐角互余"的论证中采用的就是演绎推理。归纳论证就是根据归纳推理由"个别到一般"的推理形式进行逻辑论证的方式。比如，在"两小儿辩日"的论证中采用的就是归纳推理。类比论证就是根据类比推理的推理形式和特征进行逻辑论证的方式。

不过，由于论证过程的复杂性，有时候，在同一论证过程中，要综合运用多种论证方式才能最终证明或反驳论题。

如果说论题是一件衣服，论据是做衣服的布料，那么论证方式就是做衣服的方法；如果说论题是一篇议论文的论点，论据是证明论点的材料，那么论证方式就是这篇文章的议论方法。也就是说，论题和论据反映的是思维对象的内容，而论证方式反映的则是对思维对象进行论证的形式。形式与内容相区别，但形式并不独立于内容之外，而是隐含、表现在内容之中。所以，论证方式并不独立于论题和论据之外，而是隐含、表现在整个逻辑论证过程中。与论题和论据不同，论证方式没有真假之分，只有对错之别。它就像是条纽带，联结着论题和论据。只要明白了论证过程中采用的是哪种推理形式，就可以判断出它的论证方式；只有正确地运用各种推理形式，才能根据正确的论证方式从论据中推出论题。

证明的方法

证明是论证的一种形式，就是用已知为真的判断通过逻辑推理确定另一判断为真的思维过程。换言之，证明就是用真实的论据，采取适当的论证方式确定论题的真实性的论证方法。在结构上，证明也是由论题、论据和论证方式组成的。

在证明过程中，论证方式是多种多样的，因而证明的方法也是多样多样的。

⊙ 直接证明和间接证明

在证明论题真实性的过程中，根据是否需要借助反论题可以将证明方法分为直接证明和间接证明两种。所谓反论题就是证明过程中，与原论题相矛盾的论题。

1.直接证明

直接证明就是由真实的论据直接确定论题为真的证明方法。它是从论题出发，通过给它提供真实的直接理由来证明其真实性，也可称为顺推证法、由因导果法。直接证明不需要反论题这一中介。比如：正方形的四条边相等，四个角都是90度，这个窗户是正方形，所以这个窗户四条框相等，四个角都是90度。再比如：

手机辐射会给人体健康带来不良影响。使用手机进行通话时，手机会发射无线电波。而任何一种无线电波都会或多或少地被人体吸收，从而改变人体组织，这有可能给人体的健康带来不良影响。这些电波就被称为手机辐射。所以，手机辐射会给人体健康带来不良影响。

在这个证明过程中，使用了三个论据：任何无线电波都会或多或少地被人体吸收，从而改变人体组织，给人体健康带来不良影响；用手机进行通话时会发射无线电波；无线电波就是手机辐射。而这三个论据直接证明了"手机辐射会给人体健康带来不良影响"这一论题。

如果用A表示论题，用B、C、D等表示论据，直接证明的证明过程如下：

论题：A

论据：B、C、D……

证明：因为B、C、D……真，且B、C、D……推出A，所以A真。

其中，论据B、C、D等包括已知条件和各种科学定义、定理、公理等。

2.间接证明

间接证明是通过证明与原论题相矛盾的反论题为假来证明原论题为真的证明方法。也就是说，间接证明的论据不与原论题直接发生联系，而是与反论题相联系。常用的间接证明方法有反证法和选言证法。

所谓反证法，就是先证明反论题为假，然后根据排中律确定原论题为真的证明方法。当无法从正面证明原论题或从正面证明较为复杂、困难时，一般会采用反证法。比如，在巴基斯坦电影《人世间》中有这么一段情节：

女主人公拉基雅的丈夫恶贯满盈，最后被人枪杀。在她丈夫被杀时，拉基雅也在案发现场并开了枪。根据这两个证据，拉基雅被指控为凶手，遭到警方逮捕。但是，老律师曼索尔却用足够的证据证明了拉基雅不是杀人凶手，将其从绝境中救了出来。在法庭上，曼索尔提供的证据如下：如果拉基雅是凶手，那么至少有一颗子弹会击中被害人。但根据现场勘查，拉基雅发射的五颗子弹全打在了对面的墙上，所以她不是凶手；因为拉基雅是在被害人正面开的枪，如果拉基雅是凶手，子弹也一定是从正面击中被害人。但根据法医鉴定，子弹是从背后击中被害人的，所以她不是凶手。

在这个故事中，曼索尔就是通过反证法，先证明"拉基雅是凶手"为假，从而证明"拉基雅不是凶手"为真。

一般而言，反证法有三个步骤：

第一，设立反论题，即先设立一个与需要被证明的论题相矛盾的论题。比如，曼索尔在为拉基雅辩护时，就先设立了"拉基雅是凶手"这一反论题。

第二，证明反论题为假。在这一步骤中，通常会采用充分条件假言推理，并采用由否定后件推出否定前件的"否定后件式"来证明反论题为假。比如，曼索尔在为拉基雅辩护时，就运用了两个充分条件假言推理：如果拉基雅是凶手（前件），那么至少有一颗子弹会击中被害人（后件）；如果拉基雅是凶手（前件），子弹一定是从正面击中被害人（后件）。然后，曼索尔根据事实断定这两个推理的后件为假推出前件"拉基雅是凶手"为假。

第三，证明原论题为真。在这一步骤中，通常会运用排中律。因为根据排中律可知，相矛盾的两个判断中必有一个为真。既然反论题为假，那么原论题必为真。比如，既然"拉基雅是凶手"为假，那么"拉基雅不是凶手"就必为真了。

如果用A表示论题，用非A表示反论题，间接证明的证明过程如下：

原论题：A

设反论题：非A

证明：非A假，所以A真

需要注意的是，反论题与原论题一定要是矛盾关系，而不能是反对关系，因为具有反对关系的两个判断是可以同时为假的。

所谓选言证法，就是通过证明与论题相关的其他可能论题为假，从而证明该论题为真的证明方法，也叫淘汰法或排除法。具体地说，选言证法一般是运用选言推理的否定肯定式进行证明的。它先列举出选言前提的所有选言肢，然后否定除某选言肢（即论题）外的其他选言肢都为假来证明该选言肢（即论题）为真。比如：

鲁迅在《拿来主义》一文中论证"拿来"与"送来"时说：

但我们被"送来"的东西吓怕了。先有英国的鸦片，德国的废枪炮，后有法国的香粉，美国的电影，日本的印着"完全国货"的各种小东西。于是连清醒的青年们，也对于洋货发生了恐怖。其实，这正是因为那是"送来"的，而不是"拿来"的缘故。所以我们要运用脑髓，放出眼光，自己来拿！

在这段话中，鲁迅就是运用选言证法来证明"拿来"的正确性的。对于国外的东西，不管是制度、科技还是思想，要么是别人"送来"，要么是自己"拿来"。既然一系列事实证明靠"送来"是不行的，那么只有采取"拿来"主义了。

选言证法一般也分为三个步骤：

第一，设立一个包括原论题在内的选言论题。比如，鲁迅在论证"拿来主义"时，实际上就是设立了"对于国外的东西，要么是等别人送来，要么是自己去拿来"这一选言论题。

第二，证明除原论题外的其他论题都为假。比如，鲁迅就是先证明了等别人"送来"是不行的，因为"送来"的东西有好有坏，这样就会陷入被动。

第三，证明原论题为真。在这一步骤中，就要运用选言推理的否定肯定式了，即否定一部分论题，就是肯定剩下的论题。比如，鲁迅否定"送来主义"，就是证明"拿来主义"是正确的。

如果用A表示原论题，用B、C等表示与原论题相关的论题，选言证法的证明过程如下：

原论题：A

证明：要么A，要么B，要么C

B假，C假，

所以，A真。

需要注意的是，在列举与原论题相关的其他论题时，一定要穷尽所有可能情况。只有这样，才能证明原论题为真的唯一性，从而保证这个证明过程的有效性。

反证法中设立的反论题一般是原论题的矛盾论题，而选言证法中设立的反论题通常为与原论题具有反对关系的论题。此外，反证法运用的是充分条件假言推理的否定后件式和排中律，而选言证法运用的则是选言推理的否定肯定式。

⊙ **必然性证明和或然性证明**

根据论证方式的不同，证明方法可以分为必然性证明和或然性证明。

1.必然性证明

必然性证明是以必然推理为论证方式的证明方法。只要必然性证明的论据真实，论证方式有效，论题就必然为真。它主要包括演绎证明和完全归纳证明。

演绎证明就是运用演绎推理"由一般到个别"的推理形式进行逻辑论证的证明方法。它主要是从真实的科学原理、定律、定理等论据出发证明论题的真实性。比如，我们上面提到的曼索尔证明拉基雅不是凶手时，运用的就是演绎证明，即

（1）如果拉基雅是凶手，那么至少有一颗子弹会击中被害人，
<u>没有一颗击中子弹被害人，</u>
所以，拉基雅不是凶手。

（2）如果拉基雅是凶手，子弹一定是从正面击中被害人，
<u>子弹不是从正面击中被害人，</u>
所以，拉基雅不是凶手。

这两个论证方式都是从一般性认识推出个别性或特殊性认识的演绎推理。

完全归纳证明

完全归纳证明就是运用完全归纳推理"由个别到一般"的推理形式进行逻辑论证的证明方法。比如：

张三对李四说："我思来想去，你只有两件事不行。"李四喜道："哪里，你这评价太高了，不敢当啊！不知道我哪两件事不行呢？"张三道："这件事也不行，那件事也不行。"

在这则故事中，张三其实就是通过完全归纳推理证明李四"做什么事都不行"的。因为，"这件事"与"那件事"已经涵盖了全部事情。其推理形式可以表示为：

李四做这件事也不行，

李四做那件事也不行，

（这件事、那件事是"事情"的全部对象），

所以，李四做什么事都不行。

2.或然性证明

或然性证明是以或然推理为论证方式的证明方法。或然性证明不是严格的逻辑证明，即便论据全部真实，论证方式正确有效，论题的真实性也不是必然的。它主要包括不完全归纳证明和类比证明。

不完全归纳证明

不完全归纳证明就是运用不完全归纳推理"由个别到一般"的推理形式进行逻辑论证的证明方法。它包括简单枚举归纳证明和科学归纳证明两种形式。比如：

诗歌的发展经历了一个漫长的过程。最初，诗歌起源于上古的社会生活，是从劳动生产、两性相恋、原始宗教等中产生的一种有韵律、富有感情色彩的语言形式。《诗经》就是在此基础上整理出来的，它是我国第一部诗歌总集。后来，又经过楚辞、汉赋、汉乐府诗、建安诗歌、魏晋南北朝诗歌、唐诗、宋词、元曲等的发展，从格律到形式都完善起来，内容也更加丰富。

在这段话就是通过不完全归纳证明来论证"诗歌的发展经历了一个漫长的过程"这一论题为真的。虽然它列举了不少论据（从"诗歌的起源"起到这段话结尾），但却并没有将诗歌发展的复杂过程完全列举出来，所以由此论证论题为真的证明方法就是简单枚举归纳证明。

类比证明

类比证明就是运用类比推理进行逻辑论证的证明方法。它是以一般性的原理或具体的个别性事例作为论据，对两个或两类对象在某些属性上的相同或相似之处进行类比，根据某一个或一类对象具有某种属性证明另一个或一类对象也具有该属性。它是从"一般到一般"或"个别到个别"的证明方法。比如：

《战国策》中有一则"邹忌讽齐王纳谏"的故事：

邹忌"修八尺有余，形貌昳丽"。有一天，他为了证明自己和住在城北的徐公谁更美，便分别询问自己的妻子、侍妾和访客，他们都说邹忌比徐公美。邹忌便根据这件事向齐威王进谏："臣诚知不如徐公美，臣之妻私臣，臣之妾畏臣，臣之客欲有求于臣，皆以美于徐公。今齐地方千里，百二十城，宫妇左右，莫不私王；朝廷之臣，莫不畏王；四境之内，莫不有求于王。由此观之，王之蔽甚矣！"

邹忌通过自己的妻子、侍妾、访客与齐威王的妃嫔、大臣、民众的类比，证明了齐威王"受蒙蔽一定很厉害"的论题。

需要注意的是，在运用证明方法对某一论题进行逻辑论证时，一定要保持论据的真实性以及推理形式的有效性，否则就不能有效证明论题为真。

反驳的方法

反驳也是论证的一种形式，就是用已知为真的判断通过逻辑推理确定另一判断为假的思维过程。在结构上，反驳是由被反驳的论题、反驳的论据以及反驳方式组成的。其中，被反驳的论题就是被确定为假的判断，反驳的论据是指借以确定被反驳论题为假的判断，反驳方式则是指在反驳过程中运用的论证方式。

根据反驳的结构可知，进行反驳时可以采取反驳论题、反驳论据和反驳论证方式三种方法。

⊙ 反驳论题

反驳论题就是论证对方的论题为假的反驳方法。根据反驳论题过程中是直接反驳还是间接反驳的不同，反驳论题可以分为直接反驳论题和间接反驳论题两种方法。

1.直接反驳论题

直接反驳论题就是由真实的论据直接确定论题为假的反驳方法。其中，论据可以是客观事实，也可以是一般原理或科学理论。直接反驳论题不需要借助中间环节，只需根据真实的论据，采用合理的反驳方式从正面确定论题为假即可。在直接反驳论题时，通常使用演绎推理或归纳推理的反驳方式。比如：

《天龙八部》中的丁春秋大言不惭，老说自己"法力无边"，可却接连败在虚竹、乔峰手下，可见他的"法力"的确不怎么样。

这句话中，就是根据丁春秋"接连败在虚竹、乔峰手下"这一事实来反驳他"法力无边"这一论题的。

《孟子·离娄上》中有一段对话：

淳于髡曰："男女授受不亲，礼与？"

孟子曰："礼也。"

曰："嫂溺，则援之以手乎？"

曰："嫂溺不援，是豺狼也。男女授受不亲，礼也；嫂溺，援之以手者，权也。"

在这则对话里，淳于髡显然并非不知道"嫂溺"当"援之以手"，只是他故意问孟子而已。既然淳于髡有此一问，那就证明当时确实有人泥古不化，认为"男女授受不亲"是礼教的规定，因此即使嫂子落水了也不能去救，因为要救她势必会有身体上的接触。孟子在反驳这一错误观点时，运用了直接反驳论题的方法，即"嫂溺不援，是豺狼也"。

如果用A表示被反驳的论题，用非A表示它的否定论题，直接反驳论题的反驳过程即如下：

被反驳论题：A

反驳的论据：事实或科学原理非A

结论：A假

反驳方式：直接反驳

2.间接反驳论题

间接反驳论题是通过证明被反驳论题的矛盾或反对论题为真，从而根据矛盾律确定被反驳论题为假的反驳方法。它包括独立证明法和归谬法两种方法。

所谓独立证明法，就是先证明与被反驳论题相矛盾或反对的论题为真，再根据矛盾律确定被反驳论题为假的反驳方法。比如：

南北朝时著名的唯物主义思想家范缜在其《神灭论》中说道：

或问予云："神灭，何以知其灭也？"答曰："神即形也，形即神也。是以形存则神存，形谢则神灭也。"

问曰："形者无知之称，神者有知之名，知与无知，即事有异，神之与形，理不容一，形神相即，非所闻也。"答曰："形者神之质，神者形之用，是则形称其质，神言其用，形之与神，不得相异也。"

问曰："神故非质，形故非用，不得为异，其义安在？"答曰："名殊而体一也。"

问曰："名既已殊，体何得一？"答曰："神之于质，犹利之于刃，形之于用，犹刃之于利，利之名非刃也，刃之名非利也。然而舍利无刃，舍刃无利，未闻刃没而利存，岂容形亡而神在。"

在这段话中，范缜通过"刀刃"与"锋利"的比喻，证明了"形者神之质，神者形之用"的观点，并由此推出"神即形也，形即神也，形存则神存，形谢则神灭"，人的"神"和"形"是结合在一起的统一体，从而证明了"神灭论"的正确性。证明了"神灭论"的正确性，即是反驳了人死鬼魂不死的"有神论"。

由上面的分析可知，独立证明法可以分三个步骤进行：

第一，设立被反驳论题的否定论题，即矛盾论题或反对论题。比如，范缜就设立了"神灭论"这一与被反驳论题相矛盾的论题。

第二，证明该否定论题为真。比如，范缜通过"神即形也，形即神也，形存则神存，形谢则神灭"的严密逻辑证明了"神灭论"这一矛盾论题为真。

第三，根据矛盾律证明被反驳论题为假。矛盾律要求，互相矛盾或反对的两个判断不能同真，必有一假。既然被反驳论题的矛盾或反对论题为真，那么被反驳论题就必然为假了。范缜就是这样证明了人死鬼魂不死的"有神论"为假的。

独立证明法的反驳过程可以表示如下：

被反驳论题：A

否定论题：非A

证明：非A真

结论：A假

所谓归谬法，就是先假定被反驳论题为真，再由此推出荒谬的结论，从而确定被反驳论题为假的反驳方法。比如：

《解颐赘语》中有一则故事：

有一个人信佛，所以坚决反对杀生。他告诉人们："一个人在今世杀了什么，来世就会变成什么。在今世杀一只鸡，来世就会变成一只鸡；在今世杀一头牛，来世就会变成一头牛；即使在今生踩死了一只蚂蚁，来世也会变成一只蚂蚁。"一个叫许文穆的人听了说："那干脆去杀人吧，这样来世就能变成人了。"

这则故事中，许文穆就是运用归谬法来反驳"一个人在今世杀了什么，来世就会变成什么"这一论题的。再比如：

《世说新语》中有一则故事：

孔文举年十岁，随父到洛。时李元礼有盛名，为司隶校尉。诣门者，皆俊才清称及中表亲戚乃通。文举至门，谓吏曰："我是李府君亲。"既通，前坐。元礼问曰："君与仆有何亲？"对曰："昔先君仲尼与君先人伯阳有师资之尊，是仆与君奕世为通好也。"元礼及宾客莫不奇之。太中大夫陈韪后至，人以其语语之，韪曰："小时了了，大未必佳。"文举曰："想君小时必当了了。"

题大踌躇。

这则故事中，孔文举也是运用归谬法来反驳"小时了了，大未必佳"这一论题的。

由上面的分析可知，这一归谬法的显著特点即是"以子之矛，攻子之盾"。它可以分三个步骤进行：

第一，假定被反驳论题为真。比如，许文穆就是假定"一个人在今世杀了什么，来世就会变成什么"这一论题为真；孔文举则是假定"小时了了，大未必佳"这一论题为真。

第二，由被反驳论题推导出一个荒谬的结论。比如，许文穆由假定为真的被反驳命题推导出了"今世杀了人，来世也能变成人"的荒谬结论；孔文举则由假定为真的被反驳命题出发，推导出"太中大夫陈韪小时必当了了"，言下之意就是说他现在"不佳"了。

第三，根据充分条件假言推理的否定后件式推出被反驳论题为假。也就是说，如果被反驳命题为真，那么其结论必为真；既然结论为假，那么被反驳命题也必为假。上面两个故事中，许文穆和孔文举都是以此来证明对方的论题为假的。

如果用A表示被反驳论题，用B表示由被反驳论题推导出的结论，归谬法的反驳过程就可以表示为：

被反驳论题：A
反驳的论据：假定A真
　　　　　　如果A，则B
　　　　　　非B
　　　　　　所以，非A

此外，归谬法还有一种形式，即从被反驳的论题推出一个与之相矛盾或反对的论题，从而证明原论题的虚假性。

报上曾载有这么一个故事：

顾颉刚是章太炎的学生，他从欧洲留学回来后，特意去拜访自己的老师章太炎。与老师聊天时，顾颉刚几次三番地强调凡事只有亲眼见到才可靠。章太炎便笑问道："你有曾祖父吗？"顾颉刚诧异道："我怎么会没有曾祖父呢？"章太炎笑道："那么，你可曾亲见过你的曾祖父？"

章太炎的言下之意就是，既然你没亲见过你的曾祖父，而你的曾祖父又是必然存在的，这就是说没有亲眼见到的事也可能是可靠的。这就得出一个与原论题相反对的论题，据此可证明"凡事只有亲眼见到才可靠"是虚假论题。

归谬法与独立证明法并不相同：首先，前者是从被反驳论题推出一个荒谬结论，或者推出一个与之相矛盾或反对的论题，后者则是先设立一个被反驳论题的矛盾或反对论题；其次，前者是通过反驳的方式达到归谬的目的，后者是通过论证的方式达到求真的目的。

⊙ 反驳论据

反驳论据就是论证对方的论据为假的反驳方法。论据是证明论题的证据，失去了论据的论题就站不住脚。这正如杯子是喝茶的器皿，没有了杯子，茶水就会洒落一地。所以，要想证明一个论题的虚假性，反驳其论据是一个重要的方法。

要反驳对方的论据，一般可从两个方面入手：

（1）指出对方的论据为假。这是最直接，也是最有效的反驳方法。如果不能直接指出其论据为假，能指出其论据不必然为真也可以达到反驳的目的。比如：

小文和小丹是幼儿园同学。一天，小丹对小文说："我要当月亮，不当太阳，因为太阳一定很害怕月亮。"小文问道："为什么啊？"小丹笑着说："因为太阳只敢在白天出来，晚上月亮一出来，它就跑了。"小文说："不对，应该是月亮害怕太阳才是。"小丹问道："那又为什么呢？"小文笑道："因为月亮只敢在夜里出来，早上太阳一露头，月亮就吓得没影了。"

这则幽默中，小丹和小文证明其论题的论据都是虚假的，要想反驳他们的论题，只要指出他们的论据为假即可。

（2）指出对方的论据不足。有时候，对方的论据可能都是真的，这时要对其进行反驳，就要从其论据是否充足入手。比如，"守株待兔"故事中的那个宋国人只凭偶然捡到撞在树上死去的兔子就得出"每天都可以在那里捡到兔子"的结论，显然是犯了论据不足的错误。

需要注意的是，论据的虚假并不代表论题的虚假。因为，有可能论题是真实的，只是人们在用论据证明论题时，选用的论据是虚假的。所以，论据为假并不必然推出论题为假，驳倒了论据也不等于驳倒了论题。比如：

弟弟问哥哥："为什么白天看不见星星呢？"

哥哥想了想说："因为他们晚上眨了一夜的眼睛，到了白天就累了，所以回去睡觉了。"

在兄弟俩的对话中，哥哥用以证明"白天看不见星星"的论据显然是假的，但驳倒了这个论据并不等于驳倒"白天看不见星星"这一论题。因为，在白天，用肉眼的确是看不到星星的，这个论题并不是假的。

⊙ 反驳论证方式

反驳论证方式就是论证论据和论题之间没有必然的逻辑关系，从而证明由论据推不出论题的反驳方法。我们前面讲过，论证方式是指逻辑论证过程中采用的推理形式或论题和论据之间的联系方式。所以，反驳论证方式就是确定论证过程中采用的推理形式有误或者论据与论题之间没有必然联系。驳倒了论证方式，就证明了论证过程的无效。比如：

所有获诺贝尔文学奖的作品都是优秀作品，

他的作品是优秀作品，

所以，他的作品获得了诺贝尔文学奖。

这个推理违反了直言三段论第二格"前提中必须有一个是否定"的规则，所以该推理形式是错误的。也就是说，在论证"他的作品获得了诺贝尔文学奖"这一论题时，运用的论证方式是错误的，即由两个已知前提并不必然推出这一结论。因此，"他的作品获得了诺贝尔文学奖"这一论题并不必然为真。

我们前面说，驳倒了论据不等于驳倒了论题，同样，驳倒了论证方式也不等于驳倒了论题。因为，论证方式有误只是说明论据与论题之间没有必然的逻辑关系，或者说该论题没有用与其有必然联系的真实论据来证明，这并不代表论题一定为假。比如，上面的推理中，"他的作品获得了诺贝尔文学奖"这一论题就可能是假的，也可能是真的。

反驳的几种方法并不是各自独立、互不相容的。相反，它们是互相补充、相辅相成的。因为，反驳作为逻辑论证的一种形式，其论证过程有时候是极为复杂的，而反驳的各种方法又各有各的长处和短处。所以，在实际运用中，只有将几种方式综合起来运用，才能更有效地反驳虚假论题。

论证的规则

在逻辑论证过程中，不管是论题的确定、论据的选择还是论证方式的运用，都必须遵守一些共同规则。

⊙ 关于论题的规则

论题是进行逻辑论证的目的，不管是证明一个论题还是反驳一个论题，都必须遵守两条规则。

1.论题必须明确

正如射箭时必须要瞄准靶心，进行逻辑论证时也一定要明确论题，因为论题是关于"论证什么"的问题。如果连要"论证什么"都不清楚，就好比启程赶路时不知道目的地在哪儿，是无法进行有效论证的。论题必须明确就是要求在逻辑论证过程中，论题要清楚、明白、确定，不管是证明什么还是反驳什么，在概念的表达以及判断的断定上都必须明确。比如，如果要论证"正义一定能战胜邪恶"这一论题，就要明确什么是"正义"，什么是"邪恶"。否则，就会犯"论题不明"的逻辑错误。看下面一则故事：

约翰非常善于心算，不管是多么复杂的运算，他都能很快地给出答案。时间长了，约翰就不免骄傲起来。为了避免约翰因为骄傲自大而忘乎所以，父亲决定给儿子一点儿教训。他把约翰叫到面前，说要测试一下他的心算能力。约翰满口答应。父亲开始出题了："一辆载有352名乘客的列车到达A地时，上来85人，下去32人；到下一站时，上来45人，下去103人；再下一站上来61人，下去25人；接下来的那个车站里上来88人，下去52人。"父亲越说越快，约翰却毫不在乎，一副胸有成竹的样子。"火车继续行驶"，父亲接着说，"到B地时，从车上下去73人，上来26人；下一站下去28人，上来39人；再下一站……到达C站时，又从车上下去75人，上来51人。"父亲说到这里停下来，约翰问道："没了？"父亲点点头说道："没了，不过我不想让你告诉我车上还有多少人，我想让你告诉我这列火车一共经过了多少站。"约翰一下子傻在那里。

从逻辑学上讲，"父亲"的论题是模糊不清的，但他也正是利用这一点告诉约翰人不能太骄傲了。不过，在逻辑论证中，我们却必须保证论题的明确性。这就要求我们不但要在思想上对所论证的论题有正确的认识，而且在语言表达上也能准确地表述出来。

2.论题必须同一

明确论题后，在逻辑论证的过程中，还要保证论题前后同一，这也是同一律的基本要求。论题必须同一就是要求论证过程中，所有的论据都要围绕同一个论题，既不能"偷换论题"，也不能"转移论题"。关于这点，我们在讨论"违反同一律的逻辑错误"时已作论述。

在"偷换论题"或"转移论题"时，有两种常见情况：

一是"论证过多"，即后来"偷换"或"转移"的论题在断定的范围上大于原论题。比如，本来是论证"网络游戏对孩子的危害性"这一论题的，但后来却变成论证"网络对孩子的危害性"，这就犯了"论证过多"的错误，违背了"论题必须同一"的规则。

此外还有一种情况，就是在论证过程中，抛开要论证的论题转而对提出该论题的人进行评判。这在政治、学术论辩中不乏其例。我们常说的"对事不对人"，其实就是告诫人们不要犯这种"以人为据"的错误。从形式上看，这种逻辑错误也属于"论证过多"。

二是"论证过少"，即后来"偷换"或"转移"的论题在断定的范围上小于原论题。比如，本来是论证"人性中的善与恶"这一论题的，后来却将其局限在"社会"或"战争"等特定范围内加以论证，这就犯了"论证过少"的逻辑错误。

需要注意的是，对于比较宏大的论题，往往会将其先分为几个分论题进行论证，然后再论证原论题的真假，这并不违反"论题必须同一"的规则。比如，要论证"中国的综合国力日益强大"这一论题时，就可以从政治、经济、军事、科技等各个方面进行论证。

⊙ 关于论据的规则

论据是用来论证论题的证据或理由，要对一个论题进行有效论证，也必须遵守有关论据的一些共同规则。

1.论据必须真实、充足

论据真实是进行逻辑论证的基础，因为逻辑论证的过程就是由真实的论据证明或反驳论题的真实性的过程。如果论据的真实性没有确定，这就好比驾车去目的地时车的安全性没有确定一样，是无法对论题进行有效论证的。比如，"大学毕业生低收入聚居群体"被称为"蚁族"，如果要证明"蚁族"属于是弱势群体，就要搜集能证明其"弱势"的真实证据，而不是凭经验或推测得来的证据。

此外，在论据真实的情况下，还要保证论据的充足。只有具备真实且充足的论据，才能论证论题必然为真或必然为假。比如，要证明"蚁族"属于弱势群体，不能仅根据他们住"集体宿舍"这一证据来证明，还要从收入低、数量大、流动性强等各方面加以论证。

对论据真实、充足的规定是充足理由律的基本要求，如果论据不真实或不充足，就会犯"论据（理由）虚假"或"论据（理由）不足"的逻辑错误。对此，我们在讨论"违反充足理由律的逻辑错误"时已作过论述。

2.论据的真实性不能靠论题来证明

论据是用来证明论题的，它的真实性必须确定。在论证过程中，如果用论题来证明论据的真实性，就会犯"循环论证"的逻辑错误。所谓"循环论证"，一般是指论题和论据建立在同一内容上，或者说论题和论据互相证明。"循环论证"其实等于什么都没有论证。比如：

月亮是会运动的，因为它从东方升起，从西方落下。

月亮之所以能从东方升起，从西方落下，是因为月亮是会运动的。

在这个证明过程中，对"月亮是会运动"这一论题进行证明时，用的是"它能从东方升起，从西方落下"这一论据；在对"月亮能从东方升起，从西方落下"这一论题进行证明时，用的是"月亮是会运动的"这一论据。论题和论据建立在同一内容上，犯了"循环论证"的逻辑错误。

⊙ 关于论证方式的规则

除了遵守论题和论据的相关规则外，在逻辑论证过程中还必须遵守论证方式的规则，即论据必须能推出论题。

论据必须能推出论题就是指在逻辑论证过程中要保证论据和论题之间有必然的逻辑关系，或者论证要符合各种推理规则。否则，就会犯"推不出"的逻辑错误，论证也就不能进行。事实上，这也是充足理由律对思维活动的基本要求。比如：

他最喜欢看古装电影了，《赵氏孤儿》是古装电影，所以他喜欢看《赵氏孤儿》。

这个推理过程不符合直言三段论的推理规则，论证方式是错误的，即使论据为真，也不能证明论题必然为真。

再比如，我们在"违反充足理由律的逻辑错误"中讲过，由"登徒子喜欢自己的妻子，并与之生了五个儿子"这一论据并不能推出"登徒子好色"这一论题，因为这二者没有必然的逻辑关系。

总之，有关论题、论据和论证方式的各项规则是确保逻辑论证过程有效性的规范，违反了其中任何一条，都无法进行正确、有效的论证。

第九章

逻辑谬误

什么是逻辑谬误

谬误的研究在逻辑学的发展过程中曾经遭受过极端的冷落，甚至曾经被从逻辑学的教材中删除，然而逻辑谬误的重要性最终还是得到了众多学者的认可。重视逻辑应用的学者更是对逻辑谬误给予礼遇，如今逻辑谬误的研究已经扩展到诸多领域，受到了多学科学者的关注。逻辑谬误的研究已经成为逻辑学向前发展的重要助推力量，它不断激发着人们对逻辑学的兴趣和热情，丰富着逻辑学的内涵和外延。

"逻辑谬误"区别于我们日常生活中所说的"谬误"，它并不是简单的荒谬和错误，而是指推理论证过程中的错误，只有放在推理和论证过程中去考量一个结论的正确性时，我们才称之为"逻辑谬误"。

我们日常生活中所说的谬误一般是广义的谬误，广义的谬误是指：错误、差错。比如说某人对某件事情的判断出现错误，这种错误属于认知性错误，并不存在逻辑问题，它的对错是显而易见的，就如把某个动植物的名字叫错一样，它或许只是知识性的错误。

马克思主义认识论指出，谬误是同客观认识及事物发展规律相违背的认识；真理是符合事物发展规律的认识，是对客观事物本来面目的正确反映。谬误则是违背事物发展规律的认识，是对客观事物本来面目的歪曲反映。真理和谬误在一定范围内是绝对对立的，真理不是谬误，谬误不是真理。二者有着原则的界限，不能混淆。但是真理与谬误之间又存在相互依存的关系，事物在真理与谬误的斗争中发展，又在一定条件下相互转化。然而马克思主义认识论所指的"谬误"也并非逻辑学上的"逻辑谬论"，逻辑学要研究的谬误属于狭义的谬误，是指那些违反逻辑规律和规则的各种错误。它常常出现在那些看似正确具有说服力，却往往经不起认真地推敲、辨别和论证的事情上。

"谬误"一词缘起于拉丁语，英文为Fallacy，原有"阴谋""欺骗"等意，现发展为我们今天所普遍理解的意思。"谬误"一词广泛存在于中外学者的著作中，汉代王充《论衡·答佞》："聪明有蔽塞，推行有谬误，今以是者为贤，非者为佞，殆不得之之实乎？"清代蒲松龄《聊斋志异·青梅》："妾自谓能相天下士，必无谬误。""谬误"一词在西方逻辑学的著作中出现也极早，在两千多年前的古代逻辑学著作中便有出现。古希腊哲学家亚里士多德有许多论述谬误的著作，他在《谬误篇》中说道："谬误主要分为两大类，一类是依赖于语言的谬误；一类是不依赖于语言的谬误。"当代瑞士哲学家波亨斯基认为亚里士多德《谬误篇》中提到的谬误理论是其第一个关于谬误的学说，其后亚里士多德又相继提出了其他关于谬误的观点。

"谬误"在中国古代的逻辑学中被称为"悖"，有"惑、违背道理"的意思，那些有意识地用谬误的推理形式来证明某个观点的正确性被叫做诡辩。在中国古代的典籍中有许多关于诡辩的记载。

"诡辩"一词在我国最早出现于汉代刘安《淮南子·齐俗训》中："诋文者处烦扰以为智，多为人危辩。久稽而不决，无益于讼。"这句中的"人危辩"即是诡辩。其后，《史记·屈原贾生传》中又有："（靳尚）设诡辩于怀王之宠姬郑袖。"

在中国古代历史上有一个著名的关于诡辩的例子"白马非马"。这个著名的哲学命题的提出者是公孙龙，他是战国时期赵国平原君的食客，此人堪称诡辩之祖。《公孙龙子·白马论》这样记述道："白马非马，可乎？？曰：可。曰：何哉？？曰：马者，所以命形也；白者所以命色也。命色者非命形也。故曰：白马非马。"大意是说："马"是对物"形"方面的规定，"白马"则是对马"色"方面的规定，对"色"方面的规定与对"形"方面的规定性，自然是不同的。所以说，对不同的概念加以不同规定的结果是：白马与马也是不同的。

在西方哲学史上黑格尔是第一个对诡辩论做系统批判的哲学家。他曾经指出："'诡辩'这个词通常意味着以任意的方式，凭借虚假的根据，或者将一个真的道理否定了，弄得动摇了；或者将一个虚假的道理弄得非常动听，好像真的一样。"黑格尔的这段话，清晰地揭露了诡辩论有意颠倒是非、混淆黑白的特点。

诡辩在外表上、形式上好像是运用正确的推理手段，但实际上是违反逻辑规律，做出似是而非的推理，是一种"逻辑谬误"。

那么什么是"逻辑谬误"呢？逻辑谬误是指一些推理和论证看似正确、具有很强的说服力，但却经不起仔细的分析，当人们经过认真的推敲之后会发现其推理和论证形式是错误的。

逻辑学在最初形成的时候，谬误研究便成为逻辑学不可或缺的一部分，是逻辑学研究的重要内容。许多逻辑学家、哲学家、语言学家、社会学家、心理学家等都曾涉足谬误的研究，为此付出心血，提出了诸多不同的谬误理论，为逻辑学的研究提供了宝贵的资源。谬误研究如今已经成为应用逻辑学持久关注的课题。

当代逻辑谬误的研究呈现出综合化、多元化的趋势，各种理论精彩纷呈。系统的谬误理论主要有谬误的形式论、谬误的语用—辩证论、谬误的语用论和谬误的修辞论。具体的谬误形式则更多，据说有学者曾经概括出多达113种的具体谬误形式。现今谬误理论正逐渐向更深层次发展，理论基础与框架也正在逐步的构建与完善中，以期以理论框架来指导和论证谬误，同时梳理与澄清诸多混杂的概念术语。当代谬论研究的愿景和目标便是构建成熟的谬误论证理论和体系，同时用来指导人们的日常生活。

每种逻辑谬误产生的原因都是不同的，想要有效地去预防和避免谬误就要求我们有一定的逻辑谬误知识。我们需要熟悉谬误的不同种类，针对它们的不同特点采取措施加以规避。

针对不同的逻辑谬误我们可以采取不同的对策。

规避形式谬误：我们需要熟悉各种推理形式的逻辑规则，了解它的相应有效式，在实际生活中经常去运用，进行思维锻炼，逐渐熟练掌握。只有这样，我们在生活中才能迅速地判断出各种形式谬误，准确规避形式谬误。

规避歧义性谬误：在用语言表达思维和交流的过程中，我们需要保持语言的确定性和清晰性。要保持语言所使用的概念和判断的准确。

规避关联性谬误：要避免把心理因素与逻辑因素混为一谈，保证在推理和论证过程中严格遵循逻辑规则进行逻辑推导，切记不能把心理因素特别是感情因素掺杂进推理和论证的过程中。

规避论据不足的谬误：我们需要把注意力集中到推理或论证过程中论据对论题的支持程度上。必须确切判明论据的有无或多少，明确它对论题成立所起的支撑，以及对论题的支持和确认程度，以此来识别和警惕那些似是而非的错误推理或论证，避免论据不充足的谬误出现。

日常生活中谬误可以说无处不在，任何人在生活中的思维和表达都可能遭遇到谬误的问题。谬误与诡辩毕竟是逻辑和真理的对立物和大敌，在生活中我们只有学习和了解了谬误的知识，才能更好地去辨别是非真假。

谬误的种类

谬误的种类很多，根据谬论的不同特点可以将谬误归为不同的类型。关于谬论类型的划分有很多种，有学者将其分为语形谬误、语义谬误和语用谬误；归纳的谬误与演绎的谬误，形式的谬误与非形式的谬误。

⊙ **语义谬误、语形谬误和语用谬误**

此种划分是根据逻辑符号学的相关原理进行分类的。具体按谬误产生于符号运用的语义、语形和语用三方面而对其进行的分类。

语义谬误包括语词的歧义谬误和语句的歧义谬误等。语义谬误产生于对符号的运用过程中，是由于表达式的意义方面的原因而引起的各种谬误，在一个句子中出现的同一个词表达意思可能是完全不一样的。

所谓的语形谬误是指符号的运用过程中，产生于符号之间关系方面的谬误，是由于推理形式的错误而导致的谬误。

而语用谬误是同语言的使用者和语境密切关联的一种谬误，产生于符号与解释者之间关系的谬误。

⊙ **归纳的谬误和演绎的谬误**

这是按谬误产生的推理的不同对谬误进行的分类。人们在观察、实验、调查和统计过程中收集经验材料；在分析、综合、概括、类比和探索事物现象间的因果联系等过程中产生的谬误称之为归纳的谬误。像观察谬误、机械类比都属于此种谬误。

演绎谬误是人们在思维的过程中运用演绎推理的各种形式和手段时，不遵循相应的规律所导致的种种谬误。它出现在演绎的过程之中。

⊙ **形式谬误和非形式谬误**

"形式谬误"和"非形式谬误"是目前学术界较为常用的分类方法。这是按照其是否违背推理形式的逻辑规则来进行的分类。

所谓"形式谬误"，是演绎上的谬误，在逻辑上推理和论证是无效的，是由于推理形式不正确而产生的错误。

1.不当否定后件式

是在充分条件假言推理中通过否定前件来否定后件。如果p则q，非p，所以，非q。例如：张三谋杀了李四，则他是一个恶人；张三没有谋杀李四，所以他不是一个恶人。这个推理显而易见是不能成立的，在这个事件的推理中，谋杀行为可以使某人成为恶人，但是一个人之所以为恶人有许多其他可以成立的条件，作恶的形式也自然是多种多样，因此"张三没有谋杀李四"并不能确定其不是恶人。

2.肯定后件式

在充分条件假言推理中通过肯定后件来肯定前件。如果p则q，q，所以，p。例如：如果宋青是个书虫，那么他会经常读书；宋青经常读书，所以宋青肯定是一个书虫。这显然也是无效的推理，宋青经常读书可能是因为他是编辑，这是他的工作，这并不能说明他一定就是热爱读书的书虫。

3.条件颠倒式

任意地调换假言推理的前后件。如果p则q，所以如果q则p。例如：如果x是正偶数，则x是自然数，所以，如果x是自然数，则x是正偶数。从数学常识来判断，不言自明。

4.不正确逆否式

如果p则q，所以，如果非p则非q。例如：如果今年风调雨顺，粮食就会大丰收。所以，如果不是风调雨顺粮食就不会大丰收。这也是不成立的，除了风调雨顺可以使粮食丰收之外，灌溉、施肥等也可能使粮食获得大丰收。

5.不当排斥

在相容的选言判断中通过肯定部分选言来否定另一部分。或者p或者q；p，所以，非q。例如：康熙或者是皇帝或者是清朝人，康熙是雄才伟略的皇帝，所以，康熙不是清朝人。

6.中项不周延

例如：有些医生是强盗，有些强盗是政客，所以，有些医生是政客。

7.大项不当周延

一个三段论大项在前提中不周延，在结论中周延了。例如：鸽子是鸟类，乌鸦不是鸽子，所以，乌鸦不是鸟类。

8.小项不当周延

一个三段论中小项在前提中不周延，在结论中周延了。例如：所有新纳粹分子都是激进主义者，所有激进主义者都是恐怖分子，所以，所有恐怖分子都是新纳粹分子。

9.强否定

从对一个联言判断的否定到对每个联言肢的否定。例如：并非李明既会武术，又会舞蹈，所以李明既不会武术，也不会舞蹈。

10.弱否定

从对一个选言的否定推出至少否定一个选言肢。例如：并非小张或者喜欢钓鱼，或者喜欢打牌，所以小张或者不喜欢钓鱼，或者不喜欢打牌。

11.无效换位

在此种情况下换位推理应当是限量的，如果不限量，则成为无效换位。例如：所有的诗人都是作家，所以所有的作家都是诗人。

12.非此即彼

从一个全体判断的假，推出一个全体判断的真。例如：并非所有的女孩都喜欢漂亮衣服，所以所有的女孩都不喜欢漂亮衣服。

13.差等误推

根据一个全称的判断的假，推出一个特殊称谓判断的假。例如：并非所有的病毒都是有害的，所以并非有的病毒是有害的。

所谓的非形式谬误是与形式谬误相对而言的。概括地说，非形式谬误是指一种不确定的推理与论证，是由于推理过程中语言的歧义性或者前提对结论的不相关性或不充分性造成谬误的产生，而非它具有无效的推理形式。它是依据语言、心理的因素从前提得出的，并且这种推出关系是不成立的。

非形式谬误又包括：歧义性谬误、关联性谬误、论据不足谬误。在非形式谬误的这三种种类中又细分为多种谬误形式，比如歧义性谬误中的概念混淆、构型歧义、错置重音、分举合举。

歧义性谬误是指我们在日常生活中在与人交流时，用语言表达我们自身的观点和思想的过程中，所用语言的确定性和明晰性不能得到有效的保证，也就是在某一确定的语言环境下，使自身运用的语言所使用的概念、判断的确定性丧失，而产生的种种谬误。

关联性谬误是指那些论据包含的信息看起来与论题的确立有关但真实上却是无关的，由此而引起的种种谬误。一般地说，关联性谬误都与语言和心理有关，但在逻辑上无关，是与语言心理为相关前提而产生的。它多数利用语言表达感情的功能，以语言激发起人们心理上的同情、怜悯、恐惧或敌意等，致使人们接受某一论题。

在非形式谬误中，论据不足谬误也是一大谬误种类。它是由于论据不够充分所导致的论题不成立的错误论证。它也分为很多种，包括以偏赅全谬误、以全赅偏谬误、以先后为因果谬误、因果倒置谬误、虚假原因谬误等多种谬误种类。

构型歧义和语音歧义

⊙ **构型歧义**

构型歧义又称为语句歧义谬误，是由于句子的语法结构不确定、不严谨而产生的多种含义，也就是整体上的歧义。例如有这样一个推理："班上有10个篮球运动员与排球运动员，所以，班上有10个篮球运动员。"乍一看觉得这一推理似乎是正确的。但是，仔细一想，"班上有10个篮球运动员与排球运动员"这一语句是有很大歧义的：我们可以有两种理解方法，一可以理解为这10人既是篮球运动员又是排球运动员；二可以理解为这10人中仅有一部分是篮球运动员，其余是是排球运动员。因此我们可以看出只有在第一种情况下才能推出命题中的结论，在后一种情况下是推不出上述结论的。在后一种意义上进行的推论而产生的谬误就是一种语句歧义谬误。

关于语句歧义谬误有一个非常流行的故事：一位秀才到朋友家做客，快要回家时不巧天下起了大雨，眼看着无法回家，客人希望主人留自己住宿，于是就写了一行字来探问："下雨天（，）留客天（，）留我不留（？）"由于古代文章中没有标点，于是主人就故意和他开了个玩笑，把这句话读成了："下雨天（，）留客（。）天留（，）我不留（。）"心有灵犀的客人哈哈一笑，重新读道："下雨天（，）留客天（，）留我不（？）留（。）"这句话（下雨天留客天留我不留）因三种断句法，就有三种不同的解释，成为一个"语句歧义谬误"的经典案例。

并不是所有的"语句歧义"都带来坏的结果，这也需要在具体的语境中去考察。有一些"谬误"是出于需要而故意为之。在"秀才做客"这一例子中，秀才就很好地利用了"语句歧义"。"语句歧义"在特定的场合有时候可以发挥特殊的作用，我们应扬长避短。

另有一个谬误害人的例子，民间的算命先生往往是利用歧义的高手。他们在实践中掌握歧义运用的技巧，利用歧义来骗取钱财，往往能够达到迷惑人的效果，如果不加以认真地思考分析很容易就落入算命先生的圈套中。

例如，一位算命先生给人算命时写下了这样一句话："父在母先亡"。这句话是没有标点的，因此由于标点设置的不同，这句话就会出现截然不同的两种含义：①"父在，母先亡"；②"父，在母先亡'"。第一种的含义是说：父亲健在人间，母亲已经死了。而第二种的含义则是：父亲已经早于母亲而死。如果再加上不同的时间的限制，这句话可以表示对过去的追忆，对现实的描述，对未来的预测，可以说是一个万能的句子，穷尽了所有可能的情况。它可以有6种不同的含义：①父母去世，母亲是父亲在世的时候去世的。②父亲现在活着，母亲却已经去世了。③父母去世，父亲先于母亲去世。④父亲已经去世，母亲还健在。⑤现在父母都活着，将来母亲先去世。⑥现在双亲都活着，将来父亲先去世。因此，无论当事者目前情况如何，算命先生都可以说已经"料事如神"了，熟悉了逻辑学的相关知识我们就不难识破这种伎俩。

⊙ 语音歧义谬误

语音歧义谬误，是同一个句子由于读音的不同，重音所落词语的不同，也就是强调其中不同的部分而导致的语句的不同意义。这种由于读法不同而产生的谬误就是语音歧义谬误。

有的词可轻读，也可重读。不同的读法有时会使句子表示的意义完全不同。比如这样一句话：我想起来了。这句话中"起来"分别读三声和二声时，表示"起身、起床"的意思；而读三声和轻声时，则表示"想到"的意思。

另外，我们对它某个音节的语音强调不同也会产生不同的意思。"我们不可以在私下里说朋友坏话。"如果我们读这句话的时候是平常的语气，那么它就是一句很平常的话，没有任何强调。如果重音落到"私下里"上，那么这里就有了另外的含义，我们就可以理解为人们可以在公开的地方议论朋友。如果说的时候重音落到"朋友"上面，就有了我们是可以私下里议论不是朋友的人。"一个学生成了千万富翁"，语音重读时我们可以强调是"一个"，当然也可以强调"学生"。重读的词语不同，所强调的不同，意思也就有所不同了。在日常生活中一些商家就会运用这种重读的不同来迷惑消费者，有些商家以特大字表明很低的折扣以示强调，却在折扣后面打上很小的"起"字，消费者往往被低价吸引，结果进店一看却不是那么回事。因此在日常生活中我们既要善于识别这些语音的谬误，又要在运用语言的时候清晰严谨，避免造成语音歧义谬误。

除了上述的重音所落不同的情况，还有两种情况，一是同音词在同一语境中造成的歧义，相同的读音可表达的意思却完全不同。例如：老王分工专管财务（财物）。在这个语言环境中，

"财务"和"财物"读音是一样的，书写出来却表达了不同的意义。再比如，他们看越剧（粤剧）去了。很明显，"越剧"和"粤剧"是不同的。二是多音词在书面语中造成的歧义，多音词在口语中不产生歧义，但在书面语中没有注音，有时便会产生歧义。例如：他在办公室看材料。"看"读四声时，表示"阅览"，读一声时，则表示"看守"。

合举和分举

合举又叫合成谬误，是指由整体中的部分、元素性质不恰当地推断出整体、集合的性质。

"合成谬误"之说在经济学界流传甚广。大名鼎鼎的萨缪尔森在《经济学》一书中这样写道："由于某一原因而对个体来说是对的，便据此而认为对整体来说也是对的，这就是合成推理的谬误。"例如：在精彩的足球赛中，球迷们为了看得更清楚而站起来，可是当所有的人都站起来的时候，大家都没有看得更清楚。我们都知道，要想能够看得清楚比赛，甲站起来想看得更清楚要以甲以外的其他人继续坐着为条件，乙站起来想看得更清楚要以乙以外的其他人继续坐着为条件。可是在观看球赛的时候一个人为了看清楚而站起来，其他人也为了看清楚而站起来，这样一来命题中所说的站起来看清楚便不能成立了。事实是，大家为了看清楚都站了起来，就都看不清楚了。

还有一个例子，看起来像一个笑话，聪明人会觉得这样做是不划算的，可是这个笑话浅显易懂，一下就能让我们明白什么是合成谬误。这个故事是这样的：某妇人连划三根火柴，终于将掉在黑夜中的一根火柴找到。别人讥之，她却想不通，火柴掉了可惜，应该找回来；黑暗中看不见，划火柴才能照亮，这有什么不对呢？

火柴掉了可惜，应该找回来吗？火柴掉了也许应该找回来，但是事实上这要以找回这根火柴的代价不超过这根火柴的价值为前提条件。现在是这根火柴掉在黑夜中，要找回，至少要以划燃一根别的火柴为代价。在我们看来显然是不应该找回这根火柴的。这个事例中，如果我们单独地去划火柴照亮黑夜是对的，单独地要去找到丢失的火柴也是对的，但是要是将事情合成在一起就是错误的，显得愚蠢了。在日常生活中没有人会傻到去这样做，但是在生活中我们会遇到很多复杂的合成问题，我们需要从这个故事中来了解合成谬误的错误原因，以便遇到问题时能够举一反三。

除了上述的例子之外，在经济学中还有一个著名的例子：经济不景气，个人理性的选择是减少消费，增加储蓄，但这会引起有效需求不足，加剧经济不景气，使个人处境变得更坏；企业理性的选择是减员，但这也会引起有效需求不足，加剧经济不景气，使公司和企业处境变得更坏。

作为一个普通老百姓在经济不景气的时候我们很容易地会去选择减少消费增加储蓄。毕竟一般的老百姓并没有什么高深的经济学知识。当我们深究储蓄问题的时候就会发现这种举动的不合理之处，当多数人都选择储蓄的时候，市场便会因为没有消费变得更加不景气，形成恶性循环。当我们了解了一些合成谬误的知识，即使是我们没有什么高深的经济学知识，去理性地分析一下也能发现很多问题。盲目做出决定，很容易导致谬误的出现。

生活中还有很多简单的例子，诸如：以集体中的一个人的不好，推出这个集体所有人的不好；由商店中某一件商品的好坏，就推出商店中商品整体的好坏。这些都是不科学的。我们在生活中常常会犯这些低级错误，这些都属于合成的谬误。

分举又叫分解的谬误，它与合成谬误相反，分解的谬误是指由整体、集合的性质不恰当地推论到元素、部分的性质上。

我们举几个通俗的例子，以便读者能够更加清楚地理解什么是分解谬误。例如：上海是发达的，所以上海没有穷人。即使再发达的地方也可能有穷人的存在，这是明显的错误。还有：北京的景点不是一天可以看完的，北海公园是北京的一个景点，因此，北海公园不是一天可以看完的。诸如此类的推断都是犯了分解的谬误。

219

混淆概念和偷换概念

概念是思维的细胞，是反映对象本质属性的思维形式，是认识过程中的阶段。思维想要正确地反映客观现实，概念就必须是清晰的、辩证的、富于逻辑性的。概念是主观性与客观性、特殊性与普遍性、抽象性与具体性的辩证统一，也是富有具体内容的、有不同规定的、多样性的统一。

一般来说概念要通过语词来表达。词义有表达概念的作用，有一词多义和一义多词的现象，造成了概念和语词的复杂关系，因而很容易造成概念方面的逻辑混乱。概念混淆便是主要的一种。

混淆概念是指在同一思维过程中，无意识地把某些表面相似的不同概念当做同一概念使用或在不同意义上使用同一概念而犯的逻辑错误。具有相对意义的词项，如果混淆了所相对的范围、论域或语境，也可造成概念混淆。

概念混淆一般是由认识主体对概念本身认识不清或逻辑知识欠缺而造成的。比如：

这门课程很没意思，我一点儿都不想学。

他一有空就打游戏，从不浪费一分一秒。

这两句话都犯了混淆概念的错误。第一句中，"课程"本是一个集合概念，但这里却将其当做非集合概念来使用；第二句中，"浪费"是指消耗有价值的东西或有意义的事，而"打游戏"却多指无价值的东西或无意义的事。

《韩非子》中有一则关于"卜子之妻"的故事：

郑县人卜子使其妻为袴（做裤子），其妻问曰："今袴何如？"夫曰："象吾故袴。"妻子因毁新令如故袴。

这则故事中，卜子说的"象吾故袴"是指在样式上和原来的旧裤子一样，而其妻子却理解为要像旧裤子那样破旧，于是把一条新裤子弄成了旧裤子，犯了混淆概念的错误。

概念混淆是一种较为常见的逻辑错误，主要原因是由于人们对反应比较接近的事物和现象的概念在内涵和外延上没有辨别清楚。要想避免概念混淆，就要对所使用的概念在准确把握其内涵和外延的基础上，注意对同音异义和近义词的区辨。只有这样将易混淆的概念严格区分，并且结合上下文的语境恰当地使用，才可能避免错误。

概念混淆的例子有很多，例如："所有的狼是有锋利牙齿的，拔光了牙的狼是狼，所以，拔光了牙的狼是有牙的。"这句话前后明显是矛盾的。是什么原因造成自相矛盾的错误结论呢？原因在于两个前提中共同使用的语词"狼"是有歧义的。在第一个前提中，语词"狼"是就狼之所以为狼应当是有锋利的牙齿的这个意义而言的；在第二个前提中，则是就狼的一种特殊情况，即对被拔掉了锋利牙齿这个意义而言的。因而"狼"这一语词在这一推理中就具有非常明显的歧义。正是这种歧义造成了上述推理结论的错误。这是一个非常简单的例子，列举此例能够使读者更加清晰、直观地了解歧义产生的原因。在生活中我们遇到的一些问题将会比这个例子复杂很多。

具有相对意义的词项，如果混淆了其所相对的范围或语境，也可造成歧义性谬误。比如：蚯蚓是动物，所以，大蚯蚓是大动物，这是一条小蛇，而那是一条大蚯蚓，所以，这条小蛇小于那条大蚯蚓。这里，"大"与"小"是相对而言的，如果把这种相对概念"大""小"理解成绝对化的"大""小"就会犯歧义性的谬误。

除了上述的例子之外还有其他很多情况，主要有如下的一些情形：误用近义词造成概念混淆；误用同音字造成概念混淆；把两个表示不同时间的概念混淆；把反映事物的具体内容的概念混淆为事物本身的概念；同音异形的概念混淆；对象的概念混淆。

偷换概念是指在同一思维过程中，为达到某种目的而故意违反同一律，把某些表面相似的不同概念当做同一概念使用或在不同意义上使用同一概念而犯的逻辑错误。比如：

有个很小气的财主找阿凡提理发，阿凡提决定给他点儿教训。在给财主刮脸时，阿凡提问："老爷，你要眉毛吗？"财主不假思索道："废话，当然要了！"阿凡提手起刀落，把财主的眉毛刮了下来递给他。财主大怒，阿凡提笑着说："是老爷你自己说要眉毛的啊？我只是按你的吩咐去做啊。"财主无奈，只好继续刮脸。阿凡提又问："老爷，你要胡子吗？"财主一连声地说："不要！不要！"阿凡提又手起刀落，把财主的胡子刮了下来。财主再次大怒，阿凡提还是不慌不忙道："老爷，这可是你自己说不要的，怪不得我啊！"

这则故事中，阿凡提就是故意通过偷换概念来戏弄财主的。第一次财主说"要"眉毛，是指要把眉毛留下来，但阿凡提故意理解为要把它刮下来带回去；第二次财主说"不要"胡子是指不要把胡子刮下来，但阿凡提却故意理解为不要把胡子留下来。通过两次偷换概念，阿凡提不但教训了小气的财主，而且让他无话可说。

断章取义和稻草人谬误

⊙ 断章取义谬误

断章取义在字典中是这样解释的：断，截取；章，篇章。意思是不顾上下文，孤立截取其中的一段或一句。它来自一个成语典故，原指只截取《诗经》中的某一篇章的诗句来表达自己的观点，而不顾及所引诗篇的原意。或指不顾全篇文章或谈话的内容，孤立地取其中的一段或一句的意思，引用与原意不符。后来比喻征引别人的文章、言论时，只取与自己意合的部分。在《左传·襄公二十八年》中有这样的话："赋诗断章，余取所求焉。"

上边所说情况的错误便被称为断章取义谬误。在生活中有很多断章取义的例子，我们经常引用的名言、警句中有许多其实都是被断章取义出来的。如果我们不是对名言警句的出处和当时的语境有一个全面的了解，就很难辨别出这些所谓名言警句是否是断章取义。

上小学的时候老师要求背诵的的名言警句中就有很多这样的例子。比如，我们背诵的这样一句名言："吾生有崖,而知无崖。"这句话是庄子说的，出自《庄子·养生主》。然而庄子当时却并不是要我们以有限的生命去追求无限的知识，以庄子的道家无为思想自然是不可能这么执著的。庄子在这句话后边其实还有另一句话："以有崖求无崖，殆哉矣。"庄子的话原本的意思是："生命有限，而知识是无限的，以有限生命去学无限的知识，会迷惑而无所得，是很危险的。"庄子的这句话是什么时候被断章取义的在今天已经不可考了。我们上小学的时候，我们老师和长辈也许并没有深究这个问题。他们为了鼓励我们好好学习、奋发向上便常常引用这句话的前半部分。

除了庄子这个例子之外，从小学起就被老师、家长们不断当做激励我们勤奋学习的还有一句非常著名的名言："天才是1%的灵感加上99%的汗水。"我们都知道这句话是爱迪生说的，也许在每个人的学生期间都或多或少地引用过爱迪生的这句话。但殊不知这句话的下一句是："但那1%的灵感是最重要的，甚至比99%的汗水都要重要。"勤奋固然是很重要的，但是当我们成熟以后一定要注意做事情的方法，科学家的话不是随口说出的，它总有它的内涵。爱迪生在这句话其实一方面强调了勤奋的重要性，一方面也强调了灵感的不可或缺，这样加起来其实才是严谨的，哪一方面忽略了都是不对的。

在爱情中我们常常会用到这样一个词"相濡以沫"，这个词也是出自庄子之口。在《庄子·大宗师》有这样一句话："相濡以沫，不如相忘于江湖。"

庄子给我们讲了这么一个小故事："泉涸，鱼相与处于陆，相呴以湿，相濡以沫，不如相忘于江湖。"故事的意思是，有一天，泉水干了，两条小鱼被困在了陆地上，它们共处于一个小水洼中，为了能活下去，彼此从嘴中吐出泡泡，用以湿润对方的身体。可是，这样做有什么用呢？与其两个人一块在死亡的边缘挣扎，还不如回到江河湖海中幸福地活着，即便互相忘记了又有什么呢。

⊙ 稻草人谬误

如果是农村长大的人对于稻草人一定是很熟悉的，也许还亲手制作过稻草人。可是稻草人怎么会和谬误联系在一起呢？究竟什么是稻草人谬误呢？其实稻草人谬误只是一种形象的说法。

在农村，当麦子长出来的时候农民就会在麦田里竖起一个稻草人，用来吓走那些偷吃麦粒的麻雀。逻辑学者在此就借用这个形象来表示一种谬误的种类，意指在论证过程中，自己创造一个虚假的情况，即自己设立一个靶子，然后去攻击它。这便犹如扎起一个稻草人，用攻击稻草人的办法来冒充对论敌的反驳，并以此自欺，自以为是在攻击论敌。这种情况在辩论中经常会出现，有经验的辩论选手能够迅速地识破对手的这些伎俩。在生活中有时候我们却并不能那么迅速地反应过来，也许当我们还在莫名其妙、摸不着头脑的时候，已经被对方打倒了。

比如，当我们有时候批评某人某件事做得不对的时候，他会立即反驳道："我哪里有不对，你说我做的事情都不对，你拿出证据来。"当然，他不是所有的事情都是不对的，只是某件事而已，为了掩饰过错，他便采取了这种方法。这便是典型的稻草人谬误。

打个比方：家长虐待孩子，那么邻居面临的是两个问题：一是，我要不要去干涉？二是我如何去干涉？显然第一是肯定的，至于后者，则是可以商量的，而不是因为不知道怎么干涉或者因为干涉不当就否认了前者"必须进行干涉"的合理性。在此种情况下干涉是必须的，如果因为不知道如何干涉而不干涉显然是自欺欺人的做法，是用稻草人来自我掩护。

假如你将一个比你的对手实际持有的观点更加极端的观点归之于他或她，这就是稻草人谬误。这是为了以虚假目标来反对对方。

关于堕胎，常常会引发这样的争论：主张"生命优先"者会指出主张"选择优先"的家伙想要杀死那些有缺陷的婴儿，是对生命的不尊重；而支持"选择优先"的人则不这么看，他们会认为自己的观点已经被扭曲成了一个"稻草人"。那些主张"生命优先"者攻击这个"稻草人"要比攻击妇女应该掌控自己的身体，不被强迫孕育这一观点容易得多。因为，这不会涉及新生儿由谁抚养的问题，这样一来，被歪曲的稻草人的观点就变得很容易被击倒了。可是如果落在现实呢？谁都清楚抚养缺陷儿童的难度有多大，多艰辛。

从上边的一些例子我们可以看出，设置一个"稻草人"来攻击对方的观点显得十分便利有效。这也是稻草人谬误如此吸引人、如此普遍的原因。即便如此它依旧是一个谬误。

循环论证

有一个高中的政治老师，每次在讲政治选择题的时候，都只会念答案，从不解释答案为什么是对的，为什么是错的。当学生问老师的时候，该老师就依据答案中的正确选项，说因为那个正确选项正确的，所以其他错误的是没有根据的，所以正确选项是正确的。学生对此很无奈，但是也无话可说。这样的老师真是误人子弟。其实这个政治老师采取的这种解释方法在逻辑谬误中就属于循环论证谬误。

循环论证是论证谬误的一种，当辩论者为支持自己的某项主张所提供的新的论据，其实是旧主张新瓶装旧酒的重复时，就是犯了"循环论证"的谬误。"循环论证"之所以被认为是谬误，是因为在论证过程中，它把论证的前提当做了论证的结论，即所谓的"先定结论"。

有人在论证神的存在时说："《圣经》上说神存在，由于《圣经》是神的话语，所以《圣经》必然正确无误，所以神是存在的。"显然，对神存在持怀疑态度的人也同样会质疑其前面的假设，还会继续追问《圣经》为什么是正确无误的。这是一个很浅显的例子，根本蒙混不过去，这里只是为了更通俗地说明循环论证的谬误。

大卫·休谟是18世纪苏格兰著名的哲学家，他在《神迹论》用以推翻神迹的论点，经常被认为是十分狡猾的循环论证的例子。在《论神迹》一文中他这样解释道："……我们可能会总结认为，基督教不但在最早时是随着神迹而出现的，即使是到了现代，任何讲理的人都不可能在没有神迹之下会相信基督教。只靠理性支撑是无法说服我们相信其真实性的，而任何基于信念而认同基督教的人，必然是出于他脑海中那持续不断的神迹印象，得以抵挡他所有的认知原则，并让他相信一个与传统和经验完全相反的结论。"在论证过程中，休谟提出了几点论据，且每一个论据都指向了"神迹只不过是一种对于自然法则的违逆，即使是神迹也不能给予宗教多少理论根据"的这一论点。也是因为这样的认识，在《人类理解论》一书中，他给神迹下了这样的定义：神迹是对于基本自然法则的违逆，而这种违逆通常有着极稀少的发生机率。可以看出，在检验神迹论点之前休谟便已假设了神迹的特色以及自然法则，也因此构成了一种微妙的循环论证。

除了像休谟这种大哲学家所提出的这种高深的例子，日常生活中还有很多小的事情也会犯循环论证的错误。比如说当父母误解孩子的时候，父母是不确定孩子是否真的做错了事情的。但在批评孩子的时候，父母会说："瞧瞧你，怎么没有一点羞愧的意思，不知道自己错了吗？"事实上如果孩子没有错，自然是不会有羞愧的意思的。

在一篇文章中看到过这样一段话："几个朋友一起去饭店吃饭，当一盘色、香、味俱全的糖醋鱼上桌的时候，鱼嘴却能张合，鱼鳃还会扇动，我们都很好奇，对此非常不解，于是就问经理这是怎么一回事，鱼都已经烧熟为什么嘴和腮却还会动弹呢？经理解释说，这是因为这的厨师是做鱼的名师，厨艺十分精湛，所以有的时候鱼熟了，上桌了，鱼嘴和腮却还在动。甚至有时候吃得只剩下骨架了鱼嘴还能张合。我们被厨师的这一番话说得乐了起来，全然忘了我们问的是鱼嘴是为什么动弹的。"

在这里，经理实际上是犯了循环论证的错误的。"我们"问经理："鱼都已经烧熟为什么嘴和腮却还会动弹呢？"经理本来是应该告诉消费者具体是什么原因造成的这样一个结果。可是经理说的却是另外一回事，经理抬出的理由是：因为厨师的烹饪技艺高超。这个回答虽然彰显出了酒店的档次，但实际上并没有回答出问题的所在。它仍然是重复说明了要求解释的现象：熟鱼为什么会张嘴动腮。对于为什么，他仍没有在道理上加以解释。

在日常的文章书写中我们也很容易出现循环论证的错误。比如在论述"建设社会主义和谐社会"的论文中有一个学生这样写道："为什么说建设社会主义和谐社会是当务之急呢？因为建设社会主义和谐社会是当前国家建设中最迫切的任务，因此，我们必须把建设社会主义和谐社会作为当前一项重要任务来抓，只有这样社会主义和谐社会才能建立起来。"

在该学生的这段议论中，论题、论据、结论，说来说去都是那么几句话，其实都是在重复"建设社会主义和谐社会重要"，但是并没有说出为什么重要，实际上是一种"同义反复"。很显然，这个学生犯了"循环论证"的错误。在学生日常的议论文写作中这种错误实际上是经常出现的，只是有的不太明显，往往被忽略。由于学生知识面窄，同时对相关知识的掌握又有限，因此，在他们议论一件事情的时候往往找不到合理的论据，但又必须证明出自己的论点，于是便出现了循环论证的谬误。循环论证的谬误在我们的初中、高中几何学论证中也常常出现，在一些考试中，当学生实在论证不出来一些题目，情急之下便会对一些要求证的结论预先的假设正确性，最后又求证出来。这看似是论证出来了，实则是犯了"循环论证"谬误。

我们需要注意的是，循环论证的论点在逻辑上是成立的，因为结论可能完全与其前设相等，故结论并非其前设之推论。所有循环论证都必须在论证过程中，假设其命题已经是成立的。所以亚里士多德把循环论证归纳为实质谬误，而非逻辑谬误。现在学术界习惯把循环论证归于逻辑谬误的范畴。

诉诸权威

在中国人眼里，权威应该是一个非常熟悉的词语，在封建社会里老百姓饱受压迫对于强权和威信非常崇拜和惧怕。近代社会以来，中国人民也是饱受苦难，对权力和威望亦是十分尊崇，直到新中国成立之后这种状况才有所改观，然而残余还是十分严重的，有些人还是习惯于迷信权威，由此造成的谬误不在少数。

事实上，"权威"却是一个外来词。现代汉语中它的含义是：使人信从的力量或威望；在某种范围里最有地位的人和事物。英语中的"权威(authority)"源于拉丁文auctoritas(权力、影响)。它不仅包括汉语中的那两个意义，而且还有特别值得指出的另外两个含义：一是可被用来支持一个观点或行为的人或事物；二是一个权威性陈述的作者，或博得人们尊敬的人，也指如此一位作者的作品。

"权威"指的是那些在某个领域的某些方面能够给出结论性陈述或证明的个人或组织，包括"学术"权威和"行政领导"权威。能够成为权威的人或机构，一定是该领域的内行，不仅有着丰富的经验和远见卓识，而且有着严谨的态度，所以，在大众心目中，权威的意见最值得信任、参考和引用。也是因为这一点，滥用权威、迷信权威等谬误就变得很多见了。这就是诉诸权威谬误——以权威取代事实与逻辑；以权威人的话为真理。常见的诉诸权威的谬误有：滥用权威、迷信权威、诉诸不相干权威、诉诸传统和诉诸起源、诉诸公众。

可是，权威具有相对性、多元性和可变性，也不是永远可信的，所以，诉诸权威谬误有时候就会变得很可笑了。

在生活中人们说话和写文章往往会引用一些名人名言，以此来论证自己观点的正确性。有的时候却不顾逻辑，往往是因为某某说过某话，所以就据以论证这一观点就是正确的，太过于想当然。

"夫道，天下之公道也；学，天下之公学也。非朱子可得而私也，非孔子可得而私也。"

这句话是明代大思想家王守仁说的，意思是说，道是天下的道，学问也是天下人的学问，并不是朱子和孔子所私有的。我们每个人都可以体悟道，追求到学问。我们都知道中国古代社会是以儒教立国的，儒家的学说在封建社会占有重要的地位，到了宋明时期朱熹所提倡的理学更是占据了正统学问的权威地位。在这种情况下是容不得什么人有所异议的，然而王守仁却是一个异类。他以"道"为"天下之公道"、"学"为"天下之公学"，认为"非朱子可得而私"、"非孔子可得而私"，人们只要一切依据"良知"，便无须盲从孔子、朱子或儒家经典的权威。从这种观点出发，王守仁鼓励其弟子在"良知同"的原则前提下，尽力发挥各自的创造性思维，自由展开自己的思想。在这种情况下王守仁在程朱理学之外开创了自己的心学学说，成为了一代思想家。正是因为不迷信权威，不惧怕权威，他才跳出了权威的藩篱。

在我们今天的生活中也同样存在着很多诉诸权威的谬误，其中滥用权威的问题便十分严重。在今天，广告可以说是无处不在，无论是电视荧屏上还是街头路边，众多广告纷纷全新亮相，其中不乏明星、名人代言的广告。明星、名人在普通的老百姓心目中是在某方面有一定权威性的人，人们对明星和名人很容易盲目地相信，也因此以为他们所代言的产品也具有了权威性，也是好的产品。事实却并非如此，在明星代言的产品中有很多是虚假和劣质产品。明星虽然在音乐圈和电视圈里是权威人物，但是对于代言的产品来说，他们对产品的认知并不会比普通人了解的多多少，毕竟他们不是这方面的专家。尽管国家相关部门一再出台政策，对明星代言广告加以规范和限制，也劝导消费者不要轻易地就认定明星所代言的产品就是优质产品，可消费者还是容易陷入权威的误区。

金庸小说《笑傲江湖》的男主角令狐冲，是一个再普通不过的江湖小辈，没有陈家洛文武双全的贵公子风范，没有郭靖为国为民的豪情和伟业，没有萧峰叱咤风云的堂堂威风，也没有韦小宝圆滑世故的齐人之福。他很不起眼，从开始到最后他都与武功天下第一无缘，然而，他却有一个其他人不具备的优秀品质，就是敢于反抗权威的斗争精神和胆气。正是他的不迷信权威才最终使他在人心险恶的江湖中得以生存，最终才能和任盈盈归隐江湖，过上逍遥自在的日子。金庸刻画了这样一个在险恶的江湖中全身而退的人物用意其实很明显，在塑造了诸多复杂的悲剧人物之后，金庸用他的人生阅历告诉读者，对于权威始终应该保有一种警醒的态度，不可盲目迷信，这样才会有一个精彩的人生。小说总是现实生活的折射。

对于权威来说，我们要认知某个领域里真正的权威。一个考古学家可以解决古物的年代问题，却解决不了粮食的增产问题；一个生物学家可以解决生物构造问题却解释不了建筑学的问题。术业有专攻，我们不能混淆权威，将专家在某个领域的权威误以为整体的权威。

在日常生活中，我们一定要注意区分，以此来减少损失，减少诉诸权威的谬误。

诉诸怜悯

在电视剧、小说中经常会有这样的场景，某人跪地求饶，说道："我上有八十岁老母，下有三岁孩童，我死了他们可怎么办呢？可怜了我的老母亲和孩子啊，孤苦无依，还望饶恕小人一条狗命！"这种场景在我们现在看来似乎已是十分老套，不过是些骗人把戏，以诉说可怜来博取同情求得活命的低级伎俩。

其实上边的这个场景，便是典型的诉诸怜悯。诉诸怜悯谬误的论证形式是："A是值得同情怜悯的，所以，关于A的命题P是对的。"这种论证显然是不合逻辑的，因为前提与结论没有逻辑的相关。结论为真与假，与某人的不幸境况没有关系，人类同情心不是论断的逻辑理由。在诉诸于怜悯的谬误中，往往便是利用种种方法博得人们的怜悯和同情，最后使人们忽视了原来正当或者正确的论点，从而接受了诉诸者的论题。

在火车站广场上，一名年轻人光着上身，在冰冷的水泥地上趴着，左边的裤管空了一半。右脸贴着地面，前方有一个纸盒，他往前爬一步，就把纸盒往前推一步，天非常冷，他显得十分可怜。很多路过的行人都纷纷往纸盒子里投钱，一毛的、一块的，还有五块的和二十的。就这么一步一爬地转了几圈后，"断腿"男忽然坐了起来，在人来人往的广场上开始穿衣服，原本"断掉"的左腿也露了出来。很快，他穿好了衣裤，拍了拍身上和脸上的尘土，在周围人诧异的目光下，带着他的纸盒子起身走了。

这是在一篇新闻中记者描绘的一个场景，这种场景估计很多人都曾经遇到过。让我们同情、怜悯的残疾乞丐其实是一个体格健全的正常人，他只是以身体"残疾"来博取人们的同情，以此骗取钱财。这样的事情让我们大跌眼镜。

在这则新闻中，当记者追问乞讨的年轻人时，他的回答是，觉得干活钱太少，太累。他以这种方法在一天中"表演"一个多小时，就能挣五六十元，非常自在。其余的时间就是去睡觉，去网吧上网、聊天、看电影。他还指望以此赚钱将来娶媳妇。

这个事例中的年轻人以诉诸怜悯的方法引起人们的同情，致使人们产生错误认知，诉诸于怜悯，而拿出钱给他。社会中很多的假乞丐便是以这种方法谋取钱财的。

当我们面临在两个陈述中选择相信其中一个时，陈述者的泪水，往往会模糊我们理性思考的视线，那催人泪下的陈述会使感情取代理性的裁决。

某小区有个女人，一天带孩子去买菜的时候，在菜市场给人抢走了孩子。整个事情策划得十分恐怖，让人意想不到。一个老女人突然上来，对带小孩的妈妈骂喊着："你这个不懂事的女人跑到这来了，可算找到你了，狠心的女人啊。"然后，一个长相斯文白净的小伙子上来就给那女人一巴掌，把女人打得晕头转向。继而，他就推那个女的，嘴里说："孩子生着病，你还带出来。"孩子妈妈被打得退后几步，绊倒在台阶上。那个老女人就一边解开童车上的安全带，抱起小孩，一边继续唠叨说："孩子都病成这样了，你还带出来，真是的，哪有这样的妈妈啊！"此时，那个男的就更生气地打小孩的妈妈，小孩子哭个不停。那个男的就跟老女人说："走，赶紧带孩子去医院看病。"于是，老女人抱着孩子，男人骑摩托，就飞快地走了。孩子的妈妈在地上哭喊说不认识他们，结果没有人管，围观的人都以为是家庭内部矛盾。直到骗子都没影了，妈妈哭得都没气了，大家才知道孩子是给人抢走了。这个事件发生时，现场一点都看不出是假的，所有人都以为是家里人在吵架。

事件中犯罪分子除了用了一些狡猾的手段外，还很好地利用了人们的怜悯心理。老女人假装是孩子的奶奶，哭着喊着说孩子生病了，孩子的妈妈还带孩子出来，这便很容易博得旁观人的同情和怜悯。旁观者会以为孩子的妈妈狠心又不懂事，他们就会对孩子起怜悯之心，担心孩子的病情，会觉得奶奶带孩子去看病是理所应当的。同时犯罪分子又出手打了孩子妈妈，孩子被吓得哭起来，旁观者就会更加怜悯孩子，觉得这孩子实在可怜。同时，也进一步确信了来人是孩子的家属，这个问题是家庭内部问题，也不好插手过问。犯罪分子便是利用旁观者的这种怜悯心理，旁若无人地将孩子抱走了。

在面临问题时候人们应当理智地去判别，以免让一些犯罪分子有机可乘。

对于"诉诸怜悯的谬误"人们也许还会有一个误解：有人会觉得人们高尚的、不可缺少的同情心怎么也成了荒谬、谬误的东西了？事实上被人们赞美过的、值得赞美的人性绝不是谬误的，只有将它作为支持某论证、判断的根据时，它才会产生谬误。

诉诸感情

在生活中，我们把那些凭个人的爱憎或一时的感情冲动处理事情的行为称之为"感情用事"。而那些在论证中，从感情出发或以感情为理由来论证论题的做法被叫做"诉诸感情的谬误"。

西楚霸王项羽的很多故事人们都耳熟能详。和他有关的"鸿门宴"便是历史上一个非常著名的故事。项羽为人以信义著称，在鸿门宴中他只因允诺了项伯"善遇"刘邦的进言，便不顾亚父范增的"示之者三"，于鸿门宴上放走了已是瓮中之鳖的刘邦。刘邦是项羽争夺天下的最大敌人，显然刘邦活着对于项羽统一天下是一个巨大的障碍。亚父范增早就料到了这一点，设下计谋要杀掉刘邦，怎奈项羽感情用事、妇人之仁，结果坏了大事。在这件事中项羽便是犯了诉诸感情的谬误。

而在楚汉战争的最后阶段项羽的感情用事更是致使他一败涂地。从此以后他再没有东山再起，因为他兵败自杀了，这也就是著名的"垓下之战"。也因此演绎出一段的"霸王别姬"的千古绝唱：夜色渐暗，四面响起楚歌。项羽饮尽杯中之酒，起身慷慨悲歌："力拔山兮气盖世，时不利兮骓不逝。骓不逝兮可奈何，虞兮虞兮奈若何！"这个身经百战的英雄在即将失败的时候，痛心的不是他的功亏一篑，不是去思考怎么在危急中突围以便将来东山再起，而是想到他的美人和骏马。在有机会走脱的时候他却感情用事觉得对不起江东父老，说什么"纵江东父兄怜而王我，我何面目见之"，这实在是令人扼腕叹息。刘邦善于抓住他的这一点缺点，令四面响起楚歌，使项羽伤感备至，被诸多情感围困无法理智。与项羽相反，在楚汉交战时期，项羽把刘邦的父亲放在案板上要挟刘邦要他投降，不然就杀了他爹煮汤喝。刘邦却说了一番话，大致意思是：当年我们俩在怀王手下当差，结拜为兄弟，我爹就是你爹，你硬要杀死你爹，请分我一杯肉汤。在残酷的战争中感情用事注定要以悲剧的失败告终。

从上边项羽的故事我们很容易看出：诉诸感情的谬误有时候会造成致命的危险。而诸葛亮挥泪斩马谡则是用理智战胜感情的典范。

蜀汉建兴五年（公元227年）三月，诸葛亮呈上《出师表》给后主刘禅，率军到达接近魏、蜀边界的汉中地区，准备北伐。他先在汉中重点训练了一年军队，然后才开始北攻魏国。

在正式北伐前，诸葛亮扬言要从斜谷道经陕西郿县（今陕西眉县北），然后直捣长安。曹魏得知消息后，一面派兵驻守郿县，一面派老将张郃率领五万精兵赶往西线，驻防陇右。

第二年春，诸葛亮正式出兵北伐。他命令赵云、邓芝假装攻打箕谷（今陕西宝鸡南），试图把魏军主力吸引过来。同时，诸葛亮亲自率领主力军北出祁山（今甘肃西和西北），以便先取陇右，最后夺取长安。

当诸葛亮率领主力部队突然抵达祁山时，汉阳、南阳、安定三郡也纷纷起兵响应诸葛亮，战局对蜀军十分有利。但是等到在祁山发兵时却出了问题。诸葛亮没有让经验丰富的老将魏延、吴懿等人担任先锋，而是让没有实际带兵经验的马谡担任督军带兵前行，与魏国的大将张郃在街亭（今甘肃庄浪东南）交战。

太守马谡是越嶲人（今四川西昌），才华抱负远远胜过一般的人，喜欢大谈用兵谋略，深得丞相诸葛亮的器重。蜀汉国主刘备临死前曾规劝诸葛亮说："马谡的才能有些言过其实了，这个人不能委以重任，希望你慎重一些！"诸葛亮并不这样认为，他让马谡担任参军的职位，经常召见马谡谈话，甚至通宵达旦。诸葛亮南征时，马谡曾献策不宜强服，以攻心为上，攻城为下。诸葛亮采纳了他的计策，七次擒获孟获又七次将他放了，使得南中人诚心诚意地归附蜀国。在诸葛亮北伐曹魏之时，南中人没有反叛，消除了诸葛亮北伐的后顾之忧。

马谡在街亭一战中，违背了诸葛亮的作战安排，指挥混乱，还放弃水源上山扎营。他的副将王平曾多次劝谏他，可是他不听。魏将张郃趁机切断了他的取水通道，然后发动进攻，把蜀军打得落花流水，四处逃散。王平仍然率领着千余人鸣鼓相聚，坚守阵地。张郃害怕有敌军埋伏，不敢前去追击，王平才得以从容收纳各个军营里残余的部队，率领将士归来。

街亭失守，使诸葛亮顿时陷入被动局面。诸葛亮回到汉中后，便将马谡关进监狱，执行军法。尽管诸葛亮十分爱惜马谡的才华，但是为了重振蜀汉北伐取胜，兴复汉室的士气，为严肃军法重振军威，诸葛亮挥泪把他斩杀了。马谡被斩后，诸葛亮亲自来到马谡灵前祭奠，痛苦流泪，下令安抚照顾他留下的儿女，这种感情与马谡生前的交往一样真挚深厚。

蒋琬见诸葛亮这么伤心，对他说："从前晋国和楚国交战的时候，楚国杀了得力的大将贤臣，晋文公暗地里不知道有多么庆幸。现在天下还没有安定下来，而杀戮智谋出众的人才，你能忍心吗？"

诸葛亮流着眼泪说："孙武之所以能够战无不胜、所向披靡，其中一个很重要的原因是他执行军法极为严格；同样的道理，晋悼公的弟弟杨干触犯了法律，魏绛也果断地杀了与他同案的仆人。现在天下四分五裂，战争才刚刚开始，如果此时不严格执行军法，一旦坏了章法，以后还怎么能够战胜敌人呢？"

设若诸葛亮在这种情况下不以蜀国大局为重，诉诸感情的话，可能会使军心大乱，后果不堪设想。

"诉诸感情"在广告中无疑是比较好的传播技巧，对于那些比较感性的人来说诉诸感情的广告更是能达到事半功倍的广告效果。理性的消费者在购买商品的时候，考虑更多的是所付出的钱与商品的质量是否等价，因而他们会更加关注商品本身的质量。在商品的质量没有获得确证之前，这类消费者一般不会轻易作出选择。在这种情况下广告通过对商品质量的分析，辅以严密的逻辑推理，使消费者从理性的角度确认商品的良好品质，从而作出理性的选择。

在理性的辅助之下商品的广告多会以感情去打动消费者，亲近消费者。广告先通过感性诱导激起消费者的兴趣，然后以理性诱导精辟独到的分析，最后再用感性诱导巩固消费者的态度。这样一来，即使再广泛的人群都可以兼顾得到，收到较全面的效果。

比如，"第一次当父母，真希望把一切美好的东西都给他。"以母亲对孩子的感情来亲近打动消费者。"XX奶粉，富含多种营养，让妈妈的爱没有缺憾。"诸如这样的广告不胜枚举，都是在以感情来打动消费者，是以"诉诸感情"的方法来增加产品的销量。

诉诸威力

在封建社会里"君叫臣死，臣不得不死"。强权的威力之下，大臣们没有敢乱说话的，皇帝的话几乎没有人敢反对，在这种君权凌驾于一切权力之上的社会里，自然会有许多诉诸于威力的谬误。诉诸威力的谬误，是在论证中，凭借强权、势力甚至武力去威胁、恫吓对方，迫使对方接受自己观点的谬误。在《水浒传》中李逵便是一个爱用武力去威胁别人的人。要是三言两语不和，不顺着他的意思，他便会大吼起来："你这厮，敢说俺铁牛不是，俺砍了你。"当然李逵这种也算是草莽英雄。用武力威胁的多半是些贪官小人，一些贪官污吏利用强权草菅人命、污人入狱、刑讯逼供、屈打成招，却是诉诸威力谬误害人的典型。

关于诉诸威力的谬误，有着一个非常流行的成语故事"指鹿为马"，出自《史记·秦始皇本纪》。

秦二世时，野心勃勃的赵高日夜盘算着要篡夺皇位，可不知朝中大臣有没有人愿意听他摆布。如何能让大臣听命于自己呢？赵高想出了一个办法，一方面试试自己的威信，另一方面也可以摸清哪些大臣反对自己。

一天上朝时，赵高牵来一只鹿，在朝廷上当着大臣们的面，献给二世皇帝，并指着鹿故意说："这可是一匹好马啊！是我特意献给陛下的。"秦二世说："这分明是鹿嘛！丞相怎么说成马呢！"赵高说："这就是一匹良马，陛下不信，可以问问诸位大臣。"不少大臣们畏惧赵高的权势，害怕他为人阴险，就默不作声；有的为了迎合赵高，就讨好说："这确实是匹宝马呀！"也有一些大臣明确指出："这明明是一只鹿。"事后，那些说鹿是鹿的人，都遭到了赵高的暗算，从此群臣都更加惧怕赵高了。后来，赵高被子婴所杀。

历史向我们证明了诉诸威力是站不住脚的，历史终将还我们以真理，终会将谬误踩在脚下，将真理高高地举过头顶。任何诉诸于威力的谬误，都将在滚滚的历史长河中悄然逝去。

诉诸人身

德国人卢安克，22岁时来华旅游，出于对中国的热爱，留在中国，开始在中国山村从事义务教育。2001年，他来到广西东兰县坡拉乡广拉村。他教那里的孩子讲普通话，学文化，他希望通过教育改变这些孩子的命运。卢安克教书不领工资，他的生活费则来自于父母的资助以及当年他在德国做体力活赚的钱存到银行获得的利息。

在坡拉乡，卢安克经常帮村民犁田、割禾、打谷，为村民设计脱粒机，教村民改造居住环境，人畜居所分开。他还用自己的钱为村民修了一条宽0.6米、长不足300米的水泥小路。

卢安克也不是一帆风顺的，他曾因为没有"就业证"就教书被罚款3000元；他的教学方法被人斥责为"不入流"；因为他是德国人，所以，有人怀疑他是德国派来的间谍；他的钱还被房东偷走过；他被怀疑有恋童癖……自从他投身志愿教育，人们对他的猜测和攻击就没有停止过。

然而，卢安克不为所动，坚持生活在广西山村，帮助村民和孩子们。最终村民几乎已忘了他是一个外国人，他们像对待村里人一样对待他，和他打招呼、聊天、开玩笑，他终于赢得了尊敬。

在上边的这个例子中，那些攻击卢安克的人显然就是犯了诉诸人身的谬误，他们试图找出卢安克人格上的不足，对他进行人格侮辱，诋毁他的支教行为。

诉诸人身的谬误是指，当要论证某一个论题真假或者说某一个人所从事的事业、行为所存在的价值的时候，用他个人的品质来说明问题，而不考虑行为的本身，或者，指出对方持有某种观点是因为对方会因此而获利。诉诸人身的极端表现就是恶意诋毁，比如对对方的个性、国籍、宗教进行恶意的攻击。

诉诸人身之所以是谬误的，是因为这个人的个性、处境以及行为（在大多数情况下）与这个人论点的正确与否在逻辑上是无关的。

德国哲学家黑格尔的著作中有这样一个例子。在街上，一位女顾客对一位女商贩说："喂，老太婆，你卖的鸡蛋怎么是臭的呀！"女商贩听了之后勃然大怒，说："什么？你说什么？我的鸡蛋是臭的？你竟然敢这样说我的蛋？我看你才臭呢！你全家都是臭的！要是你爸爸没有在大路上给虱子吃掉，你妈妈没有跟法国人相好，你奶奶没有死在医院里，你就该为你花里胡哨的围脖买一件合身的衬衫啦！谁不知道，这条围脖和你的帽子是从哪儿来的？要是没有军官，你们这些人才不会像现在这样打扮呢！要是太太们多管管家务，你们这些人都该蹲班房了。还是补一补你袜子上的那个窟窿去吧！"

这个女商贩一连串的攻击就是我们有三寸不烂之舌恐怕也无还击之力。这个故事大概是黑格尔编出来的，但是却非常形象地道出了那些诉诸人身的谬误的行为。

当在生活中遭遇这种情况的时候我们的应对方法应该是：冷静下来不要争吵，理性地指出这种人身攻击，并说明个人的个性或处境与他观点的正确与否是无关的。

然而，也并不是所有的诉诸人身都是错误的。在有些情况下一个人的性格是可以影响他的论断的正确性的，比如一个病态的撒谎者的论断可以认为是不可靠的，但是这种攻击仍是薄弱的，因为病态的撒谎者也有可能在某种场合下说真话。

有的时候，当对方论点明显由于他的个人利益有所偏颇的时候，怀疑对方的论点就是一种谨慎的做法，比如烟酒的生产厂家声称吸烟或者喝酒并不会致癌。这时，就应该对这样的论点持谨慎怀疑的态度了，因为作出这样一个论断是有动机的，不管这个论断是否正确，我们都需要有所怀疑。当然，有动机的论断也并不是都值得怀疑的，比如家长告诉孩子把叉子插入插座可能会导致危险，并不能仅仅因为家长有动机去这样说就证明他的说法是错误。

北宋的宰相蔡京是一代奸相，这个论断应该是毫无疑义的，因为历史早有定论。但是我们却不能因为这一定论准确，就把他整个人都否定了。在艺术方面，蔡京还是有很高的造诣的，他在书法、诗词、散文等各个艺术领域均有非凡表现。当时的人们常用"冠绝一时""无人出其右者"来形容他的书法，就连狂傲的米芾都曾经表示自己的书法不如蔡京。北宋苏、黄、米、蔡四大家之中的蔡开始时指的就是他，只是后来因为他的人品太差而改成了蔡襄。

北宋变法图强的标志性建筑木兰陂，中国现存最完整的古代大型水利工程之一，就有蔡京的功劳。蔡京是王安石变法的重要支持者，他对木兰陂的筑成起到了极为关键的作用。木兰陂未筑之前，溪海之水，淡咸不分，遇到大雨就泛滥成灾，根本不长庄稼。蔡京到任之后，积极响应王安石变法号召，兴修了水利工程，使原来只生蒿草的土地变成肥沃的良田，使其沃野千里。蔡京的这一事迹，在同时代人方天若的《木兰水利志》有所记载。这篇文章将蔡京建木兰陂之事第一次真实地透露给世人，对蔡京建陂之初衷持肯定的态度，这种实事求是的态度是值得肯定的。

由于一直以来蔡京奸臣形象的根深蒂固，人们对他的书法艺术和文学作品非常忽视，对于他兴修水利、参与变法的事情更是少有人提及。其实这也是犯了诉诸人身的谬误，即使是大奸大恶，他所做出的成绩也是成绩，是客观的事实，我们并不能因为他是奸臣而就不承认他的艺术成就和他的一些客观功绩。

诉诸众人

诉诸众人的谬误是在论证过程中以持某种观点的人数多来代替对该观点实质性的论证而犯的逻辑错误，因为仅以多数人的观点去论证一个论题，所以也叫以多数人的观点为据的谬误。

天堂要举办一个特别重要的石油会议，石油大亨们都接到了邀请。有一个石油大亨迟到了，当他推开会议室的大门，发现已经没有他的座位了。他在会议室里转来转去，先来的人丝毫没有给他让座的意思，于是，他眼珠一转，高喊道："地狱里发现石油了！"这一喊不要紧，坐在椅子上的石油大亨们纷纷向外跑去，那位最后来的石油大亨有了足够多的座位。可是，坐了没多久，他也坐不住了，心想，大家都去了，难道地狱里真的发现了石油？他再也坐不住了，匆匆忙忙地也向地狱跑去。

石油大亨们的这种盲从行为很像羊群吃草。一群羊在草原上寻觅着青草，它们非常盲目，左冲右撞，杂乱无章。这时，头羊发现了一片肥沃的草地，并在那里吃到了新鲜青草。群羊就紧随其后，一哄而上，一会儿就把那里的青草吃了个干净。

诉诸众人的谬误其实就是基于从众心理而产生的盲从现象，也叫"羊群效应"。

心理学家曾做过一个实验：教授在黑板上画了A、B、C三条线，然后又在A线旁边画了一条X线。A、B、C三条线互不等长，X线和B线一样长，并且很容易就能看出来。然后他请来十个人。

教授说："请问三条线中哪条跟X线一样长？"

教授话音未落，十人中有九个人同声说："A。"

剩下的那个人愣了一下，心想："怎么回事儿啊？明明是和B线一样长啊！"但是他没说出来。

这时教授说："好像有人没发表意见，我再问一遍，X线跟A、B、C三条线中哪条等长？"

那个刚才没回答的人刚想说话，那九个人又说："是A。"

没回答的人十分茫然，不知该不该说。

教授又说："好像还是有人没有发表意见，我希望每一个人都要回答。好，我再问一遍，到底这三条线中哪条线跟X线一样长？"

那九个人又异口同声地说："是A，绝对没错！"然后，教授问那个没说话的人："你觉得哪两条线一样长？"这个人犹豫了一下，但还是特别坚定地说："我也认为A和X一样长。"

为什么那九个人要保持同一个错误口径呢？因为他们是教授的试验助理，也就是说，十个人中只有一个是事先什么都不知道的，并且这个试验就是要对他进行"从众测试"。

同样的试验测试了100个人，发现有38%的人和第一个被测试者的答案一样。通过这个测试，我们可以得出这样的结论：世界上有1/4~1/3的人有从众心理。

福尔顿是一位颇有名气的物理学家。在一次研究中，他运用新的测量方法测出固体氦的热传导度。这个结果比人们已知的固体氦的热传导度高出500倍。福尔顿觉得差距这么大，恐怕是自己弄错了，如果公布出去，岂不被人笑话？所以他就没有声张。不久，美国的一位年轻科学家，在实验中也测出了固体氦的热传导度，并且结果同福尔顿的完全一样。这位年轻科学家可没像福尔顿那样顾虑重重，他公布了自己的结果，并且很快引起了科学界的广泛关注。福尔顿追悔莫及，在给朋友的一封信中写道：如果当时我摘掉名为"习惯"的帽子，而戴上"创新"的帽子，那个年轻人就绝不可能抢走我的荣誉。

福尔顿的所谓"习惯"的帽子就是一种诉诸众人的谬误。可见，诉诸众人的谬误不但会使人丧失创新意识，还能使人丧失成功的机会。

事实上众人的意见未必都是真理，真理有时掌握在少数人手中，而众人的看法有时倒是谬见。然而，众人之见常常对人有一种心理影响，似乎众人之见即真理，这便是一种从众心理，也叫随大流。在实际工作中，人们在处理一些事情时，也往往是凡事要随大流。有从众心理的人往往是盲目从众，从不怀疑，不善于独立思考，即使多数人的意见和方案有缺陷，他也不能及时发现。

在《楚辞·渔父》中有一段讲屈原不同流合污而被放逐的事情：

屈原既放，游於江潭，行吟泽畔，颜色憔悴，形容枯槁。渔父见而问之曰："子非三闾大夫与？何故至於斯？"屈原曰："举世皆浊我独清，众人皆醉我独醒，是以见放。"渔父曰："圣人不凝滞於物，而能与世推移。世人皆浊，何不淈其泥而扬其波？众人皆醉，何不哺其糟而歠其醨？何故深思高举，自令放为？宁赴湘流，葬於江鱼之腹中，安能以皓皓之白，而蒙世俗之尘埃乎！"渔父莞尔而笑，鼓枻而去，乃歌曰："沧浪之水清兮，可以濯吾缨；沧浪之水浊兮，可以濯吾足。"遂去，不复与言。

这是《楚辞》里边的篇章，是说屈原在众人皆醉的时候一个人保持清醒。在多数人都不认为事情应该那样做的时候屈原却能够坚持自己的观点，这其实便是"诉诸众人的谬误"的反证。

不过，有的时候不诉诸众人也是需要一定的勇气的，因为不诉诸众人往往就要付出被众人排斥的代价。屈原的仕途本来是很顺畅的，二十几岁时就受到楚怀王的信任，先后做过左徒和三闾大夫的官职，地位相当显赫。他"入则与王图议国事，以出号令；出则接遇宾客，对应诸侯"，一度成为楚国内政外交的关键人物。可就是因为他不愿意与奸佞之人同流合污而遭到谗害，过了20多年的流浪生活，最后投江自杀。

还有北宋大文豪苏轼，虽饱读诗书，满腹经纶，却是"一肚皮不合时宜"，无论旧党还是新党上台，他都不讨好。与当权者发生冲突，结果先被贬为黄州（今湖北黄冈）团练副使，后又辗转就任于颍州、扬州、定州的地方官，最后贬到岭南、海南岛。虽然在宋徽宗即位后，被允许北归，但终因长期流放，一病不起，最后死于常州。

生活中需要有一些怀疑精神，即使大多数人都认为对了，自己也要认真地思考论证，真理有时候并不一定掌握在多数人手中。克服从众心理的影响，避免陷入"诉诸众人的谬误"，激发创新意识、独立精神，有助于作出具有独创性的决策，推动事业的健康发展。

重复谎言

"谎言被重复一百遍就成了真理。"这句话是戈培尔说的。很显然，戈培尔犯了重复谎言的谬误。

戈培尔之所以会成为纳粹的铁杆党徒，源于1922年6月希特勒的一场演讲。听完了希特勒的讲演，戈培尔惊叹不已："现在我找到了应该走的道路——这是一个命令！"从这一刻起，戈培尔狂热地宣传他所信奉的"纳粹主义"，并因此得到纳粹上层和希特勒的赏识，爬上了纳粹的高级领导层。"英雄"总算有了用武之地，于是，戈培尔丧心病狂地调动纳粹党宣传机构的全部人马，进行了德国历史上空前的宣传运动。他为希特勒上台立下了汗马功劳。1933年，希特勒上台后，立即任命戈培尔为国民教育部长和宣传部长。

戈培尔丝毫不辜负希特勒的知遇之恩，一上任，就和他的宣传部着手使纳粹党一党专政合法化，使希特勒的法西斯独裁专制统治顺利地进行下去。作为宣传工作的老手，他深知强制人民的意识与纳粹的思想保持一致的重要性，所以他下决心使德国只能听到一种声音。

为了将"异端邪说"彻底从德国人民的头脑里清洗掉，戈培尔首先在全国范围内开展了焚书运动。他鼓动学生们的狂热举动说："德国人民的灵魂可以再度表现出来。在这火光下，不仅一个旧时代结束了，这火光还照亮了新时代。"

戈培尔还对新闻媒体，包括出版、报刊、广播和电影等，也实行了严格的管制，建立起德国文化协会。协会的会员必须是热心于纳粹党事业的人，并按照国家规定的方针、政策和路线从事活动；作品的出版或上演必须经过纳粹宣传部的审查和许可；编辑们必须在政治上和纳粹党保持一致，种族上必须是"清白"的雅利安人；什么新闻可发，什么新闻能发，都要经过严格的审查。整个德国的舆论完全处在了疯狂的法西斯文化思想氛围中。应该向公众传播事实、宣传真理和正义的新闻媒介，成了散布谎言、欺骗公众、制造谬论、蛊惑战争的工具。

在德国闪击波兰前，纳粹德国的报纸、广播大肆鼓噪，为德国侵略波兰制造借口：波兰扰乱了欧洲和平，波兰以武装入侵威胁德国。《柏林日报》的大字标题警告："当心波兰！"《领袖日报》的标题："华沙扬言将轰炸但泽——极端疯狂的波兰人发动了令人难以置信的挑衅！"甚至"波兰军队推进到德国边境！""波兰全境处于战争狂热中！"等惊人的头条特大通栏标题出现在德国各大报纸上，给公众造成波兰即将进攻德国的错觉。

戈培尔和他的宣传部不但牢牢掌控着舆论工具，颠倒黑白、混淆是非，以愚弄德国人民，他本人还在各种场合亲自出马，发表演讲，贯彻纳粹思想。

戈培尔就是这样给谎言穿上了真理的外衣。他还因此作了一个总结——重复是一种力量，谎言重复一百次就会成为真理。的确如此，当老百姓不明真相时，德国宣传机构动用舆论工具，编造谎言，以各种渠道反复向社会灌输，便能得到国民认可，于是，谎言便成了真理。

戈培尔始终坚定地相信谎言重复一百遍就成了真理。在他和希特勒营造的谎言中纳粹得以出现，然而他们也正是葬送在他们不断重复的谎言之中，人民最终还是识破了他们的谎言。

所谓重复谎言的谬误就是像戈培尔认为的那样，把一种主张、观点或者是事件不断地重复，使人们相信它像真理一样真实。

有人总结出了一些在日常生活中容易被我们信以为真的谎言，这些都是在不断重复中添油加醋而被人们逐渐地相信的。

在日常生活中有一些事件会被人们的猎奇心理大肆地发挥和改编，本来是一些很容易辨别的谎言，却在不断的添油加醋中被重复得越来越多，最终被人们认为真实的事情。在生活中我们应当学会辨别，减少重复谎言的谬误，让谎言在智者那里停止。

不相干论证（推不出）

中国有句古话："有其父必有其子。"用来说明儿子和父亲在某些能力和性格上的相似性。还有一句俗话："龙生龙，凤生凤，老鼠的孩子生来会打洞。"以此来说明什么人的后代也是什么样子。比如说英雄豪杰的后代还是英雄豪杰，奸臣恶人的后代还是奸臣恶人。

赵括是赵国名将赵奢的儿子，赵奢曾为赵国立下汗马功劳，在赵国享有很高的威望。秦军进攻赵国时，赵王认为赵括是赵奢的儿子，和父亲比起来一定会青出于蓝而胜于蓝，于是让其取代廉颇与秦军作战。赵括取代廉颇后，改变了廉颇的全部作战方针，他求胜心切，立即派兵出击，秦军佯装败走，赵军追赶，陷入白起设置的包围圈中。

这就是历史上著名的长平之战。在赵王起用赵括的时候，赵母就曾劝谏赵王不要用他的儿子，在赵王一再坚持的情况下，她只好说如果赵括兵败不能把责任推给她，结果正如赵母担心的，赵括大败。

赵王的思维逻辑其实就是犯了不相干论证的错误，他以赵奢的才干来推断其儿子的才干显然是错误的，这两者并不存在必然的关系，从赵奢的才干是不能推出赵括也有相同的才干的。赵王要知道赵括的能力是要从他的日常行为，从他带兵的情况和对兵法的掌握等技术上去考量，而不应以其父亲为论证的依据。

能臣良将的后代不一定是能臣良将，奸恶小人的后代不一定就是奸恶小人。秦桧是历史上著名的卖国贼，遭到众人的唾弃，他的曾孙秦钜却是一位抗金名将。

南宋嘉定十四年二月，金兵南侵攻破了黄州。三月，十万金兵抵达蕲州城下。当时的蕲州通判就是秦桧的曾孙秦钜。秦钜很不同于秦桧，他文武兼备，素有报国救世之心。初到任上时，他见蕲州城墙不修，武备松驰，就与新任知州李诚之商量加强战备，训练军队，整修城墙和防御工事，囤积粮草和军用物资，以防金军入侵。到金兵南侵时，蕲州已经是森严壁垒，众志成城。秦钜指挥全军人马奋力死战，前赴后继，坚持月余，杀伤金兵数以万计。可是城中兵力越来越少，弹药等兵器已消耗殆尽，而宋军的援兵始终未到，蕲州终于还是被金兵攻破了。部下劝秦钜化装成老百姓逃走，但是秦钜却坚持抗争到底，最后与家人一起投到熊熊大火中为国捐躯。

所以，我们在判断一个人的时候要从他自身的品德和能力去判断，并不能简单地从他的身世去考量，那样显然是"推不出"的。

不相干论证又叫"推不出"，是指在论证的过程中论据和论题之间违反推理的原则所造成的逻辑谬误。另外也有因论据虚假事理上推不出的情况。

比如：李静和李姝是一对双胞胎姐妹。父亲节时，老师让大家写一篇关于"父亲"的作文。等作文收上来后，老师却发现她们俩的作文竟然一字不差。于是老师就问李静："为什么你的作文和李姝的一样呢？"李静答道："因为我们是同一个父亲，而且我们是双胞胎啊！"

这则故事中，李静和李姝是"同一个父亲"且是"双胞胎"，都是真实的理由，但这两个理由与"作文一样"却没什么关系，因而犯了"推不出"的逻辑错误。

不同人种在体质上存在着很大的差异，所以在不同的运动领域里就会有各自擅长的项目。比如，非洲黑人身体的耐力强，在长跑等力量速度型的运动项目上便占优势，但我们很少见到他们在游泳池中有什么太突出的表现。而国人较适合技巧性质的运动，在力量速度等方面不占优势，像乒乓球、体操、跳水等项目却很强。足球运动是力量与速度与技术的结合体，所以从人体科学角度讲，我们在足球方面的劣势，有先天的不足，而有人把这些归结于高考制度显然是很荒谬的逻辑。并不是简单地改革了高考制度，实行了素质教育，增强了身体体质，就能让国足在世界上处于领先地位。

宋玉《登徒子好色赋》里讲了这样一个故事：

楚国大夫登徒子在楚王面前说宋玉的坏话，他说："宋玉这个人长得英俊潇洒，又能言善辩，最主要的是这个人贪恋女色，希望大王不要让他出入后宫。"楚王拿登徒子的话去质问宋玉，宋玉说："臣容貌俊美，是天生的；善于言词，是从老师那里学来的；至于贪恋女色，实在是没有这样的事。"楚王说："你说不贪恋女色有什么理由吗？有理由讲就留下来，没有理由就离去吧。"

于是，宋玉给出了这样的一个理由，以证明自己不好色："天下的美女没有谁比得上楚国女子，楚国美女又没有谁能超过我家乡的女子之美的，而我家乡最美丽的姑娘还得数我邻家之女。邻家之女，增一分太高，减一分太矮；涂上脂粉嫌太白，施加朱红嫌太赤；眉毛如翠鸟之羽毛，肌肤像白雪莹洁剔透；腰身纤细如裹上素帛，牙齿整齐犹如小贝；嫣然一笑，足可以迷倒阳城和下蔡一带的所有人。就是这样一位绝色女子，趴在墙上窥视臣三年，至今臣还没答应和她往来。登徒子却不是这样，他的妻子蓬头垢面，耳朵挛缩，嘴唇外翻而牙齿参差不齐，弯腰驼背，走路一瘸一拐，还患有疥疾和痔疮。这样一位丑陋的妇女登徒子都喜欢得不行，还生了五个孩子。请大王明察，究竟谁是好色之徒呢？"

宋玉这种方法实在是很高明的，他的一席话马上就让楚王相信他是不好色的，而认为登徒子是个实实在在的好色之徒。其实仔细去分析宋玉的话我们会发现，他所列举的理由虽勉强可以证明自己不好色，却证明不了登徒子好色。登徒子不弃丑妻，生了五个孩子，这和他好色不好是没有必然的逻辑关系的。结婚生子乃天经地义、人之常情，是不能以此证明登徒子好色的。宋玉的辩解显然是存在"不相干论证"的谬误。

以感觉经验为据

以感觉经验为依据，是指人们习惯于根据既往的经验来对事情进行逻辑论证，而这种论证往往是很不可靠的。仅靠经验决策，就会犯经验主义错误，导致严重后果。

《醒世恒言》中有一篇小说叫做《十五贯戏言成巧祸》，讲述无锡县肉铺老板尤葫芦借得十五贯本钱做生意，可他对女儿苏戌娟开玩笑说这是卖她的身价钱，女儿信以为真，当夜逃走。深夜，赌徒地痞娄阿鼠闯进尤家，为还赌债盗走十五贯钱并杀死了尤葫芦，过后反而诬告苏戌娟谋财杀父。苏戌娟出逃后，与不相识的客商伙计熊友兰同行，邻人见到了他们，于是产生怀疑，而又发现熊友兰身上正巧带有十五贯钱，于是将两人扭送到县衙。知县对此并未详加审问，就断定苏戌娟勾搭奸夫、盗取钱财杀害了父亲，判他们二人死刑。他推理的逻辑是："看她艳若桃李，岂能无人勾引？年正青春，怎会冷若冰霜？她与奸夫情投意合，自然要生比翼齐飞之意，父亲拦阻，因之杀父而盗其财，此乃人之常情。这案情就是不问，也明白十之八九了。"这知县判案的依据就是如此一番"人之常情"，依据自己的经验而犯了先入为主的错误。

其实人们的经验有些时候并不是可靠的。人的经验基本上属于感性认识，感性认识是认识主体通过感觉器官在与对象发生实际的接触后产生的，它与认识对象之间的联系是直接的，具有直接性。感性认识反映的是事物的具体特性、表面性和外部联系，而很多时候人们认识事物进行实践的时候，要从感性认识上升到理性认识。理性认识比感性认识更加可靠，理性认识反映的是事物的本质、内在联系和规律，从感性认识上升到理性认识，是认识过程中的一次飞跃。感性认识和理性认识是两个不同的认识阶段，有着本质的区别，在生活中要多一些理性认识，少以感觉经验为据才能减少谬误的出现。

爱迪生曾让一位数学专业毕业的高才生计算灯泡的体积，这个高才生费了半天劲，几乎把他的平生所学都拿出来了也没算出来。爱迪生说："你为什么不转换一下思维，试一试别的方法呢？"这个高才生，又费了半天劲，还是局限在他的数学计算的经验中。见此情形，爱迪生有些生气地说："你只要用水装满灯泡，再用量筒量出水的体积，不就算出灯泡的体积了吗？"这个高才生这个时候才意识到自己的思维是多么局限，只知道拿以往测量规则容器的方法去测量这个梨形容器。

其实，突破经验以后，那个形状奇特的器皿的容积很容易就能被算出来了。

有时候一件很简单的事情，会因我们总是凭经验做事而变得复杂起来。全凭经验不仅会限制我们的思维空间，还会钳制我们的主观能动性、创造性，让我们泯灭新的希望，从而给人生带来很多失败和损失。

人们在进行经验逻辑推理的时候，一般的模式就是：由于此种情况与彼种情况之间具有很大的相关性，因而常常偕同出现，那么此种情况的具备也就意味着彼种情况的同时发生。比如见到一个人若是衣着华丽，就会判断他是个有钱人，相反，衣衫俭朴的人则被认为是很寒酸的。这种逻辑为人们认识事物提供了一种便利的思路，而且往往是有效的，但是这种经验依据大多都是片面的，是不严谨的，所以如果仅凭这种经验来判断事情，就会发生很多错误。商鞅在秦国推行新法的时候，在城门前立了一根木头柱子，声称谁若能够把它搬走，就悬赏一笔重金。其实这是很容易做到的一件事，但是围观的人们却议论纷纷，一时无人上前，原因是人们认为不会有这样的好事，所以有所顾虑。直到一个人挺身而出，将柱子轻而易举地搬走而得到了重赏，人们这才突然发觉刚才失去了一个获赏的大好机会。大家之所以会产生这种错误，就是由于在这种意外的事件面前依据旧有的经验来推断，却没有认识到当时的新情况和事情的真实含义。

一位公安局长在路边同一位老人聊天，这时跑过来一位小孩，急冲冲地对公安局长说："你爸爸和我爸爸吵起来了！"老人问："这孩子是你什么人？"公安局长说："是我儿子。"

你知道这两个吵架的人和公安局长是什么关系吗？

曾对100个人测试过这个问题，但是100人中只有两人答对了，并且这两个人都是孩子："局长是个女的，吵架的一个是局长的丈夫，就是孩子的爸爸；另一个是局长的爸爸，就是孩子的外公。"

为什么成年人对如此简单问题回答不正确，而孩子却很快就答对了呢？因为按照成人的固有经验，公安局长应该是男的，从男局长这条线索去推想，无法找到正确答案；而孩子没有成人那么多的经验，也就没有固有经验造成的定型化，因而很快就能找到正确答案。

人们要克服经验的逻辑推理所造成的谬误，就应当充分认识到事物之间联系的复杂性，同时也应当意识到自身经验的有限性，更要具体问题具体分析，在进行推理判断的时候要有严密的逻辑依据，切忌先入为主，妄下结论。

你一定不相信，一根并不粗壮的柱子，一根细细的链子，能拴得住一头千斤重的大象，可如果你去过印度和秦国的话，你就会相信了，因为在那里，驯象人在大象还很小没有足够力气的时候，就用一根铁链将它们绑在水泥柱或钢柱上，无论小象怎么挣扎都无法挣脱铁链的束缚，于是小象渐渐习惯不再挣扎，直到长成大象，可以轻而易举地挣脱链子时，也没有想过挣扎。

以传说为据

传说阿房宫规模空前，气势恢弘，景色蔚为壮观。阿房宫大小殿堂七百余所，一天之中，各殿的气候都不尽相同。秦始皇巡游各宫室，一天住一处，至死时也未把宫室住遍。其实，后世对阿房宫的印象和描述基本上来自于唐代诗人杜牧的《阿房宫赋》，杜牧在这篇赋中写道："六王毕，四海一，蜀山兀，阿房出。""五步一楼，十步一阁，廊腰缦回，檐牙高啄；各抱地势，钩心斗角。盘盘焉，囷囷焉，蜂房水涡，矗不知其几千万落。长桥卧波，未云何龙？复道行空，不霁何虹？高低冥迷，不知西东。歌台暖响，春光融融；舞殿冷袖，风雨凄凄。一日之内，一宫之间，而气候不齐。"

从杜牧的描述可想而知，阿房宫是多么庞大。但这都是传说，都是后人借秦之喻，劝谏本朝帝王，务必要勤俭为国，不可骄奢淫逸，否则会像暴秦一样速亡。今依据当代考古证据，已经确切地证实阿房宫并未建成。在考察过程中，考古人员只在咸阳宫旧址上发现了焚烧的痕迹，其他地方并无焚烧痕迹，并没有像传说中说的那样，项羽火烧阿房宫，大火几月不绝。根据历史资料中的简短记载，还有所记录的时间上来看，得出最后可信度很大的结论：几千年来人们所传说的阿房宫其实根本就没有建成，是不可能像杜牧描述的那样气势恢宏的，那只是杜牧出色的文学想象。

历代的人们多以传说为依据，认为阿房宫是史上最大的宫殿建筑群，以此来更确切地佐证秦始皇的骄奢淫逸。这种做法属于典型的以传说为据。

以传说为据，是根据传说来判断论证事情和事物的确切存在，而不去详加辨别考证，把传说的东西当做是真实的。

以传说为据还表现在把道听途说的东西作为论证的依据。

春秋时代的宋国，地处中原腹地，缺少江河湖泽，而且干旱少雨。农民种植的作物，主要靠井水浇灌。

当时有一户姓丁的农家，种了一些旱地。因为他家的地里没有水井，浇起地来全靠马拉驴驮，从很远的河汊取水，所以经常要派一个人住在地头用茅草搭的窝棚里，一天到晚专门干这种提水、运水和浇地的农活。日子一久，凡是在这家种过庄稼地、成天取水浇地的人都感到有些劳累和厌倦。

丁氏与家人商议之后，决定打一口水井来解决这个困扰他们多年的灌溉难题。虽然只是开挖一口十多米深、直径不到一米的水井，但是在地下掘土、取土和进行井壁加固并不是一件容易的事。丁氏一家人起早摸黑，辛辛苦苦干了半个多月才把水井打成。第一次取水的那一天，丁家的人像过节一样。当丁氏从井里提起第一桶水时，全家人欢天喜地，高兴得合不上嘴。从此以后，他们家再也用不着总是派一个人风餐露宿、为运水浇地而劳苦奔波了。丁氏逢人便说："我家里打了一口井，还得了一个人哩！"

村里的人听了丁氏的话以后，有向他道喜的，也有因无关其痛痒并不在意的。然而谁也没有留意是谁把丁氏打井的事掐头去尾地传了出去，说："丁家在打井的时候从地底下挖出了一个人！"以致一个小小的宋国被这耸人听闻的谣传搞得沸沸扬扬，连宋王也被惊动了。宋王想："假如真是从地底下挖出来了一个活人，那不是神仙便是妖精，非打听个水落石出才行。"为了查明事实真相，宋王特地派人去问丁氏。丁氏回答说："我家打的那口井给浇地带来了很大方便。过去总要派一个人常年在外搞农田灌溉，现在可以不用了，从此家里多了一个干活的人手，但这个人并不是从井里挖出来的。"

道听途说的东西是最没有根据的，所以，听到什么传闻时，一定要动脑筋想一想，合不合情理，切不可不负责任地以讹传讹。这样会混淆视听，于人于己都不利。

一直以来神农架野人都是一个迷，围绕它的似乎只有一些传说，似乎谁也没有真正地见到过，谁也不曾真正地在正面目击过野人。见到的人只是说高大、浑身长满了长毛等，并不能说清它到底是什么，人们都在口口相传着一个名字——"野人"。

有关"野人"的传说已经也有着上千年的历史，我国古籍中曾有过许多关于"野人"的记载和描述。《山海经》中也曾记述过一种类人的"怪物"，有这样的描述："枭阳，其为人，人面，长唇，黑身有毛，反踵，见人笑亦笑。"和传说中的野人特征十分相似。

神农架的"野人之谜"早已经尽人皆知，然而，野人的真面目至今没有展现在人们面前，执着者至今仍在追寻野人的踪迹。很多专家认为神农架"野人"只是一个传说，它不存在具备的条件，不值得去考察。

一个野人的传说，引得众多学者和好奇者付出毕生的心血去追寻，至今仍旧没有下落，究竟是真是假尚未可知。这种以传说为据而不惜代价考证的做法实在是值得考究的。

对于传说，应该持一种怀疑的态度，完全地否定不是上策，完全地相信也显得十分愚昧。传说可以作为一个信息帮助我们考证事情的真伪，并不能作为事实的根据。

孔子的一位学生在煮粥时，发现有肮脏的东西掉进锅里去了。他连忙用汤匙把它捞起来，正想把它扔掉时，忽然想到，一粥一饭都来之不易啊，于是便把它吃了。刚巧孔子走进厨房，以为他在偷食，便教训了那位负责煮食的同学。经过解释，大家才恍然大悟。孔子很感慨地说："我亲眼看见的事情也不确实,何况是道听途说呢?"

亲眼看见的事情尚不确实,又何况是道听途说呢!因此,不要轻易相信谣言,否则辛辛苦苦建立的事业说不定会毁于一旦。

赌徒谬误

在农村很多家庭都希望能有一个男孩来传宗接代,如果生了女孩就拼命地再要孩子,总希望下一个孩子是男孩,然而事与愿违,并不是前几个孩子是女孩了下一个就该轮到生男孩。这种做法便是明显的赌徒谬误,其结果是生了一个女孩又一个,给家庭造成了很大的负担,日子也越过越穷。

赌徒谬误是生活中常见的一种不合逻辑的推理方式,认为一系列事件的结果都在某种程度上隐含了相关的关系,即如果事件A的结果影响到事件B,那么就说B是"依赖"于A的,以为随机序列中一个事件发生的机率与之前发生的事件有关,即其发生的机率会随着之前没有发生该事件的次数而上升。

赌徒谬误又叫蒙地卡罗谬误,蒙地卡罗是摩纳哥大公国的一个地区,是世界上著名的赌城。摩纳哥的赌博业本身在世界上就首屈一指,因此蒙地卡罗在世界赌博业享有极高盛誉。所以,"赌徒谬误"也以这座著名的赌城来命名。

三国演义中"关云长义释曹操"早已是家喻户晓的故事,在这一故事中曹操的表现就是一种典型的赌徒谬误。

曹操被火烧战船之后与张辽等突围的将领带领几百名士卒逃窜,但见四处火起,心中不胜凄凉感慨。纵马加鞭,走至五更,回望火光渐远,曹操心里才渐渐地安定,心想总算是逃过一劫,大难不死。曹操便问随从:"这是什么地方?"随从告诉他:"此是乌林的西边,宜都的北边。"曹操见周围树木丛杂,山川险峻,便在马上仰面大笑不止。诸将都感到莫名其妙,就问曹操为何兵败还如此大笑。曹操就说:"你们不知道吧,这里是埋伏的好地方,不过你们看现在这里不是没有埋伏吗,我们总算逃脱了,要是有埋伏我们必死无疑。"谁料想到这话刚说完,两边鼓声震响,火光冲天而起,惊得曹操几乎坠马。原来是赵云早就听从诸葛亮的计策在此处埋伏了,曹操慌忙叫徐晃、张辽双敌赵云,自己逃窜而去,费了很大劲总算得以逃脱。

在逃窜途中,天快要亮的时候突然下起了雨,于是曹操就叫将士们在林中避雨休息。这时,曹操坐在疏林之下,又仰面大笑起来。众将便又问:"刚才丞相笑周瑜、诸葛亮,以为没有埋伏了,引惹出赵子龙来,又折了许多人马。现在为何又笑?"曹操便又说:"我笑诸葛亮、周瑜毕竟智谋不足。若是我用兵时,就这个去处,也埋伏一队人马,以逸待劳;我们纵然留得性命,也不免重伤矣。他们一定没有在这里埋伏。"正说的时候,前军后军一齐大喊,曹操大惊,弃甲上马。原来又是张飞早在此埋伏好了。曹操又是赶紧奔逃险些丧命。

总算又逃了十几里,眼看追军已经不见踪影,曹操的老毛病就又犯了,又在马上扬鞭大笑。众将问:"丞相为何又大笑?"曹操说:"人们都说周瑜、诸葛亮足智多谋,现在看来,都是无能之辈。要是在这里埋伏些人马我们必死,你们没看这里哪里有埋伏。"他话还没说完,一声炮响,两边五百校刀手摆开,为首大将关云长,提青龙刀,跨赤兔马,截住去路。曹军见了,亡魂丧胆,面面相觑。故事的结局是关云长感激曹操昔日的恩义将其放走了。

在这个故事中曹操三笑周瑜、诸葛亮无能,谁料想三次都险些丧了性命。曹操生性多疑也不免犯了赌徒谬误的错误,随便地就以为没有埋伏,放松警惕,还自大狂笑,以为诸葛亮已经用尽了计谋,前面都算计那么好,这里应该不会有埋伏了,掉以轻心,险些因此丧命。如果不是抱着这种侥幸心理,伤亡大概不会那么惨重,一代枭雄也不至于那么狼狈。

在股票、期货市场上,连续几个跌停板之后,有很多投资者就会认为市场会反弹,否极泰来。而且,在期货市场上那些老手更容易陷入赌徒谬误,因为根据老手的经验,市场在几个跌停之后一般会出现反弹，然而并不是每次都会这样的，其实，下次出现"涨"和"落"的机率是一样的。他们的经验在这里其实是无效的，只是一种表面现象，那些依靠经验在此时买进的股民有可能会输得血本无归。

曾有学者做过一个关于"赌徒谬误"的心理实验。结果发现，在中国资本市场上具有较高教育程度的个人投资者或潜在个人投资者中，"赌徒谬误"效应对股价序列变化的作用占据着支配地位。也就是说，无论股价连续上涨还是下跌，投资者更愿意相信价格走势会逆向反转，他们相信事情不会一直好下去也不会一直坏下去。

实验者选取了共285名具有高学历的人进行了"赌徒谬误"的实验。他们主要是复旦大学的工商管理硕士（MBA）、成人教育学院会计系和经济管理专业的学员以及注册金融分析师CFA培训学员，均为在职人员，来自不同行业，从业经验4到20年不等。实验过程以问卷调查的形式进行。试验中假设给每个人一万元的资金，让他们投资股市，理财顾问给他们推荐了基本情况几乎完全相同的两支股票，唯一的差别是，一支连涨而另一只连跌，连续上涨或下跌的时间段分为3个月、6个月、9个月和12个月四组。每位投资者给定一个时间段，首先表明自己的购买意愿，在"确定购买连涨股票""倾向购买连涨股票""无差别""倾向买进连跌股票""确定买进连跌股票"5个选项间作出选择，然后再看他们在各种涨落之间卖出情况的选择。

实验的结果发现：在持续上涨的情况下，上涨时间越长，买进的可能性越小，而卖出的可能性越大，对预测下一期继续上升的可能性呈总体下降的趋势，认为会下跌的可能性则总体上呈上升趋势；反之，在连续下跌的情况下，下跌的月份越长，买进的可能性越大，而卖出的可能性越小，投资者预测下一期继续下跌的可能性呈下降趋势，而预测上涨的可能性总体上呈上升趋势。这个结果表明，随着时间长度增加，投资者的"赌徒谬误"效应越来越明显。

恐慌、贪婪、欲罢不能、渴望一夜暴富是很多股民都存在的心理，也是那些用大量钱财购买彩票的人的心理。从每天爆满排队开户的新股民和争相买彩票的人可以看出，很多人都在期待着下一次会大涨或者下一次中大奖，渴望一夜暴富。这种赌徒心理，很容易让他们陷入经济和精神的双重危机中。

利欲熏心、侥幸心理、缺乏理性思考是产生赌徒心理的根源。很多贪官、盗贼也都是因为有了赌徒心理而越陷越深、越走越远，最终把自己推向犯罪和死亡的深渊，受到法律的制裁。天网恢恢，疏而不漏，赌徒心理是要不得的。

在生活中，我们要避免赌徒心理的滋长和蔓延。为官者要恪守"为民、务实、清廉"的要求，端正世界观、人生观、价值观，树立正确的权力观，明确为官无论大小，其意义在于依靠群众，想着群众，体察民情，了解民意，集中民智，珍惜民力。为民者要遵守法律道德，不可有侥幸心理，以为偶尔的犯罪行为能逃脱法律的制裁。投资者一定要多学习，理性分析，合理投资，切勿陷入赌徒谬误的误区。

错误引用

定公问："一言而可以兴邦，有诸？"孔子对曰："言不可以若是其几也。人之言曰：'为君难，为臣不易。'如知为君之难也，不几乎一言而兴邦乎？"曰："一言而丧邦，有诸？"孔子对曰："言不可以若是其几也。人之言曰：'予无乐乎为君，唯其言而莫予违也。'如其善而莫之违也，不亦善乎？如不善而莫之违也，不几乎一言而丧邦乎？"

上边这段话出自《论语》子路篇，翻译成现代文大概意思是：鲁定公问："一句话就可以使国家兴旺，有这样的说法吗？"孔子回答说："话不可以这样说啊。不过，人们说：'做国君很难，做臣下也不太容易。'如果真能知道做国君的艰难，知道谨言慎行为国家着想，不就近于一句话可以使国家兴旺了吗？"鲁定公又问："一句话就可以使国家灭亡，有这样的说法吗？"孔子回答说："话也不可以这样说啊。不过，人们说：'我做国君没有别的快乐，只是我说什么话都没有人敢违抗我，我说什么算什么。'如果说的话正确而没有人违抗，不也很好吗？如果说的话不正确而没有人违抗，不就近于一句话可以使国家灭亡了吗？"

一言兴邦，一言丧邦，听起来有点玄乎，一句话难道有这么厉害吗？其实这话看似夸张，细想还是有很大的道理的。一句话的错误有时候可以导致一件事情的失败，在战争中或者商业中一句话往往起到关键性的作用。所以说人们在运用语言的时候一定要谨慎，尤其当转达和引用别人的话时，一定要注意不能有丝毫的错误，否则贻害甚大。

《论语》中有许多语句现今都被错误地引用，给人们造成很多的误解。《论语·泰伯》篇有这样一句话："民可，使由之；不可，使知之。"它的意思是："如果这个人可以造就，有发展前途，就创造条件让他自由发展，否则，就只让他明白一般的道理就可以了。"其实，孔子话的意思是前者，只有那样才符合孔子因材施教的教育思想。后者仅仅是封建社会的愚民思想，封建统治者大肆引用这句话无非是为了稳定他们的统治。正确地理解掌握孔子的这句话对于我们理解孔子的教育思想会有很大的帮助。为人父母的更要深刻理解这句话，它对于如何教育孩子健康成长、使之成材有着重大意义。

梁启超曾说："史料为史之组织细胞，史料不具或不确，则无复史之可言。"由此可见，史料是研究历史和从事历史教学的前提和基础。因此对于一些和历史学相关的纪录片、电影、新闻、教学等一定要注意史料的正确引用，否则不仅会歪曲事实、误人子弟，还会使相关个人和媒体的权威遭到质疑。

《世界上最遥远的距离》据说是泰戈尔的名作，这首爱情诗由于情感的真挚感人而广泛流传，然而这首诗的真正作者却存在着很大的争议。

泰戈尔是印度的大诗人，在中国有着广泛的影响，写出这样的诗自然也是属于正常的，很少有人会去怀疑。然而，有网友拿此诗与泰戈尔的《飞鸟集》对照检索，却并没有找到这首诗，而且，《飞鸟集》收录的都是两三句的短诗，不可能收录这么长的诗。那也可能仅仅是出处有误，本着严谨的精神，人们继续追查泰戈尔的其他作品，在《新月集》《园丁集》《边缘集》《生辰集》《吉檀迦利》等泰戈尔所有的诗集中均没有找到这首诗。

与这首广泛流传的诗最相近的版本是出自张小娴之手。她的小说《荷包里的单人床》里有一段："世界上最遥远的距离，不是生与死的距离，不是天各一方，而是，我就站在你面前，你却不知道我爱你。"后来有记者采访张小娴证实，这几句确实是她个人的原创，只是后边是由别人续写的。

网络流行之后，书籍、文字的传播交流方便了很多，然而一些不经考证的错误也日益多了起来。无独有偶，电影《非诚勿扰Ⅱ》中有一首据传是仓央嘉措的诗也是错误引用。

片中李香山的女儿在父亲临终前的人生告别会上朗诵了一首名为《见与不见》的诗，该诗被说是仓央嘉措所作，其实和电影所宣称的歌词改编自仓央嘉措《十诫诗》的片尾曲《最好不相见》一样，它们都只是网上盛传而已，并不是仓央嘉措的作品。

经媒体的调查证实，《见与不见》的作者其实是现代人，诗的实际名为《班扎古鲁白玛的沉默》，作者是一个藏族女孩。而《最好不相见》是网友将仓央嘉措的诗改编添加而成的，并非原作。所以在引用别人的话时，一定要严谨，对于出处、内涵一定要弄清楚，字句一定也要和原文完全相符，避免错误引用。

下 篇
提高逻辑力的思维游戏

第一章
图形逻辑游戏

1. 添加六边形

先用12根火柴摆个正六边形，再用18根火柴在里面摆6个相等的小六边形，你知道是怎么摆的吗？

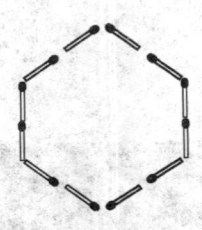

2. 对号入座

A、B、C、D、E几个图形，哪一个填入图中的问号比较合适？

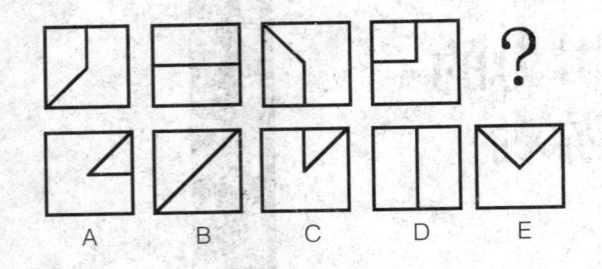

3. 美丽的花瓶

这个造型美观的花瓶是位技术高超的工匠用旁边的碎瓷片拼成的。请你仔细看了后，在碎瓷上写上对应的编号。

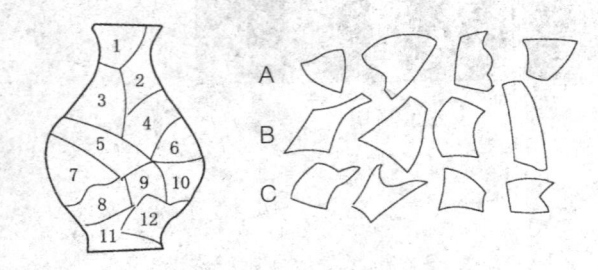

4. 不同的箭头

找出下面5个箭头中与众不同的一个。

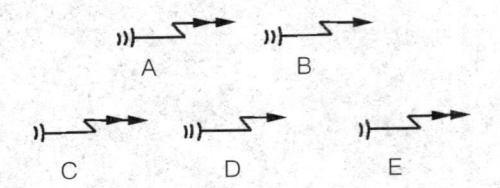

5. 圆中圆

下图中一共有多少个圆圈呢？

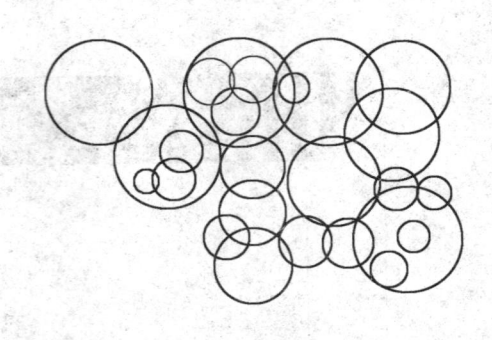

6. 玻璃上的弹孔

某寓所发生一起枪击案，下图是窗户上的玻璃被枪击后留下的两个弹孔。你能分辨出哪个孔是先射的，哪个孔是后射的吗？

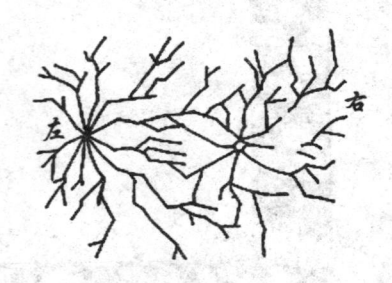

7. 手势与影子

不同的手势会产生不同的影子，那么下列手势会出现什么样的影子呢？

8. 观察正方形

观察图1的3个正方形，它们有一个特点，只有一组图形具备这一特点。这一特点是什么？哪一组和它相配？

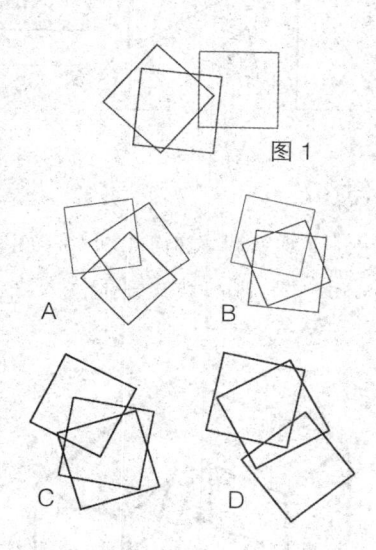

图1

A B

C D

9. 是冬还是夏

下面这两幅图，你能区别哪一幅是夏天，哪一幅是冬天吗？

10. 折叠魔方

A、B、C哪个立方体的图案跟平面图形D的图案完全相同？

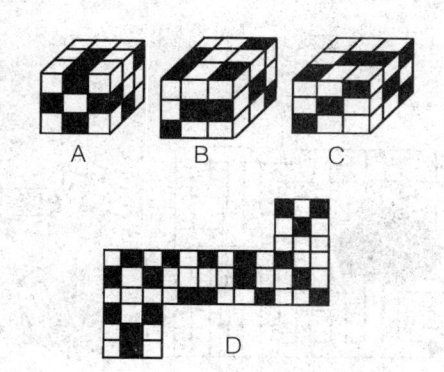

11. 哪个不相关

下面哪个图与其他的图不相关？

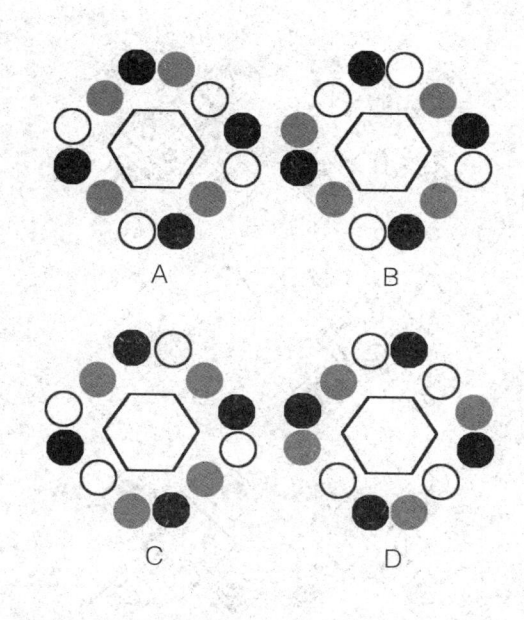

A B

C D

12. 宝塔的碎片

年久失修的宝塔，裂缝多多，其中有两块碎片形状是一模一样的，是哪两块碎片？

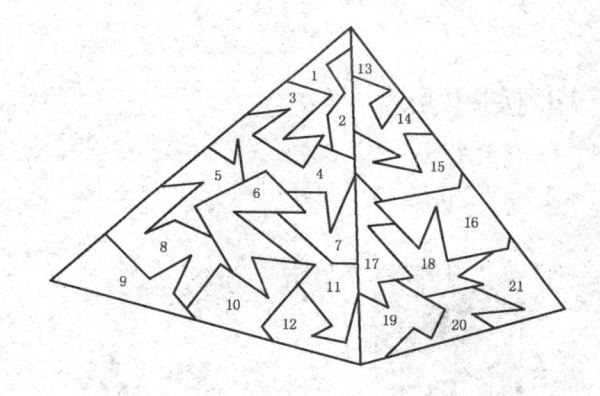

13. 老师出的谜题

有一天，老师让同学们观察下列4幅图，并要求同学们说出哪个与其他3个不同，你知道是哪个吗？

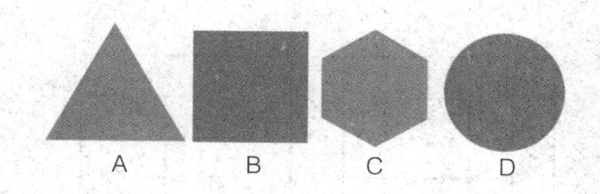

A B C D

14. 图形识别

依据图形变化规律找出第4幅图形。

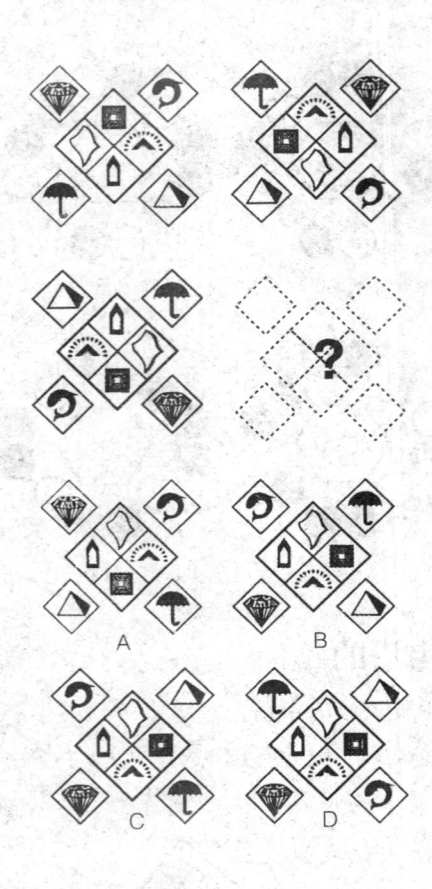

15. 按图索骥（1）

此组图案右边给出的6块拼图中，找出哪一块是左边图形漏掉的部分？

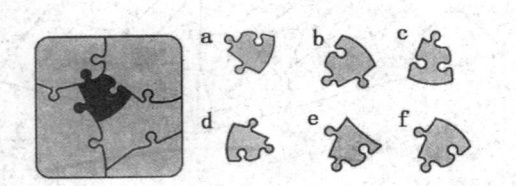

16. 按图索骥（2）

左侧标有字母的6个形状中，其中有5个分别与右侧标有数字的形状相同，把它们找出来。

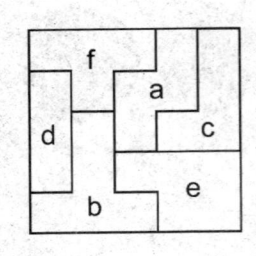

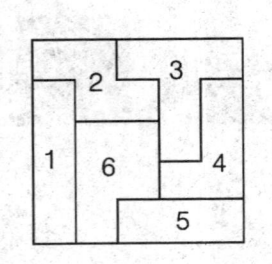

17. 按图索骥（3）

标有字母的拼块中，哪一个不属于左边的拼图，把它找出来。

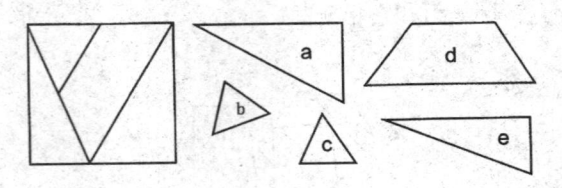

18. 补缺口

请你仔细观察积木的缺口形状（如图1），在A~F的小木块中，哪一块正好能嵌入积木？

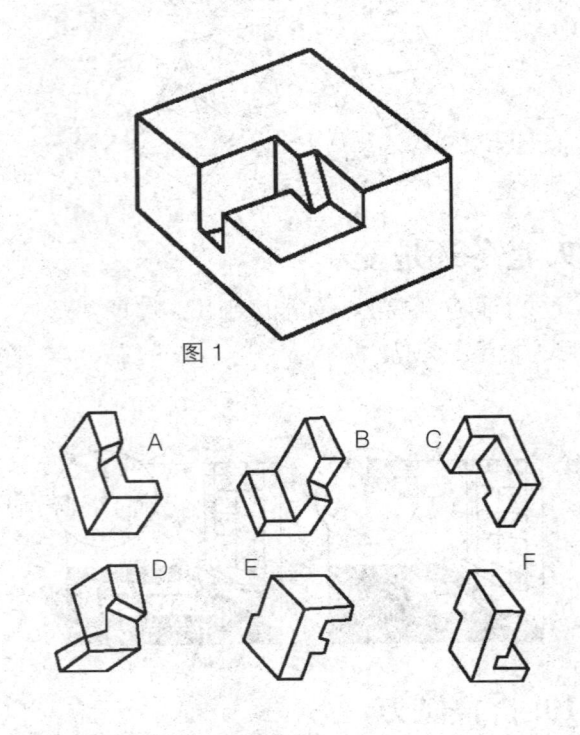

图1

19. 残缺的迷宫

如图是一张残缺了的迷宫图。为使迷宫能走得通，请你在A、B、C中选出合适的残缺图补上，并试着走走这张迷宫图。

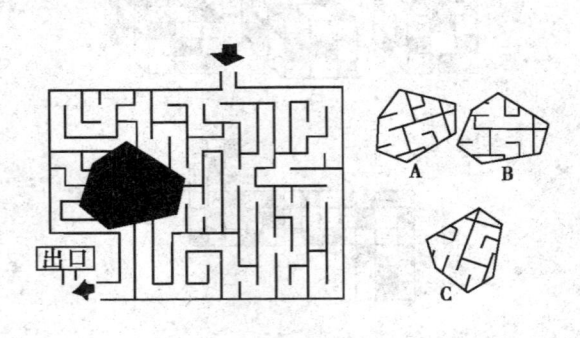

20. 多余的线

只要擦去一根线，下图就可以一笔画成。应该擦掉哪根线，你知道吗？

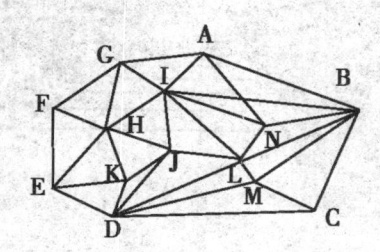

21. 黑点方格

空缺处应该放入图形A~F中的哪一个？

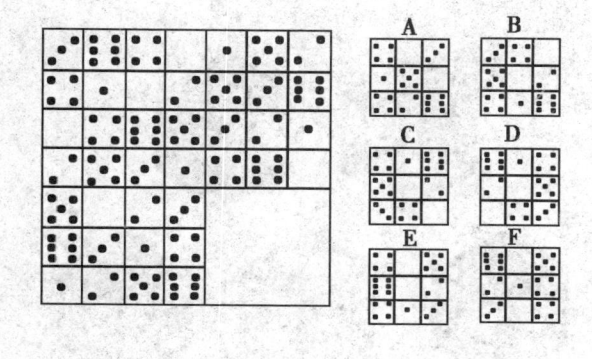

22. 魔方与字母

下图是一个魔方从两个方面看的视图效果，请问C的对面是哪个字母？

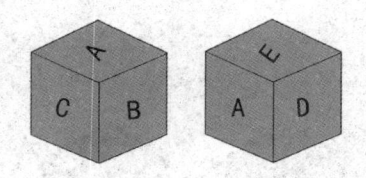

23. 六角帐篷

在图中，画了一个六角帐篷，它的几何形状是一个正六棱锥，这顶帐篷有7个角落，6个着地，一个悬空。它的三面角有什么毛病？

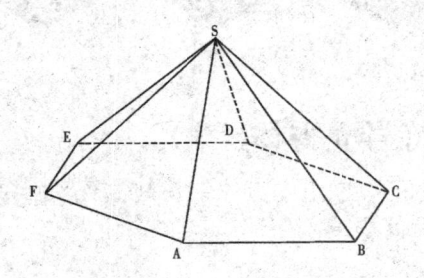

24. 面面俱到

下面的6个正方形可以合成为一个正方体，那么你知道是合成哪一个正方体吗？

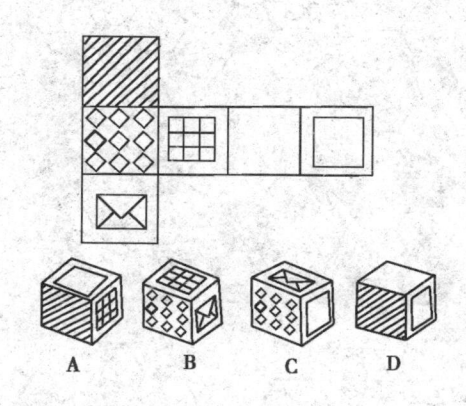

25. 图形选择（1）

观察第1组图形，依据规律选出第2组图形中缺少的图形。

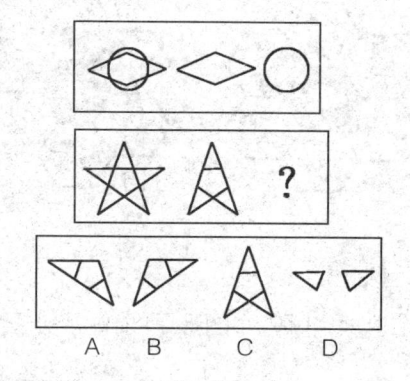

26. 图形选择（2）

观察第1组图形，依据规律选出第2组图形中缺少的图形。

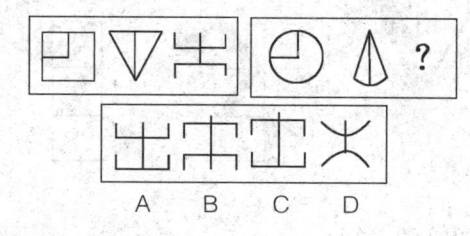

27. 图形组合

下面4幅图中，有一个是由图1折叠而成，你知道是哪一幅吗？

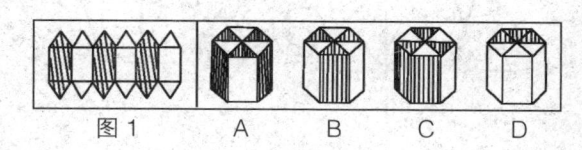

28. 拼凑瓷砖

问号处应是A、B、C、D中的哪一块瓷砖?

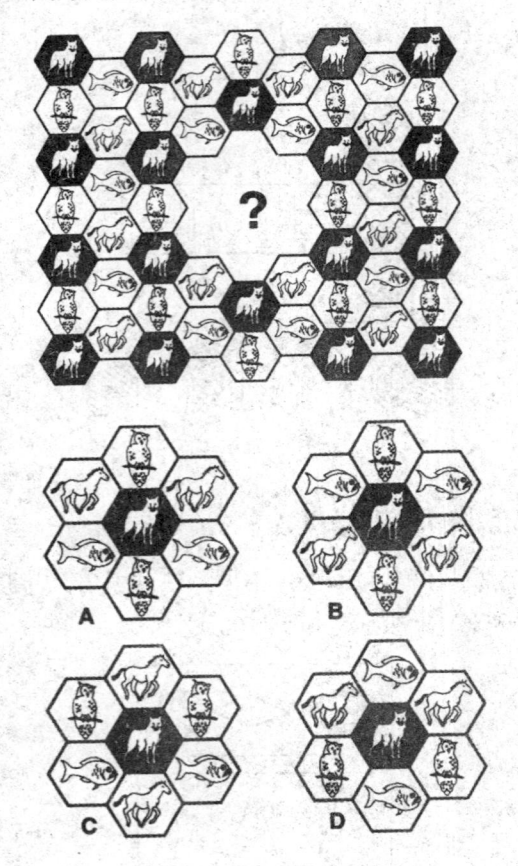

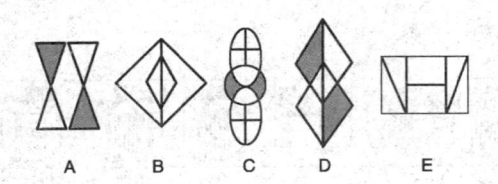

31. 延伸的房子

线段AB与CD谁更长?

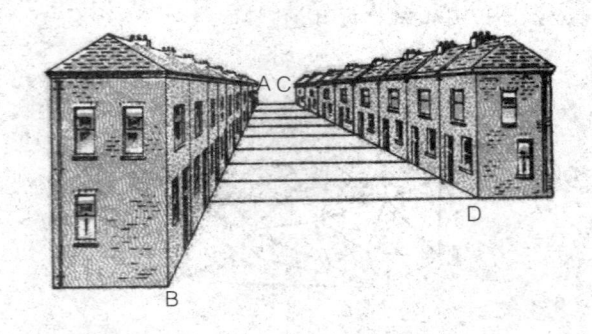

32. 符号立方体(1)

你能在以下立方体中找到含有相同符号的两个面吗?

29. 三棱柱

4个选项中哪一个图形是图1的展开图。

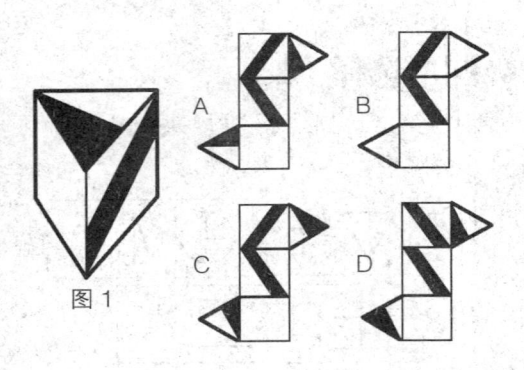

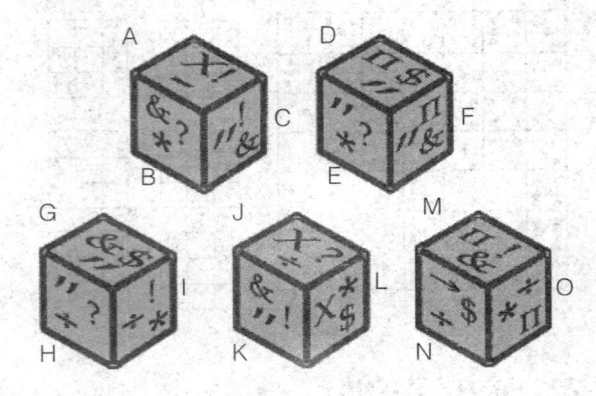

33. 符号立方体(2)

你能在以下立方体中找到含有相同符号的两个面吗?

30. 形单影只

下列图形中哪一个是与众不同的?

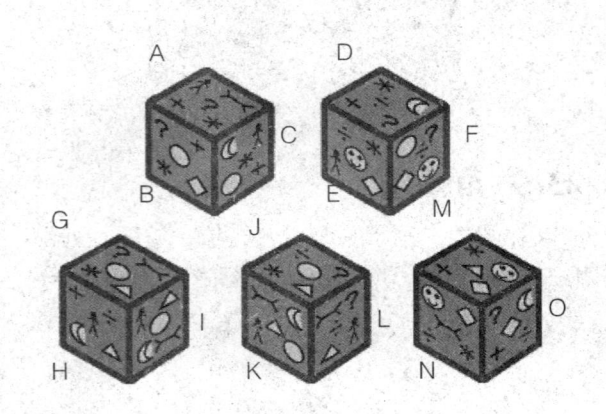

34. 符号立方体(3)

你能在以下立方体中找到含有相同符号的两个面吗?

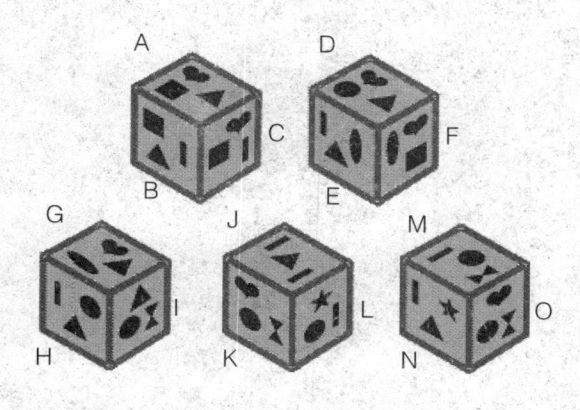

35. 折叠平面图
用可折叠的平面图不能折成哪个立方体？

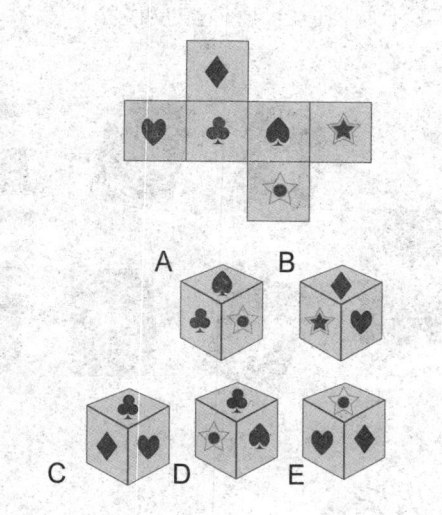

36. 连通电路
哪个部件能将这个电路连通？

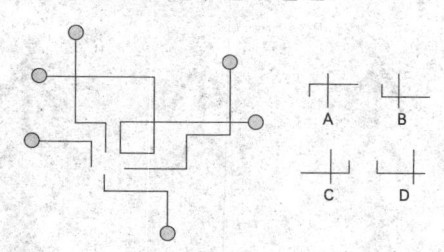

37. 立方体的折叠
你能找出哪个立方体是不能由例图折叠而成的吗？

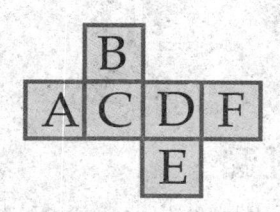

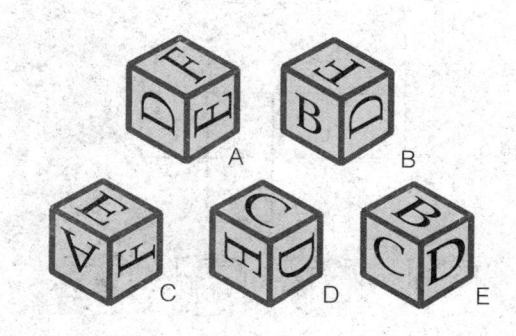

38. 图纸
B、C、D、E、F中哪张图纸能够折叠成A图所示的立方体？

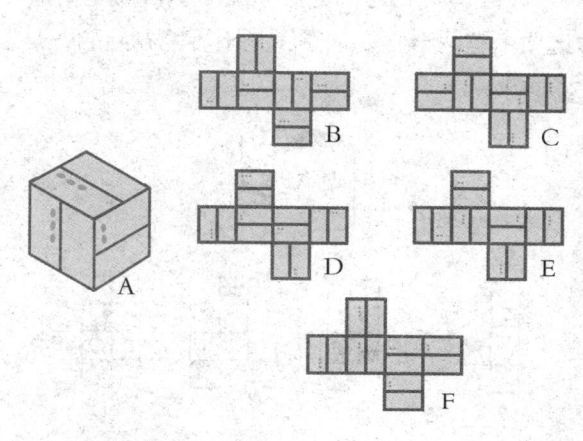

39. 错的图像
这里有一个正方体，从5个角度看到的图像如下。其中的一个图像是错的。你知道哪个是错的吗？

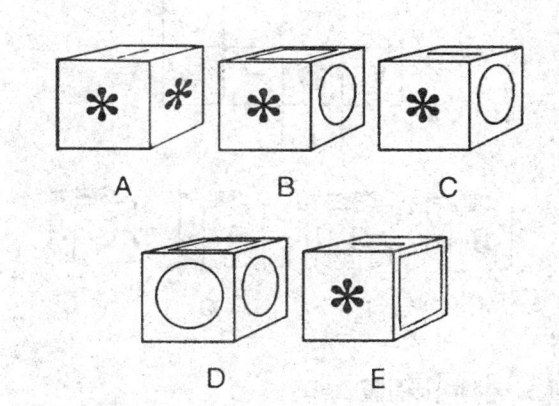

40. 立方体的图案
图1是一个立方体的展开图，将6个彼此连接的正方形折起即可得到一个立方体。图2则是这个立方体在4个不同方向所显示的图案，你能将这几个图案准确填入展开的方格中吗？

图2

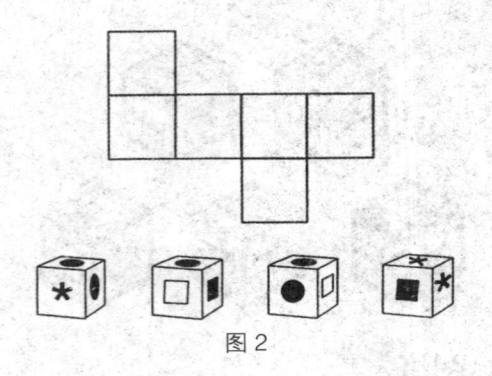

41. 方格折叠

将这6个相连的方格折叠成一个立方体。选项中有两个立方体图案是不可能看到的，是哪两个？

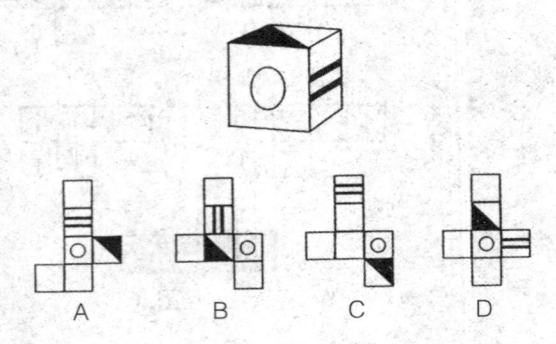

42. 盒子

这个盒子是由4个选项中的其中一个折叠而成的，是哪个呢？

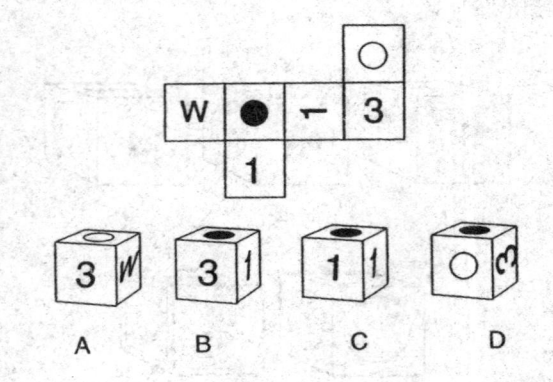

43. 不同的脸

仔细看看，哪幅图与众不同呢？

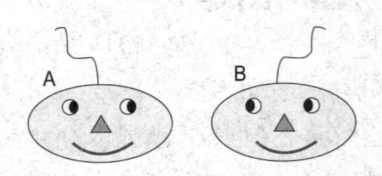

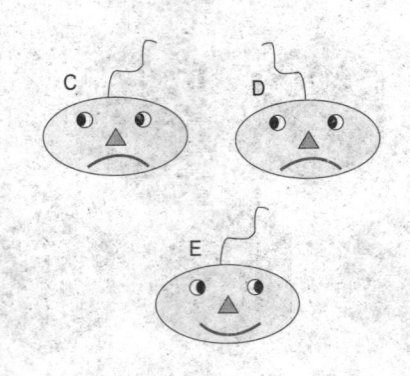

44. 壁纸

下面已经给出壁纸的形状，在可供选择的壁纸中，哪两幅适合挂在它的两边？

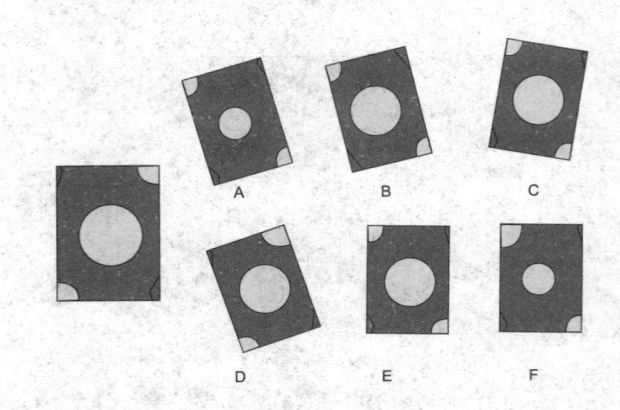

45. 火柴人

根据A~F这几个火柴人的排列规律，接下来应该排列的是G、H、I中的哪一个？

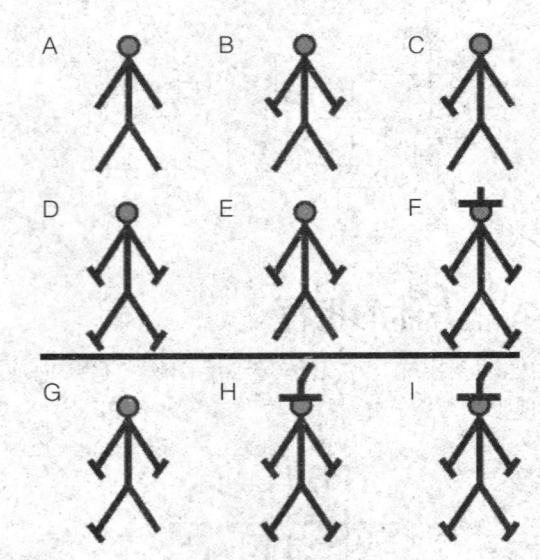

46. 查缺补漏

你能找出图中的规律，并把缺掉的部分补

上吗？

47. 支架上的布篷

4张布篷安在这个支架上。从它的正上方俯视，将看到什么图案？

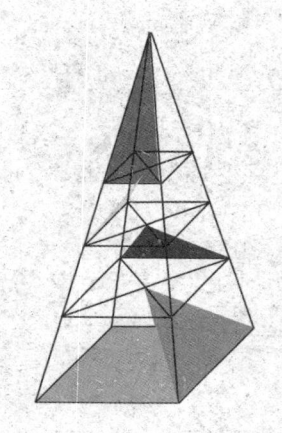

48. 特制工具

请你设计一个能紧密地穿过厚木板的3个小孔（如图所示）的工具。

49. 拼整圆

4幅图中只有两幅能够恰好拼成一个整圆，是哪两幅呢？

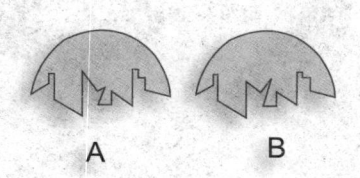

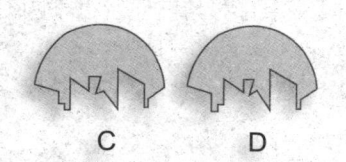

50. 底部的图案

以下3个图形，是同一个立方体由于3种不同的放置所呈现出来的3种不同的视面。

从图中可以看到，有以下5种图案分别出现在立方体的各个侧面：

立方体的6个侧面都有图案，而出现在立方体各个侧面上的图案，总共只有这5种，也就是说，有一种图案出现了两次。如果我们进一步知道，上述3种视面中，位于底部的图案，都不是出现两次的图案，那么，哪个图案出现了两次？

51. 图形转换

观察图形，找出变化规律，选出转换后的图形。

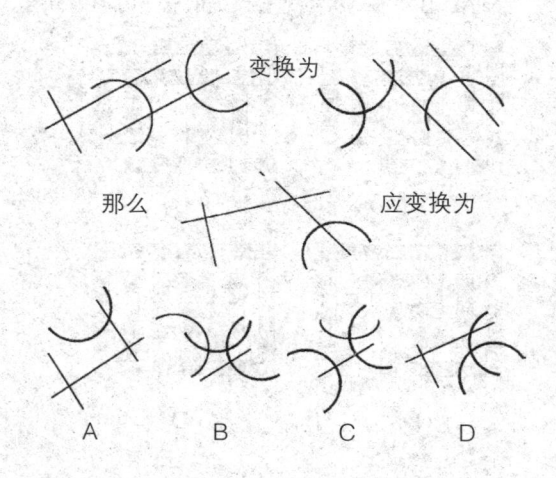

52. 音符

现在来一道关于音乐的题目让你放松一

247

下。下边哪一个音符与其他音符不同呢?

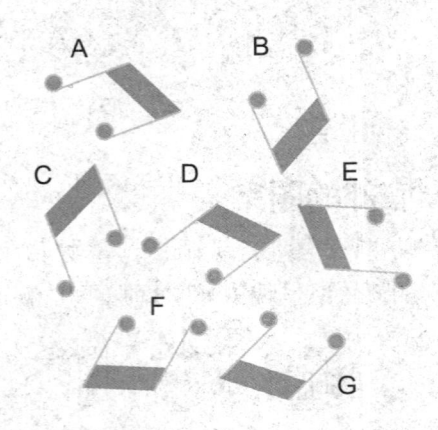

示:不是对称问题。)

53. 方框与符号

每个方框中都放进这些符号中的一个,使每行、每列和每条对角线包含的符号每种各一个。

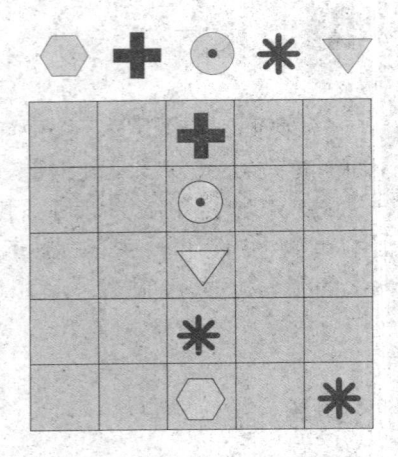

54. 周长最长的图形

从A、B、C、D中找出周长最长的那个图形。

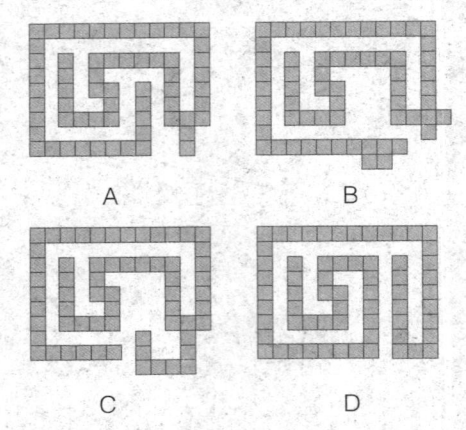

55. 共有的特性

下面的图中有一个没有其他5个所共有的特性。这个不一样的图形是哪个?为什么?(提

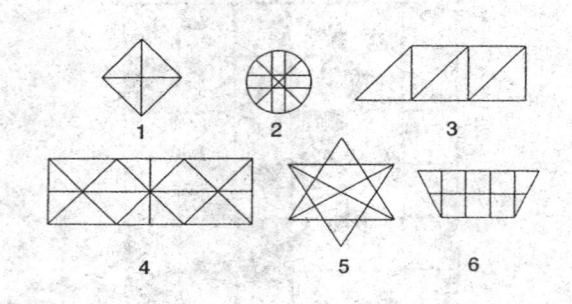

56. 填补圆

想一想,A、B、C、D哪项可以用来填补圆中的问号部分?

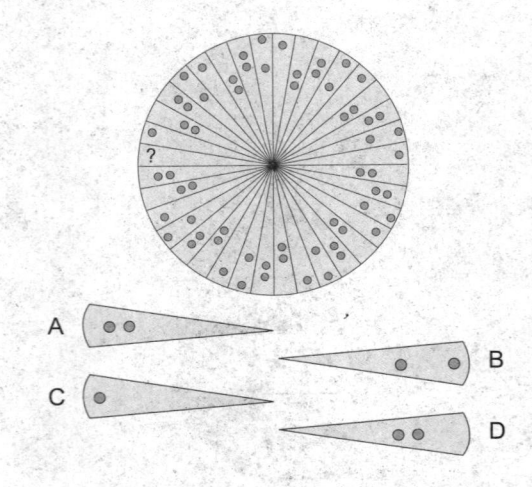

57. 最大表面积

用16个全等的小立方体分别做成下面4个图形,请问哪一个图形的表面积最大?

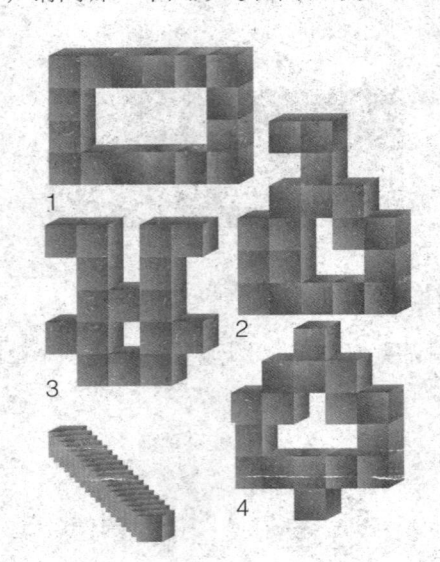

下 篇 提高逻辑力的思维游戏

58. 正方形打孔（1）

将一个大正方形两边对折，折成它1/4大小的小正方形，然后用打孔器在小正方形上打孔，见下面每行最左边的小正方形。

将小正方形展开，会得到一个对称图形。

你能说出4个小正方形对应的展开图分别是哪个吗？

1. A B C
2. B D E
3. B C D
4. A D E
5. A C D

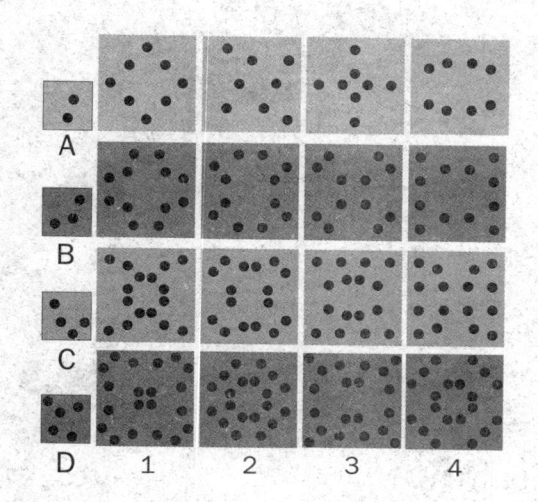

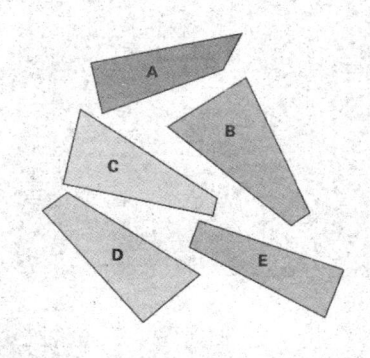

59. 正方形打孔（2）

将一个大正方形两边对折，折成它1/4大小的小正方形，然后在小正方形上打孔，将小正方形展开，会得到一个对称图形。

你能说出下面4个小正方形对应的展开图分别是哪个吗？

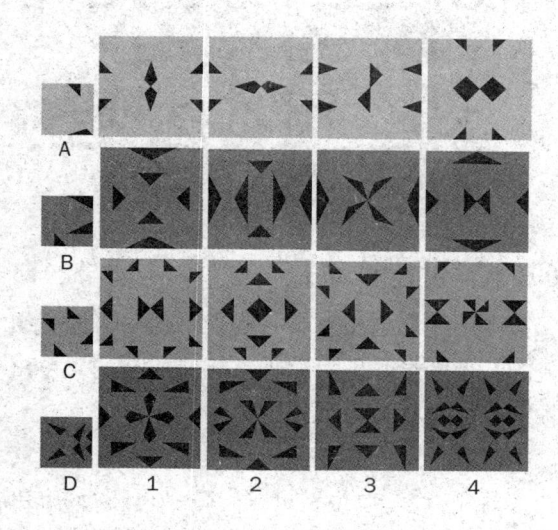

60. 组合正方形

下面的图形中有 3 个组合在一起正好组成一个正方形，是哪3个？

61. 心灵手巧的少妇

这是一个钳子形状的布片，一个心灵手巧的少妇用剪刀剪了3刀，竟然奇迹般地拼出了一个正方形。她是怎样做到的？

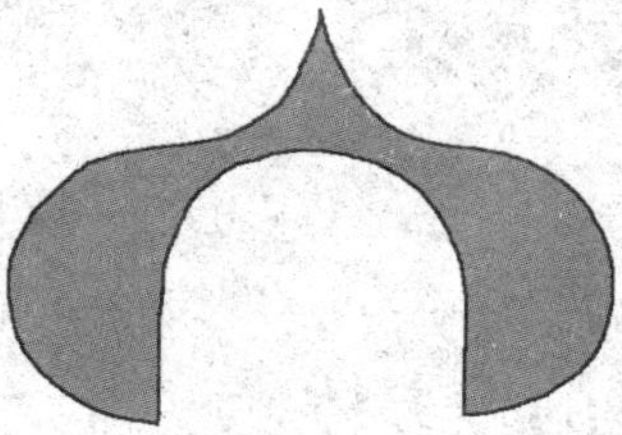

62. 图形接力

问号处应该填入哪一个图形？

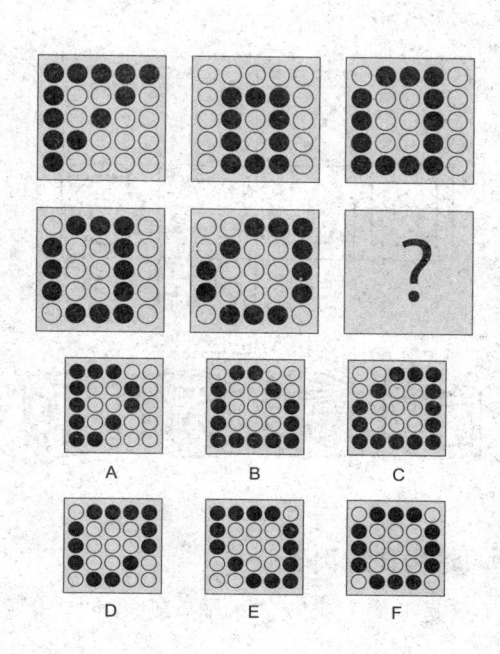

249

63. 缺少的图形

5个选项中哪一个可以放在空白处?

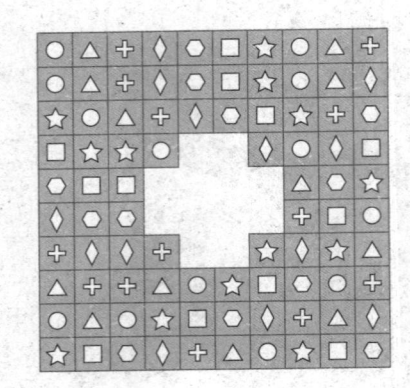

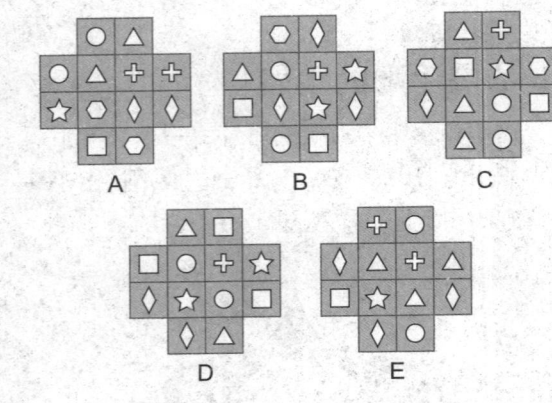

64. 美丽的正方体

有一个正方体的每一个面都有美丽的图案装饰着,下图是这个正方体拆开后各面的图案构成,那么在下面的几个选项中,哪一个不是这个正方体的立体面?

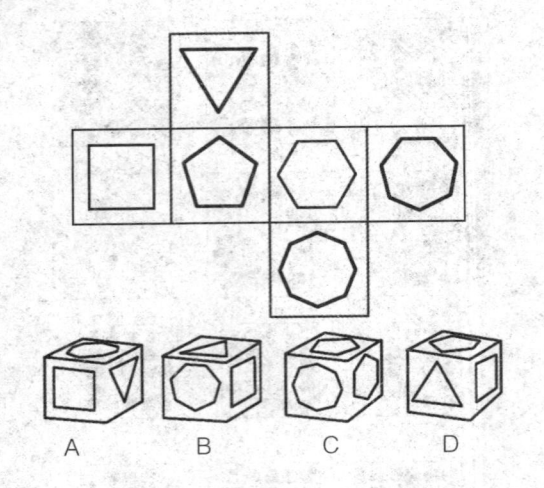

65. 旋转的物体

这是一个三维物体水平旋转的不同角度的视图,但是它们的顺序被打乱了,你能否将它们按照原来的顺序排列成一行?

66. 箭轮

这9个箭轮中哪一个是与众不同的呢?

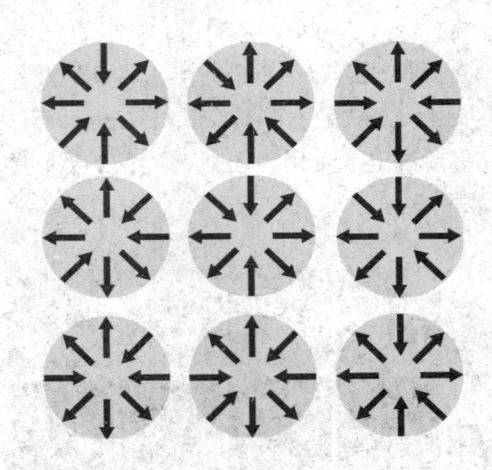

67. 循环图形(1)

循环图形是由一个移动点的运动轨迹所组成的几何图形。你可以把它想象成是一只小虫根据一定的规则爬行:

这只小虫首先爬行1个单位长度的距离,转弯;再爬行2个单位长度,转弯;再爬行3个单位长度,转弯;依此类推。每次转弯90°,而它爬行的最大单位长度有一个特定的极限n,之后又从1个单位长度开始爬行,重复整个过程。

你可以在一张格子纸上玩这个游戏。

下面已经给出了n=1、2、3、4、5时的循环图形，你能画出n=6、7、8、9时的循环图形吗？并找出当n等于哪些数时，图形不是闭合的。

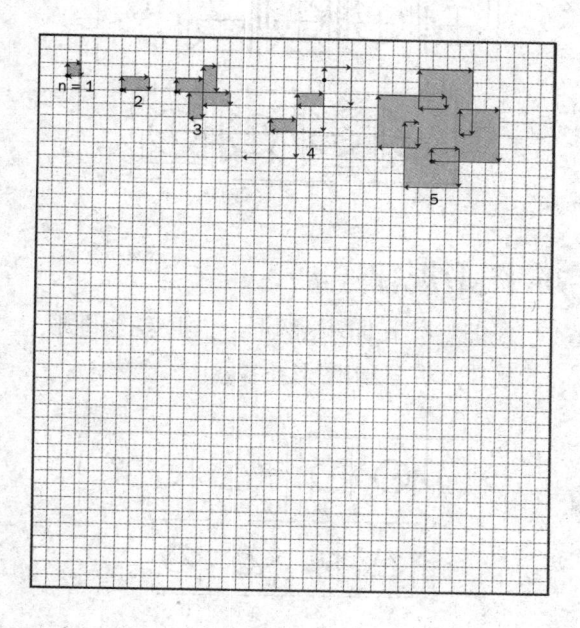

68. 循环图形（2）

你能够画出n=10、11、13时的图形吗？

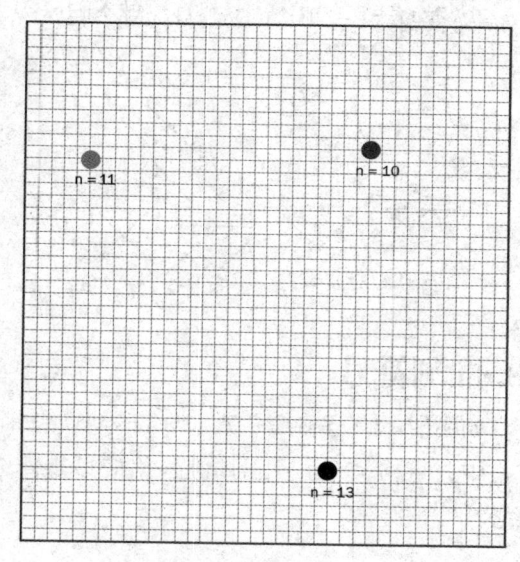

69. 循环图形（3）

循环图形在转弯的时候除了转90°以外，还可以有其他角度。在如图所示的纸上可以画出每次转弯时顺时针旋转120°的循环图形，n=2、3、4的情况都已经画出来了，现在请你画出n=5、7时的图形。

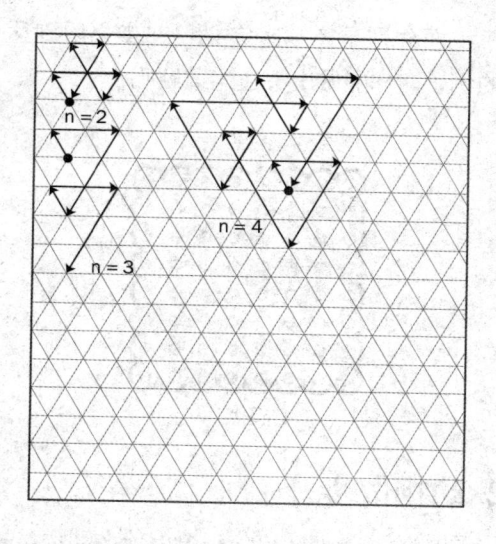

70. 循环图形（4）

下面的循环图形每次转弯时逆时针旋转60°。图中已经画出了n=1、2、3和4时的图形，你能画出n=5、6、7、8时的图形吗？

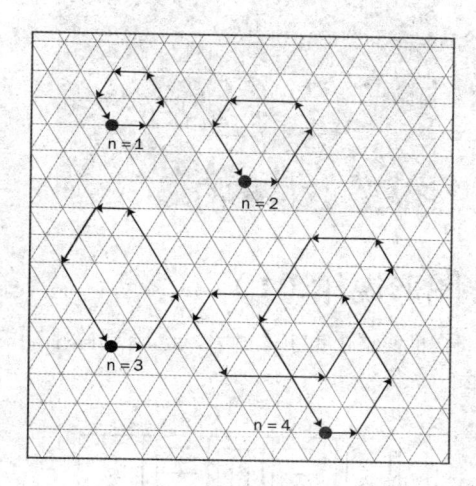

71. 最长路线

在这个游戏里，需要通过连续的移动从起点到达终点，移动时按照每次移动1、2、3、4、5……个格子的顺序，最后一步必须正好到达终点。并且必须是横向或是纵向移动，只有在两次移动中间才可以转弯，路线不可以交叉。

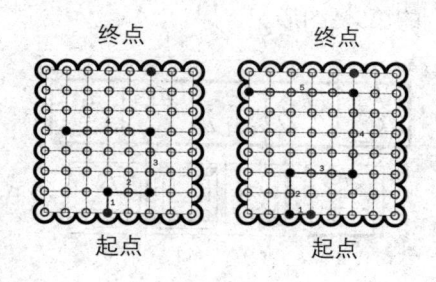

251

上面分别是连续走完4步和5步之后到达终点的例子。你能做出下边这道题吗?

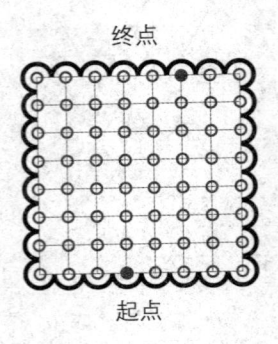

72. 动物散步

图中的问号处应该分别填上什么动物?

73. 图形规律（1）

仔细观察下面4幅图形，选出规律相同的第5幅图。

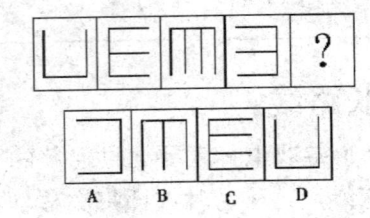

74. 图形规律（2）

仔细观察下面4幅图形，依据图形规律，选出适合的第5幅图形。

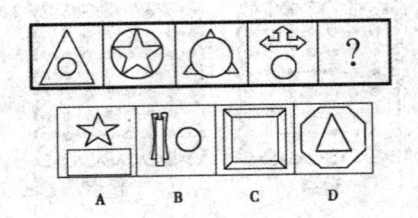

75. 图形规律（3）

仔细观察下面4幅图形，从A、B、C、D 4个选项中选出规律相同的第5幅图形。

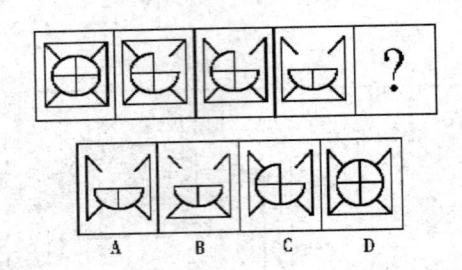

76. 图形规律（4）

仔细观察下面两组图形，依据第1组图形组合的规律，将第2组图形补齐。

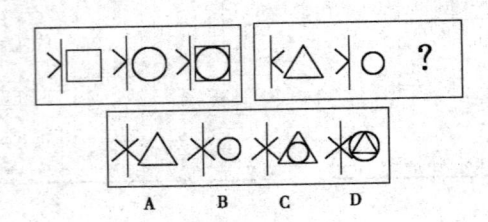

77. 图形变身

如果A变身为B，那么C应变身为哪个呢?

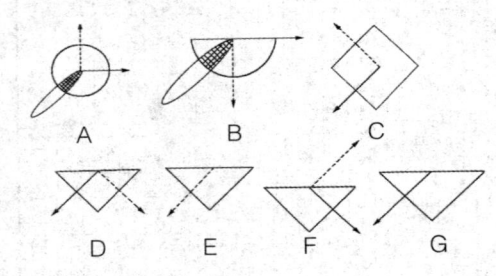

78. 推测符号

如图所示，已将○、△、×符号填入25个空格中，每格一个。问号所在一格应该是什么符号?

79. 路径逻辑（1）

运用你的逻辑推理能力，推导出符合以下条件的一条路径：从"开始"一直到"结束"，这条路径可以沿水平方向也可以沿垂直方向。各行各列起始处的数字代表这行或这列所必须经过的格子数（见图例）。

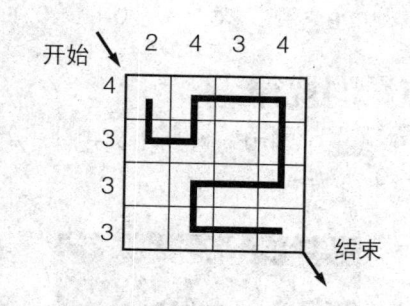

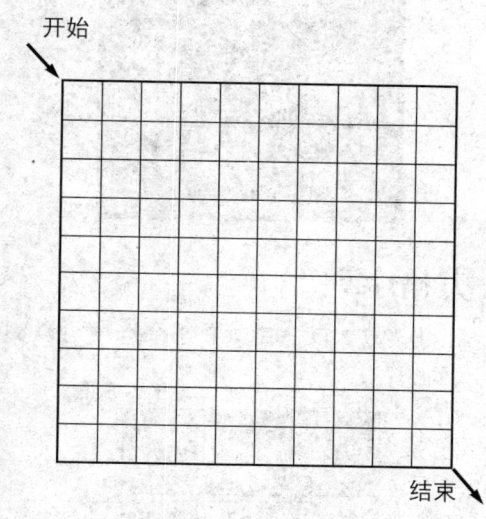

80. 路径逻辑（2）

运用你的逻辑推理能力，推导出符合以下条件的一条路径：从"开始"一直到"结束"，这条路径可以沿水平也可以沿垂直方向。各行各列起始处的数字代表这行或这列所必须经过的格子数（见图例）。

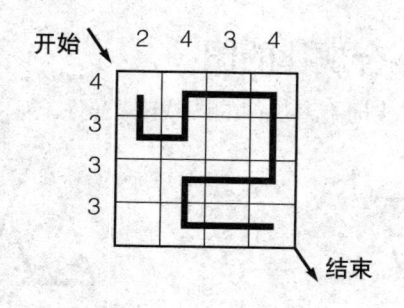

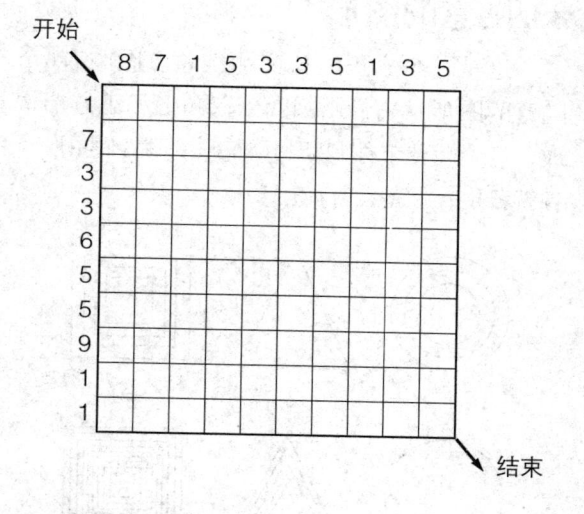

81. 找不同

哪幅图不同于其他4幅？

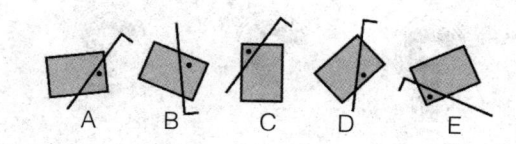

82. 叶轮

想一想，在A、B、C、D选项中，哪个可以放入5中？

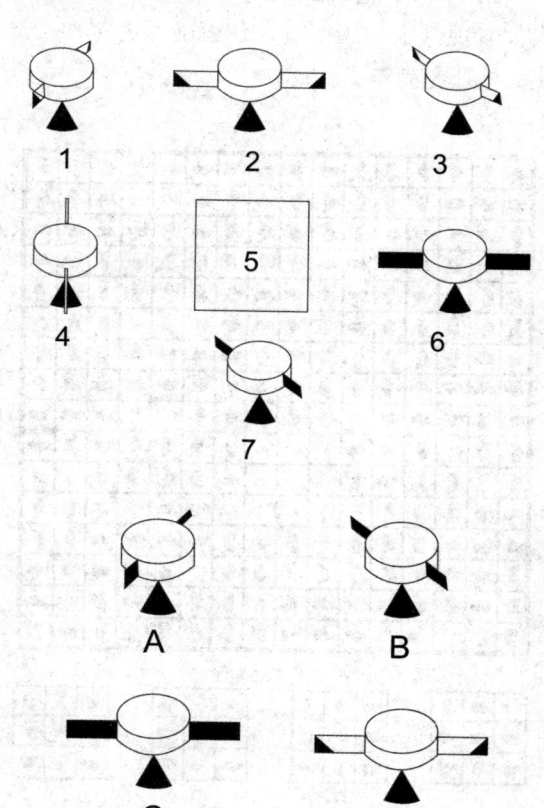

83. 随意的图形

这是一个真正的智商测试题。图中有6个随意的图形，它们由圆圈、三角形和正方形构成，这个题要求你判断接下来该是哪3个图形。各就各位，预备，开始画！

84. 半圆的规律

格子中的图标是按照一定的规律排列的。当你发现其中的规律时，你就能够将空白部分正确地补充完整了。

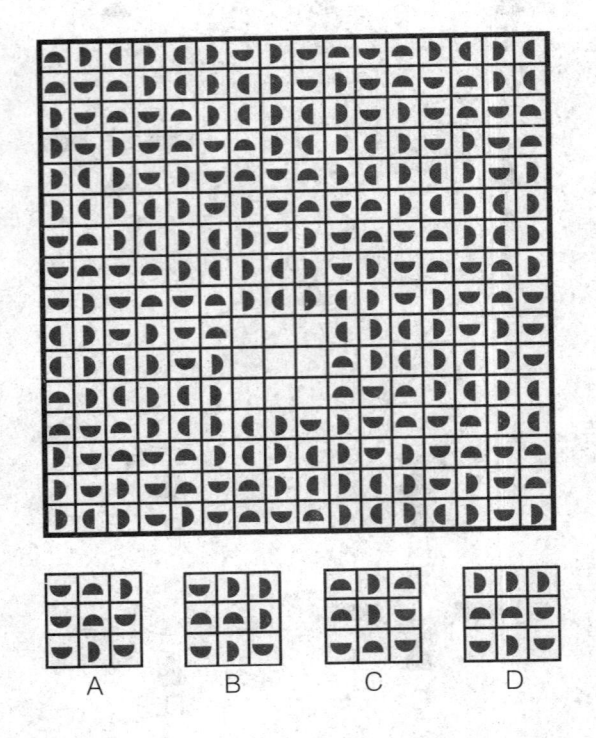

85. 吹泡泡

按照这个顺序，接下来的图形是什么？

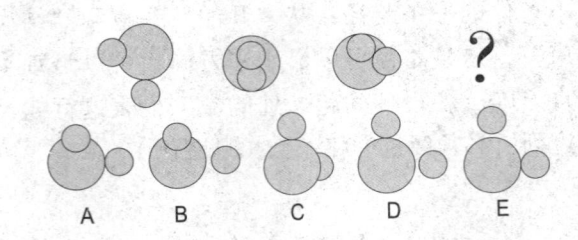

86. 点数的规律

你能找出下图中点数的排列规律，并且在问号部分填上适当的点数吗？

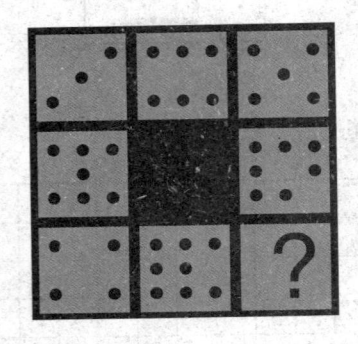

87. 方格序列

A、B、C、D、E、F哪个选项可以完成这个序列？

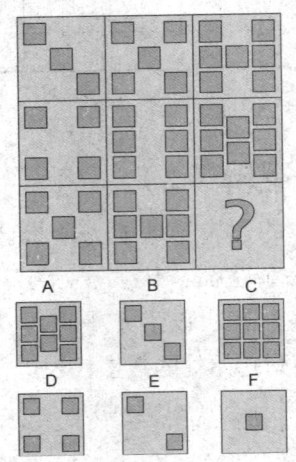

88. 不合规律的图

你能把不合规律的图找出来吗？

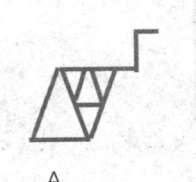

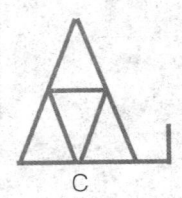

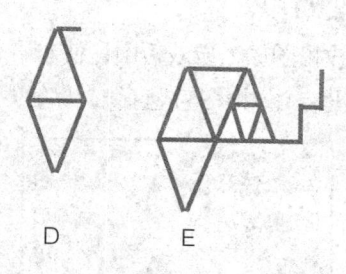

89. 组图

如果A对应于B，那么C对应于D、E、F、G、H中的哪组图？

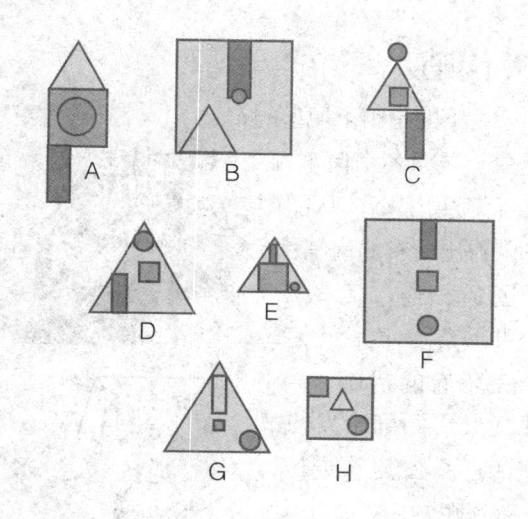

90. 不同类的图形

下面的5个图形中有1个和其他4个不是一类的。同类的4个图形的相似点不是对称。哪个图像是不同类的？为什么？

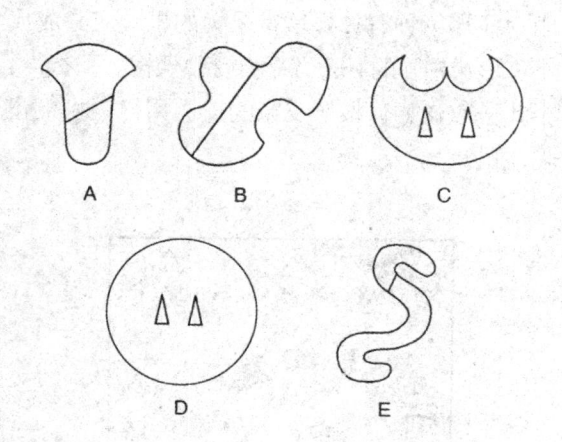

91. 突变

4张卡片上的3幅图已经画出来了，你能把第4张卡片上的图也画出来吗？

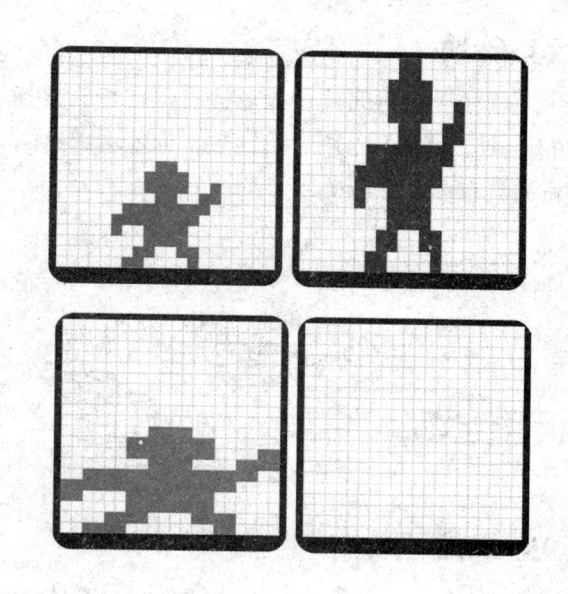

92. 火柴翻身

请你把下边的火柴图向箭头所指的方向翻一个身，它会变成图中哪一个？

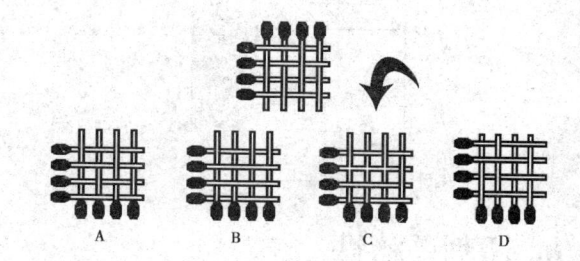

93. 公路设计图

这是某高速公路的立体交叉路口图，中央部分为立体交叉钢桥。如果只要求立交桥能使车辆由一个方向向三个方向自由换向，不要求其他功能，请问该立交桥中有哪些部分可以去掉？要求岔路部分可以像（A）那样通过、不能像（B）那样通过，也不能越过中间线，不能U字形转向。

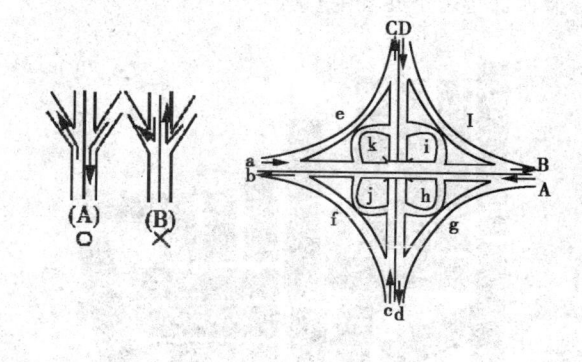

94. 砖块

学校要进行改建，操场边有两堆叠放整齐的砖块。如果不一块一块地数，你能看出这两堆砖各有多少块吗？

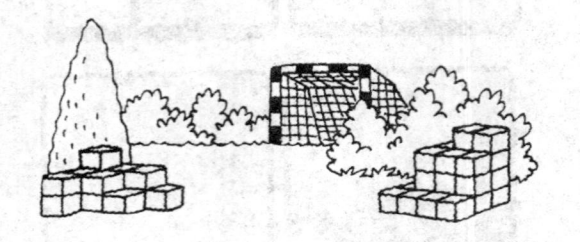

95. 蚂蚁回家

找4个立方体纸盒子堆成一个大立方体（如图所示），并标上相应的符号。请找出从A到B最近的路线。

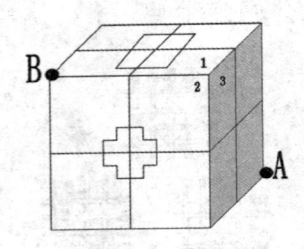

96. 切割马蹄铁

你能否只用两刀就将这个马蹄形切成6块？

97. 不中断的链条

你要做的就是把这些图片组成一个正方形，且链条不允许中断。

98. 棋盘游戏

将16枚棋子放入游戏板中，使水平、竖直和斜向上均没有3枚棋子连成直线，你能做到吗？

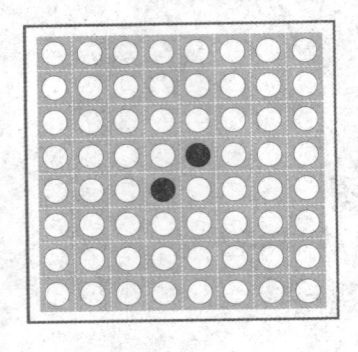

99. 岗哨

右下图是山上城堡的布局图。城堡各个岗哨都用字母标注出来了，从图中可以看出所有的岗哨都与通道相连接。如果警察想1次检查完所有的岗哨并且最终回到出发点的话，那么，应该走什么路线呢？

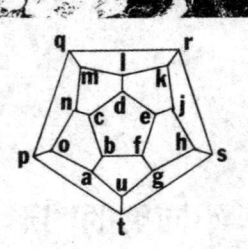

100. 分割财产

已过世的著名农学家法莫尔·布朗曾留下话，他要把他的财产平分给4个儿子。他特别声明：他那个种有12棵珍贵果树的果园应分成大小、形状相同的4份，每份包括3棵树。那么，4个儿子应该如何按照父亲的遗愿用栅栏将果园隔开呢？

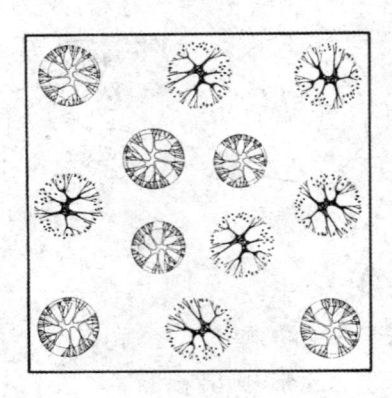

第二章
数字逻辑游戏

1. 巧妙连线

请你沿着图中的格子线，把圆圈中的数字两两连接，使二者之和为10。注意：连接线之间不能交叉或重复。

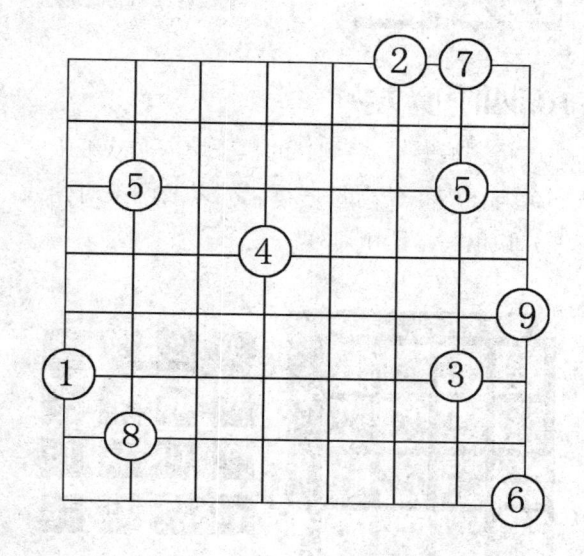

2. 数字立方体（1）

以下立方体中有两个面的数字是相同的，你能把它们找出来吗？

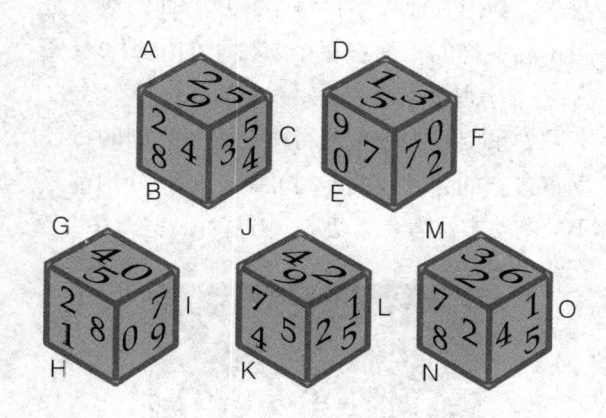

3. 数字立方体（2）

你能在以下立方体中找到含有相同数字的两个面吗？

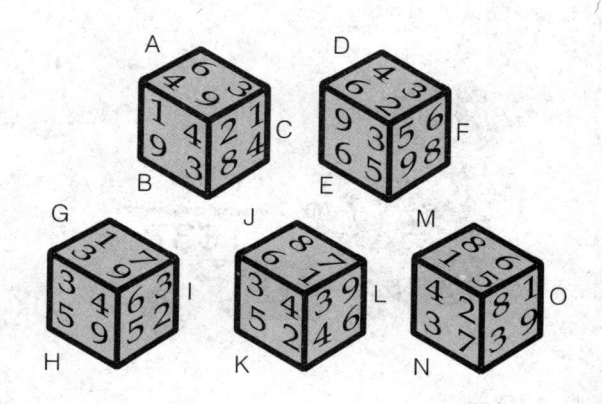

4. 数字狭条

你能不能把这个图案分成85条由4个不同数字组成的狭条，使得每个狭条上的数字和都等于34？

用数字1~16组成和为34的四数组合共有86种。图中只出现了85条。你能把缺失的那条找出来吗？

5. 数字等式

将数字1、2、3、4、5、6、7、8、9分别填到下面等式的两边，使等号前面的数乘以6等于后面的数。

?????? × 6 = ???????

6. 零花钱

小明的零花钱总数的1/4，加上总数的1/5，再加上总数的1/6等于37元。请问他一共有多少钱？

7. 4个数

有一种人只知道1、2、3、4这4个数字。他们只用这4个数字一共可以组成多少个一位、两位、三位和四位的数？

8. 书虫

下面的这只书虫要吃如图所示的6本书。它从第1本书的封面一直吃到第6本书的封底。这只书虫一共爬过了多远的距离？

注意：每本书的厚度是6厘米，包括封面和封底。其中封面和封底各为0.5厘米。

9. 九宫图

将编号从1到9的棋子按一定的方式填入游戏中的9个小格中，使得每一行、列以及两条对角线上的和(即魔数)都分别相等。

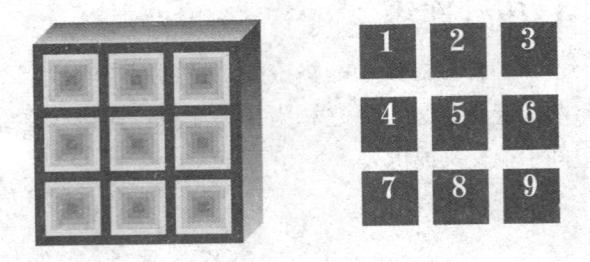

10. 四阶魔方

将这些编号从1到16的棋子填入游戏纸板的16个方格内，使得每一行、列以及两条对角线上的和相等，且和为34。

11. 双面魔方

沿着铰链翻动标有数字的方片会覆盖某些数字并翻出其他数字：每个方片背面的数字是和正面一样的，而在每个方片下面(即第2层魔方)的数字则是该方片原始数字的2倍。

如果要得到一个使得所有水平方向的行、垂直方向的列以及两条对角线上的和分别都等于34的魔方，需要翻动多少方片和哪些方片？

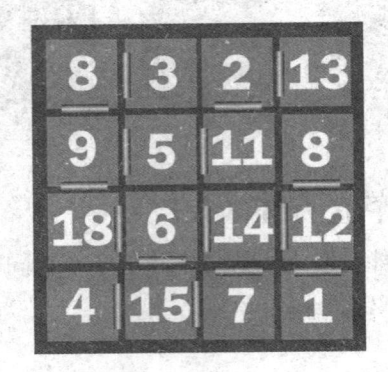

12. 正方形网格

你能否将下面的格子图划分成8组,每组由3个小正方形组成,并且每组中3个数字的和相等?

9	5	1	6	8
1	3	5	4	8
5	7		3	4
8	2	7	6	2
5	6	4	2	9

13. 六阶魔方

用1~36之间的整数(包括1和36)填写空白的方格,使得每一行、列及两条对角线上的6个数之和分别都等于111。

28		3		35	
	18		24		1
7		12		22	
	13		19		29
5		15		25	
	33		6		9

14. 八阶魔方

本杰明·富兰克林的八阶魔方诞生于1750年,包含了从1到64的所有数字,并以每行、每列的和为260的方式进行排列。

你能填出缺失的数字吗?

52		4		20		36	
14	3	62	51	46	35	30	19
53		5		21		37	
11	6	59	54	43	38	27	22
55		7		23		39	
9	8	57	56	41	40	25	24
50		2		18		34	
16	1	64	49	48	33	32	17

15. 三阶反魔方

在三阶反魔方中,每一行、列以及两条对角线上的和全都不一样。三阶反魔方可能存在吗?

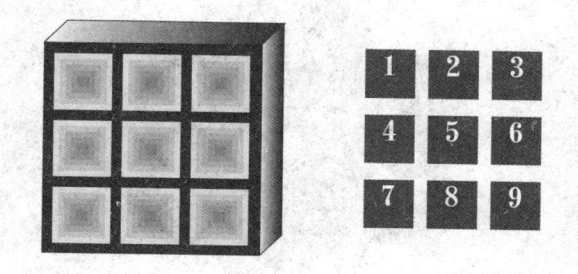

1	2	3
4	5	6
7	8	9

16. 魔幻蜂巢(1)

要创造出满足以下条件的二阶蜂巢六边形魔方是不可能的:将数字1到7排列到下边的蜂巢中,使得每一直行的和相等。

你能证明它为什么不可能存在吗?

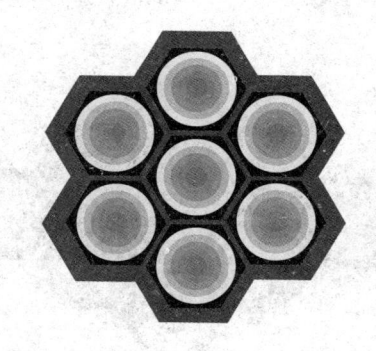

17. 魔幻蜂巢(2)

你能否用1到19之间的数字填写到下边的蜂巢里,并且使每一相连的蜂巢室的直行上数字之和为38?

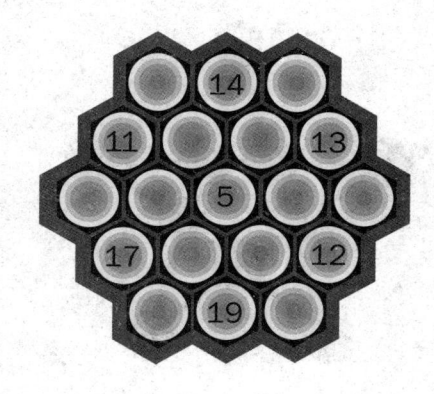

18. 魔幻蜂巢（3）

你能将数字1到8填入下图的圆圈内，使游戏板上任何一处相邻的数字都不是连续的？

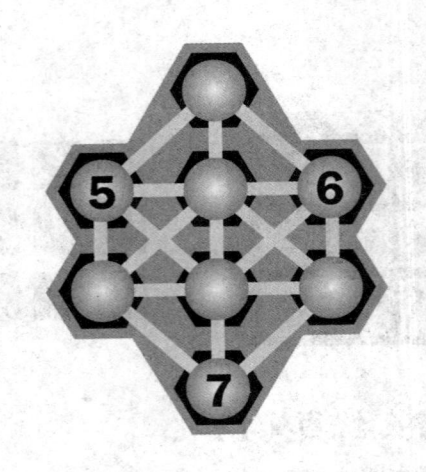

19. 魔幻蜂巢（4）

将数字1到9填入下图的圆圈里，使得与某一个六边形相邻的所有六边形上的数字之和为该六边形上数字的一个倍数。你能做到吗？

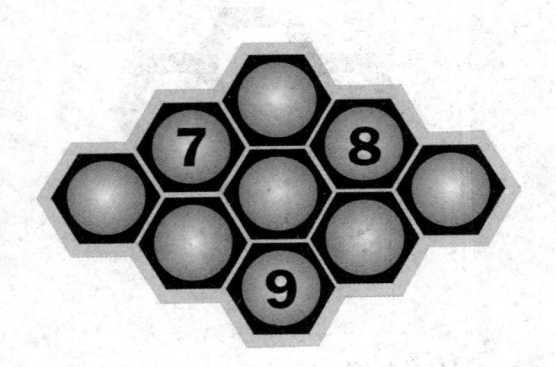

20. 五角星魔方

你能将数字1到12（除去7和11）填入下图五角星上的10个圆圈，并使任何一条直线上数字之和都等于24吗？

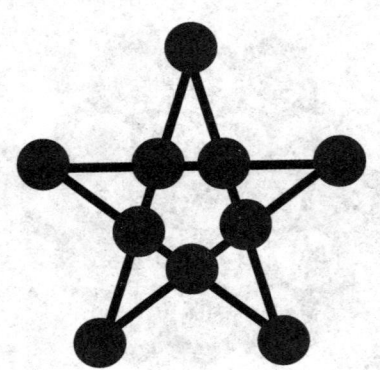

21. 六角星魔方

你能将数字1到12填入下图六角星的圆圈中，使得任何一条直线上数字之和均为26吗？

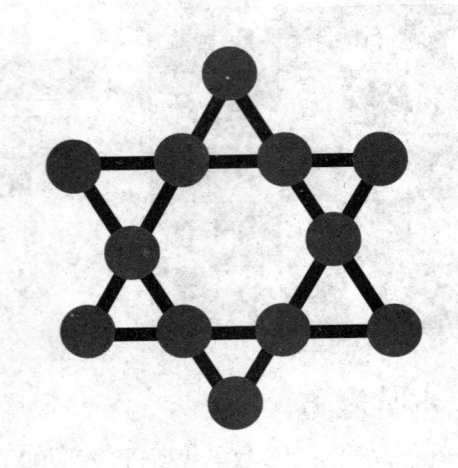

22. 七角星魔方

你能将数字1到14填入下图的七角星圆圈内，使得每条直线上数字之和均为30吗？

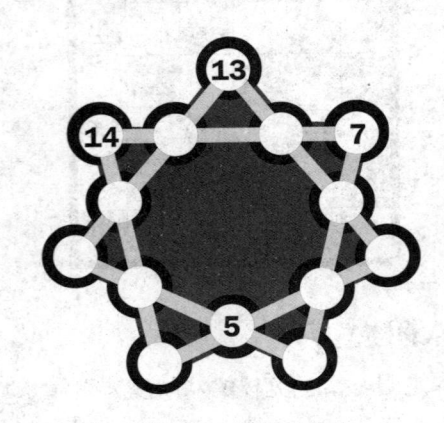

23. 八角星魔方

你能将数字1到16填入下图的八角星圆圈内，使得每条直线上数字之和均为34吗？

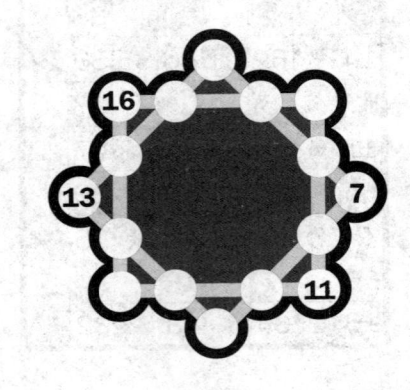

24. 表盘上的数字

如图所示，将钟表表盘的数字全部拆开成一位数字，然后相加的和是51。那么，把表盘所有数字拆成一位数字后，全部相乘，乘积是多少呢？

25. 连续数序列

用给出的数字组成一个连续数序列。你只需使用10个数字中的9个。

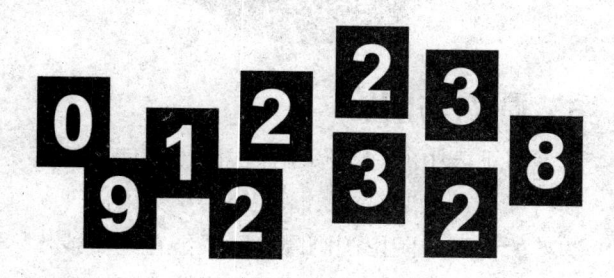

26. 8个"8"

将8个"8"用正确的方式排列，使得它们的总和最后等于1000。

27. 六边形填数

你能否在如图所示的这些小六边形里填上恰当的数，使得三角形中的每一个数都等于它上面两个数之和？不允许填负数。

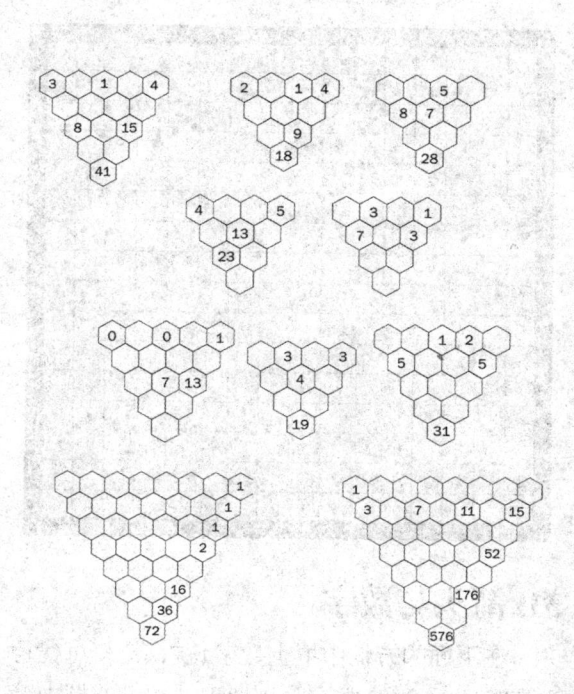

28. 不同的数

你能找出这8个数里面与众不同的那一个吗？

31
331
3331
33331
333331
3333331
33333331
333333331

29. 数字的规律

你能发现表格中数字的规律，并在空白处填上恰当的数字吗？

	2	5	6	
3	4	7	8	11
10	11		15	18
12	13	16	17	20
	20	23	24	

30. 数与格

将下面的表格分隔成多个长方形，使得每一个长方形里都包含一个数字，而这个数字正好等于该长方形所包含的格子个数。

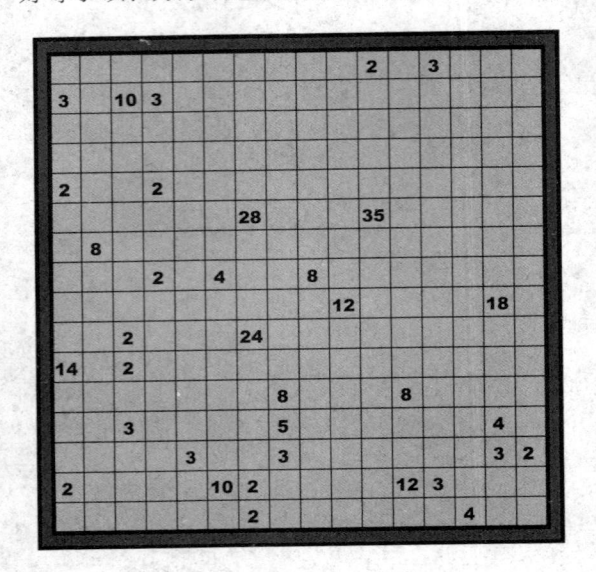

31. 箭头与数字

在下面的方框中填上数字1~7，使得每横行和每竖行中这7个数字分别出现一次。方框中箭头符号尖端所对的数字要小于另一端的数字。

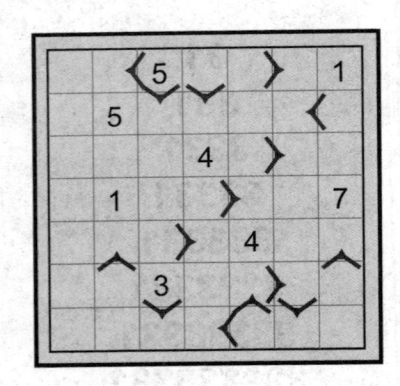

32. 恰当的数（1）

在图中标注问号的地方填上恰当的数字。

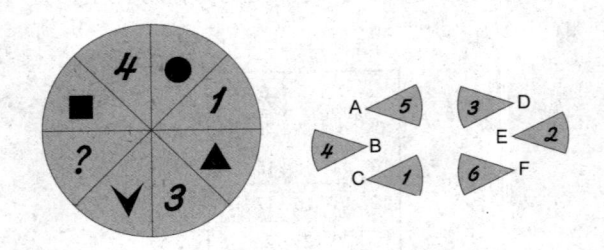

33. 恰当的数（2）

你能解开这道题吗？

34. 特殊的数

想一想，哪个数字是特殊的？

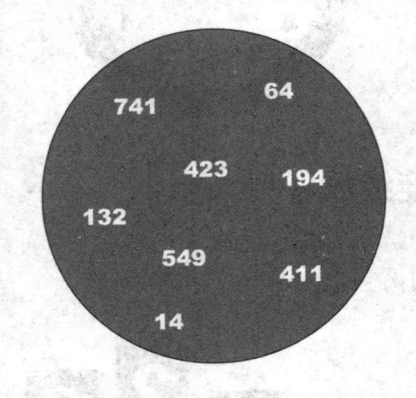

35. 圆圈与阴影

将下表中的一些圆圈涂成阴影，使得任意横行或者任意竖行中，同一个数字只能出现一次。所有涂成阴影的圆圈之间不能在垂直或水平方向上相邻，并且不能将没有涂成阴影的圆圈分成几组——也就是说，没有涂成阴影的圆圈必须横向或纵向相连成一个分支状。应该将哪些圆圈涂成阴影？

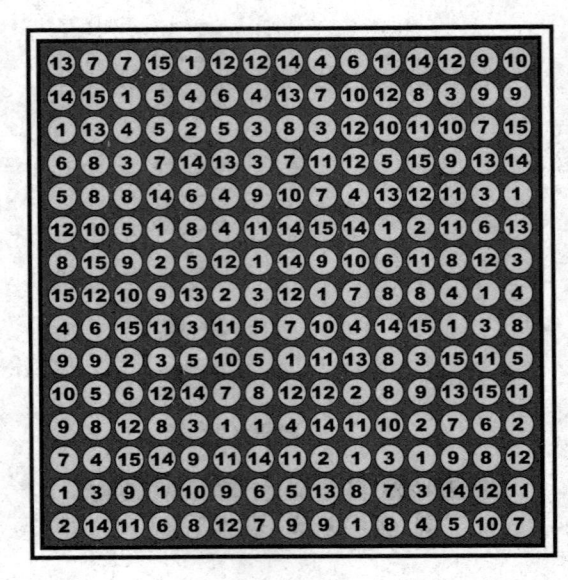

36. 五边形与数

动动脑筋，问号处应该填什么数呢？

37. 数字球

你能找出与众不同的那个数字球吗？

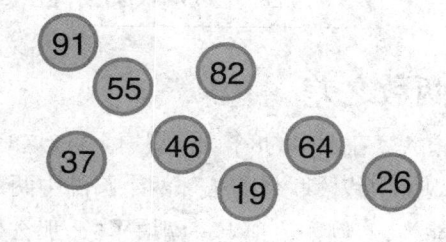

38. 不闭合图形

请按如下要求在每个格子里画一条对角线：图中数字指的是相交于此对角线的数量；这些对角线相互不可以构成任意大小的闭合图形。

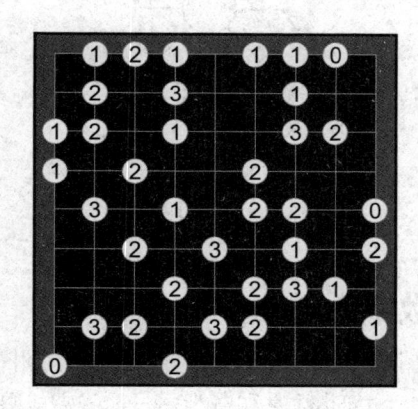

39. 竖式

从右边竖式里去掉9个数字，使得该竖式的结果为1111。

应该去掉哪9个数字呢？

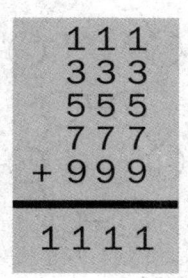

```
  111
  333
  555
  777
+ 999
  ----
  1111
```

40. 哈密尔敦路线

从游戏板上的1开始，必须经过图中每一个圆圈，并依次给它们标上号，最后到达19。你每次只能到达一个圆圈，并且必须按照图中的箭头方向前进。

注意：不能跳步。

41. 哈密尔敦闭合路线

一个完全哈密尔敦路线是从起点1开始，到达所有的圆圈后再回到起点。你能不能将1~19这几个数字依次标进下面的圆圈中，完成这样一条路线呢？

你每次只能到达一个圆圈，并且必须按照图中的箭头方向前进，不准跳步。

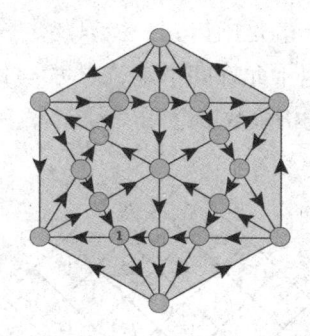

42. 特殊数字

圆中的哪个数是特殊的？

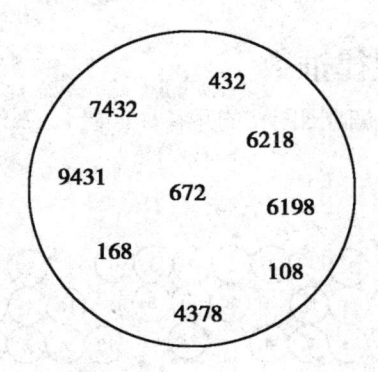

7432, 432, 6218, 9431, 672, 6198, 168, 108, 4378

43. 补充数字

在带问号的数字圆圈里填什么数?

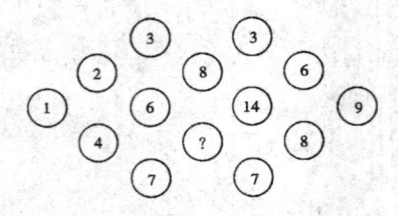

44. 奇妙六圆阵

图中有6个圆,圆上有9个交点。把1~9几个自然数分别填入小圈内,使每个大、小圆周上4个数字之和都等于20。

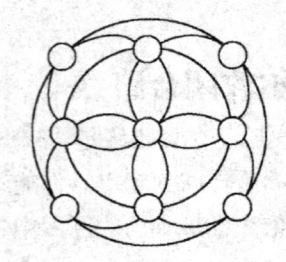

45. 寻找最大和

下图中,每格里都有一个数字,假设下端是入口,上端是出口,一步只能走一格,不允许重复,也不允许向下走,思考一下怎样才能使你走过的格里数字之和最大?

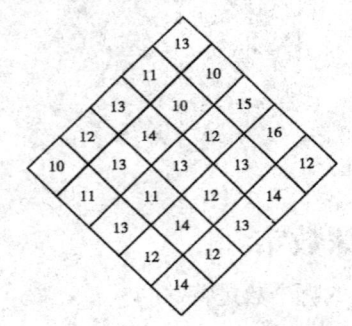

46. 规律推数

根据圆圈图案的规律,问号处应该填哪个数字?

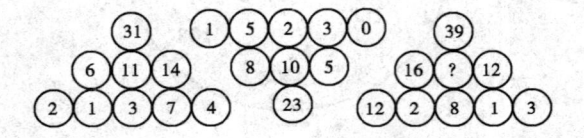

47. 删数字

如下图所示,欲使直列和横列的数字总和等于70,只须删掉4个数字即可。试问,应删掉哪4个数字?

21	28	21	21
42	14	14	14
21	14	14	35
7	28	35	35

48. 两数之差

请大家在图中的8个圆圈里填上1~8这8个数字,规定由线段联系的相邻两个圆圈中两数之差不能为1。例如,顶上一圈填了5,那么4与6都不能放在下一行的某圆圈内。

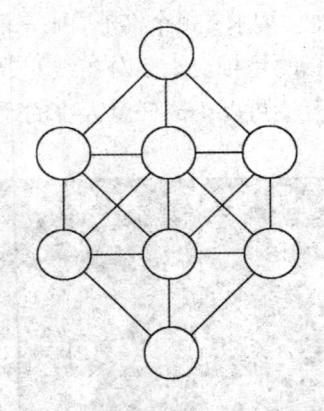

49. 数字六边形

请把1~24共24个数,分别填进小圆圈里,使每个六边形6数之和皆为75。你能完成吗?

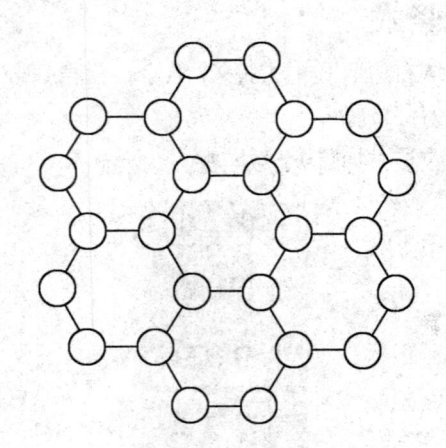

50. 猜数字

猜猜看，问号处应该填上什么数字？

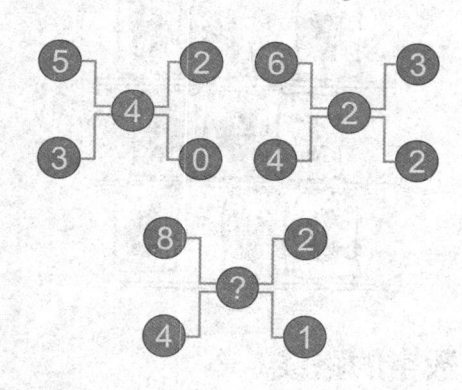

51. 算一算

仔细算一算，哪些数字可以完成这道谜题？

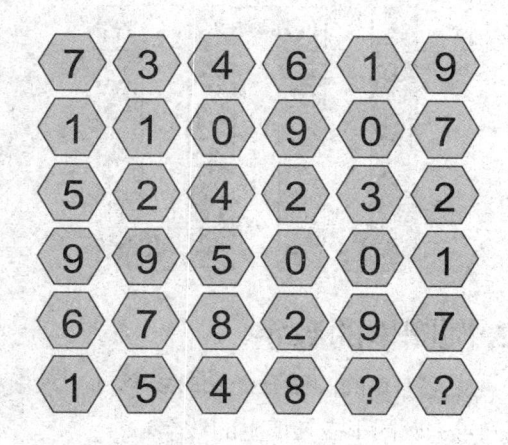

52. 六边形与球

每个六边形底部3个球对应的数之和减去六边形顶端的3个球对应的数之和，等于六边形中间的这个数。请填出空白处的数字。

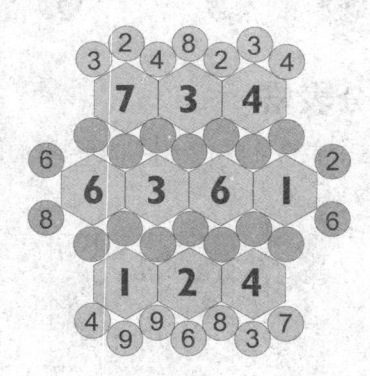

53. 加法题

最少需要做怎样的改变才能使下面的加法题得数变成245？

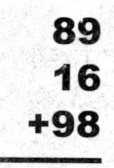

```
  89
  16
+ 98
-----
```

54. 调整算式

若要使下面这个式子的结果为173，最快的是做何调整？

```
  68
  99
+ 81
-----
```

55. 适当的数字

你能否找到适当的数字来代替下面算式中的字母，从而解开这个谜题。

```
   HE
 × ME
 ----
   BE
   YE
  EWE
```

56. 数字算式题

下面是一个数字算式题，你能完成这个算式吗？

```
  SE.ES
  TE.ES
+ FE.ES
-------
  CA.SH
```

57. 字母算式题

在这道算式题中，数字被字母和星号所取代。同样的字母代表同样的数字，星号代表1到9的任意数字。请你写出算式。

```
     ABC
   × BAC
   -----
    ****
    **A
   ***B
  ------
  ******
```

58. 素数算式题

在这道算式题中，每个数字均是素数（2，3，5或者7）。这里不提供作为线索的数字和字母，但正确答案只有一个。

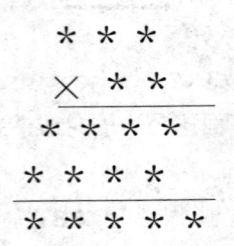

```
      * * *
    × * *
    -------
    * * * *
  * * * *
  -----------
  * * * * *
```

59. 重新排列数字

这纯粹是一道数字题。有人向你挑战要将图表中的17个数字重新排列，使排列之后每条直线上的数字之和都等于55。

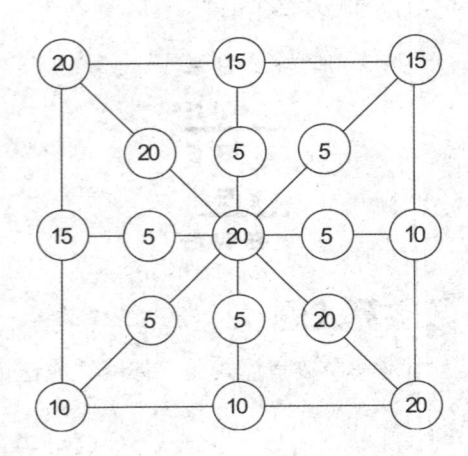

60. 面布袋上的数

当塞·科恩克利伯核对自己的补给品时，他在面布袋上发现了一些有趣的东西。面布袋每3个放在一层，共有9个布袋，上面分别标有从1到9这几个数字。在第1层和第3层，都是1个布袋与另外两个布袋分开放；而中间那层的3个布袋则被放在一起。如果他将单个布袋的数字（7）乘以与之相邻的两个布袋的数字（28），得到196，也就是中间3个布袋上的数字。然而，如果他将第3层的两个数字相乘，则得到170。

塞于是想出来一道题：你能否尽可能少地移动布袋，使得上、下两层每对布袋上的数字与各自单个布袋上的数字相乘的结果都等于中间3个布袋上的数字呢？

61. 数字的路线

将数字1~9放进数字路线中，使各等式成立。

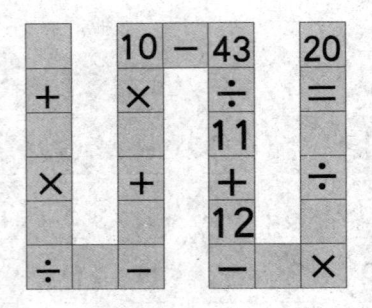

62. 圆圈里的数字

从左上角的圆圈开始顺时针移动，求出标注问号的圆圈里应该填上的数字。

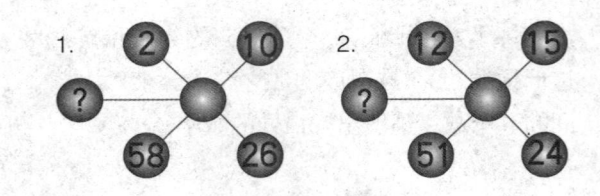

63. 划分表格

将这个表格分成4个相同的形状，并保证每部分中数字之和为50。

下 篇 提高逻辑力的思维游戏

64. 填数

要完成这道题，最后那个正方形中应该填什么数字？

3		23	6		7
	41			28	
7		8	2		13
4		19	14		3
	45			47	
17		5	11		?

65. 墨迹

哎呀！墨迹遮盖了一些数字。此题中，1~9每个数字各使用了1次。你能重新写出这个加法算式吗？

66. 缺失的数字

你能算出缺失的数字吗？

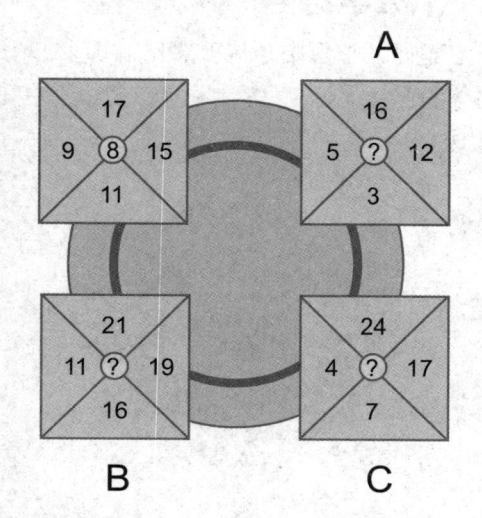

67. 数字盘

你能找出最后那个数字盘中问号部分应当填入的数字吗？

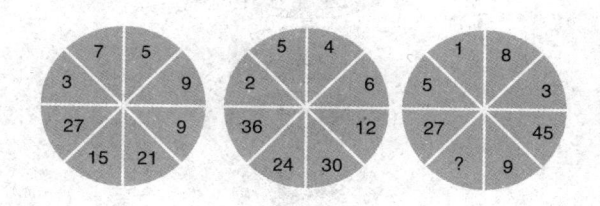

68. 数学符号

问号部分应当分别用什么数学符号替代才能使两个部分的值相同且大于1？你可以在"÷"和"×"之间选择。

69. 序列图

在问号处填上什么数字，可以完成这组序列图？

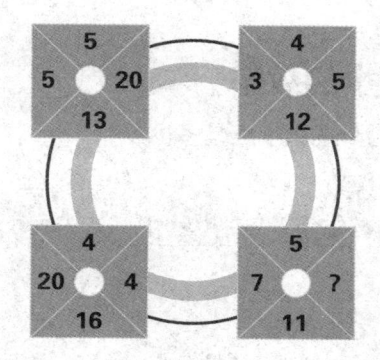

70. 第3个圆

你能算出第3个圆中缺少的数字吗？

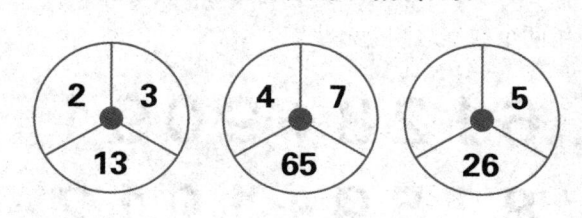

267

71. 椭圆里的数

应该在最后那个椭圆里填上什么数字?

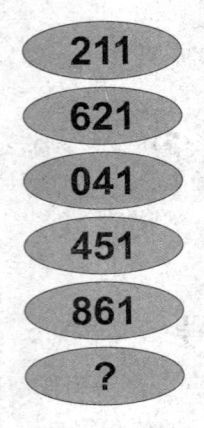

211
621
041
451
861
?

72. 3个数学符号

四边形中有3个数学符号没有填入。从顶部开始顺时针计算,你能算出问号部分应当填入什么数学符号吗?

73. 缺少的数字

问号处的数字应是多少?

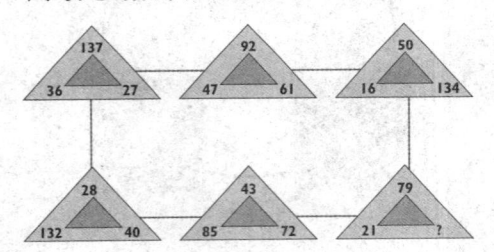

74. 数字之和

如果第1组两个数字之和为9825,那么第2组两个数字之和为多少?

6128+9091
8159+1912

75. 数值之和

在如图所示的三角形中放入一个数,使得每横排、纵列及对角线上的数值之和为203。

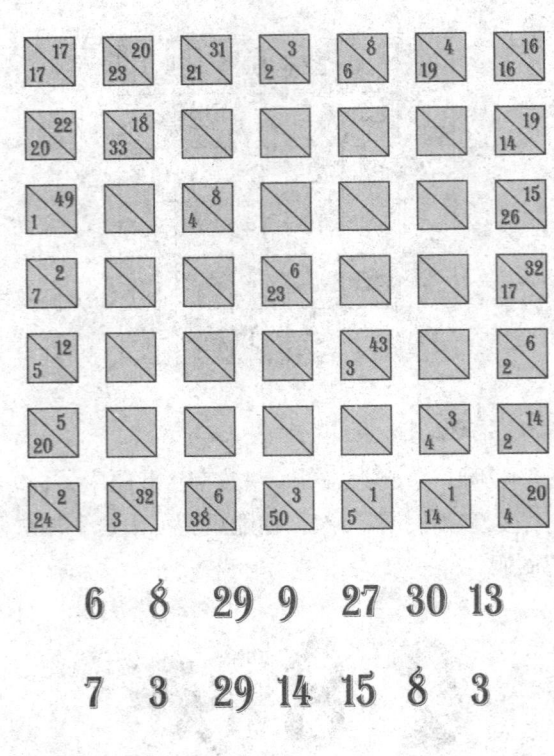

6 8 29 9 27 30 13
7 3 29 14 15 8 3
2 19 11 12 39 0
40 1 7 11 2 9 2
34 13 10 8 12 20
19 36 5 4 5 18 40

76. 4个数学符号

在这个四边形中,从顶部开始顺时针填入4个数学符号(+、—、×、÷),使位于中间的答案成立。

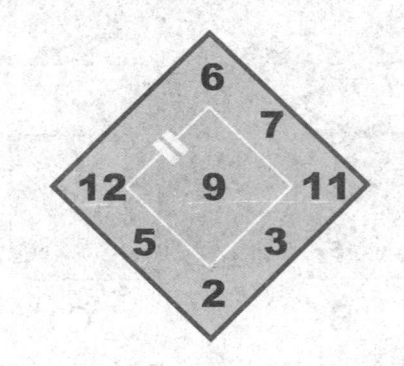

77. 图表与数字和

将图表分成4个相同的形状，并且每部分所包含的数字之和都等于134。

5	7	8	15	4	7	5	6
11	6	9	8	16	12	10	10
7	12	10	12	3	11	6	8
6	7	2	5	7	7	15	10
12	15	10	6	4	5	12	8
6	7	11	13	9	6	9	6
9	8	10	6	9	8	1	2
3	6	4	10	10	10	15	15

78. 数值

在下图中，数字被字母所取代，同样的字母代表相同的数字。请问，第3行的值是多少？

A	E	D	E	E	E	E	= 64
D	B	B	D	A	D	E	= 40
C	B	A	A	C	F	G	= ?
E	F	G	F	B	F	E	= 81
B	A	A	E	E	C	E	= 45
A	C	B	A	G	D	E	= 47

= = = = = = =
30 37 34 46 49 56 72

79. 魔数175

将所提供的几排数字插入格子中适当的位置，使方格中每横排、纵列和对角线上数字相加的结果为175。例如：将C放入位置a。

	a			5			g
	b			14			h
	c			16			i
49	41	33	25	17	9	1	
	d			34			j
	e			36			k
	f			45			l

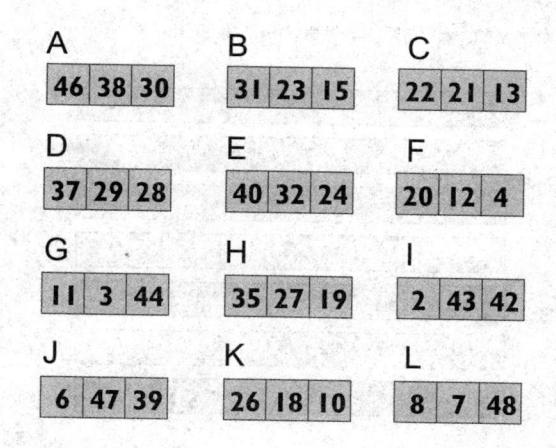

A | B | C
46 38 30 | 31 23 15 | 22 21 13

D | E | F
37 29 28 | 40 32 24 | 20 12 4

G | H | I
11 3 44 | 35 27 19 | 2 43 42

J | K | L
6 47 39 | 26 18 10 | 8 7 48

80. 合适的数字

要完成这道题，你觉得问号部分应该换成什么数字？

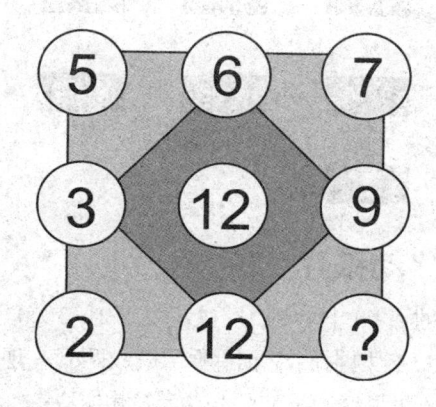

```
 5    6    7
 3   12    9
 2   12    ?
```

81. 数字的逻辑

你知道问号处应填上什么数字吗。

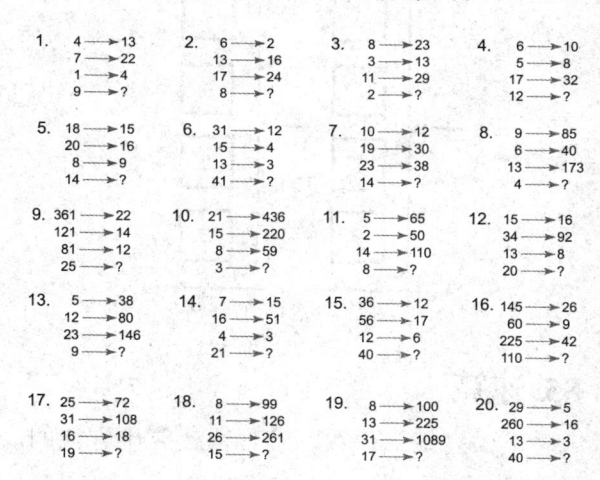

1. 4 → 13   2. 6 → 2   3. 8 → 23   4. 6 → 10
    7 → 22   13 → 16   3 → 13   5 → 8
    1 → 4   17 → 24   11 → 29   7 → 32
    9 → ?   8 → ?   2 → ?   12 → ?

5. 18 → 15   6. 31 → 12   7. 10 → 12   8. 9 → 85
    20 → 16   10 → 4   19 → 30   6 → 40
    8 → 9   4 → 9   23 → 38   3 → 173
    14 → ?   41 → ?   14 → ?   4 → ?

9. 361 → 22   10. 21 → 436   11. 5 → 65   12. 15 → 16
    121 → 14   15 → 220   2 → 50   34 → 92
    81 → 12   8 → 59   4 → 110   18 → 8
    25 → ?   3 → ?   8 → ?   20 → ?

13. 5 → 38   14. 7 → 15   15. 36 → 12   16. 145 → 26
    12 → 80   16 → 51   56 → 17   60 → 9
    23 → 146   4 → 3   12 → 6   225 → 42
    9 → ?   21 → ?   2 → ?   110 → ?

17. 25 → 72   18. 8 → 99   19. 8 → 100   20. 29 → 5
    31 → 108   11 → 126   13 → 225   260 → 16
    16 → 18   26 → 261   31 → 1089   3 → 3
    19 → ?   15 → ?   17 → ?   40 → ?
```

## 82. 7张字条

准备7张纸条，写下数字1~7，按照如图所示排列。现在，将其中的6张每张剪一下，重新排列为7行7列，且每行、每列和每条对角线上

269
```

的数字总和为同一个数。很难哦！

```
1 2 3 4 5 6 7
1 2 3 4 5 6 7
1 2 3 4 5 6 7
1 2 3 4 5 6 7
1 2 3 4 5 6 7
1 2 3 4 5 6 7
1 2 3 4 5 6 7
```

83. 数的规律

算一算，问号处应该是多少？

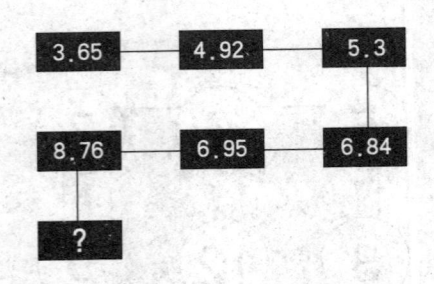

3.65 — 4.92 — 5.3
8.76 — 6.95 — 6.84
?

84. 移动纸片

8张纸片上分别写着数字1、2、3、4、5、7、8、9，把它们按下图所示摆成两列。现在请你移动两张纸片，使两列数字之和相等。

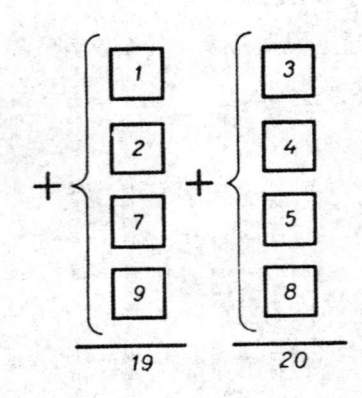

+{1, 2, 7, 9} = 19   +{3, 4, 5, 8} = 20

85. 速算

下面有组六位数，请你快速算出它们的和。怎么算简单些？

328645
491221
816304
117586
671355
508779
183696
882414

86. 数字替换

在这个加法算式中，要求用5个0来替换其中任意的5个数字，使最后的和为1111。应该怎么办呢？

```
  111
  333
  555
  777
+ 999
```

87. 数字的关系

下题中，第2排的数字是由第1排的数字决定的。同样的，第3排的数字是由第2排的数字决定的。你能确定这种关系，找出缺失的数字？

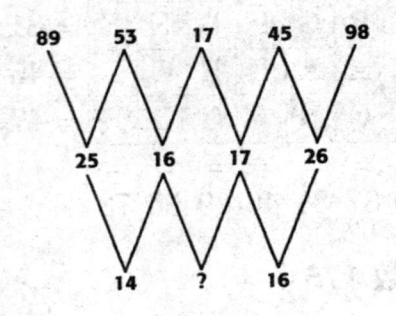

第1排：89 53 17 45 98
第2排：25 16 17 26
第3排：14 ? 16

88. 总值 60

用3条直线将这个正方形分成5部分，使得每部分所包含数字的总和都等于60。

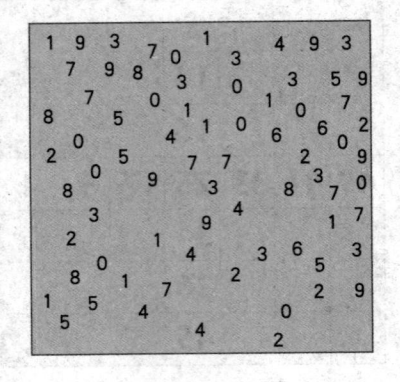

89. 数字盘的规律

如果A对应于B，那么C对应于D、E、F、G中哪个数字盘？

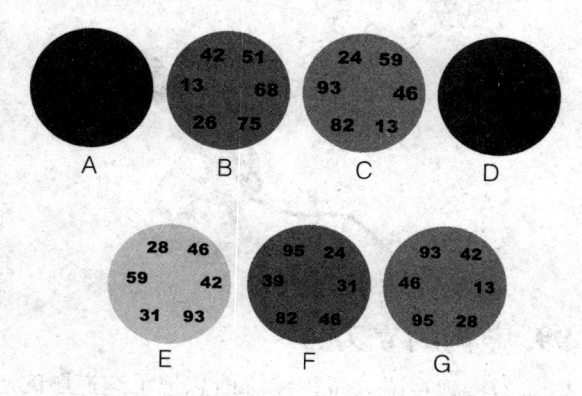

A

B: 42 51 13 68 26 75

C: 24 59 93 46 82 13

D

E: 28 46 59 42 31 93

F: 95 24 39 31 82 46

G: 93 42 46 13 95 28

90. 序列数

在这些序列中问号处应填哪些数？

A	7	9	16	25	41	?	
B	4	14	34	74	?		
C	2	3	5	5	9	7	14	?	?
D	6	9	15	27	?		
E	11	7	−1	−17	?		
F	8	15	26	43	?		
G	3.5	4	7	14	49	?	

91. 数字迷宫（1）

数字迷宫是在一个每一边包含n个格子的正方形里面填上从1到n²的自然数。填的时候按照横向或纵向移动，在相邻的格子里填上连续的数，每一个格子里只能填入一个数。下面给出了一个例子。

在5×5和6×6的方框中，有几个格子里已经填上了数字，你能否将剩余的数字补充完整？

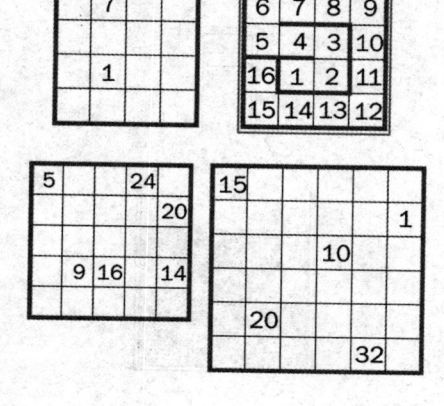

92. 数字迷宫（2）

下面是另外一个数字迷宫。规则同上题，但是这次要求填上的数字是1到100。有几个数字已经填入方格了，你能够将它补充完整吗？

93. 数列

你能否找出下面这个数列的规律，并写出它接下来的几项吗？

2 3 5 6 7 8
10 11 12 13 14
15 17 18 19
20 21 22 23
24 26 27…?

94. 计算闯关

如图所示，要求由出发点开始，经过每一关时，从＋、－、×、÷中选一个符号，对相邻的两个数字进行运算，使到达目的地时，答案恰好是1。

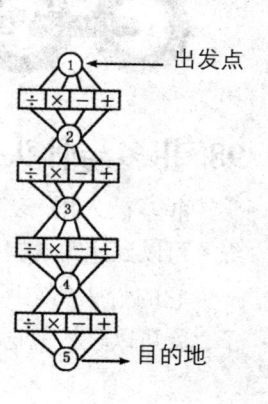

95. 有趣的数列

一个有趣的数列前8个数如下图所示。请问你能否写出该数列的第9个数和第10个数？

1	1
2	11
3	21
4	1211
5	111221
6	312211
7	13112221
8	1113213211
9	?
10	?

96. 图形与数字

请观察各图形与它下面各数间的关系，然后在问号处填上一个适当的数。

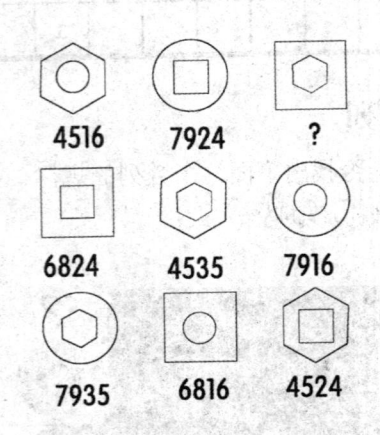

4516   7924   ?

6824   4535   7916

7935   6816   4524

97. 环环相扣

7环相连如图所示，若1~7号，每天所拿环数要与日期相符，则至少要分割几次？

98. 菲多与骨头

菲多被人用一条长绳拴在了树上。拴它的绳子可以到达距离树10米远的地方。

它的骨头离它所在的地方有22米。当它饿了，就可以轻松地吃到骨头。

它是怎么做到的？

99. 虚构的立方体

教授现在陷入了困境。他忘记了这道题的答案，离上课只剩下5分钟了！线段BD和GD已经画在虚构立方体的两个面上。两条线段相交于D点。那么，你能帮教授计算出这两条对角线之间的角度吗？

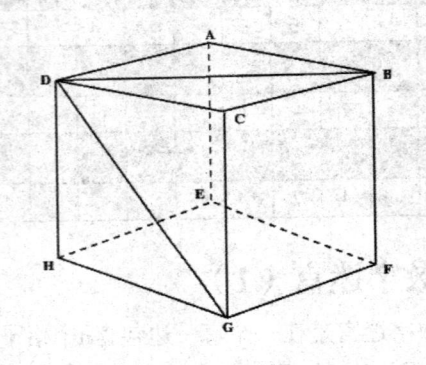

100. 科隆香水

下图是一个塞有塞子的未装满的科隆香水瓶，你如何计算出瓶中液体所占瓶子的百分比（瓶塞所占空间面积不计）。你能使用的只有一把尺子，同时，你不能将瓶塞从瓶子上拿走。你有5分钟的时间计算出结果。

第三章
推理逻辑游戏

1. 谁扮演"安妮"

思道布音乐剧团决定在今年上演《安妮》这出戏剧，但要找一个能扮演10岁的小安妮的演员。昨晚，导演卢克·夏普让4个候选演员作了预演，结果均不令人满意。从以下所给的线索中，你能推断出她们演出的顺序、各自的职业和她们不适合扮演安妮这个角色的理由吗？

线索

1. 图书管理员由于她1.8米的身高而与这个角色不符。
2. 艾达·达可不可能饰演安妮，因为她已经怀孕了。
3. 第2个参加预演的是个家庭主妇，但她不是蒂娜·贝茨。
4. 第1个参加预演的是一个长相丑陋的人，她被导演卢克描述成孤儿小安妮的"错误形象"，她不是太成熟的清洁工。
5. 科拉·珈姆是最后一个参加预演的。
6. 基蒂·凯特是思道布市场一家服装店的助手。

2. 足球评论员

作为欧洲青年足球锦标赛报道的一部分，阿尔比恩电视台专门从节目《两个半场比赛》的足球评论员中抽调了几位，这些评论员将分别陪同4支英国球队中的一支，现场讲解球队的首场比赛。从以下所给的线索中，请你推断出是什么资历使他们成为足球评论员的？他们所陪同的球队是哪支以及各球队分别要去哪个国家？

线索

1. 杰克爵士将随北爱尔兰队去国外。
2. 默西塞德郡联合队曾经的经营者将去比利时。
3. 伴随英格兰队的评论员现在挪威，他不是阿里·贝尔。
4. 曾是谢母司队守门员的足球评论员现在在威尔士队；而作为前足球记者的评论员虽然从来没有踢过球，但对足球了如指掌，他伴随的不是苏格兰队。
5. 佩里·奎恩将随一支英国球队去俄罗斯，参加和俄罗斯青年队的比赛，不过他从来没进过球。

3. 住在房间里的人

1890年，来自法国不同地区的6个满怀希望和抱负的青年，为了各自对艺术的追求来到了巴黎，他们在蒙马特尔一幢楼房的顶层找到了各自的住所，虽然房间没有家具，甚至连窗户都不能打开，但是窗外的风景却非常漂亮。从以下所给的线索中，你能推断出各个房间里居住者的名字、家乡和所从事的职业吗？

线索

1.有个年轻人来自波尔多，他的房间在烟囱的左边，他不是阿兰·巴雷。

2.住在2号房间的是个诗人，他的姓由5个字母构成。

3.思尔闻·恰尔住在5号房间。

4.那个住在4号房间的年轻人来自里昂，是6个人中最年轻的，他不是塞西尔·丹东。

5.3号房间住的不是那个画家，而画家不是来自南希。

6.吉恩·勒布伦是一位小说家，他的小说《宫里人》后来被认为是法国文学的经典，他的房间号是偶数，他左边的邻居不是那个来自卡昂的摄影师。

7.亨利·家微，第戎的本地人，就住在剧作家的隔壁，那个剧作家写了不止50部剧本，但从来没有上演过。

名字：阿兰·巴雷（Alain Barre），塞西尔·丹东（Cecile Danton），亨利·家微（Henri Javier），吉恩·勒布伦（Jean Lebrun），思尔闻·恰尔（Silvie Trier），卢卡·莫里（Luc Maury）

家乡：波尔多，卡昂，第戎，里昂，南希，土伦

艺术类型：剧作家，小说家，画家，摄影师，诗人，雕刻家

提示：找出亨利·家微所住的房间号。

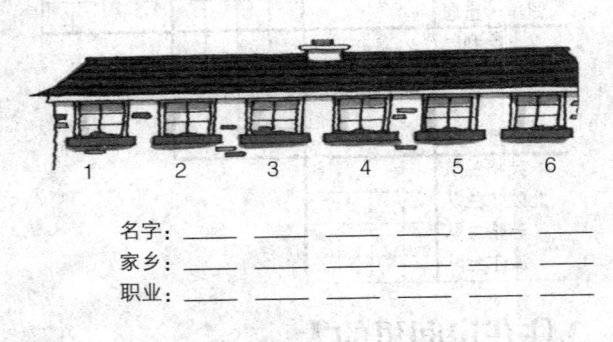

名字：___ ___ ___ ___ ___ ___
家乡：___ ___ ___ ___ ___ ___
职业：___ ___ ___ ___ ___ ___

4. 思道布的警报

昨天，思道布警察局接到了来自镇中心4个商店的报警电话，警车立即赶到事发现场（还好，没有一个电话要求救护车）。从以下所给出的线索中，你能推断出各个商店的名称、商店类别、它们的地址以及报警的原因吗？

线索

1.位于国王街的商店是卖纺织品的。

2.巴克商店的那个电话最后被证实是个假消息，由于商店的某个员工在贮藏室里弄出烟来而被人误以为是火灾。

3.在格林街的商店不是卖鞋子的，报警的原因是由于它的地下室被水淹了。

4.格雷格商店不卖五金用品。

5.牛顿街上的帕夫特商店不是一家书店，被一辆失控的车撞到后，这家书店的一面墙几乎要倒塌了。

	书店	纺织品店	五金商店	鞋店	格林街	国王街	牛顿街	萨克福路	车祸	错误警报	火灾	水灾
巴克												
格雷格												
林可												
帕夫特												
车祸												
错误警报												
火灾												
水灾												
格林街												
国王街												
牛顿街												
萨克福路												

5. 寄出的信件

根据所给出的线索，你能说出位置1~4上的女士的姓名和她们要寄出的信件的数目吗？

线索

1.埃德娜和鲍克丝夫人是离邮筒最近的人；前者寄出的信件数比后者少。

2.邮筒两边的女士寄出的总信件数一样多。

3.克拉丽斯·弗兰克斯所处位置的编号，比邮筒对面寄出3封信的那个女人小。

4.博比不是斯坦布夫人，她不在3号位置。

5.只有一个女人所处的位置编号和她要寄的信件数是相同的。

名：博比，克拉丽斯，埃德娜，吉马
姓：鲍克丝，弗兰克斯，梅勒，斯坦布
信件数：2，3，4，5
提示：先找出克拉丽斯·弗兰克斯的位置数。

6. 柜台交易

有两位顾客正在一家化学用品商店买东西。从以下所给的线索中，你能正确地说出售货员和顾客的姓名、顾客各自所买的东西以及找零的数目吗？

线索

1.杰姬参与的买卖中需要找零17便士，而沃茨夫人不是。
2.矢莉娅是由一个叫蒂娜的售货员接待的，但她不是买洗发水的奥利弗夫人。
3.图中的2号售货员不是莱斯利，而莱斯利不姓里德。
4.阿尔叟小姐卖出的不是阿司匹林。
5.2号售货员给4号顾客找零29便士。

名：杰姬，朱莉娅，莱斯利，蒂娜
姓：阿尔叟，奥利弗，里德，沃茨
商品：洗发水，阿司匹林
找零：17便士，29便士

7. 春天到了

某个小村庄的学校里，4个男孩正坐在长椅1、2、3、4的位置上上自然科学课，在这堂课中，每位同学都要把前段时间注意到或做过的事情告诉老师和同学。从以下所给的线索中，你能辨别出这4个人并推断出他们各自在这堂课中所说的事件吗？

线索

1.从你的方向看过去，那个看到翠鸟的男孩就坐在汤米的右边，他们中间没有间隔。
2.听到今年第一声布谷鸟叫的是一个姓史密斯的小伙子。
3.从你的方向看过去，比利坐在埃里克左边的某个位置上，其中普劳曼是埃里克的姓。
4.图中位置3上坐着亚瑟同学。
5.位置2的男孩告诉了大家周末他和父亲玩鳟鱼的事，他不姓波特。

名：亚瑟，比利，埃里克，汤米
姓：诺米，普劳曼，波特，史密斯
事件：听到布谷鸟叫，看到山楂开花，看到翠鸟，玩鳟鱼
提示：先找出看到翠鸟的那个人的位置。

姓：_____
名：_____
事件：_____

8. 农民的商店

根据以下所给的线索，你能说出每个农场商店的店主名字以及所出售的主要蔬菜和肉类吗？

线索

1.理查德管理希勒尔商店，但他不是以卖猪肉为主。
2.火鸡和椰菜是其中一家商店的主要商品，但这家店并不是希勒尔商店，也不是布鲁克商店。
3.康妮不在冷杉商店工作，她也不卖土豆。而且土豆和羊肉不是在同一家商店出售的。
4.珍的商店有很多豆角，而基思的商店有很多牛肉。

5.霍尔商店以卖鸵鸟肉著称。
6.老橡树商店正出售一堆相当不错的卷心菜。

9. 马蹄匠的工作

马蹄匠布莱克·史密斯还有5个电话要打，都是关于各地马匹的马蹄安装和清理的事情。从以下所给的信息中，你能推断出布莱克何时到达何地，并说出马的名字和工作的内容吗？

线索

1.布莱克其中的一件工作，但不是第一件事，是给高下马群中的一匹赛马（它不叫佩加索斯）安装赛板。
2.叫本的那匹马不是要安装普通蹄的马。
3.布莱克在中午要为一匹马安装运输蹄，这匹马的名字比需要清理蹄钉的马长一些。
4.布莱克给瓦特门的波比做完活之后，接着为石头桥农场的那匹马做活。而给叫王子的马重装蹄钉的活是在韦伯斯特农场之前完成的。
5.乾坡不是韦伯斯特农场的马，也不是预约在10:00的那匹。
6.布莱克预计在11:00到达橡树骑术学校。

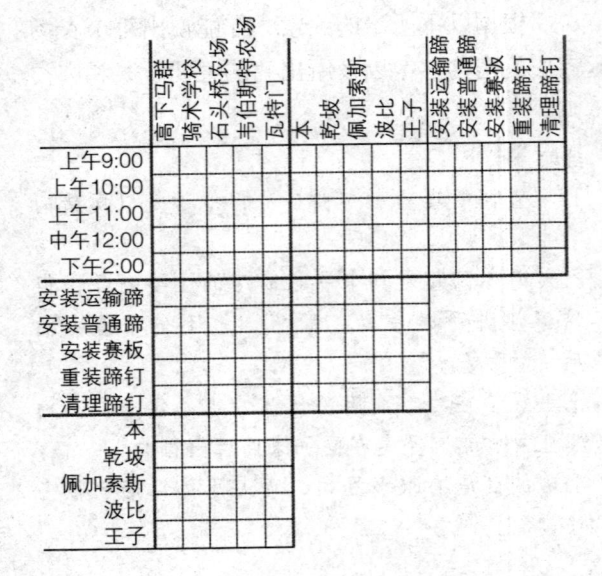

10. 皮划艇比赛

今年在玛丽娜海岛举行的"单人皮划艇环游海岛比赛"最后由泰迪熊队获胜。由于此项比赛是接力赛，也就是说在比赛的各个路段是由不同的选手领航的。你能根据所给的线索，填出各个地理站点的名称（1~6号是按照皮划艇经过的时间顺序标出的，即比赛是沿着顺时针方向进行的）、各划艇选手的名字，以及比赛中第一个经过此处的皮划艇名称吗？

线索

1.6号站点叫青鱼点，海猪号皮划艇并不在此处领航；格兰·霍德率先经过的站点离此处相差的不是2个站点。
2.派特·罗德尼的皮划艇在波比特站点处于领航位置上，它刚好是城堡首领站点的前一个站点。
3.在2号站点处领航的皮划艇是改革者号。
4.由盖尔·费什驾驶亚马逊号皮划艇率先经过的站点离圣·犹大书站点还有3个站点的距离。

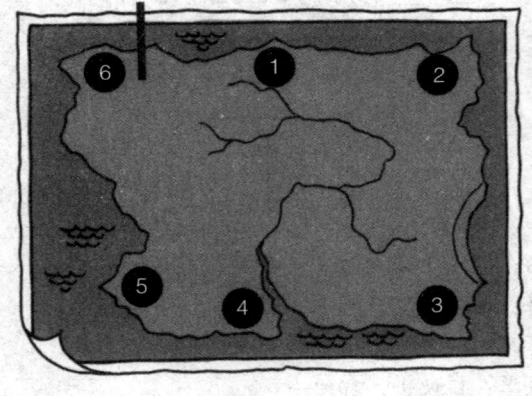

	1	2	3
站点:	___	___	___
选手:	___	___	___
皮划艇:	___	___	___

	4	5	6
站点:	___	___	___
选手:	___	___	___
皮划艇:	___	___	___

5. 去利通号率先经过的那个站点，沿着顺时针方向往下的一站是安迪·布莱克率先经过的那个站点。
6. 科林·德雷克驾驶的皮划艇在5号站点处于领航位置。
7. 五月花号皮划艇是在斯塔克首领站点领航。
8. 魅力露西号率先经过的站点的编号是露西·马龙率先经过的站点的编号的一半，而且它不是海盗首领站点。

站点： 波比特站点，城堡首领站点，青鱼站点，圣·犹大书站点，斯塔克首领站点，海盗首领站点

选手： 安迪·布莱克，科林·德雷克，盖尔·费什，格兰·霍德，露西·马龙，派特·罗德尼

皮划艇： 亚马逊号，改革者号，魅力露西号，五月花号，海猪号，去利通号

提示： 首先推断出谁率先经过3号站点。

11. 赛马

图中向我们展示了业余赛马骑师的一场点对点比赛，其中一场的照片展示在田径运动会的宣传卡片上。从以下所给出的线索中，你能说出每匹马的名字以及各骑师的姓名吗？

线索
1. 第2名的马名叫艾塞克斯女孩。
2. 海员赛姆不是第4名，它的骑师姓克里福特，但不叫约翰。
3. 蓝色白兰地的骑师，他的姓要比萨利的姓少一个字母。
4. 麦克·阿彻骑的马紧跟在西帕龙的后面，西帕龙不是理查德的马。

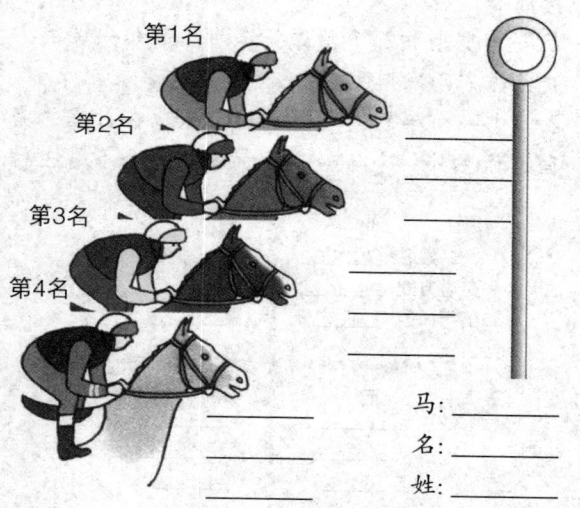

马的名字： 蓝色白兰地，艾塞克斯女孩，海员赛姆，西帕龙

骑师的名字： 埃玛，约翰，麦克，萨利

骑师的姓： 阿彻（Archer），克里福特（Clift），匹高特（Piggott），理查德（Richards）

提示： 先推算出克里福特的名字。

12. 成名角色

5个国际戏剧艺术专业的学生由于在5部不同的作品中成功地扮演了不同的角色，知名度大大提高。从以下所给的线索中，你能推断出每个人所扮演的角色以及各个作品的题目和类型吗？

线索
1. 其中的一个年轻女性扮演了《格里芬》里的一位踌躇满志的年轻女演员。道恩·埃尔金饰演一位理想主义的医学生。
2. 艾伦·邦庭饰演的不是一位教师，也不会在电影中出现。尼尔·李在一部由4个系列组成的电视短剧中扮演角色。
3. 在13集的电视连续剧中，简·科拜不会出现，这部电视剧中也不会出现法官这个角色。
4. 一部关于一个省级日报记者的电视将一个年轻的演员捧红，他的姓要比《罗米丽》中的演员的姓少一个字母。
5. 《丽夫日》将在西城终极舞台上演。
6. 蒂娜·罗丝是《摩倩穆》中的主角。

姓名： 艾伦·邦庭（Alan Bunting），道恩·埃尔金

	女演员	医学生	记者	法官	教师	《格里芬》	《克可曼》	《丽夫日》	《摩倩穆》	《罗米丽》	电影	舞台剧	电视戏剧	电视短剧	电视连续剧
艾伦·邦庭															
道恩·埃尔金															
简·科拜															
尼尔·李															
蒂娜·罗丝															
电影															
舞台剧															
电视戏剧															
电视短剧															
电视连续剧															
《格里芬》															
《克可曼》															
《丽夫日》															
《摩倩穆》															
《罗米丽》															

金（Dawn Elgin），简·科拜（Jane Kirby），尼尔·李（Neil Lee），蒂娜·罗丝（Tina Rice）

13. 蒙特港的游艇

在这个美好的季节，蒙特港到处都是大大小小的游艇。从以下关于5艘游艇的信息中，你能推断出各游艇的长度、它们所能容纳的人数以及各个游艇主人的身份吗？

线索

1. 迪安·奎是美人鱼号游艇的主人，而游艇曼特是属于一位歌手的。
2. 游艇米斯特拉尔号的主人和雨果·姬根都不是一位职业车手。
3. 比安卡女士号的主人不是雅克·地布鲁克，也不是电影明星。
4. 杰夫·额的游艇有22.9米长，它的名字既不是最长的也不是最短的。
5. 汉斯·卡尔王子的游艇名字的字母数，比33.5米长的那艘游艇的少一个。
6. 极光号长30.5米。工业家的游艇是最长的。

游艇：极光号（Aurora），比安卡女士号（Lady Bianca），曼特号（Manta），美人鱼号（Mermaid），米斯特拉尔号（Mistral）

14. 扮演马恩的4个演员

最近，不列颠电视台将上演休·马恩的自传，电视台的新闻办公室公布了分别扮演马恩各个时期的4个演员的照片。从以下所给出的线索中，你能说出4个演员的名字以及所扮演的时期吗？

线索

1. C饰演孩童时代的马恩，他不姓曼彻特。
2. 安东尼·李尔王不饰演晚年的马恩，马恩在晚年时期已经成为哲学家。
3. 理查德紧贴在哈姆雷特的左边，哈姆雷特饰演的是那个正谈论他伟大军事理想的马恩。
4. A是朱利叶斯。

名：安东尼，约翰，朱利叶斯，理查德
姓：哈姆雷特，李尔王，曼彻特，温特斯
时期：孩童，青少年，士兵，晚年

提示：先定位哈姆雷特。

15. 年轻人出行

某一天，同一村庄的4个年轻人朝东、南、西、北4个方向出行。从以下所给的线索中，你能推断出他们各自走的方向、出行的方式以及出行原因吗？

线索

1. 安布罗斯和那个骑摩托车去上高尔夫课的人走的方向刚好相反。
2. 其中一个年轻人所要去的游泳池在村庄的南面，而另外一个年轻人参加的拍卖会不是在村

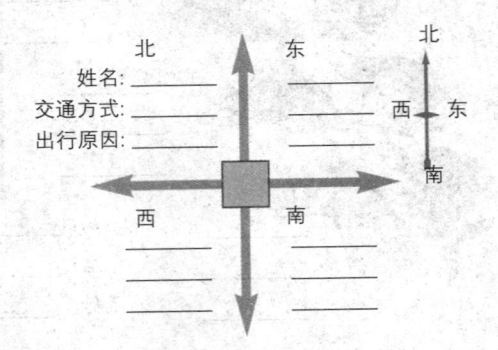

庄的西面举行。

3. 雷蒙德离开村庄后直接朝东走。

4. 欧内斯特出行的方向是那个坐巴士的年轻人出行方向逆时针转90°的方向。

5. 坐出租车出行的西尔威斯特没有朝北走。

姓名：安布罗斯，欧内斯特，雷蒙德，西尔威斯特

交通工具：巴士，小汽车，摩托车，出租车

出行原因：拍卖会，看牙医，上高尔夫课，游泳

提示：找出向西行的目的。

16. 继承人

104岁的伦琴布格·桑利维斯是爱吉迪斯公爵家族成员之一，他最近的病情使人们把目光都聚集在他的继承人身上。但他的继承人，即他的5个侄子，却都定居在英国。从以下所给的线索中，你能推断出这5位继承人的排行位置、在英国的居住地以及他们现在的职业吗？

线索

1. 施坦布尼的首席消防员和他的堂兄妹一样是继承人身份，但他从不炫耀这个头衔，在家族中他排行奇数位。

2. 盖博旅馆的主人在家族中排行不是第2也不是第5，他的家不在格拉斯哥。

3. 在沃克叟工作的继承人在家族中排行第4。

4. 跟随家族中另一位继承人贝赛利（他在利物浦的邻居叫他巴时）从事管道工作的是西吉斯穆德斯，他也是继承人之一，他更喜欢人家称他为西蒙王子。

5. 家族中排行第3的继承人在他英国的家乡从事出租车司机的工作。

6. 吉可巴士继承人（吉可）在家系中排行第2。

7. 通常被人家称为帕特里克的帕曲西斯继承人不住在坦布。

17. 新工作

5个年轻人均在最近几周找到了新工作，他们在同幢大楼的不同楼层工作。从以下所给的线索中，你能找出他们的工作单位、所在楼层以及他们在那里工作的时间吗？

线索

1. 伯纳黛特在邮政服务公司工作，他所住的楼层比那个最近被雇佣的年轻人要低2层。而后者即最近被雇佣的不是爱德华，爱德华所住的楼层要比保险公司经纪人的高2层，保险公司经纪人是在最近2周被招聘的。

2. 假日公司的职员不在第5层。

3. 德克是在4周前就职的。

4. 信贷公司的办公室在大楼9层。

5. 淑娜不是私人侦探所的职员。

6. 3周前就职的女孩在大楼的第7层上班。

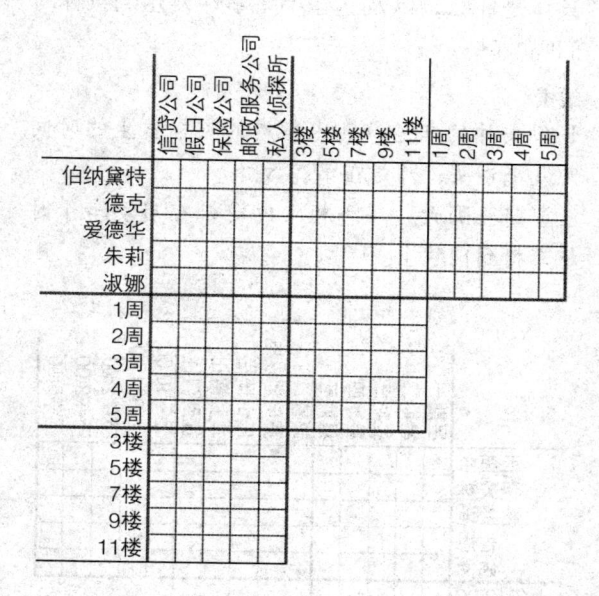

18. 在海滩上

3位母亲带着各自年幼的儿子在海滩上玩，从以下所给的线索中，你能准确地推断出这3位母亲的姓名、她们儿子的名字以及孩子所穿泳衣的颜色吗？

线索

1.丹尼斯不是蒂米的妈妈，蒂米穿红色泳衣。
2.莎·卡索在海滩上玩得相当愉快。
3.曼迪的儿子穿绿色泳衣。
4.那个叫响的小男孩穿着橙色泳衣。

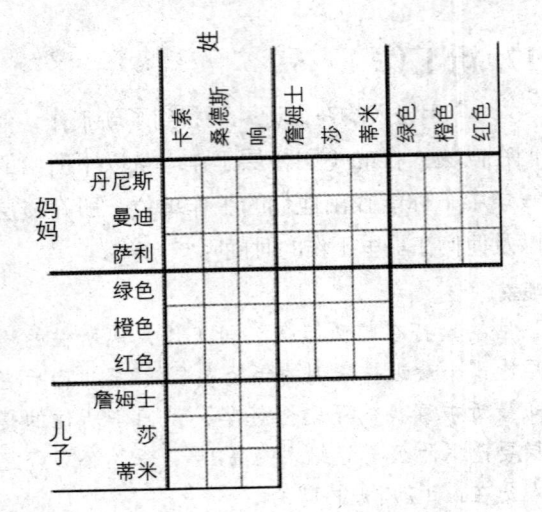

19. 兜风意外

5个当地居民在上周不同日子的不同时间驾车时都发生了一些意外。从以下所给的线索中，你能推断出发生在每个人身上的不幸事件具体是什么，以及这些不幸事件发生的具体时间吗？

线索

1.伊夫林的车胎穿孔比吉恩的灾祸发生的时间晚几个钟头，却是在第二天。
2.星期五那天，一个粗心的司机在启动车子时把车撞到门柱上。
3.姆文是在星期二发生意外的，意外发生的时刻比那个司机因超速而被抓的时刻早。
4.西里尔的不幸发生在下午3:00钟。
5.格兰地的麻烦事发生的时刻比发生在早上10:00的祸事要早。
6.其中一个司机在下午5:00要启动车子的时候发现蓄电池没电了。

20. 航海

在某个阳光灿烂的夏日午后，4艘游船在某海湾航行，位置如图，从以下所给的线索中，你能说出这4艘船的名字、航海员以及帆的颜色吗？

1.海鸥在马尔科姆掌舵的船东南面，马尔科姆掌舵的船帆是白色的。
2.燕鸥在图中处于奇数的位置，它的帆是灰蓝色的。
3.有灰绿色帆的那艘船不是图中的4号。
4.维克多的船处于3号位置。
5.海雀的位置数要比有黄色帆的游船小，但比大卫掌舵的船位置数要大。
6.埃德蒙的船叫三趾鸥。

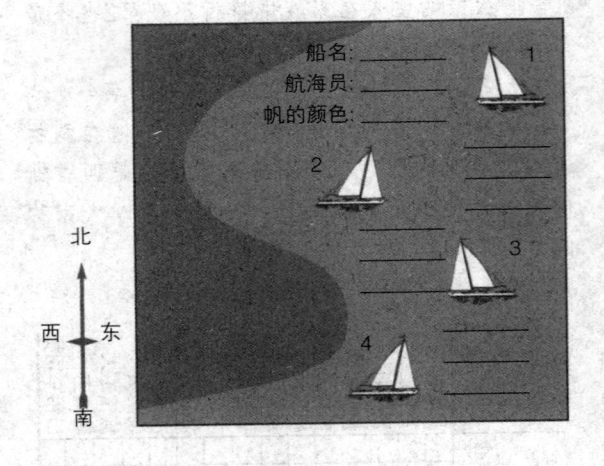

船名：海鸥，三趾鸥，海雀，燕鸥
航海员：大卫，埃德蒙，马尔科姆，维克多
帆：灰蓝色，灰绿色，白色，黄色
提示：先找出4号位的船名。

21. 排行榜

比较一下圣诞节时和赛季末足球联盟的排行榜，发现前8支球队还是原来的那8位，但其中只有一支球队的名次没变。从以下所给的线索中，你能填出圣诞节时和赛季末足球联盟前8位的排行榜吗？

线索

1.贝林福特队到赛季末下降了2个名次，而罗克韦尔·汤队则上升了3个名次。

2.匹特威利队在圣诞节的时候是第2名，却以不尽如人意的第7名结束了本赛季。

3.克林汉姆队在圣诞节的名次紧靠在格兰地威尔之前，但后来两队的名次均有所提升，而克林汉姆队提升的更大一些，加大了两队的差距。

4.圣诞节时排第5名的那个队在最后的排行榜中不是第4。

5.米尔登队的球迷为他们队在本赛季获得第3名的好成绩而欢呼。这样在半赛季排名时，他们队的名次处在了罗克韦尔·汤队之前。

6.内德流浪者队的名次下降了，而福来什运动队在后半赛季迎来了好运。

7.圣诞节时第1名的球队在赛季末只得了第5名。

球队：贝林福特队，福来什运动队，格兰地威尔，克林汉姆队，米尔登队，匹特威利队，罗克韦尔·汤队，内德流浪者队

提示：找出圣诞节时和赛季末处于同一排名的球队。

22. 单身男女

在最近一次"单身之夜"上，5位单身女士不久即被5位单身男士所吸引，并且他们发现彼此都有一个共同爱好。从以下给出的详细信息中，你能分别找出每一对的共同爱好以及每位男士的迷人之处吗？

线索

1.詹妮被一个非常高的男士所吸引，但他们的共同爱好不是古典音乐。古典音乐的爱好者也不是克莱夫，克莱尔不是靠他的声音及真诚的举动吸引其中一位女士的。

2.马特是依靠他的真诚举动赢得了一位女士的芳心，但他不爱好老电影。

3.罗斯发现她并不渴望和克莱夫及彼特聊天，彼特不爱好园艺，他不靠他的幽默感吸引人。

4.爱好园艺的人同样有着最迷人的眼睛。

5.比尔爱好烹饪。

6.凯茜和休约定下次再见面，布伦达和她的舞伴也是如此。

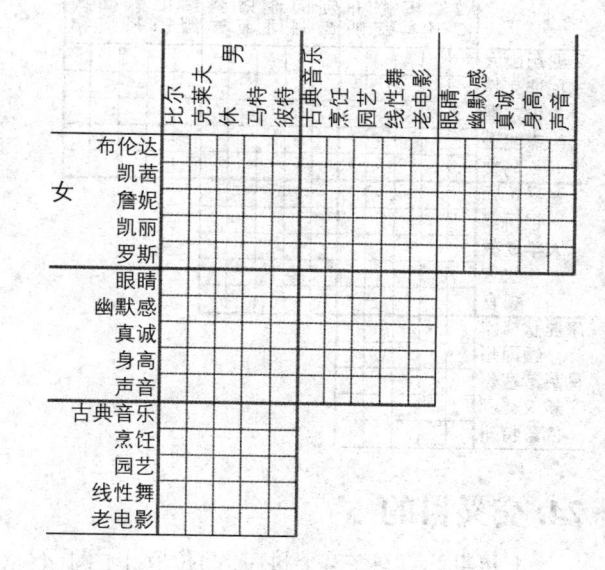

23. 新英格兰贵族

有5个人是英格兰开拓者的后代。从以下给出的线索中，你能准确说出这5个人的姓名、居住地以及他们的职业吗？

线索

1.亚历山大和住在马萨诸塞州的古德里都不从事法律方面的工作。

2.马文不住在康涅狄格州，他也不姓皮格利，皮格利不是警官。

3.建筑师姓温士，他的名字在字母表中排在那个住在缅因州的人之后。

4.本尼迪克特的家乡和另外一个州的首字母相同，本尼迪克特不是法官。

5.银行家是新汉普郡的居民。

6.杰斐逊是一所大学的助教。

7.佛蒙特州不是那个叫斯泰丽思的人居住的州。

州：康涅狄格州（Connecticut），缅因州（Maine），马萨诸塞州（Massachusetts），新汉普郡（New Hampshire），佛蒙特州（vermont）

名：亚历山大（Alexander），本尼迪克特（Benedict），埃尔默（Elmer），杰斐逊（Jefferson），马文（Marvin）

姓：古德里（Goodley），皮格利（Pilgrim），朴历夫（Purefoy），斯泰丽思（Stainless），温

士（Virtue）

	古德里	皮格利	朴历夫	斯泰丽恩思	温土	康涅狄格州	缅因州	马萨诸塞州	新汉普郡	佛蒙特州	建筑师	银行家	大学助教	法官	警官
亚历山大															
本尼迪克特															
埃尔默															
杰斐逊															
马文															
建筑师															
银行家															
大学助教															
法官															
警官															
康涅狄格州															
缅因州															
马萨诸塞州															
新汉普郡															
佛蒙特州															

24. 交叉目的

上星期六，住在4个村庄的4位女士由于不同的原因，如图所示，同时朝着离家相反的交叉方向出发。从以下所给的线索中，你能指出这4个村庄的名字、4位女士的名字以及她们各自出行的原因吗？

线索

1.波利是去见一位朋友。
2.耐特泊村的居民出去遛狗。
3.村庄4的名字为克兰菲尔德。
4.西尔维亚住的村庄靠近参加婚礼的人住的村庄，并在这个村庄的逆时针方向。
5.丹尼斯去了波利顿村，它位于举行婚礼的利恩村的东面。

村庄：克兰菲尔德村，利恩村，耐特泊村，波利顿村
名字：丹尼斯，玛克辛，波利，西尔维亚
原因：参加婚礼，遛狗，见朋友，看望母亲

25. 豪华轿车

果酱大亨威尔弗雷德·约翰的5个儿子都开着新款的豪华轿车，但他们的车牌不约而同都是老式的。因为他们的车牌都是印着家族之姓的私人车牌（像威尔弗雷德的劳斯莱斯车牌为A1JAR）。从以下所给的线索中，你能推断出他们各自的车牌号、制造商以及车的颜色吗？

线索

1.埃弗拉德·约翰的车牌和那辆江格车的车牌首字母相同。
2.安东尼·约翰开着一辆兰吉·罗拉。
3.默西迪丝不是蓝色的，它的车牌号不是W786JAR。
4.那辆黑色车的车牌号是R342JAR。
5.伯纳黛特·约翰的车牌号的每个数字比那辆红色的法拉利车牌号均要大1，法拉利的主人的名字要比他最小的兄弟的名字长。
6.克利福德·约翰的车是白色的，但不是那辆车牌号为W675JAR的卡迪拉克。

名：安东尼（Anthony），伯纳黛特（Bernard），克利福德（Clifford），迪尼斯（Denys），埃弗拉德（Everard）

	R342JAR	T453JAR	T564JAR	W675JAR	W786JAR	卡迪拉克	法拉利	江格	默西迪丝	兰吉·罗拉	黑色	蓝色	绿色	红色	白色
安东尼															
伯纳黛特															
克利福德															
迪尼斯															
埃弗拉德															
黑色															
蓝色															
绿色															
红色															
白色															
卡迪拉克															
法拉利															
江格															
默西迪丝															
兰吉·罗拉															

26. 演艺人员

阳光灿烂的夏日，4个演艺者在大街上展现他们的才艺。从以下所给的线索中，你能判断出在1～4位置中的演艺者的名字以及他们的职业吗？

线索
1.沿着大道往东走，在遇到弹着吉他唱歌的人之前你一定先遇到哈利，并且这两个人不在街道的同一边。
2.泰萨不是1号位置的演艺者，他不姓克罗葳。莎拉·帕吉不是吉他手。
3.变戏法者在街道中处于偶数的位置。
4.西帕罗在街边艺术家的西南面。
5.在2号位置的内森不弹吉他。

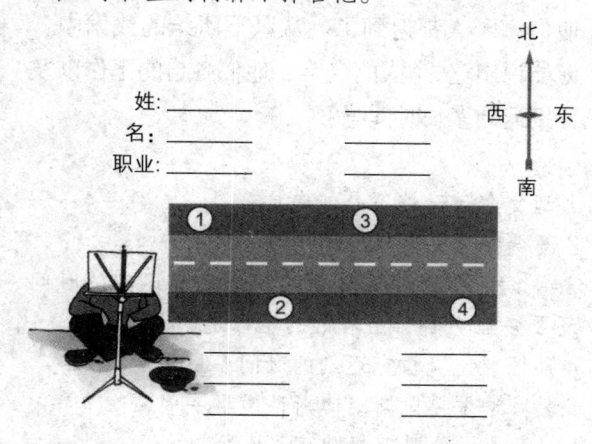

名：哈利，内森，莎拉，泰萨
姓：克罗葳，帕吉，罗宾斯，西帕罗
职业：手风琴师，吉他手，变戏法者，街边艺术家
提示：先找出1号位置人的职业。

27. 下一个出场者

乡村板球队正在比赛，有4位替补选手正坐在替补席上整装待发。从以下给出的线索中，你能说出这4位选手的名字、赛号以及每个人在球队中的位置吗？

线索
1. 6号是万能选手，准备下一个出场，他坐的位置紧靠帕迪右侧。
2. 尼克是乡村队的守门员。
3. 旋转投手的位置不是7号。
4. 图中C位置被乔希占了。
5. 选手A将在艾伦之后出场。
6. 坐在长凳B位置的选手是9号。

姓名：艾伦，乔希，尼克，帕迪
赛号：6，7，8，9
位置：万能，快投，旋转投手，守门员
提示：先找出万能选手坐的位置。

28. 士兵的帽子

第二次世界大战中，一个军营里有100名士兵因违反纪律将被惩罚。司令官把所有的士兵集合起来，说：

"我本来想让你们全体罚站，不过为了公平起见，我准备给你们最后一次机会。一会儿你们会被带到食堂。我在一个箱子里为你们准备了相同数量的红色帽子和黑色帽子。你们一个接一个地走出去，出去的时候会有人随机给你们每人戴上一顶帽子，但是你们谁都看不到自己帽子的颜色，只能看到其他人的，你们要站成一列，然后每一个人都要说出自己戴的帽子是什么颜色。答对的人将免受惩罚，答错了，就要罚站。"

过一会后，每一个士兵都戴上了帽子，现在请问，士兵们怎样做才能逃脱惩罚呢？

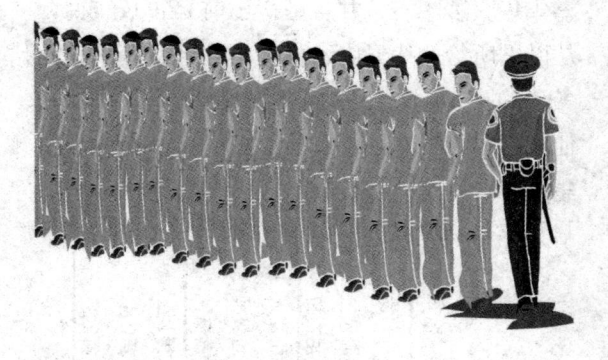

29. 囚室

图中的Ⅰ、Ⅱ、Ⅲ、Ⅳ分别代表了4个囚室，你能依据线索说出被囚禁者以及他或她父亲的名字等细节吗？

线索
1. 在房间Ⅰ里的是国王尤里的孩子。
2. 禁闭阿弗兰国王唯一的孩子的房间，是尤里天的郡主所在房子的逆时针方向上的第一间，后者的房子在沃而夫王子的对面。

3.禁闭欧高连统治者孩子的房间，是国王西福利亚的孩子所在房间逆时针方向上的第一间。

4.勇敢的阿姆雷特王子，在美丽的吉尼斯公主所在房间顺时针方向的第一个房间，即马兰格丽亚国王的小孩所在房间逆时针方向的下一间。

5.卡萨得公主在一位优秀王子的对面，前者的父亲统治的不是卡里得罗。卡里得罗也不是国王恩巴的统治地。

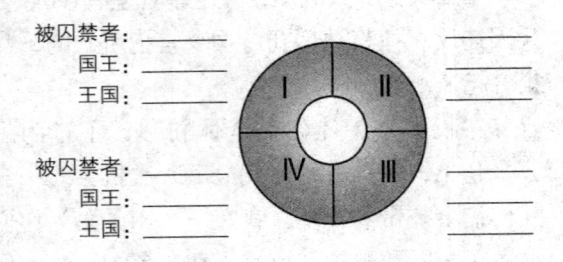

被囚禁者：阿姆雷特王子，沃而夫王子，卡萨得公主，吉尼斯公主

国王：阿弗兰，恩巴，西福利亚，尤里

王国：卡里得罗，尤里天，马兰格丽亚，欧高连

提示：先找出吉尼斯公主的对面是谁的房间。

30. 夏日嘉年华

3个自豪的母亲带着各自的小孩去参加夏日嘉年华服装比赛，并且赢得了前3名的好成绩。从以下所给的线索中，你能将这3位母亲和她们各自的孩子配对，并描述出各小孩的服装以及他们的名次吗？

线索

1.穿成垃圾桶装束的小孩排名紧跟在丹妮尔的孩子的后面。

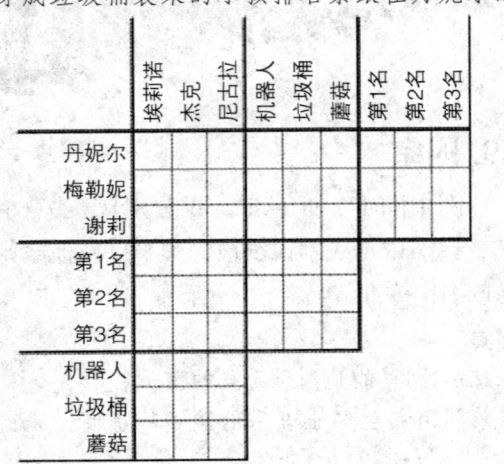

2.杰克的服装获得了第3名。

3.埃莉诺的服装像一个蘑菇。

4.梅勒妮是尼古拉的母亲，尼古拉不是第2名。

31. 上班迟到了

在这周的工作日，5个好友某个晚上出去参加了一个聚会，结果，第二天大家睡过头了，他们每个人都迟到了。从以下所给的线索中，你能说出这5个人的名字、他们各自的工作以及分别迟到多长时间吗？

线索

1.迈克尔·奇坡不是邮递员。

2.赛得曼上班迟到了50分钟。

3.鲁宾比那个过桥收费站工作人员迟到的时间还要多10分钟，后者姓的字母是偶数位的。

4.砖匠要比克拉克迟到的时间多10分钟。

5.教师迪罗要比斯朗博斯稍微早一些。

6.兰格是一个计算机程序员。

7.思欧刚好迟到了半小时。

名：克拉克（Clark），迪罗（Delroy），迈克尔（Michael），鲁宾（Reuben），思欧（Theo）

姓：奇坡（Kipper），兰格（Langer），耐品（Napping），赛得曼（Sandman），斯朗博斯（Slumbers）

32. 房间之谜

第二次世界大战期间，西班牙马德里的一个旅馆经常有战争双方的间谍居住，而在那里，西班牙的一个便衣警官也会监视着他们。以下是1942年的某天晚上旅馆第1层的房间房客分布情况，你能说出各个房间被间谍占用的情况以及他们都分别为谁工作吗？

线索

1. 英国M16特务的房间在加西亚先生的正对面，后者的房间号要比罗布斯先生的房间小2。
2. 6号房间的德国SD间谍不是罗佩兹。
3. 德国另一家间谍机关阿布威的间谍行动要非常小心，因为房间2、3、6的人都认识他。
4. 毛罗斯先生的房间号要比苏联GRU间谍的房间大2。
5. 法国SDECE间谍的房间位于鲁宾和美国OSS间谍的房间之间，美国OSS间谍的房间是三者中房间号最大的。

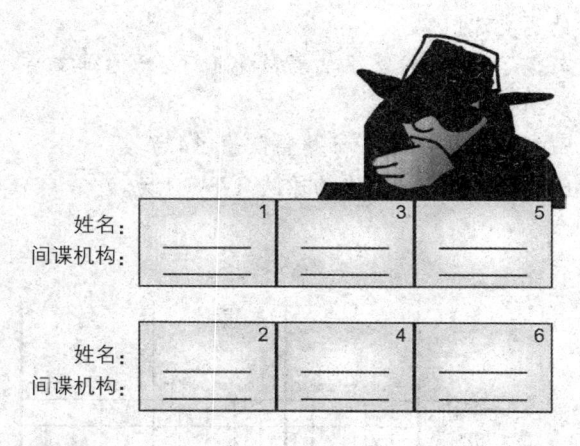

姓名：	1	3	5
间谍机构：			

姓名：	2	4	6
间谍机构：			

姓名：戴兹，加西亚，罗佩兹，毛罗斯，罗布斯，鲁宾

间谍机构：阿布威，GRU，M16，OSS，SD，SDECE

提示：先找出OSS间谍住的房间。

33. 直至深夜

剧院打算上演新剧《直至深夜》，原本打算早上7:00预演，可演员们不约而同都迟到了。从以下所给的线索中，你能说出这5个演员分别扮演剧中的哪个角色、他们到达剧院的时间以及迟到的理由吗？

线索

1. 肯·杨把他的姗姗来迟归咎于错过了发自伦敦的早班车，并"为迟到几分钟真诚的向大家道歉"，他要比在剧中出演"阿匹曼特斯"的演员早到2小时，后者称由于工作人员短缺，他的火车被取消所以迟到的。
2. 在A12大道上由于汽油用尽而迟到的那个演员是在早上9:00到的。
3. 另外一人由于汽车抛锚而迟到（已经不是第一次了），把一群人搁在卡而喀斯特和斯坦布之间很长时间，他不是最后一个到达并出演"伊诺根"的演员。
4. 已经疲惫于向人们解释的杰克·韦恩和约翰·韦恩没有任何关系，以致于正考虑要不要把名字换成卢克·奥利维尔，他是在11:00到的剧院。
5. 在M25大道上塞车塞了很长时间的不是克利奥·史密斯。
6. 菲奥纳·托德是扮演"寂静者"的演员，也是剧中对白最多的人，不是比出演"匹特西斯"的演员早到2小时的那个人。

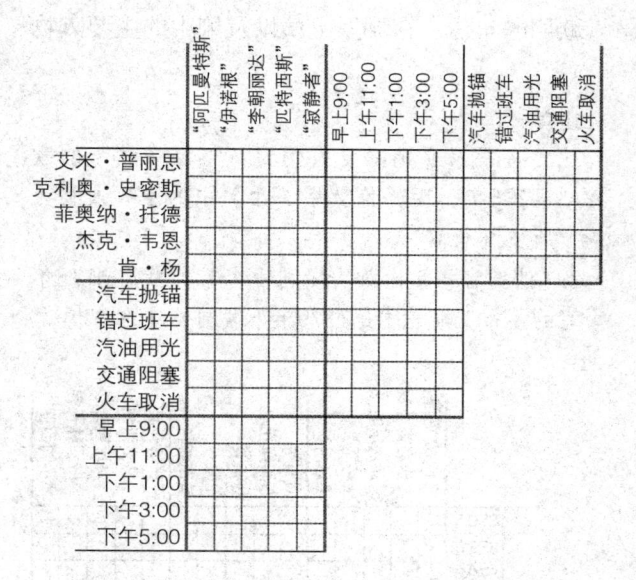

	"阿匹曼特斯"	"伊诺根"	"李朝丽达"	"匹特西斯"	"寂静者"	早上9:00	上午11:00	下午1:00	下午3:00	下午5:00	汽车抛锚	错过班车	汽油用光	交通阻塞	火车取消
艾米·普丽思															
克利奥·史密斯															
菲奥纳·托德															
杰克·韦恩															
肯·杨															
汽车抛锚															
错过班车															
汽油用光															
交通阻塞															
火车取消															
早上9:00															
上午11:00															
下午1:00															
下午3:00															
下午5:00															

34. 吹笛手游行

图中展示了吹笛手带领着哈密林镇的小孩游行，原因是他用他的笛声赶走了镇里的所有老鼠，但镇里却拒绝付钱给他。从以下所给的线索中，你能说出4个小孩的名字、他们的年龄以及他们父亲的职业吗？

线索

1. 牧羊者的小孩紧跟在6岁的格雷琴的后面。
2. 汉斯要比约翰纳年纪小。
3. 最前面的小孩后面紧跟的不是屠夫的孩子。
4. 队列中3号位置的小孩今年7岁。
5. 玛丽亚的父亲是药剂师，她要比2号位置的孩子年纪小。

姓名：格雷琴，汉斯，约翰纳，玛丽亚
年龄：5，6，7，8
父亲：药剂师，屠夫，牧羊者，伐木工
提示：先找出格雷琴的位置。

35. 维多利亚歌剧

亚瑟·西伯特和威廉·格列弗写了一系列受欢迎的维多利亚歌剧。以下是对其中5部的介绍。从所给的信息中，你能说出作者写这些歌剧的年份、在哪里上演以及剧中的主要人物吗？

线索

1. 《将军》要比主要人物为"格温多林"的歌剧早写6年，而《伦敦塔卫兵》中的主要人物为"所罗林长官"。
2. 《法庭官司》比首次在利物浦上演的歌剧晚3年写的，布里斯托尔是1879年小歌剧公演的城市。
3. "马库斯先生"是在伦敦首次上演作品中的角色。
4. 《忍耐》的首次上演地点是伯明翰。
5. 《康沃尔的海盗》是1870年写的，它不是关于"马里亚纳"的财富的。
6. "小约西亚"是1873年歌剧中的主要人物。

36. 得分列表

当地足球协会最出色的5支球队本赛季大概已经赛了10场（其中一些队要比另外一些队比赛的次数稍多一些），以下信息告诉了我们各队进展的细节。从给出的信息中，你能说出各球队至今为止胜、负、平的场数吗？

线索

1. 汉丁汤队至今已经输了5场，平的场数要比布赛姆队少，布赛姆队本赛季赢的场数不是2场。
2. 已经平了5场只输1场的球队赢的场数大于2。
3. 只赢了1场的球队不是平了4场也不是输了3场的那支球队。
4. 赢了5场的球队平的场数比输了2场的那支要少2场。
5. 白球队踢平3场，而格雷队赢了4场。
6. 目前赢的场数最多的球队只平了1场。

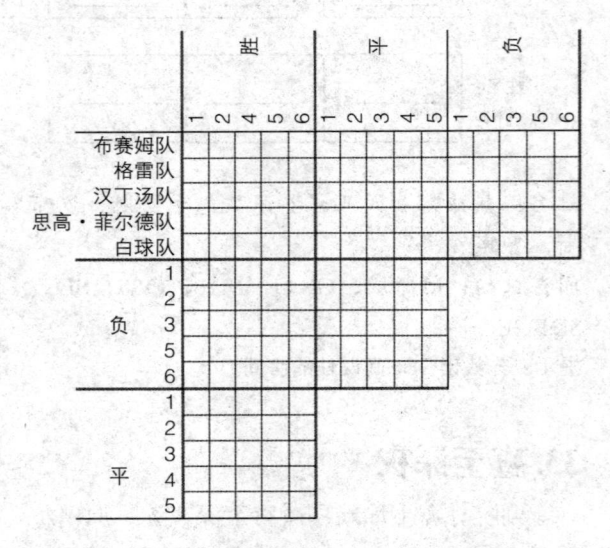

37. 戴黑帽子的家伙

红石西野镇治安长官的办公室墙上挂着4张图片，他们是臭名昭著的黑帽子火车盗窃团伙的成员。从所给的线索中，你能说出他们各自的姓名和绰号吗？

线索

1. 赫伯特的图片和"男人"麦克隆水平相邻。
2. 图片A是雅各布，而图片C上的不是西尔维斯特·加夹德。
3. 姓沃尔夫的男人照片和绰号"小马"的照片水平相邻。
4. 在D上的丘吉曼的绰号不是"强盗"。

名：赫伯特，雅各布，马修斯，西尔维斯特
姓：丘吉曼，加夹得，麦克隆，沃尔夫
绰号："强盗"，"男人"，"小马"，"里欧"

38. 戒指女人

洛蒂·吉姆斯本是一个不起眼的女演员，但是却因和很多有钱男人订过婚，关系破裂后得到他们价值连城的婚戒而扬名，从而成为名副其实的"戒指女人"。从以下所给的线索中，你能说出每个戒指里所用的宝石的类型、戒指的价值以及这些戒指分别是哪个男人给的吗？

线索

1. 洛蒂从企业家雷伊那得到的钻戒就在价值10000英镑的戒指旁边。
2. 从电影导演马特·佩恩那得到的戒指要比那个硕大的红宝石戒指便宜。
3. 那个翡翠戒指价值不是15000英镑，它不是休·基恩给她的。 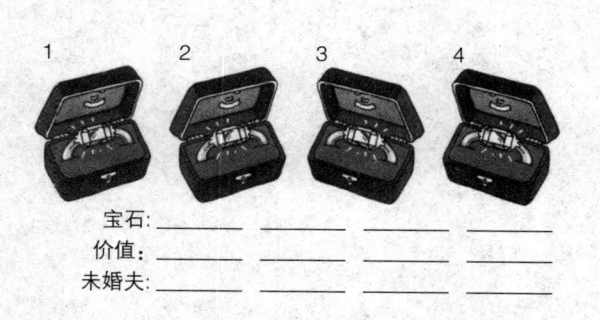
4. 戒指3花了她前未婚夫20000英镑。

宝石：钻石，翡翠，红宝石，蓝宝石
价值（英镑）：10000，15000，20000，25000
未婚夫：艾伦·杜克，休·基恩，马特·佩恩，雷伊·廷代尔

提示：先找出价值10000英镑的戒指。

39. 剧院座位

一次演出中，某剧院前3排中间的4个座位都满了，从以下所给的线索中，你能将座位和座位上的人正确对上号吗？

线索

1. 彼特坐在安吉拉的正后面，也是在亨利的左前方。
2. 尼娜在B排的12号座。
3. 每排4个座位上均有2男2女。
4. 玛克辛和罗伯特在同一排，但要比罗伯特靠右边2个位置。
5. 坐在查尔斯后面的是朱蒂，朱蒂的丈夫文森特坐在她的隔壁右手边上。
6. 托尼、珍妮特、莉迪亚3个分别在不同的排，莉迪亚的左边（紧靠）是个男性。

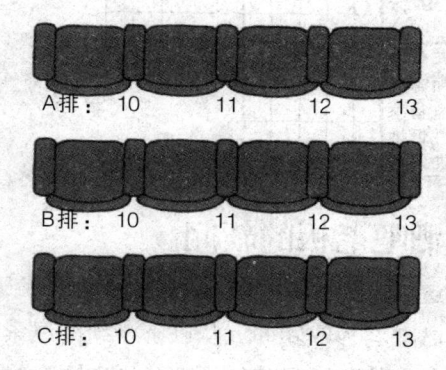

姓名：安吉拉（女），查尔斯（男），亨利（男），珍妮特（女），朱蒂（女），莉迪亚（女），玛克辛（女），尼娜（女），彼特（男），罗伯特（男），托尼（男），罗伯特（男），文森特（男）

提示：先找出A排13号座上的人。

40. 品尝威士忌

最近的一次品酒会上，5位威士忌专家被邀请来品尝5种由单一麦芽酿造而成的酒，每种酒的生产年份不同，且产自苏格兰不同地区。从

以下所给的信息中，你能说出每种威士忌的详细信息以及每位专家所给出的分数吗？

线索

1. 8年陈的威士忌来自苏格兰高地，它不是斯吉夫威士忌，也不是分数最低的酒。
2. 格伦冒不是用斯培斯的麦芽酿成的。因沃那奇是10年陈的。
3. 14年陈的威士忌得了92分，名字中有"格伦"两个字。
4. 布兰克布恩是用伊斯雷岛麦芽酿成的，得分大于90分。
5. 来自苏格兰低地的威士忌要比得分最高的那个早4年生产。
6. 来自肯泰地区的威士忌得了83分。

41. 酒吧老板的新闻

这周的"思道布自由言论"主要是关于5个乡村酒吧老板的新闻。从以下所给的线索中，你能找出他们所经营的酒吧分别在哪个村以及他们上报的原因吗？

线索

1. 每条新闻都附有一张照片，其中一张照片是关于"格林·曼"酒吧的，它被允许延长营业时间；而另一张照片所展现的是一个以外景闻名的酒吧。
2. "棒棒糖"酒吧的经营者是来·米德，他在他的啤酒花园拍了一张照片，这张照片不是来自蓝普乌克，蓝普乌克也不是"独角兽"所在的地方。
3. 位于法来乌德的酒吧主人因被抢劫而上报，图中展示的是他在吧台的幸福时光。
4. 罗赛·保特以前经营过铁道旅舍，现在经营着位于博肯浩尔的酒吧。
5. 泰德·塞尔维兹（他其实叫泰得斯，不是本地人，他出生于朗当）刚刚更换了新的酒吧经营许可证。他的酒吧不是位于欧斯道克的"皇后之首"。
6. 佛瑞德·格雷斯的酒吧名字与动物有关。彻丽·白兰地（结婚前称彻丽·品克）并没有在自由言论所报道的民间音乐晚会中出现。这场民间音乐晚会是为当地收容所筹款，并在其中一个乡村的酒吧举行。

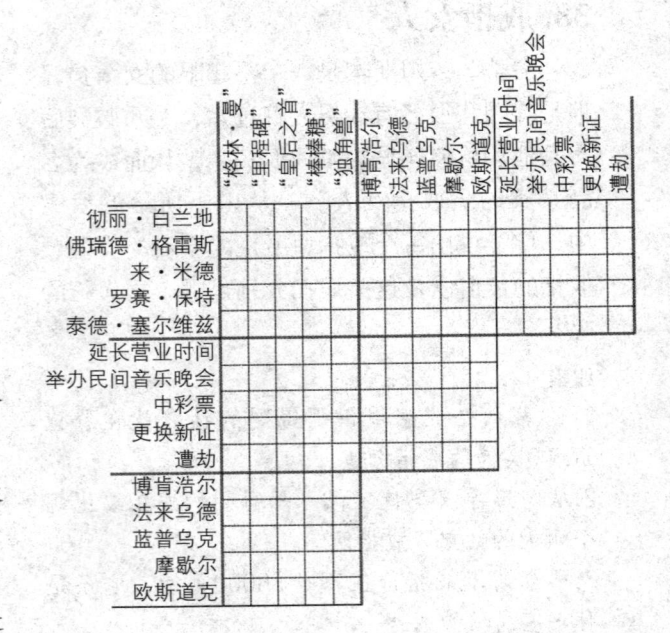

第四章
侦探逻辑游戏

1. 柯南的解释

一天,某男爵的遗孀拜访柯南道尔,向他谈了一件令人难以置信的事:

"5年前,先夫不幸去世,我为他建造了一座墓。谁知道从那以后,每年冬天,墓石就会移动一些。前天,我请了一位巫师来召唤先夫的灵魂,可是没有任何反应。先生,我是多么希望能与先夫的灵魂对话啊!"

说着,她从手提包里取出一张照片给柯南道尔看。这是男爵的墓地照片。在一块很大的台石上面,放着一块球形的大石头。"由于先夫生前爱玩高尔夫球,所以临终时曾嘱咐要给他造个像高尔夫球那样形状的墓。这张照片就是在墓建成之后拍的。球石正面还雕刻了十字架。现在,这个球石差不多移动了四分之一,十字架也一点一点地被埋在下面,都快看不见了。"

"球石仅仅是在冬天移动吗?"柯南道尔问。

"是的。这个地方的冬季特别冷。每年一到冬天,我就到法国南部的别墅去,春天再回来,并去先夫的墓地扫墓。这时,总是发现球石有些移动。我想,是不是先夫也想与我一起去避寒,要从墓石下面出来?"

柯南道尔请夫人带他去墓地看看。

在一堆略微高起的土丘上,墓地朝南而建,四周有高高的铁栅栏围住,闲人不能随便进入。在沉重的四方形台石上面,有一个直径80厘米的用大理石做成的球面,为了不使球面滑落,台石上挖了一个浅浅的坑,正好把球嵌在里面。浅坑里积有少量的水,周围长满苔藓。如果球石的移动是有人开玩笑,用杠杆来移动它,那在墓地和苔藓上该留有一道痕迹,可又一点痕迹也没有。如果有人不用杠杆而用手或身子去推球石,那凭一两个人的力气是根本推不动的。

柯南道尔摸了一下浅坑里的积水,沉思了片刻以后说:"夫人,墓石的移动是一种物理现象,与男爵的灵魂没有任何关系。"

你能解释柯南道尔所说的物理现象是怎么一回事吗?

2. 奇怪的来信

这是一个真实的故事。一家著名汽车制造公司的老总收到了一封奇怪的来信:

"这是我第四次写信给您,而且如果您不给我回信,我也丝毫不会抱怨,因为我看上去肯定是疯了,不过我向您保证,我所说的一切都是真的。

"我们家多年来一直有一个传统,就是每天晚饭后全家人要投票,选出用哪种冰淇淋作为当晚的甜点。然后,我就开车到附近的商店去买。最近,我从贵公司购买了一辆新型号的汽车,此后怪事就来了。每次只要我去买香草冰淇淋,回来时我的汽车就会发动不起来。而如果我买的冰淇淋是其他口味的,那就万事大吉。不管您是不是认为我很蠢,但我真的想知道,为什么会有这种怪事出现呢?"

汽车公司的老总对这封信的内容深表怀疑,不过他还是让一位工程师过去看看究竟是怎么回事。工程师刚好在晚饭后来到写信人的家里,于是他们两人一起钻进汽车,开车到了商店。那天晚上那个男人买了香草冰淇淋,果然当他们回到汽车上之后,汽车有好几分钟都发动不起来。

工程师又接连来了三个晚上。头一天,他们买了巧克力冰淇淋,汽车发动得很顺利。第二个晚上,他们买了草莓冰淇淋,也没有问题。第三个晚上,他们又买了香草冰淇淋,而汽车再次罢工了。

显然，买香草冰淇淋和汽车发动不起来之间肯定有一种逻辑上的联系。你能想出这是怎么回事吗？

3. 幽灵的声音

英国大侦探洛奇一天来到法国度假，正当他在海滩上欣赏海景的时候，突然发现了一位奇怪的男子。只见他脸色苍白，坐在海边好像努力回忆着什么，脸上的表情恐惧而痛苦，仿佛回忆起了什么非常恐怖的事情。洛奇很奇怪，于是走到他身边坐下来问道："朋友，有什么我可以帮助你的吗？"

这个男子好像被吓了一跳，他猛然往后一缩，浑身颤抖起来。

"我没有恶意，"洛奇连忙安慰他，"我只是想帮助你，有什么就告诉我吧。"

男子仔细看了看洛奇，结结巴巴地问："你有胆量帮我吗？你相信我吗？我碰上了幽灵！"

"有这样的事情？"洛奇一下子来了兴趣，根据他的经验，所谓幽灵、鬼怪，其实都是人们自己想出来的。"我一点也不害怕，相反，我还是对付幽灵的好手！"洛奇大声说，"快告诉我，我一定可以帮你。"

男子听到这里，一把抓住洛奇的手："这件事情实在太可怕了！我是豪华客轮'拉夫伦茨'号上的一名大副，上个月在返航的路上，'拉夫伦茨'号撞上了暗礁，船底破了一个大洞，迅速下沉。当时正是深夜，我根本来不及通知所有旅客，只能带着靠近指挥室的10多名旅客撤离到救生艇上。"

"后来呢？"洛奇的思绪跟随他的叙述回到那个恐怖而漆黑的夜晚。事故、沉船、撤离，真是惊心动魄的经历。可是幽灵又是怎么回事呢？

"后来，我放下救生艇，决定回去再救一些人出来。"那名男子继续说道，"可当我再次返回甲板的时候，听到了龙骨断裂的可怕声响，海水铺天盖地漫过来，我只好转身跳下大海，拼命向前游。我知道，如果我不及时离开，就会被轮船下沉时带起的旋涡卷入海底！

"我最擅长仰游，我拼命游啊游啊。不知道游了多长时间，忽然听到了一声惊天动地的响声！那声音可怕极了。轰鸣混合着炸雷，简直就是幽灵的怒号！我连忙仰头一看，只见'拉夫伦茨'号从中间断开，火花四溅，发出了惊天动地的爆炸声。我被气浪震得晕了过去，后来被赶来救援的海岸巡逻队救起来。"

"这就是你说的幽灵的声音吗？"洛奇若有所思地问道，"可能只是你太过惊慌，听到了爆炸声而误认为幽灵的号叫呢？"

"是的，那是来自海底幽灵的号叫。"男子显然着急了，"你要帮我必须先相信我！我问过其他生还的人，他们都只听到一声爆炸，而我听到两声巨响！我没有记错，清清楚楚！"

洛奇沉思了一会儿，忽然笑了起来。他问道："当时其他生还者都在救生艇上，只有你不在，对不对？"

"是这样的。"男子疑惑地回答，"难道幽灵是来自海底的？"

洛奇大笑起来，他拍拍那名男子的肩膀："我看你是自己吓自己了，其实根本没有什么幽灵！"

"可是我明明听到了两声巨响！"那个男子坚持说。

"对，一点没错。"洛奇点头赞同。

"但是除了我以外的所有人只听到一次爆炸！"男子带着哭腔说。

"这也没错！"洛奇微笑着，"你们都没有听错！"

亲爱的读者，你能解开这个恐怖的幽灵之谜吗？

4. 作案的电话

一天下午，某地一座房子忽然爆炸起火。警察和消防队员赶到了现场，及时扑灭了大火。

经勘察，这场火灾是煤气爆炸引起的，在现场发现一具老人的尸体，他是在卧室中被发现的。经过解剖，他的健康状况良好，但在煤气爆炸前服用过安眠药。

在他卧室中，有煤气管漏气的现象。但使警方调查人员百思不解的是，煤气为什么会爆炸？引起煤气爆炸的火头是从哪里来的？

在爆炸之前，这个地区停电了。不可能因

漏电而起火。警方怀疑被害人的外甥有作案可能。理由是被害人有大量的宝石和股票，都存在银行里，他立下遗嘱，全归外甥继承。老人的外甥也许是想早日继承这笔遗产，而老人却很健康，所以才下了毒手。

而在这座房子爆炸前后，他都不在现场，他是在离现场10千米远的一家饭店里。服务员还证明，他在饭店里还打过电话，也就是说，老人的外甥不可能是作案者，那么，谁是作案者呢？

警方不得不将几位专家请来破案，其中有电话发明者贝尔。负责破案的警察局长向各位专家介绍完案情，贝尔先生站起来说："肯定是他的外甥利用电话作的案！"这是怎么回事？

5. 萨斯城的绑架案

在海滨小城萨斯，最近发生了一起性质极为恶劣的绑架案。

被绑架的是萨斯城著名演员多恩的小女儿琳达，今年刚满13岁，上小学5年级。星期一的早上，琳达的妈妈像往常一样，开车把她送到学校，简单叮嘱几句就离开了，可是晚上再去学校接琳达的时候，学校的老师告诉他，孩子已经被人接走了。

晚上，正当多恩一家人找小琳达快要找疯了的时候，一名自称是绑匪的人打来了电话，说琳达在他们手上。为了让多恩一家人相信他们的话，并确定小琳达还活着，他们还让小琳达和父亲通了话。绑匪提出要多恩一家支付30万英镑，并不许多恩报警。多恩一时慌了神儿，为了保证女儿的安全，他竟然真的没有向警察求助，而是按照绑匪的要求，自己去指定的地点交钱了。

本指望绑匪收到钱后就会放了小琳达，可绑匪见多恩真的没有报警，而且很快就把钱给送来了，不禁起了更大的贪心，不但没有把小琳达放回来，反而要求多恩一家人再拿30万英镑来才肯放人。

这样，多恩就不得不向警察求助了。警察接到多恩的报案后，立刻组成了破案小组，由多利警官全权负责。

为了尽快抓到凶手，同时确保小琳达的安全，警察局出动了大量的警力，对全城进行搜查，最后在郊外一家废弃仓库里，找到了非常虚弱的小琳达。被放出来的小琳达告诉警察，绑架她的是两名中年男子，他们本想跟琳达的父亲再要30万英镑以后，就逃之夭夭，可突然听到风声，说警察正在全城搜查他们，于是这两个人赶紧带上钱，往海上跑去了。

"不好，罪犯要从海上逃跑！"多利警官知道，离萨斯城不远的海域就是公海，罪犯一旦逃到公海上，警察就拿他们没有办法了，于是，多利警官立即一边带领人马向海外赶，一边调遣直升机前来增援。

这时，在海边，两名罪犯已经驾驶一艘汽艇跑出了一段距离。警察来到海边后，马上也找到一艘汽艇，两名便衣警察立即跳了上去，开始全速追赶罪犯，前来增援的直升机也赶到了，多利警长坐上直升机，在空中指挥。

警察的汽艇开得很快，眼看就要和罪犯齐头并进了，只要再快一点儿，就可以包抄到罪犯的前面。可是，公海已经在眼前，超过去拦截已经来不及了，这样的话，只有将罪犯当场击毙，可两位便衣警察身上并没有带枪，怎么办？警长多利决定，用直升机将罪犯所乘座的汽艇击沉。

此时，已是晚上7点钟左右，天色已经黑了下来，从直升机上根本分辨不出哪艘快艇是自己人，哪艘是罪犯的，驾驶员正不知向哪艘快艇投弹才好，在这关键时刻，多利警长冷静地观察了海面上的两艘汽艇，然后果断地下令道："向左边的那艘开火！"

结果证明，多利警长的判断是对的，那么

你知道多利警长是怎样分析出左边的那艘是罪犯的汽艇的吗?

6. 泄密的秘书

昂奈先生在K公司工作,担任总经理的秘书。由于他工作出色,总经理非常赏识他。他的理想就是有朝一日,也能坐上总经理的宝座。K公司有个竞争对手,就是H公司。最近,K公司试制了一种新产品,它的资料是绝密的,万一被H公司得到,就能把K公司斗垮。总经理把写新产品报告的任务,交给了昂奈先生。

可就在这关键的时刻,昂奈先生出现了意外,那天他上班的时候,大楼的电梯坏了,为了抓紧时间,他从1楼往8楼跑,跑到6楼的时候,踩上了一块香蕉皮,脚下一滑,把右脚跌骨折了。幸好清洁工鲍比跑来,把他背下楼,送到了医院。医院给他的右脚绑了石膏,他不能上班了,但是他向总经理提出,在家里继续赶写报告,请鲍比帮他料理家务。

这天下午,他趴在桌子上,埋头写报告。吃晚饭的时候,鲍比给他端来饭菜,放在离他3米远的茶几上。资料的文字很小,离得那么远,鲍比是看不清楚的,到了半夜,昂奈先生感到很困,鲍比端来一杯葡萄酒,体贴地说:"昂奈先生,您喝一杯酒,提提神吧。"昂奈先生一口喝了,顿时感到精神十足。他把酒杯放在桌子上,继续写报告,一直到第二天凌晨,报告终于写好了!

可是就在K公司的新产品上市的前一天,H公司竟然抢先推出了这种新产品!经过调查,是昂奈先生泄的密。他丢了工作,"总经理之梦"也彻底破灭了。

原来正是昂奈先生在家里写报告的时候泄密了,可是,他是怎么泄密的呢?

7. 飞机机翼上的炸弹

一天晚上11点,一架由墨西哥城起飞的波音767大型客机正在飞行途中,这时大多数乘客都睡着了,只有少数乘客还醒着。而这班飞机的一位空姐却注意到坐在20排B座的身穿黑色西服的秃顶的中年男人显得非常焦虑。他不停地左右张望,又好像在犹豫什么。

空姐悄悄叫来机上的乘警商量,他们越看越觉得可疑:飞机上的温度维持在舒适的25℃,可是这位乘客还捂着厚厚的毛衣和外套,难道他在隐藏什么东西?出于安全的考虑,乘警走到他面前说道:"先生,需要帮忙吗?"

这个男人吃了一惊,结结巴巴地回答道:"不,算了,不、不要!"

他的表现更加重了乘警的怀疑,乘警不禁加重了语气:"可以请你到机舱后面来一下吗?我们有事情需要你配合。"

那个男人一下子变得脸色惨白,他缓缓站起身,突然,从腰间掏出手枪,叫道:"举起手来,转过身去,不要靠近我,滚开,都滚开!"

就在乘警按照持枪者的要求转过身去的时候,坐在21排B座的一名小伙子,趁持枪者不备,猛然勒住了他的脖子,一只手钳住手枪,乘警迅速将手枪夺了过来。

就在乘警向21排那位见义勇为的小伙子道谢的时候,持枪者冷冷地开口说话了:"别高兴得太早,这注定是一班飞向地狱的班机,我早就在飞机机翼上绑了气压炸弹,只要飞机从万米高空下降到海拔2000米以下,炸弹就会把飞机炸成碎片。"

乘警连忙跑到舷窗边一看,机翼下方果然有两枚黑色的炸弹!怎么办?在万米高空根本无法拆除炸弹,而飞机不可能永远不降落,汽油是会耗尽的!难道只能束手待毙吗?乘警忙将这个坏消息告诉了机长。机长思索了一会儿,果断地调转了航向。

一个小时后,飞机呼啸着降落在机场,

全体人员安然无恙，持枪者目瞪口呆，他实在想不通，灵敏的气压炸弹怎么会没有爆炸。聪明的读者，你知道这是怎么回事吗？

8. 谁是纵火犯

独身画家安格尔和他的小猫生活在树林深处的一所房子里，已经有20年之久了。

一次，想到外地旅行的画家将这所房屋投了高额保险金后，就将猫留在了家里。结果他刚外出了15天，就接到电话说他家发生了火灾，幸亏下了一场大雨，树林的树木潮湿，火势未能蔓延开，否则损失的可不仅仅是他的房子和那只可爱的猫了。

从着火现场看，小猫被关闭在密封的房间里，因没有猫洞无法逃脱而被活活烧死。现场勘察结果表明，起火点是一楼6张席子大小的和式房间。可是，房间里没有任何火源，也没有漏电的痕迹。煤气开关紧闭，又无定时引火装置。

细心的火迹专家在清理书架下的地面时发现了一个破碎的鱼缸，在烧焦了的席子上发现有熟石灰，于是火迹专家断定，这是一起故意纵火案。

那么是谁纵的火呢？

9. 变软的黄金

一条繁华的大街上并排开着多家金店，人称"金街"。这天晚上，负责守卫安特金店的保安习惯地走进地下金库，准备查验金库的黄金情况。当他迈进一间装有黄金的库房时，发现有100千克的纯度很高的金块被盗了，他马上打电话报警。

刑警们立即出动，很快就在码头将盗贼和他们的车截住了。

刑警们仔细搜查了汽车的里里外外，轮胎和座椅也都检查过了。可是，搜来搜去，连一克金块也没找到。一无所获的刑警们颇感失望。

"现在可是法制社会，请你们快点。耽误了我的事，小心你们丢了饭碗。哈哈哈……"盗贼见刑警们搜查不出赃物，便大声嘲笑着。

这时亨特侦探赶到了，他看了一眼汽车，说道："你们是怎么搜查的，黄金不就在你们的眼皮底下吗。"

亨特是如何查到黄金的？

10. 被热水浸泡的体温计

戈拉是个内科医生，开了一家诊所。他的医术很高，对病人非常热情。曾经有一个病人，得了很难治的怪毛病，别的医院都说治不好了，戈拉医生却接了过来，经过仔细诊断，对症下药，结果病人奇迹般地好了。那个病人是个作家，他写了表扬文章，在报纸上发表，戈拉医生出了名，诊所的生意更加红火了。

坦布斯医生也开了一家诊所，就在戈拉医生诊所的附近。可是，坦布斯只关心赚病人的钱，谁给钱多就给谁好好治，碰到没有多少钱的穷人，就马马虎虎敷衍了事。再加上他的医术也很差，不多久，人们都不来他的诊所了。坦布斯却认为，是戈拉医生抢走了他的生意，就怀恨在心。

有一天晚上，戈拉医生接到电话，说有个小孩发高烧，于是带着体温计、退热药，连忙赶了过去。经过急救，小孩退烧了，他才往回赶，这时已经是半夜了。他来到家门口，正要开门，突然头上被重重地打了一下，戈拉医生顿时倒在地上，当场死亡，凶手就是坦布斯医生。

坦布斯医生知道，警察看到尸体以后，可以根据尸体腐烂的程度，判断死亡的时间。他动了一个脑筋，把尸体拖到浴缸里，用滚烫的热水泡了两个小时，这样，可以把死亡时间推前10个小时，那时他正在诊所上班，没有作案的时间。他又趁着凌晨，悄悄把尸体拖到马路上，造成被汽车撞死的假象，这才回到家。

巡逻警察很快就发现了尸体，经过仔细检查，在死者的口袋里，发现了一件东西，证明死者死亡的时间是伪造的。

你知道这件东西是什么吗？

11. 重要证据

格林是个好吃懒做的家伙，他原来做送奶工，可是他嫌很早就要起床，不能睡懒觉，就辞职不干了。后来他又想开出租车，向邻居波特借钱，买了一辆出租车，干了两个月。有一次，他喝得醉醺醺的，驾驶着出租车上了路，只听"哐当"一声，撞上了电线杆，车子报废了，人也送进了医院。经过医生抢救，总算捡回了一条命。

格林出院以后，波特来要他还钱，可是格林没有了工作，还欠了医院一大笔医药费，哪里有钱还债呢？波特就警告说："我给你3天时间，到时候再不还钱，我来烧你的房子！"

3天过去了，中午的时候，波特接到格林的电话。让他马上去拿钱。波特可高兴了，在电话里说："你这个家伙，敬酒不吃吃罚酒，一来硬的，就有钱还了。"吃过午饭，波特得意地嚼着口香糖，来到了格林的家。他按了门铃，里面传出格林的声音："是谁呀？"波特吐掉了口香糖，说："是我，波特！"

格林马上开了门，热情地倒了一杯啤酒说："喝一杯凉快凉快。"趁波特仰脖子喝的时候，格林举起啤酒瓶，狠狠地砸在波特头上，波特头一歪，就断了气。到了晚上，格林趁着天黑，把尸体抛进了河里。

第二天，汉斯警长敲开了格林的门，说："我们在河里发现了波特的尸体，有充分的证据，证明波特在死之前到你这里来过。"格林说："不可能，我已经3个月没有见过他了！"汉斯哈哈大笑说："就凭你这句话，就说明你在撒谎！"

波特留下了什么证据，证明他曾经来过格林家呢？

12. 有人杀害了我的丈夫

电话铃声一连响了四次，侦探康纳德·史留斯才意识到自己不是在做梦。他睁开眼，看了看钟，时间是凌晨3点30分。

"哈罗！"他拿起话筒说道。

"你是史留斯先生吗？"一个女人问道。

"正是。"

"我叫艾丽斯·伯顿。请赶快来，有人杀害了我的丈夫。"史留斯记下了她的住址，把电话挂上。外面寒风刺骨，简直要冻死人，史留斯出门要多穿衣服，自然就比平日多花费了一点时间。他听到门外大风呼呼的声音，于是在脖子上围了两条围巾。

40分钟以后，他到了伯顿夫人的家。她正在门房里等着他。史留斯一到，她就开了门。在这暖和的房子里，史留斯摘下了围巾、手套、帽子，脱下外套。

伯顿夫人穿着睡衣、拖鞋，连头发也没梳。

"我丈夫在楼上。"她说。

"出了什么事？"史留斯问。

"我和丈夫是在夜里11点45分睡的。也不知怎么的，我在3点25分就醒了。听丈夫没有一点声息，才发觉他已经死了，他是被人杀死的。"她说。

"那你后来干了什么？"史留斯问。

"我便下楼来给你打电话。那时我还看见那扇窗户大开着。"她用手指了指那扇还开着的窗户。猛烈的寒风直往里灌，史留斯走过去，关上了窗户。

"你在撒谎，让警察来吧！"史留斯说道，"在他们到达这里之前，你或许乐意把真相告诉我吧？"

史留斯为什么会这样说，他的根据是什么？

13. 梅丽莎在撒谎

这是一个气温超过34℃的夏天，一列火车刚刚到站。女侦探麦琪站在月台，听到背后有人在叫她："麦琪小姐，你要去旅行吗？"

叫她的人是她正在侦查的一件案子的当事人梅丽莎。

"不，我是来接人的。"麦琪回答。

"真巧，我也是来接人的，已经等了好久

了。"梅丽莎说。说着，她从手提包里掏出一块巧克力，掰了一半递给麦琪："还没吃午饭吧？来点巧克力。"

麦琪接过来放到嘴里。巧克力硬邦邦的。这时，麦琪突然想到什么，厉声对梅丽莎说："你为什么要撒谎，为什么要骗我说你也是来接人的？"

梅丽莎被她这么一问，脸色也变红了。但她仍想抵赖，反问说："你凭什么说我撒谎？"

请你判断一下，麦琪凭什么断定梅丽莎在撒谎？

14. 对话

请看下面警官和嫌疑犯的一段对话。
警官："昨天晚上10点案发时你在哪里？"
嫌犯："昨天晚上我在家里。"
警官："可是，据你的一位朋友说，当时他去找你，按了半天门铃，并没有人出来开门。"
嫌犯："哦，当时我使用了高功率的电炉，房间的保险丝烧断了，停了一会电，门铃当然不响……"
警官："别再编下去了。你被捕了。"
请问这是为什么？

15. 游乐园的父子

父亲带着两个儿子去游乐园。他让他们自己去玩，不过要在下午5点钟回到游乐园的大门口。可是，当他们最终出现在大门口时，已经是5点半了。父亲十分生气，说要惩罚他们，以后一个月都不会带他们出来玩了。这时，哥哥开口了："爸爸，这可不是我们的错！当时我们正在坐过山车，可是正准备下来的时候，引擎突然熄火了。"父亲想了一会儿，突然板起了脸孔："我的孩子们，说谎是比不守时更糟糕的行为！"

父亲怎么知道儿子在撒谎？

16. 价值连城的邮票被盗

加力与简恩合谋将邮票展览中价值连城的古版邮票偷走，离开时简恩带着邮票，二人分开逃跑。

两天后，加力来找简恩，商量将邮票变卖分赃。简恩道："现在风声正紧，我把邮票藏到秘密的地方。等过些日子，我们再取出变卖吧。"但加力认为，这是简恩想独吞邮票的诡计，不肯答应。

最后，简恩说："这样吧，邮票由你保管，等风声过后我再来找你，这样你总可以放心了吧？"加力答应了简恩的建议。

简恩取出一把钥匙，说："我把邮票藏在《圣经》第47页和第48页之间，这本《圣经》存放在距离这里三条街的邮局信箱内。这是邮局的钥匙，钥匙上有信箱的编号。你去拿吧，晚些我再与你联系。"

加力拿了钥匙便匆匆往邮局跑去，走到半路，他停了下来，低声骂道："混蛋！竟敢骗我！"他跑回去找简恩，但简恩已逃之夭夭了。

加力为什么说简恩欺骗了他呢？

17. 过继

李铁桥是广东某县的知县，一天衙门口来了一位告状的老妇人，当差的衙役便把老妇人带到了堂上。

老妇人哭诉道："大人，我丈夫李福贵去世多年，没有留下儿子，现在我丈夫的哥哥李富友有两个儿子，为了占有我的家业，他想把他的小儿子过继给我，做合法继承人。大人啊，我的这个小侄子一向品行不端，经常用很恶毒的语言谩骂我，我实在不想让他做我的继子，于是，我就自己收养了一个别人家的孩子做继子。这下可惹怒了我丈夫的哥哥，他说什么也不同意让我收养别人家的孩子，并说不收养他的孩子，就让我这位小侄子气死我！大人呀！天下还有这样的哥哥、这样的侄子吗！请大人给我做主啊！"

李铁桥听罢，非常气愤，第二天便在公堂之上开始审理这桩案子。

李铁桥先把李富友叫到堂前，问道："李富友，你想把你儿子过继给你弟弟家，你是怎么考虑的？"

李富友理直气壮地说道："回禀大人，按照现行的法律，我应该过继给我弟弟家一个儿子，好让我弟弟续上香火。"

"你说的有些道理。"李铁桥肯定地说。旋即，他又叫来老妇人，让老妇人说说他不要这个侄子的道理。

老妇人回答道："回禀大人，照理说我应该让这个侄子成为继子，可是，这孩子浪荡挥霍，来到我家必定会败坏家业。我已年老，怕是靠他不住，不如让我自己选择称心如意的人来继承家产。"

李铁桥大怒："公堂之上只能讲法律，不能徇人情，怎么能任你想怎么样就怎么样呢。"

他的话还没说完，李富友连忙跪下称谢，嘴里直说："大老爷真是办案公正啊！"而告状的老妇人却无奈地直摇头。

接着，李铁桥就让他们在过继状上签字画押，然后把李富友的儿子叫到跟前说："你父亲已经与你断绝关系，从今天起，你婶子就是你的母亲了，你赶快去拜认吧。这样一来名正言顺，免得以后再纠缠。"

李富友的小儿子立刻就向婶子跪下拜道："母亲大人，请受孩儿一拜！"

老妇人眼见着知县如此判案，侄儿又在眼前跪着，边哭边对李铁桥道："大人啊！要立这个不孝之子当我的儿子，这等于要我的命，我还不如死了好！"

听了他的话，知县李铁桥不禁哈哈大笑，笑后很快就断了案。

你知道知县李铁桥是如何断案的吗？

18. 雨中的帐篷

一天中午，突然下了一场大雨。雨停后，一个人急急忙忙来到了警察局，向警长大山说道："不好了，派尼加油站的服务员被枪杀了。"

大山给他倒了一杯水，然后对他说："别着急，慢慢说。"

"当时我正把车开进派尼加油站，突然我听到了一声枪响，接着我看见有两个人从加油站里跑了出来，跳进了一辆周末旅游车飞快地开走了。我赶紧跑进屋里，一看加油站的一个男服务员已倒在血泊里。"这个人一边哆嗦着一边描述道。

警长大山听罢目击者的讲述，又问了一些旅游车和那两个人的外貌后，便带着几名警员开始搜巡嫌疑人。很快，他们在公路的路障南边找到了一辆被人遗弃的旅游车。

警长大山一看这辆旅游车，离派尼国家公园的正门只有几米远，便猜测罪犯一定是进了公园里。

在公园一处人工湖边，大山向第一个野营者沃伦问起他们来公园的时间。

留着一撮小胡子的沃伦说道："我和我弟弟是昨天晚上过来的。因为为了赶上鲑鱼迁徙的季节，从到这里开始，我们兄弟俩就在钓鱼。"

"你们两个下雨时也在钓鱼吗？"大山又问道。

"是的。"沃伦点点头回答道。

大山辞别了沃伦。又来到了第二对野营者阿尔的帐篷里。

阿尔说道："今天早上，我们支起帐篷，然后就出去了。天开始下雨时，我们找了个小山洞躲了好几个小时，我们什么都没看到。"

大山在听阿尔说话的时候，发现地上湿漉漉的，他不禁眉头一皱，但还是友好地走出了帐篷。

在停车场的一辆旅游车上，大山又找到了第三对野营者乔治和他的女朋友。

乔治说道："我知道我们不应该在这里。我们没有伤害任何人，芝加哥的一个朋友借给了我这辆车，所以驾照上不是我的名字，你们可以打电话到芝加哥去查……"

"不必了！"大山说道，"我已经知道谁在撒谎了！"

大山是如何判断的呢？

19. 报案的秘书

国际电子产品博览会即将在东京举办，来参加博览会的，都是世界上著名的企业家。村井探长亲自负责保卫工作，他在机场和宾馆里，派出大批警察，荷枪实弹站岗，还有很多便衣警察，在暗中保护着贵宾。

博览会开幕前的一天晚上，警察局的报警电话响了，村井探长心头一震，最担心的事情还是发生了！美国一家大公司的总经理赶来参加博览会，下午刚住进五星级大宾馆，就在卧室里被人杀害了。

村井探长赶到宾馆，在保安的带领下，来到死者的卧室。那是一间很大的套间，里面的设备和装潢非常豪华，墙壁上挂着昂贵的名画，地上铺着厚厚的土耳其驼毛地毯，很柔软，走在上面，几乎听不见脚步声。总经理倒在地毯上，后脑勺上有一个窟窿，流了很多血。桌子上有一部电话，话筒没有搁在电话机上，就扔在旁边。

这时，有一位年轻的女士走过来，哭着说："我是总经理的秘书，一小时前，我乘飞机到东京，下了飞机以后，马上和总经理通电话，正说着呢，听到话筒里总经理大叫一声，然后听到'扑通'的一声，好像是人倒在地上的声音，再后来，又听到一阵匆忙的脚步声，好像是罪犯逃跑的声音。我知道情况不好，马上打电话报警，然后叫了一辆出租车，刚刚赶到这里。"

村井探长低着头，在房间里来回踱步，他一会儿走过来，一会儿走过去。忽然，他停住脚步，严厉地对女秘书说："你说的都是谎话！"

村井探长为什么说女秘书在撒谎呢？

20. 枪击案

刚刚发生了一起枪击案，枪响后，酒吧里只有哈瑞一个顾客。

他刚刚喝了一口咖啡，就看到3个人从银行里跑出来，穿过马路，跳上了一辆等在路边的汽车。

不一会儿，一个修女和一个司机进了酒吧。

"二位受惊了吧？"善良的哈瑞也没有仔细打量这两个人，就说，"来，我请客，每人喝一杯咖啡。"

两个人谢了他。修女要了一杯咖啡，司机要了一杯啤酒。3个人谈起了刚才的枪声和飞过的子弹，偶尔喝一口杯子里的饮料。这时，街上又响起了警笛声。抢劫银行的罪犯抓住了，被送回银行验证。哈瑞走到前边的大玻璃窗前去看热闹。当他回到柜台边时，那个修女和司机再次感谢他，然后就走了。

哈瑞回到座位上，看着旁边空空的座位和杯子，咖啡杯的杯口处还隐约有些红色，他突然明白了什么，叫起来："噢！这两个家伙是刚才抢银行罪犯的帮手！"说完赶紧报了警。

请问，是什么东西引起了哈瑞的怀疑呢？

21. 集邮家

85岁高龄的集邮家，今晚在他的卧室里为一位朋友的集邮品估了价。朋友去客厅参加舞会了，仆人走进来想请老人家上床休息，却发现他伏在桌子上，因颅骨受到致命打击而死亡，于是立即打电话请来了名探霍金斯。

霍金斯验过尸体，判断死亡时间约在20分钟以前。

仆人说："我进门时，好像听见轻轻的关门声，似乎是从后楼梯口传来的。"

霍金斯仔细察看了桌子上的5件物品：一把镊子、一本邮集、一册集邮编目、一瓶挥发油和一支用于检查邮票水印的滴管。霍金斯走出房间来到楼梯边，俯视下面的客厅，那儿正为集邮家的孙女举行化装舞会。

"谁将是死者遗嘱的受益者？"霍金斯问。

"嗯……有我，还有今天舞会上的所有人。"仆人答道。

霍金斯居高临下，逐一审视那些奇装异服的狂欢者，目光最后落在一个扮作福尔摩斯的年轻人身上。他斜戴着一顶旧式猎帽，叼着个大烟斗，将一个大号放大镜放在眼前，装模作样地审视着身边一位化装成白雪公主的姑娘。

"快去报警！"霍金斯吩咐仆人，"我要拘捕这位'福尔摩斯'先生。"

想一想，霍金斯依据什么判断出了凶手？

22. 发难名探

富有的贵妇人沃夫丽尔太太闲得无聊，竟动起了难倒名探哈利的念头。

这天，凌晨2时，哈利接到沃夫丽尔太太的男管家詹姆斯的告急电话，说"夫人的珠宝被劫"，请他立刻赶来。

哈利走进沃夫丽尔太太的卧室，掩上门，迅速察看了现场：两扇落地窗敞开着。凌乱的大床左边有一张茶几，上面放着一本书和两支燃剩3英寸的蜡烛，门的一侧流了一大堆烛液。一条门铃拉索扔在厚厚的绿地毯上，梳妆台的一只抽屉敞开着⋯⋯

沃夫丽尔太太介绍说："昨晚我正躺在床上借着烛光看书，门突然被风吹开了。一股强劲的穿堂风扑面而来。于是我就拉门铃叫詹姆斯过来关门。不料，走进来一个戴面罩的持枪者问我珠宝放在哪里。当他将珠宝装进衣袋时詹姆斯走了进来。他将詹姆斯用门铃的拉索捆起来，还用这玩意儿捆住我的手脚。"她边说边拿起一条长筒丝袜，"他离开时，我请他把门关上，可他只是笑笑，故意敞着门走了。詹姆斯花了20分钟方挣脱绳索来解救我。"

"夫人，请允许我向您精心安排的这一劫案和荒唐透顶的表演致意。"哈利笑着说。

请问：沃夫丽尔太太的漏洞在哪里？

23. 巧过立交桥

罗尔警长快要过60岁生日了，可是看上去很年轻，50岁还不到的样子。这得归功于他的自行车，也许你不相信，这辆自行车陪着他30多年了，还是当年巡逻时骑的呢。后来，警察巡逻开上了警车，可是罗尔警长坚持骑自行车，他说："坐在警车里不锻炼，连路也跑不动了，怎么抓坏人？"

有一天下午，他骑着自行车在街上巡逻，一辆黄色轿车"呼"地从身边冲过，紧接着，身边传来喊叫声："他偷了我的汽车！"罗尔警长赶紧蹬车去追黄色轿车，可是，自行车的两个轮子，怎么追得上4个轮子的轿车呢？才追了一条马路，他就累得直喘气，眼看轿车越来越远了。

这时候，他看见路边停着一辆集装箱卡车，司机正在卸货，他扔下自行车，跳上卡车，开足马力，继续追赶。

偷车贼还以为把警长甩掉了，心中暗自嘲笑：一辆破自行车，还想追我？哼，没门！忽然，他从后视镜里看见了卡车，司机就是那个老警察！他慌忙加大油门，警长紧追不舍，两辆车在公路上追逐着。

前方有一座立交桥，轿车一下子就从桥底下穿了过去，可是集装箱卡车的高度，恰恰高出立交桥底部2厘米，警长一个急刹车，停在立交桥前，好险啊！

罪犯看到卡车被挡住了，还回头做个怪脸，罗尔警长气得两眼冒火。他毕竟是老警察了，马上冷静下来，看了看轮胎，立刻有了主意。

几分钟以后，集装箱卡车顺利从立交桥底下穿过，罗尔警长终于追上了罪犯。

罗尔警长用什么方法，很快就让卡车通过了立交桥底下呢？

24. 消声器坏了

街上发生了一起车祸，一辆汽车撞伤了一个孩子并且逃跑了。警官梅森根据各种线索，当天晚上就找到了肇事嫌疑人洛克——一个身高1.9米的高个子。

洛克说："我今天上午没用过这辆车，是我妻子用的。"洛克的妻子是位娇小玲珑的金发美人，身高不过1.5米。她向警察证实了丈夫的话。

梅森说："根据目击者提供的线索，撞人的汽车噪声很大，好像消声器坏了。"

"那咱们就去试一下吧！"洛克把梅森带到车库，打开车门，然后舒舒服服地坐在驾驶座上，发动马达，在街上转了一圈，一点噪声也没有。

梅森微微一笑："别演戏了，这个新消声器是你刚刚换上的。"

梅森是怎么做出这一判断的？

25. 神秘的盗贼

一个规模庞大的珠宝展在国际商贸大厅举行，其中最引人注目的是一粒巨大的钻石，价值超过千万元。

为了防止这粒钻石被人偷去，珠宝商特邀一家防盗公司设计制作橱柜，上有防盗玻璃，可以抵御重锤乃至子弹袭击，不会破裂。同时在会场中还有防盗设施如摄像探头等。

一天，参观的人很多，一个男子迅速地走到了玻璃柜前，用一个重锤向柜子一击，玻璃竟然破裂，男子抢去钻石，乘乱逃去。

警方事后到现场调查，发现玻璃的确是防盗玻璃，而摄像头则刚好只拍到盗贼的手，看不见他的真面目。

那么到底谁是盗贼，又用什么方法打破了防盗玻璃呢？警方根据防盗玻璃的特性，很快捉到了盗贼。你能找出谁是盗贼吗？为什么？

26. 拿破仑智救仆人

滑铁卢战役后，拿破仑被流放到圣赫勒那岛，身边只带了一个叫桑梯尼的仆人。

一次，岛上长官部派人通知拿破仑说："你的仆人桑梯尼因盗窃被逮捕了。"

拿破仑赶到长官部要求失主叙述事情的经过。"桑梯尼来找我的时候，我正在处理岛民交来的金币，就叫秘书带他去左边房间等一等。之后，我把金币放在这桌子里的抽屉里，锁上之后就去厕所了，但是我把抽屉上的钥匙遗忘在了桌子上。两三分钟后，我回来发现抽屉里的金币少了10枚。在这段时间里，只有他一个人在房间里，桌子上又有我忘带的抽屉钥匙，不是他偷的还有谁呢？因此，我就命令秘书把他抓了起来。"

"但是，你应该知道，左边的门是上了锁的，桑梯尼无论如何也进不来。"拿破仑说道。

"他一定是先走到走廊，再从正中的那扇门进来的。"失主又说。

"你不是说你只离开两三分钟吗，桑梯尼在隔壁根本不可能看到你把金币放在抽屉里，也不会知道你把抽屉钥匙忘在桌子上，你离开的时间又那么短，他怎么可能偷走金币呢？"拿破仑反驳他道。"他准是透过毛玻璃看到了。"失主牵强地回答。

拿破仑要求去现场亲自查个究竟。他向房间左边的门走去，将脸贴到靠近毛玻璃左边的房间仔细地看去；只能大概地看见一些靠近门的东西，稍远一点就看不清了；他又走到左右两扇门前，摸摸门上的毛玻璃，发现两块玻璃的质量完全一样，一面光滑，一面不光滑，不同的是，左边房门上毛玻璃的不光滑面在失主房间这一边，而右边房门上毛玻璃的光滑面在失主房间这一边，右边房间是秘书室。拿破仑转过身来，指着门上的毛玻璃对失主说道："你过来看一看，从这块毛玻璃上桑梯尼不可能看到你所做的一切，你还是问问你的秘书吧？"失主叫来秘书质问，金币果然是他偷的。

请问：拿破仑推断的根据是什么呢？

27. 飞来的小偷

一天，日本的一位富翁在东京城外别墅里举行宴会，别墅里绿树成荫，百鸟齐鸣。客人们一边谈天说地，一边品尝着美味佳肴，一个个显得十分高兴。

这时，一位女宾在去洗手间洗手时，把钻石戒指放在外间靠窗的桌子上，再出来时，发现钻石戒指不见了。

门是关着的，洗手间在3楼，也没有人来过，别墅中的仆人都忠实可靠，何况，失窃之前也没有一个仆人上过楼。再说窗子外面也没有梯子，难道小偷是从天上飞下来的？

大富翁为此事很生气，认为这事又一次丢了他的面子。因为在他的别墅里，已经第三次

发生这样的事了，他非要查个水落石出不可，他拿起电话就准备报警。

这时，从宾客中走出一位名叫山田吉木的中年人，他是位动物学家。他听那位女宾讲了事情的经过，又听富翁讲了以前发生的两起失窃案件的经过，胸有成竹地说："先生，你别报警，这件事让我来试试吧！"

山田吉木先生在别墅四周转了转，指着一棵大树上的喜鹊窝说："派个人爬到树上，到喜鹊窝里查查看。"

一位机灵瘦小的仆人很快就爬上大树，他将手伸到喜鹊窝里一摸，大声叫道："金耳环、钻石戒指、项链，都在这儿哪！"

"这是怎么回事？"富翁问道。

山田吉木说出了一番话，富翁方如梦初醒。

你知道山田吉木说了什么话吗？

28. 被杀的猫头鹰

夏季的一天下午，著名昆虫学家法布尔正在院子里观察蚂蚁的生活。巴罗警长走了进来。他摘下帽子擦着汗说："法布尔先生，你知道吗，格罗得先生把他那只心爱的猫头鹰杀了，并且剖开了腹部。"

"昨天晚上，格罗得先生家里来了一位巴黎客人，他叫巴塞德，也是位钱币收藏家，是来给格罗得先生鉴赏几枚日本古钱的。正当他们在书房互相谈论自己的珍藏品，相互鉴赏的时候，巴塞德发现带来的日本古钱丢了3枚。"警长接着说。

"是被人盗走了吧？"法布尔问道。

"不是的，书房里只有他们二人，肯定是格罗得先生偷的，巴塞德也是这么认为的。但追问格罗得时，格罗得却当场脱光了衣服，让巴塞德随便检查。当然没有搜到钱币，在书房内搜个遍也没有找到。"这位警长仿佛自己当时在场一样绘声绘色地说着，法布尔仍在埋头观察蚂蚁的队列。

"古钱被偷的时候，巴塞德没看见吗？"法布尔疑惑地说。

"没有，他正在用放大镜一个一个地欣赏着格罗得的收藏品，一点儿也没有察觉。不过，那期间格罗得一步也未离开自己的书房，

更没开过窗户，所以，偷去的古钱不会藏到外面去。"警长肯定地说。

"那么，当时他在干什么？"法布尔接着问道。

"据说是在鸟笼前喂猫头鹰吃肉。"警长道。

"那古钱究竟有多大？"法布尔先生走到警长跟前坐了下来，看上去他对这桩案件也产生了兴趣。

"长3厘米，宽2厘米，共3枚。再能吃的猫头鹰，不可能把这种东西吃进肚里吧。但是，巴塞德总觉得猫头鹰可疑，一定是它吞了古钱，主张剖腹查看，而格罗得却反问，如果杀掉还找不到古钱又怎么办？能让猫头鹰再复活吗？"警长道。

"这可麻烦了。"法布尔若有所思地说。

"被他这么一说，倒使巴塞德为难了，当夜也没再说什么，上二楼客房休息了。谁知今天早晨一起床，格罗得就将那只猫头鹰杀掉并剖开了腹部。可是，连古钱的影子也没见到。"警长似乎也很沮丧。

"那么，是不是深夜里换了一只猫头鹰？"法布尔更觉疑惑问道。

"不，是同一只猫头鹰。巴塞德也很精明，临睡前，为了不被格罗得掉包，他悄悄地在猫头鹰身上剪短了几根羽毛，并且在今天早晨对照检查过，认定了没错。"警长说。

"真是细心呀。"法布尔夸赞道。

"如果猫头鹰没有吞食，那么，3枚古钱到底会去哪儿呢？又不能认为在猫头鹰肚子里融化，真是不可思议。巴塞德也无可奈何，最终还是报了案。所以，刚才我去格罗得的住宅勘察时，也看到了猫头鹰的尸体。先生，你对这起案件是怎么想的？"警长问法布尔。

法布尔慢慢站起身来说："是格罗得巧妙地藏了古钱。"

"可是他藏在哪里了呢？"警长疑惑地望着法布尔问道。

29. 珠宝店里的表

一家小珠宝店关门停业了3天。店员们都利用这3天假期出城探亲，第4天上午刚开店，便走进来一位顾客。他让店员打开橱柜，要看里

面的手表。店老板丘吉从账桌那边走过来，打开橱窗，让他选择。这位顾客拿起一块表摆弄了一阵，问了价钱，说要考虑考虑，就走了。这位顾客刚离开不一会儿，丘吉发现橱窗里靠门的那边少了一串名贵的珍珠项链。他愣了片刻，立即吩咐店员关门闭店，而后挂了报警电话。

没出5分钟，巡警韦尔奈赶到了珠宝店。丘吉迎上去说："我相信盗贼在你们警察局是挂了号的，他的动作太神奇了，连我也没有看出来。"说完，他耸了耸肩，现出一副苦相。

韦尔奈问道："那个人长得什么样？"

丘吉眯起眼睛："很平常，个子高高的，戴一副茶色眼镜，衣着很考究，不过，脸面吗……我没看清。"

"如果他是惯偷，档案里一定能有他的指印，这店里也会留下的。"

"怕不会的，我看见他刚放下表，就立即戴上了手套。"

"那么表上一定会有的。请告诉我，那个人动了哪块表？"

"这谁知道。橱柜里挂着100多块表，凡是来买表的顾客都要摆弄一番，哪块表上能没有指印。"

"不，我认为这并不像您说的那样困难。"

巡警韦尔奈说着，已经用镊子夹起一块表："这就是那个人动过的那块表。"

然后，韦尔奈在那块表上取下了罪犯的指纹。很快，韦尔奈便根据这一线索，查出并逮捕了罪犯。

韦尔奈是怎样找出那块留有犯罪分子指纹的手表的呢？

30. 双重间谍

一个刺探情报的罗马双重间谍R，不知被谁杀死了。他临死前，用身上的血写了一个"X"。据分析这个"X"指的是杀死他的人。而杀死他的人是这3个间谍（如下图所示）中的一个。

你知道是谁吗？

A间谍NW12号　L间谍UP3号　B间谍WY7号

31. 埃默里夫人的宝石

埃默里夫人是一位宝石商人，按照规律，今年的新宝石展销会又由埃默里夫人主持操办了。

但会议一开始，就令埃默里夫人很失望，她本以为珠宝商们应该知道如何穿戴，但来的人好像都不知该如何打扮。波士顿来的罗德尼穿着一件20世纪70年代流行的衬衫。亚特兰大来的朱利穿着一身运动装，脚上穿着胶底跑鞋。杜塞尔多夫来的克劳斯的袜子竟然一只是褐色的，另一只是蓝色的。

尽管对来宾颇为失望，但埃默里夫人还是认真地向来宾介绍着展销的宝石："我的宝石的品质跟以前一样好。请大家仔仔细细地观看，绝对没有次品。"

埃默里夫人一边介绍着，一边在心里琢磨着：今年的宝石展不像往年那样隆重，只要能把我精心准备的一块精美的绿宝石售出去就可以了，所以她特意把这块绿宝石放在一些人造蓝宝石、石榴石、鸡血石中间，希望能衬托出绿宝石的光泽。

就在她津津有味地介绍时，突然间外面的街上发生了非常强烈的撞车声，一下子把正听她讲解的人的注意力全部吸引到了街上，仅仅几秒钟，等埃默里夫人回过头来，发现桌子上所有的东西——包括不值钱的人造石榴石和那颗珍贵的绿宝石，全都不见了。埃默里夫人马上报了案，探长里尔带着助手立刻来到了现场，里尔查看了一番后对埃默里夫人说："街上的撞车事件一定是为了转移视线。"

很快，里尔就在一个胡同里，找到了一个布袋，打开一看，布袋里是闪闪发光的人造蓝宝石、鸡血石，可就是没有了那颗绿宝石。

"看来窃贼只想要绿宝石呀！我估计这一定是行内人士干的。"探长说道。

听探长这么一说，埃默里夫人立刻恍然大悟，对探长说道："我知道窃贼是谁了。"

32. 游船上的谋杀案

狂风怒号，海浪滔天，台风就像一个喝醉了酒的狂人，在肆意地发着酒疯，把海水搅得天昏地暗。海面上已经看不见任何船只了。渔船都避到港湾里，落下了帆，抛下了锚，等待着台风过去。

这时候，海岸警卫队接到SOS求救信号：有一艘游船，被困在大海里，随时有沉没的危险！海岸警卫队立刻派出救生快艇，冒着大风大浪，向出事的海域驶去。天漆黑一团，再加上十几米高的海浪，冲撞着快艇。小艇就像一片树叶，一会儿被抛上半空，一会儿又被压到浪底。几小时以后，快艇来到了发出信号的海面上，打开探照灯，四处搜寻着。

忽然，负责观察的水手叫起来："快看！那边有人！"探照灯"刷"地照射过去，在雪亮的光柱下，可以看见有一艘小游船，在海面上飘荡，一个男子在用力挥手，旁边还躺着一个人。救生艇赶快靠过去，经过了无数次的努力，终于把他们救了上来。可是，另一个男子已经死了，他的头上有一个大窟窿。

活着的那个男子满头大汗，他擦了一把汗，喘着气说："我叫保罗，已经3天没有喝上淡水了。两天前，我和汤姆驾着小帆船，出海去游玩，我们只顾得高兴，来到了离海岸很远的地方，这时候，船出了故障，无法再行驶了，又遇上了台风。船上没有食品和淡水，我们都又饿又渴。今天，汤姆实在忍不住了。到船舷边舀海水喝，脚下一滑，头撞到铁锚上死了。幸亏你们来了，不然我也没命了！"艇长听了他的话，立刻命令士兵："他就是凶手，马上把他监禁起来！"

艇长为什么会怀疑那个男子是凶手呢？

33. 血型辨凶手

这是个十分奇妙的案件。兄弟俩感情破裂，原因是为了争夺家产，见面也像仇人似的。一天，哥哥被发现死在街头，而弟弟此后失踪。

警方在现场侦查，发现了以下一些资料：

死去的哥哥的血型是A型，而在他身上，还发现另外一些血液，是属于凶手的，则为AB型。

警方发现死者父亲的血型是O型，母亲的血型是AB型，但失踪的弟弟血型却不清楚。

凭以上的资料，你认为失踪的弟弟会不会是凶手呢？

34. 四名嫌疑犯

一天早晨，在单身公寓3楼301室，好玩麻将的年轻数学教师被杀，是啤酒瓶子击中头部致死的。

在他的房内有一张麻将桌，丢着很多麻将牌，死者死时手里还摸着一张牌，大概是在断气前，想留下凶手的线索而抓住的。

被害人昨晚同朋友玩麻将，一直玩到夜里10点左右。这就是说，凶手是在等人都走了以后才下手的。

通过调查，警察找到了4名嫌疑犯。这4人都与被害人住在3楼。

他们是：住在307号房间的无业游民张某；住在312号房间的个体户钱某；住在314号房间的汽车司机孙某；住在320号房间的外地人陈某。

那么，凶手是谁？

35. 迷乱的时间

星期天傍晚，史密斯先生被人谋杀了。目击者告诉警方，他们在下午5点06分时听到了3声枪响，并且看到了凶手的背影，看起来像是一个中年男人。警方经过调查，确定了3个嫌疑人。有趣的是，他们都是球队教练，其中A先生和C先生是足球教练，而B先生是橄榄球教练。

这3位教练的球队，星期天下午都参加了3点整开始的球赛。A教练的球队是在离死者住所10分钟路程的体育场上争夺"法兰西杯"；B教练的球队是在离史密斯先生家一个小时路程的球场上进行一场友谊赛；而C教练的球队是在离凶杀地点20分钟路程的体育场上参加冠军争

夺赛。据了解，这3位教练在比赛结束之前都一直在赛场上指挥比赛，而且3场比赛都没有中断过。

在警察局里，3位教练回答了警长的询问。当警长问他们各自的比赛结果时，A教练回答说："我们和对手踢成了平局，1比1，最后不得不进行点球决胜负，还好我们赢了。"B教练则叹了口气："我们打输了，比分是6比15。"而C教练则满面喜色："3比1，我的球队最后夺得了冠军！"

警长听后，朝其中的一位教练冷冷一笑："请你留下来，我们再聊聊好吗？"

经过审问，这位被扣留在警察局里的教练，正是枪杀史密斯先生的罪犯。

你知道他是谁吗？

36. 马戏团的凶案

城里来了一个马戏团，大家都去看他们的表演，其中驯兽师拉特跟老虎的表演最受欢迎，他和女朋友——金发女郎梅丽也很快成了大家都很熟悉的人物了。

这天清晨，马戏团里突然传来一声尖叫，大家闻讯赶去，发现拉特俯卧在干草堆上，后腰上有一大片血迹，一根锐利的冰锥就扎在他的腰上。在他旁边，身着表演服的梅丽正捂着脸低声哭泣。

警察来到了现场。法医检查了拉特的尸体后告诉警官墨菲："死了大约有七八个小时了。也就是说，谋杀发生在半夜。"

墨菲转过身，看了一眼梅丽，说："请节哀。噢，对不起，你袖子上沾的是血迹吗？"

梅丽把她表演服的袖口转过来，只见上面有一道长长的血印。

"咦，"她看了一眼，"这一定是刚才在他身上蹭到的。"

墨菲问道："你知道有谁可能杀他吗？"

"不知道……"她答道，"但也许是赌场里的鲍勃。拉特欠了他一大笔钱。"

于是墨菲找到了鲍勃。鲍勃承认拉特欠了他大约15000美元，可同时发誓说他已有两天没见过拉特了。

墨菲很快就抓住了罪犯。你知道这个罪犯是谁吗？

37. 一张秋天的照片

花海公寓环境优美，路的两边是高大的梧桐树，池塘边有婀娜的杨柳，屋前屋后到处是鲜艳的花，还有绿毯子一样的大草坪。到了春天，公寓就像淹没在花的海洋里。夏天来了，吃过晚饭以后，小伙子和姑娘们，拿着录音机，来到大草坪上跳舞唱歌；年轻的爸爸妈妈们，带着活蹦乱跳的孩子，到游泳池去游泳戏水；老人们则摇着扇子，来到树荫下，聊着古老的故事。

村井探长就住在这幢公寓里，不过他常常很晚才回家，看不到这番景象。今天，他忙完了工作，已经是11点多了，忽然，报警电话铃响了，有个男子报案，他的妻子被人杀害了！村井探长问他的地址，真是太巧了，他就住在花海公寓302室，是村井的邻居。村井探长记得，男子个子不高，夫妻俩的关系似乎不太好，早上出门的时候，还听到他们在吵架。

他马上带着法医，赶到现场。经过检查，女主人是被勒死的，死亡时间是下午2点钟左右。男主人说："最近我和妻子有些小矛盾，吃过午饭以后，我就一个人到公园里去散心，晚饭也没回来吃。刚才回到家里，发现妻子已经……"他伤心地说着。村井探长问："您下午到公园去，有什么证据吗？"男子拿出一张照片说："我心情不好，就特地在梅花鹿的前面，拍了这张照片。"村井探长一看，男子站在一只雄鹿的旁边，鹿角好像高高的树杈，显得那么威风，更加衬托出男子的矮小。

村井探长看着照片说："你就是凶手，快

303

说实话吧!"

村井探长根据什么说男子是凶手呢?

38. 凶手可能是美国人

在旧金山的一家宾馆内,有位客人服毒自杀,名探劳伦接到报案后前往现场调查。

被害者是一位中年绅士,从表面上看,他是因中毒而死。

"这个英国人两天前就住在这里,桌上还留有遗书。"旅馆负责人指着桌上的一封信说。

劳伦小心翼翼地拿起遗书细看,内文是用打字机打出来的,只有签名及日期是用笔写上的。

劳伦凝视着信上的日期——3.15.99,然后像是得到答案似地说:"若死者是英国人,则这封遗书肯定是假的。相信这是一宗谋杀案,凶手可能是美国人。"

究竟劳伦凭什么这么说呢?

39. 撒谎的肯特

肯特在圣诞之夜请他新结识的摩西小姐到一家饭店共进晚餐。摩西小姐聪明活泼,美丽动人,肯特十分爱慕。两人聊了一阵,肯特发现摩西小姐对自己不大感兴趣,两人不久就离开了旅店。饭后心情沮丧的他在街上闲逛,遇见了名探罗克。

罗克问他为什么心情沮丧,独自一人在街上闲逛。肯特说了宴请摩西小姐的事。罗克问他在餐桌上同摩西小姐谈了些什么,肯特说:"我向她讲了一个我亲历的惊险故事。那是去年圣诞节前一天的早上,我和海军上尉海尔丁一同赶往海军在北极的气象观测站执行一项特别任务。那是一项光荣的任务,许多人想去都争取不到。但可惜的是,我们在执行任务过程中,遇上了意外情况,海尔丁突然摔倒了,大腿骨折,情况十分严重。我赶紧为他包扎骨折部位。10分钟之后,更可怕的事情发生了,我们脚下的冰层开始松动了,我们开始脱离北极,随着水流向远方的大海漂去。我意识到这时我们已经前途渺茫,随时都有生命危险,特别是当时天气异常寒冷,滴水成冰,如不马上生火取暖,我们都会被冻死的,但是火柴用光了。于是我取出一个放大镜,又撕了几张纸片,放在一个铁盒子上,铁盒子里装了一些其他取暖物。我用放大镜将太阳光聚焦后点燃了纸片,再用点燃了的纸片引燃了其他取暖物。感谢上帝,火燃烧起来了,拯救了我们的生命。更幸运的是,4小时后我们被一艘经过的快艇救了起来。人人都说我临危不惧,危急关头采取了自救措施,是个了不起的英雄。"

罗克听后大笑起来:"你说谎的本事太差了,摩西小姐没有对你嗤之以鼻,就已经够礼貌的了。"肯特讲的海上遭遇有什么地方不对吗?

40. 瑞香花朵

格林太太花了很多年时间种植一种名贵的灌木植物——瑞香。这种植物能开出十分美丽的花朵,而且由于非常耐旱,特别适合在当地种植。自然,这些瑞香也是格林太太最心爱的宝贝。

这天,格林太太准备外出度假一个月。让她头疼的是,她需要有人照料她的花园。最后她决定请同事卡罗尔小姐帮帮忙。格林太太告诉卡罗尔小姐要特别当心这些名贵的瑞香。

当格林太太度假回来时,她正好看见卡罗尔小姐在花园里,旁边站着许多警察,而那些名贵的瑞香却不见了。卡罗尔告诉警察,一定是有人偷走了它们,因为头一天晚上她还看到过这些瑞香。格林太太听到卡罗尔在对警察说,这一个月里,她一直在照料这些植物,每天都给它们浇水,所以它们显得比原先更美丽了。

格林太太冲进花园,打断了卡罗尔小姐的话。她对警察说:"卡罗尔小姐在撒谎!你们要仔细审问审问她。"

格林太太为什么这么肯定？

41. 今年冬天的第一场雪

这是镇上今年冬天第一次下雪，雪下得很大，地上积雪很深，大约有30厘米左右。就在当天晚上，镇上那家小银行发生了失窃案，窃贼盗走了银行保险箱里所有的现金。

警察立刻开始调查，发现了一个可疑对象，他是个单身汉，两个星期前刚刚在银行附近租了一间平房。

第二天一早，警长带着两名警察来到了这个人的住处。这间平房外表看上去很简陋，房子的屋檐上还挂着几根长长的冰柱。

这个男子打开门出来之后，警长对他进行了询问："昨天晚上你在哪里？"

"我两天前就到外地去了，今天早晨刚刚回来，还不到一个小时。"

警长看了看他的屋子外面，厉声说道："你在撒谎！"

警长为什么会这么说？

42. 骡子下驹

某镇发生了一起凶杀案，警察经过调查发现，一位从事奶酪业的农夫十分可疑。警察要求农夫提供不在场证据，农夫说道："怎么可能是我？那天晚上我一直在家里，我家的骡子生产，折腾了一夜，真倒霉，骡子难产，快要天亮的时候连骡子带驹都死了。"

警察追问："你还养骡子？"

"是啊，我想让他们相互交配生仔，没成功。要是当时有兽医在场就好了，只可惜我没钱，请不起兽医。"

你认为农夫的话可信吗？

43. 大侦探罗波

这是个蓝色的、明亮的夜晚。

大侦探罗波正驾着一辆小轿车在郊外的大道上飞驰。在明亮的车前大灯的照耀下，他猛然发觉有个男子正匆匆地穿越公路，只得"嘎"地一下急刹住车。

那男子吓得像定身法似的在他的车前站住了。

罗波跳下车关切地问道："您没事吧？"

那人喘着粗气说："我倒没事。可是那边有个人正倒在动物园里，他恐怕已经死了，所以我正急着要去报案。"

"我是侦探罗波，你叫什么名字？"

"查理·泰勒。"

"好，查理，你领我去看看尸体。"

在距公路大约100米处，一个身穿门卫制服的男子倒在血泊之中。

罗波仔细验看了一下说："他是背后中弹的，刚死不久。你认识他吗？"

查理说："我不认识。""请你讲讲刚才所看到的情况。""几分钟前，我在路边散步时，一辆小车从我身边擦过，那车开得很慢。后来我看到那车子的尾灯亮了，接着听到一声长颈鹿的嘶鸣，我往鹿圈那边望去，只见一只长颈鹿在圈里转圈狂奔，然后突然倒下。于是，我过去看个究竟，结果被这个人绊了一跤。"

罗波和那人翻过栅栏，跪在受伤的长颈鹿前仔细察看，发现子弹打伤了它的颈部。

查理说："我想可能是这样，凶手第一枪没打中人，却打伤了长颈鹿，于是又开了一枪，才打死了这人。"

罗波说："正是这样，不过有一件事你没讲实话：你并不是跑去报警，而是想逃跑！"

"奇怪！我为什么要逃跑呢？"查理莫名其妙地说，"我又不是凶手。"

罗波一边拿出手铐把查理铐起来，一边说："你是凶手，跟我走吧！"

后来一审查，查理果然是凶手。

可是罗波当时怎么知道他就是凶手呢？

44. 南美洲的大象

非洲撒哈拉沙漠，是世界上非常著名的沙漠探险地。为了能够征服它，无数的勇士来到这里，进行挑战极限的活动。

一天，负责救助的当地警察布鲁姆和他的助手正在沙漠腹地开车进行巡视，突然，他看见沙漠中躺着两个人，布鲁姆急忙停下车，来到了两个躺着的人跟前。他用手一摸，发现两

305

个人都早已死亡，两个人的背上都挨了数刀。

布鲁姆马上开始检查尸体，从两个人的兜里，布鲁姆发现了这两具尸体的身份：两个人都是美国人，住在纽约，是美国一家沙漠探险俱乐部的会员。

布鲁姆让助手继续清理现场，然后，他便将这两具尸体的资料传到了总部。总部马上通过国际电报，通报给了美国纽约警察局。

纽约警察局对这起案件极为重视，马上成立了专案组，由汉斯担任组长。

经过仔细的调查，汉斯认为死者之一的麦劳斯先生的侄子约翰有重大嫌疑。于是，汉斯便驱车来到了约翰的住所。约翰很友好地接待了汉斯。他把汉斯让进屋里，然后问道："尊敬的汉斯先生，你找我有什么事吗？"

"是的，找你核实一件事。你叔叔麦劳斯先生最近去了哪里？"

"他去了非洲，又去探险了。"约翰回答道。

"我听说你也去了非洲，是陪你叔叔一同去的。"汉斯问道。

"不，我没有去非洲。本来我打算去的，可是，就在我要陪叔叔去非洲的时候，我的几个喜欢旅游的朋友硬要我陪他们一同去南美洲，我只好放弃了非洲，而去了南美洲。"

说到这，约翰从柜子里拿出了一张照片，又继续说道："你看，这是我在南美洲与大象照的合影！"

"够了，亲爱的约翰先生，我看你叔叔的死，就是与你有关。"接着，汉斯指着照片上的大象说了一番话，约翰不得不低下了头，并承认了杀死叔叔的真相。

汉斯讲了什么，约翰就承认了犯罪事实呢？

45. 寓所劫案

一个画家的寓所遭到抢劫，警方立即赶到现场。他们发现大门是开着的，就在他走进大厅时，突然听见从卧室传来阵阵痛苦的呻吟声，进去一看，原来画家负重伤倒在地上。画家忍痛发出微弱的声音："快……地道……"说着右手吃力地指向床底，警方随着他指的方向发现有一块板子，下面可能有地道，大概作案人是从这里逃出去的！但是警方却没有找到这个地道的开关。就在这时，画家又用十分微弱的声音吃力地说道："……开……关……掀……米……勒……"说完就断气了。警察反复地琢磨着"……开……关……掀……米……勒……"这句话，然后环顾了一下四周，发现房间里有一幅米勒的画像，还有一架钢琴。警察立即认定开关设在米勒的画像后面。可是他们将画像掀开后，却没有找到开关。

就在这时候，一位警察灵机一动，找出开关之所在，并沿着地道一路追踪，将罪犯抓获。

请问，你知道地道的开关设在哪里了吗？

46. "幽灵"的破绽

皇家大旅馆经理贝克斯刚要下班回家，襄理苏顿匆匆走进他的办公室，向他汇报说："刚才接到警方通知，'旅馆幽灵'已经来到本市，可能住进我们的旅馆，让我们提高警惕。"

贝克斯一惊："这个'幽灵'有什么特征？"

苏顿说："据国际刑警组织掌握的材料，他身高在1.62米到1.68米之间。惯用的伎俩是不付账突然失踪，紧接着旅客发现大量钱财失窃。他还经常化名和化装。"

贝克斯摇摇头说："我们该怎么办？如果窃贼真的住在我们旅馆里的话，你要多加防范。昨天电影明星格兰包了一个大套间，她戴了那么多珠宝，肯定是个目标。大后天早晨还有8位阿拉伯酋长来住宿，你派人日夜监视，千万别出差错。"

"是的，我已经采取了措施。"苏顿说，"我们旅馆有4个单身旅客，身高都在1.62米到1.68米之间。第一个是从以色列来的斯坦纳先生，经营水果生意；第二个是从伦敦来的勃兰克先生，行踪有些诡秘；第三个是从科隆来的企业家比尔曼；第四个是从里斯本来的曼纽尔，身份不明。"

"这么说，其中每个人都有可能是'旅馆幽灵'？"

"可能，但您放心，我一定不让窃贼在这儿得手。"

第三天上午，8位阿拉伯酋长住进了旅馆。苏顿在离前台不远的地方执勤，暗中观察来往旅客。斯坦纳先生从楼上走到大厅，在沙发上坐下，取出放大镜照旧读他从以色列带来的《希伯来日报》。10点，勃兰克和曼纽尔相继离开了旅馆。10点10分，电影明星格兰小姐发现她的手镯、珠宝都不见了。苏顿顿时紧张起来，一边向警察报案，一边在思考谁是窃贼。

这时，他又把眼光落在斯坦纳身上。斯坦纳好像根本不知发生了什么事，仍正襟危坐，聚精会神地借助放大镜看他的报，从左到右一行一行往下移。突然，苏顿眼睛一亮，把斯坦纳请到了保卫部门。

一审讯，果然是斯坦纳作的案。

请问：苏顿是怎样看出斯坦纳伪装的破绽的？

47. 聪明的谍报员

秘密谍报员马克来到夏威夷度假。这天，他在下榻的宾馆洗澡，足足泡了20分钟后，才拔掉澡盆的塞子，看着盆里的水位下降，在排水口处形成漩涡。漂浮在水面上的两根头发在漩涡里好像钟表的两个指针一样，呈顺时针旋转着被吸进下水道里。

从浴室出来，马克边用浴巾擦身，边喝着服务员送来的香槟酒，突然感到一阵头晕，随之就困倦起来。这时他才发觉香槟酒里放了麻醉药，但为时已晚，酒杯掉在地上，他也失去了知觉。不知睡了多长时间，马克猛地清醒过来，发觉自己被换上了睡衣躺在床上。床铺和房间的样子也完全变样了。他从床上跳下地找自己的衣服，也没有找到。

"我这是在哪里呀！"

写字台上放着一张纸，上面写着："我们的一个工作人员在贵国被捕，想用你来交换。现正在交涉之中，不久就会得到答复。望你耐心等待，不准走出房间。吃的、用的房间内一应俱全。"

马克立刻思索起来。最近，本国情报总部的确秘密逮捕了几个外国间谍。其中能与自己对等交换的只有两个人，一个是加拿大的，另一个是新西兰的。那么，自己现在是在加拿大呢，还是在新西兰？

房间和浴室一样都没有窗户，温度及湿度是空调控制的。他甚至无法分辨白天还是黑夜，就像置身于宇宙飞船的密封室里一样。

饭后，马克走进浴室，泡了好长时间，身体都泡得松软了。他拔掉塞子看着水位下降。他见一根头发在打着旋儿呈逆时针旋转着被吸进下水道。他突然想到了在夏威夷宾馆里洗澡的情景，情不自禁地嘀咕道："噢，明白了。"

请问：马克明白自己被监禁在什么地方了吗？证据是什么？

48. 小福尔摩斯

本杰明是一名普通的六年级学生。不过，他认为自己是个小福尔摩斯。一天，在路上散步时，他注意到有两个人正在争论着什么，就跑过去看看是怎么回事。本杰明认出这两个人是他的同学杰里米和雅各布。杰里米正在指责雅各布杀死了他最心爱的宠物——蟑螂！雅各布则辩解说："今天早晨，杰里米让我帮他照看一下他的蟑螂，所以我一天都把它带在身边。大约半小时以前，我发现蟑螂好长时间没有动弹了。我拍了拍笼子，它毫无反应，于是我就打电话给杰里米。当时，蟑螂就像现在这个样子。可是，杰里米却说我杀了他的蟑螂。真是好心没好报！"

本杰明看了看背上还带有光泽的蟑螂尸体，想了一会儿，最终断定的确是雅各布杀死了蟑螂。

他是怎么知道的？

49. 谍报员面对定时炸弹

某谍报员正躺在床上看杂志，突然觉得耳边有一种奇怪的声音在响，起初还以为听错了，可总觉得有时针走动的声音。枕头旁的闹表是数字式的，所以不会有声响。突然，一种不祥之兆涌向心头，谍报员顿时不安起来，马上翻身起来查看。

果然不出所料，床下被安放了炸弹，是一颗接在闹表上的定时炸弹。一定是白天谍报员外出不在时，特务潜进来放置的。这是一种常见的老式闹表，定时指针正指着4点30分。现在距离爆炸时间，只剩下5分钟。

闹表和炸弹被用黏合剂固定在地板上，根本拿不下来。闹表和炸弹的线，也被穿在铝带中用黏合剂牢牢粘在地板上，根本无法用钳子取下切断。而且，闹表的后盖也被封住了，真是个不留丝毫空子的老手。

谍报员有些着急了。这间屋子是公寓的5层，不能一个人逃离了事。如果定时炸弹爆炸，会给居民带来很大的惊慌。时间一分一秒地过去，谍报员决定自行拆除，他钻进床下，用指尖轻轻敲动闹表字盘的外壳。外壳是透明塑料而不是玻璃制的，可并非轻易取得下来。万一不小心，会接通电流，就会有提前引爆炸弹的危险。

谍报员思索了一下，突然计上心来。在炸弹即将爆炸的前一分钟，终于拆除了定时装置。你知道谍报员采用的是什么方法吗？

50. 柯南断案

从前，有个十分聪明的孩子叫柯南。一次，他和父亲出门去外地，住在一家旅店里。可到了半夜的时候，有一个强盗手持钢刀闯进了他们的房间，并用刀逼迫柯南和他的父亲交出财物，否则就要对他们行凶。

这时，打更的梆子声由远而近地传来，心虚的强盗就催促假装在找东西的柯南赶快交出财物。可柯南却告诉强盗，如果着急的话就必须允许自己点亮灯盏来找。于是，就在打更的梆子声在房间的门外响起的时候，柯南点亮了灯盏，并把父亲藏在枕头下面的钱交给了强盗。可就在这个时候，门外的更夫却突然大声地发出了"抓强盗"的喊叫声，很快，人们就冲进了房间，抓住了还来不及跑掉的强盗。

你能想到柯南是怎样为走在门外的更夫做出屋里有强盗的暗示的吗？

51. 聪明的珍妮

珍妮姑娘现在浑身颤抖，眼前的那个女人好像是受通缉的维朗尼卡·科特！

这是在湖滨旅馆，珍妮姑娘乘电梯看见一对穿着入时的夫妇时吃了一惊。他俩虽然戴上大号的太阳镜，但那女人的嘴形和步态，让珍妮姑娘想起一部新上映的电影。电影里的那个女人叫维朗妮卡·科特，此刻，她正在被通缉，因为她和一次爆炸事件有牵连，在那次事件中有3人丧生。

珍妮姑娘走进自己的房间时，看见那对夫妇走进了隔壁房间。

珍妮想："说不定，她并不是维朗尼卡·科持。假如没弄清事情，就请警察来打扰这对正在海滨好好度假的年轻人，真有点不忍心。不过，如果我能弄清楚他们在说什么，那倒可以给我提供一些线索。"

她贴近墙壁，但只能听到一些分辨不清的微弱声音。她把一个玻璃杯反扣在粉红色的墙纸上，结果仍然听不到什么。

她给服务台挂了个电话。

一会儿，科尔医生带着一个黑色的小提包走了进来。珍妮向他解释自己的疑虑和打算。那人耸了耸肩说："可能不行吧。"

珍妮说："这种办法也许行。事关重大，

308

还是试试吧。"

她从科尔的提包里取出一个东西，用它贴着墙壁，想偷听隔壁房间的谈话内容。啊，听清了！

他们果真是科特夫妇，正在商量如何赶一趟飞往阿根廷的班机，以便脱离被逮捕的危险。

于是珍妮马上给警察局挂了电话。

当天晚上，电视新闻的头条消息是：科特夫妇在湖滨旅馆被捉拿归案。

你知道，聪明的珍妮从科尔的提包里拿出的是什么东西吗？

52. 衣柜里的女尸

一位富翁晚年得女，将女儿视为掌上明珠。不幸的是，有一天她被人绑架，数日后，附近一幢别墅的户主发现了尸体。

别墅的户主对警方说："我是做船务生意的，经常外出。我妻子和儿子都在国外，这房子大概有两年没人住了。昨天晚上我返港，早上特意回来取一些衣物，没想到在衣柜里发现了这具女尸。"

警方听完户主的话，将衣柜仔细检查了一遍，发现衣柜里放了不少樟脑丸，于是立即逮捕了别墅户主。

你知道其中的原因吗？

53. 罪犯逃向

一天下午，在两名警察的协助下，探长西科尔和助手丹顿小姐于森林公路中段截获了一辆走私微型冲锋枪的卡车。经过一场激烈的搏斗，4名黑社会成员有3名当场被擒获，首犯巴尔肯被丹顿小姐的手枪击中左腿后，逃入密林深处。

西科尔探长立即命令两位地方警察押送被擒的罪犯前往市警署，自己带领丹顿小姐深入密林追捕巴尔肯。

进入密林后，两人沿着血迹仔细搜捕。突然，从不远处传来一声沉闷的猎枪射击声和一阵不规则的动物奔跑声。想必这只动物已经受了伤。果然，当西科尔和丹顿小姐持枪追赶到一块较宽敞的三岔路口时，一行血迹竟变成了两行近似交叉的血迹左右分道而去。显然，逃犯和受伤的动物不在同一道上逃命。

怎么办？哪一行是逃犯的血迹？丹顿小姐看着，有些懊丧起来。但西科尔探长却用一个简单的方法，便鉴别出了逃犯的去向，最终将其擒获。

请问，西科尔探长是怎样鉴别出逃犯的血迹的？

54. 求救信号

一个海滨浴场，阳光明媚，景色怡人，一架游览的小型飞机正在海滨上空飞行着。机上一共有4位游客，都是专门来阿姆斯特丹游玩的。飞机沿着海岸慢慢地飞行着，突然那个一上飞机就对风景不怎么感兴趣的穿白色西装的乘客，拿出一把枪打碎了飞机上的通信系统。然后用枪指着飞行员的脑袋命令道："赶快把飞机飞到前面的那个小岛去！"

吓坏了的飞行员名叫吉米，他知道飞机上遇到了劫匪，心中一阵慌乱，手脚也不禁有些不听使唤了，飞机像巡逻兵飞行表演一样，在空中打着摆子玩着花样。

"蠢货，我不会杀你。只要你按我的指示，降落在那个小岛就是了。快让飞机正常飞行。快点，我可不想让我的子弹因为生气打穿你的脑袋。"白西装乘客用枪敲着飞行员吉米的脑袋说。

"好……好的，只要你不杀我，只要你不杀我。"飞行员吉米结巴地说道。

很快飞机就正常飞行了，眼看着就要着陆了，白西装乘客高兴地对吉米说："朋友，你真是好样的，我不杀你，待会在你的腿上留点纪念就可以了。你看，我的朋友来接我了。我可不想在我的朋友面前展现野蛮的一面。"

果然，小岛附近的海面上，露出一个像鲸似的黑影，划开一条白色的波纹，浮上来一艘潜水艇。小岛上站着荷枪实弹的海军陆战队士兵。

"哈哈，蠢货，放下你的枪吧。睁大你的狗眼，看看是谁的朋友来了。"飞行员吉米大笑着说。

"噢。我明白你小子是怎么干的了。原来你刚才是故意装害怕的。"白西装乘客绝望地叫道。飞机一着陆他就被抓了。

你知道飞行员吉米是如何求救的吗？

55. 神秘的情报

大侦探波罗一向足智多谋，善于解决各种疑难问题。一次，警察从一个打入贩毒集团内部的警员那里，得到一份极重要的情报，据说上面写下了关键人物及要害事件。但警察局上上下下都看不懂这些莫名其妙的记号，而且又不可能向打入对方内部的警员询问。正当一筹莫展之际，大侦探波罗前来警察局看望他的一个朋友，大家急忙向他请教。波罗稍加思索，便知道了这一重要情报的内容。

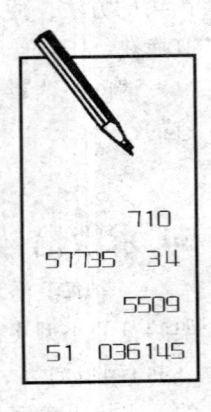

你能破译出来吗？

56. 匿藏赃物的小箱子

夜晚，一个身手矫健的黑影趁门卫换岗的机会，溜进了一家民俗博物馆，盗走了大批的珍宝。

侦探阿密斯接受这个任务后，马不停蹄，迅速地把本市所有的珠宝店和古董店都调查了一遍，但一无所获，没有一点儿线索。

无奈，阿密斯找到了大名鼎鼎的探长斯密特向他请教。

"请问，假如你偷了东西，你会藏到珠宝店或者银行的保险箱里吗？"斯密特探长反问起来。

"哦，我当然不会。"阿密斯答道。

斯密特探长说："我说你不必费心了，不要到那些珠光宝气的地方去找，应到那些不起眼的地方走走。"

他们说着话来到了城边的贫民区。阿密斯一脸的疑惑："这里能找到破案的线索吗？"他表现在脸上，但嘴里没有说。这时，有一个瘦弱的青年从身后鬼鬼祟祟地闪了出来。他低声问："先生，要古董吗？价格很便宜。"

"有一点兴趣。"斯密特探长漫不经心，"带我去看一看。"

只见那个青年犹豫一下，斯密特马上补充了一句："我是一个古董收藏家，要是我喜欢的话，我会全部买下来的。"

那人听说是个大客户，就不再犹豫，带着他们走过了一个狭小的胡同，来到一个不大的制箱厂。在这里还有一个青年，在他面前堆满了从1~100编上数字的小箱子。

等在这里的青年和带路人交谈了几句，就取出了笔算了起来，他写道："×××+396=824。显然，第一个数字应该是428，他打开428号箱子，取出了一只中世纪的精美金表。忽然，他看见了阿密斯腰间鼓着的像是短枪，吓得立刻把金表砸向阿密斯，转身就跑。阿密斯一躲，再去追也没有追上，就马上返回了。

斯密特探长立刻对带路人进行了审讯。

"我什么也不知道。"带路人看着威严的警察，"我是帮工的，拉一个客户给我100美元。"

"还有呢？"斯密特探长追问。

"我只知道东西放在10个箱子里，他说过这些箱子都有联系而且都是400多号的……"

"联系？"斯密特探长琢磨起来。接着，他发现一个有趣的现象：把428这个数字的不同数位换一换位置，就是824，这就是说，其他的数字也有同样地规律！斯密特探长不用1分钟就找到了答案。

斯密特探长是怎样找到答案的呢？

57. 常客人数

某天，警察例行检查，言语十分不客气，于是商店服务小姐在回答"光顾商店的常客人数"时，这样回答："我这里的常客啊，有一半是事业有成的中年男性，另外1/4是年轻上班族，1/7是在校的学生，1/12是警察，剩下的4个则是住在附近的老太太。"

试问，服务小姐所谓的常客究竟有多少人呢？

58. 摩天大楼里的住户

约翰住在一座36层高的摩天大楼里，但是我们不清楚他到底住几层。这座楼里有好几部电梯在同时运行，而且每部电梯无论是向上还是向下,每到一层都会停靠。每天早上,约翰都会准时离开他的家,然后去乘电梯。约翰说,无论他乘哪部电梯,电梯向上的层数总是向下的3倍。

现在你知道约翰到底住在几楼吗?

59. 不在场证明

昨晚下了一场大雪,今早气温降到了零下5℃。刑警询问某案的嫌疑犯,当问到她有无昨夜11点左右不在作案现场的证明时,这个独身女人回答:"昨晚9点钟左右,我那台旧电视机出了毛病,造成短路停了电。因为我缺乏电的知识,无法自己修理,就吃了片安眠药睡了。今天早晨,就是刚才不到30分钟之前,我给电工打了电话,他告诉我只要把大门口的电闸给合上去就会有电了。"

可是,当刑警扫视完整个房间,目光落在水槽里的几条热带鱼时,便识破了她的谎言。

请问:刑警发现了什么?

60. 门口的卷毛狗

一天,梅格雷警官在一所住宅的后门看见一个可疑男子。"你等会儿再走。"梅格雷警官见那人形迹可疑便喊了一声。那人听到喊声,愣了一下,停下了脚步。

"你是不是趁这家里没人,想偷东西?"

"您这是哪儿的话,我就是这家的啊。"

那个人答道。正说着,一条毛乎乎的卷毛狗从后门里跑了出来,站在那个人身旁。"您瞧,这是我们家的看家狗。这下您知道我不是嫌疑的人了吧?"他一边摸着狗的脑袋一边说。那条狗还充满敌意地冲着梅格雷警官"汪、汪"直叫。

"嘿!梅丽,别叫了!"

听他一喊,狗立刻就不叫了,马上快步跑到电线杆旁边,跷起后腿撒起尿来。

梅格雷警官感到仿佛受了愚弄,迈腿向前走去,可他刚走几步,好像突然想起了什么,又急转回身不由分说地将那个男子逮捕了,嘴里还嘟囔着:"闹了半天,你还是个贼啊。"

那么,梅格雷警官到底是根据什么识破了小偷的诡计呢?

61. 雨后的彩虹

一个炎热的夏天,太阳好像一个大火球,晒得空气都热烘烘的。大街上的人都是脚步匆匆的,人们尽量躲在家里,一边吹着电风扇,一边在责骂着:"老天呀,你就发发善心下一场大雨吧,热得受不了啦!"

也许真是老天发了善心,随着一道闪电,只听到"轰隆隆"一声炸响,天上噼里啪啦下起了雷雨。火辣辣的太阳不见了,躲到了乌云后面,豆大的雨点砸在屋顶上、马路上、窗户玻璃上,溅起一朵朵小小的水花,真是好看!过了一会儿,雨停了,空气一下子变得那么凉爽。雨后的天空,出现了一道美丽的彩虹。人们纷纷走出家门,呼吸着新鲜的空气,大街上渐渐热闹起来。

忽然,一家银行的报警器响了,有个蒙面人闯入银行抢劫,银行员工偷偷按响了报警器,抢劫者抢了一点钱,赶紧逃出来,混进了大街上的人群里。警察火速赶到,封锁了现场,并且根据目击者说的外形特征,抓住了3个嫌疑犯,高斯警长当场进行了审问。

第一个嫌疑犯说:"当时我在银行对面,听到有人抢银行,才过来看热闹的。"第二个嫌疑犯说:"雨停了以后,我站在马路边欣赏彩虹,可是阳光太刺眼了,我看到银行隔壁有一家眼镜店,就准备去买墨镜。"第三个嫌疑犯说:"我走过银行的时候,外面下起了雷

311

阵雨，只好在里面躲雨，没想到碰上了抢劫案。"高斯警长做完了笔录，让3个人都签了名，然后对身边的警员说："这3个嫌疑人当中，有一个人在撒谎，暴露了他的罪犯身份，我已经知道谁是真正的罪犯了！"高斯警长说的罪犯是谁呢？

62. 冰凉的灯泡

一个夏日的傍晚，侦探麦考小姐来到和她约好的朱莉家中吃晚饭。仆人先招呼她在客厅坐下，然后上楼去通报，不到一分钟，二楼突然传来惊叫声，接着，仆人慌张地出现在楼梯口，喊道："不好了，朱莉小姐可能遇害了！"

麦考听罢，立即跑上去与仆人撞开书房的门，书房里没有开灯，月光透过窗户射了进来，书桌上放有一盏吊灯。

仆人对麦考说："我刚才来敲门，没人应答，门从里面反锁着。我从锁孔往里一瞧，灯光下只见小姐趴在桌上一动不动。忽然，房中漆黑一片，我猜一定是凶手关了灯逃跑了。"

麦考用手摸了摸灯泡，发觉灯泡是冰凉的，她迟疑了一下，打开灯，只见朱莉头部被人重击，死在书桌旁。

麦考问仆人："你从锁孔看时，书房的灯泡是亮着的吗？"

仆人回答说："是的。"

"不！你在说谎，凶手就是你！"麦克说着给仆人戴上了手铐。

麦考怎么知道仆人就是凶手呢？

63. 锐眼识画

一天，有人拿来一幅画给一位著名的艺术收藏家看。这是一幅圆桌武士比武的图画，看起来非常古老，有些地方有虫蛀的痕迹。图上画的是四个武士正从自己的剑鞘中拔出剑来准备战斗，其中第一个武士的剑的形状是直的，第二个武士的剑是弯的，第三个武士的剑是波浪形的，第四个武士的剑是螺旋形的。稍稍看了一眼，这位收藏家就立刻断定这幅画是假的。

你知道他是怎么判断的吗？

64. 装哑巴

有个秀才名叫蒋勤，他有一匹膘肥体壮、性情凶猛的烈马。那马莫说是人，就连别的马一接近它，也会被踢伤或踢死。因此，蒋勤外出时十分注意，要么将自己的马拴开，要么叫别人的马拴远点。

一天，他来到县城，就把自己的马拴在离店铺较远的一棵树上。正要走开，看见一个富家公子吩咐随从，将马也拴在这棵树上，蒋勤连忙劝阻："客官且慢，我这马性情暴烈，怕有格斗之危。"

那随从狗仗人势，根本不听蒋勤之劝。

蒋勤又转身对主人说："公子明断，我这马性烈，请将马另拴别处。"富家公子一听怒不可遏，厉声说："我定要拴在这里，看你把我怎样！"说罢就走了。

不多时，蒋勤的烈马就将富家公子的马踢死了。富家公子一见大发雷霆，就吩咐随从将蒋勤扭送到县衙。

知县王文敏升堂后，看见原告是本县有名的富家公子苏衙内，知道不好对付，问清原委后，就以验马尸为名宣布退堂。随后王文敏一边派人验马尸，一边派人向蒋勤授意，要他明日到公堂上委屈一下。果然，王文敏非常利索地断了此案，为蒋勤讨回了公道。

王文敏是怎样审案的呢？

65. 破解隐语

警署截获了某走私集团的一份奇怪的情报，上面有4句隐语："昼夜不分开，二人一齐来，往街各一半，一直去力在。"

某警员经过研究，破解了隐语的意思，并连夜发动群众集合警员，作了战斗部署，很快破获了这个走私集团。

你能判断出这4句隐语的意思吗？

66. 律师的判断

里特气急败坏地来找律师，诉说一件棘手的事情：

"我家有个花匠叫阿根，3天前他跑到我的办公室，一边点头哈腰，一边傻笑着公然向我索取10万美金，他自称在修剪家父书房外的花

园时，拾到一份家父丢弃的遗嘱，上面指定我在新西兰的叔叔为全部财产的唯一继承人。这消息对我来说犹如五雷轰顶。父亲和我在11月份的某一天，曾因我未婚妻珍妮的事发生过激烈争吵。父亲反对这门婚事，有可能取消我的继承权。阿根声称他持有这第二份遗嘱。这份遗嘱比他所索取的更有价值。因为这份遗嘱的签署日期是11月30日夜1点。比已生效的遗嘱晚几个小时，所以它将会得到法律的承认。我拒绝了他的敲诈，于是他缠着我讨价还价。先是要5万，后来又降到2万。律师，这该如何处理呢？"

"我说，你应该一毛不拔。"律师说。
你知道律师为什么这样说吗？

67. 蜘蛛告白

一年冬天，拿破仑的法兰西军队排列整齐，开始向荷兰的重镇出发。荷兰的军队打开了所有的水闸，使法兰西军队前进的道路被滔滔大水淹没，拿破仑立即下令军队向后撤退。正在大家感到焦虑的时候，拿破仑看到了一只蜘蛛正在吐丝，拿破仑果断地命令部队停止撤退，就在原地做饭，操练队伍。两天过去后，漫天的洪水并没席卷而来。后来法兰西军队在拿破仑的带领下，将荷兰的重镇攻破了。

你知道是什么使拿破仑改变了撤退的主意，并取得最后的胜利吗？

68. 杀人犯冯弧

唐朝时，卫县有个大恶霸名叫冯弧。他倚仗着姐夫吴起是朝内掌管刑狱的大官，所以一向为非作歹，无恶不作。

有一天，冯弧和县城里一个开饭店的老板下棋，眼看着要输棋，冯弧就开始逼着对方让着他，可店老板说什么也不干，执意要赢冯弧。

冯弧当即容颜大变，怒目圆睁，从腰间掏出一把刀，一下就将店老板刺死在棋桌旁。死者家属连夜告到县衙，要求严惩凶手。

县令张方马上命人将冯弧抓了起来，并连夜起草了一份判处冯弧死刑的案卷，派人以最快速度送到了京城。

掌管刑狱的大官吴起接到案卷打开一看，呈报上来的案子竟然要判自己小舅子的死罪，便马上批道：此案不实，请张县令另议再报。随后，他又悄悄地给张方写了封信，说明冯弧是他小舅子，让他从轻处理，将来一定保举张方晋升高官。

张方接到退回的案卷和说情信后，心中非常气愤。他不愿徇私情，便再次把案卷呈了上去，可几日后，案卷依然被退了回来。张方不气馁，第三次又呈了上去，可同第二次一样，案卷照样被退了回来。

几次上报，几次被退回，张方就猜到了一定是吴起有意在包庇冯弧，如果还如此上报，肯定是还会被退回。他决定想个办法，以达到惩治冯弧的目的。经过几天的冥思苦想，他终于想出了一个办法，使吴起批准将冯弧斩首示众了。

张方想的是什么办法呢？

69. 县令验伤

从前，有一个叫胡昆的恶棍，经常惹是生非，打架作恶，连县令也不敢管他。

一天，他又把一个叫柳生的人打了。柳生告到了县衙。恰巧这时前任县令因贪污被革职了，新任县令李南公受理了此案。他查明情况后，派人把胡昆抓到了县衙，重责40大板，并罚他给柳生20两银子作为赔偿。

胡昆回到家里后，气得几天吃不下饭。他从没受过这个气，发狠心要报仇。

这天，他把心腹申会叫到跟前，商量怎样才能报仇。申会鬼点子很多，只见他的鼠眼转了几转，便想出了一个坏主意。他对胡昆一

313

说，胡昆脸上露出了阴险的笑容。

几天后，胡昆又找茬把柳生打了。这次比上次打得更重，柳生身上青一块，紫一块，痛苦不堪。他被人搀扶着又来到县衙告状。

李南公听柳生哭诉了被打的经过后，不禁大怒，命人立即把胡昆抓来。

不一会儿，胡昆来了，但不是被抓来的，而是被抬来的。只见他哼哼呀呀，在担架上疼得乱滚。

李南公上前一看，不禁一怔。只见胡昆身上的伤比柳生还重，浑身也是青一块，紫一块，几乎没有一块好地方。

这是怎么回事呢？但是李南公沉思了一会儿，终于想出了一个办法。他走到柳生跟前，轻轻摸了摸伤处，又走到胡昆跟前，也轻轻摸了摸伤处，然后说道：

"大胆胡昆，今日作恶不算，还想蒙骗本官，与我再打40大板。"

于是，胡昆又挨了40大板。打完后，李南公又问道："还不从实招来。"

"我说，我说……"胡昆怕再挨打，只得如实交代了假造伤痕的经过。

原来，南方有一种据柳树，用这种树的叶子涂擦皮肤，皮肤就会出现青红的颜色，特别像殴打的伤痕。若是剥下树皮横放在身上，然后再用火烧热烫烫皮肤，就会出现和棒伤一样的痕迹。这些假造的伤痕和真伤十分相像，就是用水洗都洗不掉。那天，申会给胡昆出的就是这个主意。他们把柳生打伤后，急忙回家用据柳树的叶和皮假造了伤痕。

李南公是怎样检验出胡昆假造伤痕的呢？

70. 被打翻的鱼缸

探险家沃尔，每到一个地方就会带那个地方的特色鱼回家。他家的客厅里摆放着各种形状的鱼缸，里面养着他从世界各地搜罗回来的鱼，他的家里简直称得上是一个鱼类博物馆了。

一天夜里，沃尔夫妇外出旅行，只留下一个佣人和两个女儿在家，知道了这种情况后，一个卖观赏鱼的家伙偷偷地溜进了沃尔的家。因为他对沃尔家的鱼已经觊觎很久了，所以他一进去首先将室内安装的防盗警报电线割断。

然而，他运气不佳，被起来上厕所的佣人发现，在黑暗中，他们发生了激烈的搏斗，不小心将很大的养热带鱼的鱼缸碰翻掉在地板上摔碎了。就在他将匕首刺进佣人的胸膛之时，他也摔倒在地，慌忙起身爬起来时，突然"啊！"地惨叫一声，全身抽搐当即死亡。

听到打斗声和惨叫声，两个女儿立即拨打电话报警。

警察勘察现场发现，电线被割断了，室内完全是停电状态。鱼缸里的恒温计也停了电，但是盗贼的死因却是触电死亡。

当刑警们迷惑不解之际，接到女儿电话的沃尔也急忙赶了回来，他一看现场，就指着湿漉漉地躺在地上死去的那条长长的奇形怪状的大鱼说："难怪呢，即使没电，盗贼也得被电死。这就叫多行不义必自毙！"你知道这是为什么吗？

71. 做贼心虚的约翰

一天，史密斯被人发现死在自己的家中。

警察经过勘查，断定属于谋杀案，于是波特警官打电话通知史密斯的家人。电话打到史密斯夫人的哥哥约翰家时，约翰接起了电话。波特警官说："约翰，我很遗憾地告诉你，你的妹夫被人谋杀了。"

"史密斯死了？他一定是得罪了什么人。波特警官，史密斯的脾气相当不好，两个月前他与我的大妹夫因为打牌输了500美元而发生争吵，上个月又因为金钱问题而与我的二妹夫差点动起手来……"

"约翰，你提供的信息很有价值，我待会将登门问你一些更详细的情况。"放下电话，波特警官对助手说："走，我们去逮捕约翰。"

你知道波特警官凭什么断定约翰是凶手吗？

72. 致命的烧烤

这年的仲夏夜，某电器公司举行烧烤旅行，借此联络员工之间的感情。整晚烧烤，好多人疲态毕露，只有班域仍在继续烧烤，似未有疲态。此时，同事山姆兴高采烈地携着一只肥兔来，对班域说："给你一份厚礼，是我在山上捉到的，味道应该不错！"

班域是个美食专家，对肉类最为喜爱。一看到眼前这只肥大的白兔，兴奋得立即用尖树枝穿着，烧熟吃了。不料，就在返回公司的途中，班域竟然在旅游大巴上暴毙了。警方验尸报告证实，死者是中毒而死的。

请你们推理一下谁是凶手，班域是如何中毒毙命的呢？

73. 小镇的烦心事

小镇的居民近来遇到了一大堆的烦心事，不但犯罪率居高不下，而且失业率高涨，更糟糕的是，公交公司的工人由于工资太低，正在罢工。一切似乎都乱了套，而让人们觉得雪上加霜的是，一向乐善好施的布莱克夫人竟然被杀害了！警方在现场拘捕了两个嫌疑人——流浪汉菲利普和银行职员托马斯。

菲利普的供词如下："我正在街上溜达，想找点吃的，突然听到一个妇女在尖叫。我跑过拐角，看到布莱克夫人躺在地上。托马斯正站在她身边。他一看见我，立刻拔腿就跑。于是，我就打电话给警察了。"

托马斯则是这样说的："我正在坐公共汽车，准备去我常去的那家俱乐部找几个朋友玩扑克。刚下车，我就听到拐角处有人发出一声尖叫。我冲过去，看到菲利普正在用刀刺布莱克夫人的身体。我本想抓住他，但他却跑了。于是，我就叫了警察。"

根据供词，警方立刻发现了谁是凶手，并逮捕了他。

你知道凶手是谁吗？

74. 他绝不是自杀

探长被人发现在自己办公室内自杀，他所用的是自己的佩枪。到现场调查的探员，在佩枪上发现了探长的指纹。探长平时习惯用右手握枪，自杀时用的也是右手。因此，现场调查的探员推断他是自杀无疑。但探长的好友卡特认为探长性格坚强，不可能自杀。他经过观察、分析后，提出有力证据，证明探长是被人谋杀的。

请细心观察下图，指出卡特提出的证据是什么。

75. 聪明的探长

在村子里，苏珊是个很不讨人喜欢的人。所以当她死了的消息传来时，没什么人觉得惊讶。她是在教堂的停车场里被人谋杀的，当时教堂里面正在进行星期天的礼拜活动。警察在她的额头上看到了一个弹孔，子弹很明显是从旁边那座25米高的钟楼顶上射出来的。

当探长梅特雷到达现场时，他的助手已经确定了3个嫌疑人。

首先是惠特尼牧师。苏珊一向喜欢在教堂里炫耀自己，并不断嘲笑他人。很多人为了避免看到她，就不来教堂了。这使得惠特尼牧师非常恼火。

第二个是卡罗尔，苏珊的表妹。苏珊的母亲是卡罗尔的姨妈，她在去世之后给苏珊留下不少钱，所以苏珊一直在卡罗尔面前得意洋洋，卡罗尔因此怀恨在心。

最后一个是老兵维克多。他由于在战争中受伤，眼睛很不好，苏珊却老是讥笑他是个"瞎子"。对此他一直耿耿于怀。

助手汇报完了，梅特雷探长微微一笑："我知道谁是凶手了。"

凶手是谁呢？

（8）买的东西：书，杂志，报纸，糖果

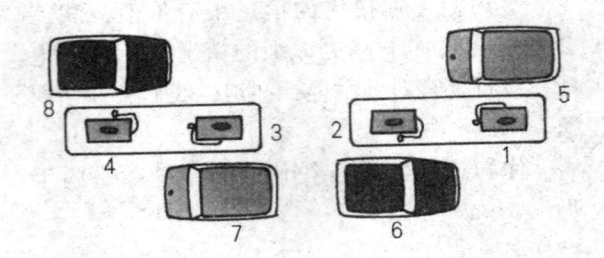

76. 凶手可能是律师

深夜，街上发生了一起谋杀案，死者名叫查尔斯。警方在现场找到了一个律师常用的公文包，接着警方在现场附近拘捕了3个嫌疑人罗伯特、汉森和马修，而且确定这3人中肯定有一人是凶手。

他们3人所做的供词如下：

罗伯特：（1）我不是律师。（2）我没有谋杀查尔斯。

汉森：（3）我是个律师。（4）但是我没有杀害查尔斯。

马修：（5）我不是律师。（6）有一个律师杀了查尔斯。

警方最后发现：

Ⅰ.上述6条供词中只有两条是实话。

Ⅱ.这3个可疑对象中只有一个不是律师。

那么，究竟是谁杀害了查尔斯？

77. 加油

4个开车的人同时到加油站加油，并在付油钱的同时都在店里买了东西。从以下给出的线索中，你能叫出每位驾驶员的名字、他或她开的车的品牌和所买的东西吗？

现在已知线索是：

（1）彼得和标致车车主站在同一组加油泵的对面。那个车主买了一袋糖果。

（2）买杂志的那个车主不是萨利，开的也不是沃克斯豪尔车。

（3）伯特在5号泵加油。

（4）买报纸的车主在3号泵加油。

（5）在2号泵加油的女士没有买书，福特车的主人也没买书。开福特车的不是尤妮斯。

（6）驾驶员：伯特，尤妮斯，彼得，萨利

（7）车：福特，标致，丰田，沃克斯豪尔

78. 他杀证据

某影坛明星不幸在一次大爆炸中炸瞎了双眼，又毁了容貌。男友觉得让她活着是在折磨她，遂产生了让她结束生命的想法。于是他委托好友帮他处理这件事情，但要造成是自杀的假象，好友答应了。

晚上9点半，护士查完病房离去。凶手悄悄潜入房内。不一会儿，凶手气喘吁吁地跑了回来，说干得非常漂亮，请他不必担心。

第二天，女明星之死见报了。警方确认是他杀，并开始调查。女明星的男友急忙找到委托人，问他昨夜的事发生了什么差错？那人说："没有啊，我潜入病房时，她面部都缠着绷带，睡得很香，为了制造假象，我特地在窗口上留下她的指纹，制造了自杀的假象，可以说一切做得天衣无缝，警方怎么会判断出是他杀呢？"

现在，你知道破绽出在哪里了吗？

79. 灭口案

有一天，罪犯A为了灭口，把一名了解自己底细的女子杀死，并将她伪装成上吊自杀的样子。

被绳圈勒住脖子的尸体，两只赤脚离地大约有50厘米。A还将化妆台边的凳子放倒在死者的脚下。那是一个外面包有牛皮的圆凳。

这样一来，给人的感觉是那名女子用这个凳子来垫脚而上吊自杀的。

但当尸体被人发现后，公安人员检查了凳子，说："这绝不是自杀，而是他杀！"

作案时A戴手套，所以绝不可能在现场留下指纹。那么，是哪儿露馅儿了？

80. 毛毯的破绽

一天，警方接到报案说有人在家中自杀身亡。警方迅速赶到现场，见死者全身盖着毛毯躺在床上，头部中了一枪，手枪滑落在地上。床边的柜子上放着一张纸，上面写着："我挪用公款炒股，负债累累，只有一死了之……"警官走到床边，掀开盖在死者身上的毛毯看了一眼说："又是一起伪造的自杀案。"

请问警官根据什么判断这不是自杀？

81. 丽莎在撒谎

"快起床！"玛丽冲进妹妹安妮的房间，"我们要迟到了！"

安妮嘟哝着爬起来，穿上羽绒服，戴上了厚厚的手套，和玛丽一起出了门。她们约好了附近的几个女孩，一起出来铲雪。这几天这里下了好大的雪，把电线杆都压断了。几分钟前，输电线路才刚刚修好。

她们还没到约好的地方，就看到凯西正朝她们挥手，旁边还有好几个女孩，正在唧唧喳喳地说话。

"丽莎在哪？"玛丽问，"她说好要来的。"

"我不知道。"凯西回答道，"我们一个小时前给她家打电话，但没有人接。"

"算了，不等她了，我们开始干吧。"

几个小时之后，大家都坐在玛丽家的客厅里聊天，这时丽莎进来了。

"你上哪儿去了？"玛丽问。

"我一直在家，你们干吗不给我打电话？"丽莎反问道。

"我们打了，但你没接！"凯西说。

"哦，那一定是我在用吹风机吹头发，没有听到电话铃响。"丽莎解释说。

"得了吧！不愿意来就直说，何必撒谎呢？"凯西说。

凯西为什么认定丽莎在撒谎呢？

82. 是走错房间了吗

夏威夷是一个美丽的地方，每年来这里度假旅游的人络绎不绝。

多里警长今年也来这里度假，他住在海边一家4层楼的宾馆里。这家宾馆3、4两层全是单人间，他住在404房。

这天，游玩了一天的多里草草吃了晚餐便回到房间，他想洗个热水澡，早点休息。正当他走进浴室准备放水时，听到了两声"笃笃"的敲门声，多里以为是敲别人的房门，没有理会。一会儿一位陌生的小伙子推开房门，悄悄地走了进来。原来多里的房门没有锁好。

小伙子看到多里后有些惊慌，但很快反应了过来，彬彬有礼地说："对不起！我走错房间了，我住304。"说着他摊开手中的钥匙让多里看，以证明他没有说谎。多里笑了笑说："没关系，这是常有的事儿。"

小伙子走后，多里马上给宾馆保安部打电话："请立即搜查304房的客人，他正在4楼作案。"保安人员迅速赶到4楼，抓到了正在行窃的那个小伙子，并从他身上和房间里搜出了首饰、皮包、证件、大笔现钞和他自己配制的钥匙。

保安人员不解地问多里："警长先生，您怎么知道他是窃贼？"

你知道这是怎么回事吗？

83. 臭名昭著的大盗贼

国际刑警组织正在追捕臭名昭著的大盗贼哈里。一天，他们收到报告说哈里正驾车朝码头驶去，他是为了与"东方神秘"号船上的什么人接头的。

于是加尔探长命令加强对船上所有人员和码头周围人员的监视。

根据几天的观察，加尔探长得到如下线索：这条船上有1个船主，5个水手和1个厨师。每天早上9点，船主盖伦走上甲板，活动筋骨，呼吸新鲜空气，然后又回到甲板下面去。上午10点，一个矮胖的厨师走出船舱，骑着自行车上街采购。他每天总是循着相同的路线：先去一家面包店，然后去一家调味品批发商店，再去一家肉店，一家乳品店，一家中国餐馆，最后去报摊买当日的报纸。在每个地方，他都短暂停留。5个水手上午在船上工作，下午上街游玩，傍晚喝得醉醺醺，嘴里胡乱哼着小调回船，天天如此。

加尔经过缜密的分析和调查，逮捕了船上的厨师。最后厨师供认：每天他都在一家商店里与哈里接头。

请问：厨师与哈里是在哪家商店接头的？

84. 绑票者是谁

一个深秋的夜晚，某董事长的儿子被绑票了，绑架犯索要5万美元的赎金。那家伙在电话里说："我要旧版的百元纸币500张，用普通的包装，在明天上午邮寄，地址是查尔斯顿市伊丽莎白街2号，卡洛收。"接到电话后，这个董事长非常害怕。为了不让孩子的生命受到危害，他只好委托私家侦探菲立普进行调查。因为事关小孩的生命，菲立普也不敢轻举妄动。于是，他打扮成一个推销员，来到了绑架犯所说的地址进行调查，结果却发现城名虽然是真的，但是地址和人名却是虚构的。难道绑架犯不想得到赎金吗？这当然是不可能的。忽然，菲立普灵机一动，明白了绑架犯的真实面目。第二天，他就成功地抓获绑架犯，并成功救出了被绑架的小孩。

菲立普明白了什么？

85. 墙上的假手印

某公寓发生了一起杀人案。一个独身女性在3楼的房间里被刀刺死。卧室的墙壁上清晰地印着一个沾满鲜血的手印，可能是凶手逃跑时不留神将沾满鲜血的右手按到了墙壁上。"5个手指的指纹都很清晰，这就是有力的证据。"负责此案的探长说道。

当他用放大镜观察手印时，一个站在走廊口，嘴里叼着大烟斗，弯腰驼背的老头儿在那里嘿嘿地笑着。

"探长先生，那手指印是假的，是罪犯为了蒙骗警察，故意弄了个假手印，沾上被害人的血，像盖图章一样按到墙上后逃走的。请不要上当啊。"老人好像知道实情似的说道。探长吃惊地反问道："你怎么知道手印是假的呢？"

"你如果认为我在说谎，你可以亲自把右手的手掌往墙上按个手印试试看。"刑警一试，果然不错。请问：这位老人究竟是根据什么看破了墙上的假手印呢？

86. 逃犯与真凶

一场混乱的枪战之后，某医生的诊所进来了一个陌生人。他对医生说："我刚才穿过大街时突然听到枪声，只见两个警察在追一个凶手，我也加入了追捕。但是在你诊所后面的那条死巷里遭到那个家伙的伏击，两名警察被打死，我也受伤了。"

医生从他背部取出一粒弹头，并把自己的衬衫给他换上，然后又将他的右臂用绷带吊在胸前。

这时，警长和地方议员跑了进来。议员朝陌生人喊："就是他！"警长拔枪对准了陌生人。陌生人忙说："我是帮你们追捕凶手的。"议员说："你背部中弹，说明你就是凶手！"

在一旁目睹一切的亨利探长对警长说："是谁，一目了然。"

你能说出个中究竟吗？

答 案

第一章

1.
如图：

2.
C。

3.
A：6，7，8，1；B：2，3，4，5；C：12，11，10，9。

4.
A。除A外，其余的两两成对。

5.
共25个圆圈。

6.
左边的是先射的。右边枪孔周围裂痕扩散受限制，故可作出判断。

7.
如图：
①小狗　②水壶　③兔子
④天鹅　⑤小猫　⑥山羊
⑦螃蟹　⑧鹰　⑨划桨的船工

8.
D。这3个正方形组成了4个三角形。

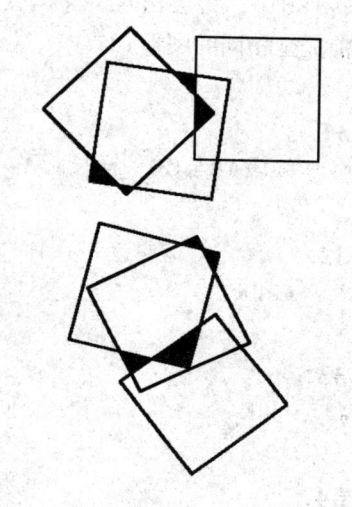

9.
左图是夏天。因为夏天11点钟时太阳处于屋顶上方，照射到屋里的光线面积小。右图是冬天。

10.
C。

11.
D。B、C图形为图形A每次逆时针旋转90°所得。

12.
10与16相同。

13.
A。正三角形。其他的既是左右对称也是中心对称，只有正三角形不是中心对称。

14.
C。其他各个图形的中心部分是逆时针方向旋转，而周围部分是顺时针方向旋转。

15.
b。

16.
a和2，b和3，c和4，d和5，e和6。

17.
c。

18.
E。

19.
C。

20.
什么样的图形才能一笔画出呢？有一个条件是图形必须是连通的。图形上线段的端点可以分成两类：奇点和偶点。一个点，以它为端点的线段数目是奇数的话，就为奇点，如下页图中的C、B、E、F；一个点，以它为端点的线段数目是偶数的话，就称为偶点。一个连通的图形，如果奇点的个数是0或者2，这个图形一定能一笔画出。本题图形上的F、I、J、C都是奇点，I和J之间有线段相连，只要把这条线段擦掉，I和J将变成偶点，于是只

319

剩下F和C两个奇点，任选其中一点作起点，就可以一笔画出。

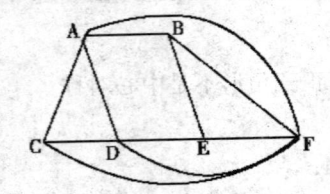

21.
D。每一行或列小方格中的黑点数目都不同。

22.
D。画一个展开图来看是比较常用的方法。

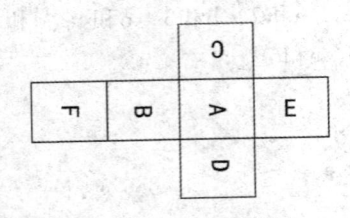

23.
设图中的帐篷形状是正六棱锥，那么棱锥底面是正六边形，每个内角等于120°。如果侧面是正三角形，那么侧面的每个底角都是60°。这时在棱锥底面任一顶点处的三面角中，三个面角将是60°、60°、120°，不满足"任意两个面角之和大于第三个面角"。所以这样的三面角不存在。

24.
C。

25.
D。

26.
D。

27.
B。

28.
B。

29.
C。

30.
E。其他的都是中心对称图形。换句话说，如果它们旋转180°，将会出现一个与之前完全相同的图形。

31.
线段AB与CD一样长。

32.
C和K。

33.
I和K。

34.
K和O。

35.
E。

36.
B。

37.
C。

38.
C。

39.
C是错的。

40.

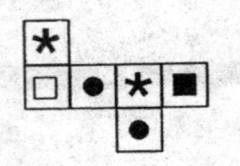

41.
B和D。

42.
D。

43.
B。其他图都是向左看的皱眉，向右看的微笑。

44.
C和E。

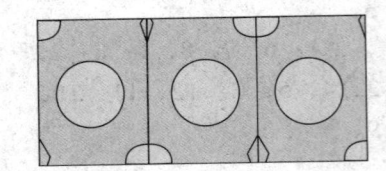

45.
G。在火柴人上加入2条线，拿走1条；加上3条线，拿走2条；加上4条线，拿走3条。

46.
每一行中的黑楔形都可以构成一个完整的正方形。

47.

如图：

48.

如图：

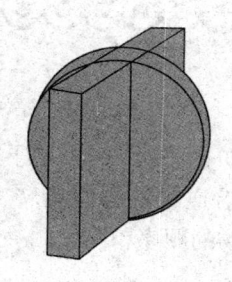

49.

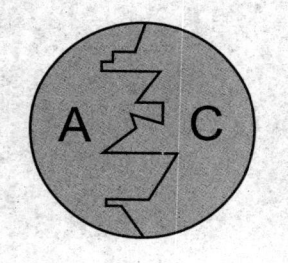

50.

出现了两次的是空圆。一个图形或者出现一次，或者出现两次。假设空圆只出现一次，则图一和图二中的空圆是同一个侧面上的空圆。这样，和空圆相邻的四个侧面上，是四个互不相同并且与空圆也不同的图案。因此，图一中位于底部的图案一定出现了两次，这和条件矛盾。所以，图一和图二中的空圆是两个不同侧面上的空圆，即出现了两次。

51.

B。图中的直线在同一位置变成了曲线，曲线则变成了直线。

52.

选项G是其他音符的镜像，其他所有的音符都可以通过旋转另外的音符而得到。

53.

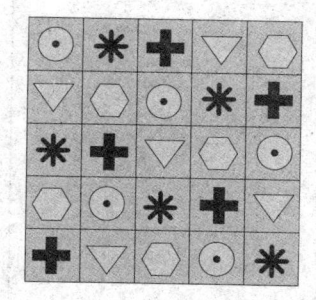

54.

D。哪个图形彼此接触的面最少，那它的周长就最长。

55.

图5是唯一一个不含有正方形的图形。

56.

B。圆点的位置每隔4个部分重复1次。

57.

数一下粘在一起的表面的个数，然后把它从96（16个小立方体的总的表面积）里面减去，就得到了该图形的表面积。

图形2的表面积最大，因为它只有15对表面粘在一起。

58.

A.4。　　B.1。
C.1。　　D.3。

59.

A.1。　　B.2。
C.3。　　D.4。

60.

2.B D E。

61.

如图：

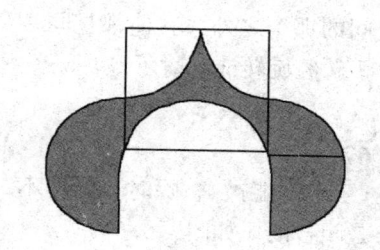

62.

F。在每个图形中，圆组合在一起，形成直边的多边形。从左向右，再从上面一行到下面一行，每个多边形的边数从3条到8条，分别增加1条。

63.

C。从左上角开始并按照顺时针方向、以螺旋形向中心移动。7个不同的符号每次按照相同的顺序重复。

64.

A。

65.

如图：

321

66.
　　这9个轮中除了最底行中间的那个之外，其他都是同一箭轮经旋转或反射所得。

67.
　　当n能被4整除时，图形不是闭合的。如图：

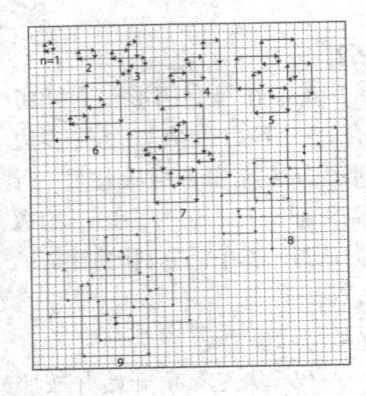

68.
　　如图：

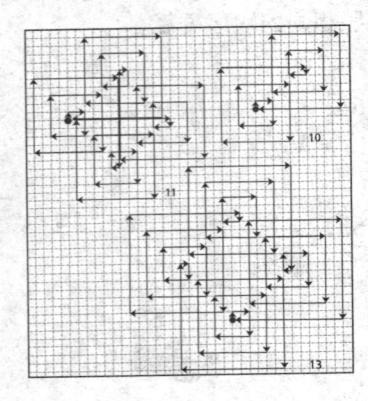

69.
　　如图：

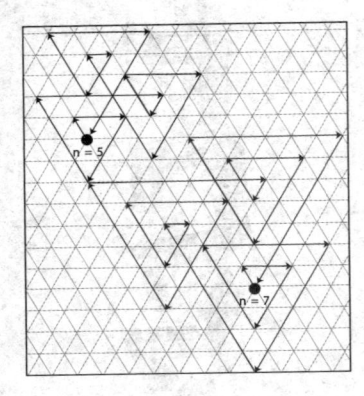

70.
　　如图：

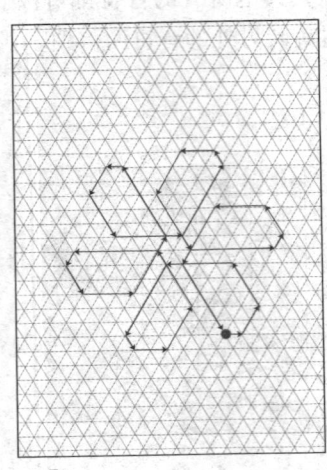

n=5

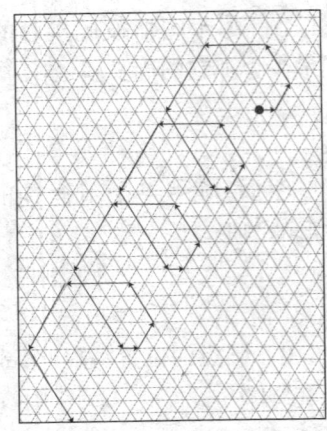

n=6

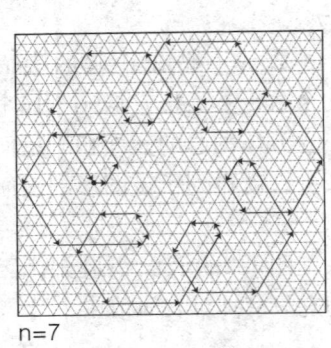

n=7

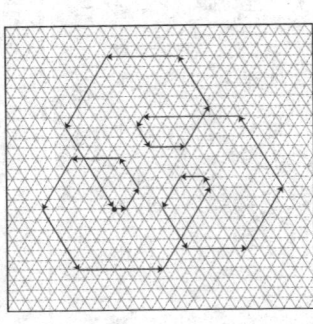

n=8

71.
　　最多可以走5步。

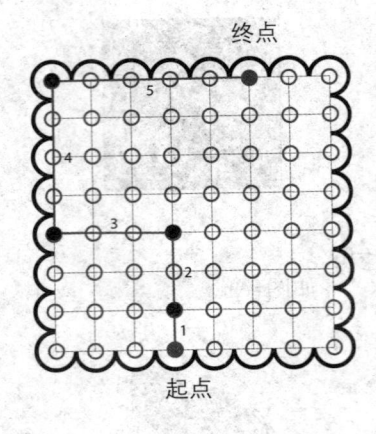

72.
　　如图所示，从左下角开始，沿逆时针方向旋转，每4个动物的顺序相同。

73.
　　D。

74.
　　B。

75.
　　B。

76.
　　C。

77.
　　E。将图形C上下对折。

78.
　　填△。其排列规则是从中心向外，按照○、△、×的次序旋转着填充。

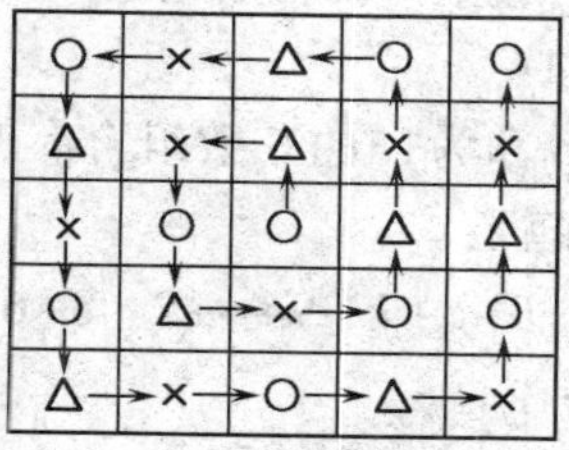

79.

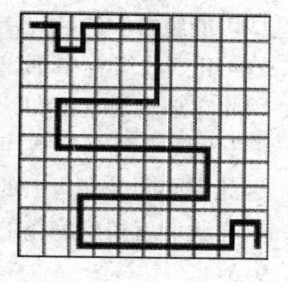

80.

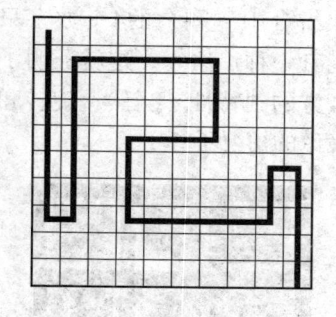

81.
B。在该项中，没有形成1个三角形。

82.
A。这个图形按照顺时针方向旋转，每次旋转45°。与1、2和3相比，6和7表明叶轮完全处于阴影中。

83.
每个图形都代表1个数字。第1个图形里有3个圆圈，我们可以得到数字3；第2个图形里有1个三角形，我们可以得到数字1；其余的图形依次可以得到数字4、1、5、9，即前5位数字。所以，接下来的3个图形应依次是2个嵌套的圆圈、6个嵌套的三角形、5个嵌套的正方形。

84.
A。

85.
D。泡泡在各阶段依次由左至右、由下至上移动。

86.
问号部分应当有2个点。将每行或每列顶端正方形中的数字相加，将和放入相反行或列的中间格中。

87.
C。

88.
C是唯一一个没有横向阶梯线的图形。

89.
G。顶部和底部的元素互换位置，中心较小的元素变得更小，在外的两个元素都转移到中心较大元素的内部。

90.
答案是D。其余的4个图形都包含凹面和凸面，图形D只包含凸面。

91.
如下图所示，突变后图片的宽和高比原始图片均增加了1倍。

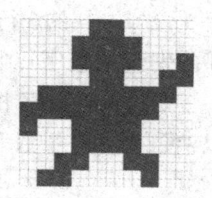

92.
D。

93.
图中的e、f、g、h 4条道可以去掉。从a穿过C，使用e，确定距离最短，但是，不使用e，也可由a→l→k→j→C，最终也穿过C。f、g、h也是同样道理。所有换向可以在中间的四叶形通道里进行，而e、f、g、h是为向左换向设计的最短距离的路面。

94.
左边15块，右边26块。

95.
将立方体展开（如下图所示），A和B的连线就是最短的路线。

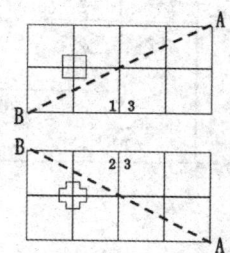

96.
如图：

97.

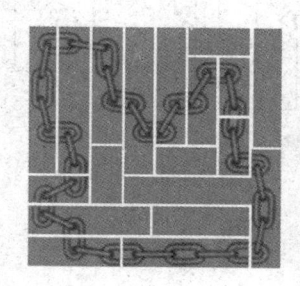

323

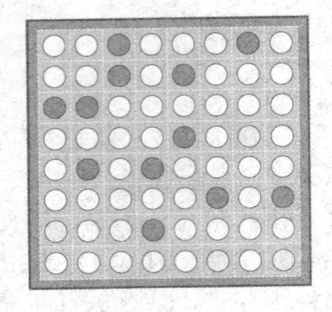

98.

99.
有好几条路线供你选择，其中的1条是：f-b-a-u-t-p-o-n-c-d-e-j-k-l-m-q-r-s-h-g-f。

100.
如图：

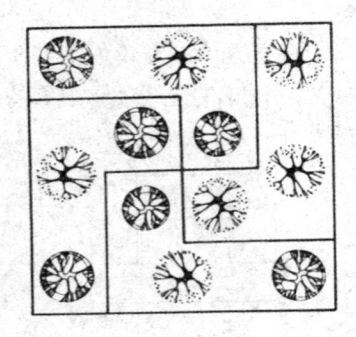

第二章

1.
连接如图：

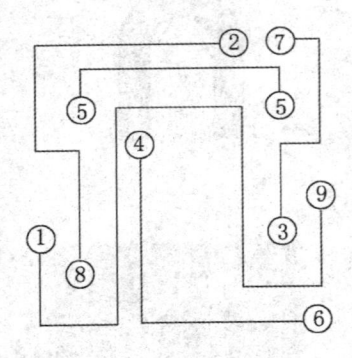

2.
E和I。

3.
A和L。

4.
缺失的是：
4 7 8 15

5.
32547891 × 6 =195287346

6.
$\frac{1}{4}x+\frac{1}{5}x+\frac{1}{6}x=37$
x=60
因此我一共有60元。

7.
4 + 42 + 43 + 44=340

8.
书虫一共爬过了25厘米，如图所示。它吃掉了4整本书以及第1本书的封面和第6本书的封底。

25厘米

9.
九宫图中的9个数字相加之和为45。
因为方块中的3行（或列）都分别包括数字1到9当中的1个，将这9个数字相加之和除以3便得到"魔数"——15。

总的来说，任何n阶魔方的"魔数"都可以用这个公式求出：
和为15的三数组合有8种可能性：
9+5+1　9+4+2　8+6+1
8+5+2
8+4+3　7+6+2　7+5+3
6+5+4
方块中心的数字必须出现在这些可能组合中的4组。5是唯一在4组三数组合中都出现的。因此它必然是中心数字。
9只出现于两个三数组合中。因此它必须处在边上的中心，这样我们就得到完整的一行：9+5+1
3和7也是只出现在2个三数组合中。剩余的4个数字只能有一种填法——这就证明了魔方的独特性（当然，旋转和镜像的情况不算）。

2	9	4
7	5	3
6	1	8

10.
魔数为34的四阶魔方有880种。我们在此举一例。

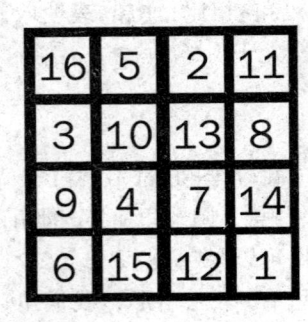

16	5	2	11
3	10	13	8
9	4	7	14
6	15	12	1

11.
4个方片需要按以下顺序沿着铰链翻动：

①方片7向上；
②方片9向下；
③方片8向下；
④方片5向左；

然后我们就得到了著名的魔数为34的杜勒幻方。

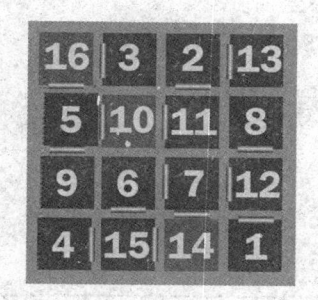

12.
事实上，由1到9当中的3个数字组成和为15的可能组合有8种。

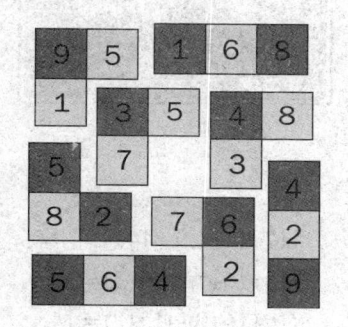

13.

28	4	3	31	35	10
36	18	21	24	11	1
7	23	12	17	22	30
8	13	26	19	16	29
5	20	15	14	25	32
27	33	34	6	2	9

14.
八阶魔方具有许多"神秘"的特性，而且超出魔方定义的一般要求。

比如说每一行、列的一半相加之和等于魔数的一半等。

52	61	4	13	20	29	36	45
14	3	62	51	46	35	30	19
53	60	5	12	21	28	37	44
11	6	59	54	43	38	27	22
55	58	7	10	23	26	39	42
9	8	57	56	41	40	25	24
50	63	2	15	18	31	34	47
16	1	64	49	48	33	32	17

15.
三阶反魔方存在，而且可以有其他答案。我们在此举一例。

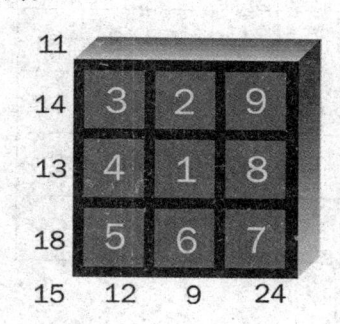

16.
很明显二阶六边形魔方是不可能存在的。最简单的证据就是28不能被3整除。

17.

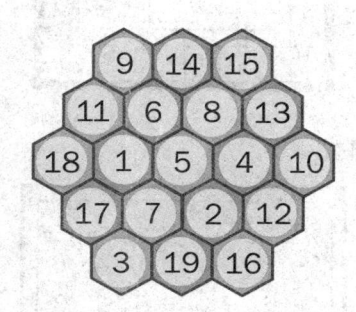

18.

19.

20.

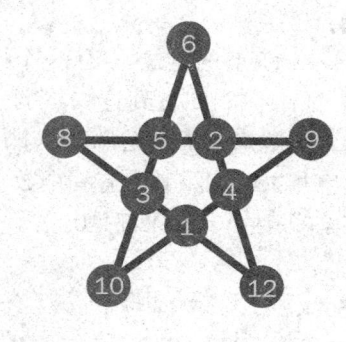

21.

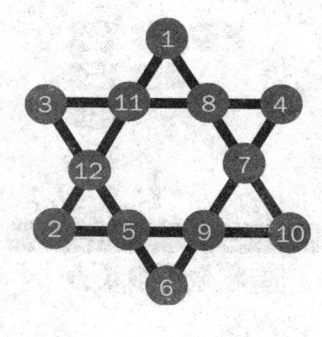

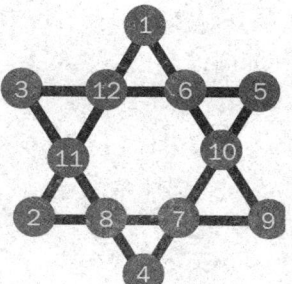

22.

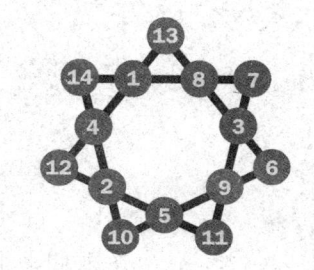

325

23.

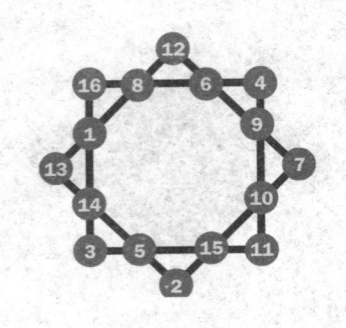

24.
在10点的地方，有一个0。如果你能注意到这一点的话，那就好办了。无论多少个数字相乘，如果其中有一个数字是0的话，其结果都是0。

25.
229，230，231。

26.
如图：

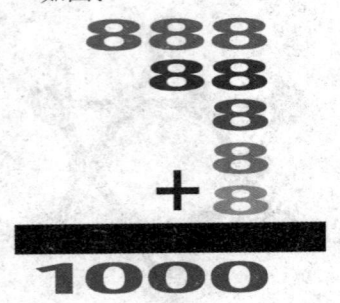

888
88
8
8
+ 8
————
1000

27.
如图：

28.
最后一个与众不同，其他的都是质数(在大于1的整数中，只能被1和这个数本身整除的数叫质数，也叫素数)，它是17与19607843的乘积。

29.
每个不在最上面一横行和最左边一竖行的数，都等于它上面的数与它左边的数之和再减去它左上角的数。

1	2	5	6	9
3	4	7	8	11
10	11	14	15	18
12	13	16	17	20
19	20	23	24	27

30.

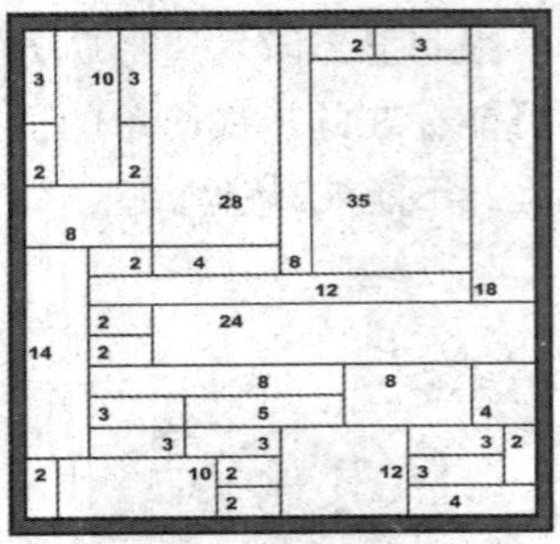

31.

32.
B。顺时针读，数字等于前一个图形的边数。

33.
4。将第1条斜线上的3个数字每个都加5，得到的结果为第2条斜线上对应的数字，再将第2条斜线上的数字每个都减4，即得到第3条斜线上的数字。

34.
132。其他的数里面都包含数字4。

35.

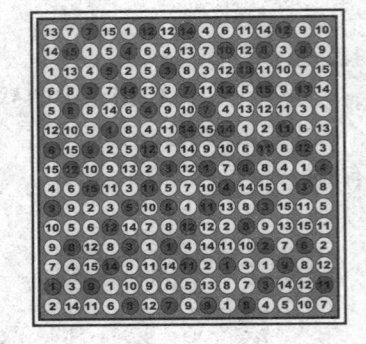

36.
14。
(17+11+12)−(14+19)=7
(18+16+15)−(6+5)=38
(19+16+2)−(15+8)=14

37.
26。其他各球中，个位上数字与十位上数字相加结果都等于10。

38.
解法之一：

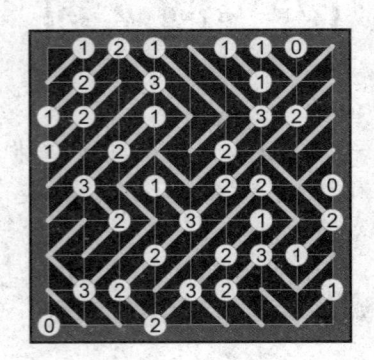

39.

如图:

```
    × 1 1
    3 3 ×
    × × ×
    7 7 ×
  + × × ×
  ─────────
    1 1 1 1
```

40.

解法之一:

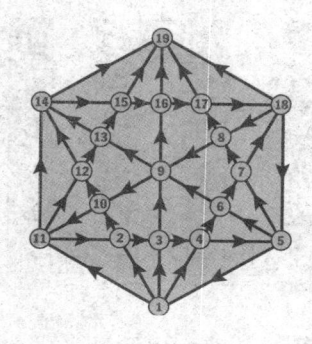

41.

解法之一:

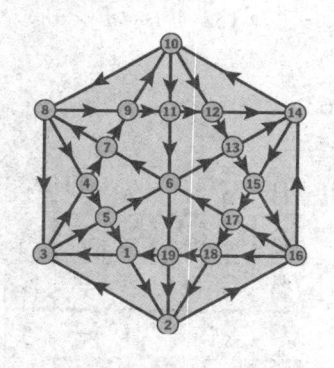

42.

6218。圆中其他数字都有与其对应的数字，如7432与168（7×4×3×2=168）；6198与432；4378与672；9431与108。

43.

12。图形中左侧的1加2加3与4加6加8加3相差15；右侧的3加6加9与3加8加14加8相差15，所以1加4加7与2加6加？加7也应相差15；7加8加9与6加14加?加7也相差15。

44.

如图:

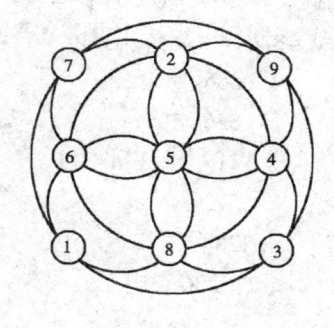

45.

这道题中虽然不可以向下，但是可以横着走，比如最下端的两个12，可以从其中的一格跳到另一个格中。那么每一个格子里都能走一步，这数字之和是最大的。

46.

11。在每个三角形中，把最长的边上相邻的三个数字之和写在其正上方或正下方的圆圈中，同理进行至三角形顶点。

47.

正确结果如下:

28	21	21
42	14	14
21	14	35
7	28	35

48.

在1~8这8个数中，只有1与8各只有一个相邻数(分别是2与7)，其他6个数都各有两个相邻数。图中的C圆圈，它只与H不相连，因此如果C填上了2~7中任意一个，那么只有H这一个格子可以填进它的邻数，这显然不可能，于是C内只能填1（或8）。同理，F内只能填8（或1），A只能填7（或2），H只能填2（或7），再填其他4个数就方便了。

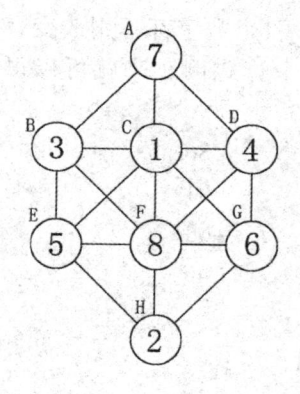

49.

如图:

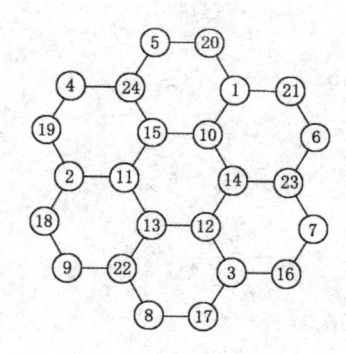

50.

4。在每个图形中，左边两个数字的和除以右边两个数字的和，就得到中间的数字。

51.

8，1。如果你把每行数字都当做是3个独立的两位数，中间的这个两位数等于左右两边两位数的平均值。

327

52.

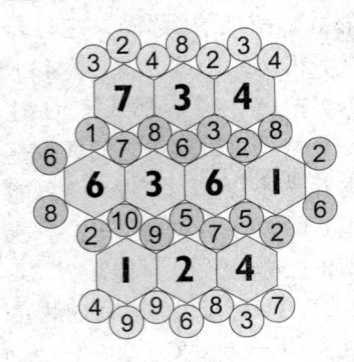

53.
1个数字都不用改变，把整个算式倒过来就可以得到245。

```
   86
   91
  +68
  ———
  245
```

54.
```
   18
   66
  +89
  ———
  173
```

55.
```
     15
   × 35
   ————
     75
     45
   ————
    525
```

56.
```
   24.42
   54.42
  +14.42
  ——————
   93.26
```

57.
先看A与ABC的乘积。可以推出A是1，2或者3，因为如果A大于3，则乘积会有四位数。A不是1，否则乘积会以C结尾。如果A是3，那么C是1，(1×3=3)，但C不可能是1，否则C×ABC就会是三位数。那么可知A是2。而C不可能是1，所以C是6。现在考虑一下B与ABC的乘积。B等于4或者8，因为，B×6的最后1位数等于B。但如果B是4的话，乘积是三位数（4×246=984）。因此，B是8。所以ABC=286，BAC=826，可以得出：

```
      286
    × 826
    —————
     1716
      572
     2288
    —————
   236236
```

58.
```
     775
   ×  33
   —————
    2325
    2325
   —————
   25575
```

59.

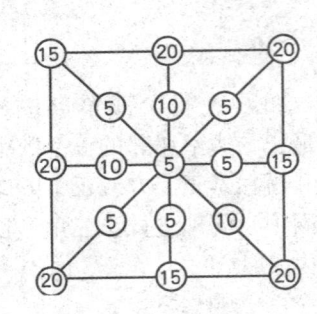

60.
在第1层，将布袋（7）和（2）交换，这样就得到单个布袋数字（2）和两位数字（78），两个数相乘结果为156。接着，把第3行的单个布袋（5）与中间那行的布袋（9）交换，这样，中间那行数字就是156。然后，将布袋（9）与第3行两位数中的布袋（4）交换，这样，布袋（4）移到右边成为单个布袋。这时，第3行的数字为（39）和（4），相乘的结果为156。总共移动了5步就把这个题完成了。

61.

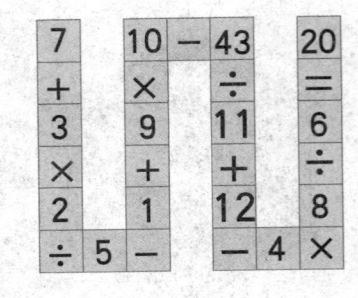

62.
下列答案中n指前1个数：
1. 122 （n+3）×2
2. 132 （n−7）×3

63.

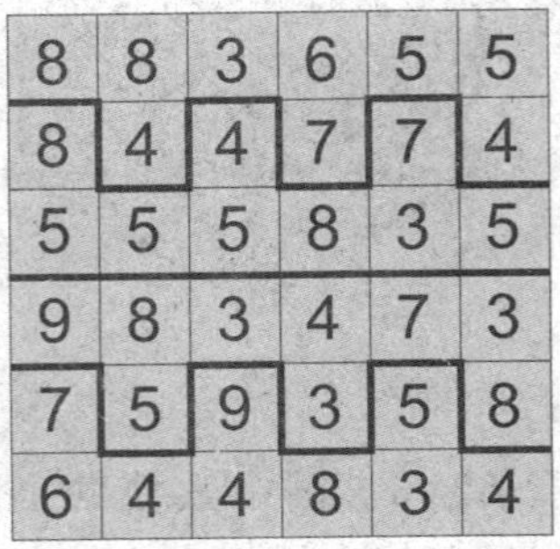

64.
19。把这个图形水平、垂直分成4部分，形成4个3×3的正方形。在每个正方形中，把外面的4个数字相加，所得的和就是中间的数字。

328

答 案

65.

$$\begin{array}{r}289\\+764\\\hline1053\end{array}$$

66.

A=4，B=14，C=20。中间的数字是上下数字的总和与左右数字总和的差的2倍。

67.

72。将数字盘上半部分中的数字乘以1个特定的数，得到的积放入对应的下半部分的位置。第1个数字盘中乘以的特定数字为3，第2个为6，第3个为9。

68.

上半个：÷，×；下半个：×，×。

69.

8。在每个正方形中，上面的数字与下面的数字相乘，再减去左右两边的数字之和，每次得到的结果都是40。

70.

1。在每个圆中，先把上面两格中的数字平方，所得结果相加，就是最下面的数字。

71.

281。从上向下进行，这些数字依次是14的倍数，从112到182颠倒数字顺序以后得到的。

72.

—，—，×。

73.

100。计算的规则是：每个三角形内数字之和都等于200。

74.

8679。将题目所在的页面颠倒，然后把2个数字相加。

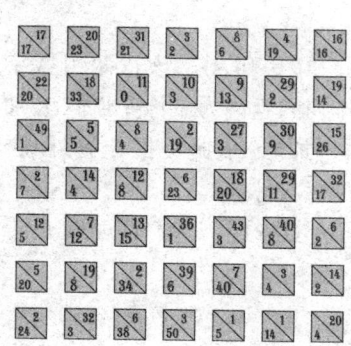

75.

76.

6+7+11÷3×2+5—12=9

77.

78.

47。A=2，B=3，C=5，D=7，E=11，F=13，G=17。

79.

80.

4。按行计算，从中间一行开始，把左右两边的数字相加，结果填在中间的位置上。上下两行也按同样方法进行，但是把所得的和填在对面的中间位置上。

81.

1. 28 （×3）+1
2. 6 （—5）×2
3. 11 （×2）+7
4. 22 （×2）—2
5. 13 （÷2）+6
6. 17 （—7）÷2
7. 20 （—4）×2
8. 20 原数的平方+4
9. 8 将原数开方+3
10. 4 原数的平方—5
11. 80 （+8）×5
12. 36 （—11）×4
13. 62 （×6）+8
14. 71 （×4）—13
15. 13 （÷4）+3
16. 19 （÷5）—3
17. 36 （—13）×6
18. 162 （+3）×9
19. 361 +2，再平方
20. 6 —4，再开方

82.

83.

8.6。有两个序列，分别加上1.65和1.92。如：3.65+

329

1.65=5.3，4.92+1.92=6.84,然后依此类推。

84.

把9上下颠倒过来当做6，再把它与8交换位置，这样两边算式的和都得18。

85.

第1行和第5行中，个位数相加等于10，其余各位相加均得9，2个数之和等于1000000。第2行和第6行、第3行和第7行、第4行和第8行相加均得1000000。所有数相加得4000000。

86.

```
   111
   333
   500
   077
 + 090
  ----
  1111
```

87.

把相邻2个数都拆成个位数相加就变成了下面的数字。例如：

8+9（89）+ 5+3（53）=25

5+3（53）+ 1+7（17）=16

所以，缺失的数字应该是

1+6（16）+ 1+7（17）=15

88.

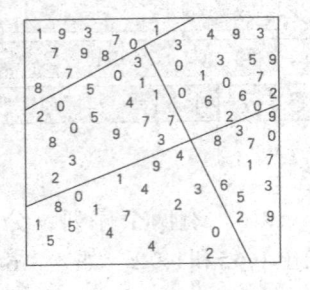

89.

F。奇数的个位和十位数字交换位置，其他不变。

90.

A.66。前2个数字相加的结果就是第3个数字。

B.154。计算的规则是：（n+3）×2。

C.9和20。该行两组数字排列的规律为：1个满足加3、加4、加5，依此类推；另外1个是每次都加2。

D.51。计算的规则是：（2n-3）。

E.-49。计算的规则是：（2n-15）。

F.70。数字排列的规律为：（2n-12）、（2n-22），依此类推。

G.343。计算的规则是：（n×前一个数）÷2。

91.

如图：

5	6	23	24	25
4	7	22	21	20
3	8	17	18	19
2	9	16	15	14
1	10	11	12	13

15	14	13	12	3	2
16	23	24	11	4	1
17	22	25	10	5	6
18	21	26	9	8	7
19	20	27	28	29	30
36	35	34	33	32	31

92.

如图：

99	100	95	94	81	80	73	72	69	68
98	97	96	93	82	79	74	71	70	67
89	90	91	92	83	78	75	64	65	66
88	87	86	85	84	77	76	63	62	61
13	14	29	30	31	32	33	34	35	60
12	15	28	27	26	25	24	23	36	59
11	16	17	18	19	20	21	22	37	58
10	45	44	43	42	41	40	39	38	57
9	46	47	48	49	50	51	52	53	56
8	7	6	5	4	3	2	1	54	55

93.

数列里面去掉了所有的平方数。

94.

如图：

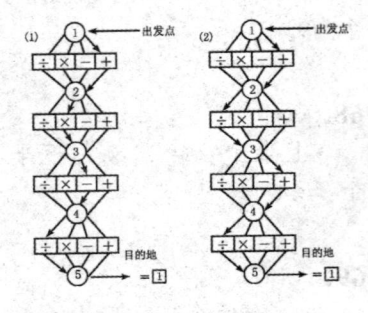

95.

第9个数：31131211131221。

第10个数：13211311123113112211。

在这个数列里的每一个数都是描述前一个数各个数字的个数(3个1，1个3，1个2,等等)

这个数列里的数很快就变得非常大，而且这个数列里的数字不会超过3。比如，这个数列里的第16个数包含102个数字，而第27个数包含2012个数字。

这个数列是由德国数学家马利欧·西格麦尔于1980年发明的。

96.

应该是6835。六边形在

图形外面表示45，在里面表示35；圆在外面表示79，在里面表示16；正方形在外面表示68，在里面表示24。

97.

从第2个环与第3个环中间截断，从第3个环与第4个环之间截断。这样就形成了一个2个环在一起、1个环、4个环在一起的3段，于是第1天就可以拿第1个环；第2天把第1个环拿回来，拿2个环在一起的那一段；而第3天，再拿1个环；第4天，将3个环拿回来，拿4个环连在一起的那一段；第5天，再拿1个环；第6天，拿回1个环，拿2个环连在一起的那一段；第7天，全部拿走。

98.

菲多被拴在一棵直径超过2米的粗壮的树上，所以菲多可以绕着树转一个直径为22米的圆，如图所示。

骨头　　树　　菲多
10米　2米　10米

99.

线段BD，DG和GB构成1个等边三角形。因此，线段BD和DG之间的角度是60°。

100.

首先，测量瓶子内液体的高度。然后，将瓶子颠倒，并测量瓶子内空气柱的高度。将这2个高度相加，便得出1个虚构圆柱体的高度。现在，用液体的高度除以圆柱体的高度，这样便可以得出瓶内液体体积所占瓶子的百分比。如果虚构圆柱体的高度是5厘米，而液体高度是4厘米，那么，用4除以5，得出80%，即液体体积所占的百分比。

第三章

1.

第2个预演的是家庭主妇（线索3）。因被描述成"错误形象"而淘汰的女士是第1个预演的，她不是清洁工（线索4），也不是图书管理员，图书管理员因太高而不符合要求（线索1），因此她只能是服装店的助手基蒂·凯特（线索6）。第2个预演的家庭主妇不是蒂娜·贝茨（线索3），也非科拉·珈姆，因为她是第4个预演的（线索5），那么她只可能是艾达·达可，她不是因为太成熟而被淘汰的（线索2），通过排除法，她只能是怀孕了，太成熟的只能是清洁工。现在，从线索中知道图书管理员是第3个预演的，所以她不是科拉·珈姆，只能是蒂娜·贝茨，剩下第4个预演的肯定是科拉·珈姆，太成熟的清洁工。

答案：

第1个，基蒂·凯特，服装店助手，错误形象。

第2个，艾达·达可，家庭主妇，怀孕。

第3个，蒂娜·贝茨，图书管理员，太高。

第4个，科拉·珈姆，清洁工，太成熟。

2.

杰克爵士跟随北爱尔兰的球队（线索1），佩里·奎恩将去俄罗斯（线索5），和英格兰队和挪威有关的评论员不是阿里·贝尔（线索3），只能是多·恩蒙。前守门员在威尔士队（线索4），他不去比利时，因为曾经的经营者将去比利时，前守门员也不去俄罗斯（线索5），因此他只能去匈牙利，通过排除法，他是阿里·贝尔，而佩里·奎恩和苏格兰队有关。现在我们知道了3位评议员的目的地，因此去比利时的前经营者必定是杰克爵士，他跟随北爱尔兰队。最后，从线索4中知道，前记者不是和苏格兰队一起的佩里·奎恩，他只能是多·恩蒙，和英格兰队和挪威有关，而佩里·奎恩和苏格兰队及俄罗斯有联系，他一定是前足球先锋。

答案：

阿里·贝尔，前守门员，威尔士队，匈牙利。

多·恩蒙，前足球记者，英格兰队，挪威。

杰克爵士，前经营者，北爱尔兰队，比利时。

佩里·奎恩，前足球先锋，苏格兰队，俄罗斯。

3.

思尔闻·恰尔住在5号房间（线索3），从里昂来的人在4号房间（线索4），2号房间的诗人是阿兰·巴雷或者卢卡·莫里（线索2）。从诗人的房间号所知，来自第戎的亨利·家微不可能在1号房间，也不在6号房间（线索7），那么只能在3号房间。从线索7中知道，剧作家在4号房间，因此他来自里昂。现在我们知道了2号和4号房间人的职业，从线索6中知道，小说家吉恩·勒布伦只能住在6号房

331

间。通过排除法可知来自卡昂的摄影师不在2、3、4、6房间（线索6），也不可能在5号房间，因此他或她只能在1号房间。画家不在3号房间（线索5），因此只能在5号房间，那么3号房间的亨利·家微一定是雕刻家。现在我们知道1号或者3号房间人的家乡。从线索1中可以知道，来自波尔多的年轻人一定是2号房间的诗人。我们已经知道了4个人的家乡，而5号房间的画家不是来自南希（线索5），只能来自土伦，剩下南希是吉恩·勒布伦的家乡，他是6号房间的小说家。4号房间来自里昂的剧作家不是塞西尔·丹东（线索4），塞西尔·丹东也不是2号房间的诗人（线索2），那么她只能是1号房间的来自卡昂的摄影师。最后，从线索1中得知，住在2号房间的来自波尔多的诗人不是阿兰·巴雷，那么只能是卢卡·莫里，阿兰·巴雷只能是4号房间的来自里昂的剧作家。

答案：

1号房间，塞西尔·丹东，卡昂，摄影师。

2号房间，卢卡·莫里，波尔多，诗人。

3号房间，亨利·家微，第戎，雕刻家。

4号房间，阿兰·巴雷，里昂，剧作家。

5号房间，思尔闻·恰尔，土伦，画家。

6号房间，吉恩·勒布伦，南希，小说家。

4.

纺织品商店在国王街（线索1），水灾发生在格林街（线索3），判断出发生车祸的书店不可能在牛顿街（线索5），则只能在萨克福路。鞋店不在格林街（线索3），因此只能是牛顿街上的帕夫特（线索5），而格林街被洪水淹没的商店一定是卖五金用品的，这家店不是格雷格（线索4），也不是巴克商店，巴克商店发生的是错误警报（线索2），因此，它只能是林可商店。我们知道萨克福路上的书店的警报不是假的，那么它不可能是巴克（线索2），只能是格雷格，巴克必定是国王街的纺织品商店（线索1）。通过排除法，牛顿街上的帕夫特鞋店发生了火灾。

答案：

巴克，纺织品店，国王街，错误警报。

格雷格，书店，萨克福路，车祸。

林可，五金商店，格林街，水灾。

帕夫特，鞋店，牛顿街，火灾。

5.

埃德娜和鲍克丝夫人应为2号或3号（线索1），而克拉丽斯·弗兰克斯肯定不是4号（线索3），只能是1号。寄出3封信件的女人位于图中3或者4的位置（线索3）。线索2告诉我们邮筒两边寄出的信件数量相同，那么它们必将是5封和2封在邮筒一侧，3封和4封在另一侧，所以寄出4封信件的女人必将位于3或者4的位置。但只有一个人的信件数和位置数相同（线索5），结果只可能是4号女人有3封信而3号女人有4封信。从线索5中知道，2号有2封信件要寄，剩下克拉丽斯·弗兰克斯是5封。我们知道埃德娜和鲍克丝夫人位于图中2或者3的位置，因此现在知道埃德娜是2号，有2封信要寄出，而鲍克丝夫人是3号，有4封信，她不是博比（线索4），那么她就是吉马，剩下在4号位置的博比，不是斯坦布夫人（线索4），那么她只可能是梅勒，而斯坦布夫人是埃德娜。

答案：

位置1，克拉丽斯·弗兰克斯，5封。

位置2，埃德娜·斯坦布，2封。

位置3，吉马·鲍克丝，4封。

位置4，博比·梅勒，3封。

6.

朱莉娅是其中一位顾客（线索2）。29便士是2号售货员给4号顾客的找零（线索5），但是2号不是莱斯利（线索3），也不是杰姬，因为后者参与的交易是17便士的找零（线索1），因此2号肯定是蒂娜，4号是朱莉娅（线索2）。而后者不是买了洗发水的奥利弗夫人（线索2），那么奥利弗夫人肯定是3号。朱莉娅一定买了阿司匹林，她是阿尔叟小姐接待的（线索4），而阿尔叟小姐肯定是蒂娜。通过排除法，17便士的找零必定是1号售货员给3号顾客的，因此通过线索1，朱莉娅肯定是沃茨夫人，而剩下的1号售货员肯定是里德夫人，她也不是莱斯利（线索3），所以她只能是杰姬，最后得出莱斯利姓奥利弗。

答案：

1号，杰姬·里德，找零17便士。

2号，蒂娜·阿尔叟，找零29便士。

3号，莱斯利·奥利弗，买洗发水。

4号，朱莉娅·沃茨，买阿司匹林。

7.

亚瑟在图中位置3（线索4），从线索1中知道，看到翠鸟的不是位置1也不是位置4的人。位置2的那个小伙子在玩鳟鱼（线索5），因此，通过排除法，只能是位置3号的亚瑟看到了翠鸟。另从线索1中知道，汤米在2号位置，且是玩鳟鱼的人。通过线索3知道，比利肯定在1号位置，而埃里克在位置4。我们现在已经知道3个位置上人的姓或者所做的事，那么，听到布谷鸟叫的史密斯（线索2）肯定是1号的比利。剩下埃里克只能是看到山楂开花的人。最后，从线索5中知道，汤米不是波特，那么他必定是诺米，剩下波特是看到翠鸟的亚瑟。

答案：

位置1，比利·史密斯，听到布谷鸟叫。

位置2，汤米·诺米，玩鳟鱼。

位置3，亚瑟·波特，看到翠鸟。

位置4，埃里克·普劳曼，看到山楂开花。

8.

霍尔商店卖鸵鸟肉（线索5），老橡树商店出售卷心菜（线索6），而卖火鸡和椰菜的商店不是希勒尔也非布鲁克商店（线索2），那么它只能是冷杉商店。在冷杉商店工作的不是康妮（线索3），也不是希勒尔商店的理查德（线索1），也非卖豆角的珍（线索4）和卖牛肉的基思（线索4），所以只能是吉尔。我们知道理查德的商店不卖火鸡和牛肉，也不卖鸵鸟肉。希勒尔商店不卖猪肉（线索1），因此理查德一定在卖羊肉的商店。羊肉和土豆不在同一个地方出售（线索3），那么理查德和希勒尔商店肯定出售甜玉米。康妮不卖土豆（线索3），所以她必定在老橡树商店卖卷心菜。通过排除法，土豆在基思的商店、且和牛肉一起出售，而基思一定在布鲁克商店。另外，在霍尔商店工作的只能是珍，卖豆角和鸵鸟肉，而康妮在老橡树商店工作，卖猪肉和卷心菜。

答案：

康妮，老橡树商店，猪肉和卷心菜。

珍，霍尔商店，鸵鸟肉和豆角。

吉尔，冷杉商店，火鸡和椰菜。

基思，布鲁克商店，牛肉和土豆。

理查德，希勒尔商店，羊肉和甜玉米。

9.

布莱克预计在11:00到达骑术学校（线索6），9:00的预约不在韦伯斯特农场（线索4），也不是给高下马群的赛马安装赛板（线索1），也非在石头桥农场（线索4），那一定是去看瓦特门的波比。10:00是去石头桥农场（线索4）。在中午要为一匹马安装运输蹄（线索3），所以下午2:00为高下马群的赛马安装赛板。通过排除法，12:00的工作只能是在韦伯斯特农场，而11:00在重装王子蹄钉（线索4）。乾坡不是他10:00的工作，也不是中午在韦伯斯特农场的工作（线索4），因此只能是给高下马群的赛马安装赛板。我们知道运输蹄不是给乾坡和本的，而它的名字要比需要被清理蹄钉的那匹马的名字长一些（线索3），所以安装运输蹄的那匹马肯定是佩加索斯。而本必定是石头桥农场的马，预约在10:00。本不是那匹要安装普通蹄的马（线索2），它需要清理蹄钉，剩下波比是需要安装普通蹄的马。

答案：

上午9:00，瓦特门，波比，安装普通蹄。

上午10:00，石头桥农场，本，清理蹄钉。

上午11:00，骑术学校，王子，重装蹄钉。

中午12:00，韦伯斯特农场，佩加索斯，安装运输蹄。

下午2:00，高下马群，乾坡，安装赛板。

10.

我们知道改革者号在2号站点处领航（线索3），安迪·布莱克不在3号站点处领航（线索5），而且从线索1可以排除格兰·霍德在3号站点处领航，线索8也可以排除露西·马龙在3号站点处领航。科林·德雷克在5号站点处领航（线索6），6号站点叫青鱼

333

站点（线索1）。线索4可以排除亚马逊号的盖尔·费什在3号站点处领航，所以3号站点的领航者必然是派特·罗德尼。同时可知，3号站点是波比特站点（线索2）。我们知道2号站点是由改革者号领航的，2号不是波比特站点，也不是城堡首领站点或者青鱼站点，它也不可能是斯塔克首领站点，在斯塔克首领站点处领航的是五月花号（线索7）。我们知道科林·德雷克的皮划艇在5号站点处领航，所以圣·犹大书站点不可能是2号站点（线索4），用排除法可以知道，2号是海盗首领站点。因此圣·犹大书站点不可能是5号站点（线索4），用排除法可知圣·犹大书站点只可能是1号站点，剩下5号站点是斯塔克首领站点，此处由五月花号领航。所以，盖尔·费什的亚马逊号必然在4号站点处领航，即城堡首领站点。我们知道露西·马龙不在4号站点处领航，她也不在海盗首领站点领航（线索8），所以，她必然从在青鱼站点处领航，即6号站点（线索8），所以魅力露西号是从3号站点处领航的，即波比特站点。海猪号皮划艇不在青鱼站点处领航（线索1），用排除法可以知道在青鱼站点处领航的必然是去利通号。剩下海猪号在圣·犹大书站点领航，它由安迪·布莱克驾驶（线索5），格兰·霍德驾驶改革者号在2号海盗首领站点处领航。

答案：

1号，圣·犹大书站点，安迪·布莱克，海猪号。

2号，海盗首领站点，格兰·霍德，改革者号。

3号，波比特站点，派特·罗德尼，魅力露西号。

4号，城堡首领站点，盖尔·费什，亚马逊号。

5号，斯塔克首领站点，科林·德雷克，五月花号。

6号，青鱼站点，露西·马龙，去利通号。

11.

麦克的姓是阿彻（线索4），而克里福特不是约翰，他的马是海员赛姆（线索2），他不可能是萨利（线索3），那么他就是埃玛。艾塞克斯女孩是第2名（线索1），第4名的马不是海员赛姆（线索2），不是西帕龙（线索4），则一定是蓝色白兰地。他的骑师不是理查德，理查德骑的也不是西帕龙（线索3），我们已经知道了海员赛姆的骑师，那么理查德的马一定是艾塞克斯女孩。麦克·阿彻不可能是第1名的马的骑师（线索4），而西帕龙不是第2，他也不在第3名的马（线索4），所以他肯定是第4名马匹的骑师，他的马是蓝色白兰地。因此，从线索4中知道，西帕龙是第3名，通过排除法，海员赛姆是第1名。从线索3中知道，萨利姓匹高特，则她的马一定是第3名的西帕龙。最后，剩下第2名的马就是艾塞克斯女孩，骑师是约翰·理查德。

答案：

第1名，海员赛姆，埃玛·克里福特。

第2名，艾塞克斯女孩，约翰·理查德。

第3名，西帕龙，萨利·匹高特。

第4名，蓝色白兰地，麦克·阿彻。

12.

尼尔·李出现在电视短剧中（线索2），在电视连续剧中扮演记者的人的姓含3或者4个字母（线索4），那她一定是蒂娜·罗丝，是《摩倩穆》中的主角（线索6）。而道恩·埃尔金饰演的是医学生（线索1），那么在《格里芬》里扮演年轻演员的（线索1）肯定是简·科拜。艾伦·邦庭饰演的不是一位老师（线索2），则肯定是法官，而尼尔·李扮演的是教师。艾伦·邦庭不演电影（线索2），也没有出现在电视连续剧中（线索3），因此他一定出现在舞台剧《丽夫日》中（线索5）。《罗米丽》中的演员的姓包含5个字母（线索4），则肯定是道恩·埃尔金。而尼尔·李一定饰演《克可曼》中的角色。最后，因为简·科拜不在电视连续剧中（线索3），那么《格里芬》一定是一部电影，通过排除法可以得出，出演电视戏剧《罗米丽》的肯定是道恩·埃尔金。

答案：

艾伦·邦庭，法官，《丽夫日》，舞台剧。

道恩·埃尔金，医学生，《罗米丽》，电视戏剧。

简·科拜，女演员，《格里芬》，电影。

尼尔·李，教师，《克可曼》，电视短剧。

蒂娜·罗丝，记者，《摩倩穆》，电视连续剧。

13.

汉斯·卡尔王子的游艇名字包含5个或者6个字母（线索5），由于歌手拥有游艇曼特（线索1），那么汉斯·卡尔王子一定拥有30.5米长的游艇极光号（线索6）。杰夫·额的游艇有22.9米长，它的名字不是最短也不是最长的（线索4）。我们知道它不是极光号，也不是迪安·奎的美人鱼号（线索1），那么它必定是米斯特拉尔号。比安卡女士号不属于雅克·地布鲁克（线索3），因此它一定是雨果的。剩下曼特是属于雅克·地布鲁克的。比安卡女士号不属于电影明星（线索3），也不属于职业车手（线索2），那么它一定是属于工业家的长42.7米的游艇（线索6）。我们知道33.5米长的游艇名字中包含7个字母（线索5），它肯定是美人鱼号。剩下曼特长38.1米，另外，因米斯特拉尔不属于职业车手（线索2），那么它只能是电影明星的，剩下美人鱼号是职业车手迪安·奎的游艇。

答案：

极光号，30.5米，汉斯·卡尔，王子。

比安卡女士号，42.7米，雨果·姬根，工业家。

曼特号，38.1米，雅克·地布鲁克，歌手。

美人鱼号，33.5米，迪安·奎，职业车手。

米斯特拉尔号，22.9米，杰夫·额，电影明星。

14.

朱利叶斯是人物A（线索4），而哈姆雷特紧靠在理查德的右边（线索3），不可能是人物A或者B，他将饰演士兵（线索3），他不可能是人物C，因为人物C扮演孩童时代的马恩（线索1），那么他必将是人物D，理查德是扮演儿童时期的C。我们现在知道3个人的名或者姓，因此安东尼·李尔王（线索2）一定是B。通过排除法，哈姆雷特肯定是约翰。安东尼·李尔王不扮演哲学家（线索2），因此他肯定扮演青少年，而朱利叶斯扮演的是哲学家。最后，通过线索1知道，理查德不是曼彻特，他只能是温特斯，剩下曼彻特就是朱利叶斯，即人物A。

答案：

人物A，朱利叶斯·曼彻特，晚年。

人物B，安东尼·李尔王，青少年。

人物C，理查德·温特斯，孩童。

人物D，约翰·哈姆雷特，士兵。

15.

雷蒙德往东走（线索3），从线索1中知道，骑摩托车去上高尔夫课的人不朝西走。去游泳的人朝南走（线索2），拍卖会不在西面举行（线索2），因此朝西走只可能是去看牙医的人。西尔威斯特坐出租车出行（线索5），不朝北走。同时我们知道雷蒙德不朝北走，安布罗斯也不朝北走（线索1和2），那么朝北走的只可能是欧内斯特。从线索4中知道，坐巴士的人朝东走。我们知道雷蒙德不去游泳，也不去看牙医，而他的出行方式说明他不可能去玩高尔夫，因此他必定是去拍卖会。现在通过排除法知道，骑摩托车去上高尔夫课的人肯定是欧内斯特。从线索1中知道，安布罗斯朝南出行去游泳，剩下西尔威斯特坐出租往西走，去看牙医。最后可以得出安布罗斯开小汽车出行。

答案：

北，欧内斯特，摩托车，上高尔夫课。

东，雷蒙德，巴士，拍卖会。

南，安布罗斯，小汽车，游泳。

西，西尔威斯特，出租车，看牙医。

16.

继承人吉可巴士（吉可）在家系中排行第2（线索6），从线索4中知道，住在利物浦的贝赛利不排第1，也非第5。在沃克叟工作的继承人排行第4（线索3），因此贝赛利肯定是第3，职业是出租车司机（线索5）。现在，从线索4中知道，做管道工作的西吉斯穆德斯一定排行第4，在沃克叟工作。而消防员住在施坦布尼（线索1），那么住在格拉斯哥的继承人不是盖博旅馆的主人（线索1），则一定是清洁工，而旅店主人必定住在坦布。因旅店主人排行不是第2和第5（线索2），那么肯定是第1。因此他不可能是帕曲西斯（线索7），只能是麦特斯，剩下帕曲西斯排行第5。现在从线索1中可以知道，他必定是施坦布尼的首席消防员，而格拉斯哥的清洁工是排行第2的吉可巴士。

答案：

第1，麦特斯，坦布，旅馆主人。

第2，吉可巴士，格拉斯哥，清洁工。

第3，贝赛利，利物浦，出租车司机。

第4，西吉斯穆德斯，沃克叟，管道工。

第5，帕曲西斯，施坦布尼，消防员。

17.

从线索1中知道，爱德华不是刚来才1周的人，另外也告诉我们他也不是保险公司2周前新招聘的员工。第7层的新员工是3周前来的女孩（线索6），而德克是在4周前就职的（线索3），因此爱德华肯定是5周前来的新员工。信贷公司在第9层（线索4），爱德华不可能在3层和11层工作（线索1），我们知道女孩在7层工作，根据线索1和6可以推出保险公司2周前新聘的员工不在7层，从线索1中知道，爱德华不可能在第9层，也不可能在第5层，那么只能在第3层。线索1告诉我们伯纳黛特在邮政服务公司工作，而线索2排除了爱德华在假日公司的可能性，同时爱德华所在的楼层说明他也不可能在信贷公司和保险公司上班，那么他肯定在私人侦探所工作。淑娜不可能在第3层的保险公司上班（线索5），德克也不可能，而伯纳黛特和爱德华的公司我们已经知道，因此在保险公司工作的只能是朱莉。伯纳黛特的邮政服务公司不在11层（线索1），也不在第3层、第5和第9层，那么她肯定是在第7层的女孩，是3周前被招聘的。通过排除法，剩下1周前新来的只能是淑娜，从线索1中知道，她在9层的信贷公司上班。最后，剩下德克是假日公司的新员工，在大楼的11层工作。

答案：

伯纳黛特，邮政服务公司，7层，3周。

德克，假日公司，11层，4周。

爱德华，私人侦探所，5层，5周。

朱莉，保险公司，3层，2周。

淑娜，信贷公司，9层，1周。

18.

莎的姓是卡索（线索2），蒂米穿红色的泳衣（1），因此，穿橙色泳衣叫响的小男孩肯定是詹姆士。通过排除法，莎的泳衣一定是绿色的，他的母亲是曼迪（线索4）。同样再次通过排除法，蒂米的姓是桑德斯，他的母亲不是丹尼斯（线索3），那么肯定是萨利，最后剩下丹尼斯是詹姆士的母亲。

答案：

丹尼斯·响，詹姆士，橙色。

曼迪·卡索，莎，绿色。

萨利·桑德斯，蒂米，红色。

19.

蓄电池没电是下午5:00发现的（线索6），不可能是吉恩的汽车出的事（线索1），同时线索1也告诉我们伊夫林的车胎穿了孔。西里尔的不幸发生在3:00（线索4），而线索3排除了姆文在下午5:00出事的可能，通过排除法，只可能是格兰地的电池没电了。司机把车撞到门柱发生在星期五（线索2），他不可能是伊夫林和吉恩（线索1），我们知道他也不是格兰地和姆文，那么他肯定是西里尔。姆文不是因超速被抓住的（线索3），因此通过排除法，他肯定是压到了栅栏，剩下超速的是吉恩。超速不是发生在下午3:00和5:00，伊夫林发生不幸的最迟时间也只可能是下午2:00，而线索1排除了这个可能性，她也不是在早上10:00出事的（线索3），那么她必定是早上11:00出事的，从线索3中知道，姆文肯定是在早上10:00压倒了栅栏，剩下的只有伊夫林在下午2:00出事。线索5告诉我们格兰地在星期一蓄电池没电，而从线索1中知道，吉恩肯定是星期三出事的，则伊夫林必定是在星期四出的事。

答案：

西里尔，星期五，撞到门柱，下午3:00。

伊夫林，星期四，车胎穿孔，下午2:00。

格兰地，星期一，蓄电池没电，下午5:00。

吉恩，星期三，超速，上午11:00。

姆文，星期二，压倒栅栏，上午10:00。

20.

图中3号游艇是维克多的（线索4），从线索1中知道，海鸠不可能是游艇4，有灰蓝色船帆的燕鸥也不是游艇4（线索2）。线索5排除了海雀是4号的可能性，因此4号游艇只能是埃德蒙的三趾鸥（线索6）。游艇1不是海鸥也不是海雀（线索1），那么它一定是燕鸥。我们知道燕鸥的主人不是埃德蒙，也不是拥有白色帆游艇的马尔科姆（线索5），那么只能是大卫，而剩下马尔科姆是游艇2的主人。从线索1中知道，游艇3是海鸠，而剩下游艇2是海雀。三趾鸥的帆不是灰绿色的（线索1），那么肯定是黄色的，剩下海鸠是灰绿色的帆。

答案：

游艇1，燕鸥，大卫，灰蓝色。

游艇2，海雀，马尔科姆，白色。

游艇3，海鸠，维克多，灰绿色。

游艇4，三趾鸥，埃德蒙，黄色。

21.

保持相同排名的不是贝林福特队和罗克韦尔·汤队（线索1），从第2跌到第7的是匹特威利队（线索2），而保持相同排名的也不是克林汉姆队和格兰地威尔队（线索3），也非内德流浪者队和福来什运动队（线索6），因此通过排除法，只能是米尔登队，它最后取得了第3名（线索5），而在圣诞节时也是第3名。线索5告诉我们,中场时罗克韦尔·汤队是第4名，而最后取得了第1名（线索1）。贝林福特队到赛季末下降了2个名次（线索1），在圣诞节时它不可能是第7和第8，我们知道它也不可能是第2、第3和第4。既然我们已经知道了圣诞

节时第3和第7名的队伍，而贝林福特队不可能从第1和第5开始下降的，那么只能从第6下降到第8（线索1）。从第1下降到第5的队（线索7）不可能是福来什运动队（线索6），克林汉姆队和格兰地威尔（线索3），因为他们的名次都是上升的，那么，只可能是内德流浪者队。现在从线索3中已经可以知道，在圣诞节时，克林汉姆队是第7，格兰地威尔是第8。剩下当时福来什运动队是第5。福来什运动队最后不是第4（线索4），那么肯定是第2名。最后，从线索3中知道，克林汉姆队以第4结束，而格兰地威尔队以第6告终。

答案：

圣诞

1.内德流浪者队

2.匹特威利队

3.米尔登队

4.罗克韦尔·汤队

5.福来什运动队

6.贝林福特队

7.克林汉姆队

8.格兰地威尔

赛季末

1.罗克韦尔·汤队

2.福来什运动队

3.米尔登队

4.克林汉姆队

5.内德流浪者队

6.格兰地威尔

7.匹特威利队

8.贝林福特队

22.

爱好园艺的人有着最迷人的眼睛（线索4），古典音乐的爱好者不以声音和真诚引人注目（线索1），也不因身高

而吸引詹妮（线索1），那么他肯定是因幽默而吸引某位女士的人。马特是一个真诚的人（线索2），他不喜好园艺和古典音乐，也不爱好烹饪，烹饪是比尔的爱好（线索5），马特也不爱好老电影（线索2），因此他肯定和布伦达一样喜欢跳舞（线索6）。凯茜和休相处得不错（线索6），罗斯发现她并不渴望和克莱夫及彼特聊天（线索3），那么她的倾慕对象肯定是厨师比尔，他受到罗斯青睐的地方不是他的眼睛、幽默感、真诚和他的身高（身高是詹妮青睐的），那么只能是他的声音。通过排除法，詹妮高高的搭档则是老电影的爱好者。彼特不是非常幽默的古典音乐的爱好者，也不是园丁（线索3），他肯定是和詹妮共同爱好老电影的男人。古典音乐的爱好者不是克莱夫（线索1），那么只能是凯茜的新朋友休，最后通过排除法，克莱夫是用他的眼睛和对园艺的爱好吸引了凯丽。

答案：

布伦达和马特，线性舞，真诚。

凯茜和休，古典音乐，幽默感。

詹妮和彼特，老电影，身高。

凯丽和克莱夫，园艺，眼睛。

罗斯和比尔，烹饪，声音。

23.

马萨诸塞州的古德里不从事法律方面的工作（线索1），银行家住在新汉普郡

337

（线索5），温土是建筑家的姓（线索3），那么古德里就是大学的助教，他姓杰斐逊（线索6）。现在再看线索4，本尼迪克特一定来自缅因州，建筑家温土一定是埃尔默（线索3）。亚历山大不从事法律方面的工作（线索1），那么他一定是来自新汉普郡的银行家。现在我们已经知道了3个人的职业和名字的搭配，而本尼迪克特不是法官（线索4），则肯定是警官，剩下马文是法官。马文不在康涅狄格州（线索2），那他一定来自佛蒙特州，而康涅狄格州则是埃尔默·温土的家乡。从线索2中知道，皮格利不是警官，则一定同银行家亚历山大是一个人，最后剩下本尼迪克特，毫无疑问肯定是警官。

答案：

亚历山大·皮格利，新汉普郡，银行家。

本尼迪克特·斯泰丽思，缅因州，警官。

埃尔默·温土，康涅狄格州，建筑师。

杰斐逊·古德里，马萨诸塞州，大学助教。

马文·朴历夫，佛蒙特州，法官。

24.

村庄4的名字为克兰菲尔德（线索3），从线索5中知道，波利顿肯定是村庄2，那么利恩村肯定是村庄1，而剩下村庄3是耐特泊。村庄3的居民是出去遛狗的（线索2），从线索5中知道，这个居民一定是丹尼斯。而婚礼发生在利恩村（线索5），参加婚礼的人住的村庄一定是村庄4，即克兰菲尔德，因此，现在从线索4中可以知道，西尔维亚一定住在村庄2，即波利顿村。现在我们已经知道了村庄2和3的居民，以及村民4出行的目的，那么线索1中提到的去看朋友的波利一定住在利恩村。通过排除法，最后知道玛克辛住在克兰菲尔德，而西尔维亚出行的目的是去看望她的母亲。

答案：

村庄1，利恩村，波利，见朋友。

村庄2，波利顿村，西尔维亚，看望母亲。

村庄3，耐特泊村，丹尼斯，遛狗。

村庄4，克兰菲尔德村，玛克辛，参加婚礼。

25.

那辆红色的法拉利车不是伯纳黛特的（线索5），也不是迪尼斯的（线索5）。安东尼开兰吉·罗拉（线索2），而克利福德的车是白色的（线索6），因此红色的法拉利肯定是埃弗拉德的。卡迪拉克的车牌号是W675JAR（线索6），从线索1中知道，埃弗拉德的法拉利和那辆江格的车牌是T453JAR或者是T564JAR。因此，W786JAR不是法拉利、江格和卡迪拉克的车牌号，也不是默西迪丝的（线索3），而只能是兰吉·罗拉的车牌号，是安东尼所开的车。那辆黑色车的车牌是R342JAR（线索4），而克利福德的白色汽车不是车牌是W675JAR的卡迪拉克（线索6），那么它的车牌肯定是T开头的，一定就是江格车（线索1）。通过排除法知道，那辆黑色车牌是R342JAR的车一定是默西迪丝。安东尼的兰吉·罗拉不是蓝色的（线索3），那么肯定是绿色的，而卡迪拉克一定是蓝色的。伯纳黛特的汽车车牌号上的每个数字比埃弗拉德的法拉利车牌号均要大1（线索5），后者不是T453JAR，因为如果后者是T453JAR的话，那么T564JAR就是江格的车牌号（线索1），那么伯纳黛特汽车的车牌号就不可能有了，所以埃弗拉德的法拉利车牌号一定是T564JAR，而从线索5中知道，伯纳黛特汽车是那辆车牌号为W675JAR的蓝色卡迪拉克。剩下迪尼斯的汽车是车牌为R342JAR的黑色默西迪丝。最后，知道克利福德的江格车号为T453JAR。

答案：

安东尼，W786JAR，兰吉·罗拉，绿色。

伯纳黛特，W675JAR，卡迪拉克，蓝色。

克利福德，T453JAR，江格，白色。

迪尼斯，R342JAR，默西迪丝，黑色。

埃弗拉德，T564JAR，法拉利，红色。

26.

弹吉他的不是1号（线索1），1号也不是变戏法者（线索3），也非马路艺术家（线索4），因此1号肯定是手风琴师，他不是泰萨，也不是莎拉·帕吉（线索2），而内森是2号（线索5），因此1号只能是哈利。因内森不玩吉他（线索5），线索1可以提示吉他手就是4号。4号不是莎拉·帕吉（线索2），而莎拉·帕吉不是1号和2号，因此只能是3号。因此，她不是变戏法者（线索3），通过排除法，她肯定是街边艺术家，剩下变戏法者就是2号内森。从线索4中知道，他的姓一定是西帕罗，而4号位置肯定是泰萨。从线索2中知道，克罗葳不是泰萨的姓，则一定是哈利的姓，而泰萨的姓只能是罗宾斯。

答案：

1号，哈利·克罗葳，手风琴师。

2号，内森·西帕罗，变戏法者。

3号，莎拉·帕吉，街边艺术家。

4号，泰萨·罗宾斯，吉他手。

27.

B位置上的是9号选手（线索6）。万能选手6号不可能在A位置上（线索1），而C位置上的选手是乔希（线索4），线索1提示位置D上的不可能是万能选手，那么万能选手一定是C位置上的乔希。现在，从线索1中可以知道，帕迪一定是位置B上的9号选手。我们现在已经知道A不是乔希，也不是帕迪，线索5排除了艾伦，那么他只可能是尼克，他是乡村队的守门员（线索2），最后剩下艾伦在D位置上。现在，从线索5中知道，艾伦一定是7号，尼克则是8号。而艾伦一定不是旋转投手（线索3），那么他一定是快投，剩下旋转投手是帕迪。

答案：

选手A，尼克，8号，守门员。

选手B，帕迪，9号，旋转投手。

选手C，乔希，6号，万能。

选手D，艾伦，7号，快投。

28.

如果这些士兵能够正确地站成一列，所有人都能被释放。

第1个士兵站在这一列的最前面，其他的人依次插入，站到他们所能看到的最后一个戴红色帽子的人后面，或者他们所能看到的第一个戴黑色帽子的人前面。

这样一来，这一列前一部分的人全部都戴着红色帽子，后一部分的人全部都戴着黑色帽子。每一个新插进来的人总是插到中间（红色和黑色中间），当下一个人插进来的时候他就会知道自己头上帽子的颜色了。

如果下一个人插在自己前面，那么就能判定自己头上戴的是黑色帽子。这样能使99个人免受惩罚。

当最后一个人插到队里时，他前面的一个人站出来，再次按照规则插到红色帽子与黑色帽子中间。这样这100个士兵就都能免受惩罚。

29.

卡萨得公主在一位王子的对面（线索5），那么吉尼斯公主一定在另外一位王子的对面，后者不是阿姆雷特王子（线索4），那么一定是沃而夫王子。从线索4中知道，按顺时针方向，他们房间分别是卡萨得公主、吉尼斯公主、阿姆雷特王子、沃而夫王子。从线索2中知道，吉尼斯公主的父亲是尤里天的统治者，而沃而夫王子的父亲则统治马兰格丽亚（线索4）。卡萨得公主的父亲不统治卡里得罗（线索5），那么他一定统治欧高连，通过排除法，阿姆雷特王子的父亲必定统治卡里得罗。从线索2中知道，卡萨得公主的父亲一定是阿弗兰国王，而吉尼斯公主的父亲统治尤里天，后者必定是国王西福利亚（线索3）。卡里得罗的阿姆雷特王子的父亲不是国王恩巴（线索5），那么必定是国王尤里，剩下国王恩巴是沃而夫王子的父亲。最后，从线索1中知道，阿姆雷特王子的房间是I，那么沃而夫王子则是II，卡萨得公主是III，而吉尼斯公主在房间IV中。

答案：

I，阿姆雷特王子，国王尤里，卡里得罗。

II，沃而夫王子，国王恩巴，马兰格丽亚。

III，卡萨得公主，国王阿弗兰，欧高连。

IV，吉尼斯公主，国王西福利亚，尤里天。

30.

杰克获得了第3名（线索2），因此他的母亲不可能是丹妮尔（线索1），而梅勒妮是尼古拉的母亲（线索4），那么杰克只能是谢莉的儿子，剩下埃莉诺是丹妮尔的女儿，埃莉诺的服装像个蘑菇（线索3）。尼古拉不是第2名（线索4），我们知道她也不是第3名，因此她肯定是第1名，剩下埃莉诺是第2名，从线索1中知道，排名第3的杰克穿成垃圾桶装束，剩下第1名的尼古拉则穿成机器人的样子。

答案：

丹妮尔，埃莉诺，蘑菇，第2名。

梅勒妮，尼古拉，机器人，第1名。

谢莉，杰克，垃圾桶，第3名。

31.

赛得曼迟到了50分钟（线索2），从线索3中知道，鲁宾不可能迟到了1个小时，而克拉克（线索4）和老师迪罗（线索5）均不可能迟到了1个小时，而思欧刚好迟到了半小时（线索7），那么只能是迈克尔·奇坡迟到了1小时。他不是邮递员（线索1），我们也知道他不是老师，而计算机程序员是兰格（线索6）。线索3排除了迈克尔·奇坡是收费站工作人员的可能性，收费站工作人员不可能迟到了1小时，因此，迈克尔·奇坡一定是砖匠。从线索4中知道，克拉克肯定是赛得曼，他迟到了50分钟。现在我们已经知道老师迪罗不是奇坡、兰格和赛得曼，也不是斯朗博斯（线索5），那么他一定是耐品。我们知道，收费站工作人员不是兰格和奇坡，那么从线索3中知道，他的姓肯定是斯朗博斯。他不是鲁宾（线索3），则他一定是思欧，迟到了30分钟，剩下鲁宾就是兰格，计算机程序员，从线索3中可以知道，他迟到了40分钟。通过排除法，克拉克·赛得曼一定是邮递员，而老师迪罗·耐品，

则是迟到了20分钟的人。

答案：

克拉克·赛得曼，邮递员，50分钟。

迪罗·耐品，教师，20分钟。

迈克尔·奇坡，砖匠，1小时。

鲁宾·兰格，计算机程序员，40分钟。

思欧·斯朗博斯，收费人员，30分钟。

32.

SD间谍在6号房间（线索2），从线索5中知道，OSS间谍一定在5号房间，而SDECE间谍在3号房间，鲁宾在1号房间。2号房间的间谍不可能来自阿布威（线索3），也不来自M16，而间谍加西亚不在1号房间（线索1），那么他肯定是GRU的间谍。从线索4中知道，毛罗斯先生的房间是4号，罗布斯不可能在3号（线索1），也不可能在2号房间，因为加西亚不在4号房间，所以罗布斯也不可能在6号。罗布斯只能在5号房间，而加西亚在3号，M16的间谍则在4号房间（线索1）。6号房间的SD间谍不是罗布斯（线索2），则肯定是戴兹，剩下罗布斯一定是2号房间的GRU间谍，最后通过排除法，1号房间的鲁宾是阿布威的间谍。

答案：

1号房间，鲁宾，阿布威。

2号房间，罗佩兹，GRU。

3号房间，加西亚，SDECE。

4号房间，毛罗斯，M16。

5号房间，罗布斯，OSS。

6号房间，戴兹，SD。

33.

"伊诺根"是在下午5:00到达的，他或她不是因为汽车抛锚而迟到的（线索3），从线索1中知道，她或他不是错过早班车的肯·杨，也不是出演阿匹曼特斯的演员，因后者是称火车被取消而迟到的（线索1）。由于汽油用尽而迟到的那个演员是在早上9:00到的（线索2），那么"伊诺根"一定是因为交通阻塞迟到的。杰克·韦恩是在11:00到达的（线索4），那么肯·杨肯定是在下午1:00或3:00到达的，而扮演阿匹曼特斯的演员是在3:00或者5:00到的。我们知道，"伊诺根"是在下午5:00到达的，那么"阿匹曼特斯"肯定是在3:00到的，而肯·杨则是在下午1:00到的。通过排除法，发生汽车抛锚的人肯定是在11:00到的，他就是杰克·韦恩。现在我们可以把4人的名字或者扮演的角色和他们迟到的理由对上号了，因此，扮演"寂静者"的菲奥纳·托德迟到的理由肯定是汽油用光，他是在早上9:00到的。而"匹特西斯"不可能在11:00到达（线索6），那么一定是下午1:00到达的，所以，他就是肯·杨。通过排除法，杰克·韦恩肯定出演"李朝丽达"，而从线索5中知道，克利奥·史密斯不是"伊诺根"，因"伊诺根"是发生了交通阻塞，因此他肯定是"阿匹曼特斯"，是因为火车取消而迟到的人，最后，剩下"伊诺根"就是艾米·普丽思。

答案：

艾米·普丽思，伊诺根，下午5:00，交通阻塞。

克利奥·史密斯，阿匹曼特斯，下午3:00，火车取消。

菲奥娜·托德，寂静者，早上9:00，汽油用光。

杰克·韦恩，李朝丽达，上午11:00，汽车抛锚。

肯·杨，匹特西斯，下午1:00，错过班车。

34.

6岁的格雷琴不可能是4号（线索1），而3号今年7岁（线索4），1号是个男孩（线索3），因此，通过排除法，格雷琴肯定是2号。现在从线索1中知道，3号是7岁的牧羊者。玛丽亚的父亲是药剂师（线索5），不可能是1号（线索3），那么只能是4号，从线索5中知道，她今年5岁，剩下1号男孩8岁。所以1号不是汉斯（线索2），则一定是约翰纳，剩下汉斯是7岁的牧羊者。从线索3中知道，格雷琴的父亲不是屠夫，那么只能是伐木工，最后知道约翰纳是屠夫的儿子。

答案：

1号，约翰纳，8岁，屠夫。

2号，格雷琴，6岁，伐木工。

3号，汉斯，7岁，牧羊者。

4号，玛丽亚，5岁，药剂师。

35.

"小约西亚"是1873年歌剧中的主要人物（线索6），而以所罗林长官为主要人物的《伦敦塔卫兵》（线索1）和包含人物"格温多林"的作品要比《将军》迟写，在1870年写的《康沃尔的海盗》和马里亚纳无关（线索5），它的主人公肯定是"马库斯"，首次上演是在伦敦（线索3）。《法庭官司》要比首次在利物浦上演的小歌剧晚3年写（线索2），因此不可能是在1873年或1879年写的。布里斯托尔是1879年写的小歌剧公演的城市（线索2），而《法庭官司》不是在1882年写的，那么肯定是1885年写的，而在利物浦首次上演的小歌剧写在1882年。《忍耐》的首次上演在伯明翰（线索4），它不可能在1879或者1882年写，那么一定是1873年写的，主人公是"小约西亚"的歌剧。主人公是"格温多林"的歌剧不是《将军》（线索1），那么一定是1885年写的《法庭官司》，而通过排除法，《将军》中的主人公一定是马里亚纳。从线索1中知道，它就是1879写的首次在布里斯托尔公演的歌剧。通过排除法知道，写在1882年的首次在利物浦上演的歌剧肯定是《伦敦塔卫兵》，主人公是所罗林长官，剩下曼彻斯特是《法庭官司》首演的城市。

答案：

1870年，《康沃尔的海盗》，伦敦，"马库斯先生"。

1873年，《忍耐》，伯明翰，"小约西亚"。

1879年，《将军》，布里斯托尔，"马里亚纳"。

1882年，《伦敦塔卫兵》，利物浦，"所罗林长官"。

1885年，《法庭官司》，曼彻斯特，"格温多林"。

36.

赢6场的球队只平了1场（线索6）。平了5场的球队赢的场数不是1场和2场（线索2），也不是5场（线索4），因此只能是4场，所以它就是格雷队（线索5），它只输了1场（线索2）。输了2场的球队平的场数是3或者4场，赢了5场的球队平的场数是1或者2场（线索4）。赢了6场的球队只平了1场，那么赢了5场的球队肯定平了2场，而输了2场的队必定平了4场，后者赢的场数不是1场（线索3），那么它肯定赢了2场。通过排除法，踢平3场的白球队（线索5）只赢了1场，它输的场数不是3场（线索3），则必定输了6场。布赛姆队赢的不是2场（线索1），因此打平的不可能是4场，而它们打平的场次要比汉丁汤队多（线索1），所以不会是平了1场，因此肯定是平了2场，赢了5场。而汉丁汤队平了1场（线索1），输了5场（线索1），赢了6场。通过排除法，赢了2场的是思高·菲尔得队，而布赛姆队则平了2场，输了3场。

答案：

布赛姆队，胜5平2负3。

格雷队，胜4平5负1。

汉丁汤队，胜6平1负5。

思高·菲尔德队，胜2平4负2。

白球队，胜1平3负6。

37.

图片A指的是雅各布（线索2），图片D指的是丘吉曼（线索4）。赫伯特的图片与

341

"男人"麦克隆水平相邻，前者不可能是图片C上的人，而图片C上的也不是西尔维斯特（线索1），那么图片C上的一定是马修斯。我们知道西尔维斯特不是图片A、C和D上的人，那么肯定就是图片B上的人。通过排除法，赫伯特一定是图片D上的人。从线索1中知道，图片C上的一定是马修斯，他就是"男人"麦克隆。通过排除法知道，雅各布的姓就是沃尔夫。因此，从线索3中可以知道，"小马"就是西尔维斯特·加夹得，他是图片B上的人。D上的赫伯特·丘吉曼不是"强盗"，那么他的绰号一定是"里欧"，而"强盗"就是图片A上雅各布·沃尔夫的绰号。

答案：

图片A，雅各布·沃尔夫，"强盗"。

图片B，西尔维斯特·加夹得，"小马"。

图片C，马修斯·麦克隆，"男人"。

图片D，赫伯特·丘吉曼，"里欧"。

38.

戒指1是马特·佩恩给的（线索2），戒指3价值20000英镑，那么紧靠雷伊给的戒指右边的那个价值10000英镑的戒指一定是戒指4。从线索1中知道，从雷伊那得到的钻戒一定是戒指3，价值20000英镑。戒指1价值不是25000英镑（线索1），那么它肯定值15000英镑。通过排除法知道，戒指2肯定价值25000英镑。而戒指1上的不是翡翠（线索3），也不是红宝石（线索2），那

么一定是蓝宝石。红宝石戒指价值不是10000英镑（线索2），那么一定是价值25000英镑的戒指2。剩下价值10000英镑的戒指4是翡翠戒指，它不是休·基恩给的（线索3），那么一定是艾伦·杜克给的，剩下休·基恩给了洛蒂价值25000英镑的红宝石戒指。

答案：

戒指1，蓝宝石，15000英镑，马特·佩恩。

戒指2，红宝石，25000英镑，休·基恩。

戒指3，钻石，20000英镑，雷伊·廷代尔。

戒指4，翡翠，10000英镑，艾伦·杜克。

39.

坐在A排13号位置的（线索6）不可能是彼特和亨利（线索1），也不是罗伯特（线索4）。朱蒂不可能是13号（线索5），那么这条线索也排除了A排13号是查尔斯和文森特的可能。通过排除法，在A排13号的只能是托尼，安吉拉也在A排（线索1），除此之外，A排另外还有一位女性（线索3），她不是尼娜，因尼娜坐在B排的12号座（线索2），也不是珍妮特和莉迪亚（线索7），线索5排除了朱蒂，通过排除法只能是玛克辛在前排座位。她不可能是10或11号（线索4），我们已知道她不是13号，那么肯定是12号。因此罗伯特是A排10号（线索4），剩下安吉拉是11号。现在从线索1中知道，彼特是B排11号。B排还有一位男性（线索3）。他不是亨利，亨利在C排（线索1），而线

索5排除了文森特在B排10号和13号的可能，10号和13号还未知。我们知道托尼和罗伯特在A排，那么通过排除法，在B排的只能是查尔斯，但他不是13号（线索5），因此他肯定是10号。从线索5中知道，朱蒂一定在C排10号，而她丈夫文森特是11号。从线索1和7中知道，亨利是C排的12号，而莉迪亚是那一排的13号，最后剩下B排13号上的是珍妮特。

答案：

A排：10，罗伯特；11，安吉拉；12，玛克辛；13，托尼。

B排：10，查尔斯；11，彼特；12，尼娜；13，珍妮特。

C排：10，朱蒂；11，文森特；12，亨利；13，莉迪亚。

40.

14年陈的威士忌得了92分，名字中含有"格伦"两个字（线索3），因此布兰克布恩，即伊斯雷岛麦芽酿成的、得分大于90分的（线索4）一定是96分。肯泰地区的威士忌得了83分（线索6），而8年陈的来自苏格兰高地的威士忌得分不是79（线索1），则一定是85分。因沃那奇的威士忌是10年陈的（线索2），因此苏格兰低地的威士忌不是14年陈的（线索5），得分不是92分，那么必定是79分。我们现在已经知道苏格兰低地的酒不是8年也不是10年陈的（线索5），因为8年陈的得分是85分，它也不是12年陈的（线索5），14年陈的威士忌得了92分，那么苏格兰低地的酒一

定是16年陈。得分96的伊斯雷岛麦芽酿成的威士忌一定是12年陈的（线索5）。通过排除法，肯泰地区得83分的酒就是10年陈的因沃那奇。同样再次通过排除法，斯培斯的酒肯定得了92分。而它就是名字中有"格伦"的，但它不是格伦冒（线索2），因此它只能是格伦奥特。斯吉夫威士忌不是来自苏格兰高地（线索1）的酒，那么来自苏格兰高地的肯定就是8年陈的格伦冒，剩下斯吉夫威士忌来自苏格兰低地，得分是79分。

答案：

8年，格伦冒，苏格兰高地，85分。

10年，因沃那奇，肯泰，83分。

12年，布兰克布恩，伊斯雷岛，96分。

14年，格伦奥特，斯培斯，92分。

16年，斯吉夫，苏格兰低地，79分。

41.

来·米德的酒吧是"棒棒糖"（线索2），罗赛·保特的酒吧位于博肯浩尔（线索4），而佛瑞德·格雷斯的酒吧名与动物有关（线索6），位于欧斯道克的"皇后之首"的经营者不是刚更换了新酒吧经营许可证的泰德·塞尔维兹（线索5），因此它的经营者只能是彻丽·白兰地。我们知道"格林·曼"酒吧被允许延长营业时间，它的经营者不是来·米德，也非泰德·塞尔维兹和彻丽·白兰地，也不是佛瑞德·格雷斯（线索1），那么它肯定是罗赛·保特，位于博肯浩尔。我们知道彻丽·白兰地上报纸不是关于延长营业时间或者更换新的营业证，也不是举办一场民间音乐会（线索6），法来乌德的酒吧主人因被抢劫而上报（线索6），因此欧斯道克的彻丽·白兰地一定是因为中了彩票而上报的。法来乌德的新闻排除了3个名字，因图中展示的是他（我们已经知道了那位女性的酒吧）在吧台的照片（线索3），他不可能是来·米德,他的照片是在啤酒花园拍的（线索3），那么他一定是佛瑞德·格雷斯，通过排除法，来·米德一定是因为举办一场民间音乐会而上报的。他的酒吧不位于蓝普乌克（线索2），那么一定在摩歇尔，通过排除法，泰德·塞尔维兹一定经营位于蓝普乌克的酒吧，但不是"独角兽"（线索2），那么一定是"里程碑"，剩下"独角兽"是佛瑞德·格雷斯经营的位于法来乌德的酒吧。

答案：

彻丽·白兰地，"皇后之首"，欧斯道克，中彩票。

佛瑞德·格雷斯，"独角兽"，法来乌德，遭劫。

来·米德，"棒棒糖"，摩歇尔，举办民间音乐晚会。

罗赛·保特，"格林·曼"，博肯浩尔，延长营业时间。

泰德·塞尔维兹，"里程碑"，蓝普乌克，更换新证。

第四章

1.

这个地方冬天非常冷。由于下雨落雪，使坑里积了水，到夜晚就结成冰。白天，这坑里南面的冰因受太阳的照射，又融化成水，而北面由于没有太阳照射，仍结着冰。这样，北面的水结成冰，而南面的冰又融化成水，沉重的球面便渐渐地出现倾斜，从而非常缓慢地向南移动。其正面的十字架，必然也会渐渐地被隐埋起来。这种物理现象，就是男爵的墓石之所以移动的原因。

2.

之所以会发生这种怪事，是因为那个男人的汽车出现了汽封现象：有一部分汽油被汽化了，阻碍了油箱里燃料的正常运行。只有在冷却足够长时间后，发动机才会恢复正常。当那个男人开车去商店时，由于香草冰淇淋是商店里最受欢迎的冰淇淋，所以被摆在最外面的位置，一下子就能拿到，这时汽车就因为没有足够的冷却时间而发动不起来了。而其他的冰淇淋则在商店里面，需要花更多时间去挑选和付账，从而使得汽车刚好可以顺利发动。

3.

洛奇不愧是大侦探，他说得很对，男子和其他人都没错，男子确实听到了两声巨响，其他人则只听到一声爆炸。这并不是什么幽灵在作祟，而是因为水传播声波的速度要快于空气，是空气的5倍。男子仰泳的时候耳朵是埋在水里的，他首先听到了由水传过来的爆炸声，当他抬头察看的时候，耳朵离开海水，又听到了空气传导过来的爆炸

343

声。由于心情紧张和水传导的失真，男子把第一次爆炸的声音误认为是幽灵发出的怒号。

4.
嫌疑犯可以先在老人的电话机上安放一个能使电话线短路的装置。然后，他让老人吃下安眠药，等老人入睡以后，他就打开煤气灶的开关，让煤气跑出来，他则去了那家饭店。

当他估计老人房间里已充满煤气时，就在饭店里打电话到老人家。这时电话机中有电流通过，却遇到电话线短路，就溅出火花，引起煤气爆炸。

5.
多利警长是通过汽艇后面水波纹的大小情况来判断的，汽艇开得越快，其接触水的面积就会越小，引起的波纹就会越小。由于警察的汽艇比罪犯的开得快，所以警察汽艇后面的波纹就比罪犯汽艇后面的波纹小。多利警官在关键时候利用波纹的科学知识将罪犯的汽艇分辨出来了。

6.
清洁工鲍比是H公司的经济间谍，他让昂奈先生跌成骨折，又把玻璃酒杯放在桌子上，酒杯好像放大镜，把很小的文字放大了，鲍比离得很远也能看清楚。

7.
既然气压炸弹会在海拔2000米以下爆炸，那么只需选择海拔2000米以上的高原着陆就可以了。比如墨西哥城，海拔高达2300米，飞机选择在那里降落是安全的，而不需要采用另外的防护措施。

8.
纵火的是画家，他把猫关在密闭的房子里，只给了猫很少的食物。饿得没办法的猫就去抓书架上的金鱼缸，鱼缸落了下来，洒出来的水正好浇在生石灰上，生石灰遇水发生化学反应，产生强热变成熟石灰，然后熟石灰的热能燃着了书架上的书籍和席子。

9.
由于纯黄金很软，又具有黏性，所以能随意加工成各种形状，甚至可以加工成0.0001毫米薄的金箔。利用这种特征，还可以将金块加工成壁纸一样厚度，装饰到墙壁上，以便隐藏。

盗贼就是利用了这点，用黄金制作车身，再涂上涂料，所以刑警们就不会注意到了。

10.
戈拉医生出诊的时候，口袋里带着体温计，体温计经过热水浸泡，水银柱升到40℃，但不会再降下来，可是马路上的气温很低，说明尸体有可疑的地方。

11.
波特吐在格林家门口的口香糖，上面有波特的齿型和唾液。

12.
伯顿夫人的话是有很大的破绽的：

因为史留斯一进伯顿夫人的家，觉得很暖和，以致脱下外套，摘掉帽子、手套和围巾，而那天室外很冷，寒风呼啸。如果按伯顿夫人的说法，那扇窗打开了至少已有45分钟，那么房间里的温度应该是很低的。这一点足以说明那扇窗刚打开不久。所以，史留斯先生不相信伯顿夫人的话。

13.
巧克力在28℃以上就会变软，而当时气温高达34℃，梅丽莎的巧克力却是硬邦邦的，这说明她刚从有空调的地方出来，不是等了好久来接人的。

14.
门铃使用的是干电池，与停电无关。

15.
过山车都没有引擎。一条特殊的传送带会把过山车带到顶端，而重力会让过山车一路向下滑到底。所以，儿子在撒谎。

16.
《圣经》的第47页与第48页是同一张纸，简恩是不可能把邮票藏在这两页之间的。

17.
知县李铁桥将那个孩子断给老妇人是欲擒故纵，他知道如此不公的判决，老妇人一定不服，甚至觉得冤屈。果然如他所料，老妇人听到不公的判决后便说了"不孝之子……"那句话。于是李铁桥马上便问道："你说这个儿子对你不孝，你能列举事实吗？"老妇人立刻便说出了很多件侄儿不孝之事。李铁桥于是当众对其父李富友说到:"父母控告儿不孝,儿子犯了十恶大罪应当处死。"李富友闻听儿子要被处死,连连求情。李铁桥便说道:"现在只有一个办法,就是不让他做婶子的儿子,就可以不以不孝重罪来处死。"李富友只得照办,老妇人便顺利地不要这个儿子了。

18.

阿尔在撒谎。阿尔说他们早上就支起了帐篷,可当时还没下雨,帐篷里的地面却是湿的,显然帐篷是雨后支起的。说明他就是凶手。

19.

卧室里铺了厚厚的土耳其驼毛地毯,村井探长走路的时候,听不出脚步声,可是女秘书却说,从话筒里听到凶手的脚步声,说明她是在撒谎。

20.

杯口的红色,也就是唇印,一般修女是不会涂口红的。

21.

霍金斯意识到杀人凶器正是从集邮家桌上不翼而飞的放大镜,而放大镜是检视集邮品必不可少的工具。

22.

烛液全部流向门的一侧说明,如果门真的如沃夫丽尔太太所述敞开那么久,烛液就不会如此逆着风口向一边流。

23.

罗尔警长马上打开轮胎的气门,放掉了些气,让轮胎瘪一点儿,卡车就降低了高度,能穿过立交桥了。

24.

洛克的身高和他妻子相差悬殊。如果上午是他妻子开的车,那么她一定会调整驾驶座的位置,以适合自己的身高。可是,洛克却能够舒舒服服地坐在驾驶座上,这证明最后一个开车的不是他妻子。

25.

防盗玻璃整体是难以毁坏的,但如果玻璃上有个小小的缺陷,用锤在那里一击,防盗玻璃就会破碎。知道这个破绽的人,只有设计制造防盗玻璃柜的那个人。

26.

秘书利用毛玻璃的特性,看清楚了失主的一举一动,偷走了10枚金币。毛玻璃不光滑的一面只要加点水或唾沫,使玻璃上面的细微的凹凸变成水平,就能清楚地看到失主在房中所做的一切。而在左边的房间毛玻璃的一面是光滑的,就不可能做到这样。

27.

山田吉木说:"有些鸟儿,如喜鹊、松鸡等,它们喜欢闪闪发光的东西,有时候会把这些东西衔回窝里,我根据这点才怀疑是喜鹊干的。"

28.

法布尔望着警长疑惑的脸,笑道:"我在采集昆虫标本时,常常发现大树底下有小鸟和老鼠的骨头,抬头一看便会发现猫头鹰的巢穴。猫头鹰抓住小鸟或老鼠后是整个吞食的,然后把消化不了的骨头吐出来。"

停顿了一会儿,法布尔又说道:"格罗得在食饵肉中夹上3枚古钱喂了猫头鹰,猫头鹰是整吞的。第二天早晨,猫头鹰吐出不消化的古钱,格罗得将它们藏起来,然后再杀了猫头鹰,并剖腹检查,好证明自己的清白。"

29.

盗窃犯动过的表区别于橱柜里其他表的唯一特征是它在走动。别的表,即使假日前有人看过,上过弦,这时也早该停了。因为珠宝店停业放假3天。

30.

双重间谍R出身罗马在题中被特别强调出来。

一提到"出身罗马",就要想到X不仅只是一个字母,还是一个罗马数字的10。由此3人编号推测R肯定是要写大于等于10的数字,但没写完就断了气。Ⅻ是12号,所以杀死R的人肯定是A间谍。

31.

埃默里夫人想到了这个窃贼一定是个色盲,因为他当时没有只偷绿宝石,而是把所有的宝石全偷走,就是想让他的同伙从这堆宝石里挑走那颗绿宝石,所以,埃默里夫人一下子就判断出了那个穿着一只褐色袜子和一只蓝色袜子的克劳斯是色盲,也就是行窃者。

32.

两天没有喝水的人,是不

可能满头大汗的，说明那个男子在撒谎。实际上是他为了独吞淡水，把汤姆杀害了。

33.
　　凶手不是弟弟。

34.
　　根据数学教师的特点去找答案。凶手是住在314号房间的汽车司机孙某。
　　被害人手里握着的麻将牌，与圆周率"π"谐音。圆周率是3.14159……，一般按3.14计算，
　　暗示凶手是住314号房间的人。

35.
　　一场橄榄球赛需要90分钟，还不包括比赛时的中间休息时间，再加上60分钟的路程时间，所以B教练在下午5点20分之前是不可能到达史密斯先生家的。而足球比赛全场比赛时间是90分钟，即使加上中间休息15分钟，这两位教练也完全有可能在案发之前到达史密斯先生家。
　　我们再继续分析下去：A教练的球队参加的是锦标赛，当他们与对手踢成平局时，还得进行30分钟的加时赛，最后再进行点球决胜负。即使忽略点球比赛时间，至少也要进行135分钟的比赛，再加上10分钟的路程时间，他肯定不可能在下午5点05分前到达史密斯家。
　　所以，只有C教练才有可能杀死史密斯先生，因为比赛时间90分钟，中间休息15分钟和路程20分钟，这样，他可以在下午5点05分，即在枪响之

前一分钟到达史密斯先生的家。

36.
　　罪犯就是梅丽。她自称血迹是"刚才在他身上蹭到的"，可那时拉特已死了七八个小时，他的血已经干了，不可能蹭到她的袖子上。

37.
　　梅花鹿的角在夏天的时候还没有长大，只有到了秋天或者冬天，才能长得像树杈一样。男子杀害了妻子，用以前的照片欺骗探长，以造成下午不在现场的假象。

38.
　　劳伦是看了信上的日期后，才推断凶手可能是美国人的。因为英国人写时间是先写日期，再写月份。但美式写法则刚好相反，是先写月份，再写日期。

39.
　　在圣诞节前一天，肯特是无法利用太阳光在北极圈内生火的。因为从当年10月到大约第二年3月期间，北极圈里是没有阳光的。

40.
　　瑞香是一种只需要很少水的植物，如果水浇得太多，它就会死。卡罗尔小姐告诉警察自己每天给它们浇水，而且它们变得更美丽了，她肯定是在撒谎。

41.
　　警长是从屋檐上挂着的冰柱推断出来的。昨天夜里才下

雪，第二天早上屋檐上就有了冰柱，说明夜里有人在屋里使用过电暖炉之类的东西取暖，导致屋内屋外温差很大，所以屋檐上结了冰柱。这个人既然是单身，所以昨天夜里他一定在家。他说两天前就出门到外地去，完全是在撒谎。

42.
　　农夫纯粹是在撒谎，骡子根本不可能下驹。

43.
　　那个人说他听到长颈鹿的嘶鸣后才被尸体绊了一跤。但是，实际上所有的长颈鹿都是哑巴，它们根本不会发出嘶鸣。他如果不是凶手，就不会编造假话。

44.
　　世界上亚洲有大象，非洲有大象，而南美洲却没有大象。

45.
　　画家临死前说的"……开……关……掀……米……勒……"并不是指掀开米勒的画像，而是指掀开钢琴盖，按键上的两个音符"3"、"6"（米为3，勒为6）。按下这两个键后，地道的门自然就打开了。

46.
　　斯坦纳在看《希伯来日报》。希伯来文和阿拉伯文一样，是从右向左书写的，而他的放大镜却是从左到右一行一行地往下移，从而露出其伪装的破绽。

47.

马克被监禁在新西兰。因为在北半球的夏威夷宾馆里，拔下澡盆的塞子，水是呈顺时针方向旋转流进下水道的。而在这个禁闭室，水是呈逆时针方向流下去的。所以，马克弄清了当地是位于南半球的新西兰。

48.

如果看到过蟑螂的尸体，就应该注意到，蟑螂在自然死亡时是肚皮朝上的。可是，本杰明看到的蟑螂的尸体却是背朝上的。可惜雅各布懂得的昆虫学知识太少，结果被本杰明看出了破绽。

49.

让表停下就可以了。谍报员用打火机将闹表字盘的外壳烧化，再用速干胶从洞中伸进去将表针固定住。只要表针不动，无论什么时候也到不了4点半，炸弹也就不会引爆。

50.

柯南特意选在更夫走到屋子外的时候点亮了灯盏，这样一来强盗拿着刀的影子就很清楚地映在了窗户上，这就给更夫提供了一个最好的暗示，所以更夫知道了屋子里有强盗。

51.

珍妮从科尔的提包里拿出的是听诊器，因为科尔是医生，自然随身带着听诊器。正是由于借助了听诊器，珍妮才听清了隔壁房间的谈话内容。

52.

樟脑丸易挥发，但衣柜里还有没有挥发完的樟脑丸，而户主却说屋里已经有两年没人住了，显然是在撒谎。

53.

这是一个简单的常识：人体血液中盐的含量远远超过动物血液中盐的含量。西科尔只要用他敏感的舌尖品味一下两行血迹的味道，即可迅速判断逃犯的方向。

54.

飞行员吉米假装害怕，借着手忙脚乱的假象在空中按照三角形的路线飞行，如果飞三角形，就是航空求救信号。基地雷达就会发现，并马上派出救生机紧急前往进行搜索。当飞机在飞行中通信系统出现故障时，就采用这种飞行方法求助。

55.

把这些记号倒过来，即可用英文读出："西克柯是老板，他出售石油。"（Shigeo is boss he sells oil）

56.

斯密特探长根据带路人提供的每个箱子都有联系，而且都是400多号的情况，发现了其中的内在规律：两数之和的十位上的数字与第一个加数的十位上的数字相同，这就要求个位上的数字相加一定要向十位进1，1与第二个加数396十位上的9相加得整数10向百位进1，所以两数之和的百位上的数字一定是8，而它的十位上的数字从0~9都符合条件，因此，藏有赃物的另外9个箱子的号码是：408、418、438、448、458、468、478、488和498。

57.

168人。

假设常客的人数为"x"，可列出以下公式：

x=x/2+x/4+x/7+x/12+4

x=168

58.

因为"电梯向上的层数总是向下的3倍"，所以，电梯向上和向下的层数之比为3：1。那向上的层数就是27层，向下的层数就是9层。因此，约翰应该是住在27楼，电梯从1楼升到27楼，共27层；电梯从36楼下到28楼，共9层。

59.

刑警看到水槽里的热带鱼正欢快地游动，便识破了这个女人的谎言。因为在下大雪的夜里，若果真停了一夜的电，那么水槽里的自控温度调节器自然也会断电，到清晨时，水槽里的水就会变凉，热带鱼也就会冻死了。

60.

梅格雷警官看到那条狗跷起后腿撒尿，便立刻识破了那个男子的谎言。

因为只有公狗才跷起后腿撒尿，而母狗撒尿时是不跷腿的，然而，那个男子却用"梅丽"这种女性的称谓叫那条公狗。如果他真是这家的主人，是不会不知道自己家所养的狗的性别的。所以，他就不会用女性称谓去喊公狗。

由于这条狗长得毛乎乎

的，小偷从外表上根本看不出它的性别，便随口胡乱用了女性的名字叫它。

61.
是第二个，因为彩虹的位置总是和太阳相反，看彩虹的时候，是不可能看到太阳的。

62.
证据就是那只冰凉的灯泡。因为仆人说从锁孔中窥看时电灯突然关闭，而她们两人破门而入不超过两分钟，加上夏季气温较高，灯泡应该还是热的才对。

63.
中古时期的绘画都是基于现实的，这幅画中第三个武士的剑根本拔不出鞘来，所以是伪造的。

64.
次日升堂，王文敏一拍惊堂木，要蒋勤从实招来，蒋勤一言不发。

王文敏又说："此人是个哑巴，本县不好审理。退堂！"

苏衙内上前说道："大人且慢，此人并非哑巴，昨天我家奴去拴马时，他亲口说了话。"

王文敏问家奴："他昨天说什么话？"

家奴说："我去拴马时他对我说，他的马很凶，要我把马拴到别处去，免得踢坏了我家公子的马。"

王文敏又问："此话当真？"

苏衙内说："一点不假，我亲耳听见。"

王文敏一听，哈哈大笑道："此案已经了结，蒋勤已将他的马性烈的情形讲明。你们不听，硬要拴在一起，只能自食其果。"说罢退堂了。

苏衙内理屈词穷，只好作罢。

65.
4句隐语的意思是"明天行动"。

昼指日，夜指月，即"明"字。

"二人"合成"天"字，往的一半"彳"和街的一半"亍"合成"行"字，"一直去"是"云"和"力"合成"动"字。

66.
阿根是伪造遗嘱进行讹诈。遗嘱不可能签署于11月30日夜1点，因为11月只有30天。

67.
蜘蛛吐丝是寒潮来临的信号，这时，法兰西的军队就不用害怕荷兰的水闸放水了，因为水都结成冰了。

68.
张方重新写了一个案卷，在案卷上写道："杀人犯马瓜，无故将人杀死，现呈报斩首示众，特报请审批。"第四次派人送到京城。吴起接到案卷，展开一看，见说的是杀人犯马瓜，不是冯弧，就挥笔批了"同意处斩"4个字。待批文回来后，张方便在"马"字旁添了两点，"瓜"字旁加了"弓"字，变成了"杀人犯冯弧"。这样，张方巧妙地用了汉字的拆字法，使这个不可一世的大恶霸终于伏法了。

69.
因为殴打致伤，血液聚集，所以伤处发硬；而伪装的伤痕则和好的肌肤一样，是松软的。李南公就是根据这个常识验明真伤还是假伤的。

70.
在黑暗中，当佣人与盗贼搏斗时，将大鱼缸碰翻掉在地板上摔碎。电鳗便爬到地板上，而且碰到了盗贼的身体使其触电死亡。

电鳗属于硬骨类电鳗科的淡水鱼。生存于亚马孙河及奥里诺科河流域，长成后，身长可达2米。尾部两侧各有两处发电器官。电压可高达650~850伏。如果碰到它会受到强电流的打击。连猛兽也会被电死，更何况是人呢？

71.
约翰有3个妹夫，但他却能准确地说出死者的名字是史密斯，显而易见他是凶手。

72.
山姆妒忌班域的才能，故早已有谋杀他的计划。当他得知班域爱吃肉类后，便买只白兔，喂食有毒的蔬菜和果实。白兔免疫力强，即使吃了有毒的东西，对身体并无影响。把兔喂肥之后，借着公司举行烧烤旅行的机会，山姆才带着兔子出现，班域见到白兔，自然垂涎三尺，所以将兔子烤来吃。兔子体内的毒素侵入班域身体，使其中毒死亡。

73.

凶手是托马斯。公交公司的工人正在罢工，他不可能坐公共汽车去俱乐部。

74.

探长右手持枪，而伤口却在左侧太阳穴。

75.

首先，老兵维克多不可能是凶手。他的眼睛很不好，不可能在25米远的地方开枪打中苏珊的额头。

其次，凶手也不可能是惠特尼牧师。当时教堂里正在做礼拜，牧师肯定在那里。

所以，杀死苏珊的肯定是卡罗尔。

76.

显然，供词（2）和（4）中至少有一条是真话。如果（2）和（4）都是真话，那就是马修杀了查尔斯。这样，根据Ⅰ，（5）和（6）都是假话。但如果是马修杀了查尔斯，（5）和（6）就不可能都是假话。因此，马修并没有杀害查尔斯。

于是，（2）和（4）中只有一条是真话。

根据Ⅱ，（1）、（3）和（5）中不可能只有一条是真话。而根据Ⅰ，现在（1）、（3）和（5）中至多只能有一条是真话。因此（1）、（3）和（5）都是假话，而（6）是真话。

由于（6）是真话，所以的确有一个律师杀了查尔斯。还由于根据前面的推理，马修没有杀害查尔斯；（3）是假话，即汉森不是律师；（1）是假话，即罗伯特是律师。从而，（4）是真话，（2）是假话，所以结论就是：罗伯特杀了查尔斯。

77.

伯特使用的是5号泵（线索3），一位女士使用的是2号泵（线索5），所以彼得用的是3号或8号泵。因为报纸是在3号泵的开车人买的（线索4），线索1排除了彼得使用8号泵的可能性，所以彼得是买了报纸并在3号泵加油的人。同时根据线索1得出，买糖果的标致车的驾驶员用的是8号泵。在2号泵的女士没有买书（线索5），她买的是杂志，所以不是萨利（线索2），一定是尤妮斯。剩下萨利是开标致车的人，他买了糖果。综上所述，伯特买的是书。尤妮斯的车不是福特车（线索5），也不是沃克斯豪尔车（线索2）和标致车，所以它是丰田车。最后，根据线索5，开福特车的人不是买书的伯特，所以彼得的车是福特，伯特的车是沃克斯豪尔。

因此得出答案：

2号泵，尤妮斯，丰田，杂志。

3号泵，彼得，福特，报纸。

5号泵，伯特，沃克斯豪尔，书。

8号泵，萨利，标致，糖果。

78.

女明星在医生查房时吃了安眠药，睡着了。睡着的病人是不可能自己去跳窗自杀的。

79.

因为如果那被害的女子是自己踩凳子上吊的，那么凳子上一定会留下她的足迹。

80.

死者是头部中枪，若是自杀，他拿手枪的那只手应该露在毛毯外面，而不是全身盖着毛毯，凶手为死者盖上毛毯时考虑不周，露出了破绽。

81.

丽莎不可能用吹风机吹头发，因为当时停电了。还记得输电线路是什么时候修好的吗？

82.

小伙子敲门露了馅儿。因为3、4两层全是单人间，任何一个房客走进自己房间时，都不会先敲房门的。

83.

厨师和哈里是在调味品批发商店接头的。厨师每天都上街采购食品，但他完全没有必要每天采购调味品。即使每天采购调味品，也不必去调味品批发商店。批发商店是大批量供货的，而船上仅有7人就餐，无此必要。

84.

问题出在地址上。既然大地址是真的，小地址是假的，而绑架犯不可能不想得到赎金，那么说明这个绑架犯必然是十分熟悉当地邮寄地址的人，最大的怀疑对象自然就落在了赎金寄达地点邮局的邮差身上，因为除了他以外，没有人能够收到，而且也不会引起

349

怀疑。虽然办理邮包业务的负责人也有可能拿到赎金，但问题是无法确定某董事长在哪一个邮局投寄赎金，所以能够收到的人只有收件当地的邮差。因此，绑架犯的真实身份就是当地的邮差。

85.
老人看到5个指头的指纹全部是正面紧紧地贴在墙上才觉得可疑的。因为手指贴到墙上时，拇指的指纹不应全贴在墙上。

86.
议员是真正的凶手。他进诊所时，陌生人已经换上了干净的衣服，并且吊着手臂，他不应该知道陌生人是背部中弹。